数字课程（基础版）

动物学

（第 2 版）

主编　李海云　时　磊

登录方法：

1. 电脑访问http://abook.hep.com.cn/52144，或手机扫描下方二维码、下载并安装Abook应用。
2. 注册并登录，进入“我的课程”。
3. 输入封底数字课程账号（20位密码，刮开涂层可见），或通过Abook应用扫描封底数字课程账号二维码，完成课程绑定。
4. 点击“进入学习”，开始本数字课程的学习。

课程绑定后一年为数字课程使用有效期。如有使用问题，请点击页面右下角的“自动答疑”按钮。

动物学（第2版）

本数字课程配合《动物学》和《动物学实验》教材使用，整合多项相关教学资源，包括教学视频、教学课件、思考题解析和在线自测，以及《动物学实验》全部插图的彩色版等，以更好地呈现动物学的丰富内容和最新进展，后续还会不断补充多种教学资源。

用户名：　密码：　验证码：　5293　忘记密码？　登录　注册　记住我(30天内免登录)

http://abook.hep.com.cn/52144

扫描二维码，下载Abook应用

全国高等学校“十三五”生命科学规划教材

动物学

第2版

主　编　李海云　时　磊

副主编　李长玲　江寰新　王绍卿

编　者（按姓氏笔画排序）

王绍卿　王智超　刘慧敏

江寰新　孙　媛　苏丽娟

李长玲　李海云　时　磊

张军霞　赵　娟　郭志成

温山鸿　游翠红　潘红平

ZOOLOGY

Second Edition

高等教育出版社·北京

内容简介

本教材是全国高等学校“十三五”生命科学规划教材，由动物学课程一线教师参考当前国内、外动物学最新的相关教材及文献资料，并结合多年教学实践经验编写而成；体系完整，内容精炼，彩色印刷。

教材共22章，以动物系统演化为主线，运用动物结构和功能与生活方式相适应的思想和方法，介绍了包括无脊椎动物和脊椎动物在内的共39个动物门，其中18个动物门介绍得较为全面系统，21个小门类仅进行简要介绍。结合动物演化中发生的重大事件，如对称性、胚层、体腔、体节、脊索、四肢、恒温等简明扼要地介绍了动物演化的基本原理，同时对动物生态学基础及动物的地理分布格局进行了适当的介绍。各章后设有小结、思考题和数字课程资源以供复习和巩固之用。

本教材适合综合、师范、农林院校的本、专科生使用，也可供相关科研工作人员和中小学教师参考。

图书在版编目（CIP）数据

动物学 / 李海云，时磊主编．— 2版．—北京 ：高等教育出版社，2019.7（2024.2重印）
ISBN 978-7-04-052144-3

Ⅰ．①动… Ⅱ．①李… ②时… Ⅲ．①动物学-高等学校-教材 Ⅳ．①Q95

中国版本图书馆CIP数据核字(2019)第126356号

DongWuXue

封面图片说明

封一：新疆岩蜥（*Laudakia stoliczkana*）/时磊 摄。

封四：麻皮蝽（*Erthesina fullo*）若虫与空卵壳/王吉申 摄；藏狐（*Vulpes ferrilata*）/时磊 摄；池鹭（*Ardeola bacchus*）冬羽/时磊 摄。

策划编辑 高新景　　责任编辑 高新景　　封面设计 王凌波　　版式设计 锋尚设计
责任绘图 于 博　　责任印制 耿 轩

出版发行 高等教育出版社
社　　址 北京市西城区德外大街4号
邮政编码 100120
印　　刷 河北信瑞彩印刷有限公司
开　　本 850mm×1168mm 1/16
印　　张 20
字　　数 620千字
购书热线 010-58581118
咨询电话 400-810-0598
网　　址 http://www.hep.edu.cn
http://www.hep.com.cn
网上订购 http://www.hepmall.com.cn
http://www.hepmall.com
http://www.hepmall.cn
版　　次 2014年2月第1版
2019年7月第2版
印　　次 2024年2月第7次印刷
定　　价 68.00元

物 料 号 52144-00
审 图 号 GS（2019）49号

前　言

本教材第1版于2014年由李海云主编，至今已发行5年，以其配图清晰生动、内容简明实用的特色，较好地满足了高等院校动物学课程60学时内的教学需求。在使用过程中，存在一些不当和错漏之处，加之教学改革的进行、认识的深入及知识的更新，要求教材与时俱进，以适应新的教学需求。

全体编者通过多次集体讨论，一致认为经修订后的第2版教材应有以下特色：

1. 以动物系统演化为主线，突出演化中发生的重大事件（例如，对称性、胚层、体腔、体节、脊索、四肢和恒温等）及其与动物组织、器官和系统出现或复杂化的相关性，使学生能结合动物演化发展的内在联系来掌握动物类群的主要特征。重点介绍在系统演化、经济和科学研究上有重要意义的代表类群及代表物种。

2. 进一步精练教学内容，突出重点。注意加强结构、功能与生活方式的协调，理论与实际的结合。在每章之后有小结、思考题和数字资源，便于教学。注意教学内容的更新，通过提出一些科学问题，激发学生的学习兴趣，培养其独立思考的能力和创新意识。

3. 调整或设计部分彩色插图，力求清晰美观，标注规范，更为直观、生动地反映科学内容。

第2版教材初稿经编者撰写、互审、修改后，无脊索动物部分由李海云统稿，脊索动物部分由时磊统稿，最后全稿均经两位主编至少各两次反复修改后最终定稿。教材主要修订内容如下：

引入干细胞概念，对各章节的文字内容经仔细推敲，使其更为通俗易懂。其中原生动物中对四膜虫和团藻的描述更为合理与简明；多细胞动物的起源部分介绍了“扁囊胚虫学说”的最新研究进展；多孔动物门调整了分类内容，增列了同骨海绵纲，明确了骨针的“轴”与“放”的关系；刺胞动物门增加了十字水母纲（有柄水母纲）和立方水母纲，其后增附黏体虫门；扁形动物将原涡虫纲无肠目分出，增列了异无肠动物的3个门，将原放在原腔动物内的腹毛动物门和环口动物门移出附在扁形动物门之后，作为无体腔动物介绍；原腔动物分别隶属原口动物的两个大支，即冠轮动物（含轮虫、棘头虫和内肛动物等）和蜕皮动物（含线虫、线形动物、动吻动物、兜甲动物和鳃曳动物等），教材仍暂将此8个门作为原腔动物进行介绍；五口虫纲归属节肢动物门甲壳亚门，蛛形纲补充了常见且与人类关系密切的蝎目和蜱螨目；棘皮动物门将同心环纲重新并回海星纲；半索动物门增加了浮球纲；脊索动物补充了脊椎动物起源的幼态持续学说；更新了地质年代表；根据新的研究进展重绘了动物演化树。

大部分插图进行了更新，力求表现更直观，色彩更协调，纠正了一些原标注的错误，标注更为规范。现教材共501幅插图，其中调整或更换了281幅、删除了12幅、新增加了38幅。教材除地图外的示意图均为李海云参考文献彩图、黑白图或照片绘制而成，有相当部分做了调整、修改或组合。

由于编者学识水平、精力与时间有限，错漏不当之处在所难免，恳请大家在使用过程中若发现问题，请及时反馈两位主编（hyli@scau.edu.cn和shileixj@126.com），以便再版时做出相应修改调整，使后续版本的教材更趋完善。

编者

2019年1月

目 录

第1章 绪论

1.1 生物的分界及动物在其中的地位

自然界由生物和非生物两大类物质组成。生物是具有生长、发育、繁殖、遗传、变异和新陈代谢等特征的有机体。生物对外界刺激都能产生一定的反应和适应，并对环境产生一定的影响。

目前已鉴定的生物约有200万种，但实际生存的可能超过800万种。为了更好地认识、利用和改造如此浩繁的生物，长期以来生物学家们在生物的分界上做了大量的研究工作。

1735年，现代生物分类学的奠基人，瑞典分类学家林奈（Linné）第一次明确地将生物分为动物界（Animalia）和植物界（Plantae）。19世纪前后，由于显微镜的广泛使用，人们发现有些动物兼具动物和植物的属性，例如裸藻属（*Euglena*）和薄甲藻属（*Glenodinium*）等（图1-1），它们既含有叶绿体，能进行光合作用，又可以运动。此外，黏菌类（slime mold）在生活史中有一个阶段具有动物的特征（原生质团等可以做变形运动），另一个阶段具有植物的特征（无性生殖形成孢子囊和产生具有细胞壁的孢子）（图1-2）。这些新发现对生物分界提出了挑战。

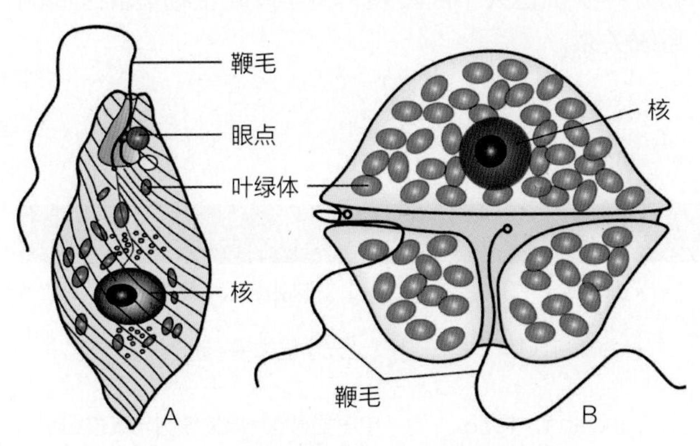

图1-1 裸藻（眼虫）（A）和甲藻（B）

德国学者海克尔（Haeckel）把单细胞生物从动、植物界中分离出来，建立了原生生物界（Protisa），从而使生物分成三界（图1-3A）。随着电子显微镜技术的发展，生物学家又发现细菌、蓝藻细胞结构无核膜、无核仁及膜包被的细胞器，从而与其他真核细胞生物有显著区别，应该另立为界。1938年，考柏兰（Copeland）将原核生物另立为一界，提出了四界系统即原核生物界（Monera）、原始有核界（Protoctista）、后生植物界（Metaphyta）和后生动物界（Metazoa）。1969年，魏泰克（Whittaker）在已区分了植物与动物、原核生物与真核生物的基础上，又根据真菌与植物在营养方式和结构上的差异，把生物界分成了原核生物界、原生生物界、真菌界（Fungi）、植物界和动物界五界（图1-3B）。五界系统根据细胞结构的复杂程度及营养方式的不同为依据进行界的划分，它反映了生命演化的三大阶段：即原核单细胞阶段、真核单细胞阶段和真核多细胞阶段。同时，它也反映了生物基本的营养方式及生态系统的基本单位：营光合自养的植物，为自然界的生产者；分解和吸收有机物的真菌，为自然界的分解者；以摄食有机物的方式进行营养的动物，为自然界的消费者（同时又是分解者）。

此外，由于病毒等非细胞生物的发现，分界系统需要进一步的修订。我国昆虫学家陈世骧（1979）提出了三总界六界系统，将病毒划为独立的界。然而，病毒究竟是原始类型还是次生类型仍无定论，将病毒列为生物中单独一界的观点尚有争议。

随着分子生物学的进展，一类很特殊的微生物被发现，它们大多生活在极端的生态环境中，如深海的火山口、陆地的热泉及盐碱湖等地，既具有原

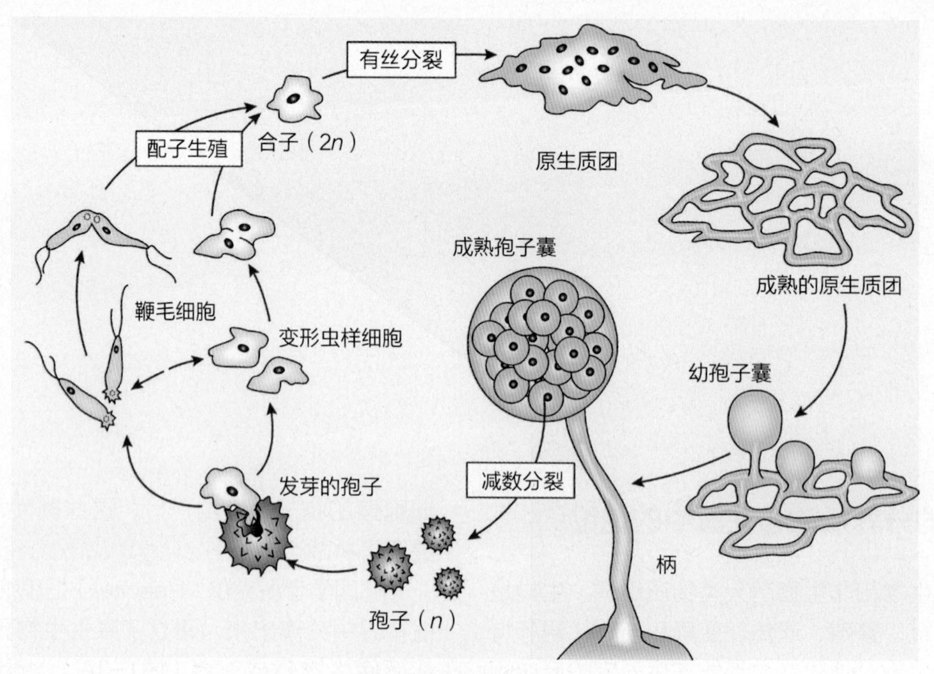

图 1-2 黏菌的生活史

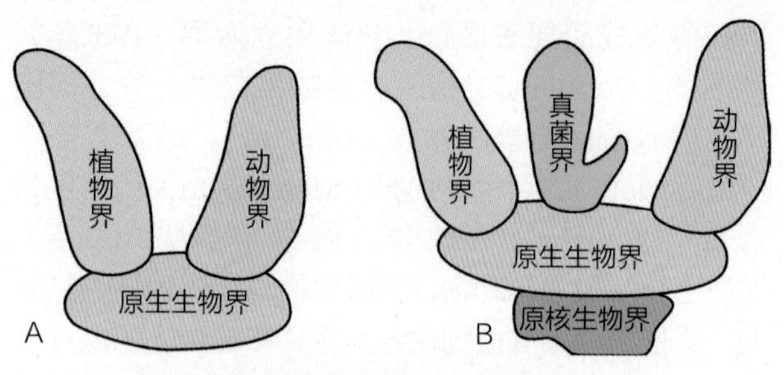

图 1-3 海克尔的三界系统示意图（A）和魏泰克的五界系统示意图（B）

核生物的某些特征：如无核膜、具环状DNA，在细胞产能、分裂和代谢等方面与原核生物相近；但其DNA有重复序列和内含子，在转录、翻译和复制上更接近真核生物。因此，这是一类独特的生物，被称为古菌（Archaeobacteria）。在五界系统的基础上，布鲁斯卡（Brusca）于1990年将古菌单独列为一界，在不含病毒的情况下，构成了另一个六界系统。此外，卡瓦里-史密斯（Cavalier-Smith）于1989年提出了八界系统的观点，将原核生物分为古菌界（Archaea）和真细菌界（Bacteria）；将真核生物分为古真核生物界（Archezoa）、原生动物界（Protozoa）、色藻界（Chromista）、植物界、真菌界和动物界。八界系统的主要观点是原生动物应该从原生生物界中独立出来，另外，将没有线粒体的真核生物单独列为古真核生物界（这一观点已被多数学者否定，因为虽然它们没有线粒体，但是有编码线粒体成分的基因）。

总之，目前人们对生物的分界尚无统一的意见（表1-1）。随着人们对生命活动规律的深入研究，生物分界系统也会不断发展，科学反映生物类群之间的系统关系。

表 1-1 生物分界的主要学说

分界系统	组成	代表人物和提出时间	依据
两界系统	植物界 / 动物界	Linné，1735	肉眼特征 / 能否运动
三界系统	原生生物界 / 植物界 / 动物界	Haeckel，1866	光学显微镜 / 动、植物兼性
四界系统	原核生物界 / 原始有核界 / 后生植物界 / 后生动物界	Copeland，1938	电子显微镜 / 原核细胞与真核细胞

续表

分界系统	组成	代表人物和提出时间	依据
五界系统	原核生物界 / 原生生物界 / 真菌界 / 植物界 / 动物界	Whittaker，1969	真菌 / 结构与营养方式
三总界六界系统	非细胞生物：病毒界 原核生物：细菌界 / 蓝藻界 真核生物：植物界 / 真菌界 / 动物界	陈世骧，1979	非细胞生物
六界系统	原核生物界 / 古菌界 / 原生生物界 / 真菌界 / 植物界 / 动物界	Brusca，1990	细胞结构 营养代谢 分子生物学
八界系统	古菌界 / 真细菌界 / 古真核生物界 / 原生动物界 / 色藻界 / 真菌界 / 植物界 / 动物界	Cavalier-Smith，1989	细胞结构 营养代谢 分子生物学

1.2 动物学及其分支分科

动物学是研究动物的形态、结构、分类、生命活动与环境的关系及发生发展规律的科学。研究动物学的目的主要在于揭示动物生命活动的客观规律，并利用这些规律来有效地改造、利用和控制动物界，使之更好地为人类发展服务。为此，从事动物学研究工作的人，不仅要使动物学得到不断的丰富和发展，而且要提供充分利用和保护动物资源的方法、途径和理论依据，使有益动物不断得到开发和利用，有害动物不断被控制。此外，动物学也是生物学的基础学科之一，学好动物学才能为其他生物学科的学习、研究和发展打下坚实的基础。

动物学经历了2 000多年的发展，至今已成为一门分支广泛的学科。但总的来说，有三大方面：①按研究的对象来分，有原生动物学、昆虫学、鱼类学、鸟类学和兽类学等；②按研究的方法、内容来分，则有动物形态学、动物分类学、动物生理学、动物生态学和实验动物学等；③由于近数十年来各学科的迅速发展和相互渗透，从而出现了动物学的交叉学科，如生物统计学、生物化学、生物物理学、分子生物学、仿生学、保护生物学和生物信息学等，这些新兴的分支学科也是生物学（包括动物学）中最活跃的领域。

1.3 动物学发展简史

动物学的建立和发展，与生产力的发展紧密相关。它是在漫长的历史中发展形成的，反映了社会发展的变迁。

1.3.1 西方动物学的发展

西方动物学的发展起源于2 000多年前古希腊的亚里士多德（Aristotélēs）。他在《动物历史》一书中描述了454种动物，首次建立了动物分类系统，把动物分为赤血类和无血类，并使用了种和属等术语，同时他在比较解剖学、胚胎学上也有巨大贡献，被誉为“动物学之父”。16世纪后，显微镜的发明对动物学的发展起了巨大作用，许多动物学方面的著作纷纷问世，比利时的维萨留斯（Vesalius）和英国的哈维（Harvey）对动物解剖和动物生理学的发展做出了突出贡献；荷兰的列文虎克（Leeuwenhoek）对动物的细微结构研究有卓越的贡献。18世纪，瑞典分类学家林奈创立了动物分类系统，他在《自然系统》一书中，将动物界分为6个纲：哺乳纲、鸟纲、两栖纲、鱼纲、昆虫纲和蠕虫纲，同时提出了6个分类阶元（界、纲、目、属、种和变种），并首创“双名法”，为现代分类学奠定了基础。法国博物学家拉马克（Lamarck）提出了物种演化的论点，并以“用进废退”和“获得性遗传”学说来解释演化的原因。法国学者居维叶（Cuvier）认为有机体的各部分结构是相互关联的，确立了“器官相关定律”。居维叶在比较解剖学和古生物学方面做出了巨大贡献，被誉为“比较解剖学之父”。但他本人是物种不变观点的拥护者，以“灾变论”对抗拉马克的演化论。19世纪中叶，德国植物学家施莱登（Schleiden）和动物学家施旺（Schwann）创立了细胞学说，认为细胞是动、植物的基本结构单位。1859年，英国博物学家达尔文（Darwin）发表了《物种起源》一书，阐明种是不断地从简单到复杂、从低等到高等发展的观点，并以环境的变化、生物的变异和自然选择来解释演化的原因。奥地利学者孟德尔（Mendel）用豌豆进行杂交实验，发现后代各相对性状的出现遵循着一定的比例，称孟德尔定律。这一发现与后来发现的细胞分裂时染色体的行为相吻合，成为摩尔根派基因遗传学的理论基础之一。从此，动物学走上了现代发展的道路。到20世纪50年代，在阐明了遗传物质DNA双螺旋结构的基础上，分子生物学得以建立，生物学的研究从此进入了全新阶段。动物学学科内及其与其他学科间的相互渗透、交叉和综合，使动物学的发展速度加快，并不断开拓新的研究领域。

1.3.2 我国动物学的发展

我国古代动物学的发展较国外为早。公元前3000多年，我们的祖先就知道养蚕和饲养家畜。公元前2000年就有了记述动物方面的著作《夏小正》，“五月浮游出现，十二月蚂蚁进窝”就是其中对蜉蝣、蚂蚁生态观察的记实。远溯西周（公元前1027年）的《尔雅》一书，有释虫、鱼、鸟、兽及畜5章，可算是动物研究的最早记录。《诗经》记载的动物达100余种，从汉语言文字的“虫”“鱼”“犭”等偏旁，也可以看出当时人们已经具备一定的动物分类知识。《周礼》将生物分为动物和植物，动物又分为毛、羽、介、鳞和赢物5类，相当于兽、鸟、甲壳类、鱼和软体动物，较之林奈所分的哺乳纲、鸟纲、两栖纲、鱼纲、昆虫纲和蠕虫纲等，只少了一类（纲）。《春秋》等著作中也都有关于动物的记载。到魏、晋和南北朝（约220—580）时期，已开始编撰动、植物图谱，张华著的《博物志》中有不少动物方面的记述及养蜂方法的详细叙述，嵇含著的《南方草木状》记载有广东柑农利用蚂蚁扑灭柑橘害虫的事例——这是世界上第一个利用天敌扑灭害虫的典范。北魏贾思勰著的《齐民要术》总结了农业生产经验，与动物有关的内容包括畜牧业、养蚕和养鱼等。隋唐、五代时期（约581—959），陈藏器的《本草拾遗》详记了鱼的分类及不少其他动物名称，其中关于“侧线鳞数”这一分类特征沿用至今。到宋、元（约960—1367）和明、清（约1368—1911）时期，博物学大有进展，除通志外，还有专刊。明代李时珍所著《本草纲目》一书，共52卷，记述药物1892种，其中有药用动物443种。

新中国成立后，动物学及生物学各分支学科进入新阶段，得到了全面的发展：组织各方面的动物学工作者进行了大规模动物区系的资源调查和生态研究，制定了动物地理区划等，从而为合理利用、保护动物资源提供了理论依据；在此过程中，出版了一系列的学术刊物和动物学专著，成立了许多动物学的专门研究机构，细胞学、组织胚胎学、实验动物学等基本理论研究也取得了显著成绩；此外，在防治人、畜寄生虫，驯化、饲养和水产养殖等方面也都取得了积极成效。

目前，动物学正朝着宏观和微观两个方向发展。微观方向已开始分子生物学和量子生物学等方面的探索和研究，这是一个新的领域，将是21世纪生命科学进军的主要目标之一。随着尖端学科的兴起和发展，人们已经越来越清晰地认识到生命现象最终都可以解析到分子甚至电子水平，进行物理、化学的分析。在分子生物学基础上发展起来的基因工程技术，可以借助生物化学手段把一种生物的遗传物质提取出来，在体外进行切割和重组，然后引入另一种生物体内，以改变或培育新的品种或品系，并应用于农业和医学等方面，为人类造福。宏观方向以生态学为主，正朝着应用生态学、环境生态学、地球生态学、海洋生态学和太空生态学的方向发展。

总之，我国动物学的水平同先进国家的差距正在迅速缩小。

1.4 动物学的研究方法

自然界是一个互相依存、互相制约、错综复杂的整体，所以在研究自然界里的动物时，必须以辩证唯物主义的观点为指导。常用的研究方法主要有以下几种：

1.4.1 观察描述法

观察描述法是最简便的直观研究法，观察时必须细微，描述要真实，以便为有关研究积累可靠的第一手资料。

1.4.2 比较法

比较法通过对各类动物形态结构、生理特点、生活习性等多方面的对比研究，找出它们之间的异同，从而发现规律。

1.4.3 实验法

在一定可控条件下，从事对动物生命活动的观察和研究。由于实验条件可能根据需要而操控，所以它比一般的观察更能揭示动物活动的实质，是科学研究中最常用的方法。

1.4.4 综合研究法

动物学是一门综合性学科，只有运用多学科的知识，采用多种技术进行综合研究，才能取得显著的研究成果和使研究向高深方向进展。

1.5 动物分类的知识

1.5.1 动物分类的意义和依据

目前有描述的动物超过150万种。这样繁多的动物，如果没有一个完整的、能反映它们演化系统的分类法，就不可能正确地认识和区分它们，或更深入地掌握它们的发生发展规律。因此，正确地区别物种，建立起分类体系，不仅可以探索物种形成的规律，了解各种生物在生物界中所占地位及其演化的途径和过程，而且在生产实践中，对于指导有害动物的防治、有益动物的利用、开展良种繁育，以及保护濒危动物等方面均有重要的意义。

从林奈时代至今，动物分类理论大致可以分为四大学派，虽然在基本原理上有许多共同之处，但其各自强调的内容不同。

传统分类学派（classical systematics） 根据自己对该类群的深入研究中得到的经验或直觉印象，建立不同的分类系统，这些系统主要是依据形态学特征，在分类实践中使用方便，并努力寻求反映系统发展的关系。该学派没有统一的准则，理论依据也往往含糊不清。

支序分类学派（cladistics systematics） 认为分类应当完全建立在系谱（血缘、家系）的基础上，也就是建立在系统发展的分支模式基础上。随着计算机的广泛应用，有关支序分类学的分析软件相继问世，并不断修改完善，使支序分类学的理论和方法被大多数的现代分类学工作者所接受。

演化分类学派（evolutionary systematics） 基本接受支序分类学派的通过支序分析重建系统发育的方法，但认为建立系统发育关系时单纯靠血缘关系不能完全概括演化过程中出现的全部情况，还应考虑到分类单元间的演化程度，包括趋异的程度和祖先与后裔之间渐进累积的演化性变化的程度。

数值分类学派（numerical systematics） 认为其他学派在分类时给各种特征以不同的加权（即对各种特征在分类上的重要性不是平等看待，而是认为某些特征重要，某些特征则不重要等），这样做主观因素太大，是不科学的。他们主张不应给特征以任何加权。通过大量的不予加权特征所得到的总体相似度，可以反映分类单元之间的近似程度。

动物分类的最初依据是形态上的特征，或结合习性上的某些特点。随着科学的发展，动物分类的依据逐渐由形态、解剖、胚胎、生理、生态和地理分布等方面而深入到细胞学、遗传学、生物化学和数学等领域中，这更有助于分类上疑难问题的解决。微观生物学领域的发展与完善，分类特征进一步扩展到细胞和分子水平。细胞细微结构的差异、染色体数目变化、结构变化、核型和带型分析等，生化组成、DNA、RNA和蛋白质的结构差异等均已应用于动物分类。

1.5.2 分类阶元

动物分类系统中由高到低依次设有界（Kingdom）、门（Phylum）、纲（Class）、目（Order）、科（Family）、属（Genus）和种（Species）7个基本分类阶元。越低级的分类阶元中被归属的生物之间特征越相近。为了将数量众多的物种，建立一个科学的分类系统，通常将相近的种归并为属，相近的属归并为科，相近的科归并为目；目以上的等级为纲、门，最高为界。有时为了更准确地表明动物间的相似程度，又可细分为总门和亚门、总纲和亚纲、总目和亚目、总科和亚科等。例如，人的分类地位如表1–2。

表 1–2 人的分类地位

动物界	脊索动物门	哺乳纲	灵长目	人科	人属	人
Animalia	Chordata	Mammalia	Primate	Hominidae	*Homo*	*Homo sapiens*

1.5.3 物种的概念和动物的命名

种或物种是生物界发展的连续性与间断性统一的基本间断形式；在有性生物中，物种呈现为统一的繁殖群体，由占有一定空间、具有实际或潜在繁殖能力的种群所组成，而且与其他这样的群体在生殖上是隔离的。物种是分类系统中最基本的阶元，是客观的，有自己相对稳定的明确界限，可以与别的物种相区别。

种以下的分类单位有亚种。亚种是指种内个体在

表 1-3 主要动物门类（类群）及其现有物种数

动物门类（类群）	大致物种数	动物门类（类群）	大致物种数
原生动物门（Protozoa）	32 750	软体动物门（Mollusca）	200 000
中生动物门（Mesozoa）	100	节肢动物门（Arthropoda）	1 300 000
扁盘动物门（Placozoa）	1~2	棘皮动物门（Echinodermata）	7 000
多孔动物门（Porifera）	10 000	半索动物门（Hemichordata）	70~80
刺胞动物门（Cnidaria）	11 000	颚口动物门（Gnathostomulida）	100
黏体虫门（Myxozoa）	2 200	微颚动物门（Micrognathozoa）	1
栉水母门（Ctenophora）	150	螠虫门（Echiura）	200
扁形动物门（Platyhelminthes）	25 000	星虫门（Sipuncula）	300
异涡动物门（Xenoturbellida）	2	须腕动物门（Pogonophora）	140
无肠动物门（Acoela）	400	苔藓动物门（Bryozoa）	4 500
纽涡虫门（Nemertodermatida）	10	腕足动物门（Brachiopoda）	400
腹毛动物门（Gastrotricha）	500	帚形动物门（Phoronida）	20
环口动物门（Cycliophora）	2	毛颚动物门（Chaetognatha）	60
纽形动物门（Nemertea）	150	有爪动物门（Onychophora）	100
线虫门（Nematoda）	30 000	缓步动物门（Tardigrada）	800
轮虫门（Rotifera）	2 000	脊索动物门（Chordata）	66 400
棘头虫门（Acanthocephala）	1 000	圆口纲（Cyclostomata）	130
线形动物门（Nematomorpha）	300	鱼类（Pisces）	33 000
动吻动物门（Kinorhyncha）	200	两栖纲（Amphibia）	7 900
兜甲动物门（Loricifera）	300	爬行纲（Reptilia）	10 000
鳃曳动物门（Priapula）	20	鸟纲（Aves）	10 000
内肛动物门（Entoprocta）	200	哺乳纲（Mammalia）	5 400
环节动物门（Annelida）	16 500		

地理和生态上充分隔离后形成的具有一定特征的群体，但仍属于种的范围，不同亚种之间可以繁殖。

目前物种的命名，在国际上是用林奈首创的“双名法”，规定用拉丁或拉丁化的文字表示。即每一个学名应包括属名和种名，属名在前，为单数主格名词，第一个字母大写；种名在后，多为形容词，第一个字母小写；命名人附在后，第一个字母大写；最后为命名时间。如果种内有不同的亚种，则用“三名法”命名，即在种名后加上第三个拉丁字或亚种名。学名用斜体表示，但命名人和时间不用斜体。

例如，全国各地均常见的鸟类喜鹊的学名为：*Pica pica* Linnaeus，1758。

东亚飞蝗的学名为：*Locusta migratoria manilensis* Meyen，1835。

东北虎是虎的一个亚种，其学名为：*Panthera tigiris altaica* Temminck，1844。

1.5.4 动物的分门

人们根据动物体组成的细胞数量及其分化、体型、胚层、体腔、体节、附肢及其内部器官的布局和特点等，将动物界分为若干门。鉴于种以上阶元既具有客观性又具有主观性，学者们对动物门的数量及其系统演化地位尚无统一意见，并根据新的发现不断提出新观点。例如，动物学教材中通常介绍原生动物门，其实它隶属原生生物界（五界系统）或单独为一界（八界系统），传统上原生动物门分为4个纲，目前在不同的分类系统中可分为7~18个门。

近年来，还不断有新的动物门类被发现和描述，例如，1995年发现了环口动物门（Cycliophora）和2000年描述了微颚动物门（Micrognathozoa）等。除了动物门的数量有争议，其系统演化关系的争议更多。早期的动物系统演化关系主要依据形态学数据，近年来发育生物学以及分子生物学特征，特别是基因组和转录组数据在解析动物门类之间的系统发育关系方面发挥了关键作用。例如，传统观点认为环节动物和节肢动物关系密切，新的研究进展支持线虫和节肢动物的关系更为密切，共同构成蜕皮动物（Ecdysozoa）这一单系；而环节动物和软体动物的关系较为密切，与其他一些小门类共同构成螺旋卵裂动物（Spiralia）。此外，传统认为体腔等复杂特征不太可能独立演化多次，然而新的证据表明体腔演化了多次，原腔动物各门类之间的亲缘关系较远，应分别划入螺旋卵裂动物和蜕皮动物中。已知动物的主要门类及其物种数见表1-3，需要指出的是，随着新的动物类群（物种）的发现和描述，整体上动物类群和物种的数量还在不断增加。

小结

生物的分界系统有不同的观点，其中以五界系统的应用较为广泛，因为它反映了生物演化的基本阶段和不同的营养方式；动物学是研究动物的形态、结构、分类、生命活动与环境的关系及发生发展规律的科学；动物学史反映了社会发展的变迁；动物学的基本研究方法为观察描述法、比较法、实验法和综合研究法；现代动物分类是以动物形态或解剖的相似性和差异性的总和为基础，根据古生物学、比较胚胎、比较解剖、比较生理生化及分子细胞生物学上的许多证据为依据，基本上能反映动物界的自然亲缘关系；动物分类系统中有界、门、纲、目、科、属和种7个基本分类阶元；种是客观的，统一用“双名法”进行命名；目前，对动物界门的数量和系统关系尚有争议。

思考题

1. 动物学的定义是什么？研究动物学的目的、任务是什么？
2. 生物分界的理论依据是什么？目前最多可把生物分为几界？
3. 古今中外对动物学的发展有突出贡献的科学家主要有哪些人？并简述其事迹。
4. 概述动物学今后的发展方向。
5. 何谓双名法、物种、亚种？动物界主要的门有哪些？

数字课程学习

☐ 教学视频　☐ 教学课件

☐ 思考题解析　☐ 在线自测

（时磊，李长玲）

第2章 动物体的结构基础

2.1 细胞

显微镜的发明使生物体的微观研究成为可能。

2.1.1 从细胞的发现到细胞学说的建立

从1665年英国物理学家罗伯特·胡克（Robert Hooke）发现细胞到1839年细胞学说的建立，经历了170多年。在此期间，科学家对动、植物的细胞及其内容物进行了广泛的研究，积累了大量资料。1759年沃尔夫（Wulf）在《发生论》一书中已清楚地描述了组成动、植物胚胎的“小球”和“小泡”，但还不了解其意义和起源的方式。1805年德国生物学家奥肯（Oken）也提出过类似的概念。1833年英国植物学家布朗（Brown）在植物细胞内发现了细胞核；接着又有人在动物细胞内发现了核仁。

到19世纪30年代，已有人注意到植物和动物在结构上存在某种一致性，它们都由细胞组成，并且对单细胞生物的构造和生活也有了相当多的认识。在此背景上，施莱登1838年提出了细胞学说的主要论点，翌年施旺提出“所有动物也是由细胞组成的”，对施莱登提出的“所有的植物都是由细胞组成的”的观点进行了补充。这就是细胞学说（cell theory）的基础。20年后另一位德国学者魏尔肖（Virchow）提出了另一个重要的论断：所有的细胞都必定来自已存在的活细胞。至此，形成了比较完备的细胞学说。其核心内容是：①细胞是有机体。一切动、植物都是由细胞发育而来，并由细胞和细胞产物所构成。②每个细胞作为一个相对独立的基本单位，既有它们“自己的”生命，又与其他细胞协调地集合，构成生命的整体，按共同的规律发育，有共同的生命过程。③新的细胞由已存在的细胞分裂而来。

2.1.2 细胞的基本概念

细胞是生命体结构和功能的基本单位，有了细胞才有完整的生命活动。

（1）细胞的一般特征

细胞个体一般较微小，通常要用显微镜才能看到由半透膜与外界分开的原生质团，常以微米（μm）计量其大小[少数例外：如一些鸟卵，不含卵清直径可达几厘米（cm）。世界上现存最大的细胞为鸵鸟的卵]。细胞的形态结构与功能也是千差万别的，如：游离的细胞（如血细胞）多为球状或椭球状，相互之间紧密连接的细胞呈扁平、方形或柱状等；具收缩机能的（如肌细胞）多呈纤维形或纺锤形；具传导机能的（如神经细胞）为星形且多有长突起等（图2-1）。

多种多样的动物细胞在形态结构及功能上具有共同特征。形态结构上都具有细胞膜、细胞质（含各种细胞器）和细胞核。构成原核生物的细胞（如细菌和蓝藻）没有以核膜为界的细胞核，也没有核仁，只有拟核，演化地位较低，称为原核细胞（prokaryotic cell）（图2-2A）。核具有明显的被膜所包围的细胞则称为真核细胞（eukaryotic cell）（图2-2B）。功能方面的共同特征表现为：①对能量的利用和转变，如将化学能转变为热能等，以维持细胞各项生命活动的需求；②能够进行新陈代谢，实现对物质的合成与分解，如利用小分子物质合成生命所必需的大分子物质（如核酸和蛋白质等）；③具有自我复制和繁殖的能力，如通过对遗传物质的复制以及分裂增殖方式，可将遗传物质精确地传递给子细胞，使生命得以延续；④在多细胞生物中，细胞与细胞之间相互协调，共同完成整个生命体的活动。

（2）细胞的化学组成

细胞的形态和机能多种多样，化学成分也各有差别，但其基本组成元素是一致的。自然界存在的

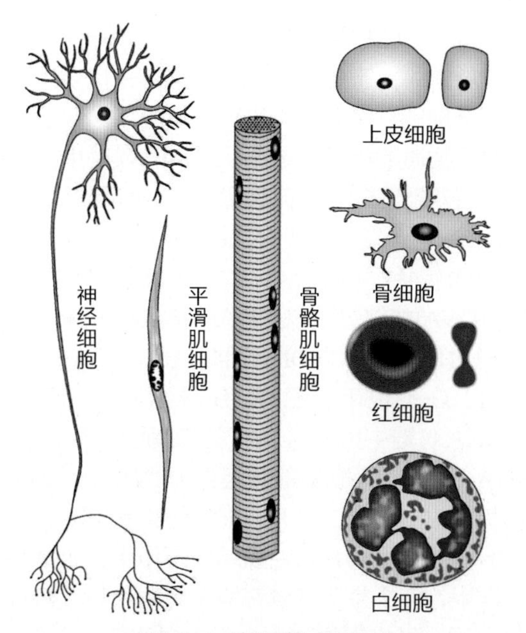

图 2-1 几种动物细胞

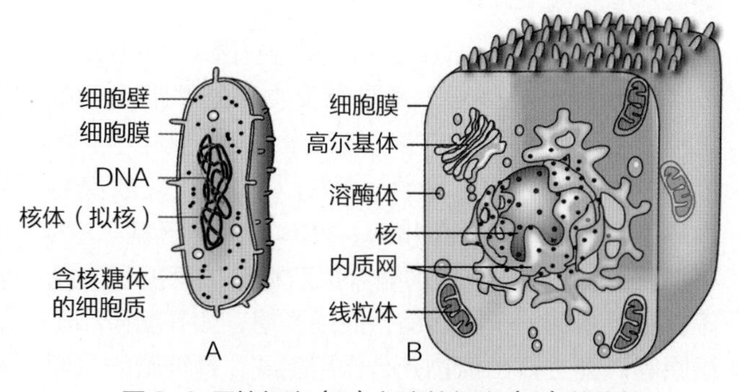

图 2-2 原核细胞（A）与真核细胞（B）的比较

原核细胞约为真核细胞大小的 1/10

107种元素中，细胞中有24种，是维持生命活动所必需的。其中对生命起决定作用的元素主要有6种：碳（C）、氢（H）、氧（O）、氮（N）、磷（P）、硫（S）。另外不可缺少的元素有：钙（Ca）、钾（K）、钠（Na）、氯（Cl）、镁（Mg）、铁（Fe）、锰（Mn）、碘（I）、钼（Mo）、钴（Co）、锌（Zn）、硒（Se）、铜（Cu）、铬（Cr）、锡（Sn）、钒（V）、硅（Si）和氟（F）18种。这些化学元素构成细胞所需要的无机和有机化合物。

水是无机离子和其他物质的自然溶剂，同时也是细胞代谢不可缺少的。

最基础的生物小分子物质是核苷酸、氨基酸、脂肪酸和单糖，进而构成核酸、蛋白质、脂质和多糖等重要的生物大分子。据分析，动物细胞含65%~95%的水、10%~20%的蛋白质、2%~3%的脂质、1%核酸、1%糖类和1%无机物。这些物质在细胞内各有其独特的生理机能，其中蛋白质、核酸、脂质和糖类在细胞内常常彼此结合，组成更复杂的大分子，如核蛋白、脂蛋白、糖蛋白和糖脂等。蛋白质和核酸在细胞内占有极其重要的地位。

①**蛋白质**（protein） 生命的物质基础。机体中每个细胞的所有重要组分都有蛋白质参与。氨基酸是组成蛋白质的基本单位，以约20种氨基酸为原料，在细胞质中的核糖体上，一个氨基酸分子的氨基与另一个氨基酸分子的羧基，脱去一分子水而连接起来，这种结合方式称为脱水缩合。通过缩合反应，在羧基和氨基之间形成肽键。由肽键连接氨基酸形成多肽。蛋白质是由一条或几条多肽链组成的生物大分子，每一条多肽链有几十至数百个氨基酸残基不等。蛋白质多肽链中氨基酸的排列顺序，以及二硫键的位置构成蛋白质的一级结构；多肽链沿一定方向盘绕和折叠构成二级结构；在二级结构基础上借助各种次级键卷曲折叠成特定的、具有一定空间构象的分子，成为三级结构；多亚基蛋白质分子中各具有三级结构的多肽链以适当的方式聚合形成的蛋白质三维结构即四级结构（图2-3）。蛋白质一般要形成四级结构才具有功能。

组成蛋白质的氨基酸在数量和排列上的千变万化，使蛋白质的分子结构极为复杂多样，其特性也随之多种多样。结构的细微差异都能影响到机能，如：镰状细胞贫血（sickle cell anemia）患者的血红蛋白含有574个氨基酸，与正常血红蛋白的差别只是一个谷氨酸被一个缬氨酸分子所替代，结果造成红细胞生理行为改变，成为致命的疾病。

1965年，我国科学家在世界上首次用化学方法合成了具有全部生物活性的结晶牛胰岛素。人工合成蛋白质的成功，标志着人类在认识生命、揭开生命奥秘的伟大历程中又迈进了一大步。2001年的*Science*杂志已把蛋白质组学列为6大研究热点之一，其“热度”仅次于干细胞研究。截至2018年11月，蛋白质晶体结构数据库（protein data bank，PDB）中已存有143 368个原子分辨率的蛋白质及其相关复合物的三维结构。

②**核酸**（nucleic acid） 基本的遗传物质，在生物生长、发育、遗传和变异等重大生命现象中起决定作用。根据化学组成不同，核酸可分为脱氧核糖核酸（deoxyribonucleic acid，DNA）和核糖核酸（ribonucleic acid，RNA）。DNA是储存、复制和传递遗传信息的主要物质基础，可比喻为“蓝图”。

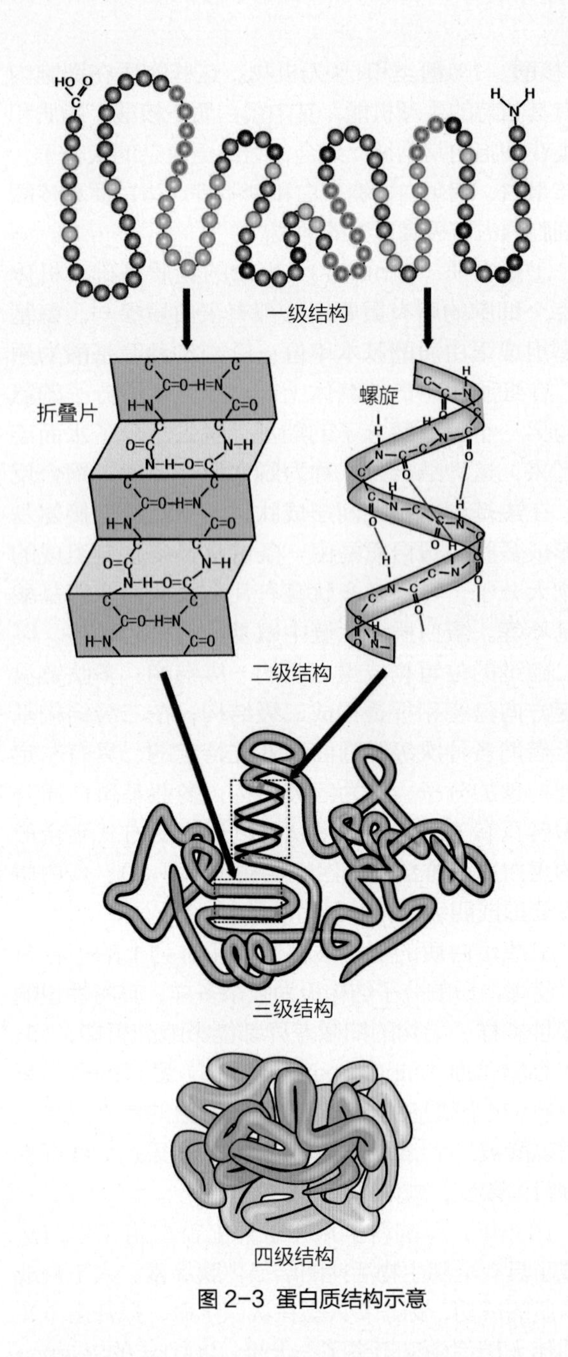

图 2-3 蛋白质结构示意

RNA在蛋白质合成过程中起重要作用，其中转运核糖核酸（tRNA）起携带和转移活化氨基酸的作用，信使核糖核酸（mRNA）是蛋白质合成的模板，核糖体核糖核酸（rRNA）构成蛋白质合成的主要场所。

构成核酸的基本单位是核苷酸。核酸的多样性由核苷酸排列顺序的多样性决定，最终导致了蛋白质的多样性。1个核苷酸由1个五碳糖（或脱氧五碳糖）、1个含氮碱基（嘌呤或嘧啶）和磷酸结合而成。DNA分子是由2条核苷酸链以A（腺嘌呤）-T（胸腺嘧啶）、G（鸟嘌呤）-C（胞嘧啶）互补配对原则所构成的双螺旋结构。在复制过程中碱基间的氢键首先断裂（依赖解旋酶），双螺旋结构解旋分开，每条链分别作模板合成新链。由于子代DNA的一条链来自亲代，另一条是新合成的，故称之为半保留复制。半保留复制保证了遗传物质的相对稳定性。RNA一般是单链线形分子，也有双链的如呼肠孤病毒RNA、环状单链的如类病毒RNA；还有人发现有支链的RNA分子。RNA的碱基主要有4种，即A、G、C和U（尿嘧啶）。其中U取代了DNA中的T而成为RNA的特征性碱基。RNA的碱基配对原则基本与DNA相同，但除了A-U、G-C配对外，G-U也可以配对。DNA指导蛋白质合成，是由DNA双链中的一条链根据碱基配对原则转录为mRNA，由tRNA把氨基酸运到mRNA上，以mRNA为模板合成的（图2-4）。虽然核酸指导蛋白质的合成，但核酸不能离开蛋白质单独起作用，而是共同结合起作用，每个生化步骤都需要有酶参与，酶本身就是蛋白质。恩格斯说“生命是蛋白体的存在形式”，现代科学揭示“蛋白体”主要是由核酸和蛋白质组成的复杂体系。

③糖类（carbohydrate） 多羟基醛（aldehyde）或多羟基酮（ketone）及其缩聚物和某些衍生物的总称。由于糖类由碳、氢和氧元素构成，其化学式类似于“碳”与“水”聚合，即$C_x(H_2O)_y$，故又称为碳水化合物。葡萄糖的x、y值均为6（己糖），为单糖。2个单糖分子脱水缩合成双糖，如蔗糖和乳糖等。多个单糖分子脱水缩合而成多糖，如肝糖原和肌糖原等。糖主要由植物光合作用生成，是细胞的主要能源，也是构成细胞的组分。

④脂质（lipid） 比较重要的脂质有真脂（即甘油酯）、磷脂及固醇三大类。最简单的脂由甘油和脂肪酸构成。脂质是能源物质（每克脂肪要比每克糖或蛋白质多供应1倍以上的热能），也是细胞各种结构的组分，尤其是细胞的膜系统，主要由蛋白质和磷脂组成。

2.1.3 细胞的结构

动物细胞由细胞膜、细胞质和细胞核构成，细胞质内有各种细胞器。

（1）细胞膜或质膜

细胞膜（cell membrane 或 plasma membrane，plasmolemma）指包围在细胞表面极薄的膜。水和O_2等小分子物质能自由通过，而某些离子和大分子物质则不能自由通过。膜除了起保护作用外，还具有控制物质进出细胞的功能：既不让有用物质任意地渗出细胞，也不让有害物质轻易地进入细胞。

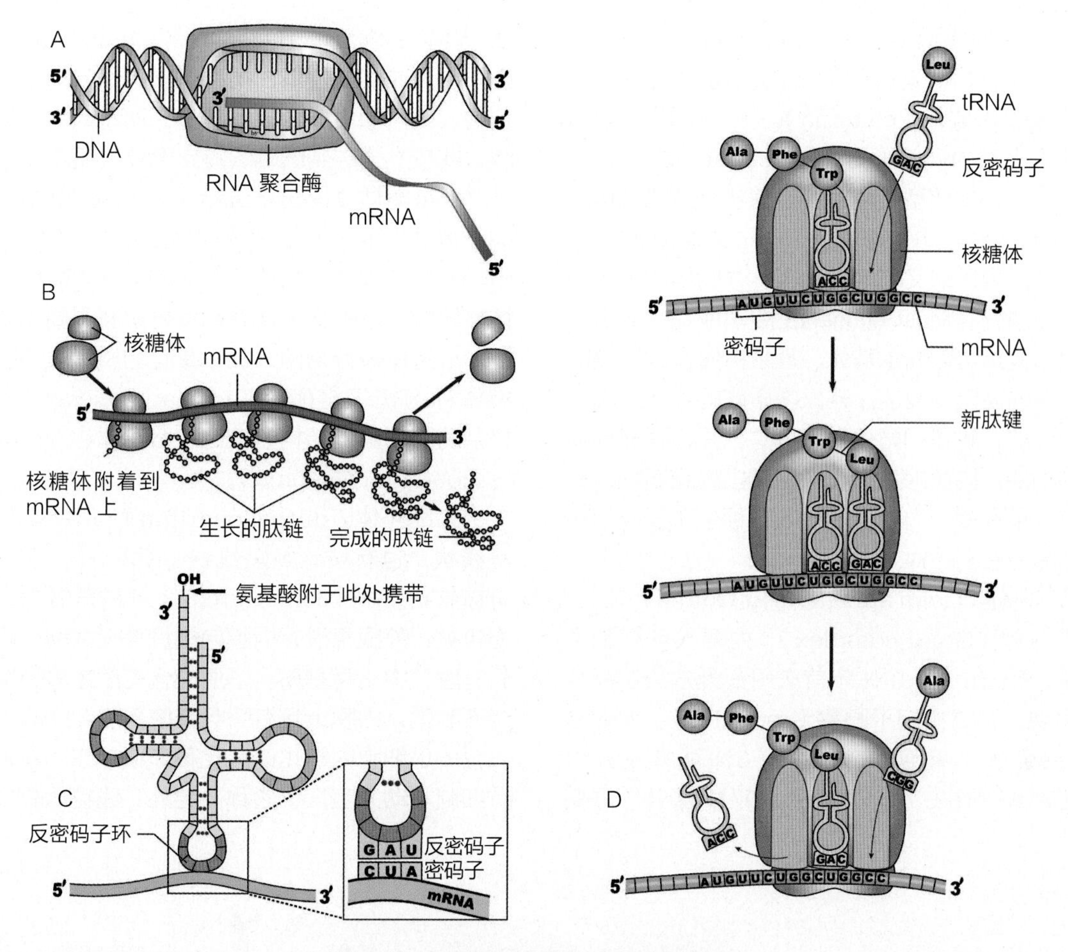

图 2-4 DNA 转录及蛋白质合成过程示意

A. 从 DNA 模板转录为 mRNA 前体；
B. 肽链的形成，随着核糖体沿 mRNA 5' 至 3' 方向移动，氨基酸逐步地被加上形成多肽链；
C. tRNA 分子结构示意，其反密码子环上有与 mRNA 上的密码子互补的碱基，其余两个环用于在肽链合成过程中结合核糖体，在 tRNA 合成酶作用下，氨基酸加到其单链 3' 端；
D. 多肽链在 mRNA 及核糖体中合成的过程

细胞膜在光学显微镜下不易分辨。用电子显微镜观察，厚度一般为7~10 nm，主要由蛋白质分子和脂质分子构成（图2-5）。膜的主体是磷脂双分子层，这是细胞膜的基本骨架。在磷脂双分子层的内、外侧有许多球形的蛋白质分子，它们以不同深度镶嵌在磷脂分子层中，或覆盖在表面。这些磷脂分子和蛋白质分子大都可以流动，可以说，细胞膜具有一定的流动性。细胞膜的这种结构特点，对于它完成各种生理功能非常重要。膜上的各种蛋白质，特别是酶，对多种物质出入膜起关键作用。同时细胞膜还有信息传递、代谢调控、细胞识别与免疫等多种功能。

（2）细胞质

细胞膜包着的黏稠透明物质为细胞质（cytoplasm）。其中可看到一些大小不等的折光颗粒，是细胞器（organelle）和内含物（inclusion）。细胞器具有一定的结构和功能，是细胞生命活动不可缺少的。内含物是细胞的代谢产物或是进入细胞的外来物。除去细胞器和内含物，剩下的均质、半透明的胶体物质，称为基本细胞质或细胞质基质。细胞质中包含的几种重要的细胞器分别介绍如下：

①内质网（endoplasmic reticulum，ER） 细胞质内由膜组成的一系列小管、小囊和膜层结构彼此相通形成一个隔离于细胞质基质的管道系统即内质网，它普遍存在于动、植物细胞中（哺乳动物的成熟红细胞除外），在不同类细胞中，其形状、排列、数量和分布不同，即使在同种细胞的不同发育期也不同。但在各型成熟细胞内，内质网有一定的形态特征，主要分两类（图2-6）：一类膜上附着核

糖体颗粒，称为糙面内质网（rough endoplasmic reticulum，RER）。这种类型的内质网常呈扁平囊状，有时也膨大成池（cisterna）。另一类没有核糖体附着，称光面内质网（smooth endoplasmic reticulum，SER），该型的膜系多呈管状，彼此连接成网。糙面内质网与光面内质网在同一个细胞内常彼此连接，而糙面内质网又与核膜相连，共同构成细胞膜系统的主要成分。糙面内质网的主要功能是合成蛋白质，并把它们运送到高尔基体。凡蛋白质合成旺盛的细胞，糙面内质网便发达。光面内质网的功能与脂质和糖类的合成、解毒和同化作用有关，并且具有运输蛋白质的功能。内质网扩大了细胞质内的膜面积，其膜上附有的多种酶，为生命活动的各种生化反应的正常进行创造了有利条件。

②**高尔基体**（Golgi apparatus 或 Golgi body）、高尔基复合体（Golgi complex） 为意大利细胞学家高尔基（Golgi）于1898年首次用银染方法在神经细胞中发现。它是由扁平膜囊（saccules）、大囊泡（vacuoles）和小囊泡（vesicles）3种基本成分组成的囊泡系统（图2-7）。几个大扁平膜囊平行重叠在一起，小囊分散于大扁平膜囊的周围。高尔基体将内质网合成的多种蛋白质和脂质等进行加工、分类和包装，或再加上其合成的糖类，形成糖蛋白转运出细胞，或按类分送到细胞的特定部位（图2-8）。

③**溶酶体**（lysosome） 为真核细胞中单层膜包被的囊状结构，内含多种水解酶，可消化分解多种内、外源性大分子物质。对消解机体内的死亡细胞、排除异物、保护机体及胚胎发育都有重要作用。传统上，溶酶体被分为两大类：具有均质基质的颗粒状溶酶体称为初级溶酶体（primary lysosome），含有复杂的髓磷脂样结构的液泡状溶酶体称为次级溶酶体（secondary lysosome）。

④**线粒体**（mitochondrium） 形状多样，一般呈线状，也有粒状或短线状（图2-9）。在活细胞中可被詹纳斯绿（Janus green）染成蓝绿色。由两层膜包被，外膜平滑，内膜向内折叠形成嵴，两层膜之间有腔，中央是基质。基质内含有三羧酸循环所需的全部酶类，内膜上具有呼吸链酶系及ATP酶复合体。线粒体是细胞内氧化磷酸化和形成ATP的主要场所，有细胞“动力工厂”之称。另外，线粒体有自身的遗

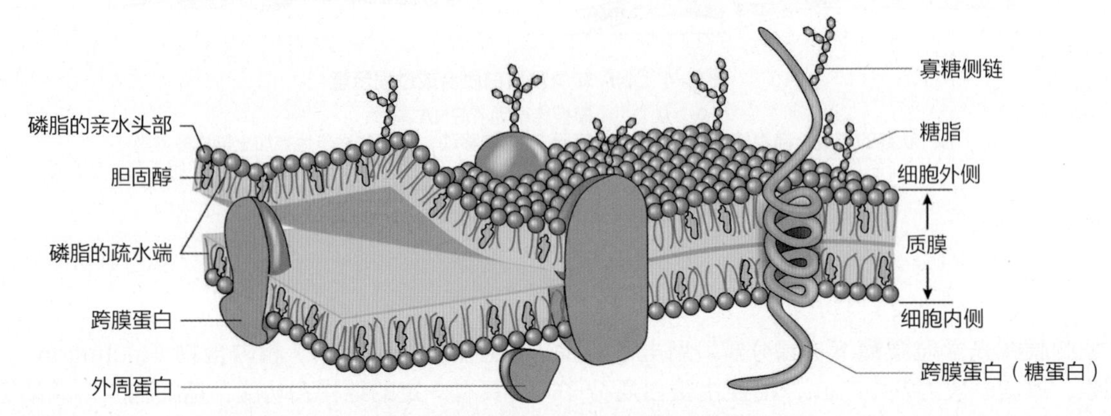

图 2-5 质膜结构，图示流体镶嵌模型

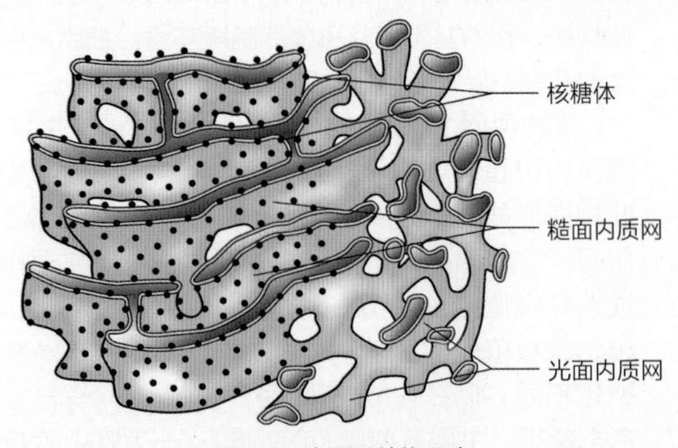

图 2-6 内质网结构示意

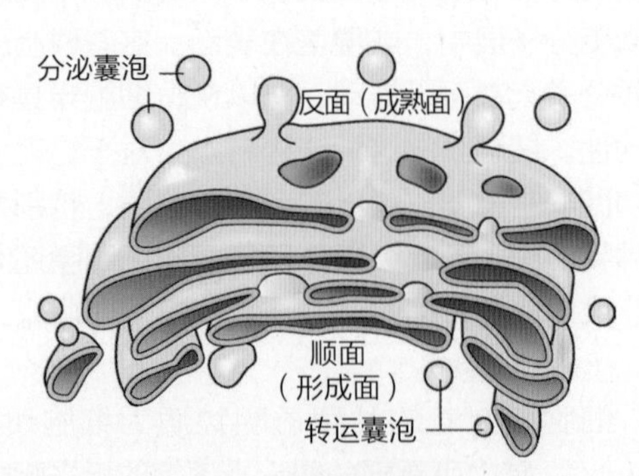

图 2-7 高尔基体示意

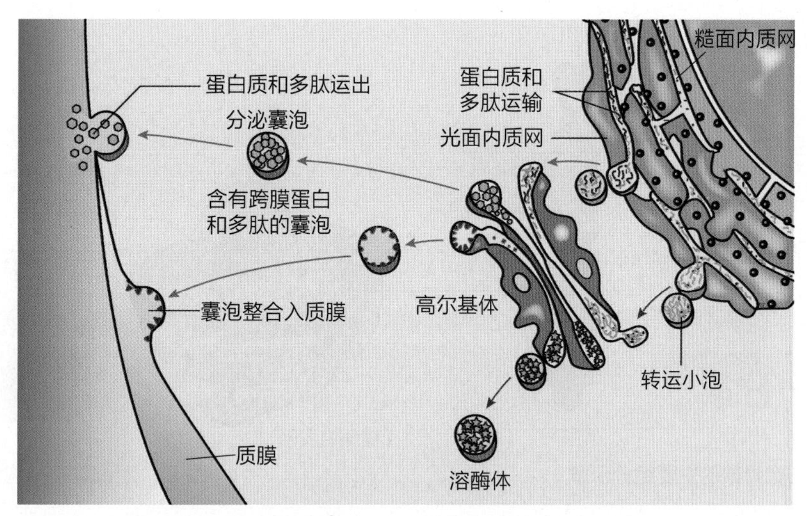

图 2-8 真核细胞组装、隔离和分泌多肽和蛋白质，形成溶酶体或整合入质膜的系统示意

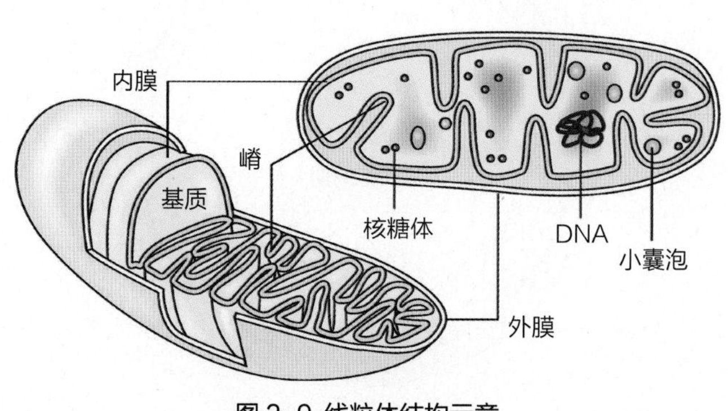

图 2-9 线粒体结构示意

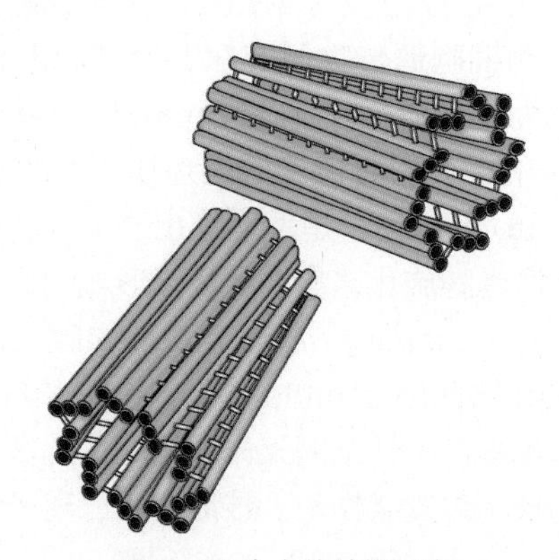

图 2-10 中心体结构示意

传体系，是一种半自主性细胞器。其基因组DNA的基因数量有限。

⑤**中心粒**（centriole） 中心体的位置固定，是具有极性的结构。在光学显微镜下可能看到一个或一对颗粒状结构，电子显微镜下，每一颗粒是一对互相垂直的圆柱状小体即中心粒（图2-10），它由9组小管状的亚单位组成，每个亚单位一般由3条微管构成，这些微管的排列方向与柱状体的纵轴平行。基粒和中心粒结构类似，它们都是细胞的微管组织中心。中心粒的功能与细胞有丝分裂过程中纺锤体形成有关，基粒与纤毛和鞭毛微管的形成有关。

在细胞质内除上述结构外，还有微丝（microfilament）、微管（microtubule）和中间丝（intermediate filament）等结构（图2-11）共同构成细胞骨架，以维持细胞的形状，同时也参与细胞的运动和物质运输。此外，细胞质内还有各种内含物，如糖原、脂质、结晶和色素等。

（3）细胞核

细胞核（nucleus）是真核细胞中最大的、重要的膜包被细胞器，是遗传物质的主要存在部位，也是细胞的控制中心，在细胞的代谢、生长、发育和分化中起决定作用。细胞核的形状多种多样，但均由核膜（nuclear membrane 或 nuclear envelope）、核仁（nucleolus）、染色质（chromatin）、核骨架（nuclear matrix 或 nuclear skeleton）和核液构成（图2-12）。

核膜为双层膜结构。它使核成为细胞中相对独立的体系，使核内环境相对稳定，控制核内、外物质交换和信息传递。核膜上有直径50~80 nm的圆形核孔穿通，孔占膜面积的8%以上。外核膜表面有核糖体附着，并与糙面内质网相连续。核仁为球形小体，没有界膜，1至多个，是核内生产核糖体的机器，所有真核生物的rRNA的转录都是在核仁中完成的，其过程是由rDNA转录成rRNA，rRNA再与来自细胞质的蛋白质结合，进而加工、改造成核糖体的前体，然后

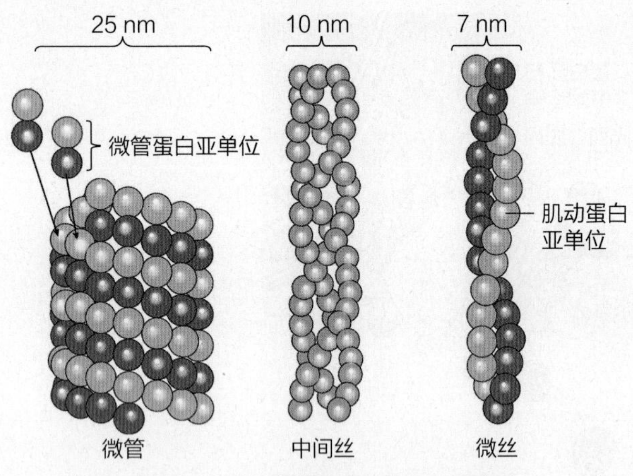

图 2-11 细胞骨架的主要组分示意

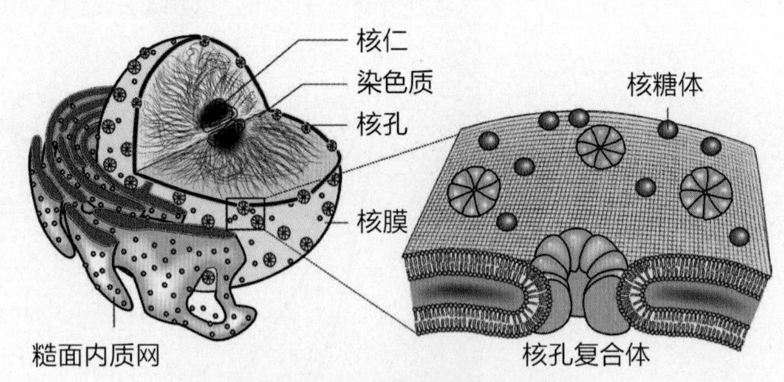

图 2-12 细胞核结构示意

输出到细胞质。**染色质**是指间期细胞核内由DNA、组蛋白、非组蛋白及少量RNA组成的线性复合结构，是间期细胞遗传物质存在的形式。着色浅的染色质，称为常染色质（euchromatin），是核中进行RNA转录的部分；着色深的染色质，称为异染色质（heterochromatin），是功能静止的部分。细胞分裂时，染色质丝螺旋化，盘绕折叠，形成明显可见的染色体（chromosome）。**核骨架**由核内膜下的纤维蛋白片层或纤维网络（nuclear lamina，核纤层）、核孔复合体和核内的纤维网架体系构成，含多种蛋白质分子，为核提供支架作用。核液含水、离子和酶等无形成分。

（4）细胞周期

细胞周期是20世纪50年代细胞学上的重大发现之一。细胞从一次分裂结束产生新细胞到下一次分裂结束所经历的全过程称为细胞周期（cell cycle）（图2–13），分为间期（interphase）和分裂期（divison phase）两个阶段。两次细胞分裂之间的时期称为分裂间期。分裂间期又根据DNA的复制与否分为3个时期：①G_1期（presynthetic phase，合成前期），从有丝分裂到DNA复制前的一段时期，主要合成RNA和功能蛋白。②S期（synthesis phase，合成期），此期除合成DNA外，还合成组蛋白及DNA复制所需的酶。③G_2期（postsyn–thetic phase，合成后期），是有丝分裂的准备期，大量合成结构蛋白。

在整个细胞周期中，分裂间期与分裂期历时比大致是（10~20）：1。有的细胞分裂后，不再进入细胞周期，称为G_0期。在某些刺激下，如创伤愈合或遇到生长素时，G_0期细胞又可能重新开始生长分裂。G_0期细胞可能是药物作用的盲点，也可能与疾病复发相关。

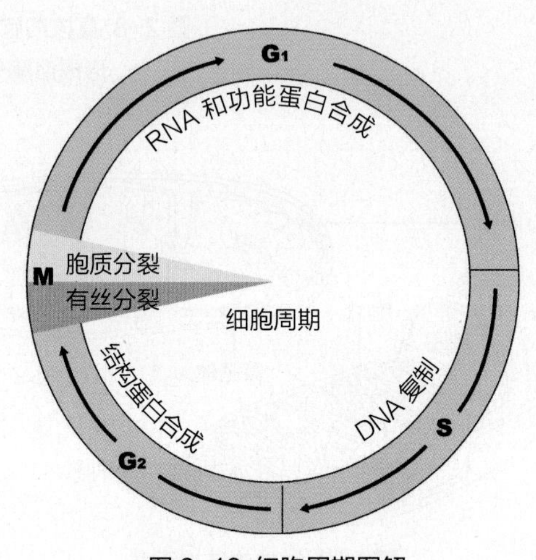

图 2-13 细胞周期图解

（5）细胞分裂

单细胞生物中细胞分裂就是个体的繁殖，多细胞生物中细胞分裂是个体生长、发育和分化的基础。细胞分裂方式可分为无丝分裂、有丝分裂和减数分裂3类。

①**无丝分裂**（amitosis）亦称直接分裂，是最早发现的、比较简单的一类细胞分裂方式。一般是从核仁开始延长横裂为二，接着核延长，中间缢缩，分裂成2个核；同时，细胞质也随着拉长并分裂，结果形成2个细胞（图2–14）。无丝分裂在低等植物中普遍存在，在高等植物营养丰富的部位也很普遍。动物中主要见于高度分化的细胞，如肝细胞和肾上腺皮质细胞等。

②**有丝分裂**（mitosis）又称间接分裂，是最普遍、最常见的一类分裂方式。为了描述与研究方便，习惯上一般按先后顺序划分为前期、中期、后期和末期4个时期（图2–15）。

前期（prophase） 自分裂期开始到核仁、核膜解体为止。核体积增大，染色质丝逐渐缩短变粗，形成染色体，每条染色体由两条染色单体（chromatid）

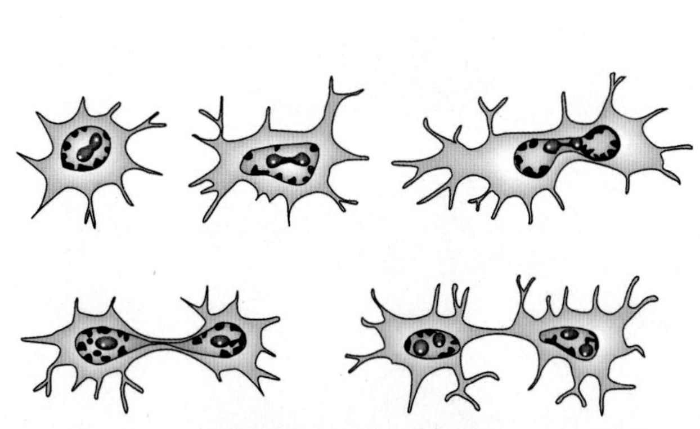

图 2-14 无丝分裂过程示意

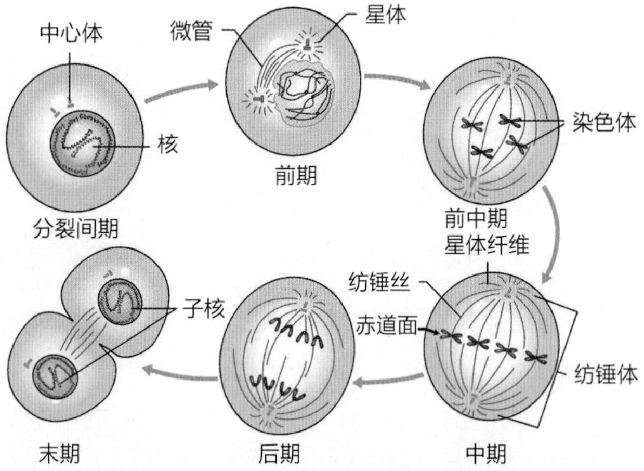

图 2-15 动物细胞有丝分裂图解

螺旋细丝所组成。核仁逐渐消失；前期末核膜破裂，染色体散于细胞质中。中心体开始向细胞的两极移动并在其周围出现星体纤维称为星体，同时在两星体之间出现一些呈纺锤状的细丝组合称为纺锤体（spindle），每条细丝称为纺锤丝（spindle fiber）。在纺锤丝的牵引下，染色体逐渐向细胞中央移动，直至排列到细胞的赤道面上，进入中期。

中期（metaphase） 从染色体排列到赤道面上到染色单体开始分向两极之前。动物细胞的染色体在赤道面上一般呈辐射状排列在纺锤体的周围，并处于不断摆动状态。此期纺锤体达最大程度。染色体浓缩变粗，显示出该物种所特有的数目和形态。因此中期适于做染色体的形态、结构和数目的核型分析。中期时间较短，当染色体的着丝点分裂，两个染色单体分开，分裂即进入后期。

后期（anaphase） 染色单体分开并移向两极。分开的染色单体称为子染色体（daughter chromosome）。子染色体到达两极时后期结束。同一细胞内的各条子染色体都差不多以同样速度同步移向两极，其移动靠纺锤体的活动来实现。

末期（telophase） 从子染色体到达两极开始至形成两个子细胞为止。此期的主要过程是子核的形成和细胞质的分裂。子核的形成大体上经历与前期相反的过程：到达两极的子染色体解螺旋，形成染色质丝，在其周围集合核膜成分，融合而成子核的核膜，随着子核的重新组成，核内出现核仁。随后胞质分裂，动物和某些低等植物细胞的胞质分裂以缢缩或起沟的方式完成，随着缢缩或沟逐渐加深，细胞体最后一分为二。

有丝分裂的重要意义是将亲代细胞的染色体经过复制（实质为DNA的复制）以后，精确地平均分配到两个子细胞中去。从而在亲代和子代之间保持了遗传性状的稳定。

③**减数分裂**（meiosis）仅发生在生命周期的某一阶段，可分为3种主要类型：一是合子减数分裂（zygotic meiosis），也称初始减数分裂（initial meiosis），减数分裂发生在受精卵开始卵裂时，最终形成具有半数染色体数目的有机体。这种减数分裂仅见于真菌和某些原核生物等少数低等生物中。二是孢子减数分裂（sporic meiosis），也称中间减数分裂（intermediate meiosis），发生在孢子形成时，即在孢子体和配子体世代之间，是高等植物的特征。三是配子减数分裂（gametic meiosis），也称终端减数分裂（terminal meiosis），是一般动物的特征，这种减数分裂发生在配子形成时，结果形成精子和卵（图2-16）。

雄性动物中，1个精原细胞变为初级精母细胞（primary spermatocyte）（$2n$）后减数第一次分裂为2个次级精母细胞（secondary spermatocyte）（n），2个次级精母细胞再通过减数第二次分裂，形成4个精细胞（spermatid）（n）。精细胞经一系列的变形，形成成熟的精子（spermatozoon）（n）。雌性动物中，1个卵原细胞发育成1个初级卵母细胞（primary oocyte）（$2n$）后经过减数第一次分裂形成1个第一极体和1个次级卵母细胞（secondary oocyte）（n），次级卵母细胞再经减数第二次分裂形成1个卵细胞（egg cell）（n）和1个极体（小），同时，第一极体分裂为2个极体（小），1个卵原细胞经减数分裂最终形成1个成熟的卵细胞和3个不孕的极体。这种不平均的分裂使卵细胞有足够的营养以供胚胎发育的需要，而极体则

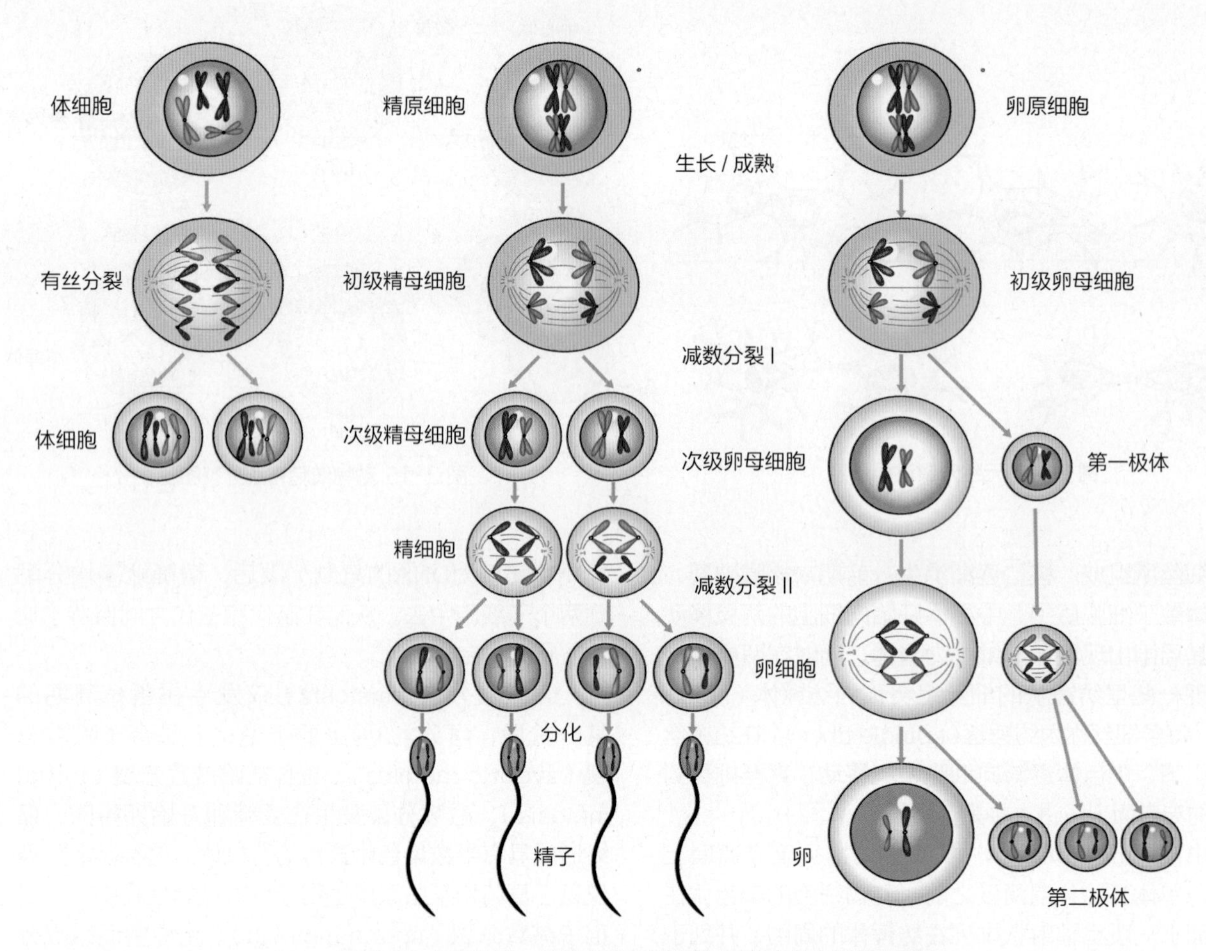

图 2-16 有丝分裂、减数分裂及精卵细胞的形成过程比较图解

失去受精发育能力，所以卵的数量不如精子多。

减数第一次分裂是同源染色体（homologous chromosome）分开，染色体数目减半，减数第二次分裂是染色单体（chromatid）分开，染色体的数目不变，与有丝分裂类似（图2-16）。这样最终形成的配子为单倍体。受精时雌雄配子结合，恢复亲代染色体数，从而保持物种染色体数目的恒定。减数分裂过程中，染色单体之间可能发生交换和重组等，使子代的遗传信息产生一定的变异。

细胞分裂是生物生长、发育、分化和繁殖的基础。无论多么复杂的有性生物体，都是由受精卵经细胞分裂、生长、发育和分化形成不同的组织，在不同的组织基础上进一步构成器官、器官系统，多个器官系统共同构成了协调的生物体。

2.2 组织

组织（tissue）是由一些形态相同或类似（或不同）、机能相同或密切相关的细胞群及其分泌物（细胞间质）构成的有一定形态，能完成一定机能的结构。生物体的演化程度越高，组织分化就越明显。通常人们把动物组织归纳为4大类：上皮组织（epithelial tissue）、结缔组织（connective tissue）、肌肉组织（muscular tissue）和神经组织（nervous tissue）。

2.2.1 上皮组织

上皮组织又称为上皮，由紧密排列的上皮细胞和少量细胞间质构成，有游离面和基底面之分。上皮呈膜状，大部分覆盖于机体和器官外表面或衬贴于有腔器官的腔面；也有分布于感觉器官内，或者形成腺体的。有的器官（如汗腺和乳腺等）的一些上皮细胞特化为有收缩能力的细胞，称为肌上皮细胞（myoepithelial cell）。上皮具有保护、吸收、排泄、分泌和呼吸等多种功能。依分布和功能的不同，可将上皮分为被覆上皮、腺上皮和感觉上皮等。

（1）被覆上皮

被覆上皮（cover epithelium）分布最广，覆盖在机体的内、外表面。根据细胞层数的不同，分为单层上皮（含一层细胞）和复层上皮（含多层细胞），又根据细胞形状的不同，再分为扁平、立方和柱状上皮等（图2–17）。无脊椎动物的体表上皮通常是单层的，脊椎动物的体表上皮通常是复层的，且外表面的几层细胞多角质化并经常脱落，由基底层的细胞增生加以补充。上皮细胞又因适应不同的机能，有的细胞游离面形成纤毛（如呼吸道的纤毛上皮），有的形成微绒毛（如肾近曲小管上皮的刷状缘和小肠柱状上皮的纹状缘）等。

（2）腺上皮

腺上皮（glandular epithelium）由具有分泌机能的腺细胞（gland cell）组成，大多属单层立方上皮。根据有无导管分为：外分泌腺（exocrine gland），分泌物通过导管排到腺体腔或体外；内分泌腺（endocrine gland），不经过导管而将分泌物直接分泌到血液或淋巴中。根据腺细胞的数量分为：单细胞腺和多细胞腺。根据导管有无分支分为：单管状腺和复管状腺（图2–18）。根据分泌部形状分为：管状腺、泡状腺和管泡状腺。根据分泌物性质分为：浆液性腺、黏液性腺和混合腺等。

腺细胞分泌物的排出方式主要分为：全浆分泌、局浆分泌和顶浆分泌（图2–19）。

（3）感觉上皮

感觉上皮（sensory epithelium）主要由感觉细胞和支持细胞构成，具有感受刺激的机能。如：嗅觉上皮（图2–20）、味觉上皮、视觉上皮和听觉上皮等。

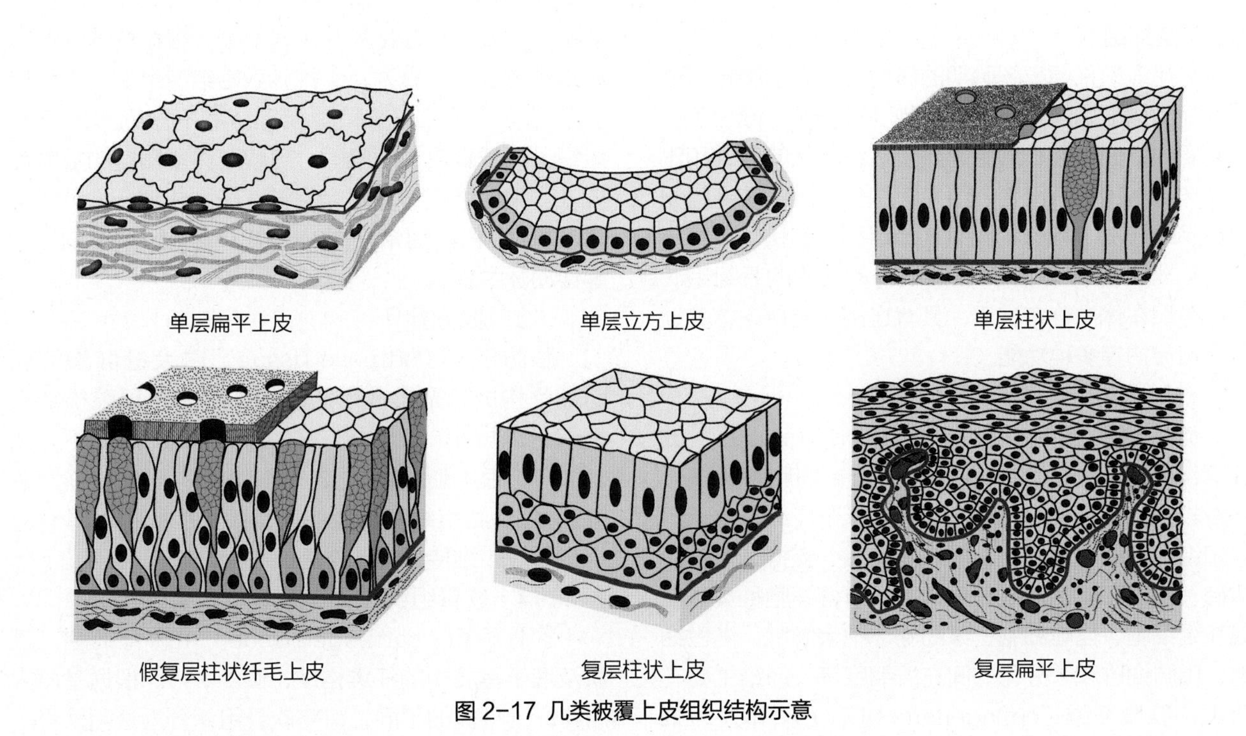

图 2–17 几类被覆上皮组织结构示意

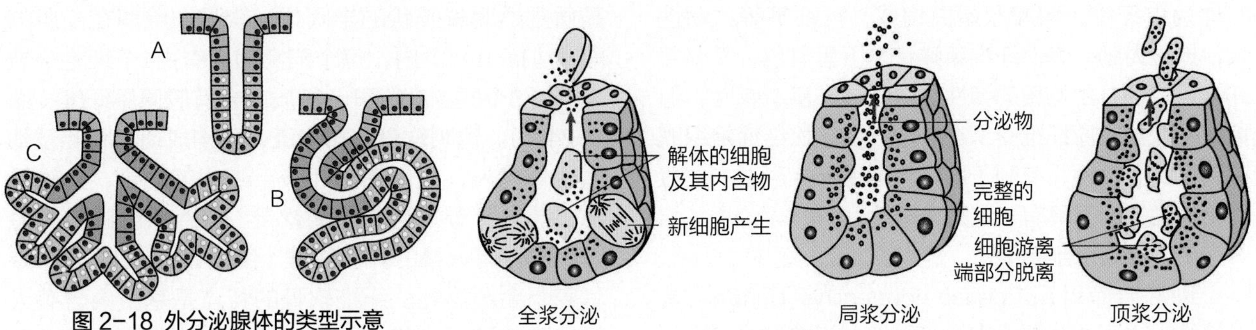

图 2–18 外分泌腺体的类型示意

A. 单管状腺；B. 单曲管状腺；C. 复管状腺

图 2–19 腺细胞的 3 种分泌方式示意

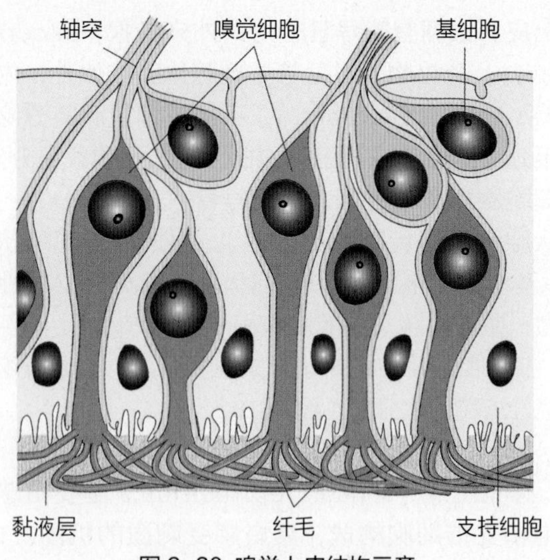

图 2-20 嗅觉上皮结构示意

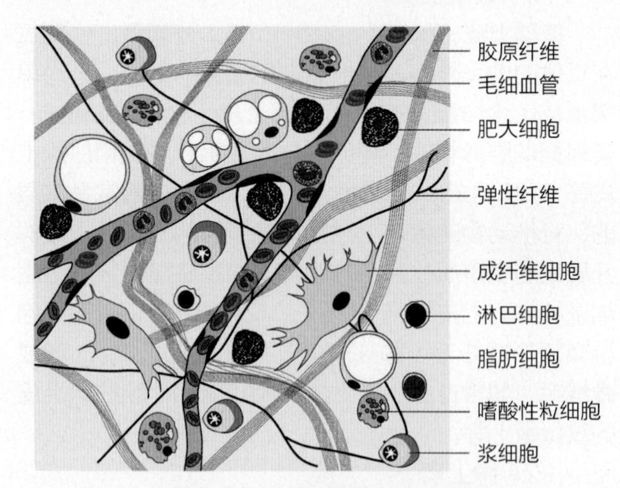

图 2-21 疏松结缔组织结构示意

2.2.2 结缔组织

结缔组织来源于胚胎期的间充质，由细胞和大量细胞间质构成。结缔组织的细胞种类较多，散居于细胞间质内，无极性；细胞间质包括细丝状的纤维和不断循环更新的组织液等。结缔组织包括流体结缔组织（血液和淋巴）、松软的固有结缔组织（疏松、致密、脂肪和网状组织）、有弹性的软骨和坚固的骨组织。结缔组织在体内分布广泛，具有连接、支持、营养、修复和保护等多种功能。

（1）疏松结缔组织

疏松结缔组织（loose connective tissue）或蜂窝组织（areolar tissue）的特点是细胞种类多，纤维较少，排列稀疏（图2-21）。分布广泛，位于器官和组织之间以及细胞之间，有连接、支持、营养、防御、保护和创伤修复等功能。其所含细胞种类包括成纤维细胞、巨噬细胞、浆细胞、肥大细胞、淋巴细胞、脂肪细胞和未分化的间充质细胞等。纤维主要有两类：胶原纤维（collagenous fiber）和弹性纤维（elastic fiber）。胶原纤维数量多，新鲜时呈白色，亦称为白纤维，由胶原蛋白构成，粗细不等，韧性大，抗拉力强。弹性纤维新鲜状态下呈黄色，又名黄纤维，较细，由均质的弹性蛋白组成，富有弹性，但韧性差，与胶原纤维交织在一起，使疏松结缔组织既有弹性又有韧性，有利于器官和组织保持形态、位置的相对稳定，又具有一定的可塑性。

（2）致密结缔组织

致密结缔组织（dense connective tissue）是以纤维为主要成分的固有结缔组织，纤维粗大，排列致密，以支持和连接为其主要功能。根据纤维的性质和排列方式，可分为：①规则致密结缔组织，主要构成肌腱（图2-22A）和腱膜等。②不规则致密结缔组织，见于真皮、硬脑膜、巩膜及许多器官的被膜等处。③弹性组织，其粗大的弹性纤维或平行排列成束（如项韧带和黄韧带，图2-22B）或编织成膜状（如弹性动脉中膜）。

（3）脂肪组织

脂肪组织（adipose tissue）由大量群集的脂肪细胞构成。聚集成团的脂肪细胞由薄层疏松结缔组织分隔成小叶，分布在许多器官和皮肤之下（图2-23）。根据脂肪细胞结构和功能的不同，分为黄（白）色脂肪组织和棕色脂肪组织。脂肪组织具有支持、保护和维持体温等作用，并参与能量代谢。

（4）软骨组织

软骨组织（cartilage tissue）由软骨细胞、基质及埋于基质中的纤维构成（图2-24）。根据基质内所含纤维种类的不同，可将软骨组织分为透明软骨、弹性软骨和纤维软骨。透明软骨又称玻璃软骨，其基质是透明凝胶状的半固体，软骨细胞埋在基质的陷窝（lacuna）内。每个陷窝内常有由1个细胞分裂来的2~8个同源细胞群，基质内含有胶原原纤维（图2-24A）。透明软骨分布广泛，除构成动物胚胎及幼体期骨骼外，成体动物呼吸系统中的软骨、肋软骨及关节软骨等均属于透明软骨。弹性软骨的特点是基质内含有大量的弹性纤维（图2-24B），分布于外耳壳、会厌等处。纤维软骨的特点是基质内含有大量成束的胶原纤维，软骨细胞分布在纤维束间（图

2-24C），如椎间盘和关节盂等。

（5）骨组织

骨组织（osseous tissue）除作为支持及保护结构外，还与肌肉关联，构成运动器官的杠杆。骨组织由骨细胞、骨基质和骨胶纤维组成（图2-25）。因基质内沉积有大量无机盐而坚硬。根据骨板排列状况特点可将骨组织分为密质骨与松质骨。密质骨骨板排列紧密，骨板由骨胶纤维平行排列埋在钙化的基质中形成，厚度均匀一致，两骨板之间有一系列排列整齐的骨陷窝，骨陷窝彼此借细管相连，其内有多突起的骨细胞。排列在骨表面的骨板为外环骨板，排列在骨髓腔周围的为内环骨板。内、外环骨板间有很多同心圆排列的哈氏骨板（骨单位），其中央管亦称为哈氏管（Haversian canal），该管和骨的长轴平行并有分支连成网，管内有血管和神经通过。松质骨的骨板形成不规则的骨小梁，骨小梁

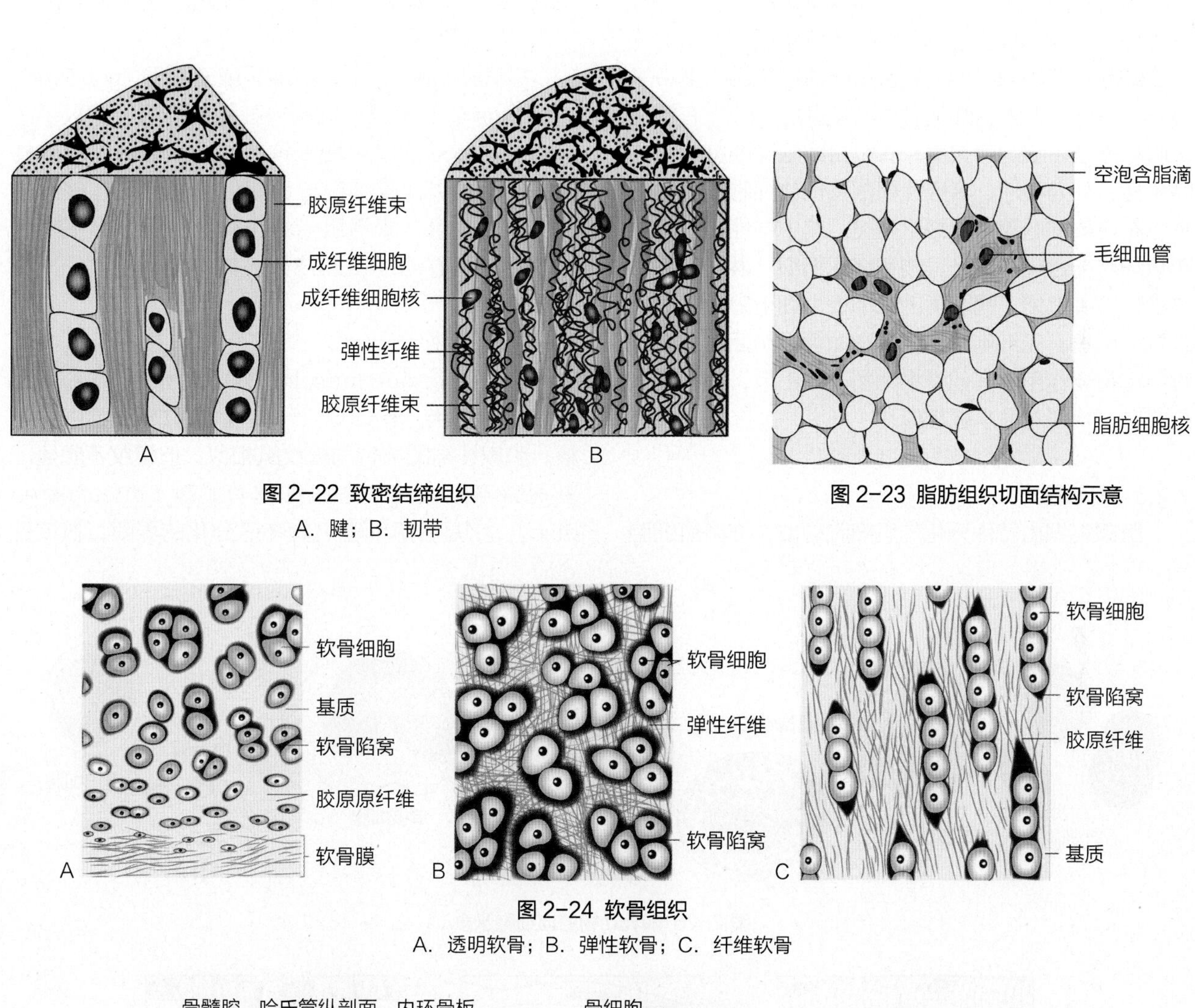

图 2-22 致密结缔组织

A. 腱；B. 韧带

图 2-23 脂肪组织切面结构示意

图 2-24 软骨组织

A. 透明软骨；B. 弹性软骨；C. 纤维软骨

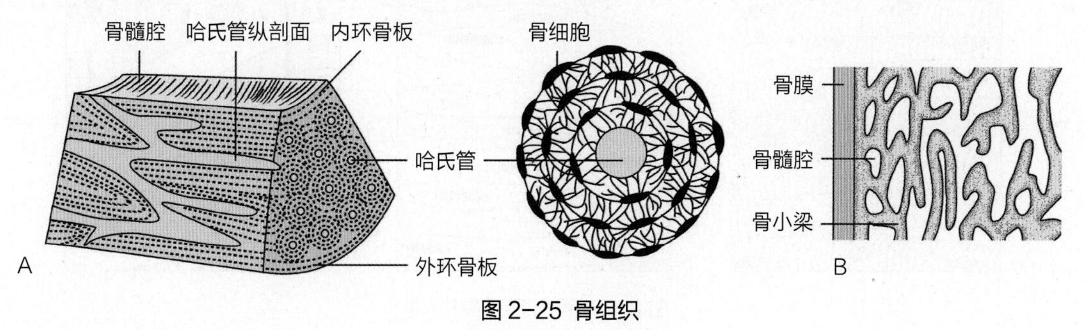

图 2-25 骨组织

A. 密质骨；B. 松质骨

向骨内伸展形成有许多腔隙的网状结构，网孔内有骨髓。松质骨存在于长骨的两端、短骨和不规则骨的内部。

（6）血液

血液（blood）是流动在心脏和血管内的不透明液体。其主要成分为血浆和血细胞，属于流体结缔组织，血浆相当于结缔组织的细胞间质，它在血管内没有纤维出现，出了血管就出现纤维，这是由血浆内的纤维蛋白原转变成的。除了纤维，余下浅黄色半透明的液体为血清。血清相当于结缔组织的基质。血细胞分为3大类：红细胞、白细胞和血小板（图2–26）或血栓细胞。红细胞中的血红蛋白能与氧结合，携带氧至身体各部。根据白细胞胞质有无颗粒，分为有粒白细胞和无粒白细胞两大类。有粒白细胞又根据颗粒的嗜色性，分为中性、嗜酸性和嗜碱性粒细胞。无粒白细胞有单核细胞和淋巴细胞两类。其中中性粒细胞和单核细胞能吞噬细菌、异物和坏死组织。淋巴细胞参与机体防御机能。哺乳类的血小板为细胞碎片，有质膜及细胞器，无细胞核结构，在血管损伤后的止血过程中起重要作用。其他脊椎动物无血小板，而存在血栓细胞，功能与血小板相似。

2.2.3 肌肉组织

肌肉组织由特殊分化的肌细胞构成，许多肌细胞聚集在一起，被含有丰富的毛细血管和神经纤维的结缔组织包围而成肌束。其主要功能是收缩，机体的各种动作、体内各脏器的活动都由它完成。根据肌细胞的形态结构与机能将肌肉组织分为横纹肌、心肌、平滑肌和斜纹肌等。

（1）横纹肌

横纹肌（striated muscle，或骨骼肌，skeletal muscle）主要附着在骨骼上。肌细胞呈长圆柱状，不分支，有明显横纹，核很多，且都位于细胞膜下方（图2–27A）。横纹肌一般受意志支配，也称随意肌。

（2）平滑肌

平滑肌（smooth muscle，或无纹肌，non-striated muscle）构成体壁和内脏壁的肌层。多数平滑肌由长纺锤形的单核细胞构成，核呈长椭圆形或杆状，位于中央，收缩时核可扭曲呈螺旋形，核两端的肌浆较丰富。平滑肌受自主神经支配，为不随意肌。平滑肌收缩缓慢而持久，其纤维大小不一（图2–27B）。

（3）心肌

心肌（cardiac muscle）为心脏所特有。心肌细胞多呈短柱状，有分支，一般有1个位于细胞中央的核。肌原纤维的结构与横纹肌相似，但横纹不明显。其显著不同点在于心肌细胞有闰盘（intercalated disc），它是心肌细胞之间特殊分化的界限，在该处

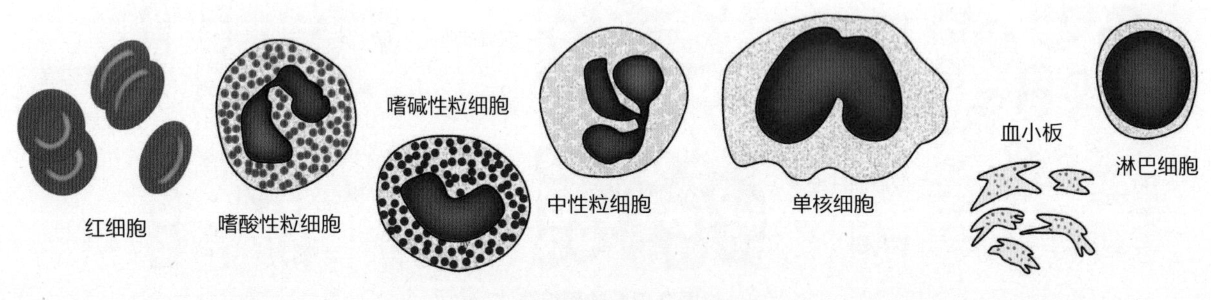

图 2–26 哺乳动物的血细胞示意

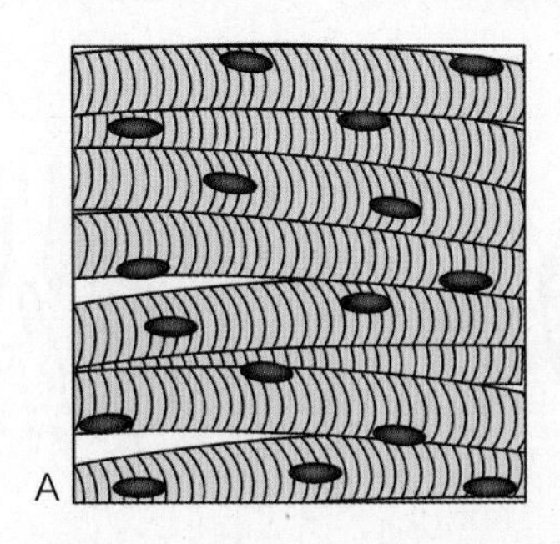

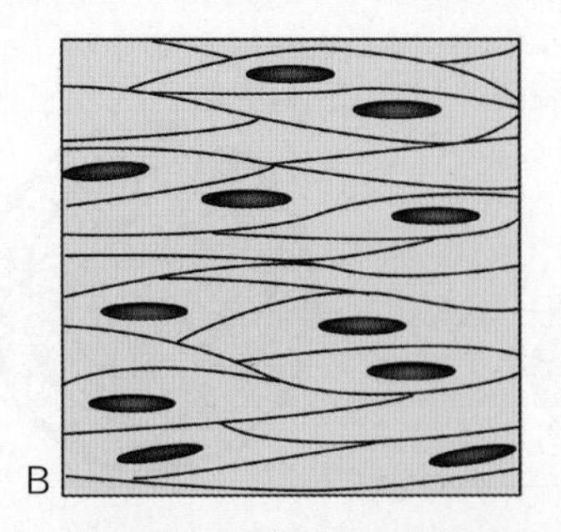

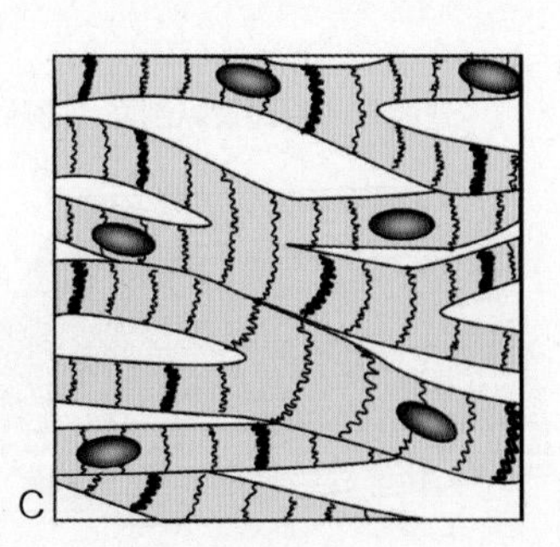

图 2–27 肌肉组织结构示意

A. 横纹肌；B. 平滑肌；C. 心肌

相邻两细胞膜凹凸相嵌，之间有桥粒、中间连接和缝隙连接等（图2-27C）。闰盘对兴奋传导有重要作用。心肌除有收缩性、兴奋性和传导性外，还有自动节律性，为不随意肌。

（4）斜纹肌

斜纹肌（obliquely striated muscle，或螺旋纹肌，spirally striated muscle）广泛存在于无脊椎动物（蛔虫、蚯蚓和乌贼等）体中。其肌原纤维与横纹肌的基本相同，只是各肌原纤维明、暗带不排在同一平面，而是错开排列呈斜纹，其中暗带特别明显，像一围绕细胞的暗螺旋。

2.2.4 神经组织

神经组织由神经元（neuron，即神经细胞）和神经胶质细胞（neuroglia cell）组成。神经元是其功能单位，具有接受刺激和传导兴奋等功能。神经胶质细胞在神经组织中起着支持、保护、营养和修补等作用。神经元包括胞体和突起两部分（图2-28）。一般每个神经元都有一条长而分支少的轴突（axon），几条短而呈树状分支的树突（dendron）。有的轴突外围以髓鞘（myelin sheath），构成有髓鞘神经纤维（myelinated nerve fiber）；无鞘者称为无髓鞘神经纤维（nonmyelinated nerve fiber）。机能上，树突主要是接受刺激、传导冲动至胞体；轴突则传导冲动离开胞体。胞体是神经元的营养代谢中心，其结构与一般细胞相似，有膜、质和核。胞体与树突的胞质内有一种嗜碱性的尼氏小体（Nissl's body），其实质是成堆的糙面内质网和游离核糖体。神经胶质细胞有星形胶质细胞（astrocyte）、少突胶质细胞、小胶质细胞和室管膜细胞等，其中星形胶质细胞是最大的一类，依其分布及结构又可分为：原浆性星形胶质细胞（protoplasmic astrocyte）和纤维性星形胶质细胞（fibrous astrocyte）。神经组织是组成脑、脊髓及周围神经系统的基本成分，它能接受内、外环境的各种刺激，并能发出冲动联系骨骼肌、腺体和机体内部脏器，以协调机体的活动。

2.3 器官与系统

器官（organ）是由几种不同类型的组织有机联合形成的、具有一定形态特征和一定生理机能的结构。如胃由上皮组织、疏松结缔组织、平滑肌以及神经和血管等形成，外形呈袋状，具有储存和消化功能。

在机能上密切联系的器官联合起来完成机体某一方面的生理机能即成为器官系统（organ system）。如口、咽、食道、胃、肠、唾液腺、肝和胰等有机地结合起来形成消化系统。高等动物体内有许多系统，如皮肤系统、骨骼系统、肌肉系统、呼吸系统、循环系统、消化系统、泌尿系统、生殖系统、神经系统和内分泌系统等。这些系统彼此相互联系与制约，执行不同的生理机能，使有机体适应内、外环境的变化和维持体内、外环境的协调，完成整体的生命活动，使生命得以存续。

动物有机体在基本元素（原子）的前提下，逐级发展，经过小分子、大分子、细胞器、细胞、组织、器官和系统，最终组成一个完整协调的有机体（图2-29）。

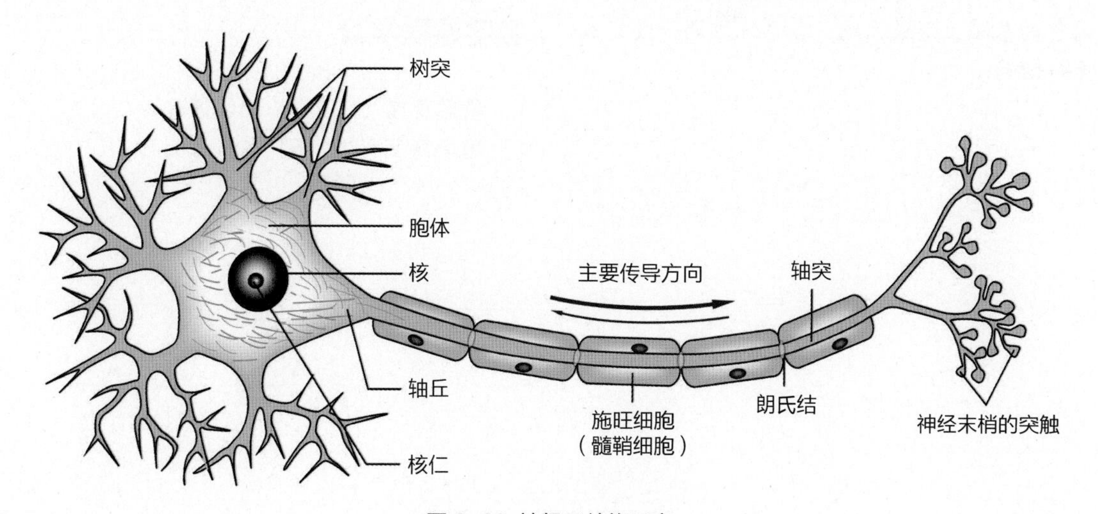

图 2-28 神经元结构示意

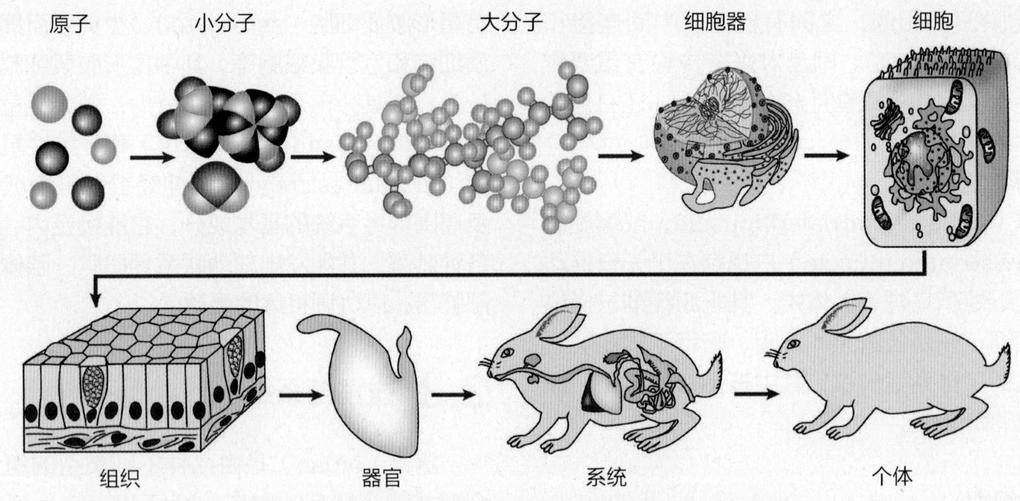

图 2-29 从简单的原子到复杂的个体的生物组织过程图解

小结

细胞是生物体结构和功能的基本单位。虽然细胞大小、形态及机能多种多样，但它们有共同特征：都有相似的化学组成（化学元素和生物分子）、具脂-蛋白质体系的生物膜、有DNA-RNA的遗传物质、含蛋白质合成的体系、核糖体以及分裂繁殖等。细胞从一次分裂结束到下一次分裂结束之间的全过程为细胞周期，包括分裂间期和分裂期。细胞分裂方式分为无丝分裂、有丝分裂和减数分裂。无丝分裂是一种比较简单的分裂方式；有丝分裂最为普遍，为体细胞的分裂方式，可分为前期、中期、后期和末期4个时期；减数分裂最终染色体数目减半，有合子减数分裂、孢子减数分裂和配子减数分裂之分。组织由细胞群及其分泌物（细胞间质）构成。动物基本组织分为上皮、结缔、肌肉和神经组织。几种不同类型的组织构成器官，在器官的基础上形成系统。各系统协调一致完成动物的生命活动。

思考题

❶ 细胞的共性有哪些？
❷ 组成细胞的重要化学成分都有哪些，各有什么作用？
❸ 了解生物多样化的原因（以蛋白质、核酸的基本结构为出发点）。
❹ 细胞膜的基本结构和功能是什么？
❺ 细胞质中含有哪些重要的细胞器？各重要细胞器的结构特点和功能是什么？
❻ 细胞核包括哪些结构，各自的结构特点和功能是什么？
❼ 有丝分裂分为哪几期？试述各期的主要特征。
❽ 比较减数分裂和有丝分裂的异同点。
❾ 动物的基本组织分为哪些类型，各有何特点与功能？
❿ 试述组织、器官与器官系统的基本概念。

数字课程学习

☐ 教学视频　☐ 教学课件
☐ 思考题解析　☐ 在线自测

（李长玲）

第3章

原生动物门（Protozoa）

从分类学角度来看，原生动物应归于原生生物界或原生动物界，但大多数本科教材将其作为动物界里的一个门。本教材亦将原生动物作为动物界的一个门，它是动物界里最原始、最低等的类群。

3.1 原生动物的主要特征

3.1.1 单细胞动物或单细胞群体

原生动物是真核单细胞动物。其胞质内除具有内质网、高尔基体和线粒体等一般动物细胞的细胞器外，还分化形成了类似高等动物器官的特殊细胞器来执行各种生理功能，如鞭毛、纤毛或伪足为运动细胞器；胞口、胞咽和胞肛等为消化细胞器；伸缩泡为排泄细胞器。各种细胞器互相联系，功能上协调一致，使单细胞生物成为一个统一的有机体。作为细胞，原生动物是复杂的；而作为个体，原生动物是简单的。经历了长期的演化历程，原生动物成为了简单和复杂的统一体。

除单细胞的个体外，也有由多个相对独立的个体聚集而成的群体。多细胞动物的细胞一般分化为组织，或再进一步形成由器官、系统构成的整体，其细胞的生存依赖于机体的完整性。而原生动物群体内的细胞一般没有分化，最多只有体细胞和生殖细胞的分化，群体内的个体有自己的相对独立性。

3.1.2 身体微小，体形结构多样化

原生动物体形结构多样（图3-1），但个体微小，一般在2~300 μm之间，大部分只有借助显微镜才能观察到。记录中最大的有孔虫（Foraminifera）壳直径达19 cm。

3.1.3 不良环境条件下形成包囊

大多数原生动物在遇到不良环境条件时，体表的鞭毛、纤毛或伪足等运动细胞器缩入体内或消失，虫

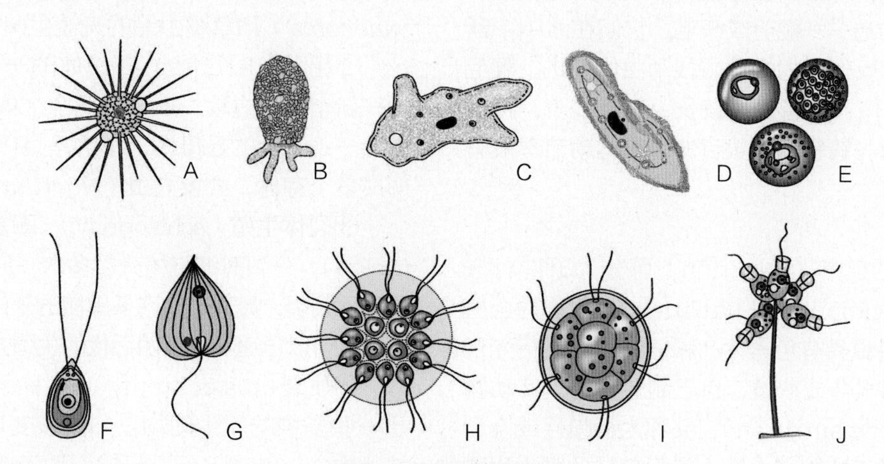

图 3-1 几种原生动物

A. 太阳虫（*Actinophrys* sp.）；B. 砂壳虫（*Difflugia* sp.）；C. 变形虫（*Amoeba* sp.）；D. 草履虫（*Paramecium* sp.）；E. 疟原虫（*Plasmodium* sp.）；F. 衣滴虫（*Chlamydomonas* sp.）；G. 扁藻（*Phacus* sp.）；H. 盘藻（*Gonium* sp.）；I. 实球藻（*Pandorina* sp.）；J. 静钟虫（*Codosiga* sp.）

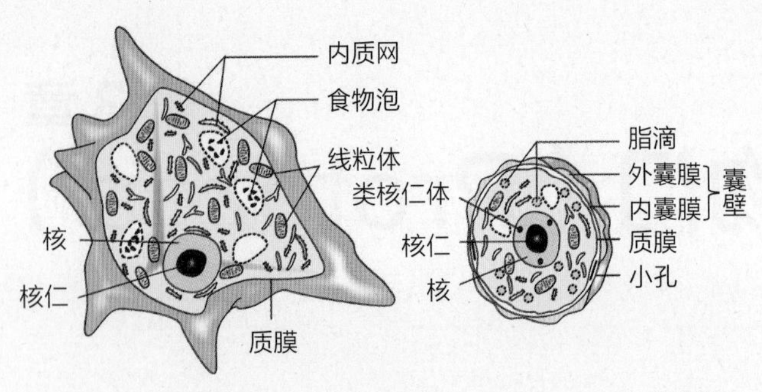

图3-2 棘阿米巴（*Acanthamoeba paletinensis*）的结构示意图

左为活泼摄食形式，右为包囊

体分泌胶质形成圆球形的包囊（cyst）（图3-2），以度过低温或干燥等恶劣环境。包囊内的动物新陈代谢水平降低，处于休眠状态。某些原生动物能在包囊内分裂繁殖，如眼虫（*Euglena*）等。包囊的形成是原生动物对不良环境条件的一种适应方式。某些原生动物在繁殖过程中可形成卵囊（oocyst），如多数孢子虫（Sporozoans），受精后的合子分泌出囊壁形成卵囊，而虫体就在其中进行分裂繁殖。其囊壁常很坚韧，具有保护功能。

3.1.4 生理、生殖方式呈原始性及多样性

（1）运动

原生动物的运动（locomotion）可分为两类，一类是没有固定的运动细胞器，如变形虫（*Amoeba*）、簇虫（*Gregarina*）等的运动。变形虫因为虫体不断变形，经常伸出伪足（身体暂时性的突起）在固体表面爬行。簇虫可借虫体的不断伸缩，作“蠕动”或“滑动”而使身体运动。另一类具有固定运动细胞器，即由胞质表面突出毛状构造——鞭毛或纤毛。它们在水中不断打动，借助水的反作用力推动或拽动虫体前进。鞭毛和纤毛的构造相似，前者一般较长，数目较少，打动不很规律；后者一般较短，数目较多，运动节奏很有规律。

（2）营养

原生动物的营养（nutrition）可分为3种类型：①**植物性营养**（holophytic nutrition），也称为全植营养。有些鞭毛虫具有色素体，和植物一样进行光合作用，将CO_2和水合成糖类，自己制造食物。②**动物性营养**（holozoic nutrition），又称为吞噬性或全动营养。动物自己不能制造食物，靠吞噬其他微小生物或有机碎片为食。如变形虫没有胞口，借助伪足把食物包裹到身体里面去进行消化；草履虫具有胞口、胞咽和胞肛等胞器，于胞咽下端形成食物泡，进行细胞内消化。③**渗透性营养**（osmotrophy nutrition），也称为腐生性营养。如孢子虫靠体表渗透摄取周围环境中的有机物。有的原生动物可兼营几种营养方式。

（3）呼吸和排泄

绝大多数原生动物的呼吸作用（respiration）是通过体表进行的气体扩散（diffusion），从周围的水中获得O_2。有色素体的原生动物，光合作用产生的O_2供自身呼吸。腐生或寄生的原生动物在低氧或缺氧环境下，有机物不能完全氧化分解，而是利用大量的糖酵解作用产生很少的能量来完成代谢活动，即进行厌氧呼吸。呼吸作用产生CO_2、水和含氮的废物，借扩散作用从细胞表面排出到周围的水体中。有伸缩泡（contractile vacuole）的种类，伸缩泡除调节水盐平衡外，也有一定的排泄作用（excretion）。

（4）应激性

原生动物对环境的变化能产生一定的反应，这种由外界刺激引起的行为称为应激性（irritability）或激应性。如草履虫趋向于有食物的地方但会逃避高浓度的盐水。这种对于各种化学物质和光线等的趋避，能帮助原生动物寻找到食物和逃避毒害，对于原生动物的生存有重要意义。

（5）生殖

原生动物的生殖（reproduction）包括无性生殖（asexual reproduction）和有性生殖（sexual reproduction）。

无性生殖有4种方式：

①**二分裂**（binary fission） 原生动物最普遍的一种无性生殖，即1个个体经分裂形成两个近相等的子体，如变形虫、鳞壳虫（*Euglypha*）、锥虫（*Trypanosoma*）和草履虫等的无性生殖（图3-3）。

②**出芽**（budding） 母体的一部分分化和发育为一新个体的过程，形成的两个个体各不相同，通常一大一小，大的是母体，小的是芽体。有的可以同时形成多个芽体，如夜光虫（*Noctiluca*）的出芽。

③**裂体生殖**（schizogony） 即复分裂（multiple fission）。分裂时细胞核分裂多次，形成许多核之后细胞质再分裂，最后形成许多单核的子体，如孢子虫，这是一种可以迅速大量繁殖后代的生殖方式。

④**质裂**（plasmotomy） 也称原生质分裂生殖，是一些多核的原生动物（如多核变形虫*Pelomyxa*、蛙片虫Opalinid）所进行的一种无性生殖，即核先不分裂，而是由细胞质在分裂时直接包围部分细胞核形成几个多核的子体，子体再发育为多核的新虫体。

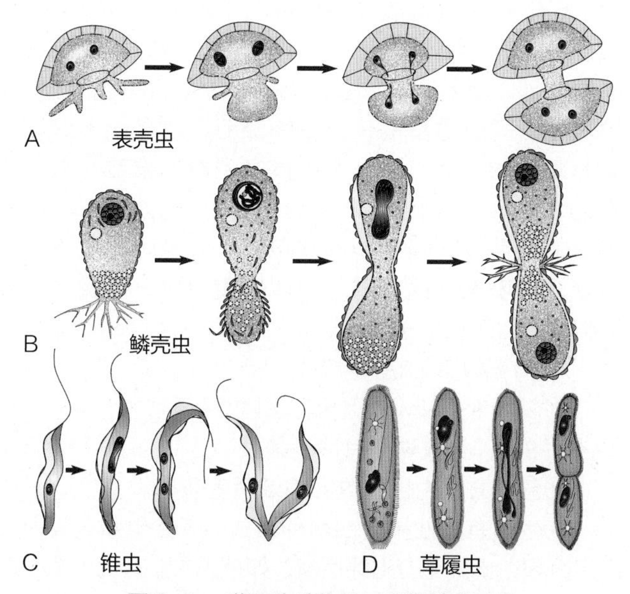

图 3-3 一些原生动物的二分裂繁殖示意

有性生殖有2种方式：

①**配子生殖**（gamogenesis） 经过2个配子的融合（syngamy）或受精（fertilization）再发育成新个体。配子可分为同形配子（isogamete）和异形配子（anisogamete 或 heterogamete）两种。同形配子中的2个配子在大小、形状上相似，生理机能上不同，如有孔虫的有性生殖。异形配子可进一步细分为异配和卵式生殖：两个配子在大小上不一致、形状相似，生理机能上不同，称为异配；两个配子在大小、形状和机能上均不相同的，称为卵式生殖。大配子（macrogamete）或称卵和小配子（microgamete）或称精子结合而成合子（zygote），大多数原生动物的有性生殖都是卵式生殖。

②**接合生殖**（conjugation） 为纤毛虫所具有。接合时两个虫体暂时贴附在一起，接合处细胞膜溶解，胞质互通，遗传物质复制互换之后，两虫体分开，经一系列变化，2个个体形成8个子体，如大草履虫的有性生殖。

3.2 原生动物的分类

全世界已报道的原生动物有68 000多种，其中50%以上是化石，如有孔虫目和放射虫目（Radiolaria）的很多种类。现存种类32 000多种，其中自由生活的21 800余种，寄生生活的10 150余种。原生动物的分类尚有争议，有把原生动物归类为原生生物界的一个亚界的，也有将其独立为一界的或将其归类成动物界一个门的，在各相关专著和教材中的分类系统也存在不同程度的不一致。在此我们仍将原生动物视为动物界的一个门来阐述，主要介绍与人类生活密切相关的4个纲：鞭毛纲、肉足纲、孢子纲和纤毛纲。

3.2.1 鞭毛纲（Mastigophora）

（1）代表动物——绿眼虫（*Euglena viridis*）

绿眼虫生活在有机质丰富的水沟、沼泽、缓流或雨后的积水中，温暖季节大量繁殖，使水呈绿色。绿眼虫体呈长梭形，长约60 μm，前端钝圆，后端尖（图3-4A）。在虫体中部稍后的细胞质中有1个大而圆的核，活体时核是透明的。

①**表膜** 眼虫体表覆以具弹性、带斜纹的表膜（pellicle）（图3-5），由质膜折叠而成，每条斜纹的一边有向内的沟，另一边有向外的嵴，沟与其邻接斜纹的嵴相关联，使眼虫保持一定形状，又能做变形运动。

②**鞭毛与运动** 鞭毛为绿眼虫的运动细胞器，自胞口伸出。鞭毛下连有2条细的轴丝。每条轴丝在储蓄泡底部分别与1个基体相连，鞭毛由基体产生。基体在虫体分裂时起中心粒作用。其中1个基体又有1根丝体（rhizoplast）连至核。

光学显微镜下可见鞭毛为丝状。电子显微镜下观察鞭毛的结构，最外为细胞膜，膜内为“9+2”式微

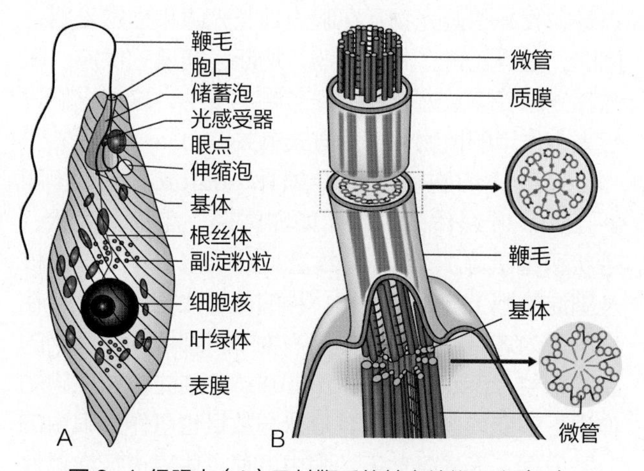

图 3-4 绿眼虫（A）及其鞭毛的基本结构示意（B）

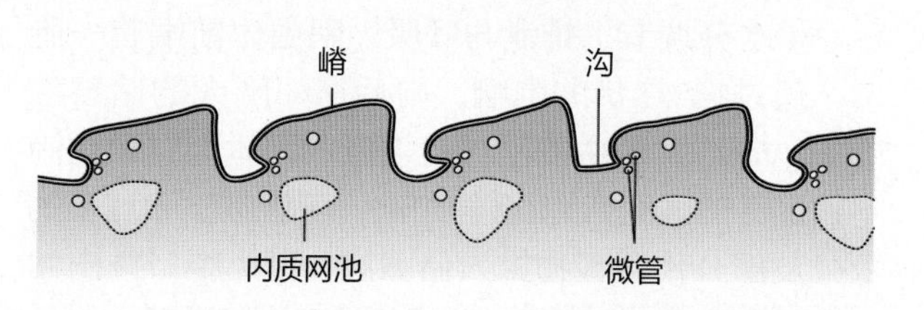

图 3-5 小眼虫（*E. gracilis*）表膜与斜纹垂直断面结构示意

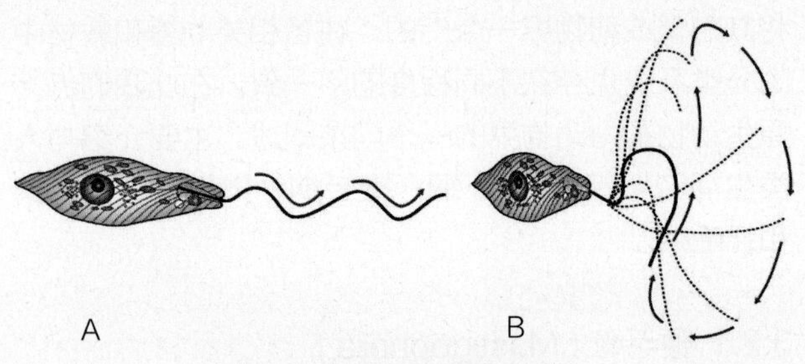

图 3-6 鞭毛的 2 种运动方式

A. 波动；B. 划动

管结构，其中外围有9组双联体微管（doublets），中央有2条微管（图3-4B）。鞭毛的弯曲不是由于微管的收缩，而是双联体微管彼此相对滑动的结果。

鞭毛运动方式主要有2种：**波动**（undulating），鞭毛由顶端至基部或从基部至顶端做波浪形的运动，借水的反作用力使身体向反波浪的前端游去（图3-6A）；**划动**（rowing），鞭毛打动时水的反作用力使身体前进（图3-6B）。

③趋光性与营养 眼虫在运动中有趋光性。在其储蓄泡附近有1个由类胡萝卜素（carotinoid）小颗粒集合而成的红色眼点（stigma），靠近眼点、近鞭毛基部有一膨大结构，能接受光线，称为光感受器（photoreceptor）（图3-4A）。眼点呈浅杯状，光线只能从杯的开口面射到光感受器上，因此，眼虫必须随时调整运动方向，趋向适宜的光线。也有人认为眼点是吸收光的遮光物，在眼点处于光源和光感受器之间时，眼点遮住了光感受器，切断了能量的供应。眼点和光感受器普遍存在于绿色鞭毛虫中，这与它们进行光合作用的植物性营养方式有关。

眼虫的细胞质内有叶绿体（chloroplast）（图3-4A）。叶绿体的形状（如卵圆形、盘状、片状、带状和星状等）、大小、数量及其结构（有无蛋白核及副淀粉鞘）等是眼虫属、种的分类依据。此外，在细胞质内还有许多光合作用产物——颗粒状半透明的副淀粉粒（paramylum granule）。副淀粉粒在碘的作用下不变成蓝紫色，其形状与数目也可作为眼虫的分类依据。无光条件下，眼虫可通过体表进行渗透性营养。

④水分调节、排泄与呼吸 眼虫体前端有一胞口，通过1条管状的胞咽，向后连一膨大的储蓄泡（reservoir）。眼虫的胞口能否摄取固体食物颗粒尚不确定。储蓄泡旁有1个伸缩泡，可将胞质中过多的水分及部分代谢废物排入储蓄泡，再经胞口排出体外。眼虫的呼吸主要通过体表的渗透作用进行。

⑤生殖与包囊形成 眼虫的生殖方式一般是纵二分裂。即细胞核先进行有丝分裂，这时，核膜不消失，基体复制为2，继而虫体开始从前端分裂，脱掉鞭毛，同时由基体长出新的鞭毛，或是一个虫体保存原有的鞭毛，另一个虫体产生新的鞭毛。胞口也纵裂为2，虫体由前向后分裂为2个虫体。在环境不良的条件下，眼虫能形成包囊。包囊可随风飘散各处，环境条件适宜时，虫体破囊而出，出囊前可进行1或几次纵二分裂。

（2）鞭毛纲的主要特征

①以鞭毛为运动细胞器，其数目通常为1~4条，多的6~8条，少数种类有很多条。

②营养方式为自养或异养或两者兼有。

③生殖有无性和有性两种方式。无性生殖一般为纵二分裂，此外还有出芽生殖，如夜光虫。有性生殖为同配或卵式生殖。在不良环境条件下一般能形成包囊。

（3）鞭毛纲的重要类群

已描述的鞭毛纲动物约7 000种。根据营养方式的不同，分为植鞭亚纲（Phytomastigina）和动鞭亚纲（Zoomastigina）两大类。

①植鞭亚纲 一般有色素体，自养。有单体和群体生活的种类。如眼虫、衣滴虫或衣藻（*Chlamydomonas* sp.）、盘藻和团藻（*Volvox* sp.）等（图3-1、图3-7）。

团藻 空心圆球状。由成千上万的衣藻样细胞排在球的表面形成一层，彼此借原生质桥相连。细胞间有分化，多数为营养细胞（体细胞），负责光合作用、制造有机物；少数为具繁殖功能的生殖细胞（生殖胞）。环境适宜时，团藻进行无性生殖。由生殖胞经多次分裂，发育成子群体，子群体陷入母体中央的腔中，待母体破裂或母体壁上出现裂口时逸出，发育成新的团藻个体。团藻属依种类不同而有雌雄异体与雌雄同体之分。有性生殖为卵式生殖，多发生在生长季末期。雄性个体上由生殖胞形成大的精子囊，雌性个体上由生殖胞形成大的卵囊。雌雄同体的个体上既产生精子囊又产生卵囊。行有性生殖时，精子囊中形成的精子彼此并行连接成精子板或精子团块，整个精子板或团块自精子囊中游出，待到达卵囊上方时才彼此散开，精子穿过卵细胞周围的胶质，与卵结合形成合子。合子暂不萌发，分泌出厚壁，转入休眠状态，一般到次年环境适合时，经减数分裂，形成4个单倍体的子核，其中3个退化，仅1个发育成具2条鞭毛的游动孢子（或静孢子），合子外壁破裂时，内壁成一薄囊包裹着游动孢子。游动孢子从裂口逸出，经多次分裂，最后发育成1个新的团藻个体。团藻是单细胞

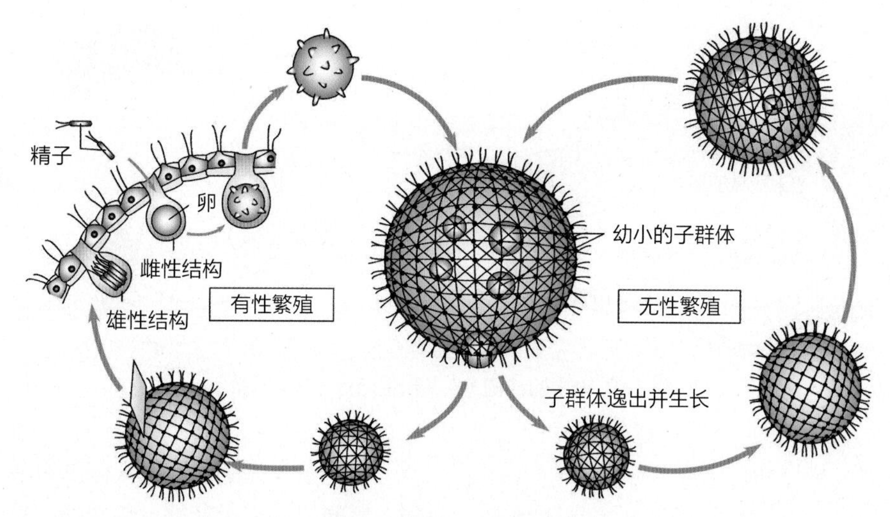

图 3-7 团藻的生活史示意

动物向多细胞动物过渡的重要纽带，对分析和了解多细胞动物的起源有重要意义。

夜光虫 属腰鞭毛目。生活在海水中，由于海水波动的刺激，在夜间可见其发光，故名夜光虫。虫体为圆球形，直径约1 mm，颜色发红，细胞质密集于球体的一部分，其内有核，其他部分由细胞质放散成粗网状，在网眼间充满液体。有2条鞭毛，1条大（又名触手），1条小。繁殖有分裂法和出芽法。夜光虫繁殖过度，密集在一起，可使海水变色，形成赤潮。除了夜光虫外，其他腰鞭毛虫如裸腰鞭虫（*Gymnodinium* spp.）、沟腰鞭虫（*Gonyarlax* spp.）和角鞭虫（*Ceratium* spp.）等大量繁殖时也能引起赤潮。赤潮生物排出的大量代谢产物，以及虫体死亡腐败，均可造成沿海水体中的生物大量死亡。赤潮生物产生的有毒物质，积累于鱼虾及贝类体内，人食用后可引起中毒。淡水中的钟罩虫（*Dinobryon* spp.）和合尾滴虫（*Synura* spp.）等大量繁殖，死亡后能使淡水发生恶臭或鱼腥味，造成水源污染。大多数的植鞭虫是浮游生物的组成部分，是鱼类的天然饵料。

②动鞭亚纲 无色素体，异养。很多寄生种类危害人类和牧渔业，如利什曼原虫（*Leishmania* spp.）、锥虫、漂游口丝虫（*Costia necatrix*）和鳃隐鞭毛虫（*Cryptobia branchialis*）等。

利什曼原虫 寄生于人体内的利什曼原虫有3种，其中以杜氏利什曼原虫（*L. donovani*）危害最大，其引起的内脏利什曼病称为黑热病。其生活史有2个宿主，人或狗等脊椎动物和白蛉（*Phlebotomus* sp.）。

杜氏利什曼原虫虫体极小，长2~3 μm，分无鞭毛体（amastigote）（又名利杜体或利什曼型）和前鞭毛体（promastigote）（即鞭毛体或细滴型）。无鞭毛体圆形或椭圆形，多寄生于脊椎动物肝、脾、骨髓和淋巴结等的巨噬细胞内。前鞭毛体梭形，中央有1个核，核前有1个基体，由基体伸出1条鞭毛，寄生于白蛉体内。当白蛉叮咬人时，将大量前鞭毛体注入人体，前鞭毛体主要侵入人体内脏的巨噬细胞并在其内发育，鞭毛消失形成无鞭毛体。无鞭毛体以巨噬细胞的组分为营养，长大后不断以二分裂方式繁殖，当繁殖到一定数量时，破巨噬细胞而出，再侵入其他的巨噬细胞，引起巨噬细胞的大量裂解和增生，致使患者肝脾肿大、高烧、贫血以至死亡，病死率可达90%以上。其生活史见图3-8。

锥虫 大多寄生在脊椎动物的血液中，一般呈柳叶形，内有1核。鞭毛由虫体后端的基体发出后，沿虫体向前伸，与细胞表面形成一波动膜（图3-9A）。其运动主要靠波动膜和鞭毛。波动膜很适合于在黏稠度较大的血浆中运动。锥虫广泛寄生在脊椎动物体内，对渔业、畜牧业和人类健康危害很大。

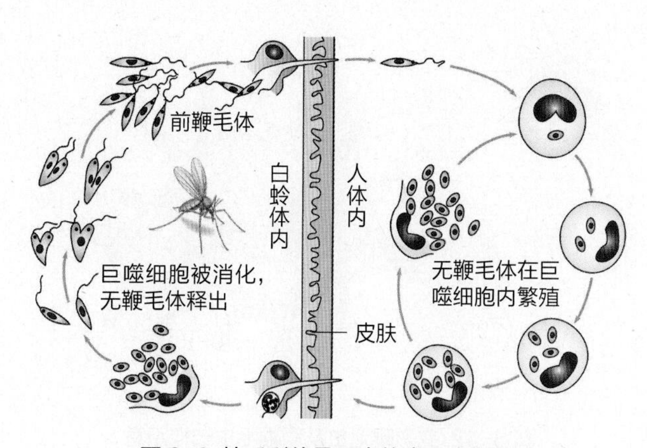

图 3-8 杜氏利什曼原虫的生活史图解

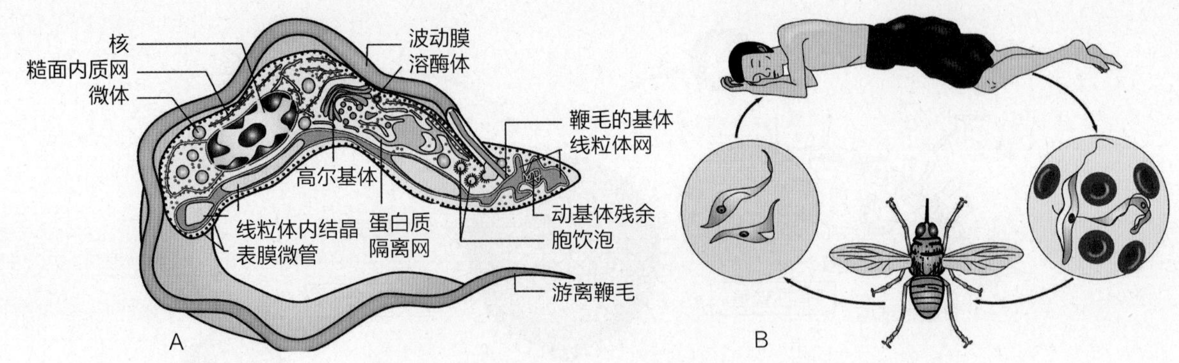

图 3-9 锥虫的结构（A）和生活史（B）示意

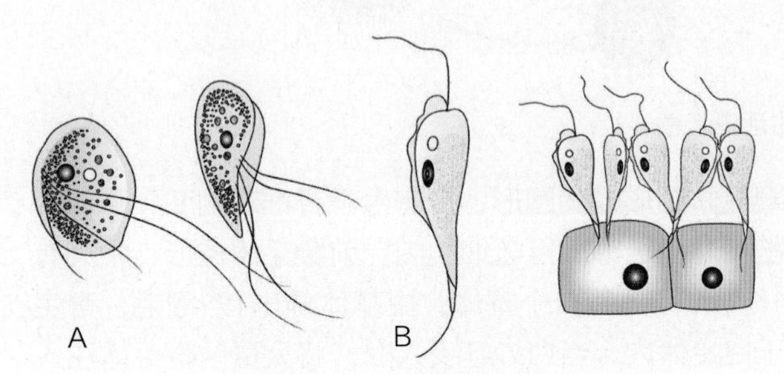

图 3-10 鞭毛纲种例 Ⅰ

A. 漂游口丝虫；B. 鳃隐鞭毛虫

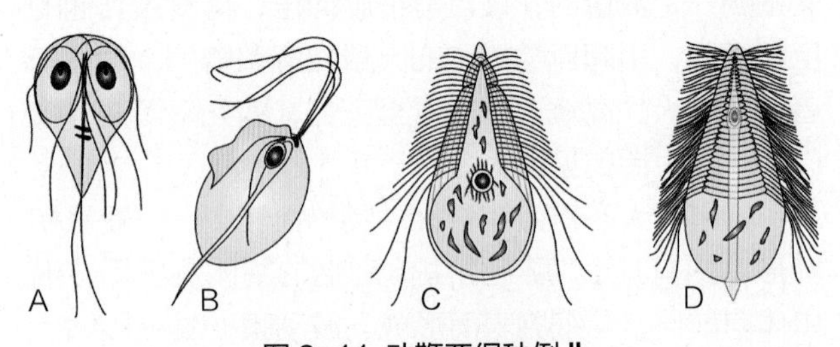

图 3-11 动鞭亚纲种例 Ⅱ

A. 蓝氏贾第鞭毛虫；B. 阴道毛滴虫；C. 披发虫；D. 旋披发虫

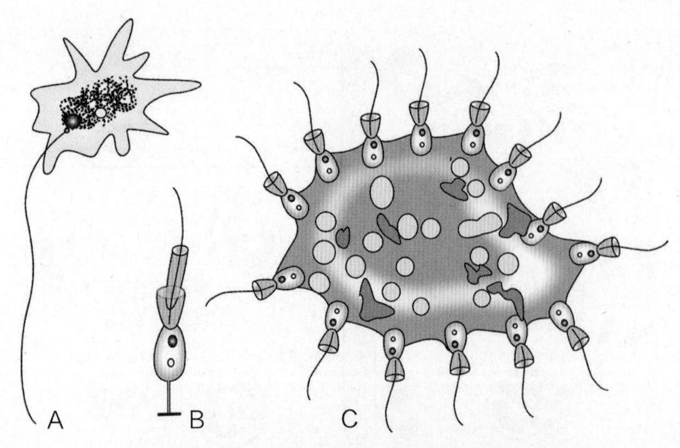

图 3-12 变形鞭毛虫及领鞭毛虫结构示意

A. 变形鞭毛虫；B. 双领虫；C. 原绵虫

寄生于人体的锥虫能入侵脑脊液中而使人患昏睡病，此病只发现于非洲，传播媒介是吸血昆虫采采蝇或舌蝇（*Glossina*）（图3-9B）。我国发生的伊氏锥虫（*Trypanosoma evansi*），主要危害马、牛和骆驼等。对马危害较重，引起马苏拉病，使马消瘦、水肿和发热，有时突然死亡。在华南地区，伊氏锥虫寄生于牛体时表现为慢性病，即水肿和消瘦（但也有急性发作者）。传播媒介是吸血的螫蝇（*Stomoxys*）和虻（*Tabanus*）。

漂游口丝虫 虫体梨形，鞭毛4条，2长2短，寄生在淡水鱼的皮肤和鳃丝上，用2条长鞭毛插入宿主鳃丝表皮细胞间，破坏鱼体组织（图3-10A）。

鳃隐鞭毛虫 体有前、后2条鞭毛（图3-10B），寄生于鱼鳃，破坏鳃表皮细胞，分泌毒素等引起鳃微血管发炎，影响血液循环，使鱼呼吸困难。

在动鞭亚纲中还有多鞭毛虫和超鞭毛虫两类。多鞭毛虫鞭毛数和核的数目均较多；超鞭毛虫鞭毛数目较多，而核只有1个。前者以寄生种类为主，如蓝氏贾第鞭毛虫（*Giardia lamblia*）（图3-11A），主要寄生于人和某些哺乳动物的小肠内，引起以腹泻为主要症状的贾第虫病（giardiasis）；阴道毛滴虫（*Trichomonas vaginalis*；图3-11B）寄生于人体阴道和泌尿道，主要引起滴虫性阴道炎和尿道炎，是以性传播为主的一种传染病。后者全部生活在昆虫肠内，如披发虫（*Tricho-nympha* sp.）（图3-11C），生活在白蚁肠中，和白蚁为共生关系。白蚁以木质纤维为食物，其纤维素的消化靠超鞭毛虫来完成。

在动鞭亚纲中也有些自由生活的种类。如领鞭毛虫（Choanoflagellatea），其体前端有一由细胞质突起形成的领状结构围绕着中央鞭毛，后端有一柄，常附于其他物体上营固着生活。双领虫（*Diplosiga* sp.）（图3-12B）则有相套的两层领。营群体生活的种类如原绵虫（*Proterospongia* sp.）（图3-12C），为一疏松的群体，外周为领细胞，内部为变形细胞，埋于不定形的胶质团中。原绵虫对了解海绵动物与原生动物的亲缘关系有很大意义。还有一类鞭毛虫既有鞭毛又有伪足，称为变形鞭毛虫（*Mastigamoeba* sp.）（图3-12A），此类动物对探讨鞭毛虫与肉足虫的亲缘关系有重要意义。

3.2.2 肉足纲（Sarcodina）

（1）代表动物——大变形虫（*Amoeba proteus*）

大变形虫通常生活在池塘、水坑等静止的积水中或在水流缓慢、藻类较多的浅水中。通常可在浸没的植物或其他物体上面的黏性沉渣中找到。室内有水生植物的鱼缸中也很容易找到。

大变形虫是变形虫中个体最大的1种（图3-13），直径200~600 μm。活的大变形虫不断地改变形状。变形虫结构简单，体表为一层极薄的质膜，质膜内为胞质和核。胞质分为外质（ectoplasm）和内质（endoplasm）。外质透明，较为致密，均匀而不具颗粒。内质呈颗粒状，通常有1个或多个食物泡，其中含有消化程度不同的食物颗粒。内质中的基质分为两个部分：处于外层的相对固定的凝胶质（plasmagel），内部的呈液态的溶胶质（plasmasol）。细胞质中通常还可看到1个伸缩泡。细胞核1个，小而略呈扁盘形，生活状态下不易观察到，在固定和染色的标本中可观察到。

①伪足与运动　变形虫运动时，体表任何部位均可形成伪足，作为临时运动细胞器。伪足形成时，外质向外凸出呈指状，内质流入其中，即溶胶质向变形虫运动方向流动，流动到临时突起的前端后又向外分开，变为凝胶质，同时后边的凝胶质又转变为溶胶质，继续向前流动，这样虫体就不断地向伪足伸出的方向移动，这种现象被称为变形运动（amoeboid movement）（图3-13），其分子机制如图3-14示。

②吞噬、胞饮与消化　伪足不仅是运动细胞器，同时也具有摄食功能。变形虫主要以单细胞藻类、其他原生动物和小的多细胞动物为食。当变形虫碰到食物时，即伸出伪足将食物和少量的水包裹起来——吞噬作用（phagocytosis），形成由质膜包裹的食物泡，食物泡与质膜脱离后进入胞质中，破坏的质膜又迅速修复。进入胞质中的食物泡与溶酶体结合，进行消化，营养物质进入周围胞质中，不能消化的物质通

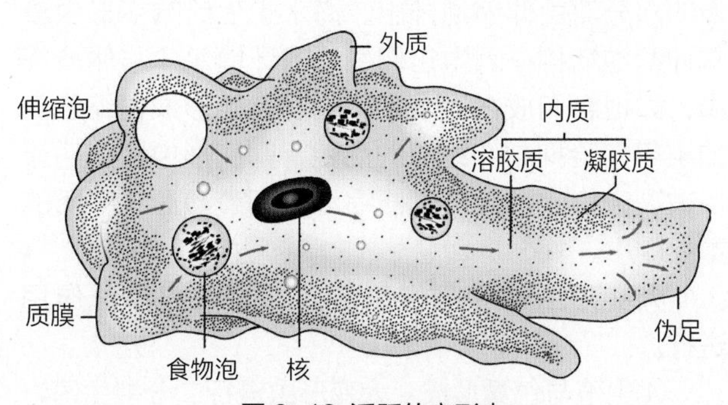

图 3-13 活跃的变形虫

箭头示内质流动方向

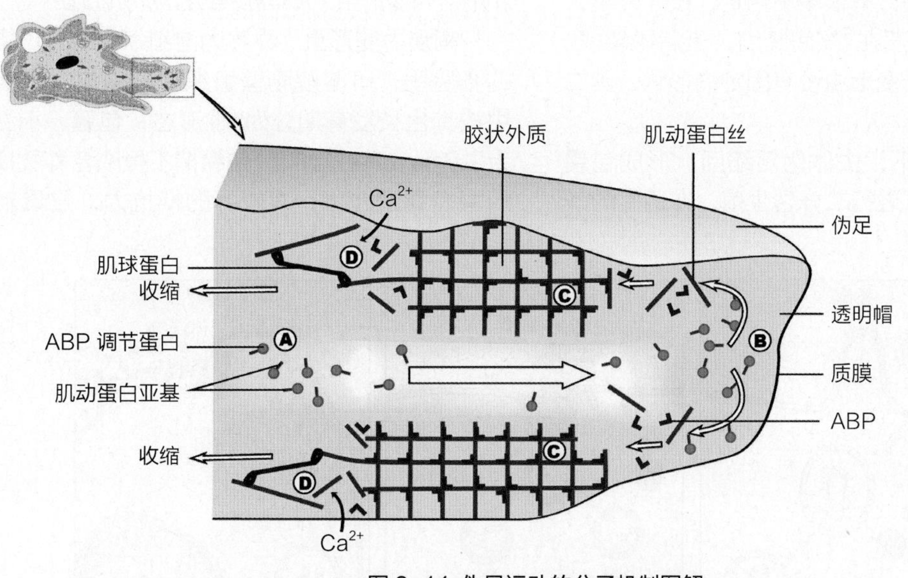

图 3-14 伪足运动的分子机制图解

A. 内质中，肌动蛋白亚基结合于其调节蛋白上形成复合体而不组装；
B. 受刺激时，水静压使复合体通过溶胶质到达透明帽，在膜脂作用下，肌动蛋白亚基游离出；
C. 亚基快速组装为网，与肌动蛋白结合蛋白（ABP）相互作用形成凝胶状的外质；
D. 伪足后缘，Ca^{2+} 活化 ABP 释放肌动蛋白丝，使网疏松以使肌球蛋白可以拉动肌动蛋白丝；亚基可以循环利用

过质膜以胞吐的方式由质膜排出体外，这种现象亦称为**排遗**（egestion）。

变形虫除了能吞食固体食物外，还能摄取一些液体食物，摄取液体食物的过程称为**胞饮作用**（pinocytosis）。胞饮作用需在某些物质（如水中含有的蛋白质、氨基酸或某些盐类）的诱导下才会发生。当液体环境中的某些分子或离子吸附到质膜表面时，质膜发生反应，凹陷下去形成管道，然后在管道内端断裂下来，形成一些液泡移到胞质中，与溶酶体结合形成多泡小体，经消化后营养物质进入胞质。胞饮、吞噬与排遗过程如图3-15所示。

③伸缩泡、渗透调节与呼吸 大变形虫的内质中有一泡状伸缩泡，其有节律地膨大和收缩，排出体内过多的水分和一些代谢废物，以调节渗透压平衡。由于大变形虫的胞质是高渗性的，因此淡水不断地进入体内，同时随着摄食也带进一些水分，过多的水分需由伸缩泡排出。海水中生活的变形虫没有伸缩泡结构，因为它们生活的环境水体与体液等渗，如把它们放在淡水中，它们就能形成伸缩泡。如果用实验抑制伸缩泡的活性，则变形虫膨胀，最后破裂死亡。由此可见伸缩泡对调节渗透压平衡的重要作用。

大变形虫的呼吸作用主要通过体表渗透作用进行。

④生殖与包囊形成 大变形虫进行二分裂生殖，属典型的有丝分裂。一般条件下约进行30 min。在分裂过程中，虫体变圆，有很多小伪足，核先分裂，然后2个新核移开，胞质在2核间紧缩，最后缢裂成2个相等的新个体，由于变形虫没有固定的形状，其二分裂没有方向性。

在环境不良条件下，虫体伪足缩回，形成包囊（图3-2），在包囊内可进行二分裂生殖，在适宜的条件下从包囊中出来进行正常生活。

（2）肉足纲的主要特征

①以伪足作为临时的运动细胞器。伪足有运动和摄食的机能，可分为4类：**叶状伪足**（lobopodium），有叶状或指状，如变形虫和表壳虫（*Arcella*）的伪足；**丝状伪足**（filopodium），一般由外质形成，细丝状，有时有分支，如鳞壳虫的伪足；**根状伪足**（rhizopodium），细丝状，有分支且愈合成网状，如有孔虫的伪足；**轴伪足**（axopodium），伪足细长，其内有由微管组成的富有弹性的轴丝（axialfilament），如太阳虫和放射虫等的伪足。

②体表仅有极薄的质膜，不能维持身体固定的形态，加上伪足的伸缩，虫体多无固定形状，有的种类具有石灰质、几丁质或硅质的外壳或骨骼。

③细胞质常分化为明显的外质和内质，内质包括凝胶质和溶胶质。

④一般为二分裂生殖，有孔虫和放射虫可进行有性生殖，形成包囊者极为普遍。

⑤生活于淡水、海水中或寄生。

（3）肉足纲的重要类群

肉足纲已描述的种类约11 550种，据伪足形态的不同分为根足亚纲（Rhizopoda）和辐足亚纲（Actinopoda）两大类。

①根足亚纲 伪足叶状、指状、丝状或根状，均无轴丝。种类很多，包括自由生活和寄生生活的种类。如大变形虫、表壳虫、砂壳虫、球房虫（*Globigerina*）和痢疾内变形虫（*Entamoeba histolytica*）等。

痢疾内变形虫 亦称为溶组织阿米巴，寄生于人的肠腔里，可溶解肠壁组织引起痢疾。痢疾内变形虫按其生长发育期分为3种形态：包囊、小滋养体和大滋养体（图3-16）。包囊指不摄取营养物质阶段，周围有囊壁包围，有较好的抵抗力，包囊新形成时

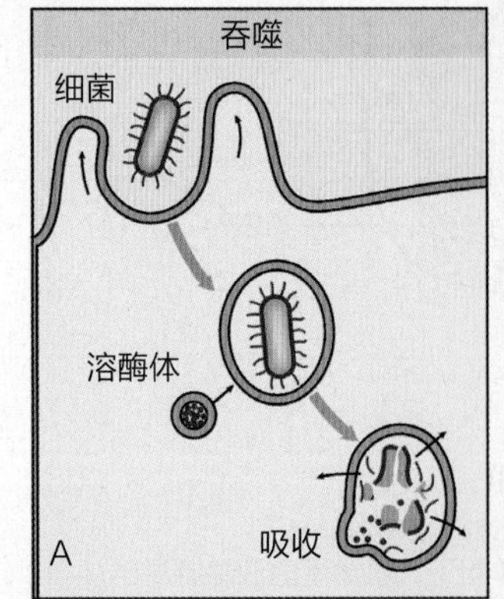

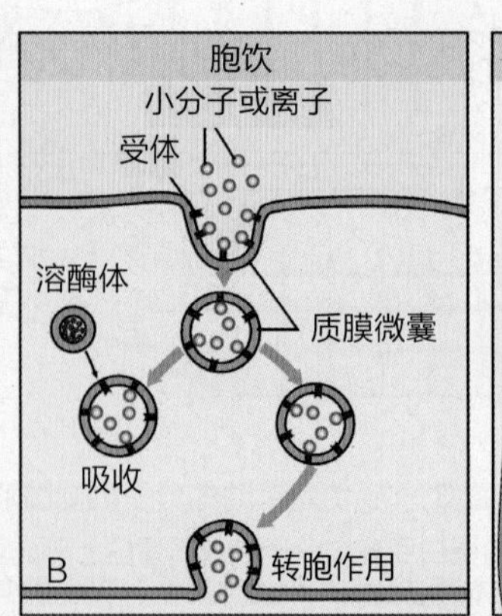

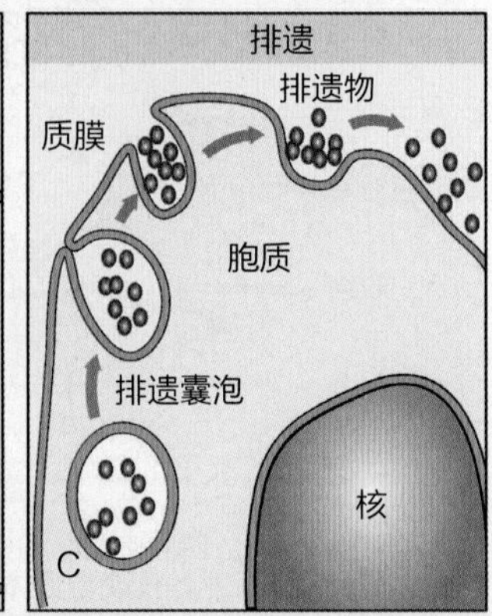

图3-15 吞噬（A）、受体介导的胞饮（B）与排遗（C）作用示意

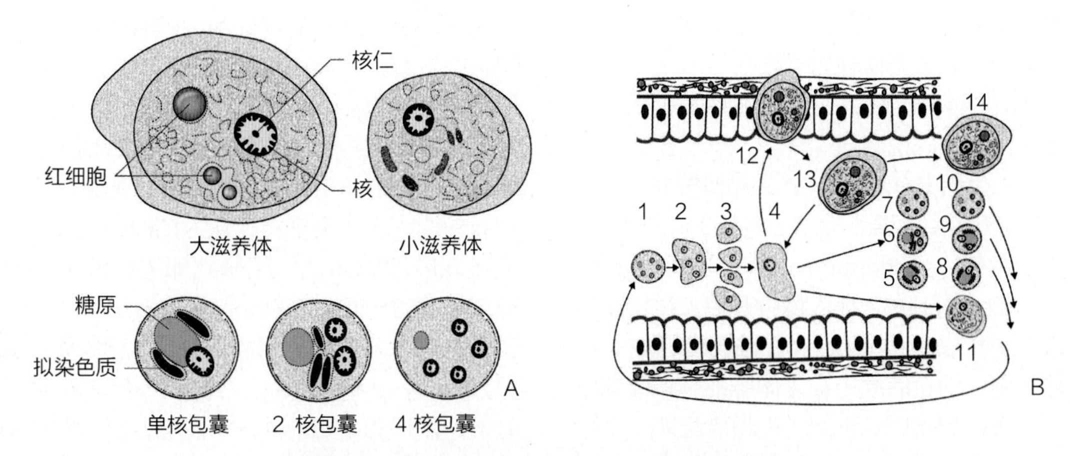

图 3-16 痢疾内变形虫的形态（A）及生活史（B）

1. 进入人肠的 4 核包囊；2~4. 小滋养体形成；5~7. 含 1、2 和 4 核的包囊；
8~10. 排出的 1、2 和 4 核包囊；11. 从人体排出的小滋养体；
12. 进入组织的大滋养体；13. 大滋养体；14. 排出的大滋养体

具1个核，以后分裂，形成2~4个核，4核包囊是感染期。滋养体指摄取营养物质阶段，能活动、生长和繁殖，是寄生原虫的寄生阶段。大、小滋养体结构基本相同，大小不同，大滋养体直径12~40 μm，运动活泼，能分泌蛋白酶，溶解肠壁组织。小滋养体直径7~15 μm，伪足短，运动较迟缓，不侵蚀肠壁。

当人误食4核包囊后，包囊在小肠内分裂形成4个小滋养体，小滋养体在肠腔中以细菌和有机碎屑为食，在肠腔中行分裂生殖。这一时期，小滋养体可形成包囊，随粪便排出体外，感染新宿主；当宿主抵抗力降低时，小滋养体就变成大滋养体，分泌溶组织酶，溶解肠黏膜上皮，侵入黏膜下层。大滋养体一般不直接形成包囊，可以在肠腔中转化成小滋养体，也可以随粪便排出。本病的防治方法是消灭携带包囊的苍蝇和蟑螂等，并注意饮食卫生，及时治疗患者，根治粪便中含有包囊的带虫者。

根足亚纲有的种类具有保护性的外壳。如表壳虫和砂壳虫，壳为几丁质或胶质混合沙粒所构成，它们构成水中浮游生物的组成部分。有孔虫绝大部分进行海洋底栖生活，一般具有石灰质单室或多室的外壳，生活史有世代交替现象。有孔虫数量巨大，1/3的海底都覆盖着有孔虫的淤泥。有孔虫不但化石多，而且在地层中演化快，不同时期有不同的有孔虫。根据有孔虫类的化石不仅能确定地层的地质年代和沉积相，而且还能揭示地层结构情况，从而对寻找沉积矿产、发现石油、确定油层和拟定油井位置等，有着重要的指导作用。

②辐足亚纲 具轴伪足，一般呈球形，多漂浮生活于淡水或海水中。常见种如太阳虫和放射虫等。

太阳虫 多生活在淡水中，胞质呈泡沫状，利于增加虫体浮力，适于漂浮生活。伪足由球形身体向周围伸出，较长，内有轴丝。太阳虫是浮游生物的组成部分，为鱼类的天然饵料。

放射虫 一般具硅质骨骼，身体呈放射状，在内、外质之间有1个几丁质中央囊，囊内有1或多个胞核，外质中有很多泡，以增加虫体浮力，适于漂浮生活。如等辐骨虫（*Acanthometron*）。

放射虫也是古老的动物类群，当虫体死后其骨骼沉于海底，也能形成海底沉积。其作用和意义与有孔虫类相似。

3.2.3 孢子纲（Sporozoa）

（1）代表动物——间日疟原虫（*Plasmodium vivax*）

疟原虫能引起疟疾，此病发作时一般多发冷发热，而且在一定的时间间隔内发作，俗称“打摆子”或“发疟子”。

已描述的疟原虫有120多种，均寄生于爬行类、鸟类或哺乳类的红细胞和其他细胞中。寄生于人体的疟原虫主要有4种，即间日疟原虫、三日疟原虫（*P. malaria*）、恶性疟原虫（*P. falciparum*）和卵形疟原虫（*P. ovale*）。疟原虫的分布广泛，遍及全世界，流行在我国的有3种：间日疟原虫、三日疟原虫和恶性疟原虫，其中以间日疟原虫和恶性疟原虫最为常见，为害也最大，卵形疟原虫在我国极少发生。东北、华北和西北等地区主要为间日疟，三日疟较少见，而恶性疟主要发生在我国西南（如云南、贵州和四川）以及海南一带，当地称为“瘴气”。

寄生于人体的4种疟原虫的生活史基本相同，现以间日疟原虫为例加以说明。

间日疟原虫生活史有2个宿主：人和雌按蚊。其生活史复杂，有世代交替现象。生活史经历3个时期（图3-17）：裂体生殖（schizongony），在人体中进行；配子生殖（gametogony），在人体中开始，雌按蚊胃中完成；孢子生殖（sporogony），在雌按蚊中进行。

①**裂体生殖**　间日疟原虫在人体肝细胞和红细胞内发育，在肝细胞内的发育分为红细胞前期（红前期，pre-erythrocytic stage）和红细胞外期（红外期，exo-ervthrocytic stage），在红细胞内的发育称为红细胞内期（红内期，erythrocytic stage）。

红前期　感染的雌按蚊叮咬人时，其唾液中长梭形的疟原虫子孢子（sporozoite）进入人体内，随血液先到肝，侵入肝细胞内，进行红前期的发育。子孢子发育为滋养体，以胞口摄取肝细胞质为营养。虫体逐渐长大成熟后通过复分裂，形成多个裂殖子或潜隐体（merozoite 或 cryptozoite）。当裂殖子成熟后，破肝细胞逸出，部分裂殖子被巨噬细胞吞噬；部分侵入红细胞成为红内期；部分再侵入肝细胞成为红外期。红前期为病理上的潜伏期，此期一般抗疟药对疟原虫没有作用，间日疟原虫红前期一般为8~9天，恶性疟原虫6~7天，属于短潜伏期，亦有人报道间日疟原虫潜伏期可达300天以上。

红外期　因此时红细胞内已有疟原虫，故将在肝细胞内发育的疟原虫称为红外期，用抗疟药治疗，红细胞内疟原虫被消灭，肝细胞内的疟原虫未被消灭，它们在肝细胞内继续裂体生殖产生裂殖子，再侵入红细胞，这可能是疟疾复发的根源，但近年许多学者认为红外期尚未完全证实，认为疟疾的复发是由于子孢子侵入肝细胞后，一部分立即进行发育（称为早发型或速发型子孢子，tachysporozoite），引起初期发病。其余子孢子处于休眠状态（称为迟发型子孢子，bradysporozoite），经过一个休眠期，到一定时候，休眠的子孢子才开始发育，经裂体生殖形成裂殖子，侵入红细胞后引起疟疾复发。

红内期　侵入红细胞内的裂殖子逐渐长大，细胞中有一空泡，核偏向一侧，外观似戒指，称为环状体或环状滋养体，随后环状体逐渐增大，胞质活跃地向四周伸出伪足，成为大滋养体。此时疟原虫摄取红细胞内的血红素为养料，不能利用的分解产物（正铁血红素）成为色素颗粒沉积于胞质中，称为疟色粒（pigment grenules）（肝细胞内的疟原虫没有疟色粒），成熟的滋养体几乎占满了红细胞，进一步发育形成裂殖体，裂殖体成熟后，复分裂形成很多裂殖子，红细胞破裂，裂殖子散到血浆中，各自侵入其他红细胞，重复进行裂体生殖。不同种类疟原虫这个周期所需时间不同，间日疟原虫需48 h，三日疟原虫需72 h，恶性疟原虫需36~48 h，这是疟疾发作所需的间隔时间，即裂殖子进入红细胞

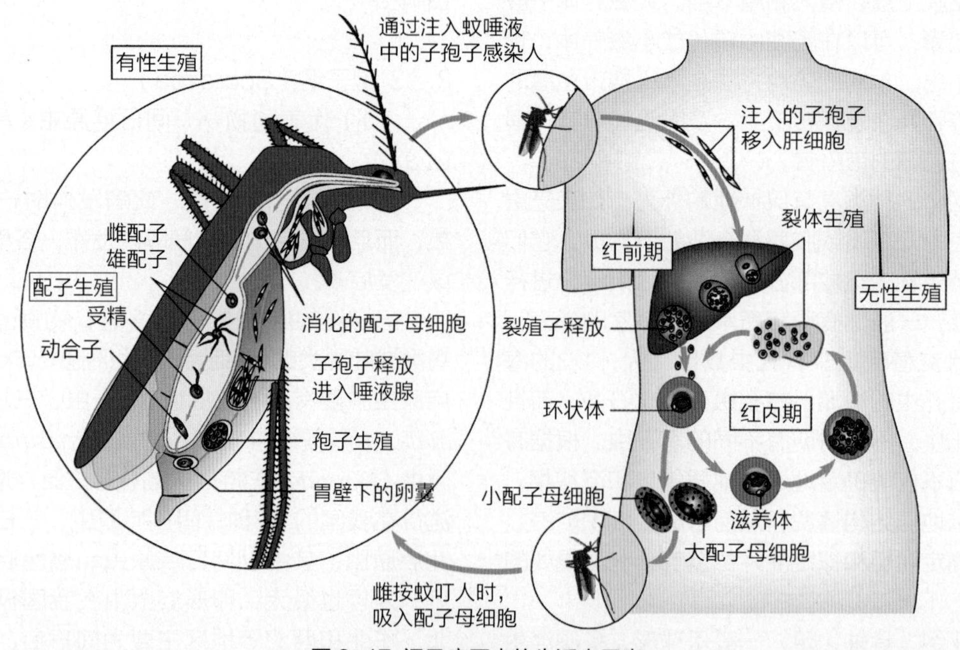

图 3-17　间日疟原虫的生活史示意

在其中发育的时间里疟疾不发作。当新形成的裂殖子从红细胞中出来时，由于大量的红细胞被破坏，同时裂殖子及其代谢产物释放出来，引起患者生理上一系列变化，以致表现出发冷发热等症状。

②配子生殖 在人体内，当裂殖子经过几次裂体生殖周期后，或机体内环境对疟原虫不利时，一些裂殖子进入红细胞后不再发育成裂殖体，而形成大、小配子母细胞，大配子母细胞（macrogametocyte）较大，有时较正常的血细胞可大一倍，核偏在虫体一侧，较致密，疟色粒较粗大。小配子母细胞（microgametocyte）较小，核在虫体中部，较疏松，疟色粒较细小。这些配子母细胞如不被按蚊吸去，则不能继续发育。在血液中可生存30~60天。

大、小配子母细胞在血液中，被雌按蚊吸去后，进入雌按蚊胃内并在胃腔中进行有性生殖，大配子母细胞成熟后变化不大，称为大配子（macrogemete），小配子母细胞形成小配子（microgamete）时，首先核分裂成4~8个，胞质剧烈活动，向外伸出4~8条丝状体，每一个胞核进入1条丝状体，丝状体脱离母体自由活动，形成小配子。大、小配子在按蚊胃中结合成合子（zygote），完成配子生殖阶段。

③孢子生殖 在雌按蚊体内从合子开始，到子孢子的形成即为孢子生殖阶段。合子能做变形运动，称为动合子（ookinete）。动合子穿入雌按蚊胃壁，在胃壁血腔一侧的弹性纤维膜下，体形变圆，形成卵囊。在1个雌按蚊胃内可有1至数百个卵囊，卵囊里的核及胞质进行多次分裂后形成成百上千个子孢子。成熟后的卵囊破裂，子孢子进入体腔中，穿过多种组织，进入唾液腺。子孢子在雌按蚊体内可生存超过70天，当雌按蚊再次叮人时，子孢子便随着唾液进入人体，开始新一轮的生活史。

（2）孢子纲的主要特征

①全部营寄生生活，异养。

②无运动细胞器，或在生活史的一定阶段以鞭毛或伪足为运动细胞器。

③都具有顶复合体结构（图3-18A），此结构与侵入宿主细胞密切相关。

④生活史复杂，经历裂体生殖、配子生殖和孢子生殖的世代交替。

（3）孢子纲的重要类群

已报道现存孢子纲的种类约有5 600种，其主要类群有球虫和血孢子虫等。

球虫类（Coccidia） 主要寄生在羊、兔、鸡和鱼等动物体内。生活史与疟原虫基本相同，但仅寄生

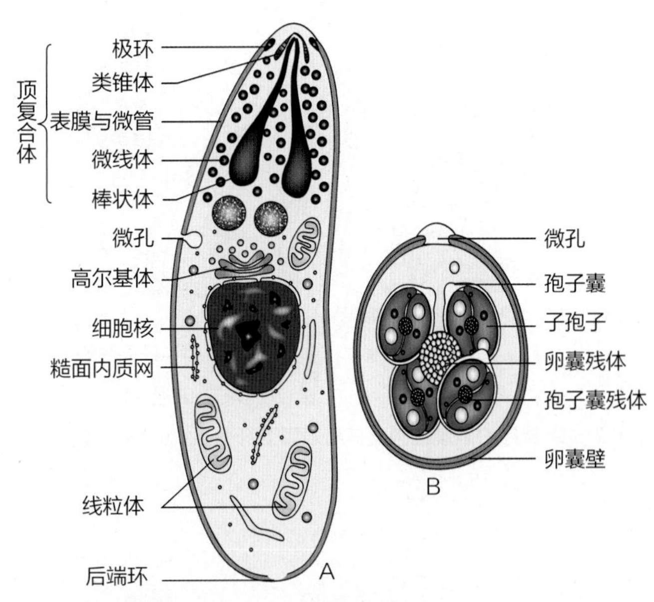

图 3-18 孢子虫示意

A. 电子显微镜水平的子孢子或裂殖子的顶复合体示意；B. 艾美尔球虫的感染性卵囊结构，卵囊抗性强，合子形成后可在囊内进行多次分裂（孢子生殖）

在一个宿主体内，卵囊在宿主体外发育。如兔艾美尔球虫（*Eimeria*），当兔误食了感染性卵囊后，子孢子在小肠中从卵囊内逸出，侵入肝胆管的上皮细胞或肠上皮细胞内发育成滋养体，进行裂体生殖，一段时间后产生大、小配子母细胞，进行配子生殖，形成合子，在其外分泌厚壳，形成卵囊，卵囊随粪便排出体外。在适宜的条件下卵囊发育，核分裂形成4个孢子母细胞，每个孢子母细胞向外分泌外壳，形成4个孢子，每个孢子又分裂成为2个子孢子，成为感染性卵囊（图3-18B）。

血孢子虫类（Haemosporidia） 如疟原虫、巴贝斯焦虫（*Babesia*）和泰勒焦虫（*Theileria*）等，对人畜均有危害。

3.2.4 纤毛纲（Ciliata）

（1）代表动物——草履虫（*Paramecium cauratum*）

草履虫生活在淡水中，一般在池沼、小河沟和水稻田等有机质丰富的水体中均可采到。草履虫体形较大，体长在150~300 μm之间，肉眼可观察到呈白色的小点状。在显微镜下观察，很像倒置的草鞋，全身密布纤毛。

①表膜、纤毛与刺丝泡 草履虫外表覆盖有坚实的表膜（图3-19），电子显微镜下，表膜主要由表膜泡（pellicle alveoli）构成，与其下方的纤列系统镶

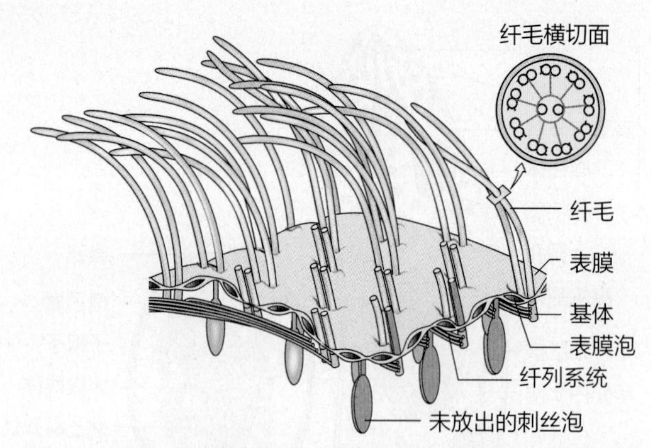

图 3-19 草履虫表膜结构及其与表膜下纤列系统的相关性示意

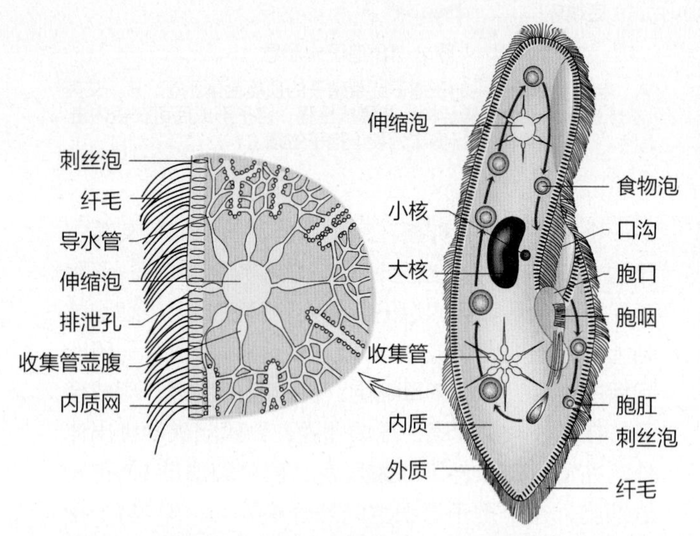

图 3-20 草履虫与其伸缩泡位置（右）及伸缩泡周围结构放大示意（左）

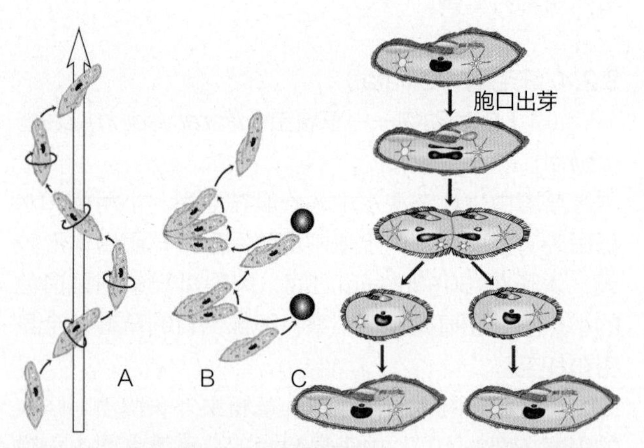

图 3-21 草履虫游动时的螺旋路径（A），遇障碍物时的回避反应（B）及分裂生殖（C）过程图解

嵌。表膜泡对增加表膜的硬度有作用，且不妨碍虫体的局部弯曲。纤毛的结构与鞭毛相同，纤毛由位于表膜下的基体发出，在基体间还有错综复杂的纤列系统相连，纤列系统能使纤毛的摆动协调一致，它可能相当于其他动物的神经纤维，起着传导信息的功能。表膜之下与表膜垂直的小杆状结构为刺丝泡（trichocyst），刺丝泡有孔开口在表膜上，遇刺激时，射出其内容物，遇水成细丝状。一般认为有防御机能。

②摄食与消化 细胞质分为外质与内质。外质透明而黏稠，刺丝泡埋藏在其中。内质多颗粒，能流动，内有细胞核、食物泡和伸缩泡等（图3-20）。核有大、小之分。大核在显微镜下透明略呈肾形，小核位于大核凹陷处，大核主要管营养代谢，为多倍体，小核主要管遗传与繁殖，为2倍体。草履虫具有一系列的营养细胞器：口沟、胞口、胞咽（漏斗状）、食物泡和胞肛，其营养方式为吞噬营养。草履虫摄食时，借全身纤毛的摆动，使水中微小的食物如一些细菌和小的有机颗粒浮动，借口沟内纤毛的摆动，使水中的食物随着水流沉积到胞口，随后进入胞咽，在胞咽末端形成食物泡。食物泡在体内沿固定的循环路线流动，在流动过程中，溶酶体融入，进行消化，营养物质进入胞质中，不能消化的食物残渣由胞肛排出体外（图3-20）。

③伸缩泡、水分调节与呼吸 在身体前、后端的内、外质间有2个伸缩泡（图3-20），每个伸缩泡向周围伸出放射排列的收集管。电子显微镜下，收集管末端部与内质网的小管相通连。在伸缩泡及收集管上有收缩丝（contractile filament）。由于收缩丝的收缩使内质网收集的水分及代谢废物排入收集管，注入伸缩泡，再通过表膜小孔（排泄孔）排出体外。

前、后2个伸缩泡及其周围的收集管有规律地交替收缩，不断排出体内过多的水分，以调节水分平衡。呼吸作用主要通过体表进行。

草履虫游泳时，全身的纤毛有节奏地摆动，由于口沟的存在和该处的纤毛较长，摆动有力，使虫体旋转前进（图3-21A），遇到障碍物时，可以调整运动方式（图3-21B）。

④生殖 生殖方式分为无性生殖和有性生殖。

无性生殖为横二分裂（图3-21C）。分裂时小核先进行有丝分裂，大核进行无丝分裂，接着虫体中部横缢，分成2个新个体。

有性生殖为接合生殖（conjugation）（图3-22）。

环境不良时，形成包囊。包囊散布到新的适宜环境时，虫体破壳而出，恢复正常生活。

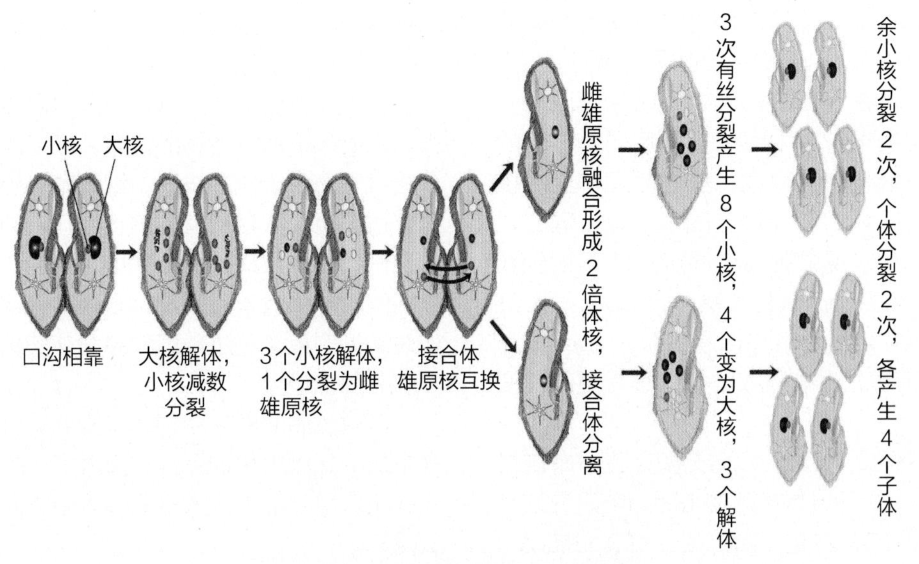

图 3-22 草履虫的接合生殖图解

（2）纤毛纲的主要特征

①一般以纤毛为运动细胞器。不同种类纤毛虫，其纤毛的多少和分布位置不同。如草履虫和小瓜虫（*Ichthyophthirius*）等，全身密布纤毛，属于全毛类；棘尾虫（*Stylonychia*）和游仆虫（*Euplotes*）等，虫体腹面纤毛集合成束，作为水底爬行之用，属于腹毛类；钟虫（*Vorticella*）和车轮虫（*Trichodina*）等，纤毛在围口部形成口缘小带，属于缘毛类。纤毛可分散存在，也可黏合成叶状小膜、波动膜或棘毛（图3-23）等。

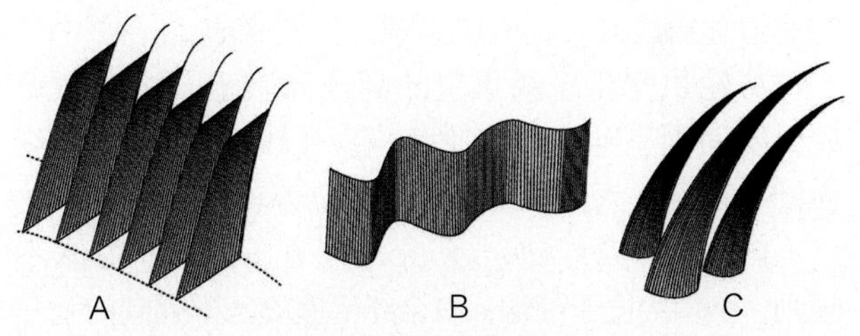

图 3-23 纤毛的黏合形式

A. 叶状小膜；B. 波动膜；C. 棘毛

②一般结构复杂，核一般分化出大核与小核，多数具摄食细胞器。

③无性生殖为横二分裂，有性生殖为接合生殖。

④不良环境条件下可形成包囊。

⑤生活在淡水或海水中，也有寄生的种类。

（3）纤毛纲的重要类群

纤毛虫分布广泛，种类很多（图3-24），已报到的现存种类约8 500种。包括自由生活的种类（如草履虫）和寄生生活的种类［如结肠小袋虫（*Balantidnm coli*）］等。

聚缩虫（*Zoothamnium* sp.）（图3-24D）寄生于鱼、虾的皮肤及鳃等处，感染速度快，对渔业生产危害较大。

四膜虫（*Tetrahymena* sp.）（图3-24E）外观呈椭圆长梨状，体长约50 μm，全身布满数百条长4~6 μm的纤毛，纤毛排列成数十纵列，是不同种间纤毛虫分类的特征之一。四膜虫体前端具有

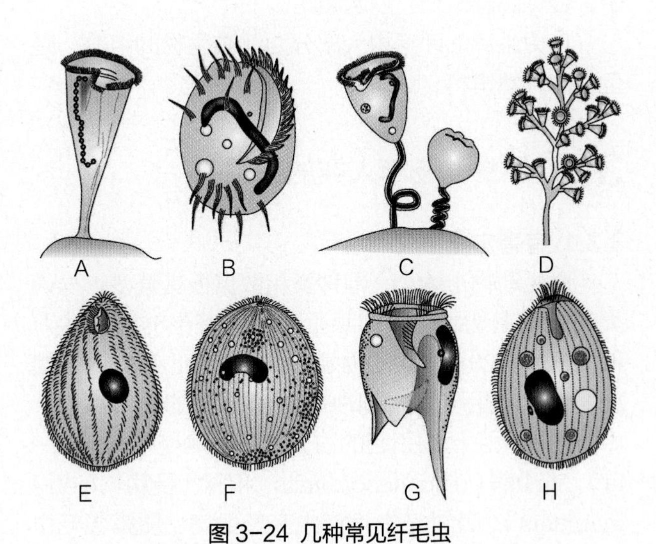

图 3-24 几种常见纤毛虫

A. 喇叭虫（*Stentor* sp.）；B. 游仆虫；C. 钟虫；D. 聚缩虫；E. 四膜虫；F. 小瓜虫；G. 内毛虫；H. 结肠小袋虫

口器（oral apparatus），口器中有4个纤毛密集的条形区域，早期在光学显微镜下观察时看似有4列膜状构造而得名。在过去的50年中，以四膜虫为实验对象在基础生物学研究中取得了一系列突破性的成果，如端粒与端粒酶的发现、获得诺贝尔奖的核酶发现和组蛋白翻译后修饰功能的发现等。同时，四膜虫作为第一种实现细胞周期同步化的真核生物可以进行无菌纯培养，而且生长快（2~2.5 h一代）；比较基因组的研究也显示嗜热四膜虫（*T. thermophila*）较酵母等模式生物与人类相比具有更高程度的功能保守性。

目前，在四膜虫中已建立了成熟的基因操作技术。因此，四膜虫是开展真核生物基因功能研究的良好模式生物，基因芯片分析平台的建立将有力推动利用四膜虫在基因组水平开展真核生物重要代谢通路及基因调控网络的研究工作。

小瓜虫（图3-24F）寄生于鱼的皮肤、鳍及鳃等处，形成一些白色的小斑点，称小瓜虫病或白点病。对渔业危害较大，幼鱼感染时，死亡率高。

车轮虫寄生于淡水鱼的鳃或体表上，虫体像车轮，侧面观呈钟形，有2圈纤毛。以鳃组织细胞和红血细胞为食，大量发生时，对鱼危害较大。

内毛虫（*Entodinium* sp.）（图3-24G）虫体不规则，胞口突出于前端，有合纤毛簇旋回排列向前上升至胞口内，在细胞后部有几个突出物；其中最大的可能作用如舵。内毛虫多生存于牛、马和其他食草动物的肠和瘤胃中，帮助宿主消化食物，与宿主维持共生关系。

结肠小袋虫（图3-24H）寄生于脊椎动物大肠中，侵蚀肠壁组织，引起腹泻。

自由生活的纤毛虫大部分为浮游生物的组分，是鱼类的天然饵料。

3.3 原生动物与人类的关系

3.3.1 有害方面

原生动物个体小，但种类和数目极其繁多，与人类的关系密切。现存的原生动物中寄生的种类达万种。至少有28种原生动物是人体寄生虫，危害人类健康。世界卫生组织提出的6种人类重要的热带病中，由寄生性原生动物引起的占了3种，即疟疾（malaria）、锥虫病（trypanosomiasis）和利什曼病（leishmaniasis）。此外还有痢疾内变形虫病、贾第鞭毛虫病、隐孢子虫病（cryptosporidiosis）、肉孢子虫病（sarcocystosis）和弓形虫病等。其中弓形虫病既可水平传播，也可垂直传播，直接影响优生优育，而且还是艾滋病的激活因素。

寄生性原生动物除了危害人类健康外，还危害鱼类、家畜和家禽等动物的健康，纤毛纲中的小瓜虫和车轮虫等寄生于鱼的皮肤、鳃和鳍等部位，对鱼类的危害很严重。家畜和家禽等也有几十种原生动物引起的疾病，如焦虫和牛血孢子虫对牛的危害。此外，孢子纲中的球虫对家兔、鸡、牛和羊等的危害都很大。如最常见的兔艾美尔球虫和穿孔艾美尔球虫，对家兔养殖业危害极大。

自由生活的原生动物，有些种类可污染水源，淡水中如合尾滴虫和钟罩虫；海水中一些腰鞭毛虫如夜光虫和裸甲腰鞭虫等大量繁殖可造成赤潮，使渔业大量减产。

3.3.2 有益方面

大多数鞭毛虫、纤毛虫和少数根足虫是浮游生物的组成成分，是鱼类的天然饵料。海洋和湖泊中的浮游生物又是形成石油的重要原料，在漫长的地质年代里，浮游生物的尸身和泥沙一起渐渐下沉到水底，保存于淤泥中，与空气隔绝，尸身在微生物以及覆盖层的压力和温度的作用下，不断发生复杂的化学变化而变为石油。有孔虫和放射虫的壳参与地壳形成。地质工作者已用有孔虫来判别地层沉积相，推断地质年代，进行地层对比，解决有关地质理论问题，作为寻找各种沉积矿产资源的依据。此外，近年来还发现，土壤原生动物对增加土壤肥力有作用，以细菌特别是有害细菌为食的原生动物对改良土壤细菌群落起到了一定作用。

在环保方面，利用纤毛虫来消除有机废物、有害细胞以及对有害物质进行絮化沉淀。据报道，一个四膜虫在12 h内能吞食7 200个细菌，类似的纤毛虫存在于生活污水中，能有效地降低污水中细菌的数目，也有人发现草履虫能分泌一种多糖到污水介质中，多糖被其中的悬浮颗粒吸收，能改变颗粒的表面电荷，导致颗粒聚合而沉淀。

由于原生动物对环境因素的变化较为敏感，在不同水质的水体中生活着某些相对稳定的类群，在环境监测中，可以用原生动物作“指示生物”来判断水污染程度。

原生动物结构简单，繁殖快，易培养，是生命科学基础理论研究的良好材料，如眼虫、变形虫和草履虫等，可作为遗传学、细胞生物学、生物化学和发育生物学等领域的良好研究材料。

小结

原生动物现存3万多种，是动物界中最原始和最简单的类群，是单细胞动物或形成单细胞群体。原生动物个体微小，外形结构、营养方式及生殖方式等多样化。原生动物的分类尚有争议，但其中的4个类群相对固定：鞭毛纲（以鞭毛为运动细胞器）、纤毛纲（以纤毛为运动细胞器）、肉足纲（以伪足为运动细胞器）以及寄生的孢子纲。有相当一部分原生动物是人、畜、禽和鱼等寄生虫病的病原体，与人类关系极为密切。

思考题

❶ 原生动物的主要特征是什么？如何理解它是动物界最原始和最低等的一类动物？原生动物群体的细胞与多细胞动物的细胞有何不同？

❷ 原生动物分布广的原因是什么？

❸ 原生动物有哪几个重要纲，划分的主要依据是什么？

❹ 掌握眼虫、变形虫、间日疟原虫和草履虫的主要形态结构与生命活动，借此理解和掌握鞭毛纲、肉足纲、孢子纲和纤毛纲的主要特征。

❺ 以间日疟原虫为例说明孢子虫的生活史。说明孢子生殖、裂体生殖和配子生殖之间的异同。

❻ 哪一类原生动物反映了单细胞动物向多细胞动物的过渡过程，为什么？

❼ 从有益和有害两方面讨论原生动物与人类的关系。

数字课程学习

☐ 教学视频　☐ 教学课件

☐ 思考题解析　☐ 在线自测

（王智超）

第4章 多细胞动物的起源与扁盘动物门（Placozoa）

4.1 多细胞动物的起源及学说

4.1.1 原生、中生与后生动物

动物界中，除原生动物是单细胞动物外，其余都是多细胞动物。从单细胞到多细胞是生物从低等向高等发展的一个重要历程，代表了生物演化史上一个极为重要的阶段。

（1）原生动物

原生动物在形态结构上虽然有的也较复杂，但它只是一个细胞本身的分化。它们之中虽然也有群体，但是群体中的每个细胞个体一般还是独立生活，彼此间的联系并不密切。因此，在演化上它们还处于原始的阶段。

（2）中生动物

一般认为中生动物（Mesozoa）介于原生动物和后生动物之间。有学者将原生、中生和后生动物并列为3个动物亚界。现在一般认为中生动物为动物界中的一个门，寄生于海洋无脊椎动物体内，约有100种。体长0.5~7.5 mm，身体由少量细胞组成，外层是具有纤毛的体细胞，内层是生殖细胞。无任何器官，无体腔，也无消化腔；生活史复杂，包括有性世代和无性世代。中生动物分为二胚虫（Dicyemida）和直泳虫（Orthonecta）两个类群。由于两个类群在形态和生活史上差异很大，也有学者认为是两个独立的门。

①二胚虫　也称菱形虫（Rhombozoa）。寄生于头足类软体动物的肾内。虫体由20~40个细胞组成，细胞数目在种内是恒定的。这些细胞基本上排列成双层，但又不同于高等动物的胚层。外层是单层具纤毛的体细胞（套层细胞），包围着中央的一个或几个延长的轴细胞。体细胞具营养功能，轴细胞具繁殖功能（图4-1）。

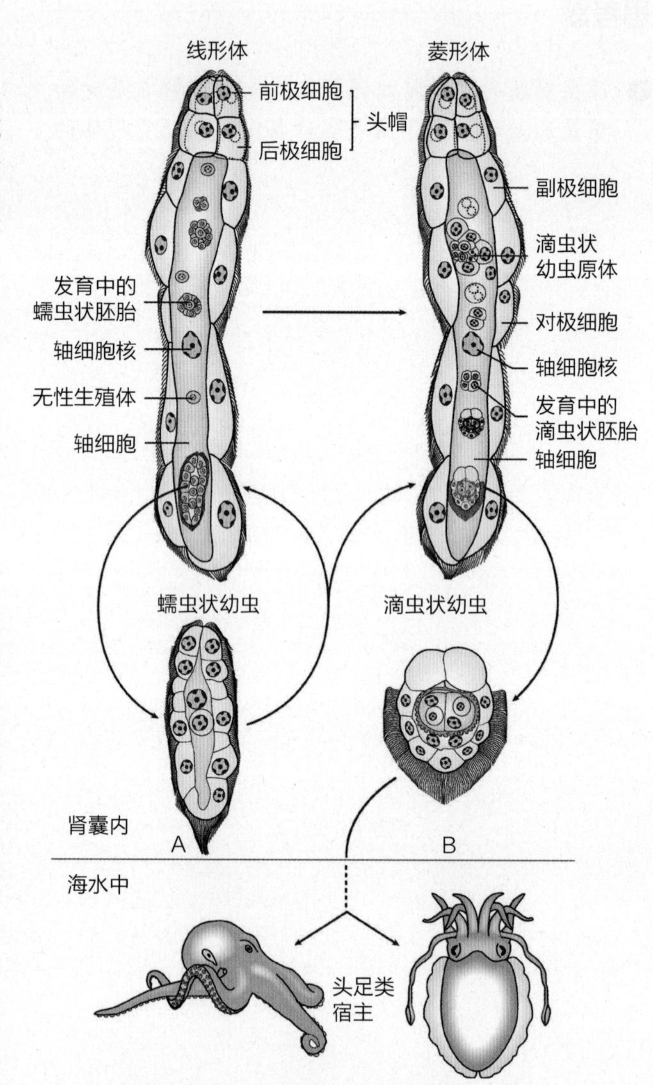

图4-1 二胚虫的两种生殖方式

A. 从成体轴细胞中的生殖细胞无性生殖发育为蠕虫状幼虫；
B. 在宿主肾中拥挤的情况下，生殖细胞发育为性腺，产生配子，受精后发育为滴虫状幼虫，随宿主尿液排出

二胚虫的生活史包括无性生殖和有性生殖两个阶段。前者在幼年和未成熟宿主中占优势，后者在成熟宿主中占优势。无性阶段的个体被称为线形体（nematogen），它的生殖细胞可以产生蠕虫状幼虫，通过直接发育形成更多的线形体（图4-1A）。随着感染期延长和虫体数量增加，蠕虫状幼虫发育成熟形成菱形体（rhombogen），其内的生殖细胞发育为雌雄同体的性腺，通过自体受精产生滴虫状幼虫，幼虫随宿主尿液排出体外，感染其他宿主（图4-1B）。

②直泳虫 直泳虫寄生在多种海洋无脊椎动物（如扁形动物、软体动物、环节动物及棘皮动物等）体内。成虫多雌雄异体（图4-2），外层亦为单层具纤毛的体细胞，体细胞围绕着中央许多生殖细胞（卵母细胞或精母细胞）。少数种类成虫雌雄同体，其精细胞在卵细胞的前方，没有轴细胞。性成熟后雄性个体释放精子到海水中，精子进入雌性个体内与卵受精，并在雌体内发育成具纤毛的幼虫（一层纤毛细胞包围几个生殖细胞）。幼虫离开母体后感染新宿主。当幼虫侵入宿主组织，其外层体细胞消失，生殖细胞分裂成多核的变形体（plasmodium）。多核变形体进一步碎裂成单核变形体，然后由它们发育为雌、雄个体。

近年来对中生动物的亚显微结构、生理生化、生殖、发育、生态、系统发育和分类等进行了多方面的研究，但对其系统关系仍存在争议。有学者认为中生动物是退化的扁形动物，甚至认为可以作为一纲列入扁形动物门。亦有学者认为中生动物是原始的类群，由最原始的多细胞动物演化而来，或认为是早期后生动物的一个分支。生化分析表明，中生动物核DNA中鸟嘌呤和胞嘧啶的含量（23%）与原生动物纤毛虫类的含量相近，而低于其他多细胞动物，包括扁形动物（35%~50%）。因此趋向认为中生动物和原生动物的纤毛虫类亲缘关系较近，更可能是真正原始的多细胞动物。最新的分子系统发育分析又揭示中生动物和冠轮动物的关系最为密切。由于中生动物有着长期的寄生历史，是动物界中极为特殊的类群，其分类地位尚难最终确定。

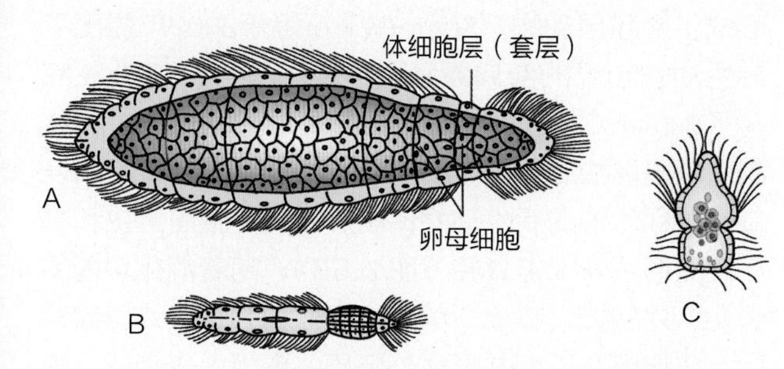

图 4-2 直泳虫纲直尾虫（*Rhopalura*）结构示意
A. 雌虫；B. 雄虫；C. 幼虫

（3）后生动物

绝大多数多细胞动物都是后生动物（Metazoa），这和原生动物的名称是相对而言的。

4.1.2 多细胞动物起源于单细胞动物的证据

（1）古生物学方面

古代动、植物的遗体或壳等经长期地壳的变迁，被埋在地层中形成了化石。已发现最简单的化石种类出现于最古老的地层中。大量有孔虫壳化石出现于太古代的地层中，而较复杂的化石出现在晚近的地层中，大致呈现出由单细胞到多细胞、由低等到高等发展的顺序。这说明最初出现单细胞动物，后来才发展出多细胞动物。

（2）形态学方面

从现存动物看，有单细胞和多细胞动物，且形成了由简单到复杂、由低等到高等的顺序。

原生动物鞭毛纲中一些群体鞭毛虫（如团藻）的形态与多细胞动物很相似，可能是从单细胞动物过渡到多细胞动物的中间类型。动物的演化应该是由单细胞动物发展成多细胞群体后又进一步发展成多细胞动物的。

（3）胚胎学方面

多细胞动物的早期胚胎发育基本上是相似的，由受精卵（单细胞）开始，经历卵裂、囊胚、原肠胚等一系列过程，逐渐发育为成体。由此可推测多细胞动物起源于单细胞动物。

4.1.3 多细胞动物起源的学说

（1）共生学说

共生学说（symbiosis theory）认为不同种的原生动物在一起共生，发展成为多细胞动物（图4-3A）。这一学说存在一系列遗传学问题，因为不同遗传基础的单细胞生物如何聚在一起形成能繁殖的多细胞动物，这在遗传学上是难以解释的。

（2）群体学说

群体学说（colonial theory）认为后生动物来源于群体鞭毛虫，随后演化为辐射对称的动物，再发展为两侧对称的动物（图4-3B）。这是当代动物学界最为广泛接受的学说。这一学说由赫克尔（Haeckel）1874年首次提出，后来由梅契尼柯夫（Metchnikoff）等于1887年进行了修订，海曼

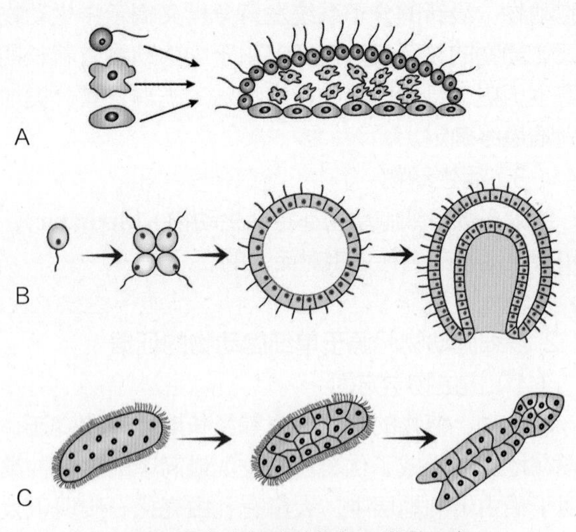

图 4-3 多细胞动物起源学说示意

A. 共生学说；B. 群体学说；C. 合胞体学说

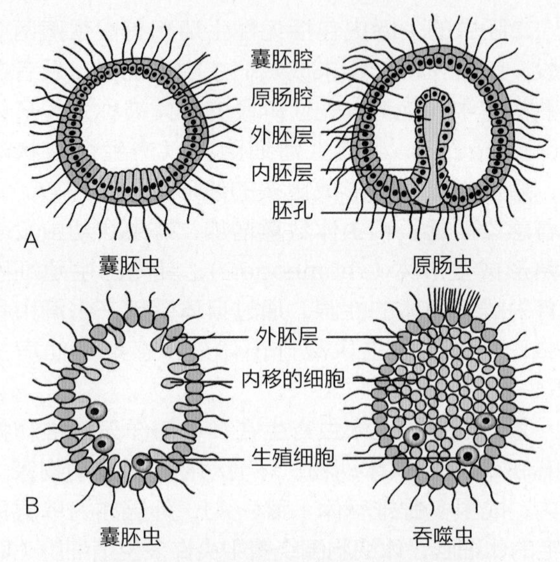

图 4-4 多细胞动物起源的群体学说示意

A. 赫克尔的原肠虫学说；B. 梅契尼柯夫的吞噬虫学说

（Hyman）于1940年又给予复兴。此学说主要包括下列几类：

①**赫克尔的原肠虫学说** 该学说认为多细胞动物最早的祖先是由类似团藻的球形群体的一面内陷形成多细胞动物的祖先。这样的祖先与内陷法形成的原肠胚相似，故称为**原肠虫**（gastraea）（图4-4A）。

②**梅契尼柯夫的吞噬虫学说（实球虫或无腔胚虫学说）** 梅契尼柯夫观察了很多低等多细胞动物的胚胎发育，发现有些种类的原肠胚是由内移方式形成的。同时，他也观察到一些低等多细胞动物主要靠吞噬作用进行细胞内消化。由此推想最初出现的多细胞动物营细胞内消化，细胞外消化是后来发生的。梅氏提出的吞噬虫学说认为多细胞动物的祖先是由一层细胞构成的单细胞动物群体，后来个别细胞摄取食物后进入群体内形成内胚层，结果就形成两胚层的动物，起初为实心的，后来逐渐形成消化腔。梅氏把这种假想的多细胞动物祖先称为**吞噬虫**（phagocitella）（图4-4B）。

这两种学说在胚胎学上都有根据，而在低等的多细胞动物中，内移方式形成原肠胚者较多，所以梅氏学说更容易被接受。同时梅氏学说似乎更符合机能与结构统一的原则。不能想象先有一个现成的消化腔，而后才有进行消化的机能，可能是在演化过程中有了消化机能，才逐渐发展出消化腔的。

原生动物鞭毛纲的种类形成群体的能力似乎较强，如果原始的单细胞动物群体的细胞严密分工协作，就可能进一步发展为多细胞动物。但单细胞动物群体有树枝状、扁平状和球状等，前两种形状的个体在群体中的连接一般较疏松，而球状群体（如团藻）与多细胞动物早期胚胎发育的囊胚形状相似。因此，群体学说认为由球状群体鞭毛虫演变为多细胞动物可能更符合生物演化规律。此外，后生动物普遍存在具鞭毛的精子，而低等的后生动物常存在具鞭毛的体细胞，如海绵和刺胞动物，这些也可支持鞭毛虫是后生动物的祖先。梅氏学说的吞噬虫与刺胞动物的浮浪幼虫很像。低等后生动物可能是从浮浪幼虫样的祖先发展来的。根据这种学说，刺胞动物为原始辐射对称，可能直接来源于浮浪幼虫样祖先。扁形动物的两侧对称是后来发生的。

③**扁囊胚虫学说** 该学说由Bütschli 在1884年提出，认为原始的后生动物是两层细胞构成的扁的动物（扁囊胚虫，Placula）（图4-5A）。根据Bütschli的看法，扁囊胚虫通过腹面细胞层的蠕动、爬行和摄食等，最后该动物背、腹细胞层分开而中空，腹面的营养细胞逐渐内陷形成消化腔，产生了内胚层，形成了两胚层动物。Schierwater等于2009年提出了后生动物起源的新扁囊胚虫学说（图4-5），补充完善了Bütschli提出的学说。由缺少对称轴的不对称体制（扁囊胚虫，图4-5A）转化为典型的有口面和反口面对称体轴的后生动物体制。首先，腹面上皮和基底之间形成外部摄食腔（图4-5B），随着消化功能的强化，外部摄食腔逐渐增大（图4-5C），最终导致背面上皮保留在外面并形成外胚层，腹面上皮变成“内部”并形成内胚层（图4-5D），形成类似于现存刺胞

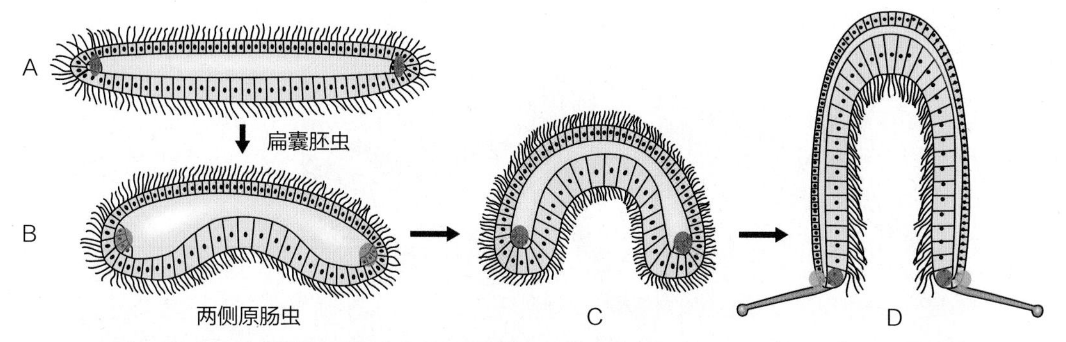

图 4-5 多细胞动物起源群体学说的扁囊胚虫学说示意（一个胚层到两个胚层的演化阶段）

动物的体制。

上述过程可以由*Proto-Hox/ParaHox*基因*Trox-2*（红色）及其下游基因如 *Cnox-1*（绿色）等表达调控，*Trox-2*可以控制背、腹细胞（内、外胚层）的分离。一旦口面和反口面的对称轴出现（如刺胞动物），*Proto-Hox/ParaHox*基因及其下游基因的复制表达可以调控外胚层和内胚层边界的细胞分化形成新的结构（图4-5D）。假想的扁囊胚虫与现存的扁盘动物丝盘虫相似。有些学者认为丝盘虫是扁囊胚虫现存种类的证据。

（3）合胞体学说

合胞学说（syncytial theory）主要由Hadzi在1953年和Harsan在1977年提出，认为多细胞动物来源于多核纤毛虫的原始类群。后生动物的祖先开始是合胞体结构，即多核的单细胞，后来每个核获得一部分质和膜形成了多细胞结构（图4-3C）。由于有些纤毛虫倾向于两侧对称，所以合胞体学说主张后生动物的祖先是两侧对称的，并由其发展为无肠类动物，因而认为无肠类动物是现存最原始的后生动物。对该学说的争议较多，因为普遍认为体型的演化是从辐射对称到两侧对称，如果认为无肠类动物是最原始的，那么刺胞动物的辐射对称则是次生的，显然不太合理。

4.2 多细胞动物胚胎发育的主要时期

不同类型的多细胞动物胚胎发育有不同的特点，但在早期胚胎发育中却都经历几个相同的主要阶段。

4.2.1 受精与受精卵

雌、雄个体产生生殖细胞。雌性生殖细胞称为卵。卵细胞较大，里面含有卵黄。根据卵黄的含量与分布可将卵分为均黄卵（少黄卵）、间黄卵、端黄卵和中黄卵等类型（图4-6）。卵黄相对多的一端称为植物极，另一端称为动物极。雄性生殖细胞称为精子。精子个体小，能活动。精子与卵结合形成单细胞受精卵（合子）的过程称为受精作用（fertilization）（图4-7）。受精卵是新个体发育的开端。

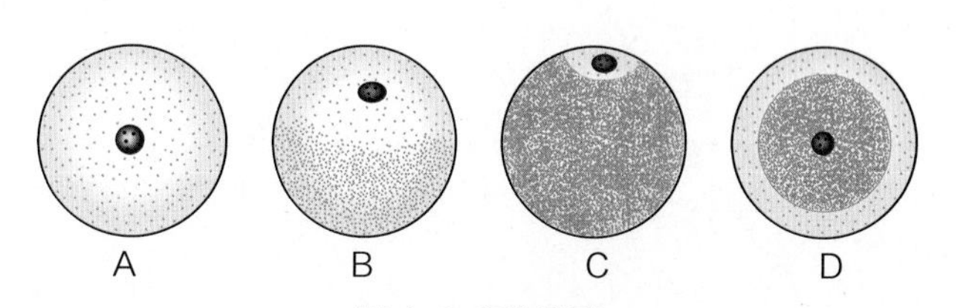

图 4-6 卵的类型

A. 均黄卵；B. 间黄卵；C. 端黄卵；D. 中黄卵

4.2.2 卵裂

受精卵进行卵裂（cleavage），每次分裂后，新细胞未长大又继续进行分裂，结果胚体体积变化不大，细胞越来越小。这些细胞也叫分裂球（blastomere）。由于不同类动物卵细胞内卵黄含量及分布情况不同，卵裂的方式也各异，主要分为如下几类：

（1）完全卵裂

完全卵裂（holoblastic cleavage）指整个受精卵都分裂，见于均黄卵。卵黄少且分布均匀者，形成的分裂球大小相等的为等裂，如海胆和文昌鱼等的卵裂（图4-8A）。卵黄在卵内分布不均匀，形成的分裂球大小不等的为不等裂，如海绵动物和蛙类等的卵裂（图4-8B）。

（2）不完全卵裂

端黄卵和中黄卵的卵裂为不完全卵裂（meroblastic cleavage）。卵黄阻碍分裂的进行，卵裂只限于受精卵不含卵黄的部位。分裂区限于胚盘处的称为盘裂（discoidal cleavage)，如乌贼和鸟类的卵裂（图4-8C）；分裂区限于卵表面的为表面卵裂（superficial cleavage），如昆虫的卵裂(图4-8D)。

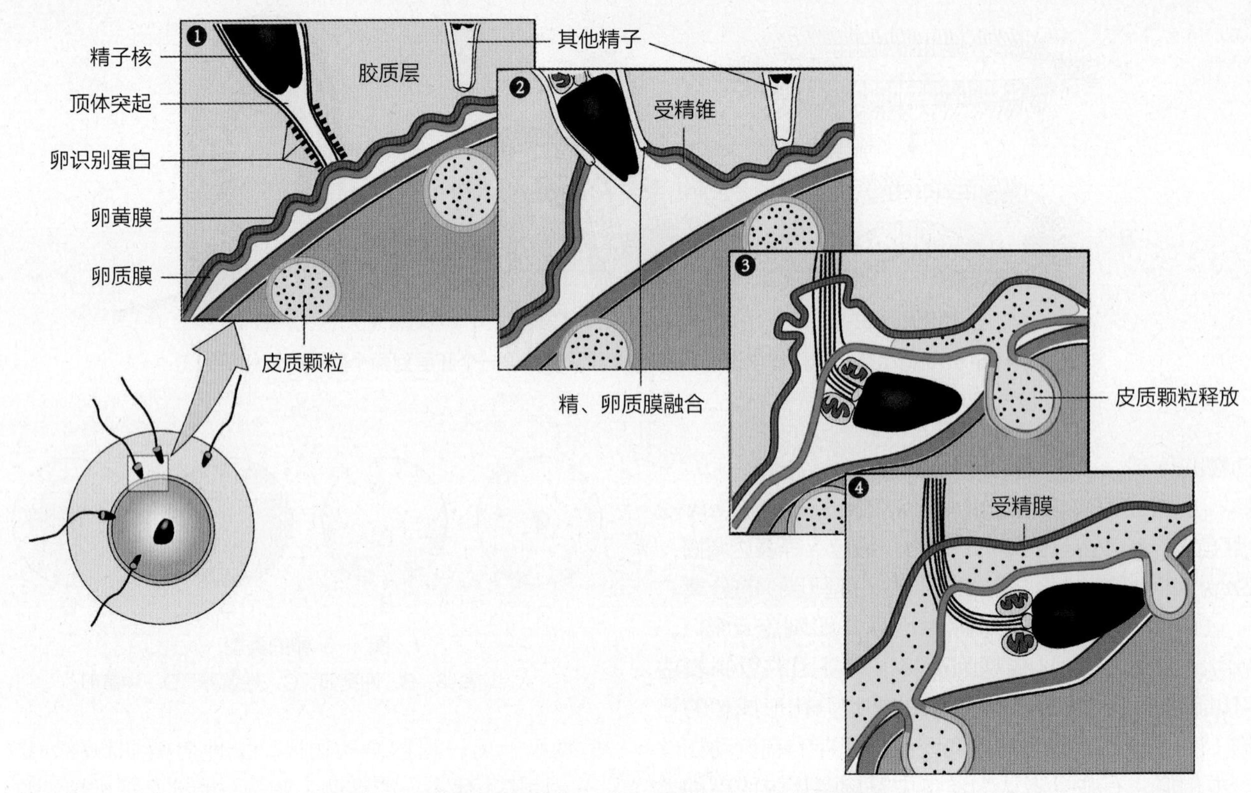

图 4-7 海胆精子接触及穿入卵的系列过程（受精）示意

4.2.3 囊胚的形成

卵裂的结果，分裂球先形成桑椹胚，随后可形成中空的球状胚，称囊胚（blastula)。囊胚内部的腔称囊胚腔（blastocoel），囊胚壁的细胞层称囊胚层（blastoderm）。也有的动物卵裂结果形成实心囊胚（图4-8）。

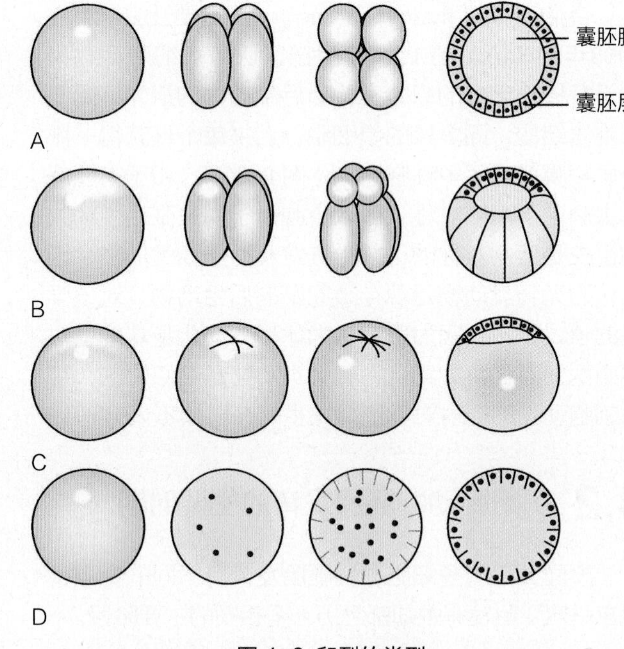

图 4-8 卵裂的类型

A. 等裂（海胆）；B. 不等裂（青蛙）；C. 盘裂（鸟类）；D. 表面卵裂（昆虫）

4.2.4 原肠胚的形成

囊胚进一步发育进入原肠胚形成（gastrulation）阶段（图4-9）。此时胚胎分化出内、外两个胚层。原肠胚形成在各类动物有所不同，其主要方式分述如下：

（1）内陷

内陷（invagination）指囊胚植物极细胞向内陷入，形成两层细胞，外面细胞层为外胚层（ecto-derm），陷入的一层为内胚层（endoderm）。内胚层所包围的腔为原肠腔（gastrocoel）。原肠腔与外界相通的孔称为原口或胚孔（blastopore）。

（2）内移

内移（ingression）指囊胚一部分细胞从单个或多个位点移入内部，开始移入的细胞多不规则充填于囊胚腔内，随后逐渐排成内胚层。

（3）分层

分层（delamination）指囊胚的细胞沿切线方向分裂，向内的细胞为内胚层，留在表面的为外胚层。

（4）内转

内转（involution）指盘裂形成的囊胚，周边细胞由边缘内转，伸展成为内胚层。

（5）外包

外包（epiboly）是由于动物极细胞分裂快，植物极细胞分裂极慢，结果动物极细胞逐渐向下包围植物极细胞，形成外胚层，植物极细胞则在内成为内胚层。

原肠胚形成的几种类型常综合出现，常见的是内陷伴随外包，分层伴随内移。

4.2.5 中胚层形成

绝大多数多细胞动物除了内、外胚层之外，还要进一步发育，在内、外胚层之间形成中胚层（mesoderm），在中胚层之间形成体腔（coelom）。中胚层主要由以下方式形成：

（1）端细胞法

在胚孔的周边，内、外胚层交界处各有中胚层干细胞分裂成很多细胞，形成索状，伸入内、外胚层之间，为中胚层细胞。中胚层细胞之间裂开，形成空腔即为体腔（真体腔），又称为裂体腔（schizocoel）。这样形成体腔的方式又称为裂体腔法（schizocoelous method 或 schizocoelic formation）。原口动物多以端细胞法形成中胚层，裂体腔法形成体腔（图4−10A）。

（2）肠细胞法

在原肠背部内胚层中的中胚层干细胞生长增殖，向外突出形成成对的体腔囊。体腔囊和内胚层脱离后在内、外胚层之间逐步扩展成为中胚层区，由中胚层包围的腔称为体腔，亦称为肠体腔（enterocoel）。这样形成体腔的方式称为肠体腔法（enterocoelous method 或 enterocoelic formation）或体腔囊法。后口动物多以肠细胞法形成中胚层，肠体腔法形成体腔（图4−10B）。

4.2.6 胚层的分化

胚胎时期的细胞，相对而言较简单、均质和具有可塑性。进一步发育，由于遗传、环境、营养、激素及细胞群之间相互诱导等因素的影响而转变为较复杂、异质和稳定的细胞。这种异质化过程称为分化（differentiation）。三胚层动物体的组织、器官都是从内、中和外3个胚层发育分化而来的。内胚层主要分化为消化道的大部分上皮、肝、胰、呼吸器官、排泄和生殖器官的小部分。中胚层主要分化为肌肉、结缔组织（包括骨骼和血液等）、生殖和排泄器官的大部分。外胚层主要分化为皮肤上皮（包括各种皮肤衍生物如皮肤腺、毛、角和爪等）、神经组织、感觉器官及消化道两端的上皮组织。

图 4−9 原肠胚形成方式示意

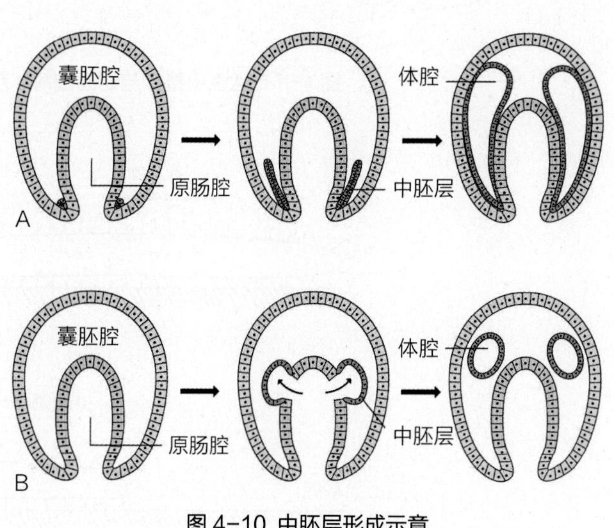

图 4−10 中胚层形成示意

A. 端细胞法；B. 肠细胞法

4.3 扁盘动物门（Placozoa）

扁盘动物门由西德学者Grell于1971年建立。目前只有丝盘虫（*Trichoplax adhaerens*）1种（或2种）（图4-11）。丝盘虫最早由Schulze在1883年发现并定名。该门动物的形状、大小和运动方式与变形虫很相似。但经组织学研究确知其为多细胞动物，故亦称多细胞变形虫。

丝盘虫扁平薄片状，直径一般为2~4 mm；体形多变，边缘不规则，无对称性；由两层细胞及中间层构成，背细胞层为一薄层覆盖细胞，其中许多细胞生有1根鞭毛，脂肪球可能是背细胞层退化时的产物；腹细胞层较厚，由具鞭毛的柱状细胞和分散于其间的无鞭毛的腺细胞组成；背、腹层之间胶质的液体腔中含有源于腹层、埋于胶质的星状纤维细胞形成的可收缩的三维网状结构的合胞体，其与虫体形状变化有关，也有吞噬功能，此层也称为中间层。遇到食物颗粒时，腹细胞层能围绕食物颗粒暂时凸起，在腹细胞层和基底之间形成消化腔，对食物进行细胞外消化（图4-12）。

扁盘动物以微小的原生动物和藻类为食，由于有腺细胞，可以进行部分细胞外消化；借鞭毛的摆动及星状纤维细胞的收缩与松弛进行运动；通常通过分裂和出芽进行无性繁殖，对其有性繁殖过程及胚胎发育了解很少。

扁盘动物是现存后生动物中最简单的类群，仅能识别出4~5类体细胞类型，缺乏任何对称轴、器官、神经和肌肉细胞、基底膜和细胞外基质（虽然已知有两种细胞与细胞间的联结）。因而它可能是最原始的后生动物。

小结

原生动物以单细胞为主，中生动物可能介于原生动物与后生动物之间；多细胞动物起源于单细胞动物有古生物学、形态学和胚胎学等多方面的证据；多细胞动物的起源有合胞体学说、共生学说和群体学说；扁盘动物可能是最原始的后生动物。

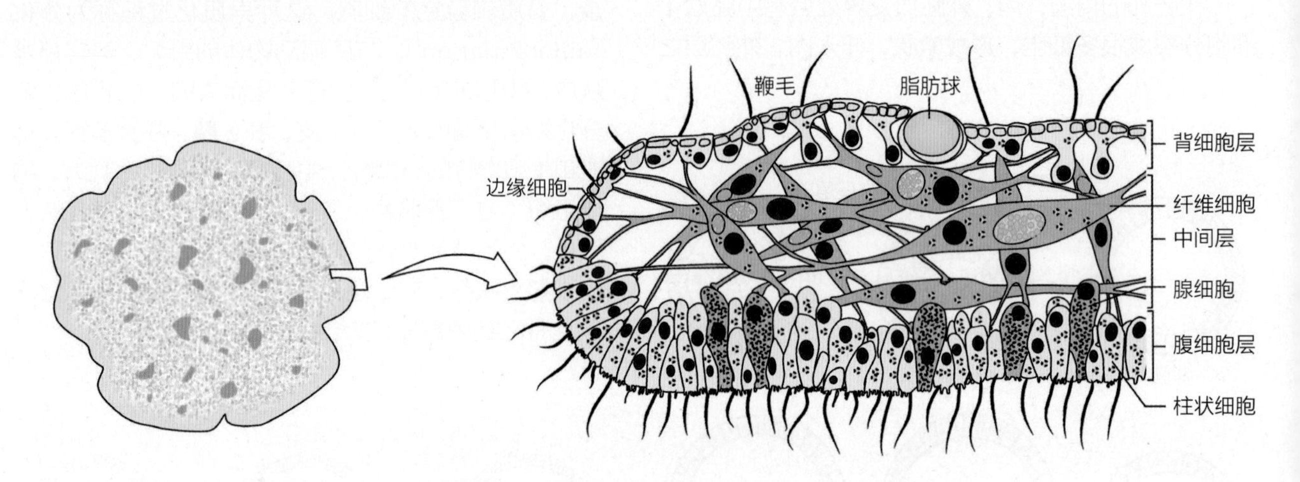

图4-11 丝盘虫整体与切面图解，示背、腹细胞层及其中间层的细胞类型

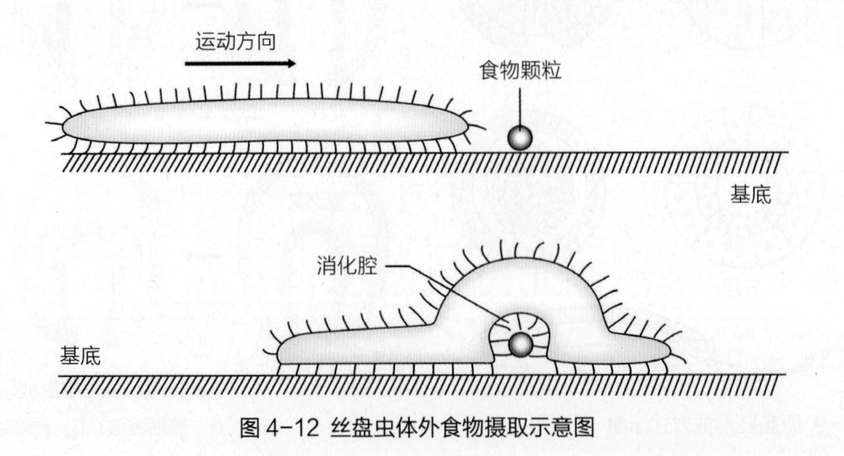

图4-12 丝盘虫体外食物摄取示意图

思考题

1. 中生动物的主要特征有哪些，对其分类地位有哪些不同看法？
2. 多细胞动物起源于单细胞动物的主要依据有哪些？
3. 多细胞动物早期胚胎发育的共同阶段有哪些？
4. 关于多细胞动物起源有几种学说？各学说的主要内容是什么？哪种学说易被接受，为什么？你的看法如何？
5. 为何认为扁盘动物可能是最原始的后生动物？

数字课程学习

□ 教学视频 □ 教学课件
□ 思考题解析 □ 在线自测

（李长玲、李海云）

第5章 多孔动物门（Porifera）

多孔动物又称海绵动物（Spongia），营水中固着生活；没有组织分化；无消化腔，无神经系统；体壁包括皮层、中胶层和胃层，皮层是单层扁细胞，中胶层多有骨针和/或海绵质纤维支撑身体，胃层由领细胞构成；有些物种的胚胎发育有胚层逆转现象；具独特的水沟系；体型无定形，大小为1 cm~1.5 m不等。多孔动物在前寒武纪时代就已出现在地球上，有“活化石”之称，是原始、低等的细胞水平的多细胞动物，是动物演化过程中的一个侧枝。本章在不涉及科学分类系统时统一将多孔动物简称为**海绵**。

5.1 多孔动物的主要特征

5.1.1 水中固着生活，体形多不对称

海绵绝大部分生活在海洋，少部分在淡水中。成体体形多样，有不规则的块状、筒状、瓶状、树枝状、管状和壶状等（图5-1）。海绵幼体多属于辐射对称体制，成体由于营固着生活的附着物的形状或出芽增殖，导致许多种类的身体次生性地出现不对称的现象。海绵全部营固着生活，多为群体，附着在水中的岩石、贝壳、水生植物或其他物体上。除少数种类体色灰白外，多数种类具有鲜艳的颜色，其色彩来自共生藻类或海绵的细胞自身含有的色素，如红色、黄色和橘黄体色由海绵细胞中脂溶性胡萝卜素引起。鲜艳的体色可能具有警戒及保护作用。

5.1.2 细胞水平的多细胞动物

海绵身体的基本构架是体壁围着中央腔（海绵腔），体壁穿插有无数的小孔，多孔动物门因此得名。体壁分为3层，分别由不同形态和功能的细胞构

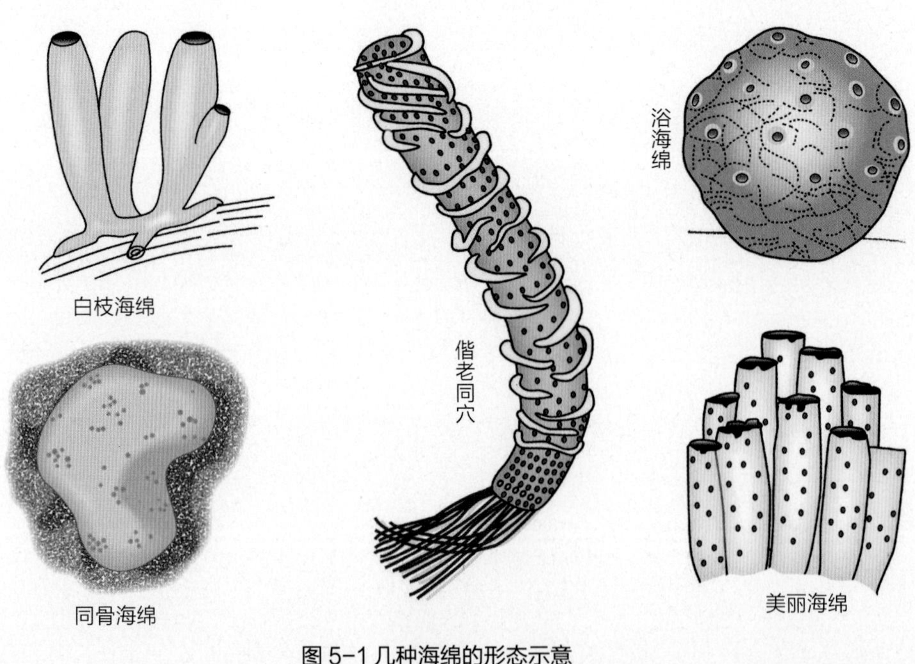

图 5-1 几种海绵的形态示意

成（图5-2）。

外层亦称皮层（dermal epithelium)，主要为1层扁细胞，起保护作用。扁细胞的核位于细胞中央，细胞内含有少量可伸缩的肌丝（myoneme），帮助调节身体的表面积。在单沟型海绵，扁细胞间分布有无数戒指状的孔细胞（porocyte），构成入水孔，是外界水流进入中央腔的通道（图5-2）。孔细胞含肌丝可收缩，能调节孔的大小，从而控制水流。在双沟型和复沟型海绵，有由扁细胞变成的肌细胞（myocyte），环绕着入水孔或出水孔，形成能收缩的小环控制水流量。

内层在单沟型海绵中为1层领细胞（choanocyte）。每个领细胞具有透明的领，围绕着中央1条鞭毛。电子显微镜下，领是一圈细胞质突起（微绒毛），其间有很多微丝相连，很像塑料羽毛球的羽领。鞭毛的摆动引起由入水孔或流入孔进入的水流通过海绵体，水流中的食物颗粒附在领上，然后落入其胞质中形成食物泡。食物在领细胞内消化，或将食物传给中胶层的变形细胞消化，不能消化的残渣又由变形细胞传递给领细胞，继而随水流由出水孔排出体外（图5-3）。故领细胞所在的内层又称胃层（gastral epithelium）。海绵没有消化腔，与原生动物一样行细胞内消化。

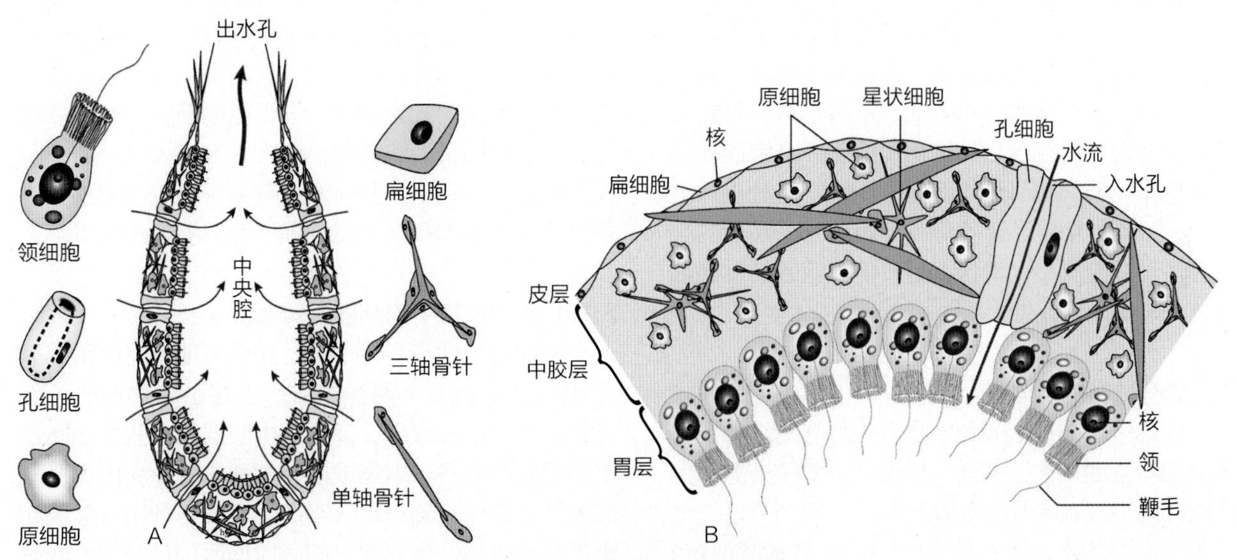

图 5-2 白枝海绵的结构示意

A. 各类型细胞及骨针；B. 体壁局部放大

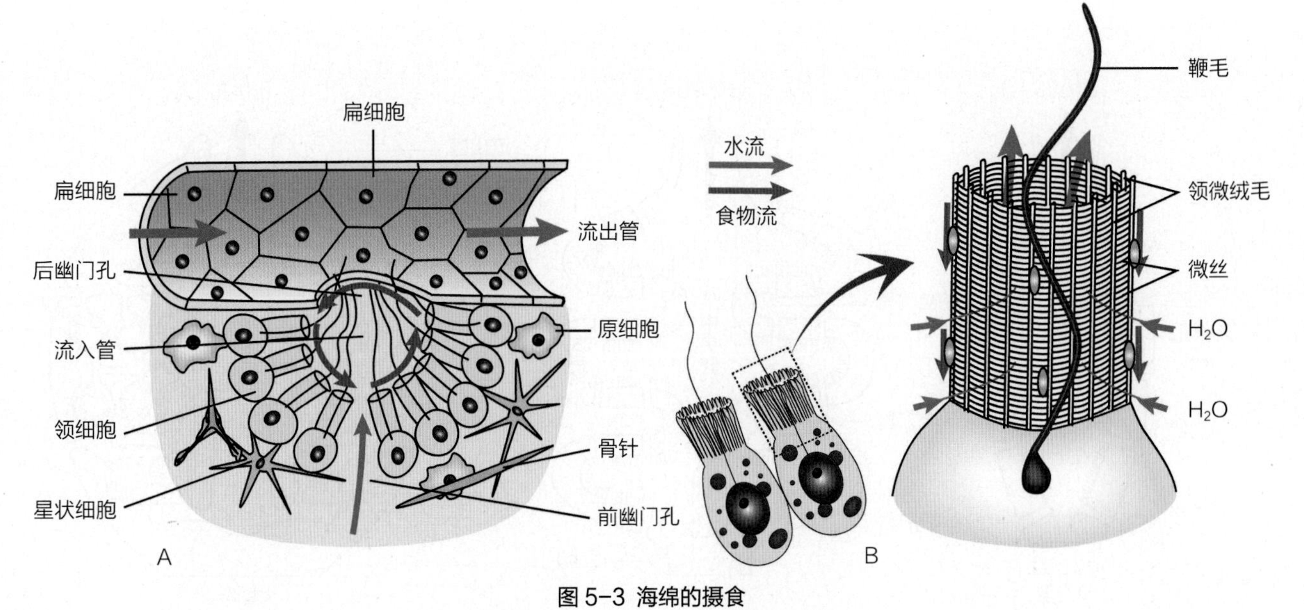

图 5-3 海绵的摄食

A. 摄食时的水流与食物流；B. 领细胞及领放大

在皮层与胃层之间为中胶层（mesoglea）。中胶层主体是胶状物质，其中分布有各种形状的骨针（有的种类还有海绵质纤维）、原细胞（archaeocyte，又称变形细胞或古细胞）、成骨针细胞、成海绵质细胞和星状细胞等。骨针由成骨针细胞产生，为钙质或硅质，起支持、防止海绵沟室塌陷的作用。骨针的形状有单轴（monaxon）、三轴（triaxons）、四轴（tetraxons）、多轴（polyaxons）和双盘（amphidisks）等多种类型；从骨针中央向四周的突起称为"放"，有多少个突起就是多少"放"；如三轴骨针可以是3、4、5或6放，四轴骨针可以是4、5、6、7或8放等，依此类推。骨针的成分和形状是海绵分类的主要依据。在一些种类中，存在海绵质纤维，由成海绵质细胞分泌而成，主要成分为纤维蛋白类物质。海绵质纤维质地松软、坚韧，有弹性，不溶于水，可联接形成柔软的网状海绵丝。骨针和海绵质纤维都能支持和保护身体。原细胞可看作多能干细胞，可分化为生殖细胞、成骨针细胞、营养储存细胞和分泌黏液的腺细胞等多种细胞类型。星状细胞可能是原始的神经细胞，有传导信息的功能。

5.1.3 具有独特的水沟系

水沟系（canal system）是海绵特有的结构，与其适应固着生活相关，摄食、呼吸、生殖和排泄等生理活动都离不开水沟系的水流作用。

不同海绵的水沟系有较大差别，但基本类型有3种（图5-4）。

单沟型 薄的体壁上有许多孔细胞沟通外界与中央腔，水流路径为：外界→入水孔→中央腔→出水孔→外界。如白枝海绵的水沟系属此类型。

双沟型 由单沟型体壁凹凸形成两种水管，皮层细胞内陷形成流入管（incurrent canal），由流入孔与外界相通；胃层外突形成辐射管（radial canal）。流入管内壁为扁细胞，辐射管内壁为领细胞。流入管通向辐射管的孔为前幽门孔（prosopyle），由多个起源于扁细胞的肌细胞环绕构成；辐射管通向中央腔的孔为后幽门孔（apopyle）。水流路径为：外界→流入孔→流入管→前幽门孔→辐射管→后幽门孔→中央腔→出水孔→外界。如毛壶的水沟系属此类型。

复沟型 为最复杂和最高等的类型，在中胶层中形成了由数目众多的领细胞围成的鞭毛室，鞭毛室借流入管与外界相通，又借流出管与中央腔相通。流入管通向鞭毛室的孔为前幽门孔，出鞭毛室的孔为后幽门孔。水流路径为：外界→流入孔→流入管→前幽门孔→鞭毛室→后幽门孔→流出管→中央腔→出水孔→外界。如浴海绵和淡水海绵等的水沟系属此类型。

5.1.4 胚胎发育中的胚层逆转现象

海绵行无性和有性生殖。无性生殖有出芽和形成芽球（gemmule）两种方式。出芽由海绵体的一部分向外突出形成芽体，通常是中胶层的一些原细胞迁移到母体的体表，聚集成团，逐渐发育并突出体壁形成芽体。芽体长到一定大小后，可离开母体，形成新个体，也可与母体连在一起形成群体。芽球的形成多在环境不良时，由中胶层中某些储备了丰富营养物质的原细胞聚集成团，外包以几丁质膜和1层双盘头或

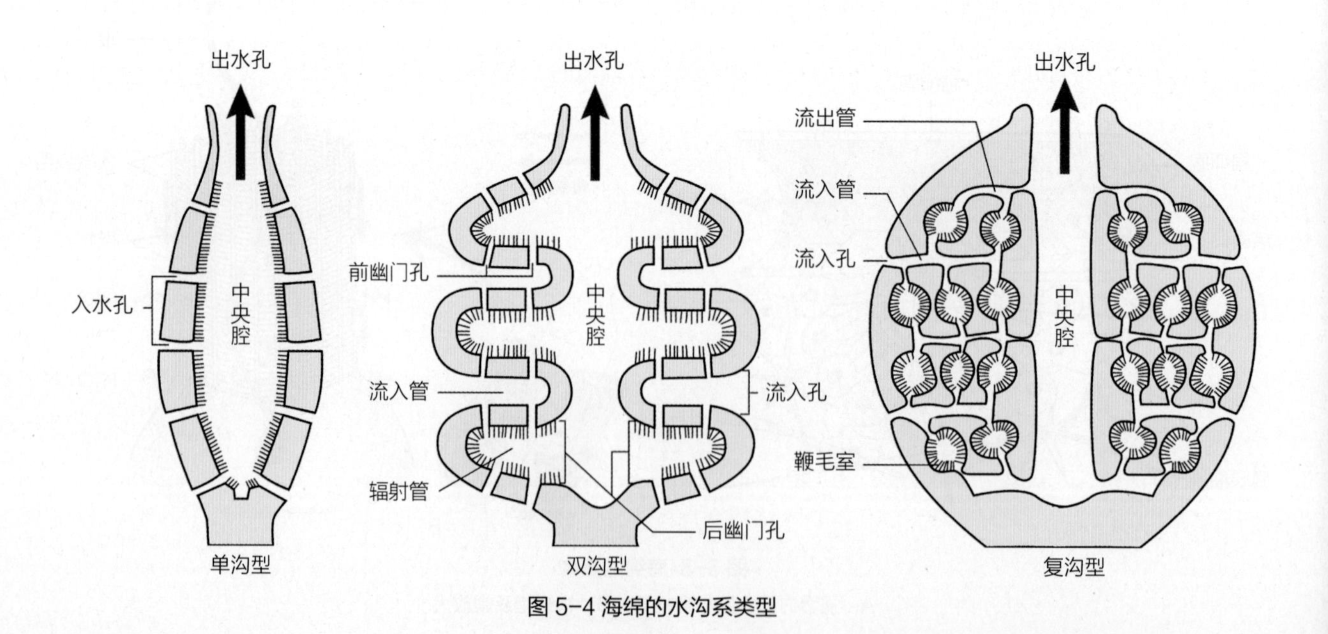

图 5-4 海绵的水沟系类型

短柱状的小骨针，形成球状芽球（图5-5）。成体死亡后，无数芽球可以生存下来，度过严寒或干旱。当条件适宜时，芽球内的原细胞从芽球上的微孔（micropyle）逸出，发育成新个体。因此，芽球的形成是对不良环境条件的适应。所有的淡水海绵和部分海产种类都能形成芽球。

海绵雌雄异体或同体，有性生殖时，都为异体受精。一般认为，精子是由领细胞丢失鞭毛后经减数分裂形成，卵由领细胞（钙质海绵）或原细胞转变或分化而成。卵形大，留在中胶层中。同体的精子不能直接入卵，需随水流进入另一海绵体内，由领细胞吞食精子后，失去鞭毛和领，并作变形虫样运动，将精子带入卵，与之受精。这是一种很特别的受精方式。

有些类群海绵的胚胎发育较为特殊，与其他后生动物胚胎发育有别（图5-6）。在寻常海绵中，形成实心的实胚幼虫（parenchymula）。在同骨海绵中则形成环形幼虫（cinctoblastula）。在钙质海绵中，形成中空的两囊幼虫（amphiblastula）。以白枝海绵为例，受精卵经数次卵裂后，形成一个有腔囊胚，动物极的小分裂球向囊胚腔内生出鞭毛，另一端的大分裂球中间形成一个开口，随后，囊胚的小分裂球由此开口倒翻出去，里面小分裂球具鞭毛的一侧翻

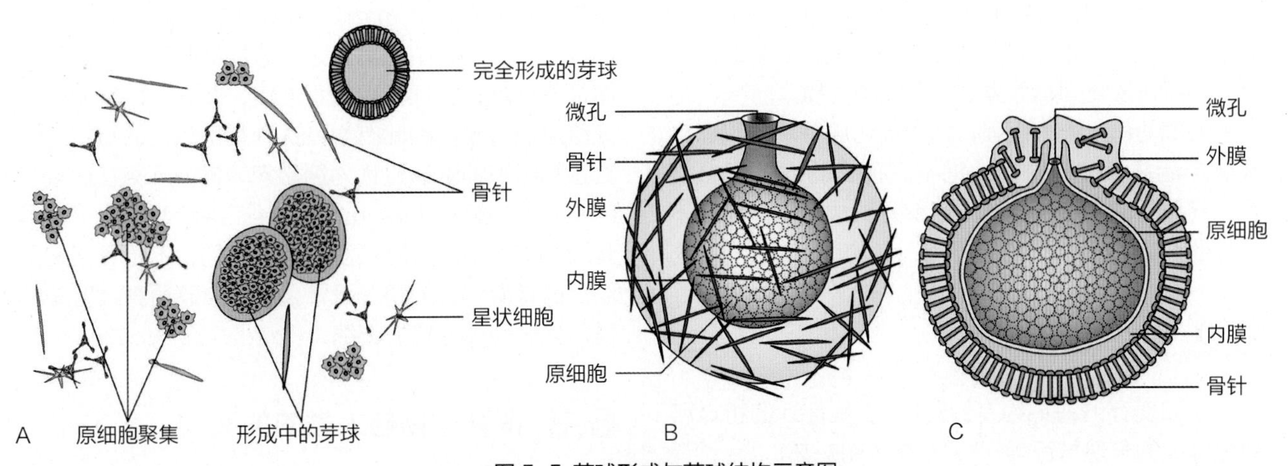

图 5-5 芽球形成与芽球结构示意图

A. 芽球形成；B. 针海绵的芽球；C. 轮海绵的芽球

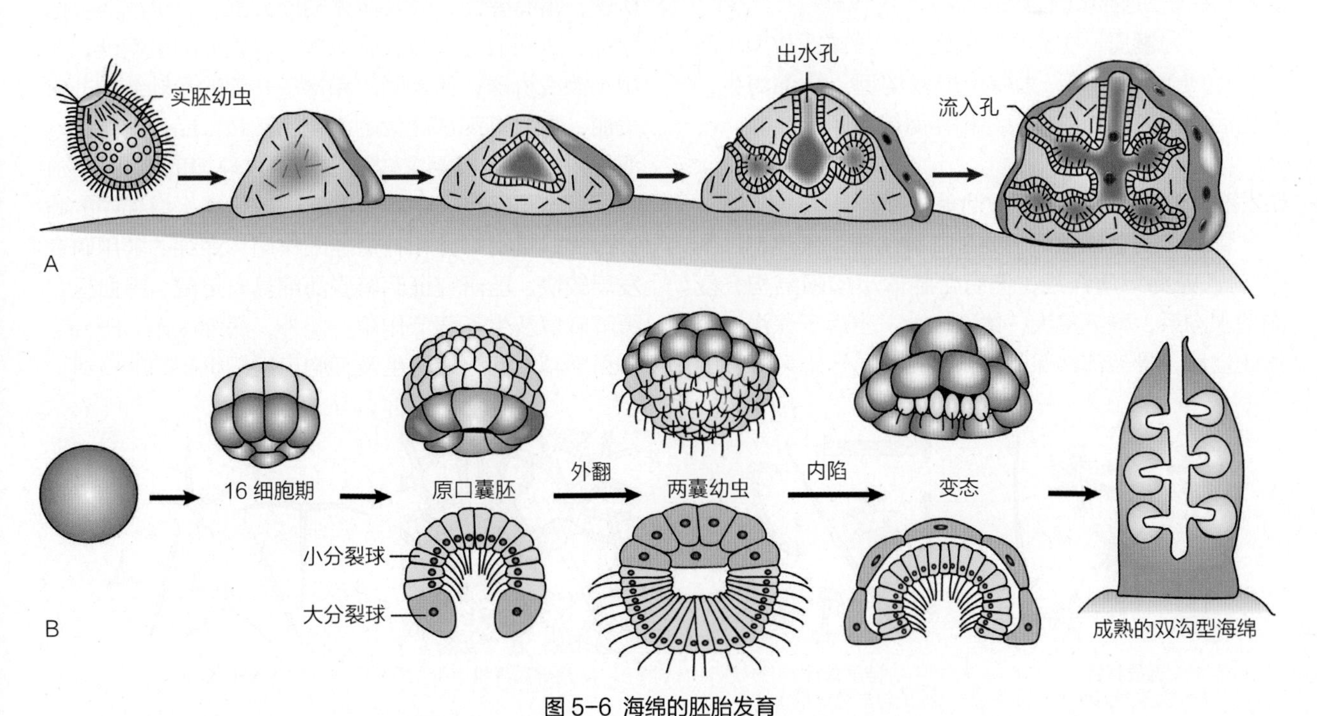

图 5-6 海绵的胚胎发育

A. 寻常海绵经实胚幼虫的发育；B. 双沟型钙质海绵经两囊幼虫的发育

到囊胚表面。整个囊胚期的发育出现了两次囊胚现象，这种特殊的幼体称为两囊幼虫。幼虫从母体出水孔逸出，在水中游泳一段时间（几小时至数天）后，有鞭毛的小分裂球内陷，形成内层，另一端大分裂球留在外面形成外层，这与其他多细胞动物原肠胚的形成正相反（其他多细胞动物的动物极细胞发育为外胚层，植物极细胞发育为内胚层），因此称为胚层逆转（blastoderm inversion）。幼虫游动后不久即行固着，发育为成体。这种胚层逆转现象还存在于钙质海绵纲的毛壶属、海绵属及寻常海绵纲的糊海绵属等。

海绵由于部分类群在胚胎发育中有胚层逆转现象，构造上有领细胞、水沟系和骨针等特殊结构，因此，被广泛认为在动物演化上为“侧生动物”（Parazoa），是很早就由原始群体领鞭毛虫类发展来的一个侧枝，不再演化为其他类群的多细胞动物。

海绵的再生能力很强，把海绵切成小块或捣碎，都能存活并长成新个体。把不同种类的海绵混合捣碎，同种的海绵细胞能够自组织并长成新个体，而不与其他种类海绵细胞聚合。

5.2 多孔动物的分类

已知现存的海绵约有1万种，依其骨针的特点和早期组织的出现与否可分为4个纲（图5-7）。

5.2.1 钙质海绵纲（Calcarea）

骨针为钙质，主要是碳酸钙，三放或四放型（图5-7），水沟系简单，为单沟或双沟型。全部海生，多生活于浅海。如白枝海绵和杯海绵等。

5.2.2 六放海绵纲（Hexactinellida）

骨针硅质有轴丝，主要是二氧化硅，六放型（图5-7）；无海绵质纤维，但有合胞体小梁网结构；复沟型水沟系，鞭毛室大，体型较大，生活于深海。个体死亡后，骨架依然保留。多数种类是近辐射对称的单体，如偕老同穴和拂子介等。

5.2.3 寻常海绵纲（Demospongiae）

包括海绵中95%的种类，含有非六放型、有轴丝的硅质骨针；常有海绵质纤维网（图5-7）。复沟型水沟系，鞭毛室小，体形常不规则，生活于海水、半咸水或淡水中。如浴海绵和针海绵等。

5.2.4 同骨海绵纲（Homoscleromorpha）

同骨海绵有不同的色彩，由于其生境隐蔽，常被忽视。见于近岸或深水中。之前被放在寻常海绵纲。由于其出现早期组织：具有真正的基底膜或细胞外基质（extracellular matrix，ECM）的扁上皮细胞层而从寻常海绵纲中分离出来。这层细胞不同于其他类海绵的细胞，它们不仅相互连接，而且与特殊的黏附细胞连在一起。因此有学者认为其是真正的组织，但真正的组织细胞通过称为钙黏素的蛋白质相互连接，特别是称为桥粒（desmosomes）的结构连接；而同骨海绵的扁上皮细胞层没有桥粒结构，不是真正的组织。同骨海绵有的缺乏骨针，有的有硅质骨针但无轴丝。代表种类如扁板海绵（*Plakortis simplex*）。

5.3 多孔动物与人类的关系

海绵对人类有利也有害。如浴海绵的海绵质纤维松软，富有弹性，吸收液体的能力强，可供沐浴及医疗上吸收药液、血液或脓液等；有些海绵较粗硬，可用于擦洗机器；偕老同穴和拂子介等的骨针结构非常美丽，是极具观赏价值的工艺品和装饰品；有些淡水海绵对栖息环境要求较高，可作水环境的监测生物；我国《本草纲目》中收录的紫梢花是淡水海绵中的脆针海绵，具有抑菌和补肾壮阳作用。海绵的药用研究发展较快，已研究证明有些海绵具有抗菌、降血压、缓解麻痹及生长调节作用。此外，海绵可作为研究生命科学基本问题如再生及细胞自组织机制等的材料。

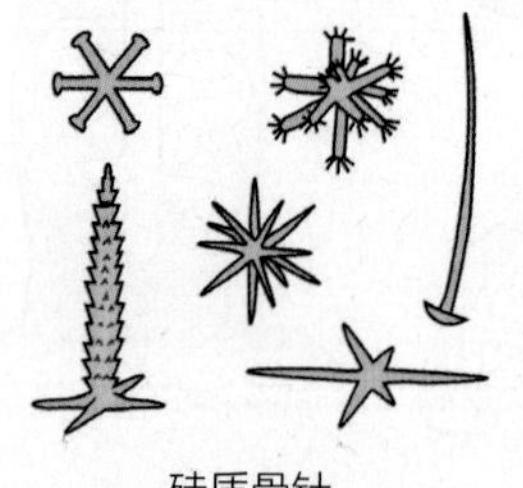
硅质骨针
（六放海绵纲）

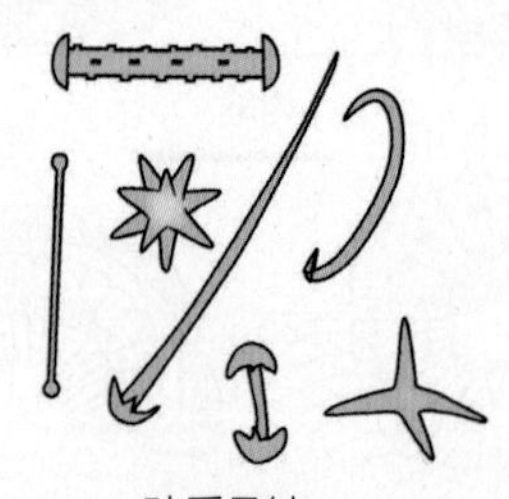
硅质骨针
（寻常海绵纲）

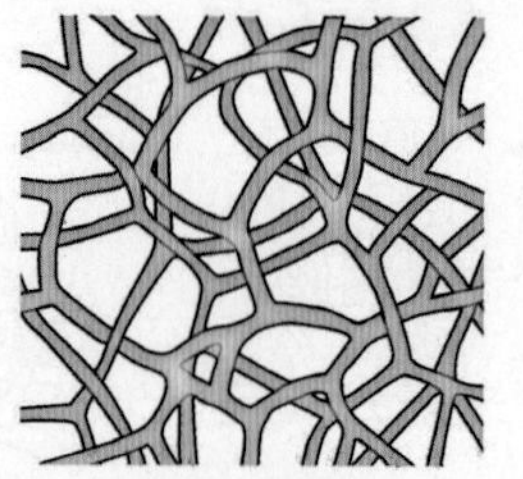
海绵质纤维

钙质骨针

图5-7 海绵动物的骨针类型与海绵质纤维示意图

古生物学研究表明，海绵的特殊沉积对分析环境的变迁也有意义。

有些海绵固着在牡蛎、蛤和鲍等养殖贝类身上，可引起贝类窒息死亡；海绵的分泌物可以腐蚀贝壳，在贝壳上形成孔洞，并与贝类争食。淡水海绵大量繁殖亦可堵塞水道等。诸如此类亦能给人类带来严重的经济损失。

小结

多孔动物又称海绵动物，水中固着生活，体形多不对称。身体结构简单，体壁外层以扁细胞为主，内层以领细胞为主，两层细胞之间为中胶层，内含多种细胞、骨针和/或海绵质纤维等；有独特的水沟系，借水沟系完成摄食、呼吸、生殖和排泄等生理功能；无神经组织；无消化腔，行细胞内消化；一些种类的胚胎发育过程中有胚层逆转现象；是多细胞动物演化中的一个侧枝。无性生殖以出芽或形成芽球的方式完成，有性生殖为卵式生殖。依其骨针的特点和早期组织的出现与否可分为钙质海绵纲、六放海绵纲、寻常海绵纲和同骨海绵纲。

思考题

❶ 为什么说多孔动物是多细胞动物演化中的侧生动物?

❷ 描述典型海绵的体壁结构与机能。根据什么说海绵是原始、低等的多细胞动物?

❸ 多孔动物门分为哪几纲，其间的主要区别是什么?

数字课程学习

☐ 教学视频　☐ 教学课件

☐ 思考题解析　☐ 在线自测

（游翠红、李海云）

第 6 章
刺胞动物门（Cnidaria）

刺胞动物又名腔肠动物（coelenterata），它具有两胚层，出现了简单的组织分化，是组织水平的多细胞动物。现已记述的刺胞动物有11 000余种，代表性的物种包括水螅、水母和海葵等。在前寒武纪的地层中还有着丰富的化石种。

6.1 刺胞动物的主要特征

6.1.1 辐射对称

辐射对称（radial symmetry）指通过动物体的中央轴，可以有无数个切面把身体分成互为镜像的两个部分。这是一种原始、低级的对称体制，其特点是只有上、下（口面和反口面）之分（图6-1），无前、后和左、右之分。这样的对称体制适应于水中固着或漂浮生活。海葵等在此基础上发展为两辐射对称，即通过动物体的中央轴，有且只有两个切面可以把身体分为互为镜像的两个部分。这样的对称体制主要适应于水中固着生活。

6.1.2 体型

刺胞动物有两种基本体型：水螅型（polyp）和水母型（medusa）。水螅型圆筒状，口面向上，适应固着生活，如水螅和海葵等。水母型伞状或圆盘状，口面向下，适应漂浮生活，如霞水母等。若将水螅型颠倒，使其口面向下，压扁身体就可看出水螅型和水母型的基本结构是相似的，只是水母型较扁平（图6-1）。

6.1.3 体壁及消化循环腔

刺胞动物的体壁由胃层（由内胚层细胞分化而成）、皮层（由外胚层细胞分化而成）和中胶层构成（图6-2）。中胶层是由内、外层共同分泌而成的胶状物质（主要为胶原蛋白），具有支持和连接作用。中胶层中除了含有一些分散的神经细胞外，还有很多小纤维，皮肌细胞突起也伸入其中，有些种类的中胶层中有来自内胚层的肌细胞层。这一点与海绵动物的中胶层不同。刺胞动物相当于个体发育中的原肠胚阶段，由体壁围成的空腔相当于原肠腔。此空腔只有一

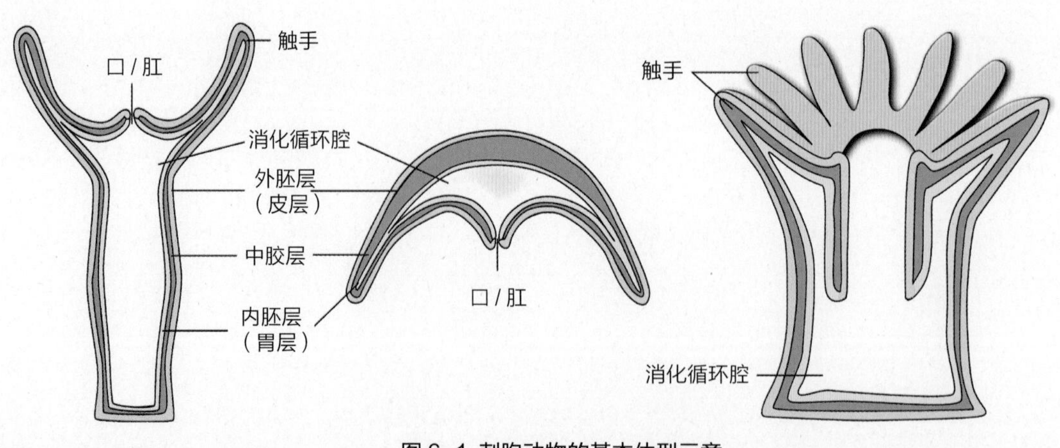

图 6-1 刺胞动物的基本体型示意

个开口与外界相通，开口兼具摄食和排遗的功能。胃层的腺细胞可分泌消化酶进行细胞外消化，消化后的食物颗粒经循环流动，被胃层的特殊细胞吞入，进行细胞内消化。由此可见，刺胞动物体内的空腔既有消化功能又有循环功能，故称之为消化循环腔。

6.1.4 细胞与组织的分化

刺胞动物初步出现了组织分化，其体表和消化循环腔壁主要由初步分化的上皮肌肉细胞（皮肌细胞）构成（图6-3）。皮肌细胞是一种基部含有肌纤维的表皮细胞。皮层的皮肌细胞肌纤维纵向排列，胃层的则呈环状排列，它们交替收缩与舒张，使刺胞动物产生相应的运动。此外，外皮肌细胞还有保护和感觉功能；内皮肌细胞具鞭毛，可以进行细胞内消化，也称营养肌细胞（图6-2）。此外，还有腺细胞、神经细胞、感觉细胞、间细胞和刺细胞等的分化。腺细胞多散布在胃层，能分泌消化酶到消化循环腔内消化食物，执行细胞外消化功能。因此刺胞动物兼具细胞内和细胞外消化。神经细胞彼此相连构成神经网。感觉细胞较少，分散在皮肌细胞之间，其端部具感觉毛，基部与神经纤维相连（图6-3、图6-5）。间细胞是一种未分化的细胞，可进一步分化形成皮肌细胞、刺细胞和生殖细胞等。

刺细胞是刺胞动物所特有的一类细胞，呈椭圆形，尤以触手部位最多，具有摄食和防御功能。刺细胞有4种刺丝囊，包括穿刺刺丝囊、卷缠刺丝囊和2种黏性刺丝囊（图6-4）。穿刺刺丝囊储存有毒液和盘曲的刺丝，细胞游离端有一矛状突起，称刺针（图6-2）。所有的刺细胞只能使用一次，随后由间细胞分化产生新的刺细胞来补充。

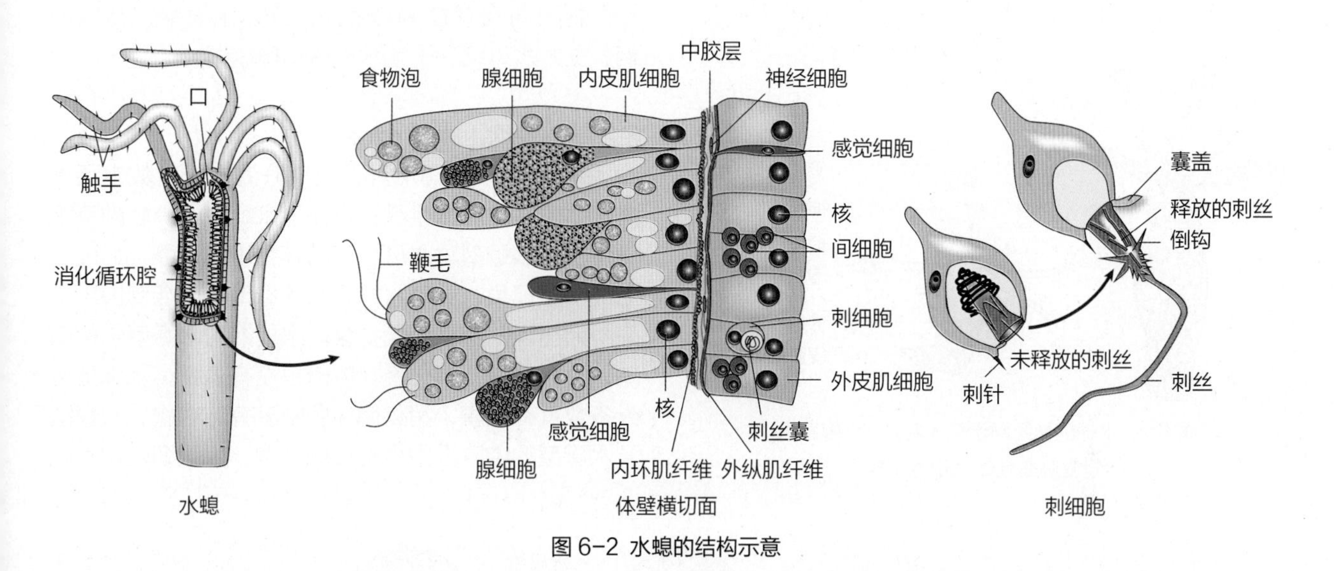

图 6-2 水螅的结构示意

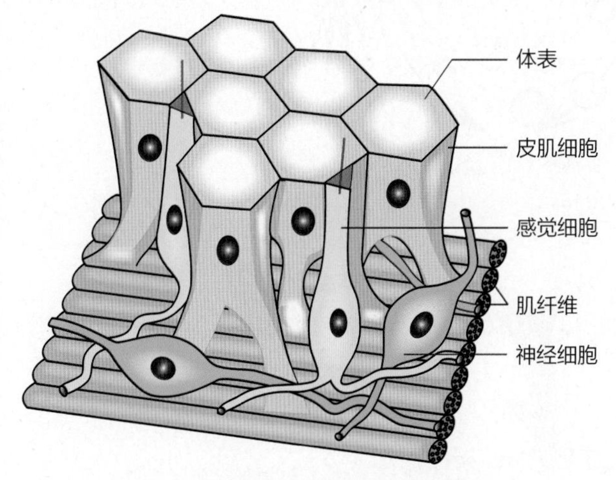

图 6-3 皮肌细胞与神经感觉细胞示意

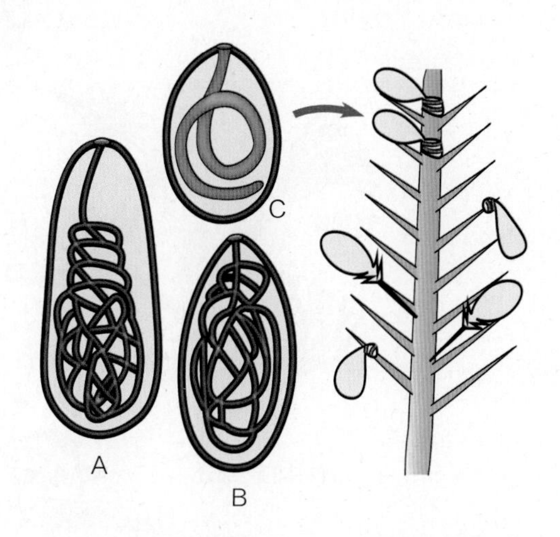

图 6-4 黏性刺丝囊（A、B），卷缠刺丝囊及其翻出示意（C）

6.1.5 原始的神经组织——神经网

刺胞动物的神经组织基本上是由双极和多极的神经细胞组成，它们都具有形态上相似的突起，可由突起相互形成突触联系，在皮层、胃层的基部形成疏松的网，即神经网（nerve net）或网状神经组织（图6-5A）。这些神经细胞又与皮层、胃层的感觉细胞和皮肌细胞等相联系，当感觉细胞感受到刺激后，经神经细胞的传导，皮肌细胞的肌纤维收缩产生动作，这样就形成了神经肌肉体系（neuromuscular system，图6-5B）。这种体系能对外界的光、热、化学、机械和食物等刺激产生有效的反应，但由于没有神经中枢，传导一般是不定向的，也叫弥散神经组织。同时，神经的传导速度也很慢，如海葵的传导速度仅为12~15 cm／s，而人的可达12 500 cm／s。所以神经网是动物界最简单、最原始的神经组织。

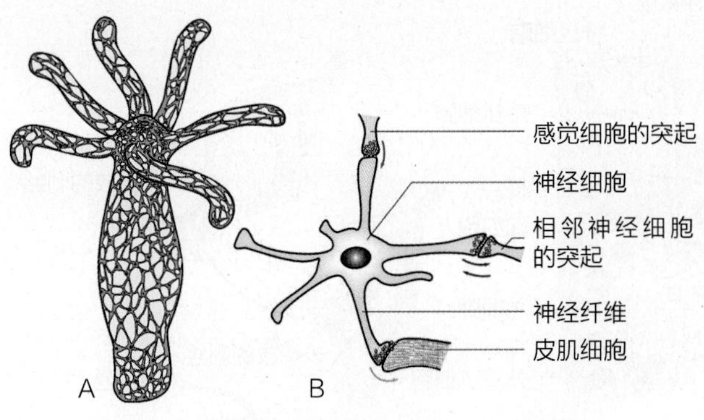

图6-5 水螅的神经网示意（A）、水螅感觉神经皮肌细胞体系示意（B）

6.1.6 生殖和世代交替

刺胞动物既有无性生殖，也有有性生殖。无性生殖多为出芽生殖，有时芽体长成后仍不脱离母体而构成复杂的群体；有性生殖为卵式生殖，多为雌雄异体，少数同体，但异体受精。其性细胞由间细胞形成，源于外胚层或内胚层。许多海产种类在个体发育至原肠胚期时，出现体表长满纤毛的能游动的浮浪幼虫（planula），浮浪幼虫游动一段时间后，沉入海底，附着在固体物上，发育成新个体。

有些种类（如薮枝螅）生活史中有明显的无性世代（水螅型）和有性世代（水母型）交替出现的现象，称为世代交替（图6-6）。

6.2 刺胞动物的分类

刺胞动物有11 000余种，分为水螅纲、钵水母纲、立方水母纲、十字水母纲和珊瑚纲。

6.2.1 水螅纲（Hydrozoa）

水螅纲约有3 600种，大部分海产，少数生活于淡水。单体或群体生活；身体呈水螅型或少数种呈水母型；或水螅型与水母型同时存在于群体中，形成二态或多态现象；或是水螅型与水母型在生活周期中不同时期出现，形成世代交替。水螅纲的水螅型结构简单，没有口道，消化循环腔壁也没有隔膜。水母型绝大多数具有缘膜，消化循环腔中没有刺细胞。水螅型及水母型的中胶层中均无细胞结构，生殖细胞均来源

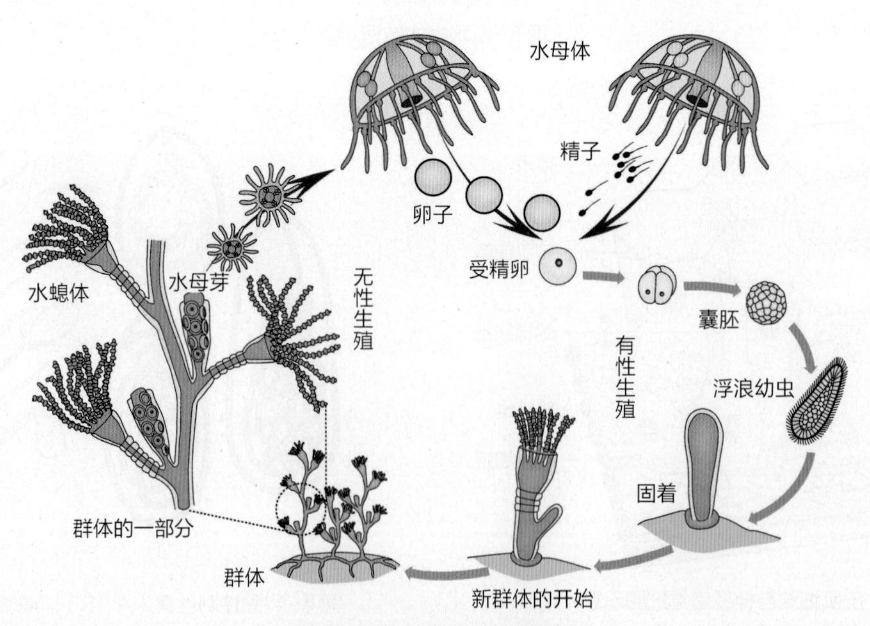

图6-6 薮枝螅的生活史示意

于皮层（外胚层），个别种即使来源于内胚层，但最后仍在外胚层中发育成熟。水螅为单体类型的代表，群体类型以薮枝螅等为代表。

水螅生活在洁净的池塘和缓流沟渠之中，附着在水生植物或其他物体上。通常身体倒置，展开口周围的一圈触手以等待捕捉食物。它还能以滑行、漂浮、尺蠖式、伸缩或翻筋斗等方式运动（图6-7）。当遇到刺激时全身可缩成一团。水螅的无性生殖是出芽生殖。当环境条件适宜时，在身体的中下部侧方向外凸出，并生长成为一空心芽体（bud），体壁和消化循环腔都和母体相通。随着长大，游离端生出一圈触手，其中间出现口，接着和母体相连的基部变细，消化循环腔封闭，最后芽体脱离母体而成为一个新个体（图6-8A）。水螅再生能力很强，切下的小块多可再生成为新个体（图6-8B）。

水螅雌雄同体，同一个体的精子和卵子成熟时期不同，故异体受精。两种配子皆由间细胞发育而来，精巢呈圆锥形，靠近端部，卵巢呈卵圆形，靠近基部（图6-9A）。精巢中有许多精子，成熟后进入水中。卵巢内只有1个卵，成熟时卵巢裂开，释放卵子，在水中受精。受精卵经卵裂形成囊胚，通过内移的方式形成实心的原肠胚时停止发育，由外胚层分泌几丁质胚壳，接着脱离母体进入水中休眠。当条件合适时，外壳破裂胚胎逸出，继续发育成一个新个体（图6-9B）。

常见种类有薮枝螅（*Obelia* sp.）、筒螅（*Tubularia* sp.）和桃花水母（*Craspedacusta* sp.）等。

薮枝螅生活在浅海，固着于海藻、岩石或其他物体上。世代交替明显，水螅型群体以无性出芽方法产生单体水母型个体；水母型个体又以有性生殖方法产生水螅型群体，这两个阶段交替出现，完成其世代交替的生活史（图6-6）。

6.2.2 钵水母纲（Scyphozoa）

钵水母纲有200多种，全为海产，多为大型水母类（如一种霞水母伞部直径可达2m，触手长达30

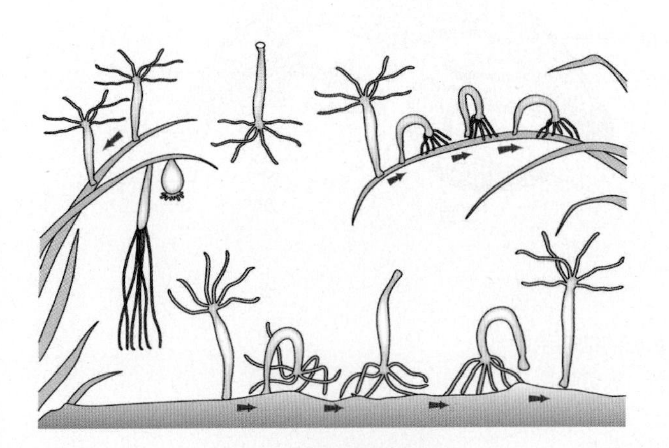

图 6-7 水螅的运动方式

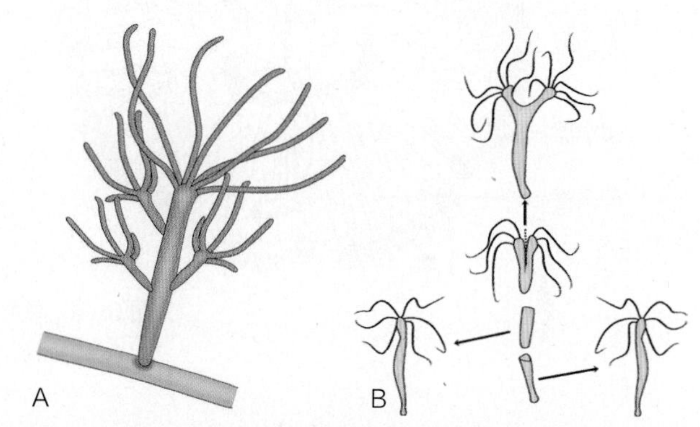

图 6-8 水螅的出芽生殖（A）和再生（B）

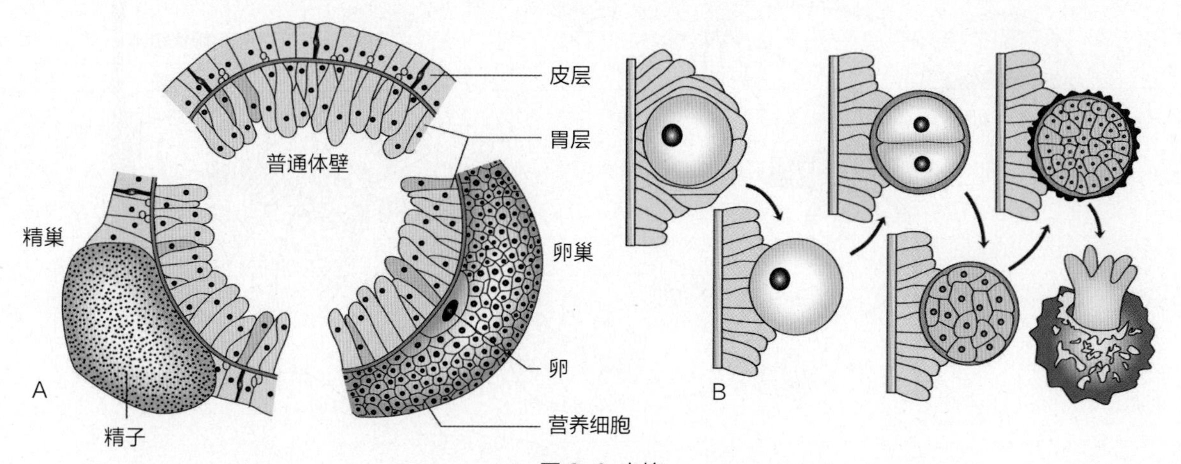

图 6-9 水螅

A. 横切示精巢和卵巢；B. 水螅有性生殖发育各期

多米）。钵水母纲动物生活史的主要阶段是水母型单体，其水螅型阶段不发达或完全消失。钵水母纲的水母体不同于水螅纲的水母体，区别主要表现在：①钵水母纲的水母体一般体型较大，没有缘膜；②消化循环腔复杂，辐射管发达；③有内胚层起源的胃丝，胃丝上有刺细胞；④生殖细胞源于内胚层；⑤感觉器官为触手囊。常见的如海月水母（*Aurelia aurita*）和海蜇（*Rhopilema esculenta*）等。

海月水母（图6-10）伞状，白色透明，直径10~30 cm，营漂浮生活，伞边缘生有许多触手，并有8个缺刻，其内各有一触手囊，为感觉器（司嗅、位和平衡感觉等）。内伞中央有一呈四角形的口，由口角伸出4条口腕，口通入位于体中央的胃腔，胃腔向四方扩大成4个胃囊，由胃囊上或胃囊间伸出分支或不分支的辐管，这些辐管均与伞缘的环管相连。水流由口进入胃腔，经一定的辐管至环管，再由一定的辐管流至胃囊，经口流出。在胃腔近口面内侧有4簇由内胚层形成的胃丝，其上有许多刺细胞和腺细胞，能杀死进入胃腔的猎获物，经消化后由辐管分布至全身各部，再由内胚层细胞吞入，进行细胞内消化，残渣仍由口排出。

海月水母雌雄异体，生殖腺4个，马蹄形，位于胃丝外侧，胃囊底部边缘。精子成熟后游到雌体内受精或在海水中受精，受精卵发育，经浮浪幼虫阶段，附着在海藻或其他物体上，发育成小的螅状幼体，幼体有口和触手，营独立生活一定时期后进行横裂，依次形成钵口幼体（scyphistoma）和横裂体（strobila）。横裂体依次脱离母体，漂浮于水中，称碟状幼体（ephyra），由它继续发育成水母成体（图6-11）。钵水母纲动物经济

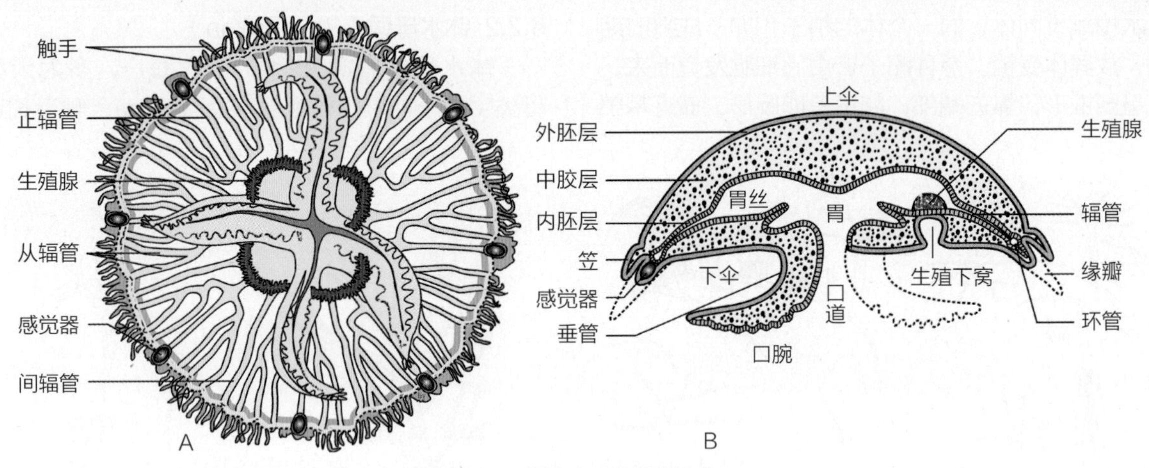

图6-10 海月水母的结构示意

A. 口面观；B. 纵切面观

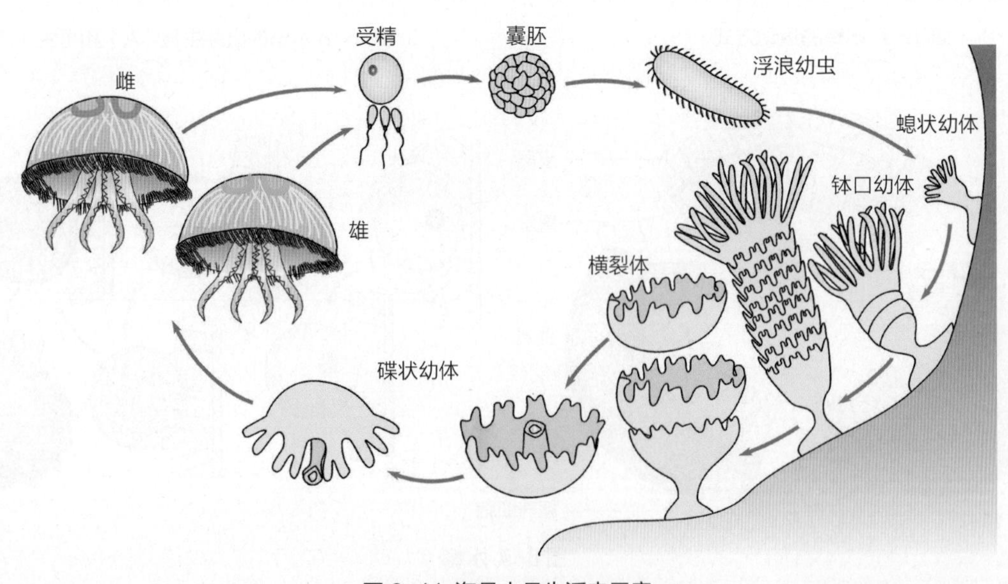

图6-11 海月水母生活史示意

价值较高，如海蜇，其身体结构似海月水母，但其伞部隆起成馒头状，中胶层特厚，伞边缘无触手，口腕愈合，大型口消失，口腕上有众多小吸口，海蜇就靠吸口吸食一些微小的动、植物。

6.2.3 立方水母纲（Cubozoa）

立方水母纲曾被当作钵水母纲的一个目——立方水母目（Cubomedusae）。已知近50种，全为海生。水母型为主，水螅型在大多数已知种类中不明显。水母体大，伞部高可达25 cm，多数种类为2~3 cm，伞部横切面方形，俗称箱水母（图6-12）。伞缘方形的四角各有1条或1组触手，触手基部分化为扁平、坚韧的叶片状结构称叶状体（pedalium）。感觉器（rhopalia）位于伞缘稍上方的凹穴内，其下方为平衡囊。感觉器的结构较为复杂，外侧有6个眼点，其中位于中央的2个较大，尤其是下方的最大，有水晶体，侧面的4个较小，分成2对，下方的呈新月形，上方的成小粒状。伞缘不是扇形的，伞下边缘内转形成一个拟缘膜（velarium）。其功能为增加游动效率，与水螅水母的缘膜一致，但结构不同。

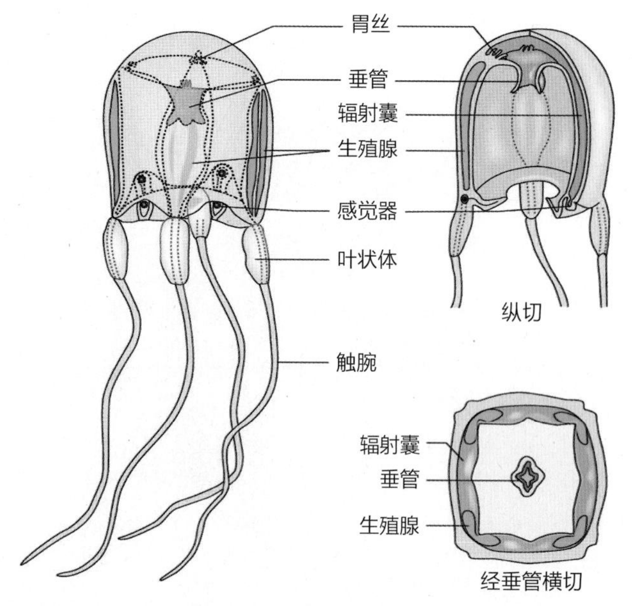

图 6-12 立方水母结构示意

立方水母主要以近岸地区如红树林沼泽地的鱼为食。有些种类的刺细胞对人是致命的。已知完整生活史的仅1种：*Tripedalia cystophora*。其水螅体微小（高1 mm），单生，固着。体侧长出新的水螅芽，分离，并爬行离开，随后水螅体直接变态为水母体。

生活在澳大利亚、新几内亚、泰国、印度尼西亚、菲律宾和越南等国热带海域的澳大利亚箱水母（*Chironex fleckeri*）（俗称海黄蜂），被认为是世界上最毒的动物之一。这种淡蓝色半透明的水母，形状像个箱子，有4个明显的侧面，拥有数十条触手，长可达3 m，每条触手上分布着超过500个刺细胞，在触手挥动时会像喷泉一样释放出毒液。这种毒液中含有皮肤毒素、神经毒素、心脏毒素和溶血毒素等，比眼镜蛇毒还毒。一旦被澳大利亚箱水母蜇伤，其毒液会导致伤者皮肤坏死，剧烈的疼痛能让人昏迷，最终可能死于心血管系统崩溃。

6.2.4 十字水母纲（Staurozoa）

十字水母是一类有柄、营附着生活的水母，故又称为有柄水母（图6-13）。其柄部由上伞面延长而成，末端具基盘，用以固着，形似水螅；下伞面向上，呈杯状，伞缘有8个边，有8组短的触手，没有触手囊，形似水母。口位于下伞的中央，呈四边形，口周围有4个小的口叶，胃腔内有胃囊及隔板。十字水母行有性生殖，其浮浪幼虫没有纤毛，经爬行后，固着发育成成体。十字水母产于寒温带浅水水域，在我国主要分布于黄、渤海区。常捕食小型海洋动物，寿命长达数年。体形小，直径1 ~ 10 cm，多附着在海藻或海底其他物体上，体色的适应力强。有些种能脱开固着点，并能再次固着。

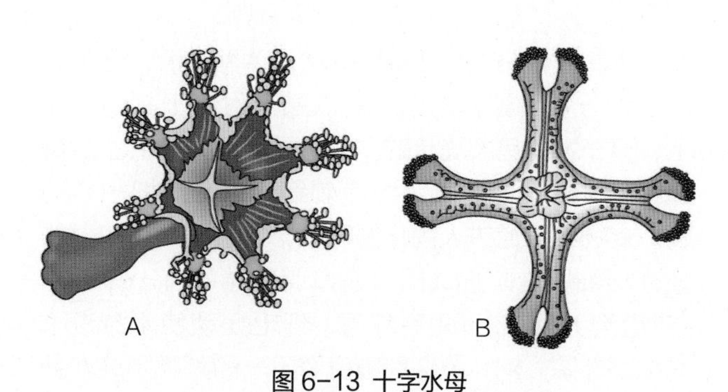

图 6-13 十字水母

A. *Thaumatoscyphus hexaradiatus*；
B. 正十字水母（*Kishinouvoa nagatensis*）

6.2.5 珊瑚纲（Anthozoa）

珊瑚纲是刺胞动物门中最大的一个纲，有6 100多种，包括各种珊瑚和海葵等，全为海产，多生活在暖海浅海海底，固着生活。珊瑚纲全部是水螅型的单体或群体动物，生活史中没有水母型世代，水螅型结构较水螅纲复杂，身体呈八分或六分的两辐射对称。消化循环腔内壁的内胚层向中央延伸形成了各级隔膜。生殖细胞来源于内胚层。许多种可形成骨骼。代表动物为海葵（图6-14）。

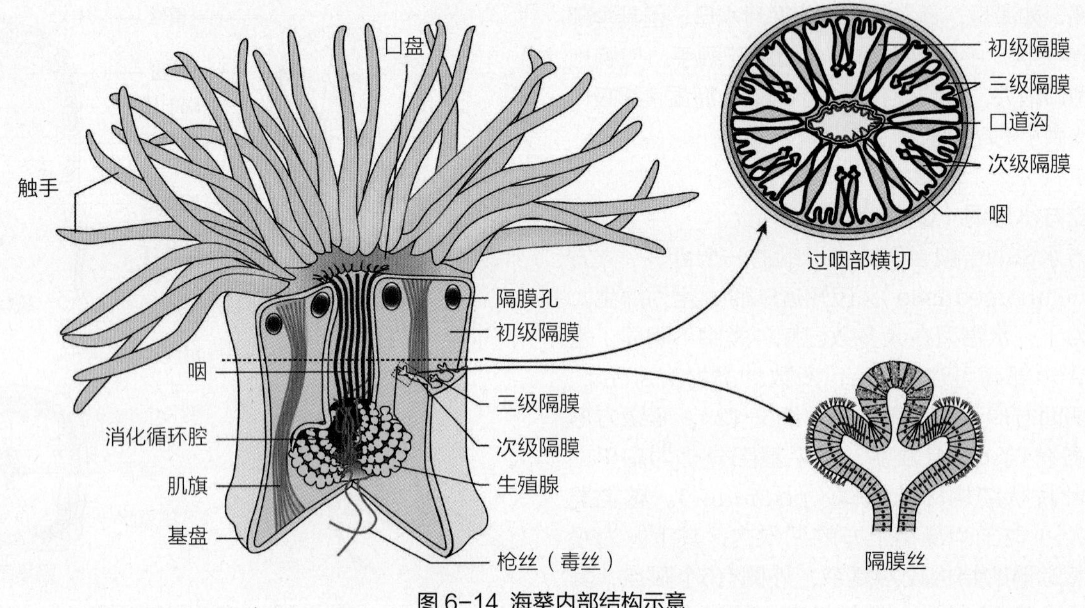

图 6-14 海葵内部结构示意

海葵无骨骼，体呈扁圆柱状，体壁光滑，躯干部均匀地分布着繁多的壁孔。以基盘附着于其他物体上，另一端有呈裂缝状的口，口周围称为口盘。口盘边缘有几圈触手，触手上有刺细胞，可捕捉小型动物。食物经口道进入消化循环腔，口道壁是由口部的外胚层细胞内陷形成的，在口道两端各有一纤毛沟（口道沟），沟内壁生有纤毛，纤毛摆动使水流进入消化循环腔。消化循环腔被宽窄不一的隔膜隔成许多小室，隔膜由体壁内胚层细胞向内突出形成，依其宽窄程度不同分为初级、次级和三级隔膜，只有初级隔膜内连口道，将消化循环腔的上部分隔为多数小室，由位于近上缘处的隔膜孔相连。隔膜的游离缘形成隔膜丝，其上含有丰富的刺细胞和腺细胞，能杀死捕获物，并行细胞外和细胞内消化。隔膜丝沿隔膜边缘下行，达消化循环腔底部，有的在底部形成游离的丝状物，称为枪丝（acontium）或毒丝。枪丝可由口或壁孔射出，有防御和进攻的机能。在较宽的隔膜上都有1条纵向肌肉带，称为肌旗（muscle banner）。隔膜和肌旗的排列是分类的依据之一。海葵雌雄异体，生殖腺位于隔膜上的隔膜丝附近，精子成熟后由口流出，进入另一雌体与卵在消化循环腔结合，随后发育为浮浪幼虫，也有些种类无浮浪幼虫期。

珊瑚纲分为八放珊瑚亚纲和六放珊瑚亚纲（图6-15）。在八放珊瑚亚纲（触手和隔膜各8个）中，由外胚层的细胞移入中胶层内分泌角质或石灰质的骨针或骨片。这些骨针或骨片存在于中胶层中或突出于体表，如海鸡冠和海鳃；有的种类骨针或骨片连接成管状的骨骼，如笙珊瑚；还有的骨针或骨片愈合成中轴骨，如红珊瑚。常见的六放珊瑚亚纲（触手和隔膜一般为6的倍数）的石珊瑚目有单体与群体种类，每个虫体与海葵相似，其基盘部分与体壁的外胚层细胞能分泌石灰质物质，积存在虫体的底面、侧面及隔膜间等处，好像每个虫体都“坐”在一个石灰座上，称为珊瑚座，如石芝。群体珊瑚虫共肉部分的外胚层也分泌石灰质，由于群体的形状不同，其骨骼的形状也不一样。有的为树枝状，如鹿角珊瑚；有的为圆块状，如脑珊瑚。

由于造礁珊瑚（石珊瑚类）大量繁殖和钙质骨骼不断堆砌，在漫长的地质年代里形成了珊瑚礁，由珊瑚礁构成的岛屿称为珊瑚岛。造礁珊瑚的生长发育要求严格的生态条件：首先，温度是影响造礁珊瑚生长的限制性因素，最适温度范围是22~28 ℃，所以珊瑚礁与珊瑚岛都分布在热带及亚热带海域，集中在地球的南、北回归线（23.5°）以内，很少超过2~3°；其次造礁珊瑚要求一定的海域深度，主要生活在浅海区，大陆架及海岛的四周，其垂直分布限制在60 m之内，在30 m左右深度处生长最好；最后，造礁珊瑚要求生活在较清洁的海水中。

几乎所有的造礁珊瑚胃层的细胞内都共生有藻类（如虫黄藻等）。珊瑚虫为共生藻类提供了良好的生活环境、安全保护及藻类生长发育所需要的营养物质；而共生藻类则为珊瑚制造有机物质。此外，造礁珊瑚为一些具有钙质骨骼的动、植物，如软体动物、棘皮动物及仙掌藻和珊瑚藻等石灰藻类提供了生存的

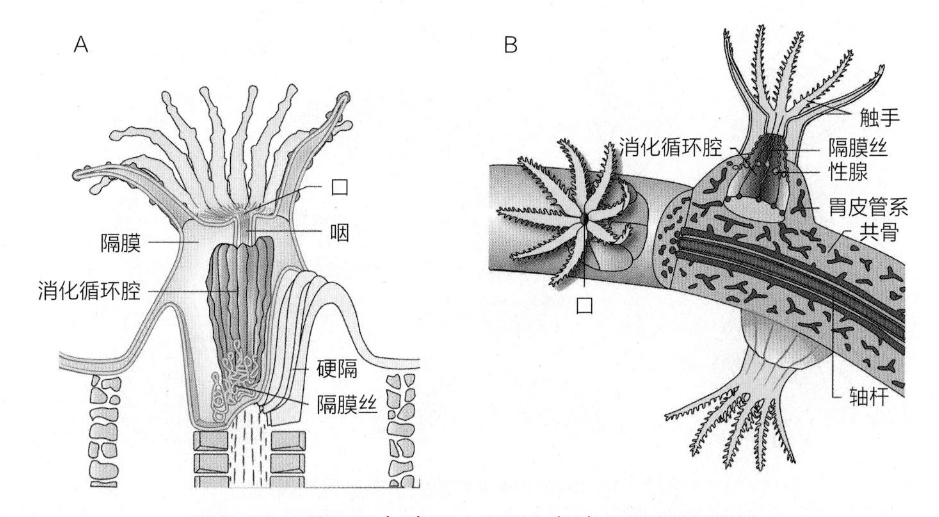

图 6-15 六放珊瑚（A）及八放珊瑚（B）亚纲结构示意图

注意两者触手的数目及胃皮管系的不同，八放珊瑚有石灰质骨针构成的内骨骼轴杆结构，通常还含有硬蛋白成分

环境，而这些动、植物所形成的钙质骨骼又与珊瑚骨骼交结在一起，共同参与了珊瑚礁或珊瑚岛的形成，其中特别是藻类起着重要的联结黏合作用

地球上的珊瑚礁根据它们的形态及形成地点等可以分成裙礁、堡礁和环礁3种类型：**裙礁**是离岸最近的礁，直接由海岸向海内延伸，围绕海滨或岛屿，退潮时可以露出海面，形成礁平台（礁坪），我国海南岛南海岸，西沙群岛中岛屿的沿岸都有分布；**堡礁**离岸较远，由礁湖与海岸隔离；**环礁**孤立于开阔的海洋中，在沉没于海水中的火山顶周围，它环绕着中央的礁湖，呈环形或马蹄形生长延伸。著名的澳大利亚大堡礁，沿其东北海岸延伸出2 000多公里、最宽处160公里，有2 900个大、小珊瑚礁岛，自然景观非常特殊，为地球上最大的堡礁，1981年被列入世界自然遗产名录。

6.3 刺胞动物与人类的关系

6.3.1 有益方面

钵水母纲的很多动物可食用，如海蜇营养价值丰富，含有蛋白质，维生素B_1、B_2等，海蜇的伞部、口柄部经加工处理后分别称海蜇皮、海蜇头。我国食用海蜇的历史非常悠久。钵水母纲和珊瑚纲的很多种类可做药用；一些刺胞动物可作鱼类饵料；有些浮游水母类可作为海流指示生物，有利于探索渔场的位置；珊瑚骨骼（如红珊瑚）可作工艺品，古代珊瑚和现代珊瑚可形成储油层，大量珊瑚骨骼的堆积为研究地壳的形成和演化提供了良好的研究材料；海边的珊瑚礁可作天然海堤，环礁可作天然的避风港；珊瑚礁区风光迤逦，是旅游胜地；珊瑚礁是地球上生物多样性最丰富的区域之一；珊瑚岛上堆积的鸟粪层可达30 m，是极好的磷肥；水母的平衡石可以感知人耳听不到的次声波，使水母及时躲避海浪的袭击，目前已通过仿生学研究，制成了水中测声仪（水母耳），用于预报海啸。

6.3.2 有害方面

有些大型水母（如霞水母和根口水母等）在大量出现时，会阻塞或破坏渔网；刺胞动物的刺丝囊毒素会危害人类，一些水母会蜇伤人体，严重的会有生命危险；海中的珊瑚暗礁，是航海的潜在危险；附着在船体水下部分的刺胞动物，会影响船速，腐蚀船体。

附1 黏体虫门（Myxozoa）

亦称黏体门或黏体动物门。黏体虫是一类生活于淡水和海洋生境中的动物体内寄生虫，生活史一般有两个宿主，通常包括无脊椎动物终末宿主和脊椎动物中间宿主。目前公认的有两类：软孢子虫（Malacosporea）（孢子可长达2 mm）和黏孢子虫（Myxosporea）（孢子平均长10~20 μm）。前者目前仅含4个已描述的种，保留了部分原始特征（如上皮和肌肉）。软孢子虫在其终末宿主（淡水苔藓动物）中孢子生殖期发育为不活跃的囊或活跃的黏

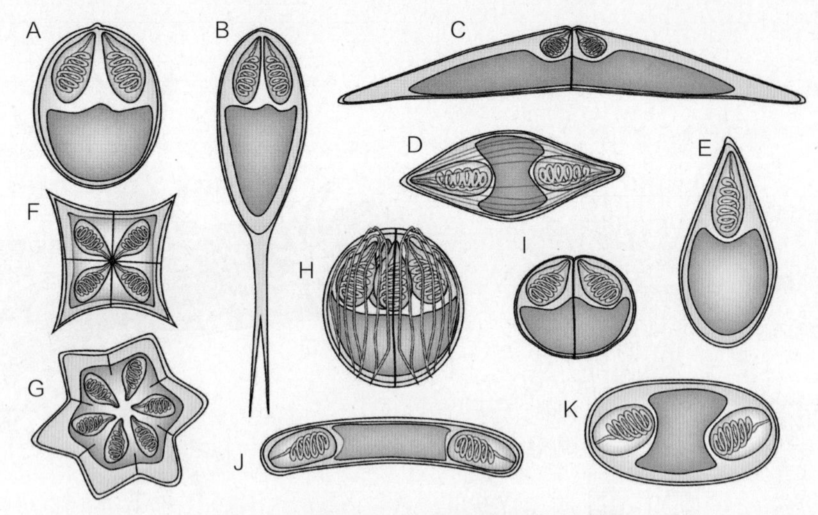

图 6-16 黏孢子虫主要属的形态类型代表

A. 碘泡虫属（*Myxobolus*）；B. 尾孢虫属（*Henneguya*）；C. 角形虫属（*Ceratomyxa*）；D. 两极虫属（*Myxidium*）；E. 单极虫属（*Thelohanellus*）；F. 古达属（*Kudoa*）（四瓣）；G. 古达属（六瓣）；H. 四极虫属（*Chloromyxum*）；I. 球孢虫属（*Sphaerospora*）；J. 球黏虫属（*Sphaeromyxa*）；K. 楚克拉虫属（*Zschokkella*）

虫，鱼类是其已知的唯一中间宿主，在鱼体内发育为单细胞假原质体（pseudoplasmodia）。黏孢子虫则经历了大量辐射演化（已描述的物种有2 180种）（图6-16），其主要特征是次生性的（如缺乏组织和复杂的孢子），环节动物为终末宿主。黏孢子虫的中间宿主除了鱼类外，还包括两栖动物和恒温动物（水禽和鼩鼱等）。

黏孢子虫在鱼宿主中发育为有简单膜界的结构如原质体（plasmodia）（含多个核）或假原质体（含1个核），产生的孢子（黏孢子，myxospores）具有厚壁，对环节动物的侵染时间可保持数月至数年。黏孢子在环节动物宿主中发育为具有细胞壁的泛孢子囊（pansporocysts），产生的孢子（放射孢子，actinospores）寿命相对较短，形态复杂，具有可充气的尾部附属物以产生浮力（图6-17）。

所有黏体虫都能通过多细胞孢子传递到新宿主，多细胞孢子由外瓣细胞包裹感染性阿米巴样细胞（孢子质，sporoplasms）和带有极囊（polar capsule）的细胞组成。极囊是细胞器，具有可外翻的、用于附着在宿主表面上的极丝（polar filament）。孢子附着后，孢子质（或其次生细胞——孢子质生殖细胞，sporoplasm germ cells）侵入并感染宿主。

无论是软孢子虫还是黏孢子虫，孢子前期都可能以单细胞的形式增殖，然后到达孢子生殖期发育的部位。

一些黏体虫对渔业和水产养殖业危害明显，其中有些严重危害与环境变化有关。黏体虫实际已经

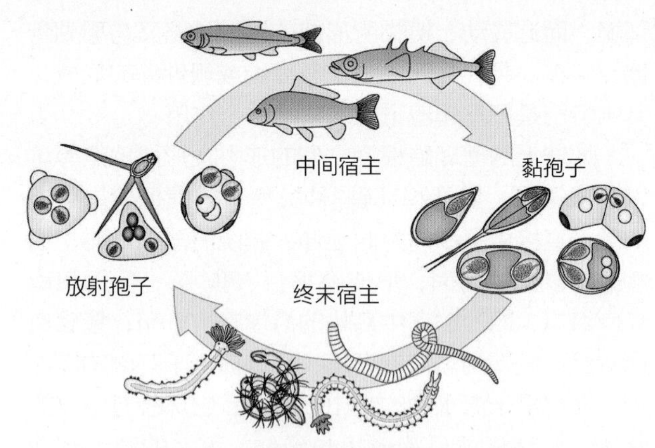

图 6-17 普通两宿主黏孢子虫的生活史

演化到几乎能感染所有的鱼组织，并表现出一定程度的宿主和组织特异性。常见的如碘泡虫（*Myxobolus*），几乎能寄生于鱼类每个器官。在宿主的肌肉、皮下、鳃及内脏等部位生长发育，刺激宿主的组织逐渐形成小肿囊，形成很多孢子(spore)。孢子具1~4个极囊和极丝（图6-18 A~B，D）。当小肿囊破裂时，孢子逸出并翻出极丝刺到另一宿主体上，再进行发育。

黏体虫具有后生动物的一些特征，如具有细胞间连接和细胞外基质等。同时黏体虫的极囊、极丝很像刺胞动物刺细胞的刺丝囊和刺丝，为同源结构。因此国外学者认为黏体虫是极端退化的刺胞动物而将其放在刺胞动物门。软孢子虫*Buddenbrockia plumatellae*（图6-18E~F）长约2 mm，遗传上与

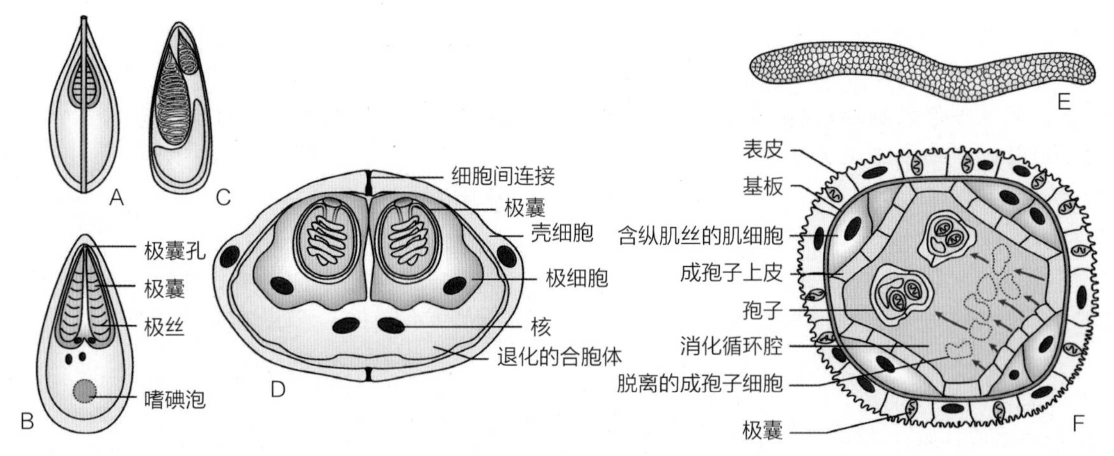

图 6-18 黏体虫

A~B. 碘泡虫（A. 缝面观、B. 表面观）；C. *Myxobolus axelrodi*；
D. 碘泡虫的多细胞孢子；E. 软孢子虫 *Buddenbrockia plumatellae* 的外形，寄生于淡水苔藓动物体腔；
F. *B. plumatellae* 横切，成孢子上皮和含纵肌丝的肌细胞排为 4 部分，成熟时，成孢子上皮细胞分裂分化形成含 4 个极囊的孢子，充满于中央的消化循环腔

其他类型黏体虫几乎没有区别，有像黏体虫样的孢子囊，但它保持两侧对称的体型，具有纵肌，可视为黏体虫与其他多细胞动物祖先的联系者。

附2 栉水母门（Ctenophora）

栉水母门动物约100种，全部海生，多在暖海海面营浮游生活，有的也能爬行。少数生活在约3 000 m深海中，游泳能力较弱，常被海浪冲击到海滩上。体形一般为球形、卵圆形或扁平带状等。体小者如豌豆，大者像番茄。

栉水母的身体结构与刺胞动物有许多相似之处：身体由内、外两个胚层组成，两层之间为中胶层，中胶层中含有源于内胚层的肌纤维，具分支的消化循环腔，具有原始的网状神经组织。不同的是栉水母体表有8列纵行的带纤毛的栉带，纤毛摆动可激动水流，引起栉水母运动。此外，在反口面有肛孔，反口面顶部中央有一平衡器官，内有平衡石，平衡石上还有一个由纤毛组成的盖帽罩住（图6-19）。当将栉水母翻转使其口面向上时，感觉细胞可感知平衡石的重量，接受信号，通过神经纤维传至栉带下面的肌纤维，引起栉板收缩，带动栉板上的纤毛迅速摆动，使身体恢复到原来的正常位置。栉水母有两个对称的长触手，因此为两辐射对称体制，触手上无刺细胞，而有许多黏细胞，可以协助捕食。栉水母也有良好的再生能力。

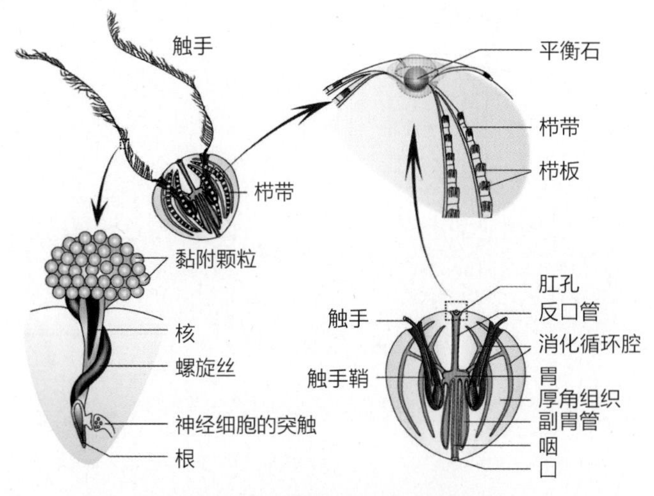

图 6-19 栉水母动物的特征性结构示意

小结

刺胞动物是原始的组织水平的多细胞动物，两胚层，体制呈辐射对称或两辐射对称。有两种基本体型，固着生活的水螅型和漂浮生活的水母型，两者构造基本相同。有原始的消化循环腔，行细胞内和细胞外消化，有口无肛门。有特殊的刺细胞用于捕食和御敌。出现了原始网状神经组织和原始的感觉器官。有些种能形成钙质或角质的骨骼，骨骼可堆砌成珊瑚礁。无性生殖有出芽和分裂两种方式。有性生殖为卵式生殖，海栖种类有浮浪幼虫期。有些种类有世代交替。有些群体有多态现象。本门动

物少数有经济价值，有些可供观赏。造礁珊瑚对地质构造有重要意义。黏体虫具有后生动物的一些特征，如具有细胞间连接和细胞外基质等，此外黏体虫的极囊、极丝很像刺胞动物刺细胞的刺丝囊和刺丝，黏体虫与刺胞动物亲缘关系密切。栉水母动物与刺胞动物类似，但其体表有栉带；反口面有肛孔，反口面顶部中央有平衡器；有黏细胞。

思考题

❶ 刺胞动物的主要特征是什么？如何理解它在动物演化上的重要位置？

❷ 刺胞动物分哪几个纲，各纲的主要特征是什么？

❸ 概述黏体虫门的主要类群及生活史，理解其现行的分类地位。

❹ 栉水母动物有哪些不同于腔肠动物的特征？

数字课程学习

☐ 教学视频　☐ 教学课件
☐ 思考题解析　☐ 在线自测

（王绍卿、时磊）

第7章 扁形动物门（Platyhelminthes）

扁形动物是器官系统水平的多细胞后生动物。体长从不足1 mm到数米不等。

7.1 扁形动物的主要特征

7.1.1 体型与两侧对称的体制

扁形动物一般背、腹扁平，呈叶状或带状，少数为卵圆形或线形，两侧对称（bilateral symmetry）（图7–1）。所谓两侧对称，就是通过身体的中轴只有一个切面可以将身体分成镜像的两部分。这种体制使动物的身体有了前后、左右和背腹之分，相应地引起了机能的分化：腹面主要有运动和摄食机能；背面主要起保护作用，运动从不定向转为定向。前端集中了神经系统和感觉器官，能对环境刺激及时做出反应，为脑的分化和发展、促进动物头部出现奠定了基础。两侧对称体制既适合于游泳又适合于在物体上爬行，使动物在生活方式上有可能进一步拓展，创造了进入陆地环境的条件。

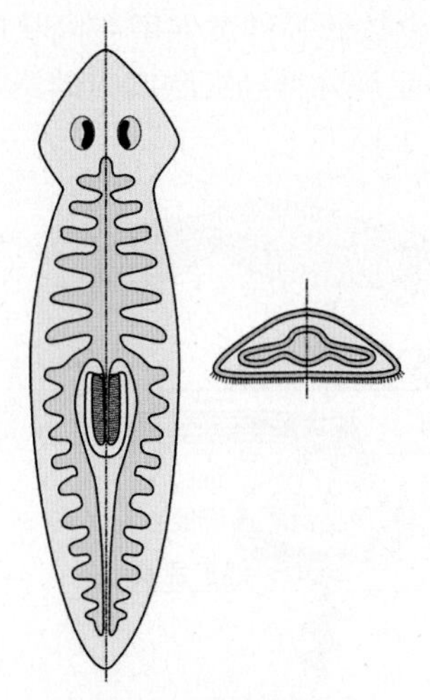

图 7–1 两侧对称示意

7.1.2 出现了中胚层，但无体腔

动物界从扁形动物开始，在内、外胚层之间出现了中胚层。中胚层的出现对动物体结构与机能的进一步发展有很大意义：①减轻了内、外胚层的负担，引起了一系列组织、器官和系统的分化，为动物体结构的进一步复杂完备提供了必要的物质条件，使扁形动物达到了器官系统水平。②形成了复杂的肌肉层，增强了运动机能，扩大了动物摄取食物的范围；同时消化道壁上的肌肉使消化道蠕动的能力也加强了，从而促进了新陈代谢机能的加强；新陈代谢机能的加强又促进了排泄系统的形成，而运动机能的提高则促进了神经系统和感觉器官的进一步发展。③由中胚层所形成的实质组织（parenchyma）为一种柔软的结缔组织，填充在各器官之间，有储存养料和水分的功能，使动物体在一定程度上能抗干旱和耐饥饿，因此中胚层的形成也是动物由水生演化到陆生的基本条件之一。此外，实质组织还有保护内脏、输送营养和代谢物的作用，同时有分裂、分化和再生新器官的能力。由于实质组织的存在，扁形动物无体腔。

7.1.3 体壁为皮肤肌肉囊

扁形动物的体壁由外胚层形成的单层表皮和中胚层形成的多层肌肉紧贴在一起组成。其表皮层与生活方式相适应，有不同的特化现象，有的具纤毛，有的为合胞体；肌肉层包括环肌、纵肌和斜肌等。体壁呈囊状，包裹着身体，具有保护和运动功能，特称为皮肤肌肉囊或皮肌囊（dermo–muscular sac）。

7.1.4 不完全的消化系统

由口、咽和肠组成不完全的消化系统（图7–2）。口和咽由外胚层内陷形成，肠由内胚层形成。自由生活的种类肠通常具有分支，延伸到身体

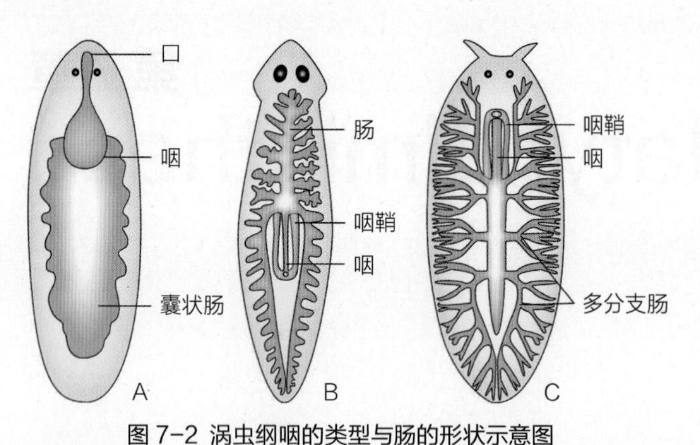

图 7-2 涡虫纲咽的类型与肠的形状示意图

A. 大口涡虫目（Macrostomida）；B. 三肠目（Tricladida）；C. 多肠目（Polycladida）

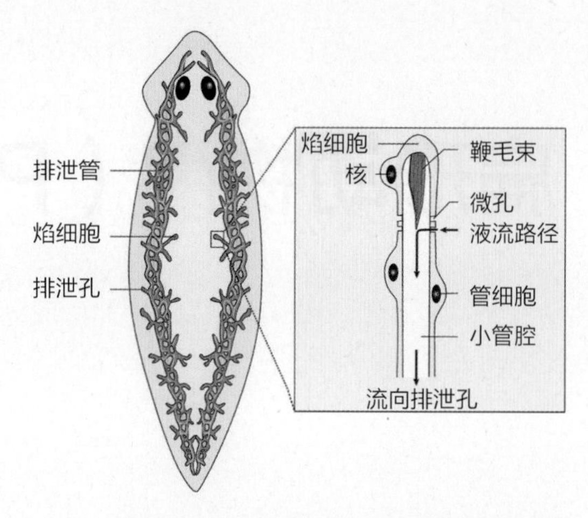

图 7-3 涡虫原肾管及其焰细胞端结构示意

各部，以消化吸收营养。由于没有肛门，不能消化的残渣只能由口排出。寄生生活的种类，消化道趋于退化或完全消失。

7.1.5 原肾管式的排泄系统

动物界中从扁形动物开始出现排泄系统——原肾管（protonephridium）系统，具有排泄和渗透调节功能。原肾管位于身体两侧，由外胚层内陷形成，为具许多分支的排泄管，每一小分支的末端为焰细胞（flame cell），由排泄孔开口于体表。

在扁形动物的代表动物涡虫中，原肾管由焰细胞和管细胞组成（图7-3）。管细胞围成的排泄管为体两侧有若干分支的导管，其中充满液体状排泄物。液体经虫体背面体表的许多排泄孔排出体外。分支的排泄管的另一端为焰细胞和管细胞所封闭。焰细胞位于顶端，盖在管细胞上，有帽细胞之称。焰细胞面向排泄管处生有1~100条鞭毛（因种而异），悬垂于管细胞中央。电子显微镜下，紧接焰细胞的管细胞膜上有许多微孔。通过鞭毛的摆动，在管的末端产生负压，引起实质中的液体流经管细胞膜上的微孔完成过滤作用，Cl^-、K^+等离子被重吸收，多余的水分和一些代谢废物流过排泄管，经排泄孔排出体外。

7.1.6 呼吸和循环

无专职器官，通过体表完成气体交换，通过中胚层实质组织间的液体扩散运输营养物质和代谢废物。

7.1.7 出现生殖系统

由于中胚层的出现，扁形动物形成了产生配子（精子或卵子）的固定生殖腺（精巢或卵巢）和输送配子的生殖导管（输精管或输卵管），以及有利于生殖细胞成熟及产出的附属腺（前列腺或卵黄腺）等（图7-6A），类似于其他高等动物的生殖系统。多数种类雌雄同体，异体受精；多需进行交配和体内受精。

7.1.8 神经系统和感觉器官

扁形动物的神经系统比刺胞动物有了显著的进步（图7-4）。少数低等种类保留有网状成分（如多肠目），其余多呈现为神经细胞向前端集中形成脑神

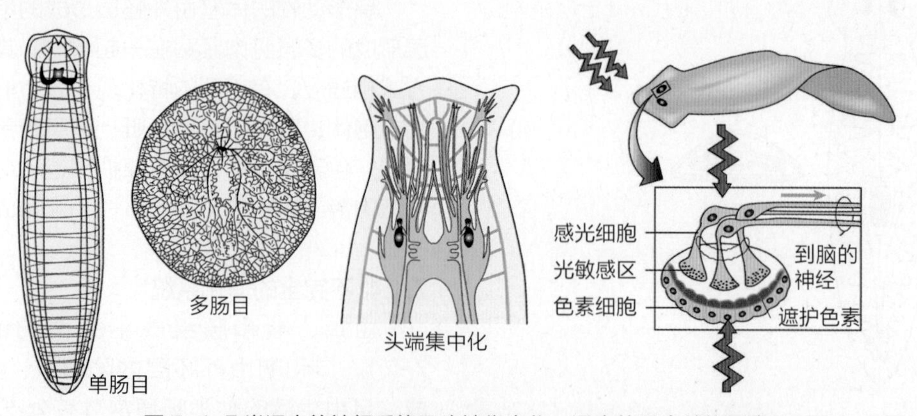

图 7-4 几类涡虫的神经系统及头端集中化、涡虫的眼点结构示意

经节及由脑神经节向后发出若干纵行的神经索。高等种类的纵索减少，以1对腹索较发达，在纵索之间有横神经相连，形成了梯状神经系统（ladder-type nervous system）。自由生活的种类常具眼点和平衡囊等感觉器官（感受器）。

7.2 扁形动物的分类

扁形动物约25 000种。据形态特征和生活方式等，分为涡虫、吸虫和绦虫3个纲。

7.2.1 涡虫纲（Turbellaria）

涡虫纲多数种类生活于海水中、少数生活于淡水，极少数生活于潮湿的土壤中，多营自由生活，少数向寄生过渡。有典型的皮肌囊，腹部体表有纤毛；运动能力较强；体表皮层部分区域有杆状体（rhabdites），用于御敌和捕食；神经系统和感觉器官较为发达，能迅速地对外界刺激，特别是对光线和食物的刺激起反应。肠简单或具复杂分支。大小从不足1 mm到50 cm不等。

三角涡虫（*Dugesia japonica*）生活在池塘、淡水溪流中，常隐藏在石块下，能在水底爬行或游泳，以蠕虫、小型甲壳类及昆虫幼虫为食。体呈柳叶状，长1.5~2.0 cm，宽约0.4 cm。体前端略呈三角形，背面有1对黑色眼点，两侧各有1耳状突起（耳突），后端渐细，体背面稍隆起，多淡褐色，与环境一致，腹面扁平，颜色较淡。口位于体腹面中线后1/3处，口后有生殖孔（图7-5A）。

体壁为皮肌囊，表层为单层柱状上皮，其中含有特殊的杆状体。杆状体为实质组织内的成杆状体细胞的分泌物凝结而成，为有折光性的坚实结构。当虫体遇刺激时，杆状体能从体表排出，遇水常弥散为有毒黏液，以捕食和御敌。腹部杆状体数目远少于背部。体壁肌肉有环肌、纵肌和一薄层斜肌。皮肌囊内为裹着内脏的实质，其中有穿透体内实质的背腹肌束（图7-5B）。腹部有大量双重黏附腺结构（图7-5C），且表皮上密生纤毛，涡虫利用双重黏附腺、纤毛的摆动和体壁肌肉的收缩爬行或游动。

原肾管式排泄系统（图7-3、图7-6A）由焰细胞和管细胞组成。通过焰细胞收集体内多余的水分和废物，经排泄管由体背面经排泄孔排出体外。

消化道由口、咽和肠组成。口位于虫体腹面，通入袋形的咽鞘，与其内的肌质咽相接。咽与舌相似，能从口中翻出，变成吻状器，触知捕获物，然后紧紧将其吸住并吸入。咽后连接具有3条分支的具盲端的肠管，1支向前，2支向后。3支主干上均有次级分支，末端均封闭，无肛门，不能消化的食物残渣聚集在肠腔内并由口排出（7-6B）。

具典型的梯状神经系统。脑神经节向前端伸出短的头部神经，通往感受器；腹神经索分出许多分支到全身各处（图7-6B）。感受器包括眼点（图7-4）和耳突。眼点构造简单，由色素细胞和感光细胞组成，杯状。因无晶体，不形成物像，只能感觉光线的明暗，避强光，趋弱光，适应于在水中石块等物的底面生活，阴天或夜间出来活动。耳突具味觉和嗅觉等机能，有感觉叶之称。

涡虫雌雄同体。精巢位于体侧，为200~300个小球状结构。每个精巢经输精小管汇入1对纵行的输精管。输精管在虫体中部膨大为储精囊，两储精囊汇合形成肌肉质的阴茎，其基部有前列腺，开口于生殖腔。雌性生殖器官包括卵巢、输卵管和卵黄腺。身体两侧前端各有1个卵巢。卵巢接长的输卵管。两输卵管在后端汇合成阴道。阴道前端向前伸出1个受精囊，交配时接受和储存对方的精子。输卵管外侧

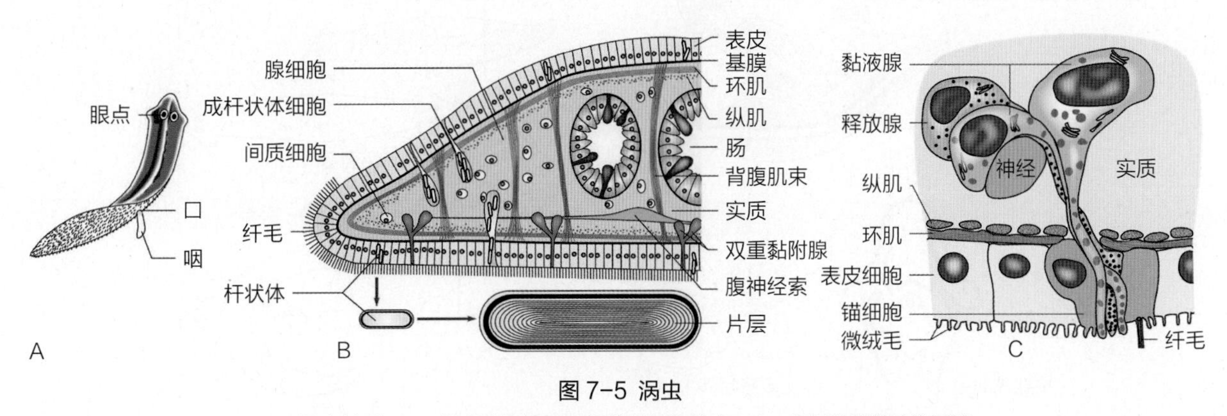

图 7-5 涡虫

A. 涡虫外形；B. 涡虫的横切面及杆状体结构放大；C. 双重黏附腺结构示意

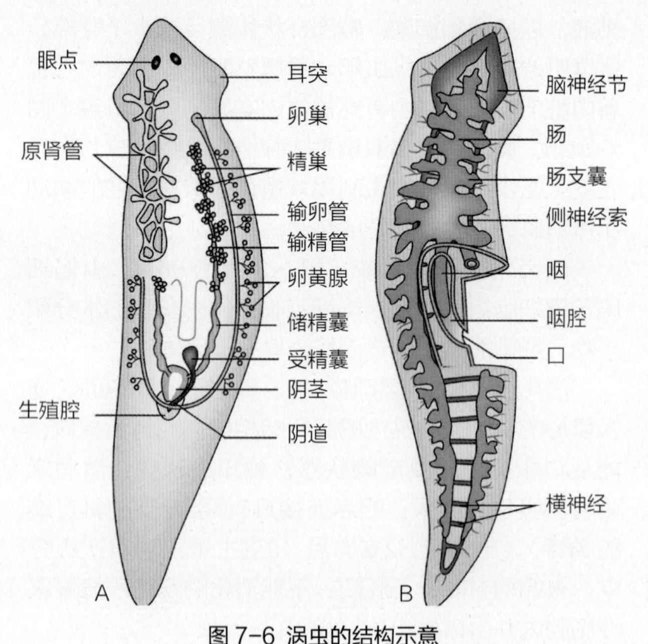

图 7-6 涡虫的结构示意

A. 排泄与生殖系统；B. 消化与神经系统

有许多卵黄腺，分泌物通过卵黄管注入输卵管（图7-6A）。

涡虫虽雌雄同体，但需异体受精，直接发育或间接发育。一些海产种类（如多肠目）个体发育经螺旋卵裂（图7-7）和牟勒氏幼虫期（图7-8）。

涡虫交配时，腹面贴合，阴茎从生殖孔内伸出进入对方的生殖腔内，射入精子。对方的精子暂时储存在受精囊内。异体精子入体后，在输卵管上方与成熟卵结合受精。受精卵再沿输卵管下行，与卵黄腺分泌的卵黄混合，当到达生殖腔时，由生殖腔分泌黏液，将受精卵包裹，形成卵袋，排入水中或石块等基质上。卵袋为圆形，内含数个至数十个受精卵，受精卵以卵黄为营养，适宜条件下，经2~3周发育成幼体（图7-8）。涡虫还可进行断裂式无性生殖（再生）。断裂时虫体后端黏于底物上，前端向前移动，直至虫体断裂为两半。断裂面常发生在咽后，然后各自再生出失去的一半，形成2个新个体。

涡虫的再生能力很强，是研究再生机制的常用模

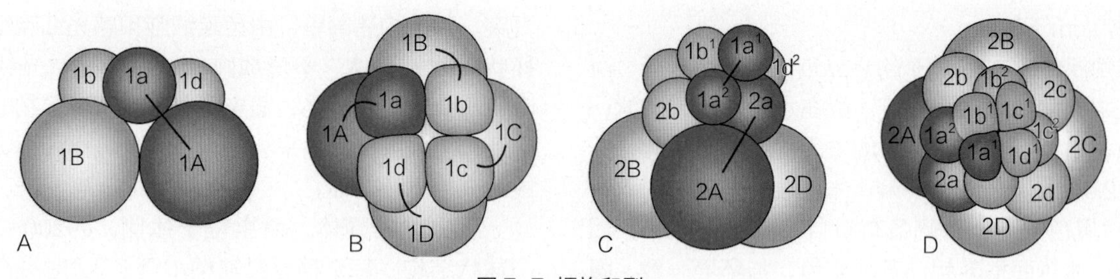

图 7-7 螺旋卵裂

A 和 C 为侧面观；B 和 D 为同期动物极观

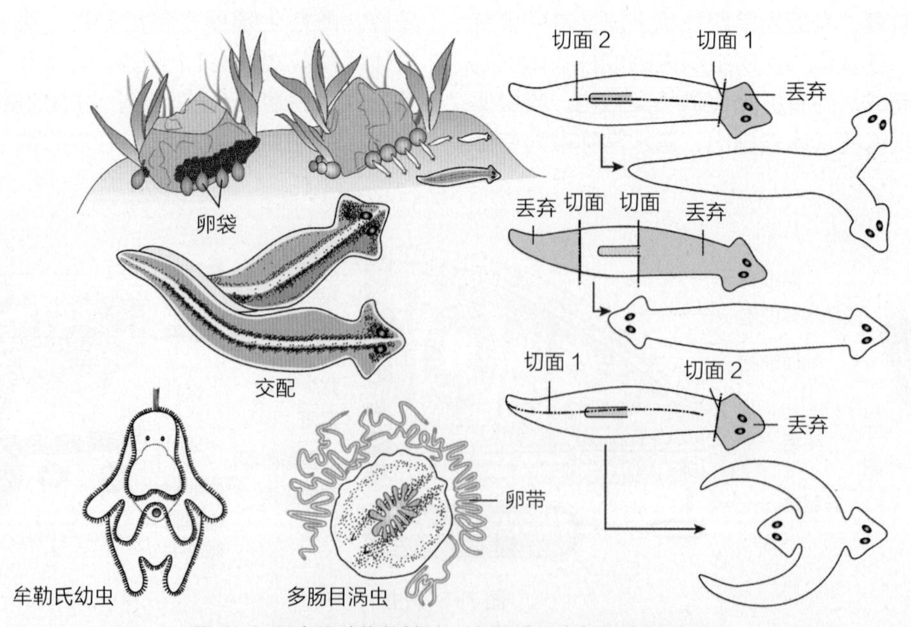

图 7-8 涡虫纲动物的繁殖、牟勒氏幼虫与再生等示意

式动物。将其分割为许多段时，每段能再生成完整的涡虫。切割或移植能产生双头或双尾涡虫（图7-8），一般前端再生能力大于后端。饥饿时，内部器官（神经系统除外）均可被消耗吸收，一旦获得食物，各器官又可重新恢复，这也是一种再生方式。

根据消化道的复杂程度，将涡虫纲分为大口涡虫目、三肠目和多肠目等类群（图7-2）。

7.2.2 吸虫纲（Trematoda）

成虫营寄生生活，多数内寄生，少数外寄生。与此相适应，体结构出现一系列变化：体表无保护色，无纤毛，无杆状体，具棘或有微毛。皮层为具有代谢活力的合胞体，由表皮细胞的胞质延伸、融合形成，其中有线粒体、内质网、胞饮小泡以及蛋白质结晶所形成的棘等。表皮细胞的本体（含细胞核）下沉到实质中，由一些细胞质的突起（通道或胞质桥）穿过肌肉层与表面的细胞质层相连。皮层的基部为基膜，其下为环肌和纵肌（图7-9）。皮层不仅是抵抗宿主消化酶侵袭的屏障，而且是营养物质消化吸收与代谢废物排出的场所，同时具有感觉等生理功能。体壁内为实质和埋在实质中的消化道、生殖器官、排泄系统和神经系统等。多雌雄同体，同体或异体受精，生活史复杂，多需更换宿主，可进行幼体生殖，间接发育。

代表动物：华枝睾吸虫。

*寄生指共同生活的两种生物，一种生物个体生活在另一种生物个体的体表或体内，以获得食物、保护或其他资源，前者称为寄生物，后者称为寄主或宿主。动物寄生物即寄生虫。宿主则根据寄生虫的发育状况分为几类：寄生虫幼虫或无性生殖期寄生的宿主为**中间宿主**，有时同一寄生虫可有2个以上的中间宿主，分别称为第一中间宿主、第二中间宿主等；成虫阶段或有性生殖期寄生的宿主为**终末宿主**；有些宿主不是寄生虫的正常宿主，但寄生虫可在其体内保持存活状态，并可传播给正常宿主，为**转续宿主**；有些寄生虫既可寄生于人，也可寄生于其他脊椎动物，在一定条件下可传给人，在流行病学上称这些脊椎动物为**保虫宿主**（储蓄宿主或储存宿主）。

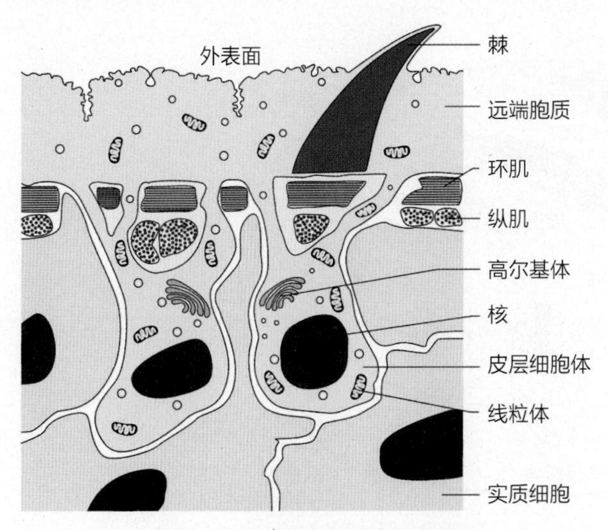

图7-9 复殖吸虫体壁纵切示意

（1）华枝睾吸虫（*Clonorchis sinensis*）

亦称肝吸虫、华肝蛭。成虫寄生在人、猫、狗等兼/专食鱼、虾的哺乳动物的肝胆管内，引起华枝睾吸虫病（肝吸虫病）。该虫于1874年在印度一华侨尸体的胆管中被首次发现。

①**成虫形态**　背、腹扁平，长10~25 mm，宽3~5 mm，虫体的大小与宿主大小和寄生量有关。前端有1个口吸盘，虫体腹面前约1/5处有1个腹吸盘，吸盘富含肌肉，有运动和附着功能。口位于口吸盘中央，后接外壁有辐射状肌肉的咽，食道短，下接肠。肠分两支，沿虫体两侧直达后端，末端为盲端。原肾管式的排泄系统由位于体两侧的焰细胞收集代谢废物，经两侧排泄管送至体后“S”形膨大的排泄囊，由末端的排泄孔排出体外。神经系统包括咽后食道旁的1对脑神经节及其向后发出的6条纵索及其间横神经。感觉器官退化，仅幼虫期具眼点，以适应自由生活。雌雄同体，具有构造复杂的生殖器官。雄性生殖器官包括虫体后约1/3区前后排列的1对树枝状精巢（故称枝睾吸虫）。精巢各发出1条输精小管，向前在体中部汇合成输精管，而后膨大成储精囊，前行至腹吸盘前的雄性生殖孔，无阴茎和前列腺。雌性生殖器官有卵巢1个，边缘分叶，位于精巢之前，输卵管发自卵巢，其远端为成卵腔或称卵模（ootype）。

成卵腔周围为单细胞梅氏腺，其分泌物与卵黄腺的分泌物结合形成卵壳，并具一定润滑作用。成卵腔之前接管状子宫，其内常充满虫卵。子宫盘绕迂回前行至腹吸盘前缘的雌性生殖孔。受精囊在精巢与卵巢之间，呈椭圆形，与输卵管相通。受精囊旁有1短管状劳氏管，其一端通输卵管，另一端开口于虫体背面，有人认为其功能是排出多余卵黄或/和精子，也有人认为它是退化的阴道。在虫体的两侧，从腹吸盘向后延至受精囊处，各有1条纵行的卵黄管，其接许多细小的、颗粒状卵黄腺腺泡，虫体中、后部两条卵黄管汇合成卵黄总管后与输卵管相汇，通入成卵腔（图7-10）。

②**生活史**　寄生于肝胆管内的成虫自体或异体受精。精子由雌性生殖孔进入后，沿子宫逆行，经成卵

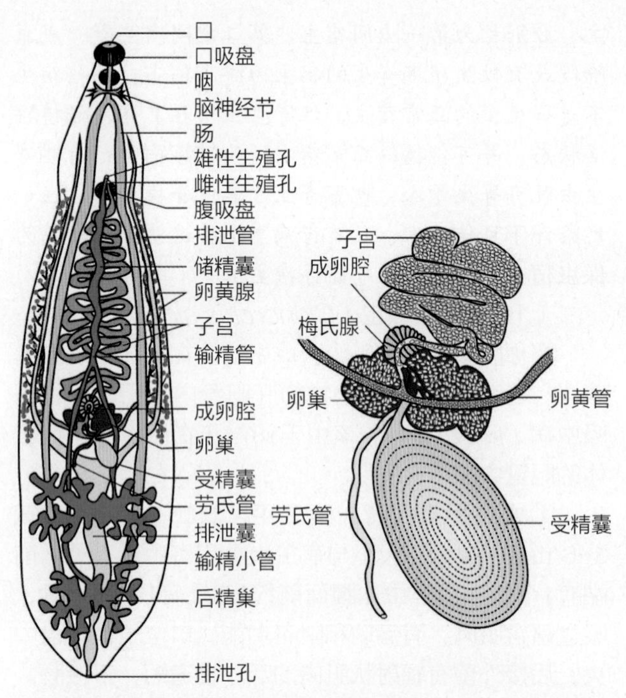

图 7-10 华枝睾吸虫成虫结构及雌性生殖系统部分放大示意

腔到受精囊中储存，或异体精子经劳氏管进入受精囊。卵在输卵管内受精，受精卵经过成卵腔时包被上卵黄及卵壳，经子宫，由雌性生殖孔排出体外。怀卵雌虫在胆管内产卵，受精卵随胆汁进入宿主小肠，混合于粪便中排出体外。产出的虫卵内含有毛蚴，在池塘等水体中被第一中间宿主纹沼螺、长角涵螺或赤豆螺等多种淡水螺吞食后，在其肠中孵出毛蚴。毛蚴穿过肠壁，脱去纤毛变为袋状胞蚴。胞蚴在螺体直肠外围和鳃部的淋巴间隙中发育增殖，形成许多长袋状的雷蚴。雷蚴在宿主的肝内寄生，其体内的胚细胞团又可产生大量尾蚴。尾蚴形似蝌蚪，具体部和尾部，体前部有穿刺腺，体表有形成囊壁的腺体，尾部较长。尾蚴成熟后自螺体逸出，在水中自由生活1~2天，遇到第二中间宿主淡水鱼（主要为鲤科鱼，如鲩、鳊、鲤、鲫、土鲮和麦穗鱼等）及米虾和沼虾等，即侵入其鳍、鳞、皮肤和肌肉等处，脱去尾部，形成椭圆形的囊蚴。

囊蚴具感染性，终末宿主因食入含有囊蚴的生或半生不熟的鱼、虾而感染。囊蚴在终末宿主十二指肠内脱囊，进入肝胆管，约经一个月发育为成虫，并开始新一轮生活史（图7-11）。

③危害和防治原则 华枝睾吸虫虫体的机械刺激和代谢产物同时引起患者的肝受损。患者有慢性腹泻、消瘦、乏力、贫血和肝肿大等症状，后期可发生肝硬化。国、内外一些资料不断提示华枝睾吸虫感染与胆管上皮癌和肝细胞癌的发生有一定关系。华枝睾吸虫病是食源性寄生虫病。其防治主要应提高对本病传播途径的认识，自觉不吃生的或不熟的鱼虾。利用冰冻或盐腌均不能在短期内杀死囊蚴，但将囊蚴浸于70 ℃热水内8 s即死亡。积极治疗患者和感染者，是减少传染源的有效措施。合理处理粪便是预防的重要手段。

（2）日本血吸虫（*Schistosoma japonicum*）

人体内寄生的血吸虫主要有3种：埃及血吸虫（*S. haematobium*）、曼氏血吸虫（*S. mansoni*）和日本血吸虫。我国流行的主要是日本血吸虫，其引起的血吸虫病危害很大，是我国重点防治的五大寄生虫病之一。

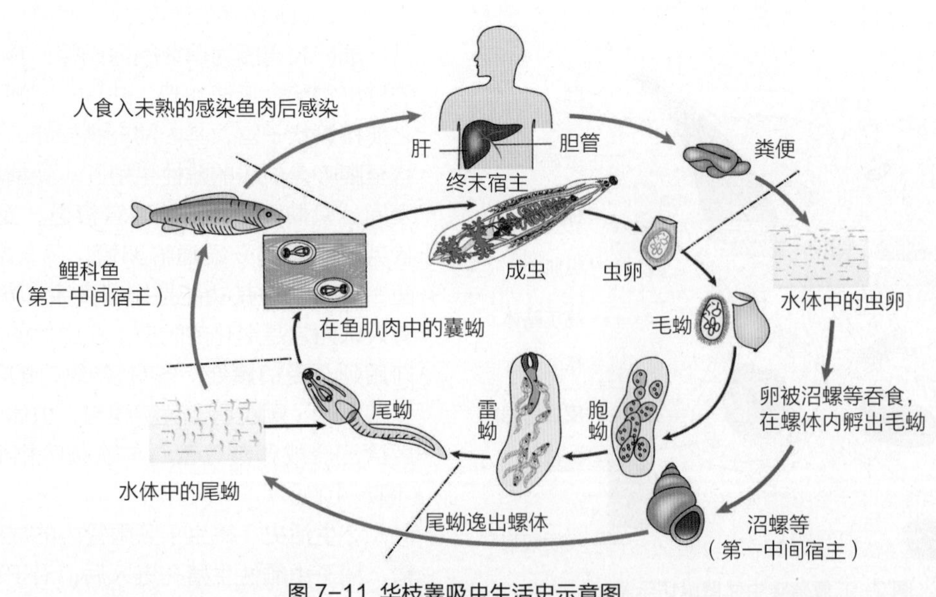

图 7-11 华枝睾吸虫生活史示意图

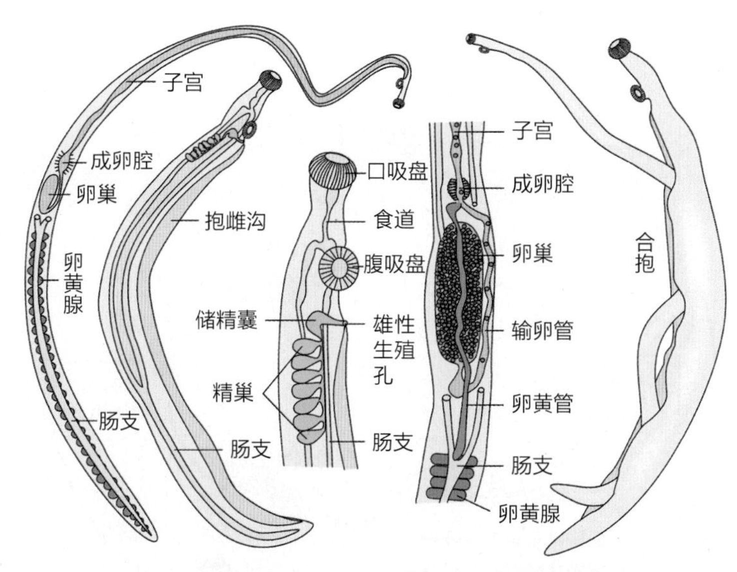

图 7-12 血吸虫成虫及其局部放大，示生殖系统结构

①**形态结构** 雌雄异体。适应生存于血管环境，体为长圆柱形。雄虫口吸盘位于体前端，腹吸盘略后，突出如环状。自腹吸盘以后，体两侧向腹面内褶形成抱雌沟，交配或产卵时雌虫停留其中，形成合抱状态（图7-12）。

消化系统由口、食道和肠组成。肠在腹吸盘背侧处分为两支，向后延伸至虫体后端约1/3处合二为一，其末端为盲端。精巢椭圆形，一般7个，位于腹吸盘背侧，前后单列。雌虫细长，口、腹吸盘等大，卵巢椭圆形。输卵管连在卵巢后端，绕过卵巢前行。卵巢后方、肠周围为卵黄腺所充满，卵黄管向前延长，与输卵管汇合通入成卵腔，并被梅氏腺围绕。成卵腔与管状子宫相接，子宫开口于腹吸盘下方。

②**生活史** 成虫寄生于人、畜等的肝门静脉及肠系膜静脉内，交配产卵后，虫卵或顺血流进入肝或逆血流进入肠壁。成熟卵内含毛蚴，其分泌物经卵壳渗出，溶解周围的组织，于是深入肠壁的虫卵，连同周围的坏死组织，向肠腔溃破，随粪便排出体外。在水体中孵出的毛蚴，遇中间宿主钉螺，便从其软体部分侵入，在螺体内进行幼体生殖，形成母胞蚴、子胞蚴和尾蚴。成熟尾蚴具尾叉和头腺，活动力较强，是血吸虫的感染期。逸出螺体的尾蚴一般密集在水面，当接触到人、畜的皮肤时，即利用头腺分泌的酶和本身的机械伸缩作用侵入皮肤组织，同时脱去尾部成为童虫。

童虫先进入淋巴管和小静脉，后随血流回心，经血液循环，最后到达肝门静脉及肠系膜静脉定居（图7-13）。童虫移行过程中，有相当数量会死亡，同时，未能到达静脉系统的一般不能发育为成虫。从尾蚴经皮肤感染至交配产卵需30~40天，成虫在人体内的寿命为10~20年。

③**危害和防治原则** 血吸虫尾蚴的穿入、童虫的移行、成虫的定居及虫卵的沉积对宿主均产生机械损伤。尾蚴穿透皮肤可引起炎症；童虫移行至肺部，可使患者咳嗽、咯血和发热等。虫卵是使人致病的主要因素。有虫卵穿过的肠壁逐渐变厚，造成后续虫卵穿过困难，因此有的虫卵死在组织内，有的又流入肝。虫卵还可以游离于阑尾、胰、胃、肺、肾、子宫、脾和脑等各器官。卵内毛蚴分泌的毒素渗出，引起虫卵周围组织白细胞浸润，或变成脓肿。脓肿和坏死的组织逐渐被吸收和修复，形成虫卵肉芽肿。虫卵钙化后，肉芽肿逐渐形成瘢痕组织，使肝、脾肿大，造成腹水。此外，虫卵进入肠部引起溃疡和腹泻，进入脑血管引起癫痫，进入阑尾引起阑尾炎。如宿主尚在发育早期，则会发育不良，引起侏儒症和不育等。

我国血吸虫病主要在长江以南的江苏、浙江、江西、湖南、湖北、广东和福建等地流行，这与钉螺的地理分布密切相关。钉螺是一种水陆两栖的软体动物，喜在近岸边肥沃多草、潮湿的环境中生活。传统防治血吸虫病的重点是消灭钉螺，阻断传播途径。新近世界卫生组织（WHO）提出的防治策略，更强调以疾病控制代替传播阻断。因此，现行防治的一般原则是：a. 查治患者和病牛，防控传染源；b. 控制钉螺；c. 加强粪便管理，防止污染水体；d. 做好个人防护，避免接触疫水。

（3）吸虫纲的分类

吸虫纲一般分为单殖亚纲、盾腹亚纲和复殖亚纲。

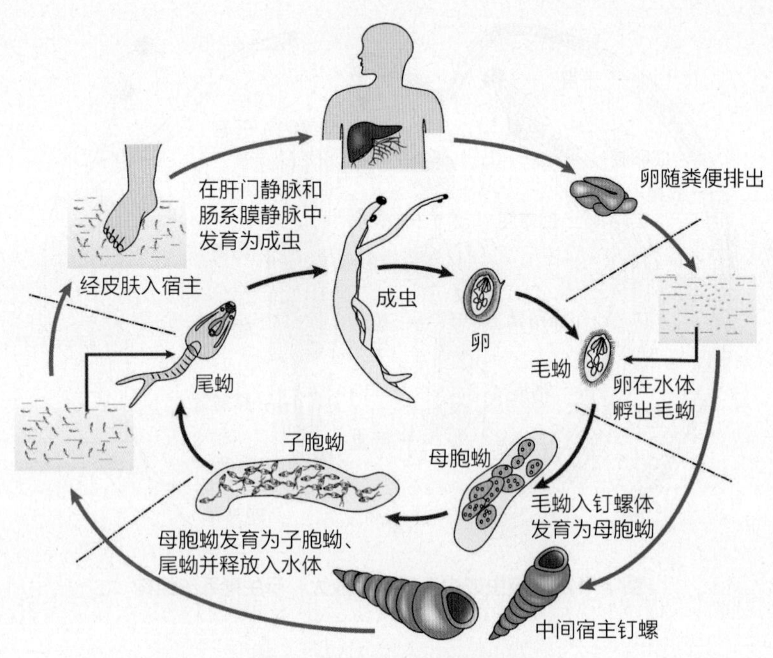

图 7-13 血吸虫生活史示意

①**单殖亚纲**（Monogenea） 一般寄生于鱼体表或鳃，也有寄生于蛙膀胱内的报道。此类吸虫皮层无纤毛、无杆状体，但有微毛，有消化道。1对排泄孔位于体前侧方。体后末端有发达的附着器，上有锚和小钩。只有1个宿主。

代表动物：三代虫（*Gyrodactylus*）和指环虫（*Dactylogyrus*）（图7-14 A、B）等。

②**盾腹亚纲**（Aspidogastrea） 内寄生。皮层无纤毛、无杆状体，但有微毛。肠支简单。成虫有向后的单个排泄孔。吸附器官是很多分隔的腹吸盘或单个大腹吸盘再分成许多吸泡或吸沟。一般只需1个软体动物宿主。

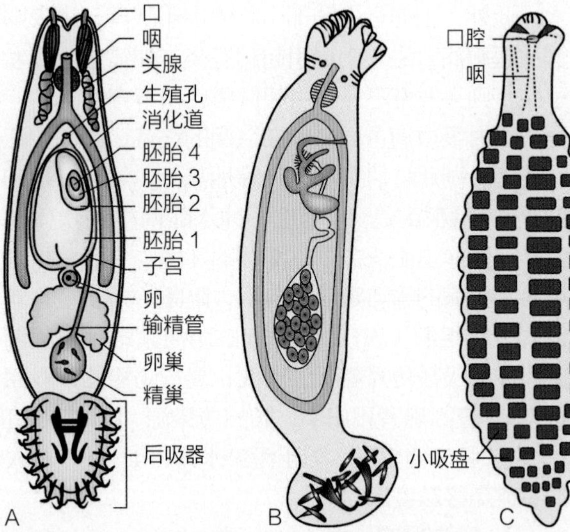

图 7-14 单殖吸虫与盾腹吸虫示意

A. 三代虫；B. 指环虫；C. 盾腹虫

代表动物：盾腹虫（*Aspidogaster*）（图7-14C）和杯盾虫（*Cotylaspis*）等。

③**复殖亚纲**（Digenea） 内寄生。皮层无纤毛、无杆状体，具棘。有消化道并具口吸盘（图7-10、图7-12）。成虫有单个向后开口的排泄孔。腹吸盘无小钩。生活史复杂，有2~4个宿主（至少1个是脊椎动物）。多雌雄同体。

代表动物：华枝睾吸虫和血吸虫（*Schistosoma*）等。

7.2.3 绦虫纲（Cestoidea）

绦虫的成虫几乎都寄生在各种脊椎动物的肠中。身体一般由头节、颈部和节片区组成（单节亚纲仅1个节片）。节片依次为未成熟节片（幼节）、成熟节片（成节）和孕卵节片（孕节）（图7-15A~C）。头节上有吸盘和/或小钩等结构，钩挂或吸附于宿主肠壁上，适应肠的强烈蠕动，而不致脱落。颈部为生长分化区。节片区主要功能是营养代谢与生殖。感觉器官退化。无消化道，营养物质的消化吸收由皮层完成。绦虫的皮层与吸虫的类似，但其具有细胞质突起形成的大量微毛结构，消化吸收功能更强（图7-15D）。生殖器官特别发达，多雌雄同体，每个节片含雌、雄生殖器官各1套（少数种类含2套或多套）。繁殖力极强，每条绦虫每天可以脱落10多个孕

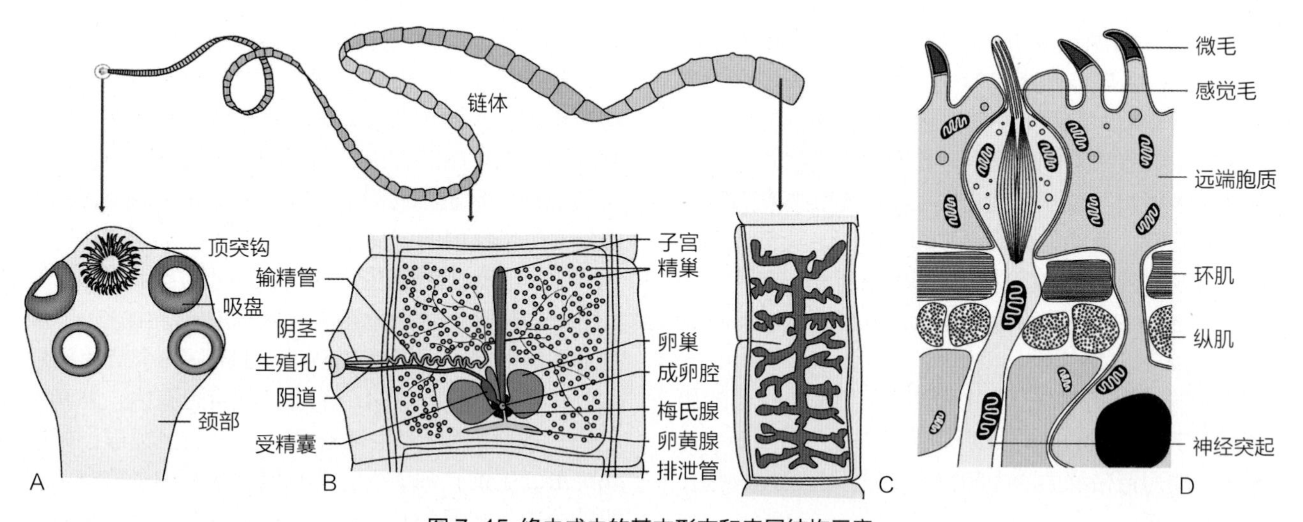

图 7-15 绦虫成虫的基本形态和皮层结构示意

A. 整体形态及头节放大；B. 成节；C. 孕节；D. 皮层

节，每个孕节含卵量3万~8万粒。有幼虫阶段，生活史中大多要经过一个中间宿主。重要种类有多节亚纲的带绦虫（*Taenia*）、细粒棘球绦虫（*Echinococcus granulosus*）、膜壳绦虫（*Hymenolepis*）、复孔绦虫（*Dipylidium*）和裂头绦虫（*Spirometra*），以及单节亚纲的两线绦虫（*Amphilina*）和旋缘绦虫（*Gyrocotyle*）等。

（1）猪带绦虫（*Taenia solium*）

猪带绦虫亦称链状带绦虫、猪肉绦虫或有钩绦虫（图7-15），为常见的绦虫病病原。成虫寄生在人小肠中，引起猪带绦虫病。幼虫（囊尾蚴）主要寄生于猪，也可寄生于人体各种组织中引起囊尾蚴病，对人的危害更大。

①形态结构 虫体长2~4 m，含800~1 000个节片。头节近球形，直径约1 mm，前端中央有顶突，上有两圈小钩，顶突下有4个强有力的肌肉质吸盘（图7-15A）。颈部能以横分裂的方式不断产生新节片。节片因生殖器官发育的程度而不同：靠近颈部的幼节生殖器官尚未发育；成节生殖器官发育成熟（图7-15B）；孕节的一部分或全部被高度扩张的、蓄满虫卵的子宫所充满，生殖器官的其他部分已部分或全部萎缩（图7-15C）。孕节可以脱离虫体，随宿主粪便排至外界。

猪带绦虫雌雄同体，每一成节有1套生殖器官：精巢呈泡状，散布在节片背侧的实质中，数目多，150~200个。每个精巢的精子经输精小管运入弯曲的输精管，再到阴茎。阴茎被交配囊包被，其游离端为通入生殖腔的雄性生殖孔。生殖腔开孔于体表。生殖孔位于每一节片的侧面。卵巢在节片后1/3处中央，分左、右两大叶和中央1小叶，发出输卵管通入成卵腔，其侧面连接一细长的阴道，由雌性生殖孔开口于生殖腔。成卵腔汇纳输卵管、卵黄管和受精囊，并向上伸出一盲囊状的子宫，成卵腔周围为单细胞的梅氏腺。

受精可以发生在同一节片，或不同节片，或2个个体互相授精之后。卵巢中所排出的卵和从阴道到成卵腔的精子一般在成卵腔或阴道内受精，在成卵腔中获得卵黄腺分泌的壳物质。梅氏腺的分泌物主要是对卵起滑润作用。卵从成卵腔中顺着短导管落入子宫。

孕节除了输卵管、输精管、交配器官和生殖腔外，仅余子宫。充满虫卵的纵行子宫干基部向两侧分支，每侧7~13支，每支又继续分支，呈现不规则的树枝状。每一孕节约含4万个虫卵。

在绦虫的节片中，还可看到分布于虫体两侧的纵排泄管，每侧有背、腹两条，位于腹侧的较粗。每个节片的后端还有一横排泄管连接两条腹纵排泄管。总排泄孔1个，开口于末节游离边缘的中央，末节脱落后，排泄管本身直接向外开口。排泄系统的起始部分为焰细胞，由焰细胞通出来的许多细管在头节处汇集成较大的排泄管，再与纵排泄管相连，故属原肾管型。

②生活史 人既是猪带绦虫的终末宿主，又可做其中间宿主。成虫以头节上的吸盘和顶突钩附着于人小肠黏膜上。孕节在离开宿主前，其内的卵已发育为六钩蚴。孕节随粪便排出宿主体外后，节片或随着节片的破裂而散出的虫卵被猪吞食后，在猪胃液的作用下，六钩蚴脱壳而出，钻入肠壁内，随血液或淋巴循

环到达身体各部，以肌肉中存留最多，尤其是咀嚼肌、心肌、舌肌及肋间肌等处，经60~70天发育为囊尾蚴。囊尾蚴为黄豆大小的白色囊泡，囊内充满半透明液体，头节凹陷于囊泡中。有囊尾蚴寄生的猪肉，俗称“米猪肉”或“豆猪肉”。人因食用未煮熟的米猪肉而感染。囊尾蚴在人胃液的作用下，头节翻出，进入小肠，吸附在肠壁上，自颈部不断长出节片，经2~3个月发育成熟（图7-16）。成虫在人体内可存活数年，长者可达25年。

人若误食猪带绦虫的虫卵，或已感染成虫的患者，由于消化道的逆向蠕动，将孕节返入胃中而自体感染，成为猪带绦虫的中间宿主，则引起囊尾蚴病，俗称囊虫病。

③危害　寄生于小肠的绦虫成虫，吸取营养，分泌毒素，致使人患绦虫病，其临床症状为消化不良、腹痛和腹泻等。对人危害更大的是囊虫病，其症状因囊尾蚴寄生的部位及寄生量而异，寄生于肌肉和皮下组织，表现为皮下囊虫结节，可出现局部肌肉酸痛或麻木；寄生于眼的任何部分，均可引起视力障碍；寄生于人脑，可引起共济失调、癫痫、阵发性昏迷甚至死亡等。

（2）牛带绦虫（*Taenia saginatus*）

牛带绦虫的形态和发育与猪带绦虫相似，其头节略呈方形，无钩，亦称无钩绦虫。体呈白色，长4~8 m。头节宽约2 mm，具4个肌肉质吸盘。节片数可达2 000。孕节子宫侧支约20（15~30）支。

成虫寄生于人的小肠，幼虫主要寄生于黄牛、水牛、长颈鹿、山羊和绵羊等的肌肉里。虫卵污染草场，牛等食草动物吞食虫卵后，卵在十二指肠内孵化，六钩蚴逸出，穿过肠壁进入血液或淋巴循环，停留至肌肉，约2个月后发育为囊尾蚴。人吃含有囊尾蚴的未煮熟牛肉而感染。囊尾蚴在人的小肠中囊内的头节翻出，附着于肠壁，3个月后发育为成虫。人不能作为牛带绦虫的中间宿主。

（3）细粒棘球绦虫（*Echinococcus granulosus*）

细粒棘球绦虫是危害人类最严重的绦虫之一。成虫体长3~6 mm，通常由头节、颈部和3个节片构成（图7-17）。头节上有4个吸盘，顶突上有内、外两圈小钩。成节内有1套生殖器官。精巢略呈圆形，卵巢马蹄形，生殖孔开口于节片侧缘。孕节内子宫有不明显的分支，数目为12~15。子宫被虫卵充满膨胀而破裂，发生于孕节脱离母体前后。

幼虫为单房棘球蚴。呈囊状，大小不等，囊内充满液体。单房棘球蚴的囊壁可分为周囊壁、外囊壁和内囊壁3层。周囊壁为宿主产生的纤维层；外囊壁为无细胞结构的片层状层（laminated layer），乳白色、半透明，似粉皮状，较松脆，易破裂，也有人称其为角质层；内囊壁为生发层（germinal layer）或胚层。生发层可向腔内形成无数生发囊（子囊）以及和成虫头节一样的原头节，子囊还可以向内长孙囊和原头节。在终末宿主体内每个原头节均有发育为成虫的潜力。

成虫寄生于狗、狼和狐等食肉动物的小肠内。虫卵随终末宿主的粪便排出体外，污染牧场、畜舍、水源和周围环境，若被中间宿主（人、牛、羊、骆驼和马等）吞食后至宿主小肠，六钩蚴孵出，穿过肠壁进

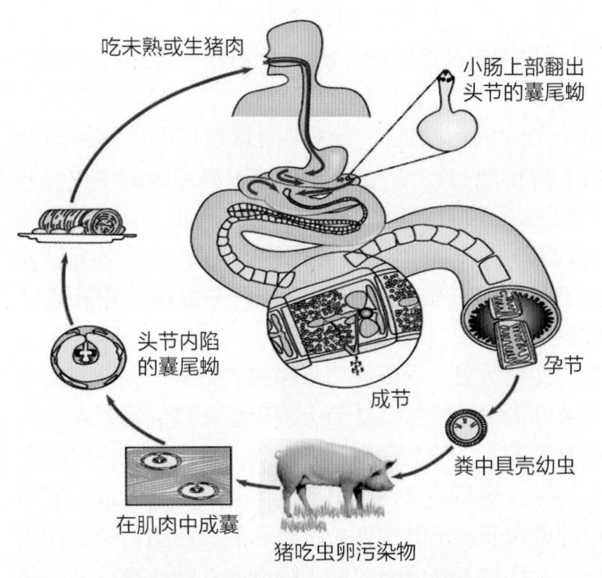

图 7-16 猪带绦虫的生活史示意

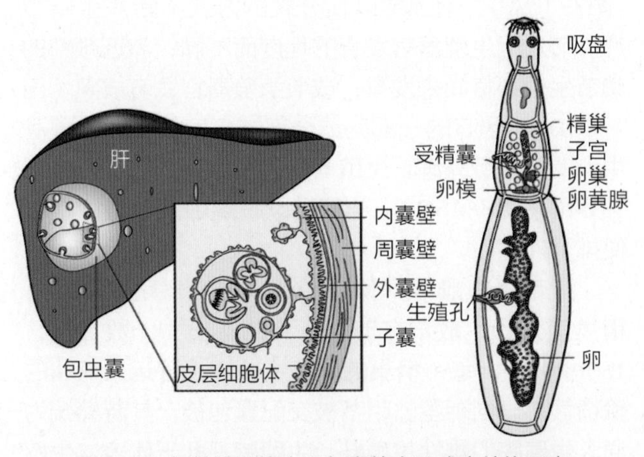

图 7-17 细粒棘球绦虫肝包囊放大及成虫结构示意

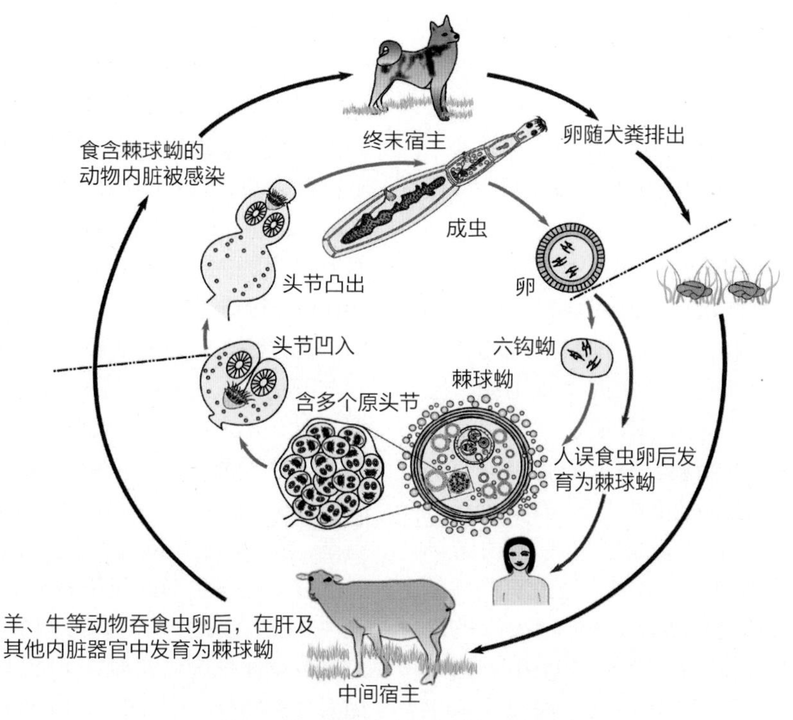

图 7-18 细粒棘球绦虫的生活史示意

入门静脉系统，大部分停留在肝，部分随血流到达肺、肾和脑等部位寄生，经数月发育、长大为棘球蚴（包虫）。含有棘球蚴的牛、羊等的内脏被终末宿主摄食，棘球蚴内的原头节即在宿主的小肠内散出，并吸附于肠壁上寄生，经3~10周发育为成虫（图7-18）。人感染棘球蚴所致的慢性寄生虫病称为包虫病，我国西北牧区较常见。

棘球蚴对机体的危害主要有3方面：①包虫囊的占位性生长，压迫和破坏邻近组织，其严重程度取决于棘球蚴的体积、数量、寄生时间和部位等；②囊肿破裂后，囊液内所含的异种蛋白使机体发生过敏反应，甚至过敏性休克致死；③包虫囊生长发育过程中摄取宿主营养、影响机体健康。

绦虫病的流行与人们的饮食习惯，猪、牛和羊等的饲养管理方式密切相关。生食猪、牛肉或切绞生肉的用具不清洗消毒均可能误食入囊尾蚴；猪、牛和羊在野外放养，或圈筑在厕所旁边，吞食患者粪便或受污染的食物而被感染；宰杀猪、牛和羊时将内脏抛给狗食造成狗的感染等。

预防措施：①加强宣传教育，了解其传播途径；改良饮食、卫生与生活生产习惯，注意个人防护。②及时治疗患者，处理病畜，以杜绝传染源。③加强粪便管理，定点宰杀猪、牛和羊等。④供应市场的肉类要有严格的检验制度，及时发现及时处理。

7.3 扁形动物与人类的关系

扁形动物的有些种类是人、畜严重寄生虫病的病原体，有些种类是水产动物寄生虫病的病原体。在生存竞争中，扁形动物许多类群已适应于寄生生活，对脊椎动物的繁殖起着节制的作用。

扁形动物涡虫纲的种类因再生能力很强，是研究再生发育机制的理想模式动物，一直在科研中发挥着重要作用；绦虫的一个链体具有不同发育期的节片，是研究发育机制的良好材料。

附1 异无肠动物（Xenacoelomorpha）

异无肠动物是个体很小、简单而原始的两侧对称动物。由异涡动物（xenoturbellids）、纽涡虫（nemertodermatids）和无肠动物（acoelomorphs）组成。异无肠动物缺乏典型口胃系统（stomatogastric system），即都没有真正的肠管。在无肠动物中，口直接开入一个大的内胚层合胞体，而异涡动物则有一个囊状的肠，内衬着具纤毛的细胞。神经系统为基表皮样（basiepidermal），没有大脑。异涡动物有一个简单的神经网，没有任何特殊的神经元集合。而在无肠动物中则排列成一系列纵向束，在前部由一个复杂度可变的环组成。感觉器官包括平衡囊（statocyst），在某些类群中有两个单细胞眼点。异无肠动物的表皮均具有纤毛。纤毛由9组外周双连体微管和1或2条中央微管组成“9+1”或“9+2”样结构。

（1）异涡动物门（Xenoturbellida）

以博克异涡虫（*Xenoturbella bocki*）为代表（图7-19）：黄白色，身体呈两侧对称、不规则或扁平，头端两侧具有感觉沟，躯干中部具有一个环带，口位于腹侧中央位置，无肛门。身体结构简单，缺乏脑神经节、呼吸、循环、排泄系统和独立的性腺器官和组织。由外到内依次为上皮组织、上皮神经丛、发达的基膜、环肌和纵肌、实质组织、肠壁细胞、肠腔。除了平衡囊含有毛细胞外没有明确的器官。卵和胚胎发生于滤泡中。卵宽0.2 mm，淡橙色不透明。新孵化的胚胎是具纤毛自由游泳（倾向于靠近水面）的幼虫。没有口，也没有明显的摄食行为。类似于无肠动物*Neochildia fusca*的幼虫。日本异涡虫（*X. japonica*）（图7-19B）分布于瑞典、英格兰、冰岛和挪威等的附近海域及太平洋西部。异涡虫是研究后生动物早期演化的良好材料，具有一定的理论研究价值。

（2）无肠动物门（Acoelomorpha）

无肠动物为小型、扁平的蠕虫，体长1 ~12 mm，通常约2 mm。卵圆形或长圆形，无色，或由于体内共生的藻类而表现出绿色或褐色。通常生活在海洋沉积物中，一些物种栖息在咸水中。它们大多是自由生活的，也有些共生和寄生的种类。目前已知约有350种。先前隶属扁形动物门涡虫纲无肠目（因其多数没有肠而得名）。无肠动物具有结构简单的纤毛上皮，上表皮细胞间具有许多黏液腺。实质层含有少量胞外基质和环肌、纵肌和斜肌。口位于近中央的腹中线上，有的物种具一简单的咽，无消化道，有一团来源于内胚层的营养细胞进行吞噬和消化（图7-20）。无肠动物没有循环、呼吸和排泄系统，无体腔。雌雄同体，生殖系统不发达，没有明显的生殖腺，生殖细胞直接来源于实质中的细胞。生殖期间，生殖细胞排列成行即形成精巢或卵巢，没有生殖导管。雌性生殖器官产生的充满卵黄的卵称为内黄卵（endolecithal eggs）。行皮下授精，即用交配刺插入对方皮下，将精子直接注入对方的实质中，精子随即迁移到卵巢附近与卵受精。受精卵采用二集体螺旋卵裂模式进行卵裂（图7-21）。无肠动物除具有有性生殖外，还有很强的无性生殖能力。无性生殖时，首先身体后部开始断裂形成2部分，一部分具有头和躯干，另一部分仅具有尾，断裂后的尾部再次发生纵裂，形成2个残片。每一部分经过再生形成完整的新个体。这样每进行一次无性生殖，会由1个个体变为3个个体（图7-22）。

二集体螺旋卵裂模式可能是无肠动物特有的一个重要形态特征，但需进一步研究确定。无肠动物其他特征还包括表皮纤毛相互连接的小根网的形式。无肠动物有明显的前、后轴，身体前端具有头腺，为多个独立腺体的导管聚于头端构成。其神经系统由纤毛表皮下的一组纵向神经束组成，在前部附近，这些束由环状神经联合连在一起，但不构成真正的脑神经节（图7-20）。无肠动物身体内呈辐射状布局的神经（非梯状），及其平衡囊的结构均不同于扁形动物门。分子系统学研究表明无肠动物是早期分歧的两侧对称三胚层动物。其仅有4或5个*Hox*基因，而自由生活的扁形动物有7或8个*Hox*基因。无肠动物体内实质中有虫黄藻及绿藻共生，这些藻类可以合成糖、脂肪及其他磷脂，为虫体提供一些营养物质，藻类则利用

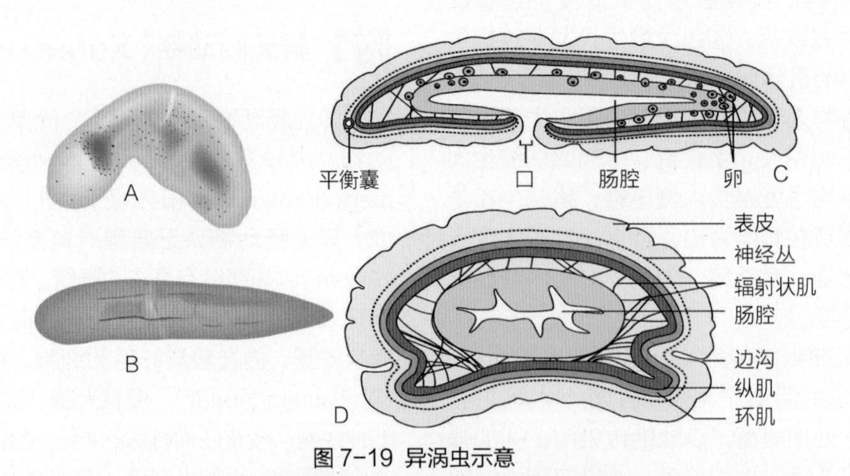

图7-19 异涡虫示意

A. 博克异涡虫背面观；B. 日本异涡虫背面观；
C. 博克异涡虫纵切面，左方为前端；D. 博克异涡虫横切面

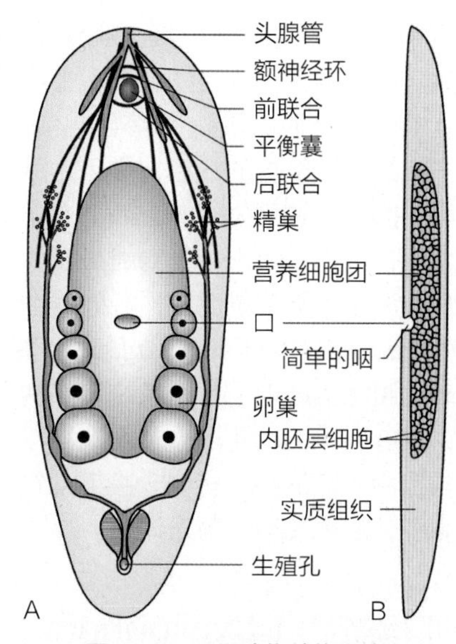

图 7-20 无肠动物结构示意

A. 一般结构；
B. 中矢状面显示内胚层源的营养细胞团

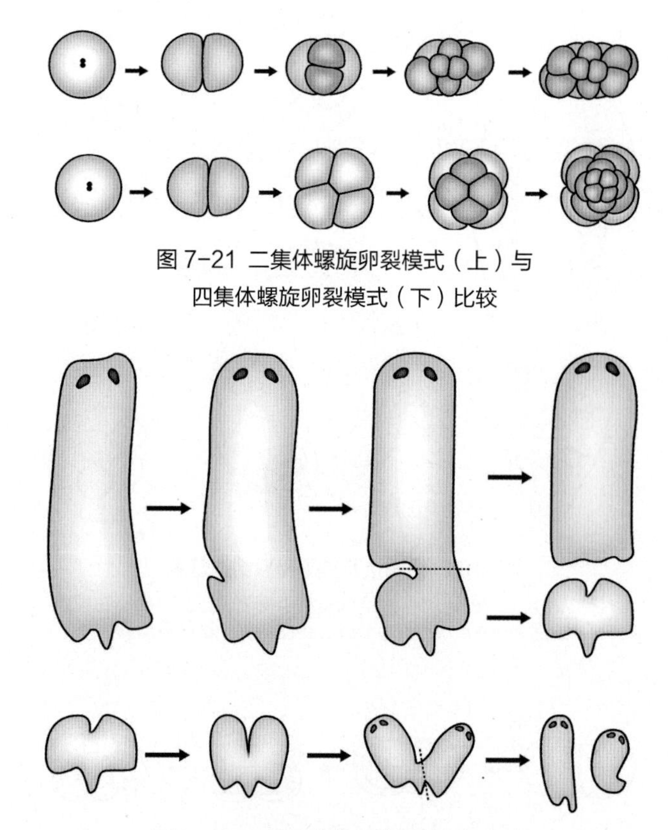

图 7-21 二集体螺旋卵裂模式（上）与四集体螺旋卵裂模式（下）比较

图 7-22 无肠动物的无性繁殖过程示意

宿主的代谢产物。无肠动物的罗斯科夫虫（*Symsagittifera roscoffensis*），亦称"薄荷酱虫（mint-sauce worm）"为亮绿色的虫体。其色彩是由于虫体下皮层共生着一种绿色的微藻——四角藻（*Tetraselmis convolutae*）而致。微藻光合作用为蠕虫提供了必需的营养。这种合作关系被称为"光共生"。这些光合海洋动物群居（多达几百万只）生活于潮间带。

无肠动物广泛分布于温带及热带海洋和海岸。海产种类以摄取藻类、原生动物和细菌等为食。部分依赖于体内共生的藻类。淡水无肠动物非常少，仅见于欧洲的荷兰和波兰。其生活方式等相关背景资料尚欠缺。海洋无肠动物几乎分布于全球，但目前我国尚未报道无肠动物，尽管周边国家和地区如日本、俄罗斯、菲律宾、中亚里海等都陆续有报道。因而，未来也很有必要在我国近海进行无肠动物的科学考察和鉴定研究。研究无肠动物，对于了解后生动物早期的演化、两侧对称的起源、头尾体轴的构建、神经系统和胚胎发育的演化具有重要意义。

（3）纽涡虫门（Nemertodermatida）

纽涡虫是一个仅报道有少数物种的系统地位曾有高度争议的类群。最初被放在扁形动物门，之后被认为或是早期两侧对称动物的一个线系或是后口动物中的步带动物（ambulacrarians）的一个姐妹群。随后，纽涡虫又被分在种类较多的无肠动物门中，与无肠类成为姐妹群。再后来的rDNA研究结果证实无肠类作为了所有其他两侧对称线系的姐妹群。之前被认为是无肠类姐妹群并一同组成无肠动物门的纽涡虫，又与无肠类分离开，成为一个独立的纽涡虫门。

纽涡虫是一类小型、身体有纤毛，生活于海洋潮间带的雌雄同体的蠕虫。*Meara stichopi*（图7-23）生活在棘皮动物如海参的肠道内。纽涡虫整体结构和无肠动物相似；而在神经系统和肠的形态上表现出重要区别。

纽涡虫的神经系统和异涡虫类似，为表皮基底性质，仅在少数种类集中成上皮内神经束；纽涡虫有一个中央腹位的口，通入类似于刺胞动物的有上皮的囊状肠，没有真正完整的肠道。有含1~4个（多数为2个）平衡石的平衡囊（重力感受器）（图7-23）。纽涡虫的卵裂方式不同于无肠动物（图7-24），似乎没那么刻板。此类动物在研究刺胞动物到两侧对称动物的演化关系中有一定实际意义。

附2 腹毛动物门（Gastrotricha）

腹毛动物为身体微小的水生动物，一般体长50~1 000 μm。已知约450种。身体瓶形或长筒形，分为头和躯干两部分，常有一叉状尾。

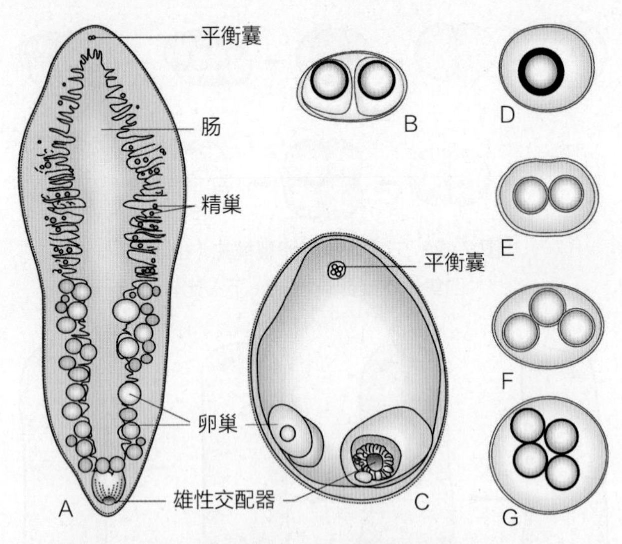

图 7-23 纽涡虫及其平衡囊结构示意

A~B. *Meara stichopi* 整体结构及其平衡囊；C~G. 韦斯布拉德纽涡虫（*Nemertoderma westbladi*）及其平衡囊

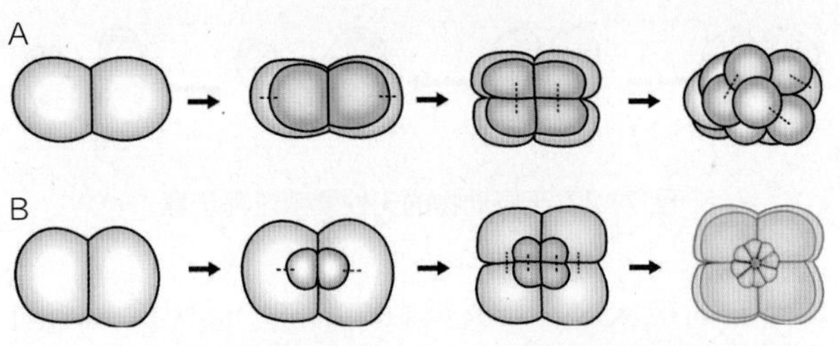

图 7-24 纽涡虫的卵裂方式（2、4、8 和 16 细胞期）示意

A. *Meara stichopi* 的卵裂；B. 韦斯布拉德纽涡虫的卵裂，其中 16 细胞期没有实物依据，有待证实

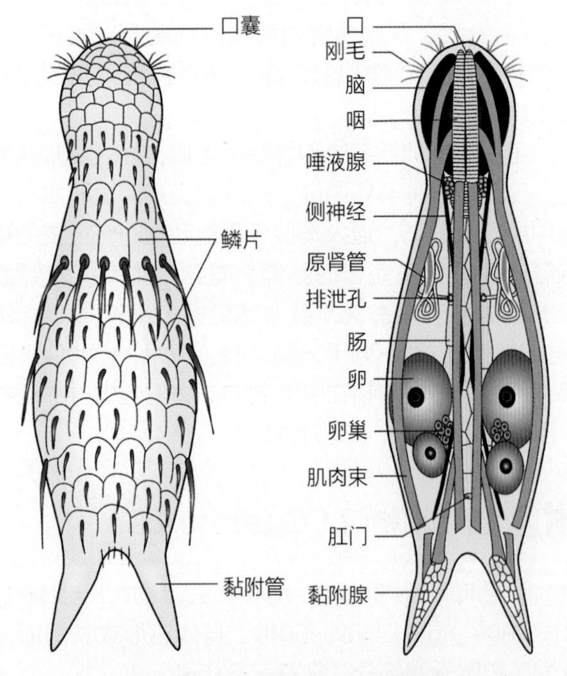

图 7-25 鼬虫外形及内部结构示意

体背部有发达的角质层，其上有鳞片、刚毛或刺，司感觉。角质层下为合胞体或细胞上皮，上皮下纵肌成束，有或无环肌；消化道完全，有肌肉质咽；头部和躯干腹部有较发达的纤毛，排列为纵行、横排或成纤毛束。因身体腹面生有纤毛而得名。腹毛动物排泄系统为原肾管型；海产种类为雌雄同体，行有性生殖，大多数淡水种类精巢退化，行孤雌生殖。

代表动物：鼬虫（*Chaetonotus* sp.）（图7-25）。

腹毛动物腹部具纤毛、生殖系统等结构特征与涡虫纲相似；具有完全的消化道，其咽的结构、肛门的位置等又与自由生活的线虫相似。腹毛动物长期被认为具有假体腔，后来又被认为无体腔。

附3 环口动物门（Cycliophora）

环口动物门又译为圆环动物门。由Funch和Kristensen在1995年报道设立，最初仅描述1个种：实球共生虫（*Symbion pandora*）。体长约350 μm，小囊状。前端为口漏斗，口漏斗周围最前方有多纤毛上皮细胞激动水流，后方由上皮肌细胞形成口环控制口区的开、闭。由一短颈连接口漏斗到卵圆形的躯干部，其后有一短柄连接黏附盘，通过黏附盘附着于海螯虾（*Nephrops norvegicus*）的口器上（图7-26）。体壁由角质层、上皮和基膜组成。无体腔。

生活史复杂，有世代交替。无性生殖：摄食期的环口动物体内有成团的干细胞，干细胞产生实球幼虫（pandora larva），有口漏斗和消化道（内芽），成熟后，用其腹部纤毛游出母体，附于原来的虾体上，发育为摄食期个体。海螯虾蜕皮时，环口动物转而进行有性生殖，摄食期个体产生初级雄虫或雌虫，初级雄虫离开亲体后发育成熟，吸附在雌虫上产生次级雄虫（仅发育生殖器官，产生精子），精子与雌虫的卵母细胞受精（每个雌虫仅含1个卵母细胞），受精发生在雌虫体内。受精卵发育为可游动的类索幼虫（chordoid larva），类索幼虫附着变态后发育为摄食期个体。

环口动物是两侧对称、有角质层的三胚层无体腔动物，并且表皮是细胞而不是合胞体。超微结构的研究表明环口动物与内肛动物关系密切，但分子系统学研究表明环口动物和轮虫及棘头虫的亲缘关系较近，目前其分类地位尚待进一步研究确定。

附4 纽形动物门（Nemertea）

多数海生，少数种类生活于淡水或潮湿的土壤中，个别种类营共栖或寄生生活。约有1 000种。体长从数毫米到数米不等，大多数种类小于20 cm。

纽形动物与扁形动物有很多相似之处：两侧对称、三胚层、无体腔和原肾管式排泄系统；体形长、不分节、常呈扁平状（图7-27）；表皮为带纤毛的柱状上皮，有的种类还有杆状体和腺细胞；表皮下为结缔组织成分的下皮层。下皮层内为肌肉，2层（环肌和纵肌）或3层（多1层环肌或纵肌）（图7-28）。纽形动物的部分结构较扁形动物完善：雌雄异体；消化道完全，消化道两侧有许多侧囊，它和生殖腺都前后间隔地在体侧对称排列。消化道背方有吻腔，容纳可翻转的吻。吻端有刺针和毒腺，用于捕食和御敌（图7-29）。

在动物演化中，纽形动物最先出现了简单的闭管式循环系统，开始形成无心脏的血管系统（图7-28）。纽形动物的分类地位应介于扁形动物与环节动物之间。

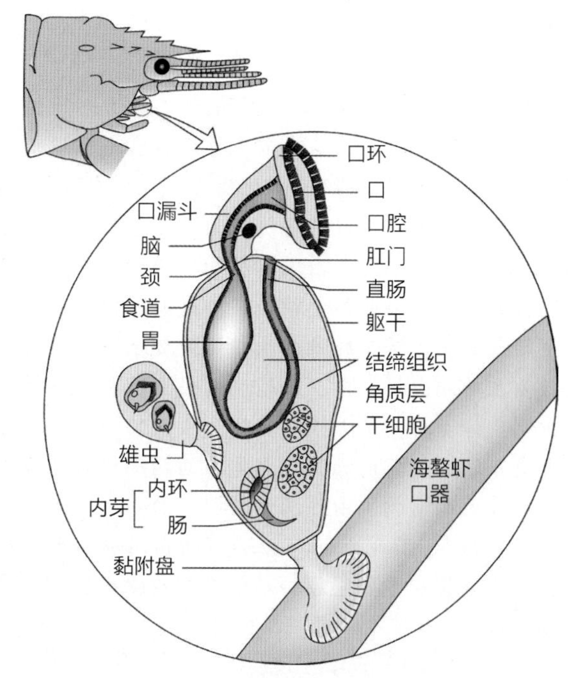

图 7-26 实球共生虫结构示意

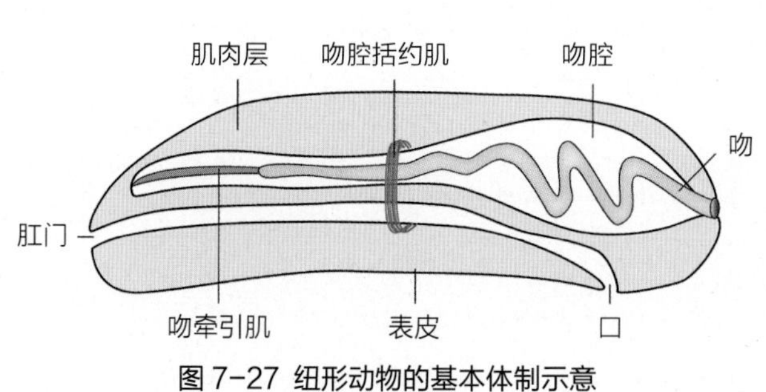

图 7-27 纽形动物的基本体制示意

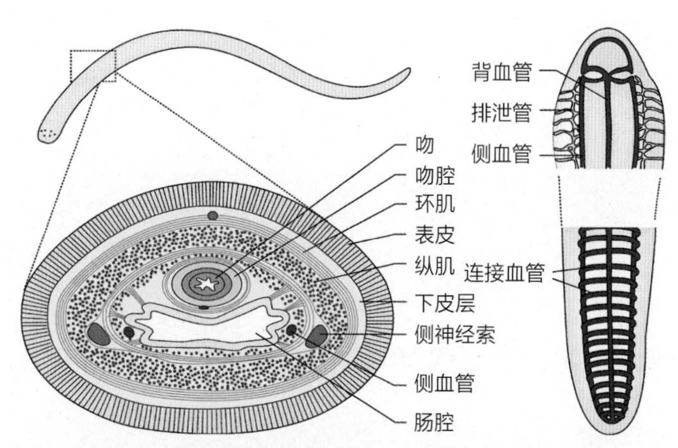

图 7-28 纽形动物的横断面及排泄和循环系统结构示意

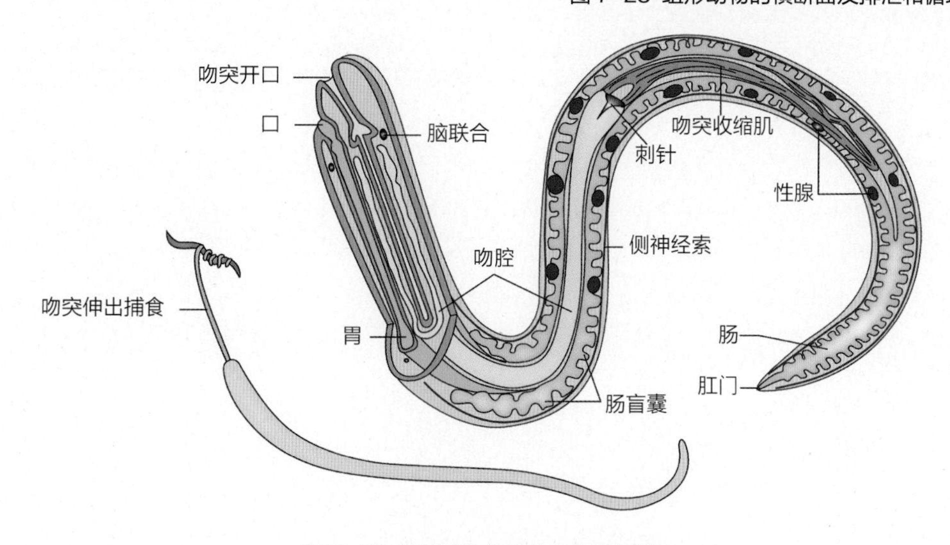

图 7-29 纽形动物的结构及摄食示意

小结

扁形动物为器官系统水平的后生动物。两侧对称，三胚层，无体腔，具有较完善的器官或系统，器官之间填充着实质组织；消化道不完全（有口无肛门）或退化消失；排泄系统一般为原肾管型；神经和感觉器官头端集中化，出现典型的梯状神经系统；雌雄同体或异体，多异体受精，直接或间接发育；营自由生活或寄生，寄生的种类生殖能力极强。分为自由生活为主的涡虫纲，内、外寄生的吸虫纲和内寄生的绦虫纲。许多种类是脊椎动物寄生虫病的病原体，与人类关系密切。其他三胚层无体腔的两侧对称原口动物包括异无肠动物（由异涡动物门、纽涡虫门和无肠动物门构成）、腹毛动物门、环口动物门和纽形动物门。这些类群对于研究原口动物早期演化进程有重要意义。

思考题

❶ 名词解释：两侧对称、皮肌囊、原肾管。
❷ 扁形动物的主要特征是什么，它比刺胞动物高等表现在哪些方面？
❸ 中胚层的出现在动物演化上有何重要意义？
❹ 扁形动物分哪几个纲，各纲的主要特征是什么？各列举一例代表动物。
❺ 理解华枝睾吸虫的结构与生活史特点。

数字课程学习

☐ 教学视频　☐ 教学课件
☐ 思考题解析　☐ 在线自测

（李海云）

第 8 章 原腔动物（Protocoelomate）

原腔动物又称**假体腔动物**（Pseudocoelomate），是动物界中较为庞大繁杂的一个类群，包括线虫、轮虫、棘头虫、线形动物、动吻动物、兜甲动物、鳃曳动物和内肛动物等门类。具有一个充满液体的原体腔是它们的共同特征，但外形差异很大，且彼此之间的亲缘关系尚待进一步研究。研究表明这些原腔动物分别隶属原口动物的2个大支，即冠轮动物（Lophotrochozoa，含轮虫、棘头虫和内肛动物等）和蜕皮动物（Ecdysozoa，含线虫、线形动物、动吻动物、兜甲动物和鳃曳动物等）。本教材仍暂将此8个门作为原腔动物进行介绍。

8.1 原腔动物的主要特征

8.1.1 原体腔

原体腔又称假体腔或初生体腔，是位于体壁层（皮肤肌肉囊）和肠壁之间的空腔，是胚胎时期囊胚腔的残余部分。原体腔内充满体腔液，但没有体腔膜，也没有管道与外界相通。肠壁由内胚层形成，其上没有肌肉细胞（图8-1、图8-2）。

原体腔的出现具有明显的进步意义：①为体内器官系统的运动和发展提供了空间；②体腔液作为流体静力骨骼，能使虫体具有一定的形状，同时加强运动

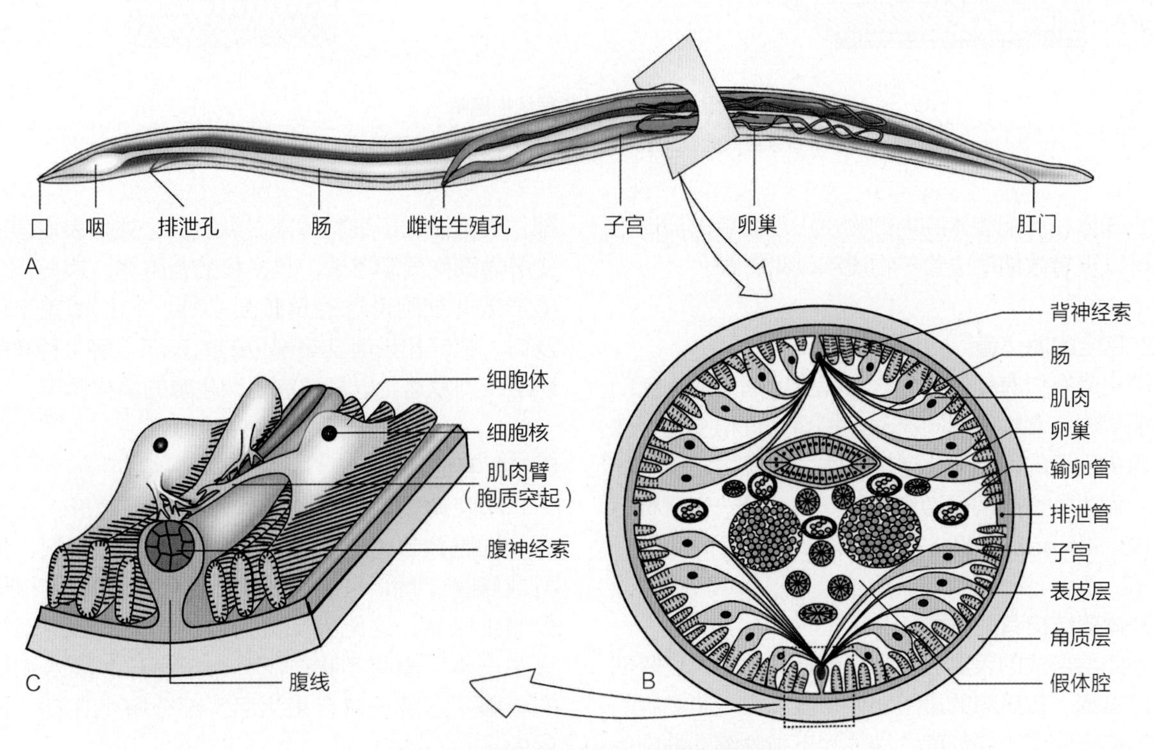

图 8-1 原腔动物（雌蛔虫）的结构图解

A. 整体；B. 横切；C. 体壁局部放大

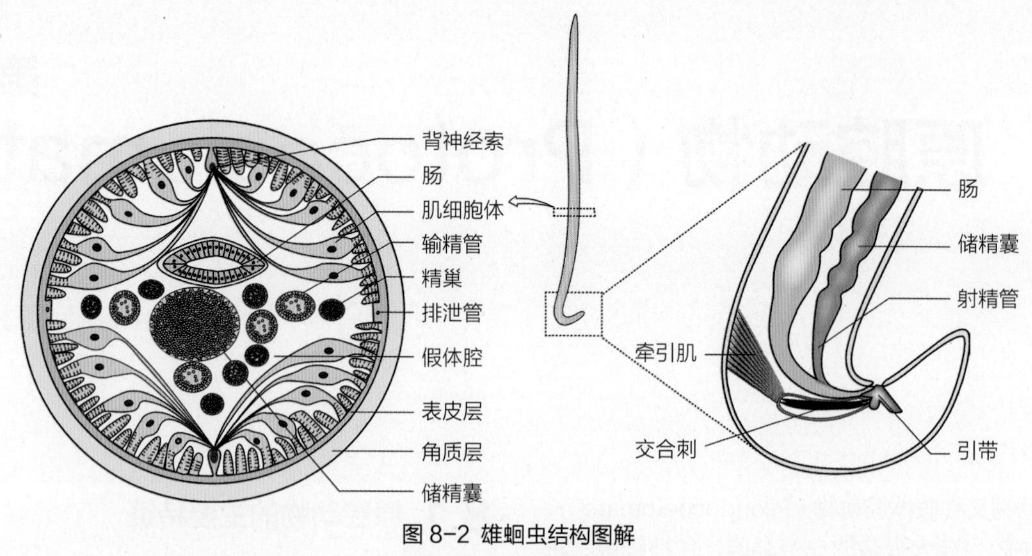

图 8-2 雄蛔虫结构图解

横断面及末端结构放大

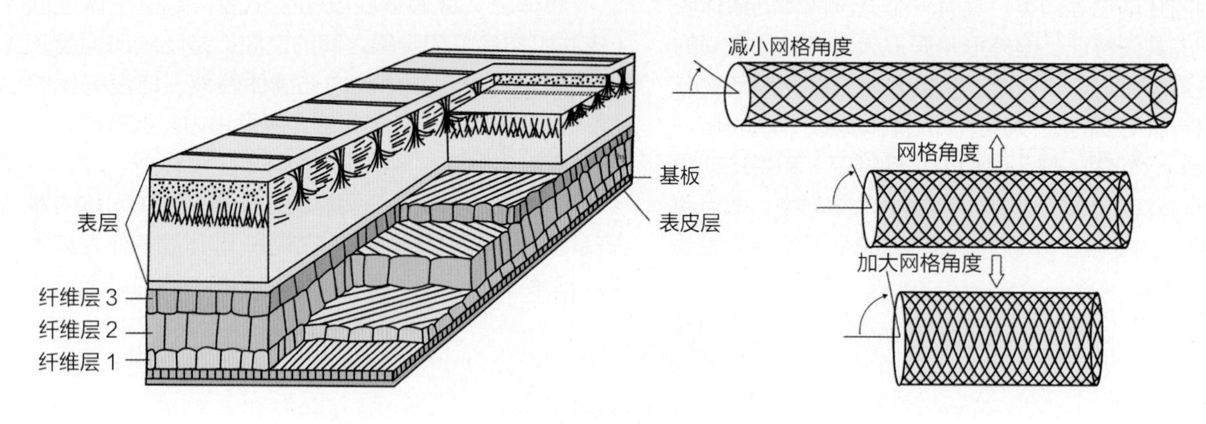

图 8-3 线虫角质层结构图解

其纤维层彼此交叉所成角度的改变可使动物改变形状

能力；③体腔液能使体腔内的物质出现简单的流动循环，可以更有效地输送营养物质和代谢产物。

8.1.2 完全的消化道

消化道有口有肛门，称之为完全的消化道。肛门的出现实现了食物的单向流动，提高了食物的利用效率。自由生活的种类消化道较发达，如轮虫（Rotifera）；寄生种类的消化道则变得简单，呈一直管状，如蛔虫（*Ascaris*）（图8-1、图8-2）。

8.1.3 体壁结构有角质层

外胚层形成的表皮层与中胚层形成的肌肉层紧贴而成皮肌囊。皮肌囊的最里层为一层纵肌。肌细胞的基部为可收缩的肌纤维部，端部为不能收缩的细胞体部，细胞核位于细胞体部。纵肌层之外为表皮层。表皮多为细胞界限不清、具多核的合胞体。表皮向外分泌形成非细胞形态的角质层（图8-3），覆盖于体表及口、肛门和排泄孔等部位的内表面。寄生种类的角质层特别发达，以抵抗宿主消化酶的消化作用。

8.1.4 其他特征

原腔动物两侧对称，体形多为圆筒形；多数种类体细胞数目恒定；排泄系统仍属原肾管型，为管型或腺型（图8-4）；没有呼吸和循环系统；大多数雌雄异体，这比大多数为雌雄同体的扁形动物又进了一步。原腔动物广泛分布于海洋、淡水和潮湿的土壤中，部分营自由生活。部分寄生在动、植物体内。

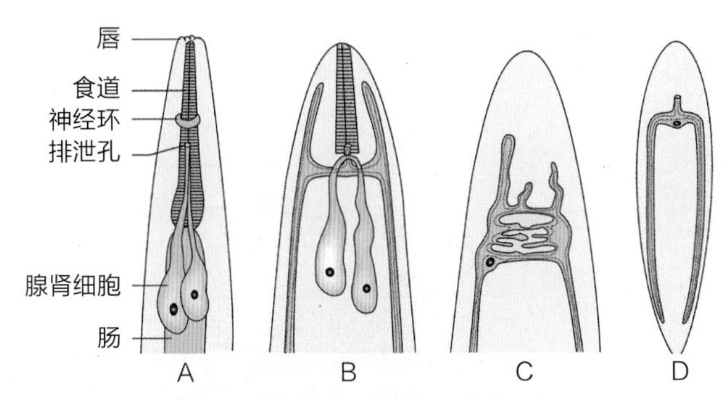

图 8-4 线虫不同类型排泄系统的代表

A. 小杆线虫的腺型排泄系统；B. 秀丽线虫管型与腺型结合排泄系统；C~D. 蛔虫的管型排泄系统

8.2 原腔动物的分类

原腔动物门类繁多，目前主要包含8个门。

8.2.1 线虫门（Nematoda）

线虫是动物界中较大的一个类群，已记录种超过28 000个，尚有大量物种未命名，有人估计有50万种。体长200 μm到1 m以上。广泛分布于世界各地，有的自由生活在海洋、淡水和土壤中，有的寄生于动、植物体内。代表动物：人蛔虫（*Ascaris lumbricoides*）和秀丽线虫（*Caenorhabditis elegans*）等，其中秀丽线虫是分子生物学和发育生物学研究领域的重要模式生物。2002年诺贝尔生理学或医学奖授予了3位科学家，这3位科学家发现了在器官发育和“程序性细胞死亡”过程中的基因规则，这项工作的幕后功勋正是秀丽线虫。

①外形 线虫头部不明显，有3或6个唇瓣围绕着口，身体圆柱形，两端细，通常前端钝，后端渐尖。雄虫常以弯曲的后端与雌虫相区别。雌虫前端腹面近1/3处有生殖孔，肛门位于后端；雄性生殖孔与肛门合为一处，并有两根交合刺（图8-1、图8-2、图8-5）。

②体壁（图8-1~图8-3） 由角质层、表皮层（上皮细胞层）和肌肉层构成。角质层由上皮细胞分泌产生，有韧性和弹性，其主要成分是一种类似高等动物角蛋白的物质，这一结构可以保护虫体免遭外界的机械损伤或宿主消化液的消化。

表皮层为多核的合胞体。合胞体沿背、腹和两侧的4条纵线向内侧加厚，形成背线、腹线和侧线。神经索埋在背、腹线之中，两条侧线内各有1条排泄管。

线虫的肌肉层只有纵肌，没有环肌，只能依靠纵肌的收缩作波状摇摆运动，身体不能变粗变细，也不能伸长。肌细胞膨大的部分是有核的细胞体部，另一部分是能收缩的肌纤维部。肌肉不连续，被背线、腹线和侧线隔成4部分。

③消化系统 具有完全的消化道，即有口、有肛门，可分为前肠、中肠和后肠。前肠包括口、口腔和咽管（食道）；中肠由内胚层发育而来，是线虫的主要消化吸收部位；后肠包括直肠和肛门。前肠和后肠由外胚层内陷形成，内壁具有外胚层分泌的角质层。

④排泄系统（图8-4） 由1或2个原肾管细胞演化成腺型或管型（“H”型）排泄系统。腺型排泄系统由1对具有分泌功能的泡状单细胞排泄腺在食道处汇合，以排泄孔通到体外，如小杆线虫的排泄系统。管型排泄系统为两条纵行的排泄管，每一条在虫体两侧的侧线内，由后向前贯穿整个虫体，到食道处与横管相连，在腹面开口于排泄孔，通到体外，如蛔虫的排泄系统。

⑤呼吸 自由生活的种类经体表进行气体交换，并扩散到体内各组织细胞中；寄生的种类进行厌氧呼吸。

⑥循环 假体腔中的体腔液含有丰富的蛋白质、葡萄糖和钠、钾、氯和铁等多种元素，是组织器官

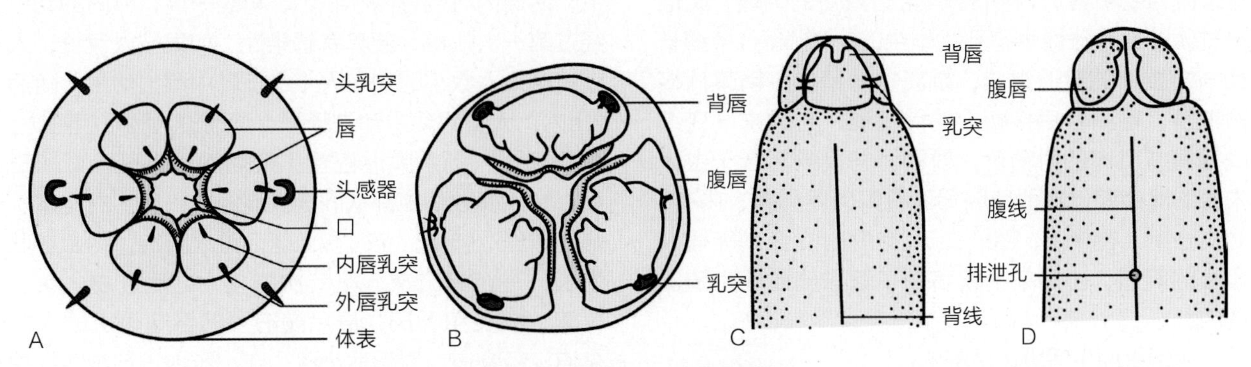

图 8-5 线虫的头、尾外形图解

A. 原始一般线虫口面观；B. 人蛔虫口面观；C. 人蛔虫前端背面；D. 人蛔虫前端腹面

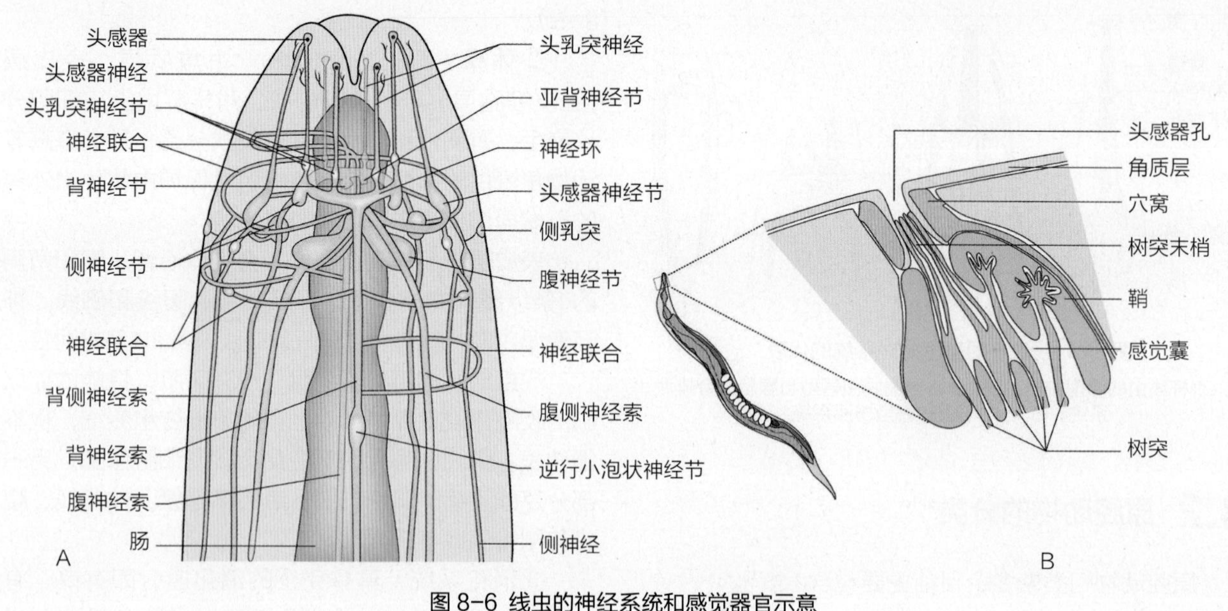

图 8-6 线虫的神经系统和感觉器官示意

A. 前端神经系统；B. 秀丽线虫的头感器

间营养物质运输、气体的运输扩散和代谢产物交换的介质。

⑦神经系统和感觉器官 线虫的神经系统由1个围绕咽部的围咽神经环和从神经环向前、后发出沿皮下组织穿行的6条纵神经索组成。向前发出的神经支配口周围的感觉器官。后行的有背、腹神经索各1条，每侧各有两条侧神经。其中背、腹神经索最粗，分别嵌在背线和腹线中。纵行的神经之间都有横向的神经相连，整体呈圆筒状（图8-6A）。

线虫的感觉器官集中在虫体前部及外生殖器周围，主要有口唇上的乳突和泄殖腔孔周围的生殖乳突，两者均能感受物理和化学刺激（图8-5、图8-6B）。

⑧生殖系统及生活史 大多数线虫不仅雌雄异体，而且异形，通常雄性个体小于雌性个体。雌虫的生殖腺由两条细长且一端游离的管道组成，游离端为卵巢，经输卵管通至膨大的子宫（也有人称子宫末段为受精囊），两个子宫汇合成短的阴道，阴道穿过体壁通至雌性生殖孔。雄虫的生殖腺由1条细长且一端游离的管道组成，游离端为精巢，精巢后接输精管，输精管后接膨大的储精囊，它的末端变细成为富有肌肉的射精管，射精管与直肠汇合于虫体末端的泄殖腔，在泄殖腔背面有肌肉质小囊，内有1对交合刺（图8-1、图8-2），交配时交合刺能插入雌虫的阴道，协助射精管将精子输送到雌性生殖器官内。

人蛔虫的生活史（图8-7）

雌、雄蛔虫性成熟后，在人的小肠内交配，卵在

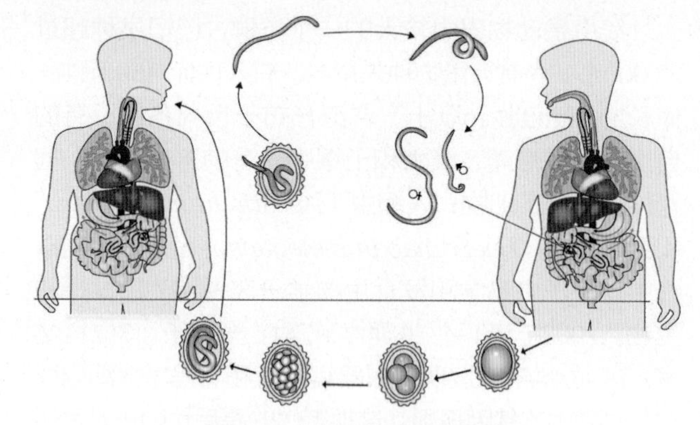

图 8-7 人蛔虫的生活史示意

子宫内受精，然后由雌性生殖孔排出。据称每条雌虫每天产卵平均可达20万个。虫卵随宿主的粪便排出体外，其中受精的蛔虫卵在潮湿、隐蔽和氧气充足的环境（泥土或水）中，适宜的温度（22~33℃）条件下，两周内可发育为小胚胎，再经一周，卵内的幼虫经过第一次蜕皮，便具有感染性。如果被人误食，人就被感染，数小时内在人十二指肠中孵出幼虫。随后2 h内，大多数幼虫钻进肠壁，逐渐进入肠系膜静脉；少数则进入肠系膜淋巴管，最后均进入肝。4、5日后，绝大多数幼虫都从肝随血流经右心房、右心室、肺动脉到达肺部，穿过微血管而进入肺泡，幼虫在此生长，进行第二次、第三次蜕皮，之后经支气管、气管、喉头和会厌，最后随宿主的吞咽再次进入消化道，经食道、胃到达小肠。在小肠内进行第四次蜕皮，发育为成虫。蜕皮期间，幼虫停止生长，不食不

动，呈昏睡状态。从感染性卵进入人体到虫体成熟产卵，需60~70天，成虫寿命1~2年。蛔虫幼虫和成虫对人体都有致病作用，表现为机械损伤、剥夺营养和过敏性反应等。

其他常见寄生线虫

①**蛲虫** 又称蠕形住肠线虫（*Enterobius vermicularis*）。成虫外形很像蛔虫，但个体较小，雌虫长8~13 mm，雄虫长2~5 mm，乳白色。宿主因误食虫卵而感染，儿童的感染较为普遍。可引起蛲虫病，表现为烦躁、失眠、食欲减退、消瘦、夜间磨牙和夜惊等。

成虫寄生于人的盲肠、结肠和直肠等部位，成熟交配后，雄虫很快死亡，雌虫在夜间到宿主肛门周围产卵，排卵后大多死亡，少数可返回肠腔。若进入阴道、子宫、输卵管、尿道、腹腔和盆腔等部位，可导致异位寄生。虫卵可在肛门周围发育孵化并爬回肠腔，造成逆行感染；雌虫在肛门周围的活动及虫卵的发育都会产生瘙痒感，若患者挠抓，并误食入虫卵或通过衣物、尘埃均可经口自体感染。

②**钩虫** 成虫身体细小，乳白色，略呈“C”型，身体前端有口囊，其边缘和内部具有角质齿。成虫寄生于宿主小肠，叮咬吸附于肠黏膜上，利用小齿刺破宿主肠壁，吸吮血液和组织液为营养，引起钩虫病（hookworm disease）。宿主表现出贫血、营养不良、异嗜、肠溃疡和腹泻等症状。土壤中卵孵化发育成的丝状蚴钻入皮肤而感染宿主。寄生在人体内的钩虫主要有十二指肠钩虫（*Ancylostoma duodenale*）和美洲钩虫（*Necator americanus*）等（图8-8、图8-9）。

③**丝虫** 成虫乳白色，细长如丝，寄生于人体的淋巴系统，使淋巴液回流受阻，出现象皮肿（elephantiasis）。雌虫行卵胎生，产出的微丝蚴被中间宿主吸血昆虫如按蚊或库蚊吸入体内，在其体内发育，当中间宿主再次吸血时，感染期幼虫进入终末宿主体内，发育为成虫（图8-10）。常见的人体丝虫有马来丝虫（*Brugia malayi*）和班氏丝虫（*Wuchereria bancrofti*）。

④**旋毛虫**（*Trichinella spiralis*） 寄生于人和多种哺乳动物。旋毛虫的成虫和幼虫都寄生在同一个宿主体内，不需在外界发育。成虫寄生在宿主十二指肠及空肠前部。雌雄交配后，雌虫入肠黏膜或肠系膜淋巴结内产出幼虫。幼虫经血液、淋巴循环分布到全

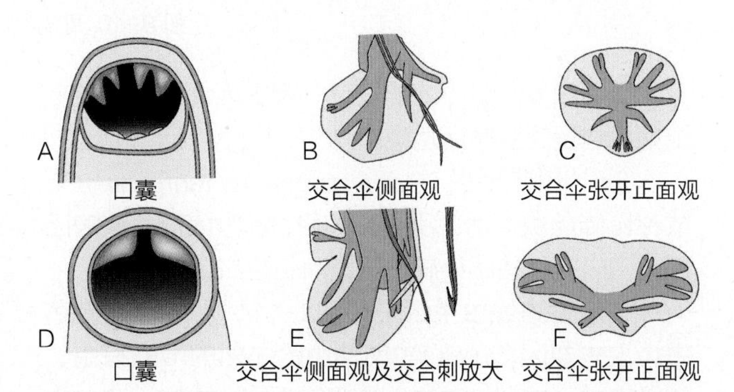

图 8-8 十二指肠钩虫（A~C）和美洲钩虫（D~F）结构比较

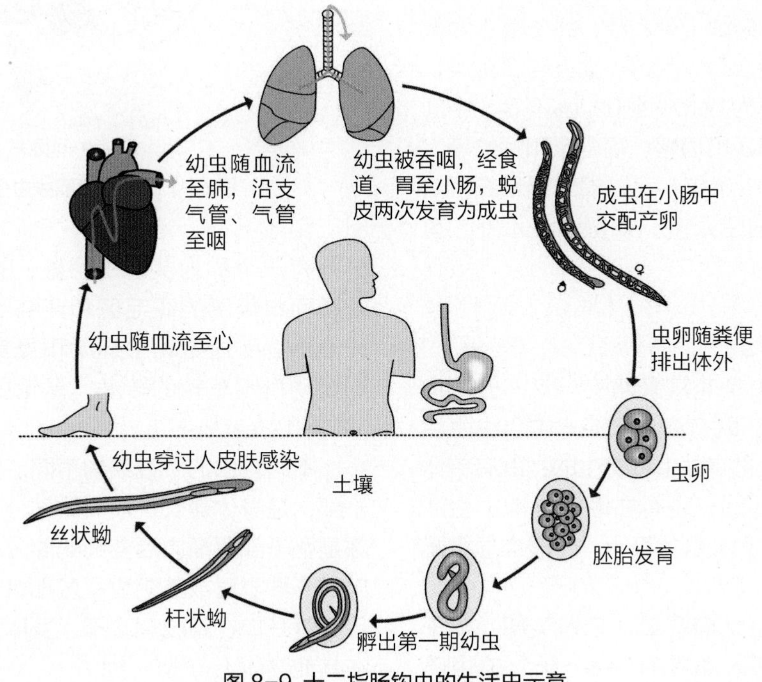

图 8-9 十二指肠钩虫的生活史示意

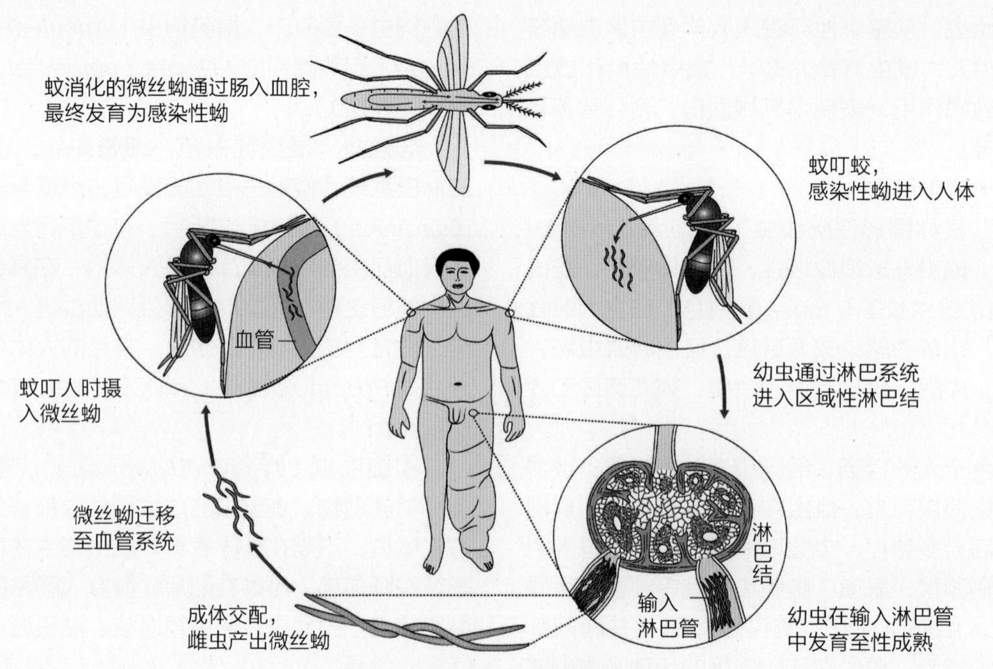

图 8-10 班氏丝虫的生活史示意

身，最后在横纹肌中才能发育。宿主因食入含有旋毛虫幼虫包囊的肌肉而感染。

⑤广州管圆线虫（*Angiostrongylus cantonensis*）或称鼠肺丝虫（幼虫引起广州管圆线虫病）。该病因近期国内有一些感染病例报道而引起广泛关注。

广州管圆线虫生活史如图8-11。人是非正常宿主，人主要因食用含第3期幼虫的未熟的中间宿主、转续宿主及被污染过的生蔬菜等食物，或饮用了幼虫污染的水或用蛙、蟾蜍肉敷贴疮疡疾患等而感染。

广州管圆线虫病传染源十分广泛。终末宿主为数十种哺乳动物，包括啮齿类、犬类、猫类与食虫类，以鼠类为多见，感染率为17.37%到39.3%不等；中间宿主主要是螺类，如褐云玛瑙螺、福寿螺和蛞蝓等，感染率自9.17%到88.57%不等，尤以褐云玛瑙螺自然感染非常严重；转续宿主众多，如蟹、淡水虾、鱼类、两栖类和爬行类等。

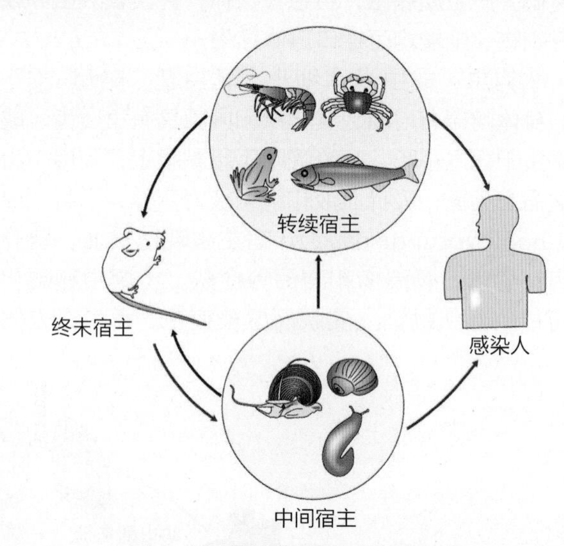

图 8-11 广州管圆线虫生活史示意

8.2.2 轮虫门（Rotifera）

轮虫在原腔动物中是非常繁盛的一支，已知约2 000种，世界性分布。既有海洋和淡水中自由生活的和底栖生活的种类，也有共生和寄生的；既有单体生活的，也有群体生活的；还有在潮湿土壤中生活的。轮虫的体型变化极大，身体极小，一般在显微镜下才能观察清楚。

典型的轮虫身体呈长椭圆形，分为头部、躯干部和尾部（足），尾部末端常有1~4个趾。轮虫头部都有一个称为头冠（轮盘）的结构，是由身体前端腹面口周围的纤毛区和环绕头区的纤毛环组成的纤毛器。头冠是轮虫运动和摄食的主要器官，纤毛的摆动形同车轮的转动，是轮虫的主要特征性结构（图8-12）。

不同轮虫的头冠结构不同。头部之后是囊状的躯干部，是身体最长、最大的部分，内有内脏器官。尾部是躯干部逐渐向后变细的部分，或长或短，与躯干部的分界明显或不明显。尾部有足腺，其分泌物通过足腺管开口在趾或尾端部，身体常借足腺分泌物附着在其他物体上（图8-12）。

轮虫以细菌、藻类和原生动物等小型生物和碎屑为食。口位于头前端腹面，常被头冠环绕，口后为咽，咽内壁有角质层，并有角质层特化成的、轮虫特有的**咀嚼器**。咽部有唾液腺，咽后为膨大的胃，胃的两侧各有一个消化腺（胃腺），可分泌消化酶，食物在胃中被消化吸收。胃后为肠，肠末端与排泄管及生殖腺管汇合成泄殖腔，泄殖腔在身体背面躯干的末端开口为泄殖孔。

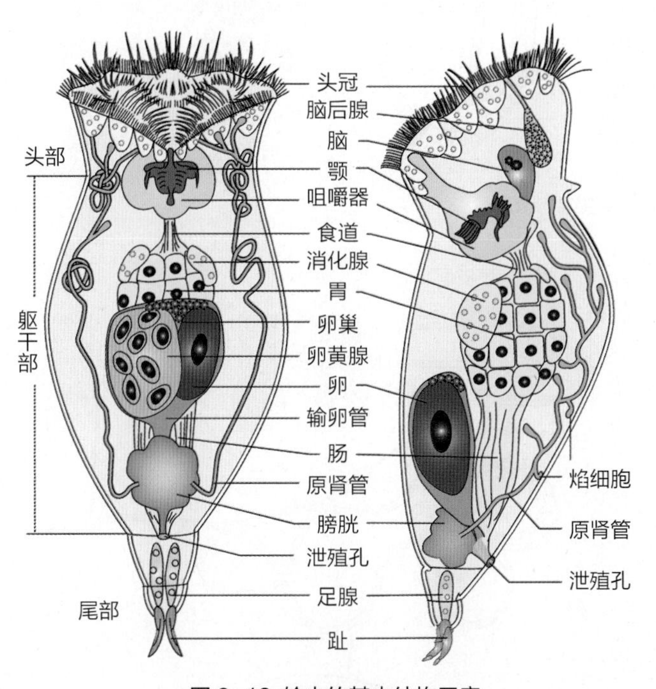

图 8-12 轮虫的基本结构示意

轮虫的排泄系统由1对位于身体两侧、具有焰细胞的原肾管和1个膀胱组成。轮虫的神经系统为位于咽背面的脑以及由脑发出的通至体壁和感觉器的数对神经索。大多数轮虫有眼点存在，或埋于脑中或位于头冠上。轮虫没有呼吸及循环系统，以体表进行气体交换，靠体腔液完成物质运输。轮虫一般雌雄异体、异型，生殖方式主要是孤雌生殖，环境条件不良时进行有性生殖（图8-13）。

轮虫是鱼类（特别是仔鱼）的天然饵料，与淡水渔业关系密切。轮虫的食性决定其有水体净化作用，另外也可作为水污染监测的指示生物。

8.2.3 棘头虫门（Acanthocephala）

世界性分布，个体大小差异很大，从不足2 mm到大于1 m的种类都有，已知约1 000种。成虫和幼虫均为内寄生，幼虫寄生在节肢动物体内，成虫寄生在脊椎动物的消化道内，其中大多数寄生在鱼、鸟和哺乳动物体内。如猪巨吻棘头虫（*Macracanthorhynchus hirudinaceus*）寄生在猪的肠内。

猪巨吻棘头虫（图8-14）身体分吻、颈和躯干3部分。吻位于身体前端，吻上有许多倒钩或棘，故称棘头虫。以此附着在宿主肠壁上。吻后为一短的颈部，吻和颈可缩入吻鞘内。颈后的躯干部表面光滑，或有皱褶和刺。

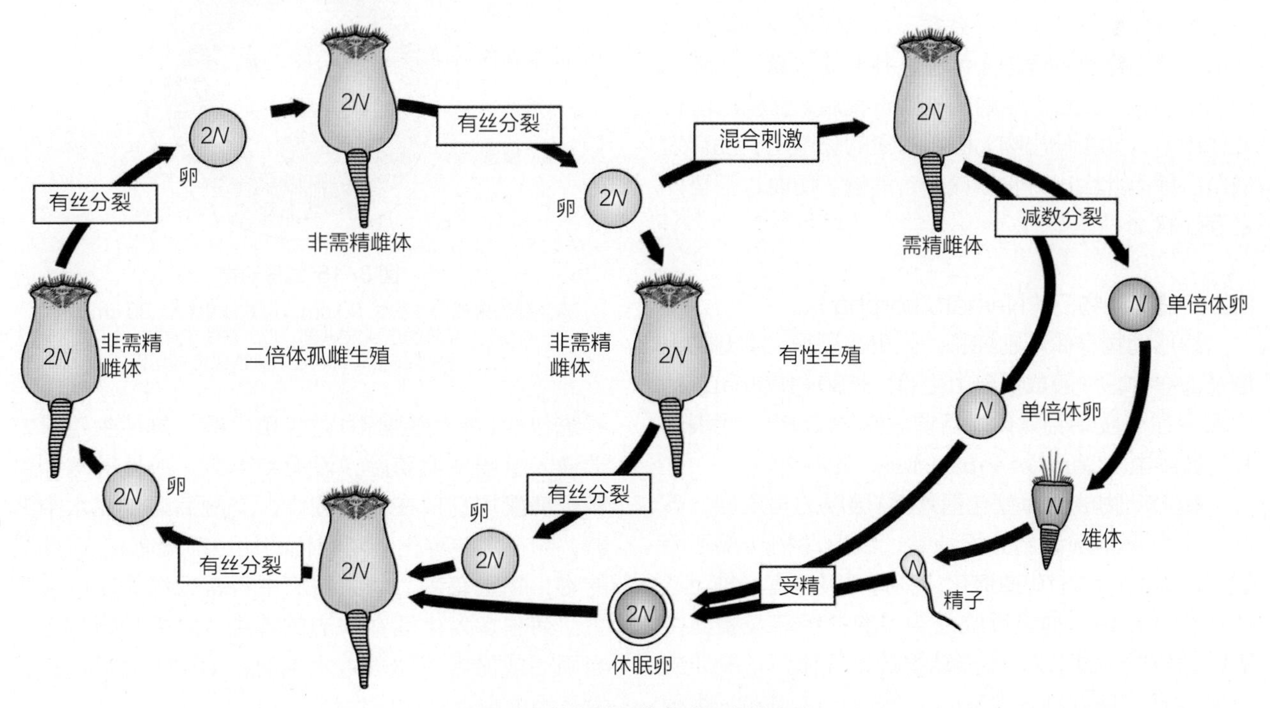

图 8-13 轮虫的孤雌生殖和有性生殖

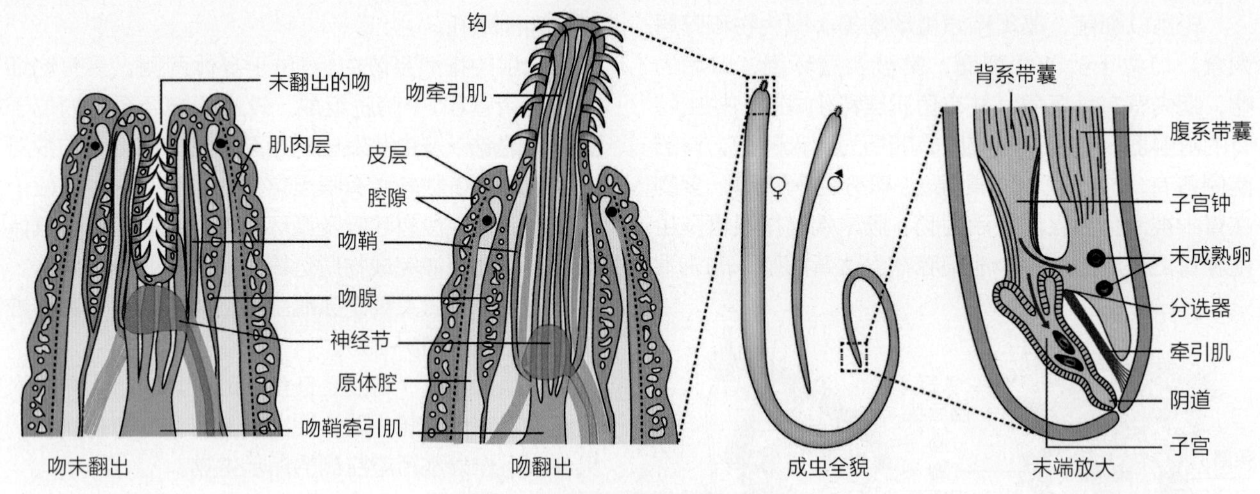

图 8-14 猪巨吻棘头虫结构示意

体壁由外向内依次为角质层、上皮细胞层和肌肉层。上皮细胞层为很厚的合胞体层，细胞核很大。外层的肌肉为环肌，内层是纵肌。体壁之内是原体腔。

消化系统退化消失。没有循环和呼吸系统。排泄器官为1对原肾管。神经系统包括位于吻鞘内后端的脑和由脑向后发出的1对侧神经。感觉器官是分布在吻和尾部的感受器。

雌雄异体。雄性生殖系统为1对精巢、输精管，以及输精管前端膨大成的储精囊。雌性生殖系统包括1~2个卵巢，输卵管、子宫和阴道等器官，成熟的卵受精后经阴道、雌性生殖孔排出体外。虫卵随宿主粪便排出，在适宜的环境中，受精卵发育为胚胎，如果虫卵被金龟子的幼虫蛴螬吞食，就在蛴螬肠内孵化出幼虫，幼虫穿过肠壁进入体腔，并形成包囊，包囊中的幼虫具有感染性，当蛴螬被猪吞食后，在猪的消化液作用下，幼虫伸出吻，固着在猪的肠壁上，发育为成虫。猪因此会出现食欲减退、消瘦、便血，甚至死亡等症状。

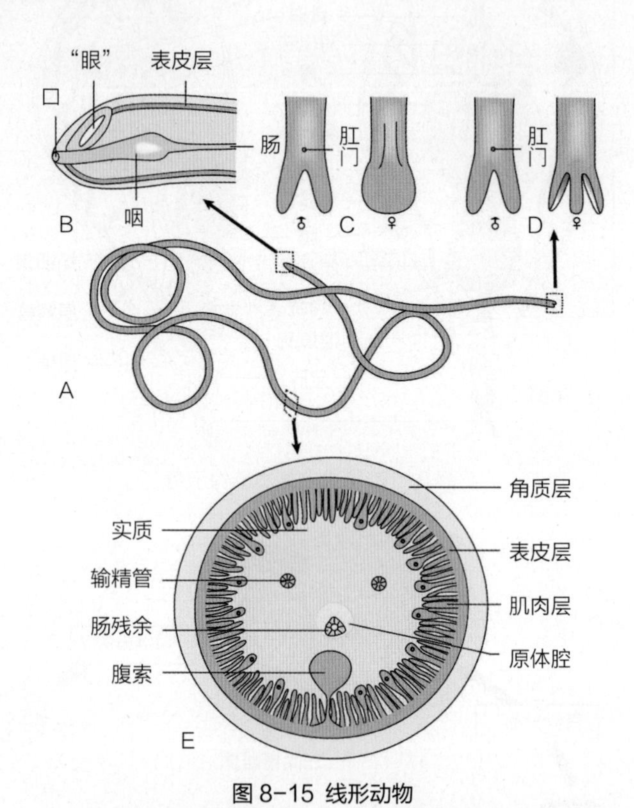

图 8-15 线形动物

A. 铁线虫成虫（约长 90 cm，拟铁线虫约长 30 cm）；B. 拟铁线虫头端纵剖；C. 铁线虫尾端；D. 拟铁线虫尾端；E. 拟铁线虫横切面

8.2.4 线形动物门（Nematomorpha）

线形动物身体特别细长，分布在淡水、潮湿的土壤及海洋中。一般成虫自由生活，长30~150 cm；幼虫寄生在节肢动物体内。目前已知约250种。代表动物为铁线虫（*Gordius aquaticus*）（图8-15）。

线形动物成虫体壁包括外面1层厚的角质层，下面的上皮细胞层细胞分界清楚。线形动物头部不明显，前端有口，消化道退化。没有呼吸器官、排泄系统和循环系统，神经系统由头端的神经环及腹面中央的1条神经索构成。线形动物雌雄异体，一般雌虫比雄虫长，且雌雄末端不同（图8-15C、D）。生殖系统包括1对生殖腺和1对生殖导管。雄性生殖管末端通入直肠或泄殖腔，没有交合刺。雌性的输卵管和受精囊均开口在泄殖腔中。交配后雌虫在水中产卵，卵在水中孵化，刚孵化的幼虫前端有1个可伸缩的吻，吻上有刺。幼虫被宿主吞食或经体表侵入宿主。宿主多为生活在水边的蝗虫、蟋蟀和螳螂等。当雨后或昆虫尸体落入水中时，幼虫即离开宿主，发育为成虫，营自由生活。

8.2.5 动吻动物门（Kinorhyncha）

动吻动物自由生活于潮间带到6 000 m海底泥沙中或生活于藻类支架、海绵和其他海洋无脊椎动物体表。约150种，体长不超过1 mm。身体分为13或14节带（zonite）。第一节带是翻吻，第二节带是颈节，其余11~12节带为躯体部（图8-16）。体表无纤毛，不能游动。翻吻能伸缩，节带间角质膜很薄，可伸缩自如。动吻动物通过吻及节带的伸缩在泥沙中掘穴前进。体壁由角质层、合胞体上皮层和纵肌构成，其内为含液体和变形细胞的假体腔。神经系统有1多叶围绕咽部的脑及脑发出的具节腹神经索。有些种类具眼点和感觉刺毛。排泄器官为1对原肾管；雌雄异体。

动吻动物有很多特征与节肢动物相似，如体分节，具几丁质的角质层、蜕皮、体壁肌肉成束且都为横纹肌、神经索具节等。核苷酸序列分析发现它们之间存在姐妹关系。因此有学者把动吻动物划分到泛节肢动物（Panarthropoda）。

8.2.6 兜甲动物门（Loricifera）

兜甲（铠甲）动物生活于海底有贝壳的泥沙中，成体外寄生或固着生活，幼体自由生活。约100种。体长小于0.5 mm。此类动物身体由头、胸和腹3部分构成，头即翻吻，其上有口锥，口锥上有口及口针。翻吻和胸部具7~9排角质骨片（刺），可能有感觉和运动功能。翻吻和胸部可缩回兜甲的前端。翻吻经短的胸与后端大的腹部相连。腹部由6块板组成的兜甲包围（图8-17）。兜甲动物翻吻内有1大的脑神经节，由此节分出若干神经及神经节；具完全的消化道，用原肾管排泄，雌雄异体。

8.2.7 鳃曳动物门（Priapulida）

鳃曳动物为从潮间带到几千米深的海洋底栖动物，都为穴居或管居的捕食种。目前有报道的18种。体长0.5 mm~40 cm。体呈不分节圆柱形，躯干较大，前端有翻吻（图8-18），后端常有1或2个尾附器（尾附器与体壁连续，表面角质层变薄，有学者认为其应具有气体交换、渗透调节和化学感受功能）。神经系统与上皮分离，无神经节。雌雄异体，成虫存在蜕皮现象。

一般认为鳃曳动物属于假体腔动物类群，也有学者认为其具有真体腔。它的体腔位于中胚层形成的肌肉层之间，没有体腔上皮结构。

动吻动物、兜甲动物和鳃曳动物都有能缩入躯干部的翻吻，提示它们可能有相近的亲缘关系。

8.2.8 内肛动物门（Entoprocta）

内肛动物过去曾与外肛动物（Ectoprocta）合称苔藓动物。由于内肛动物为假体腔，而外肛动物为真体腔，故各自独立为门。

内肛动物约150种，为小型（体长一般0.1~1 mm，不超过5 mm）群体或单体固着生活于水体的动物。单体的内肛动物身体分为萼、柄和附着盘3部分。萼一般为球状，其顶端边缘有1圈触手，数目为3~30个，形成触手冠。触手的内面有纤毛，触手基部围绕1个凹陷部分称为前庭，口、肛门、排泄管及生殖管均开口于前庭。因为肛门位于触手冠之内（图8-19），故得名“内肛”。群体种类为2~3个柄共1个附着盘，很多群体种类的附着盘形成了匍匐茎，柄则着生于匍匐茎上。内肛动物的体壁由角质层、上皮细胞层和肌肉层构成。内肛动物多数为雌雄异体，行有

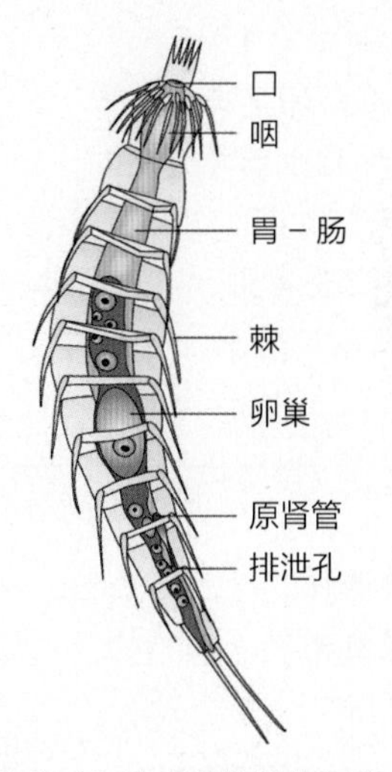

图 8-16 动吻动物结构示意

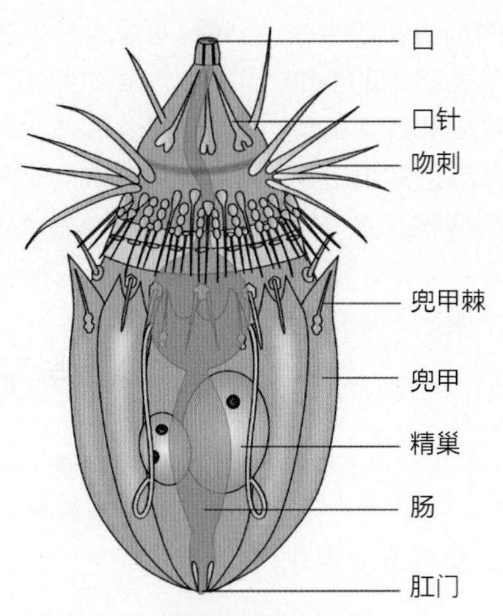

图 8-17 兜甲动物结构示意

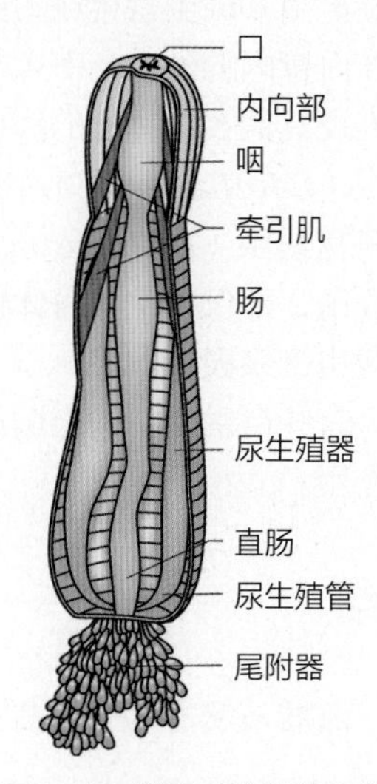

图 8-18 鳃曳动物结构示意

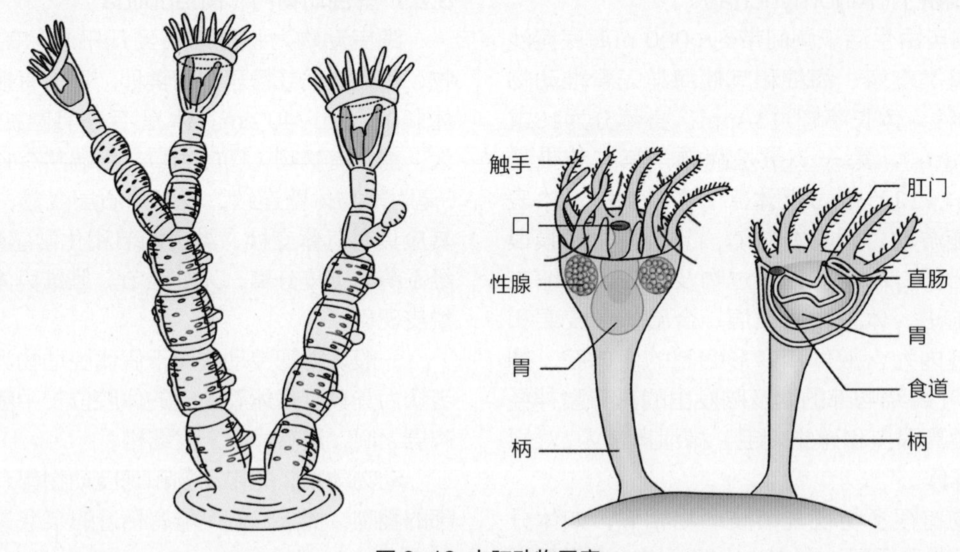

图 8-19 内肛动物示意

A. 微萼虫小型群体；B. 小曲体虫单体

性及无性生殖。有性生殖为体内受精，螺旋卵裂，幼虫形态似担轮幼虫。

8.3 原腔动物与人类的关系

轮虫等许多原腔动物是浮游生物的重要组成部分，是鱼类（特别是仔鱼）的天然饵料，与淡水渔业关系密切。轮虫以细菌、藻类和腐屑等为食，有水体净化作用，也被作为水污染监测的指示生物。

寄生在人、畜或禽小肠内的蛔虫；寄生在人盲肠、阑尾、升结肠和回肠下段的蛲虫；成虫寄生在人、猪或鼠等动物肠内，幼虫寄生在这些动物肌肉内的旋毛虫；成虫寄生在人或哺乳动物淋巴管，幼虫寄生在血管内的丝虫；寄生在人小肠内的钩虫；寄生在小麦及其他农作物上的线虫；寄生于鱼类肠中的毛细线虫（*Capillaria* sp.）；寄生于鲤鱼鳍和鳞片下的鲤嗜子宫线虫（*Philometra cyprini*）等都是常见的寄生线虫，不仅影响人身体健康，而且给畜牧、水产和农业也带来极大危害。

有些自由生活的土壤线虫对改良土壤起一定的有益作用。

小结

原腔动物有水生、陆生、寄生种类或自由生活与寄生兼营的种类；身体不分节，一般为长圆筒形；体表有角质层，角质层下多为合胞体的表皮；表皮下为纵肌层，无环肌；原腔动物具有充满体腔液的原体腔（或称假体腔、初生体腔）；消化道完全；排泄系统为原肾管演化而成的管型或腺型结构；没有循环系统和呼吸器官，气体交换依靠体表进行；神经系统为筒状；雌雄异体，通常雄性个体小于雌性个体。原腔动物是动物界中较为庞大繁杂的一个类群，主要包括线虫、轮虫、棘头虫、线形动物、动吻动物、兜甲动物、鳃曳动物和内肛动物等。

思考题

1. 原腔动物有哪些主要特征？
2. 原腔动物哪些方面较扁形动物更为高级？
3. 原体腔的出现具有什么样的生物学意义？
4. 简述人蛔虫的生活史。
5. 原腔动物主要包括哪些主要类群，各有什么主要特征？

数字课程学习

☐ 教学视频　☐ 教学课件
☐ 思考题解析　☐ 在线自测

（王绍卿）

第 9 章
环节动物门（Annelida）

环节动物包括常见的蚯蚓、医蛭和沙蚕等（图9-1）。在动物系统演化上，环节动物的形态结构和生理机能都有着明显的进步和发展，是高等无脊椎动物的开端。

9.1 环节动物的主要特征

9.1.1 分节现象

（1）同律分节的概念

环节动物的体表沿纵轴分为许多相似的段，每一段就是1个体节（metamere），即分节现象（metamerism）。体节之间内部以隔膜（septum）相分隔，体表形成相应的节间沟（intersegmental furrow），为体节的分界。因体壁肌肉的作用而使各体节形状发生多种变化，是环节动物游泳、爬行和钻洞等多种活动的基础。环节动物身体的多数体节，在形态结构和功能上基本相似，称为同律分节（homonomus metamerism）。

（2）同律分节在动物演化中的意义

同律分节现象使许多内部器官如消化、循环、排泄和神经等也按体节重复排列，对促进动物体的新陈代谢，增强对环境的适应能力有重要意义。分节现象的出现使环节动物体型变大而且运动更加灵活有力。因此分节现象是高等无脊椎动物的重要标志，在系统演化中有重要意义。

9.1.2 真体腔

（1）真体腔的概念

环节动物既有体壁中胚层又有脏壁中胚层，在体壁和消化道间有一广阔空腔，由中胚层组织包围形成，具有体腔膜并有管道与外界相通，称真体腔（true coelom）或次生体腔（secondary coelom）（图9-2）。真体腔的出现和中胚层进一步分化密切相关，在胚胎期两个中胚层带内逐渐充以液体，并分节裂开，形成每节1对体腔。体腔进一步发育，外侧中胚层组织附在外胚层内面，形成体壁肌肉层和壁体腔膜，内侧中胚层组织附在肠壁外面，形成肠壁肌肉层和脏体腔膜。覆盖真体腔的体腔膜和隔膜均来源于中

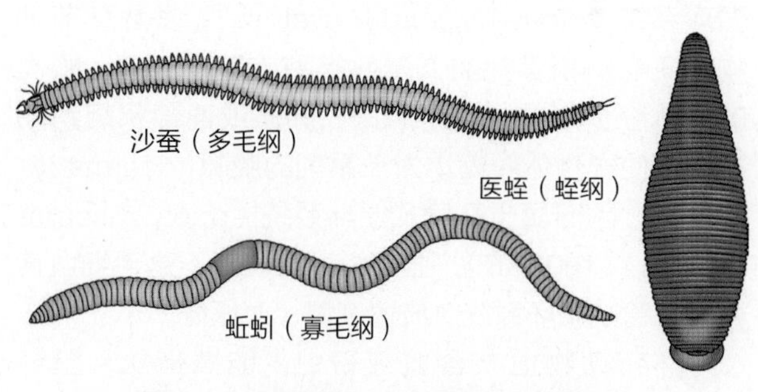

图 9-1 环节动物 3 大类群基本外形示意

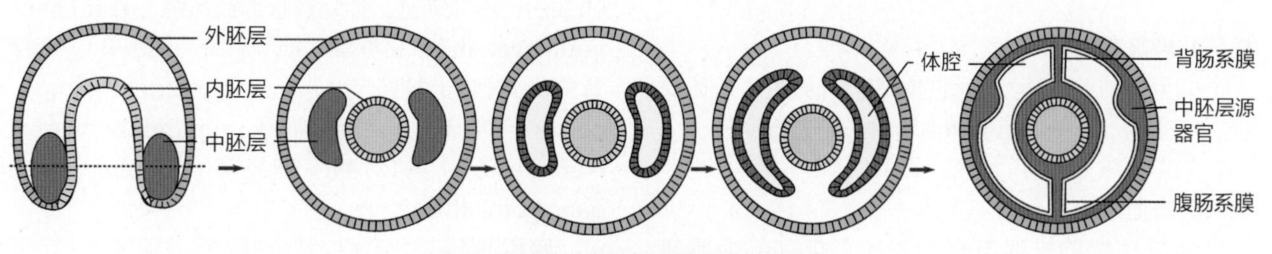

图 9-2 环节动物真体腔的形成过程示意

胚层。

（2）真体腔的出现在动物演化上的意义

真体腔出现后，动物获得如下进步特征：①动物体壁肌肉层加厚，使运动灵活而有效，增强了运动能力；②消化道壁出现了肌肉层，使肠壁能够蠕动，在化学性消化的基础上，增加了机械性消化作用，从而大大提高了消化能力，同时也为消化道的进一步分化打下物质基础；③消化道与体壁为真体腔所隔开，促进了专职循环系统的出现，改善了排泄、生殖系统的功能，也使神经系统进一步复杂化，使动物的整体新陈代谢机能得到了加强；④体腔液可协同循环系统完成物质运输的功能，同时还参与运动、维持体形。

（3）体腔室

环节动物的真体腔由体腔膜依各体节在节间形成双层的膜，把体腔分成许多小室称为体腔室（coelomic compartment）。体腔室内充满体腔液。环节动物的这种分节和体腔室的构造对抵抗创伤有益，有时因体节缺失、损伤造成的创伤，因隔膜的保护而使机体功能仍接近正常。

9.1.3 循环系统

环节动物循环系统的形成和真体腔的产生有密切关系：循环系统的血管为原体腔（囊胚腔）的遗迹。随着真体腔的不断扩大，原体腔逐渐缩小，结果在消化道背、腹等地方只留下小的腔隙，便是背血管和腹血管的内腔。各血管间以微血管网相连，血液始终在血管内流动，并与体腔液完全分开，构成了闭管式循环系统（closed vascular system）。多数环节动物（多毛类和寡毛类）属此类型（图9-3A）。蛭类的真体腔多退化，由于肌肉、间质或葡萄状组织的扩大而使次生体腔缩小为一系列的腔隙（lacuna），即血窦，因而属于开管式循环系统（open vascular system）（图9-3B），血液经过血窦而不是毛细血管网。开管式循环系统血流速度慢、血压低。

环节动物血浆含血红蛋白，能携带O_2，呈红色，而血细胞无色。血液携带营养物质和O_2，以一定的方向和流速进入各器官发挥作用。

9.1.4 呼吸系统

陆生环节动物通过湿润的体表与外界进行气体交换，海生的沙蚕则以富含微血管的疣足进行呼吸。

9.1.5 排泄系统

环节动物的排泄器官为按体节排列的后肾管

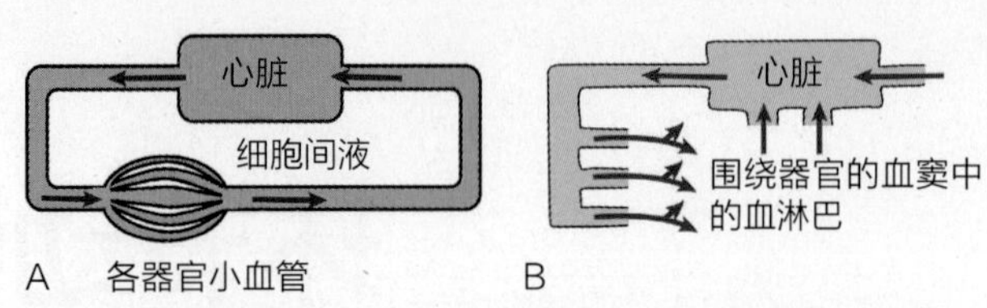

图 9-3 闭管式（A）与开管式（B）循环系统的比较

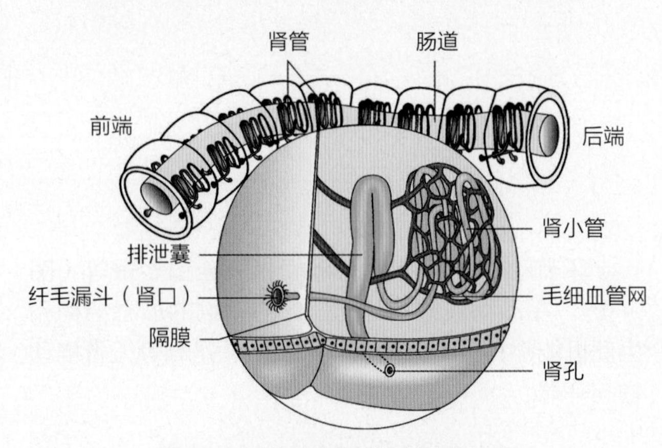

图 9-4 环节动物的后肾管结构示意

（metanephridium）（图9-4）。典型的后肾管为1条迂回盘曲的管，一端开口于前一体节的体腔，称肾口（nephrostome），具带纤毛的漏斗；另一端开口于本体节的体表，称肾孔（nephridiopore）。这样的肾管称为大肾管（meganephridium）。有些种类（寡毛类）的后肾管特化为小肾管（micronephridium），有或无肾口，肾孔开口于体壁或消化道。

后肾管的主要机能是排出体腔液中的代谢产物。肾口收集体腔液进入肾管，因肾管上密布微血管，故血液中的代谢产物和多余的水分也进入肾管，而体腔液中一些有用的物质（如蛋白质、无机盐和水等）又被重吸收进入微血管，剩余的代谢废物由肾孔排出体外或排入消化道。

9.1.6 链状神经系统

环节动物的神经系统与扁形动物、原腔动物最大的不同在于神经细胞更为集中，它的中枢神经在每个体节基本上都有1对神经节，构成神经链（nerve chain），形似锁链，称为链状神经系统（chain nervous system），又称索式神经系统（图9-5）。咽部背侧由1对咽上神经节（suprapharyngeal ganglion）愈合为脑，并由围咽神经（circumpharyngeal commissure）与1对咽下神经节（subpharyngeal ganglion）相连。

脑和咽下神经节可控制全身的运动和感觉。自咽

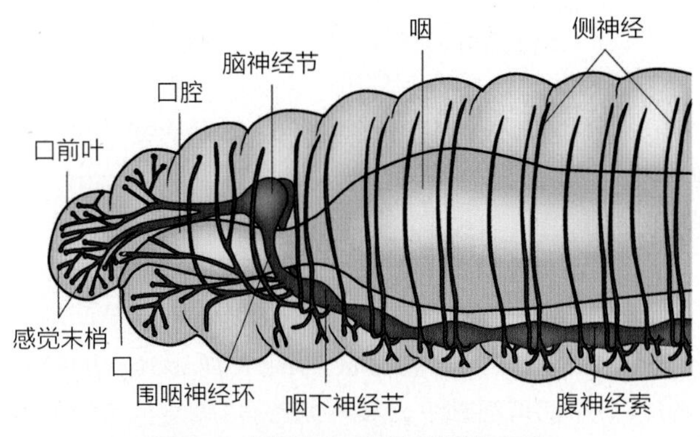

图 9-5 蚯蚓神经系统前端结构示意

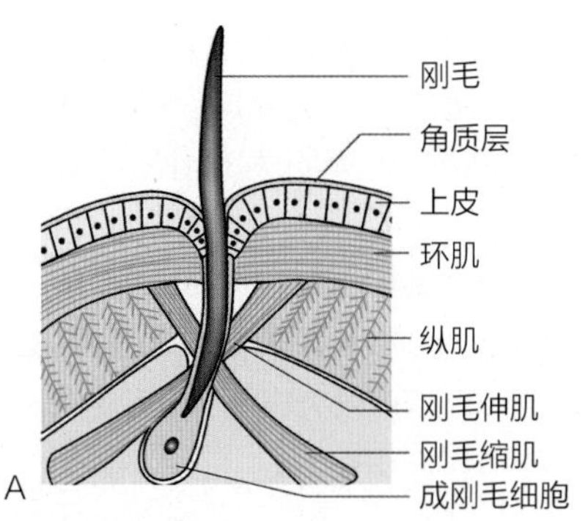

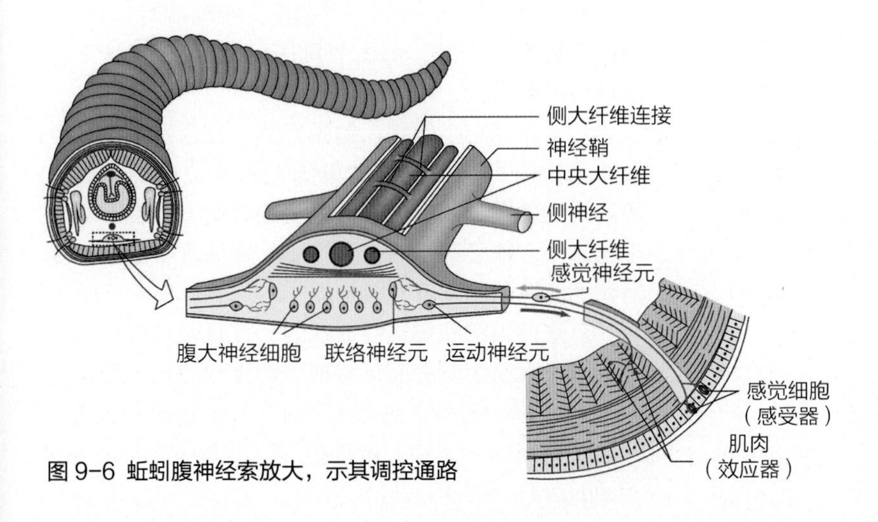

图 9-6 蚯蚓腹神经索放大，示其调控通路

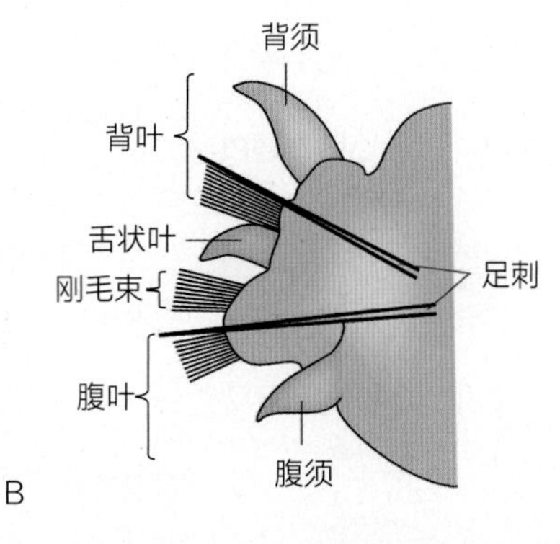

图 9-7 刚毛（A）和疣足（B）结构示意

下神经节向后延伸出2条纵向并行的腹神经索（ventral nerve cord）纵贯全身，外包一层结缔组织，并在每个体节外都有1个膨大的神经节（由1对神经节紧贴而成），每个神经节发出3对神经至体壁和各器官的感受器和肌肉，支配本体节的运动和感觉。环节动物每个体节的活动相对独立又相互协调，成为统一的整体。环节动物已具备与高等动物类似的反射弧（图9-6），使动物反应迅速，动作协调。

9.1.7 刚毛、疣足和吸盘

刚毛（chaeta）、疣足（parapodium）和吸盘分别为环节动物的运动辅助结构和运动器官（图9-7）。寡毛类在体壁上长有刚毛，多毛类具疣足，蛭类具有吸盘。寡毛类上皮细胞内陷形成刚毛囊，其底部有1个大的成刚毛细胞，由它分泌形成刚毛。刚毛由肌肉牵引，可以伸缩，在虫体蠕动前行时可帮助固定部分体节，有助于后面体节向前伸缩运动。疣足是体壁向外凸出形成的扁平、片状突起，一般每体节1对。疣足分成背叶（notopodium）和腹叶（neuropodium），其上各有1个指状突起：背须和腹须有触觉作用，背叶和腹叶上有足刺（aciculum），起支撑作用。疣足上有刚毛束，故名多毛类。疣足划动可使动物爬行和游动，疣足密布微血管网，可进行气体交换（图9-9）。蛭类具有前、后吸盘，与运动和吸附有关。

9.1.8 生殖与发育

某些海产种类在生殖季节由体腔膜形成临时的精巢和卵巢，由此产生生殖细胞；有些种类每节都有来自体腔膜的生殖腺；有些种类的生殖系统集中在某几个体节内。

环节动物大都进行有性生殖，为雌雄同体或异体。淡水、陆生种类为直接发育，海产种类则有一个担轮幼虫（trochophore）期。担轮幼虫形似陀螺，营浮游生活，中部环绕纤毛环，具有原始特征，如不分体节、具有原体腔和原肾管等。变态时幼虫落入海底，口前纤毛环前面的部分形成口前叶，口后纤毛环以后的部分逐渐增长，中胚层带形成体节和成对的体腔囊，最终形成真体腔和后肾管，最后身体变态发育为成体（图9-8）。

9.2 环节动物的分类

环节动物约有17 500种，在海水、淡水及陆地均有分布。根据虫体有无疣足、刚毛、吸盘、生殖带和“头部”形态特征等，可分为3个纲：多毛纲、寡毛纲和蛭纲。

9.2.1 多毛纲（Polychaeta）

多毛纲为环节动物中最大的类群，约有11 000种，海生，营底栖生活，穴居于泥沙或石缝中。有些捕食小型无脊椎动物，有些以腐烂有机物为食。是经济水产动物，也是鱼、虾和蟹的天然饵料，具有重要经济价值。我国大约有900种。

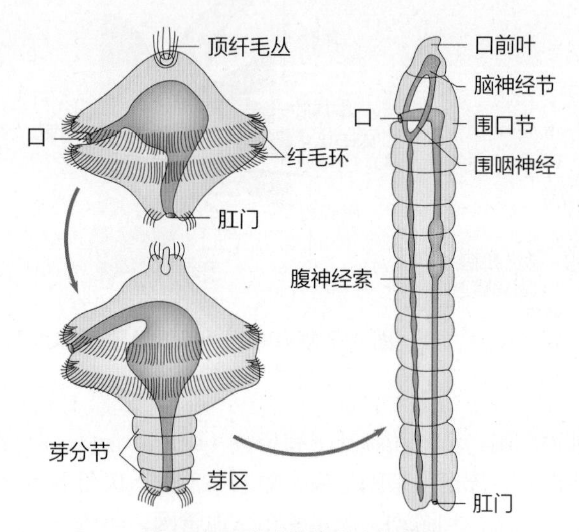

图 9-8 环节动物的幼虫与发育

（1）多毛纲的主要特征

多毛纲动物具有明显的“头部”；感官发达；具疣足；雌雄异体，有担轮幼虫期。本纲动物常具各种鲜艳颜色，且大小差别很大，小的只有约1 mm，大的可达2~3 m。

多毛纲的动物一般统称为沙蚕（*Nereis*）。沙蚕一般身体扁而长，头部可分为口前叶和围口节两部分（图9-9）。口前叶背侧有眼点4个，可感光，前缘中央有1对短的口前触手，其两侧各有1触角；围口节是第一体节，两侧各有4条细长的围口触手。口位于头的腹面，吻（proboscis）可翻出。吻前端有1对颚。围口节后为躯干部，每体节具疣足1对，疣足腹面基部具有排泄孔。

沙蚕无固定生殖腺，雌雄异体。在生殖期，几乎每体节都有卵巢发生。精巢则无固定位置，数目很多。无生殖导管，成熟的卵主要由体壁上的临时裂口排出体外。精子则由后肾管排出。在海水中受精，受精卵经担轮幼虫发育为成虫。

有些种类的沙蚕达性成熟时，在月明之夜，受月光刺激，大量游向海面，将精、卵排到海水中受精，这一习性称为群浮（swarming）。南太平洋小岛上的居民利用这一习性大量捕捞绿矶沙蚕（*Palolo siciliensis*），来获得美味的食物。

（2）多毛纲的分类

根据口前叶上触须的有无，将多毛纲分为2个亚纲。

①蠕形亚纲（Scolecida） 口前叶上无触须，体呈蠕虫状，尾节上有2个或多个触须，具有能突出的球形吻，穴居或管栖，为“隐居”的多毛类。如沙蠋（*Arenicola*），形似蚯蚓，俗称海蚯蚓，栖于海底泥

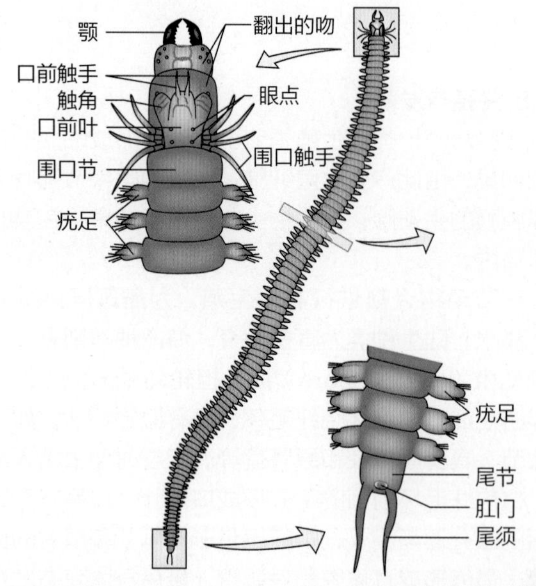

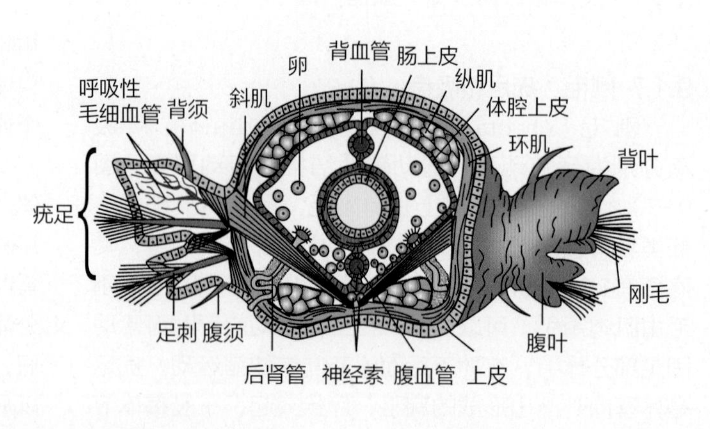

图 9-9 沙蚕结构示意

示同律分节、真体腔及疣足等环节动物的特征性结构

沙中的"U"形巢穴内；又如海蛹（*Travisia*）、阿曼吉虫（*Armandia intermedia*）等，形状似蚕蛹，疣足退化，多栖于泥沙海岸，有的海滩数量极多。

②**触须亚纲**（Palpata） 口前叶上有1对感觉触须，有的种类触须在围口节上。有的种类为"游走"类型，常见的有沙蚕、鳞沙蚕（*Aphrodita*）、哈鳞虫（*Harmothoe*）、吻沙蚕（*Glycera*）和裂虫（*Syllis*）等。有些种类管栖或穴居，是"隐居"种类，如磷沙蚕（*Chaetopterus*）、龙介虫（*Serpula*）、蛰龙介（*Terebella*）和螺旋虫（*Spirorbis*）等。

9.2.2 寡毛纲（Oligochaeta）

寡毛纲有6 000多种，大多栖息于潮湿、富含有机质的中性土壤中，有少数淡水生或海栖。大小差异较大，小的不足1 cm，大者可达2~2.5 m。头部不明显，感官不发达；具刚毛，无疣足；有生殖带，雌雄同体，异体受精，无担轮幼虫期。

蚯蚓俗称地龙，又名曲蟮，多在土壤中穴居生活，以腐败有机物、植物茎叶碎片为食，连同泥土一起吞入；可疏松土壤，提高肥力，促进农业增产，被称为"改良土壤的能手"。国内最常见的蚯蚓为环毛蚓，全身除第1节和最末的尾节外，其余各节中部着生1圈刚毛，因而得名，环毛蚓属有600多种，国内有100多种，常见体长多为20~30 cm。以下以直隶环毛蚓（*Pheretima tschiliensis*）为例介绍寡毛纲动物的外部形态和内部构造。

（1）外部形态

体细长，呈圆柱状，分100多节（图9-10A）。头部不明显，由围口节（peristomium）及其前的口前叶（prostomium）组成。围口节为第1体节，口位于其腹侧口前叶下方。口前叶膨胀时，可伸缩蠕动，有掘土、摄食和触觉等功能。肛门位于体末端，呈直裂缝状。自第2体节始具刚毛，环绕体节排列。性成熟个体，第14~16体节愈合，无节间沟及刚毛，呈戒指状，上皮变为腺体细胞，色暗而更为肥厚，称为生殖带（clitellum）或环带。生殖带的第1节，即第14体节腹面中央，有1个凹陷的小孔，为雌性生殖孔。第18节腹面两侧有1对乳突状的雄性生殖孔。受精囊孔3对，位于第6~7、7~8、8~9体节腹侧的节间沟处（图9-10B、C）。自第11~12体节节间沟开始，于背线处有背孔。体表有腺细胞，分泌黏液，与背孔排出的体腔液都有润滑作用，利于环毛蚓的呼吸和在土壤中钻行。不同种环毛蚓，其生

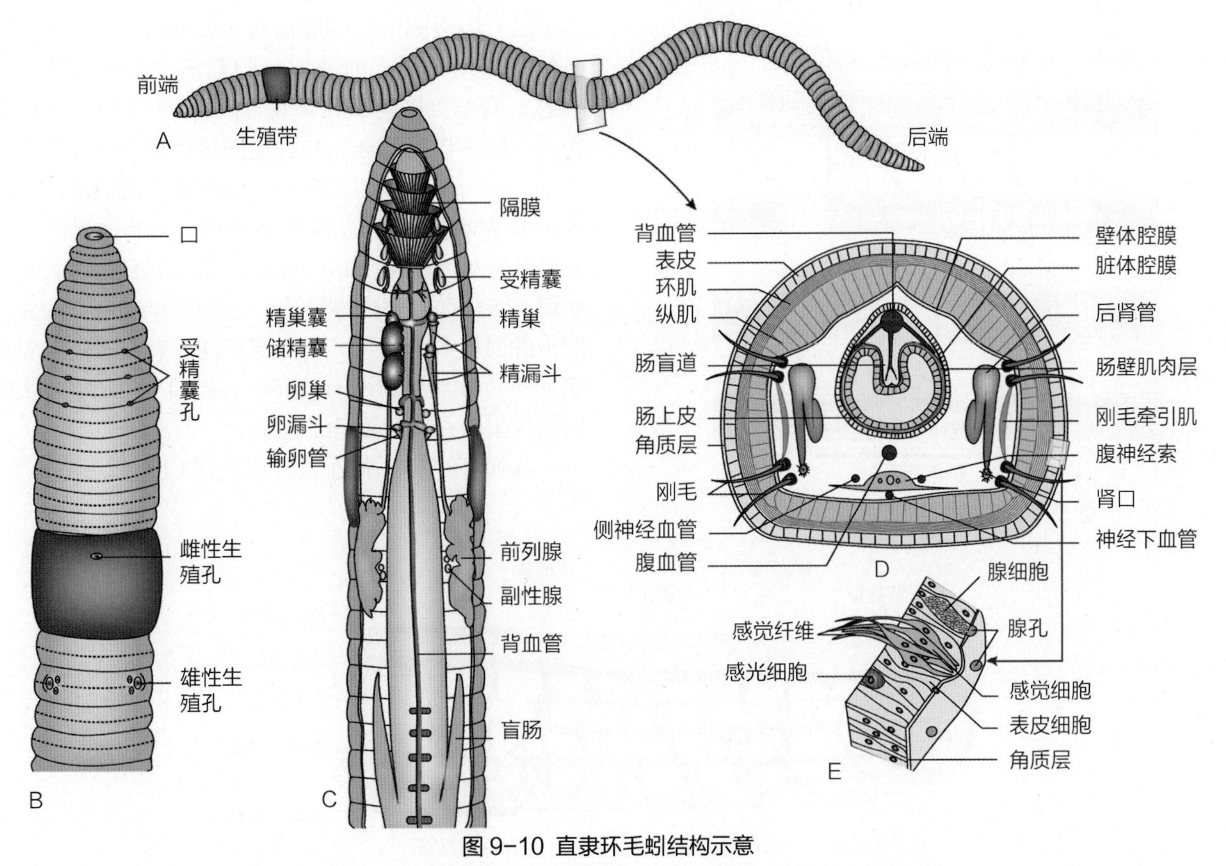

图 9-10 直隶环毛蚓结构示意

A. 外形；B. 前端腹面；C. 前端解剖；D. 横切面；E. 皮肤局部放大

殖器官的形态结构与位置、受精囊的对数、生殖带和生殖孔的位置等均会有较大区别。

（2）内部构造

①体壁和真体腔 体壁由角质膜、上皮、环肌层、纵肌层和体腔膜等构成。角质膜由上皮细胞分泌形成，较坚韧，可防止机械磨损。上皮细胞间夹杂以腺细胞，还有感觉细胞和感光细胞，它们与神经纤维相联系发挥作用（图9-10D、E）。肌肉属斜纹肌，占全身体积的40%左右，灵敏而有力。

在土壤中钻行时，一些体节的纵肌层收缩，环肌层舒张，此段体节变短变粗，着生于体壁的刚毛斜向后伸出，插入周围的土壤中，此时前一段体节环肌层收缩，纵肌层舒张，此段体节变长变细，刚毛缩回与周围土壤脱离接触，由后一段体节的刚毛支撑，推动身体向前运动（图9-11）。这样的肌肉收缩呈波浪状由前向后逐渐传递，引起蚯蚓的运动。

真体腔内充满体腔液，当肌肉收缩时，体腔液成为流体静力骨骼给体表以压力，使身体变得很饱满，有一定的硬度和抗压能力。

壁体腔膜明显。肠壁的脏体腔膜退化，中肠的脏体腔膜特化为黄色细胞（chloragogen cell）。黄色

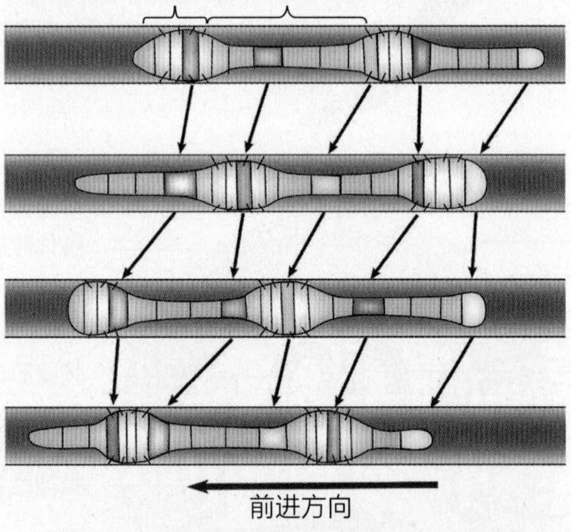

纵肌收缩，刚毛突出 环肌收缩，刚毛缩回

前进方向

图 9-11 环毛蚓的运动机制示意

细胞可能类似于高等动物的肝或肝胰脏，具有消化功能；也有认为有排泄功能的。

②消化系统 消化道纵行于体腔中央，穿过隔膜，管壁肌肉发达，增强了消化能力（图9-10C、D）。消化道可分为口、口腔、咽、食道、嗉囊（crop）、砂囊（gizzard）、胃、肠、直肠和肛门等几部分。咽部肌肉发达，可辅助摄食。咽外有单细胞咽腺，可分泌黏液和蛋白酶，有湿润食物和初步消化作用。钙质腺有管通食道，其分泌物可中和土壤的酸度。嗉囊是储存食物的场所。嗉囊后为肌肉发达的砂囊，内衬厚的角质膜，能磨碎食物。自口至砂囊属前肠，其上皮由外胚层内陷形成。砂囊后为富腺体的胃。胃后为肠，其背侧中央凹入成1条盲道（typhlosole），增大了消化面积。消化与吸收过程主要在肠内进行。至第26体节前后，肠两侧向前伸出1对锥状盲肠（caeca），能分泌多种酶，为重要的消化腺。胃和肠的内层上皮来源于内胚层。直肠上皮由外胚层内陷形成，约占消化道末端的20多体节，其背侧无盲道，无消化机能，末端以肛门通体外。

③循环系统 循环系统为闭管式循环，由纵血管、环血管和微血管组成，未分化出动脉和静脉（图9-10、图9-12）。

纵血管包括位于消化道背面中央的背血管（dorsal vessel）和腹侧中央的腹血管（ventral vessel）。背血管较粗可搏动，血液自后向前流动。环血管又称心脏，有4对或5对，在体前部，位置因种类不同而异，一般在砂囊附近。心脏连接背血管和腹血管，可搏动，内有瓣膜，使血液只能由背侧向腹侧流动。另外，紧靠神经索下有神经下血管（subneural vessel）。壁血管（parietal vessel）连于神经下血管和背血管，除体前端部分体节外，一般每体节1对，收集体壁上的血液入背血管。在食道两侧各有一较短的食道侧血管（lateral oesophageal vessel）。蚯蚓血浆中含血红蛋白，故血液呈红色。

血循环途径 背血管收集自第14体节后每体节1

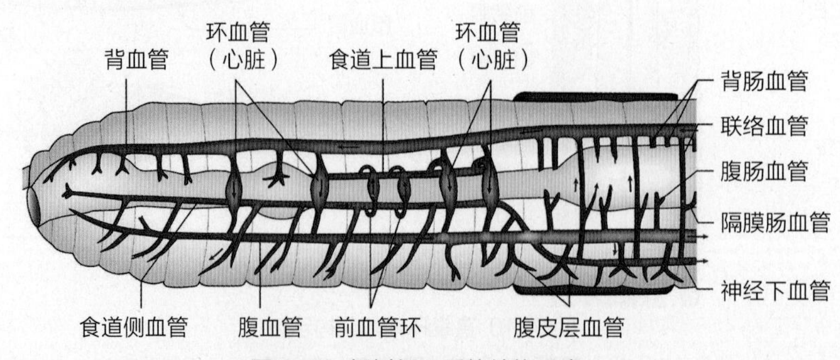

图 9-12 蚯蚓循环系统结构示意

对背肠血管含养分的血液和1对壁血管含O_2的血液，自后向前流动。大部分血液经心脏入腹血管，一部分经背血管入体前部的食道侧血管至咽、食道等处。腹血管于每体节都有分支至体壁、肠和肾管等处。在体壁进行气体交换后，含O_2多的血液少部分回到食道侧血管（第14体节前），大部分血液（第14体节后）回到神经下血管，再经各体节的壁血管入肠，再经肠上方的背肠血管入背血管。

④呼吸与排泄 蚯蚓以体表进行气体交换。体表的黏液层可溶解空气中的O_2，O_2渗入角质膜及上皮，进入微血管，与血浆中的血红蛋白结合，输送到体内各部。环毛蚓属无大肾管，而具有3类小肾管：体壁小肾管（parietal micronephridium）位于体壁内面，极小，每个体节有200~250条，内端无肾口，肾孔开口于体表；隔膜小肾管（septal micronephridiumm）位于第14体节以后各隔膜的前、后侧，一般每侧有40~50条，有肾口，呈漏斗形，具纤毛，下连内腔有纤毛的细肾管，经内腔无纤毛的排泄管，开口于肠中；咽头小肾管（pharyngeal micronephridium）位于咽部及食道两侧，无肾口，开口于咽。后两类肾管又称消化肾管。各类小肾管外富微血管，可排出血液中的代谢产物。肠外的黄色细胞可吸收代谢产物，后脱落于体腔液中，再入肾口，由肾管排出。

⑤神经系统 为典型的链状神经系统（图9-5、图9-6）。中枢由咽上神经节、围咽神经、咽下神经节及腹神经索构成。周围神经由咽上神经节前侧发出的8～10对神经，分布到口前叶和口腔等处；咽下神经节前侧分出神经至前端几个体节的体壁上；腹神经索每个神经节均发出3对神经，分布于体壁和各器官。由咽上神经节发出神经至消化道的部分为交感神经。感官不发达。口腔感受器有味觉和嗅觉功能。体表的感觉乳突有触觉功能。光感受器广布于体表，可辨别光的强弱，使环毛蚓避强光趋弱光。

⑥生殖系统 雌雄同体，精子先成熟，卵后成熟，异体受精，有交配行为。生殖器官仅限于体前部第20体节内（图9-10B、C，图9-13）。

雌性生殖器官 具卵巢1对，呈细小颗粒状，位于第13体节前隔膜后的体腔内。卵细胞成熟后落入体腔，由卵漏斗收集，进入短的输卵管，最后由雌性生殖孔排出。受精囊3对，位于第7、8、9体节内，开口于第6~7、7~8、8~9体节之间的腹面两侧节间沟内。

雄性生殖器官 包括2对含有精巢与精漏斗的精巢囊（seminal sac）、2对储精囊（seminal vesicle）、2对输精管（分别接精漏斗，之后汇合为1对）和1对前列腺（prostate gland）。精细胞产出后先入储精囊发育为精子，再回到精巢囊，经精漏斗由输精管输出。

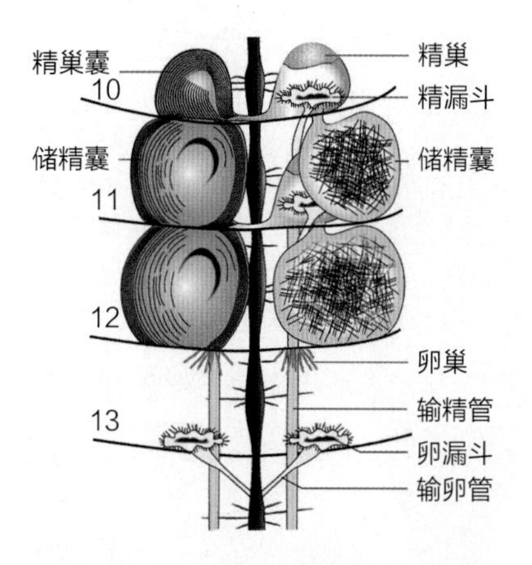

图 9-13 环毛蚓的生殖器官内、外结构示意

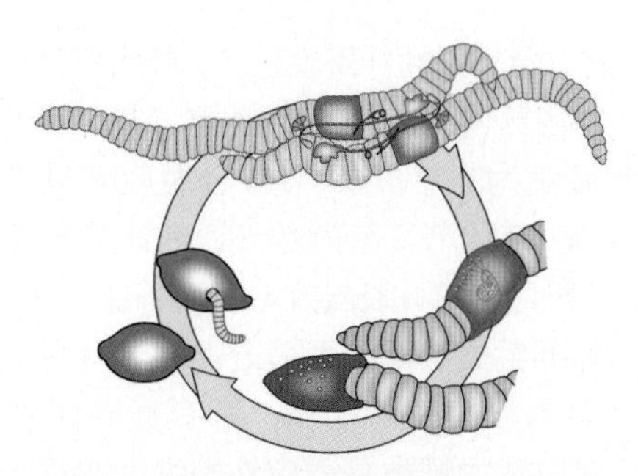
图 9-14 环毛蚓交配及卵茧形成至小环毛蚓孵出示意

生殖与发育 性成熟后交配时，两条虫体互相倒抱，生殖带分泌黏液，使腹面互相黏合（图9-14）。此时，两条蚯蚓的雄性生殖孔分别与对方的最后1对受精囊孔正对，精子从各自的雄性生殖孔排出，输入对方的受精囊内，装满后方的受精囊再依次输入前方的受精囊。交换精液后，两条蚯蚓即分开。待卵成熟后，生殖带分泌黏稠的物质，于生殖带外形成黏液管，又叫卵茧（cocoon）。成熟卵落入茧中，然后蚯蚓后移，以土壤摩擦力推动卵茧前移，当卵茧经过受精囊孔时，储存的精子从受精囊逸出，与卵相遇而受精。最终卵茧完全退出，两端封口，如绿豆大小，在湿润的土壤中发育，经2～3周孵出蚯蚓幼体。

9.2.3 蛭纲（Hirudinea）

蛭纲有500多种，多数生活于淡水，少数生活于海水中，还有一部分栖息在陆地、森林或草丛中。一般称

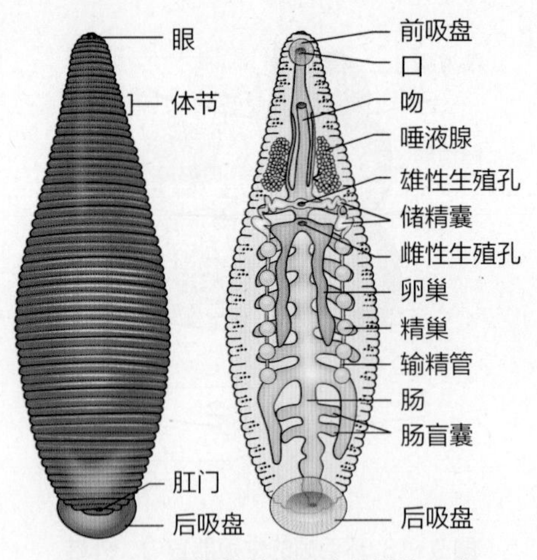

图 9-15 医蛭的外形及内部结构示意

水蛭或蚂蟥，营暂时性外寄生生活。蛭类背腹扁平，体前端和后端各具1吸盘，有吸附功能，并可辅助运动。体节一般固定为34节，末7节愈合为后吸盘，故可见的只有27节。每体节又分为数环，在体节内无相应隔膜。头部不明显，常具眼点数对，无刚毛（图9-15）。

蛭类与寡毛类亲缘关系很近，都具有生殖带和卵茧；两者均为雌雄同体动物；都有通向体外的生殖腺，因而可以认为蛭类是适应外寄生生活方式而特化了的一类寡毛类动物。在特化过程中，它们失去了刚毛，而在身体两端发展成吸盘，以便吸血时吸附于宿主；消化道发生了变异，适应储存大量的食物；肌肉发达，内部构造的最大特点在于真体腔多退化，缩小为一系列的腔隙（lacuna）。

蛭类除少数肉食性外，多数以吸食脊椎动物血液和无脊椎动物体液为生。蛭类消化道分为口、口腔、咽、食道、嗉囊、胃、肠、直肠及肛门等（图9-15）。吸血性的蛭类如医蛭，口腔内具3块颚片，上有密齿，可在宿主未察觉情况下咬破宿主皮肤。咽部有发达的肌肉，有强大的吸吮能力，其周围又有单细胞唾液腺，能分泌天然抗凝剂蛭素（hirudin），防止宿主血液凝固。嗉囊发达，占消化道长度的1/2以上，两侧有数对盲囊（医蛭为11对），可储存血液，保存数月不变质。吸血的蛭类只是偶尔才有机会吸血，因此每次吸血量很大，相当于自身体重的2.5~10倍。

蛭类为雌雄同体，异体受精，有交配现象。雄性生殖器官有精巢数对至10余对（医蛭为10对），还有输精管、储精囊、射精管和阴茎等。阴茎可从雄性生殖孔（医蛭位于第10体节）伸出。雌性生殖器官有卵巢1对，输卵管1对，阴道开口于雌性生殖孔（医蛭位于第11体节）。生殖季节交配后，受精卵产出，进入生殖带分泌形成的卵茧内，直接发育。

医蛭科（Hirudinidae）的日本医蛭（*Hirudo nipponica*）是中国大部分地区水田中的主要吸血蛭。但在广东、云南一带，主要吸血的水蛭是牛蛭属（*Poecilobdella*）中的种类；金线蛭属（*Whitmania*）中的种类不吸血，主要取食螺类及其他无脊椎动物。鼻蛭（*Dinobdella ferox*）分布于东南亚，体暗绿或铁锈色，无任何斑纹，寄生于人畜的鼻腔等处；山蛭属（*Haemadipsa*）的种类生活在温湿的山区，在草地、山林上等候宿主的经过，吸食兽类血液。除医蛭外，常见的蛭类还有花山蛭（*Haemadipsa picta*）、扬子鳃蛭（*Ozobranchus yantseanus*）和扁舌蛭（*Glossiphonia complanata*）等。

9.3 环节动物与人类的关系

多毛类的许多种类是一些经济鱼类的天然饵料。沙蚕可制成沙蚕粉，是优良的动物蛋白饲料，也可供人类食用。一些多毛类如龙介、螺旋虫等附着外物生活，危害藻类等人工养殖业和影响船只航行速度。才女虫（*Polydora*）能蚀透珍珠贝的壳，导致其死亡，对育珠业危害很大。

寡毛类中的蚯蚓对土壤的形成和肥力增加有重要作用，它们以土壤中的植物残体及其他有机物为食，经消化道分解为蚓粪，形成土壤疏松的表层，增强其团粒结构，提高通气透水性能，提高氮、磷和钾含量，增加土壤微生物数量，使农业增产。蚯蚓又是一种优质的蛋白质饲料，蛋白质含量占其干重的50%~65%，可作为家禽、家畜和鱼类的优良饲料。干制的参状环毛蚓体壁为一味中药，称为地龙，有解热、镇静、平喘、降压和利尿等功效。目前各国都在兴建养殖蚯蚓的工厂，用以处理城市垃圾，制造有机肥料，保护环境，防止污染。另外，蚯蚓还有集聚土壤中某些重金属（如镉、铅和锌等）的能力，故可用于改良受重金属污染的土壤。

蛭类的吸血习性会导致伤口流血不止，以致化脓溃烂，对家畜和人类有一定危害，但蛭类的这一习性又可被利用来为人类服务。在整形外科中，利用医蛭吸血，可消除瘀血，减少坏死发生；再植或移植的组织器官中，用医蛭吸血，可使血管通畅，提高手术成功率。蛭素为天然抗凝血剂，具有防止血栓形成的作用。目前一些国家已有专门的水蛭养殖场，以生产蛭素。蛭类的干燥体可入药，有破血通经、消积散结和消肿解毒之功效。

小结

环节动物体呈蠕虫状，两侧对称、同律分节；以疣足、刚毛或吸盘为主要运动和运动辅助器官；三胚层，真体腔；后肾管式排泄系统；链状神经系统；多毛纲和寡毛纲为闭管式循环系统，蛭纲为开管式；陆地和淡水中生活者，雌雄同体，直接发育；海水中生活者，雌雄异体，间接发育，幼虫为担轮幼虫。环节动物与人类关系密切，值得关注并做深入研究。

思考题

1. 名词解释：同律分节、真体腔、闭管式循环、后肾管、链状神经系统。
2. 什么是同律分节？身体分节现象在动物演化上有何意义？
3. 真体腔的出现有何生物学意义？
4. 描述后肾管的结构特点，它是如何排泄代谢物的？
5. 环节动物分为哪几个纲，如何区分？
6. 试述蚯蚓的身体构造及其对土壤生活的适应性。
7. 简述环毛蚓生殖系统的主要构造及其受精发育过程。

数字课程学习

□ 教学视频　　□ 教学课件
□ 思考题解析　□ 在线自测

（郭志成）

第 10 章
软体动物门（Mollusca）

软体动物因其身体柔软而得名，多数种类具有数量不一、坚硬的贝壳，俗称贝类。软体动物门是动物界的第二大门，有约20万种，陆地、淡水和海洋均有分布，一般分为7个纲（图10-1），常见种类有蜗牛（*Helix*）、河蚌（*Hyriopsis*）和乌贼（*Sepia*）等。

10.1 软体动物的主要特征

10.1.1 体制

除腹足类外，其他软体动物体制基本相同，为两侧对称。腹足类胚胎发育到担轮幼虫时期一直是两侧对称，发育到面盘幼虫时内脏团发生扭转（图10-2），为次生性不对称。

10.1.2 身体分区

（1）头

头位于身体的前端，具摄食和感觉器官。为适应不同的生存环境，软体动物的头部发生了诸多变化。穴居或固着生活的种类，头部已消失，如蚌类和牡蛎等。行动迟缓的种类头部不发达，如石鳖。运动敏捷

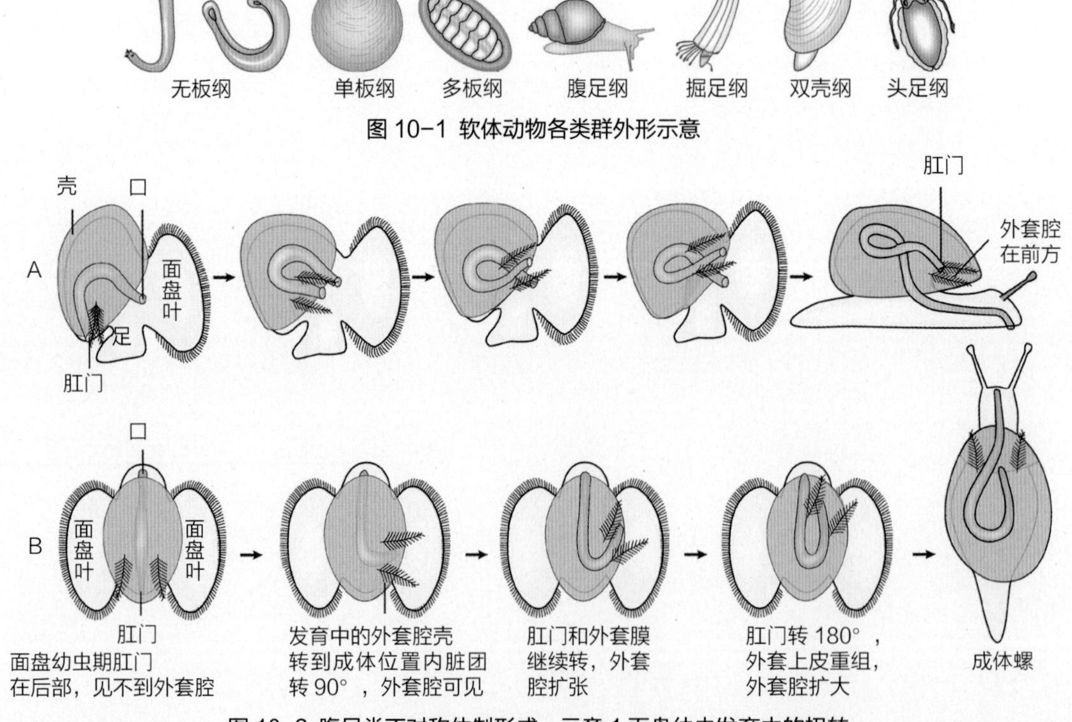

图 10-1 软体动物各类群外形示意

图 10-2 腹足类不对称体制形成，示意 1 面盘幼虫发育中的扭转

A. 侧面观；B. 背面观

的种类，头部分化明显，如乌贼等。

（2）足

足是位于头后、体腹侧的运动器官。由于不同的生活方式及生活环境，足部的形状及功能有较大差别。穴居和埋栖的种类形成斧状或柱状以挖掘泥沙，如蚌类和角贝等；行动迟缓的螺类足呈团块状以匍匐爬行；头足类足特化形成腕状，功能似触手；固定生活的牡蛎，足则几乎完全退化。

（3）内脏团

内脏团（visceral mass）是集中成团的内脏的总称，为足背面隆起的部分，包括呼吸、消化、循环、排泄和生殖等内脏器官系统（图10-3）。

（4）外套膜

外套膜（mantle）是身体背部皮肤皱褶向腹面延伸形成的皮膜（图10-3、图10-4），包裹了内脏团和足。外套膜与内脏团、足之间的间隙称为外套腔，腔内有呼吸、消化、排泄和生殖等器官开口。外套膜由内、外上皮组织和其间的结缔组织构成。外套膜内表皮细胞具纤毛，纤毛摆动，造成水流，使水循环于外套腔内，借以完成呼吸、摄食、排泄和生殖等功能，所以软体动物的呼吸、消化、排泄和生殖等生理活动均与外套腔内水流有关。陆地生活的蜗牛的外套膜上密生毛细血管，可直接进行气体交换。水中生活的乌贼外套膜肌肉发达，收缩时压迫外套腔内水流从漏斗状的开口喷出，推动身体反向运动。

（5）贝壳

外套膜外表皮细胞能向外分泌壳物质形成贝壳。贝壳主要起保护作用。多数软体动物有1或2个，甚至8个贝壳，有的种类贝壳退化或无，有的种类的贝壳被外套膜包裹成为内壳。贝壳形态随种类变化很大，呈帽状、螺旋状、管状和瓣状，是分类上的重要依据。贝壳由外向内分为角质层、棱柱层和珍珠层3层（图10-4A）。

角质层（periostracum）较薄，由贝壳素（conchiolin）构成，具各种色泽，不受酸碱的侵蚀，主要起保护贝壳的作用；棱柱层（prismatic layer）较厚，由柱状钙质结晶构成，占贝壳的大部分；珍珠层（macreous layer）由叶状霰石构成，具珍珠光泽。角质层和棱柱层都是外套膜的边缘分泌的，只能增大不能加厚，珍珠层紧贴外套膜，由外套膜外表皮细胞分泌形成，既能加大也能增厚。软体动物在生长过程中，当外套膜和贝壳之间进入了沙粒或寄生虫等异物，会刺激外套膜外表皮增殖，将异物包裹起来，并向其分泌珍珠质，这样就逐渐形成珍珠（图10-4B）。

10.1.3 消化系统

消化系统可分为消化道和消化腺。消化道包括口、口腔、食道、胃、肠和肛门。

口腔发达的种类，其内常有发达的颚片（jaw piece）和齿舌（radula），颚片位于口腔的前背部，有撕咬、切碎食物的作用，齿舌是口腔底部表面有多列角质齿片的舌状突起，形如锉刀，辅助取食，为软体动物的特有结构（图10-5）。齿舌上齿片的形状、数量和排列方式是物种鉴定的重要依据。多数瓣鳃类及部分腹足类常有一胶质棒状晶杆（crystalline style），可释放消化酶，并搅动胃中的食物辅助消化（图10-6）。

消化腺有肝、胰和唾液腺。肝很发达，有导管直通胃内（图10-6）。

10.1.4 呼吸系统

水生种类用鳃呼吸。鳃由外套腔内壁皮肤延展而成，由鳃轴和鳃丝组成。栉鳃（ctenidium）（图10-7）较为原始，由此演化出丝鳃（filibranch）、隔鳃（septibranch）及瓣鳃（lamellibranch）等。鳃内有丰富的血管网，有神经和肌肉。鳃的数目因动

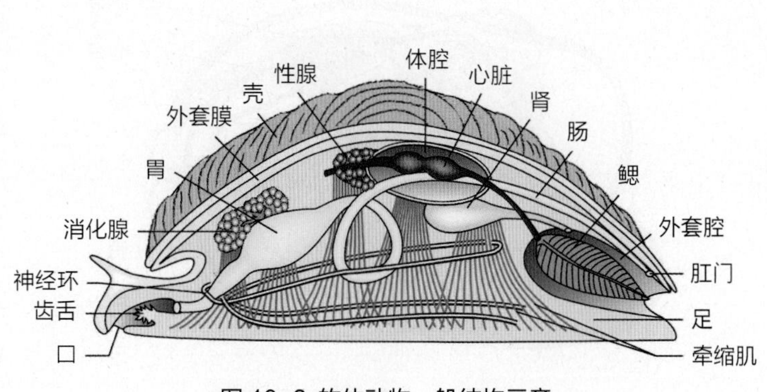

图 10-3 软体动物一般结构示意

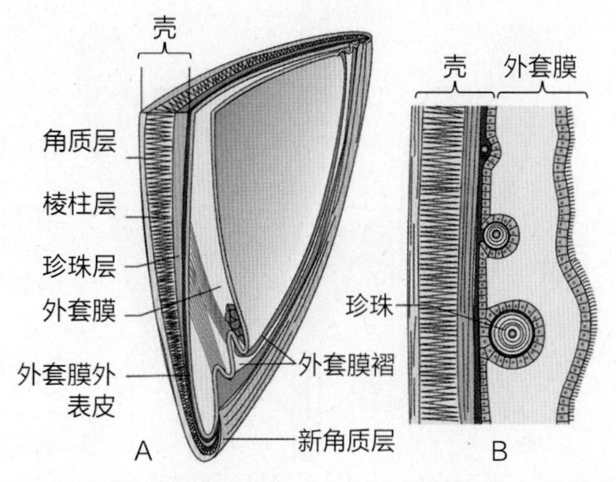

图 10-4 软体动物贝壳结构（A）及珍珠形成（B）示意

物的种类而不同，一般与心耳的数目相当。陆生种类诸如蜗牛均无鳃，其外套膜上密生微血管成网状，作为“肺”直接与空气进行气体交换。

10.1.5 排泄系统

软体动物的排泄器官一般为后肾管，亦称“肾”。少数种类幼体的排泄器官为原肾管。无板类无肾，单板类3~7对肾，鹦鹉螺有2对肾，多数腹足类只有1个肾，其他软体动物都有1对肾。肾由腺体部和管状部（膀胱部）组成，腺体部密布毛细血管，以漏斗状肾口开口于围心腔；管状部壁薄，内壁具纤毛，以肾孔通外套腔。此外，在围心腔前方内壁上还有围心腔腺，可将代谢产物排于围心腔内，再由肾排入外套腔（图10-8）。

10.1.6 体腔与循环系统

软体动物的真体腔一般不发达，只存在于围心腔、生殖器官和排泄器官的内腔。原体腔广泛存在于身体各组织器官之间，这些组织间的间隙充满血液，称为血窦。

软体动物多数为开管式循环，循环系统由心脏、血管、血窦及血液组成（图10-9）。心脏一般位于内

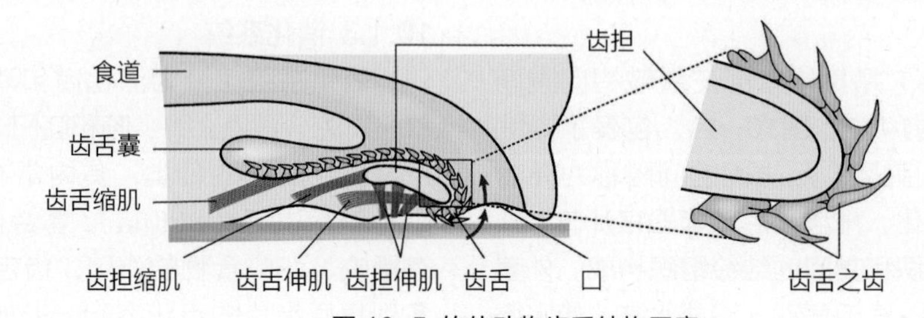

图 10-5 软体动物齿舌结构示意

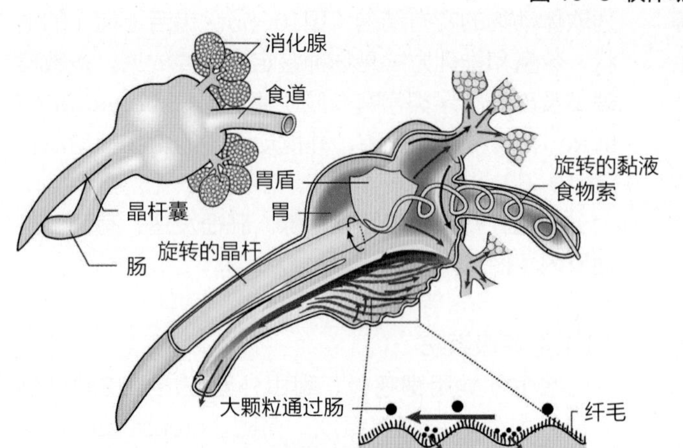

图 10-6 河蚌的胃和晶杆结构示意

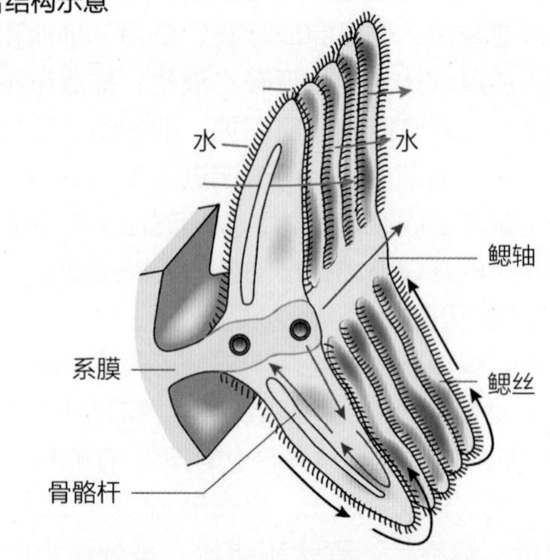

图 10-7 软体动物栉鳃结构示意

纤毛使水在鳃丝间循环，血液从入鳃丝血管到出鳃丝血管流动（红箭头），黑箭头示纤毛摆动方向

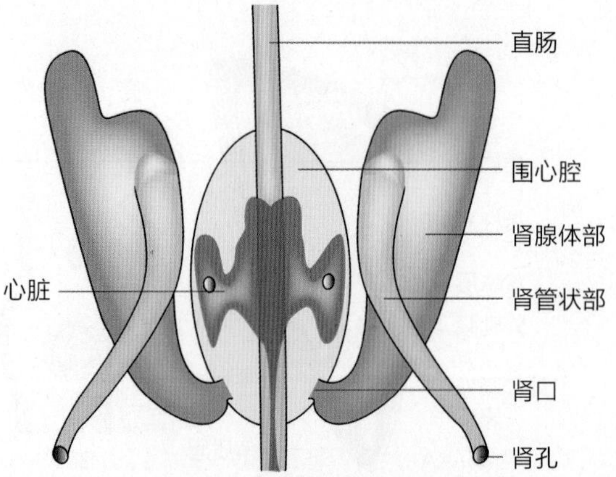

图 10-8 软体动物肾结构示意

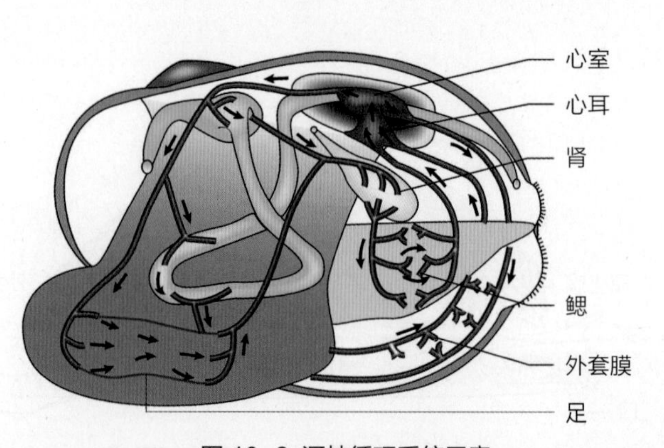

图 10-9 河蚌循环系统示意

脏团背侧围心腔内，由心耳和心室构成。心室1个，壁厚，能搏动，为血循环的动力，心耳1个或成对。心耳与心室间有瓣膜，防止血液逆流。血管分化为动脉和静脉。血液自心室经动脉，进入身体各部位，之后汇入血窦，由静脉回到心耳。头足类为闭管式循环，血压较高，与头足类的快速运动相适应。

10.1.7 神经系统和感觉器官

原始种类的神经系统仅有围绕食道的神经环和由此向后分出的1对足神经索和1对侧神经索（图10-10A）。高等种类有4对神经节（脑、足、侧和脏神经节），彼此间有神经索相连（图10-10B、C）。脑神经节位于食道背侧，发出神经至头部及体前部，司感觉；足神经节位于足前部，伸出的神经至足部，司运动和感觉；侧神经节发出神经至外套膜及鳃等；脏神经节发出神经至各内脏器官。与快速运动相适应，软体动物头足类的神经节在食道背部集中形成“脑”，外有软骨包围，是无脊椎动物中最高级的神经中枢。

软体动物已分化出触角、眼和平衡囊等感觉器官。此外，外套膜也有感觉的机能。

10.1.8 生殖和发育

软体动物大多雌雄异体，少数同体。大多异体受精，体外或体内发育。生殖方式多为卵生，所产卵（卵囊、卵带和卵块等）因种而异，少数种类如田螺为卵胎生。头足类为直接发育，其余多数种类为间接发育。海产种类一般经过担轮幼虫和面盘幼虫两个幼虫期（图10-11A、B）；淡水河蚌类具有钩介幼虫期（图10-11C），钩介幼虫在鱼类体表及鳃等处营临时性寄生。

10.2 软体动物的分类

软体动物按其体制是否对称，贝壳、鳃、外套膜、神经、运动器官及发育等方面特点，分为7或8个纲。

10.2.1 无板纲（Aplacophora）

软体动物中的原始类群，体呈蠕虫状。头小，口

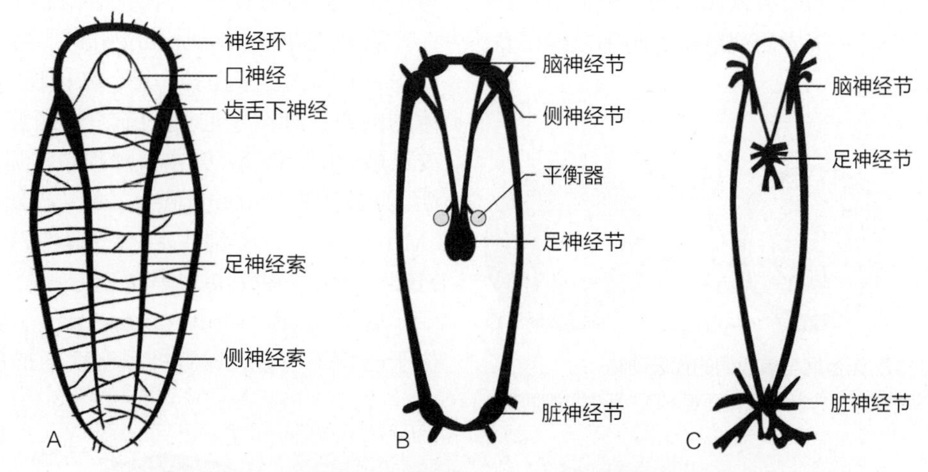

图 10-10 贝类原始的神经系统（A）、双壳纲胡桃蛤（*Nucula*, B）和无齿蚌（*Anodonta*, C）的神经系统结构示意

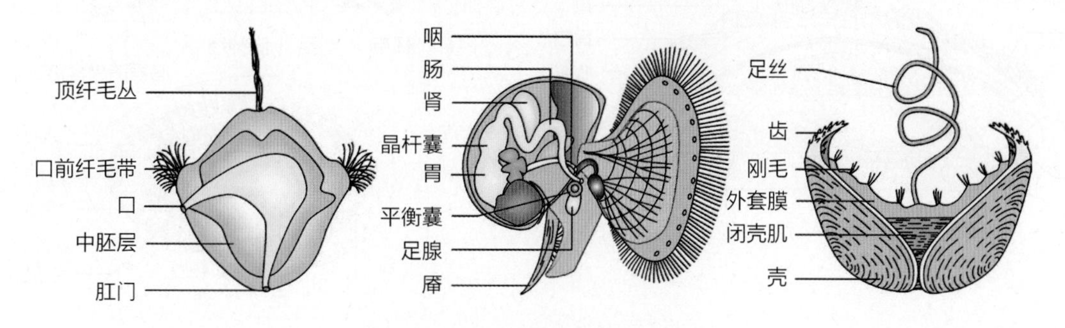

图 10-11 软体动物的幼虫结构示意

A. 担轮幼虫；B. 面盘幼虫；C. 钩介幼虫

在前端腹侧，躯体细长或短粗，无贝壳。体表被有具石灰质细棘的角质外皮，腹侧中央有一腹沟。体后有排泄腔，多数种类在腔内有1对鳃，腔后为肛门。无板纲无触角和眼等感觉器官，肠为直管状，齿舌有或无，心脏为1心室1心耳，血管系统退化，雌雄同体或异体，个体发生中有担轮幼虫期。

无板纲种类较少，全部为海生种类，如尾凹虫（*Caudofoveata*）（图10−12A）和管胃虫（*Solenogastres*）（图10−12B）。也有学者将它们分别单列为管胃虫纲和尾凹虫纲。常作为代表动物的龙女簪（*Pronemenia*）便是一种长形的管胃虫。

10.2.2 单板纲（Monoplacophora）

单板纲长期被认为是已绝灭了近4亿年的化石种类，1952年在太平洋沿岸哥斯达黎加3 570 m深海处发现生活个体，定名为新碟贝（*Neopilina galathea*）（图10−12C、D）。新碟贝为两侧对称，具1近圆形而扁的贝壳，头部不发达，很多器官有重复排列现象。外套沟两侧共有鳃5或6对，心脏位于围心腔内，由1心室及2对心耳构成，6对肾。这类原始软体动物“活化石”的发现为研究软体动物的起源与演化提供了新资料。分子系统学研究结果表明单板纲和多板纲的亲缘关系较近。

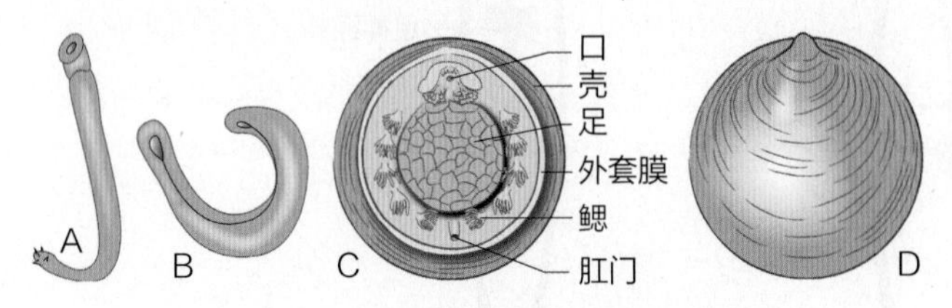

图 10−12 无板纲与单板纲的代表动物

A. 尾凹虫；B. 管胃虫；C. 新碟贝背面观；D. 新碟贝腹面观

10.2.3 多板纲（Polyplacophora）

多板纲动物俗称石鳖（chiton），全部海生，体呈椭圆形，左右对称，背稍隆，腹平。背侧具8块石灰质贝壳，多呈覆瓦状排列（图10−13）。贝壳周围有一圈外套膜，称环带。头部不发达，位于腹侧前端。口腔内有齿舌，足宽大，吸附力强，在岩石表面可缓慢爬行。足四周与外套膜之间有一狭沟，即外套沟，沟内有多对栉鳃着生于足两侧。我国沿海常见种类有锉石鳖（*Lepidozona coreanica*）和红条毛肤石鳖（*Acanthochiton rubrolineatus*）等。

10.2.4 腹足纲（Gastropoda）

腹足纲是软体动物中最大的一个类群，有10万种以上；广泛分布于海洋、淡水和陆地，少数种类为寄生；腹足纲动物头部明显，身体除头和足外，左右不对称，有的类群侧脏神经连索扭转成“8”字形，有些类群有反扭转现象；足呈块状，多具有螺旋形状的外壳；雌雄异体或同体，有的种类具卵胎生现象；海产种类有担轮幼虫期和面盘幼虫期。依据呼吸器官的类型、侧脏神经连索是否扭成“8”字等特征，将腹足纲分为前鳃亚纲、后鳃亚纲和肺螺亚纲。

前鳃亚纲（Prosobranchia） 海水、淡水和陆地均有分布；由于扭转作用，鳃和肛门等器官移至身体的前方；鳃位于心脏的前方；侧脏神经连索左右交叉成“8”字形，壳常具厣板；常见种类如海洋生活的马蹄螺（Trochidae）、鲍（*Haliotis*）和骨螺（Muricidae）；陆地生活的田螺（Viviparidae）和钉螺（*Oncomelania*）等。

后鳃亚纲（Opithobranchia） 全部海生；鳃位于心脏的后方；侧脏神经连索不左右交叉成“8”

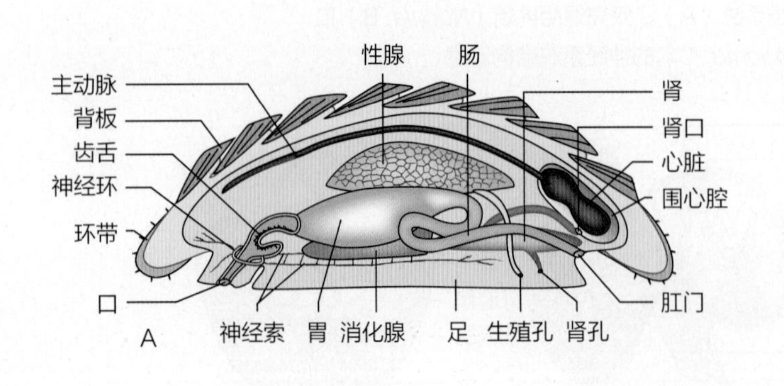

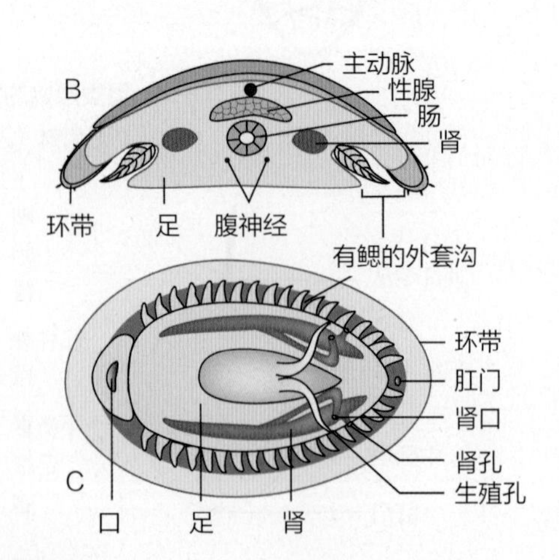

图 10−13 多板纲石鳖的结构示意

A. 纵切；B. 横切；C. 外部腹面观

字形；壳退化或完全消失，无靡板；如海兔（*Aplysia*）和海牛（Doridacea）等。

肺螺亚纲（Pulmonata） 陆生或淡水生，少数海产；有壳或消失；无鳃；右侧外套膜内壁在壳内形成“肺”，用于呼吸；头部发达，触角1~2对；成体无靡板；雌雄同体，直接发育；如椎实螺（*Lymnaea*）、蜗牛（*Cathaica*）、蛞蝓（*Agriolimax*）和扁卷螺（*Hippeutis*）等。蜗牛为常见肺螺，其内部结构见图10-14。

10.2.5 掘足纲（Scaphopoda）

全部海生，穴居，肉食性；现存种类约200种；具长圆锥形、两端开口、稍弯曲的管状贝壳，粗的一端为前端，称为头足孔，细的一端为后端，称为肛门孔；外套膜呈管状，前、后端有开口，可进行气体交换；头部不明显，足圆柱状，能挖掘泥沙；个体发育中有担轮幼虫和面盘幼虫期。常见物种为象牙贝或角贝（*Dentalium*）（图10-15）。

10.2.6 双壳纲（Bivalvia）

鳃多呈瓣状，故称瓣鳃类，因足呈斧状，亦称斧足类；多数分布在海洋，也有少数淡水种类；现存约有2万种；身体侧扁，被1对发达的左、右壳包裹；头不明显，无口腔和齿舌；原始种类为栉鳃，高等种类为瓣鳃（图10-18A），海产种类多有担轮幼虫和面盘幼虫期（图10-19），淡水种类有的具钩介幼虫期。

贝壳1对，一般左右对称，也有不对称的。壳的形态为分类的重要依据。贝壳中央特别突出的一部分，略向前方倾斜，称为壳顶（图10-16A）。

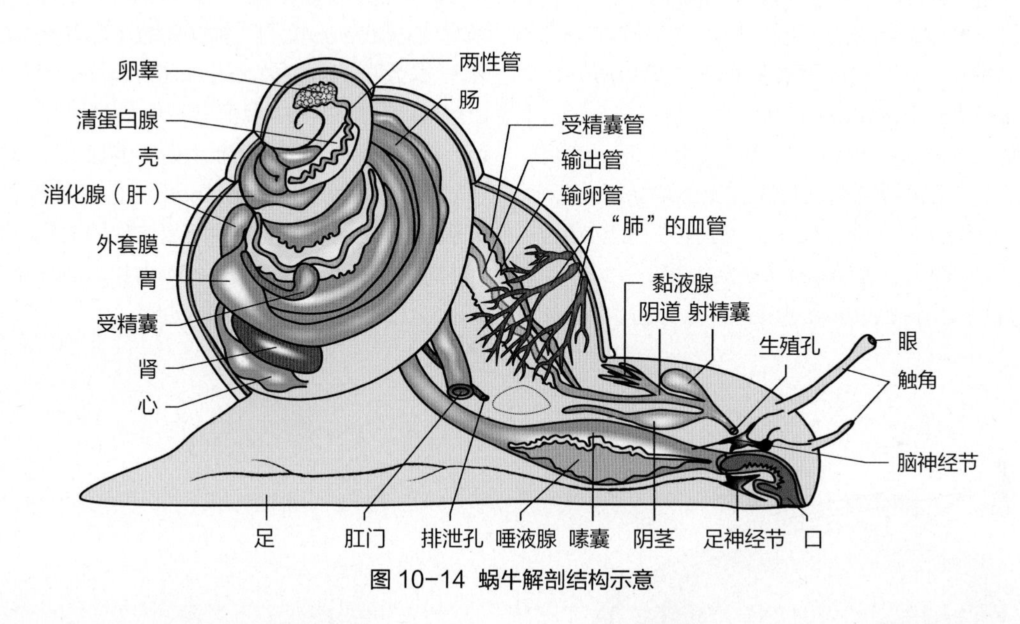

图 10-14 蜗牛解剖结构示意

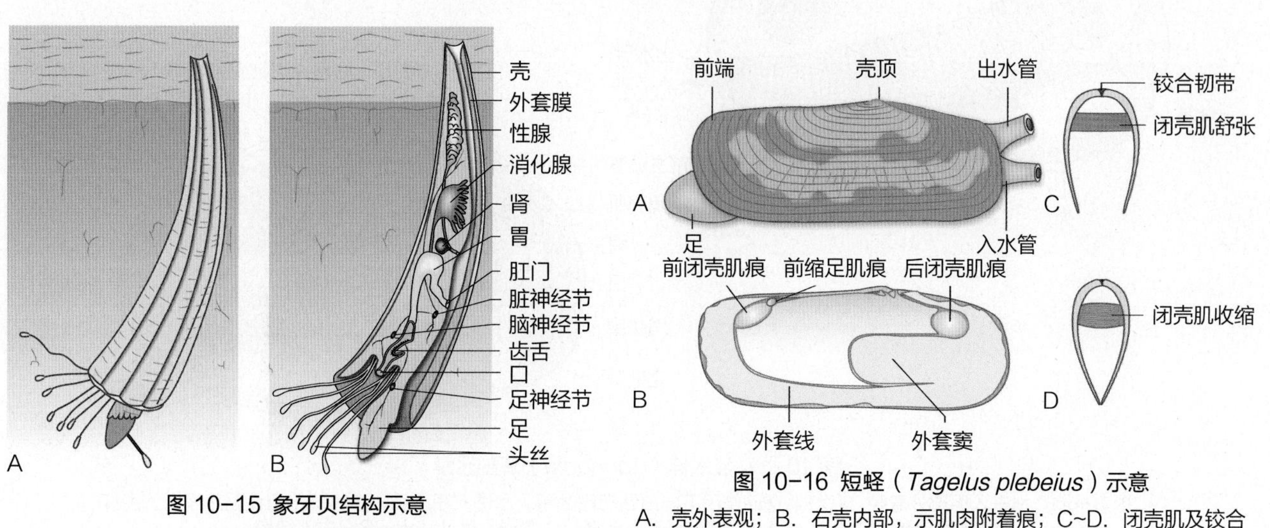

图 10-15 象牙贝结构示意

A. 外形；B. 内部结构

图 10-16 短蛏（*Tagelus plebeius*）示意

A. 壳外表观；B. 右壳内部，示肌肉附着痕；C~D. 闭壳肌及铰合韧带的作用

以壳顶为中心，有同心环状排列的生长线，左、右壳的齿及齿槽相互吻合，构成绞合部（hinge）。绞合齿的数目和排列不一，为鉴定双壳类种类的主要特征。在绞合部连结两壳的背缘有一角质的、具弹性的韧带，配合闭壳肌的舒张和收缩可使两壳开闭（图10–16C、D）。

滤食性的双壳类摄食时唇须延伸，伸出壳外到达底部沉积物上，由唇须上的黏液黏着食物颗粒，再由唇须上的纤毛作用将食物颗粒送到口及唇瓣，唇瓣的内侧也具有嵴及纤毛沟，可以进行食物的筛选，小的食物被纤毛沟送入口，大的颗粒被排到外套腔中，再被水流带到体外，如此完成摄食作用（图10–17）。水流经过鳃时，不仅完成了摄食作用，同时可以进行气体交换（图10–18B）。

双壳纲分为列齿目、异柱目和真瓣鳃目。

列齿目（Taxodonta） 铰合齿多，排成1~2列；具前、后闭壳肌；主要种类有血蚶（*Tegillarca granosa*）和毛蚶（*Arca subcrenata*）等。

异柱目（Anisomyaria） 铰合齿退化或无；前闭壳肌小或无；常见种类有长牡蛎（*Ostrea gigas*）、马氏珠母贝（*Pinctada martensi*）、紫贻贝（*Mytilus edulis*）和栉孔扇贝（*Chlamys farreri*）等。

真瓣鳃目（Eulamellibranchia） 铰合齿少或无；两个闭壳肌近相等；主要种类有文蛤（*Meretrix*）、三角帆蚌（*Hypriopsis cumingii*）和鳞砗磲（*Tridacna squamosa*）等。

10.2.7 头足纲（Cephalopoda）

全部海产；肉食性；现存种类约650种；体制左右对称，外套膜具发达的肌肉，运动迅速；头部发达，两侧有1对发达的眼；原始种类具外壳，多数为内壳或无壳；足着生于头部，特化成腕和漏斗，故称头足类（图10–20）；口腔有颚片和齿舌；神经系统集中，感官发达，具有无脊椎动物中最为发达的眼（图10–21）；闭管式循环系统；头足纲分为二鳃亚纲和四鳃亚纲。

二鳃亚纲（Dibranchia） 具内壳或无壳；腕8~10个，具吸盘；鳃、心耳和肾各1对；主要种类有章鱼（*Octopus*）、日本枪乌贼（*Loligo chinensis*）和日本大王乌贼（*Architeuthis japonica*）等。章鱼8个腕，内壳退化。大王乌贼体长可达18 m，体周长6 m，重几十吨，是无脊椎动物中的最大个体。

四鳃亚纲（Tetrabranchia） 具外壳；具数十个无吸盘腕，漏斗为左右两叶组成；2对鳃，2对心耳，2对肾。现存种类鹦鹉螺（*Nautilus pompilius*）（图10–22），为我国一级保护动物。

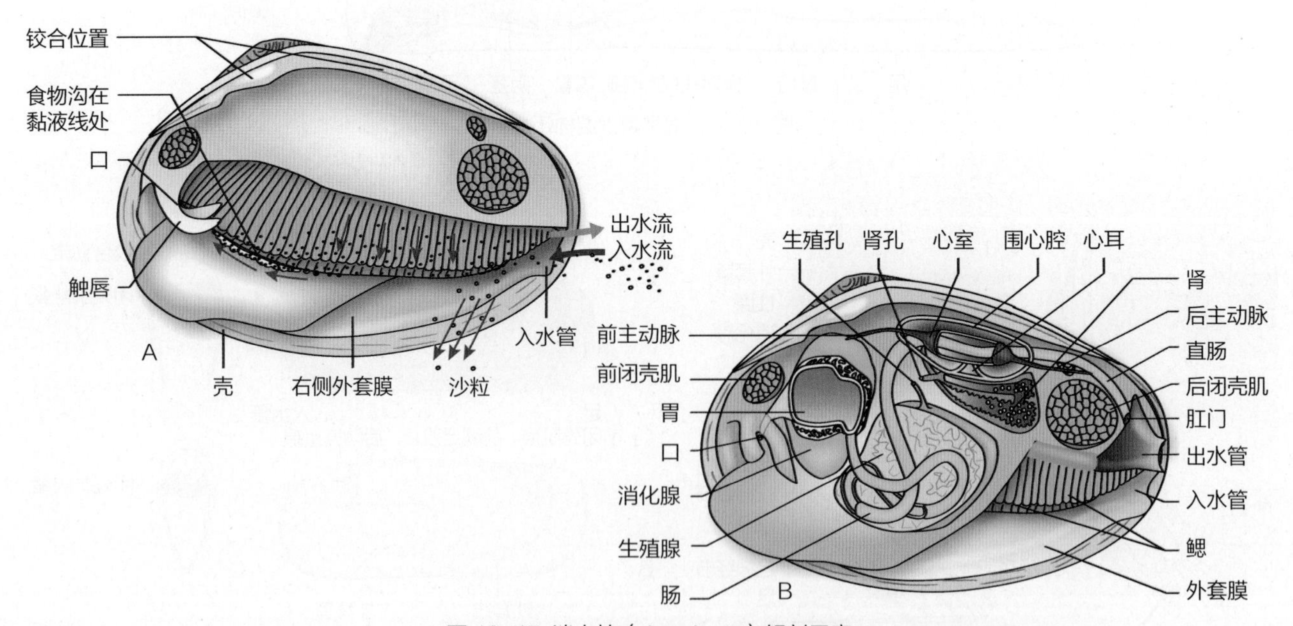

图10–17 淡水蚌（*Anodonta*）解剖示意

A. 摄食机制：水进入后部外套腔，在纤毛摆动作用下向前到鳃和触唇。水进入鳃小孔，食物滤出困在黏液线上，由纤毛摆动运向唇须并直接入口。沙和碎石落入外套腔，由纤毛摆动移出。B. 内部结构

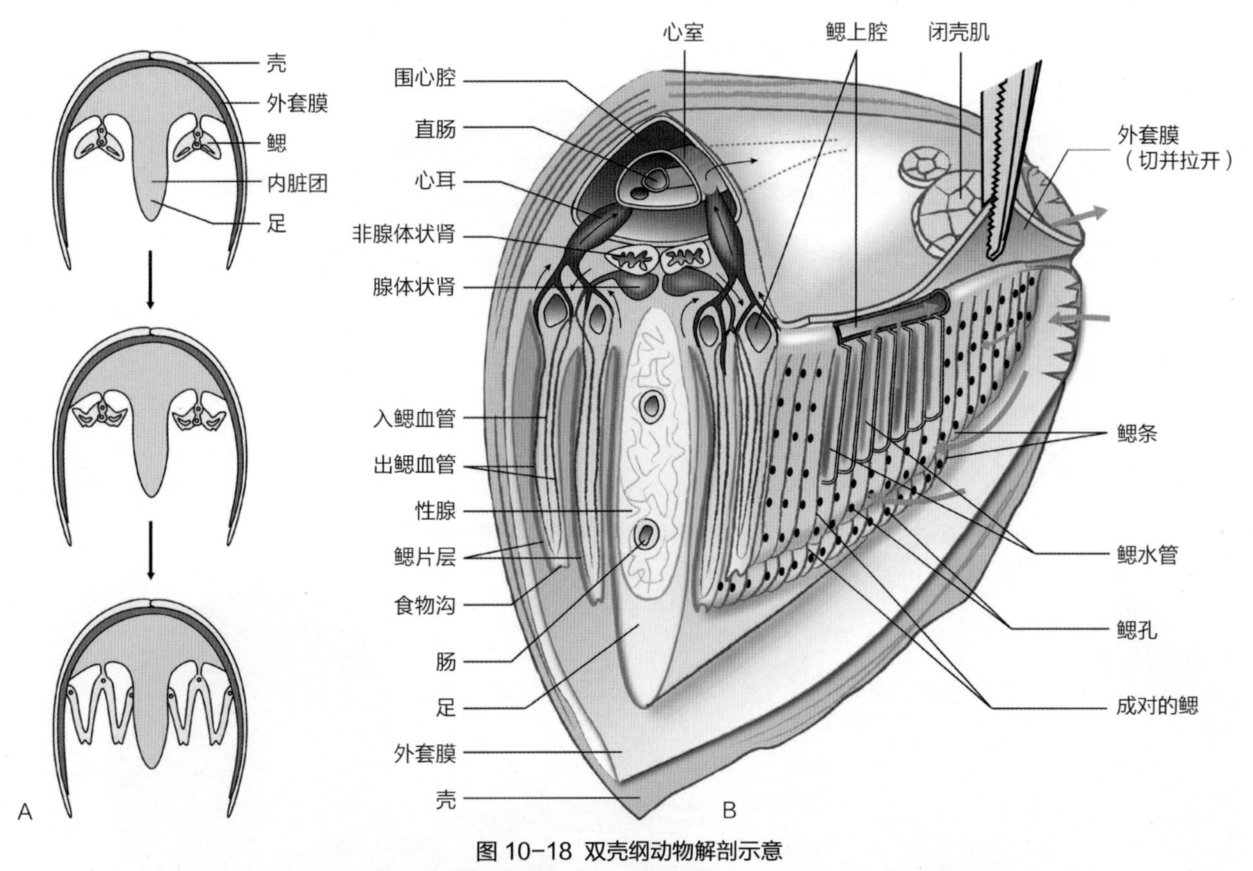

图 10-18 双壳纲动物解剖示意

A. 通过双壳纲动物的壳和体切面示内脏团和足的相对位置、双壳类栉鳃到瓣鳃的演化；
B. 淡水蚌过心区横切，示呼吸和循环系统的关系：呼吸水流由纤毛引入，进入鳃孔，通过鳃水管到鳃上腔至出水管。在鳃中气体交换。血循环：心室泵血入足和内脏团的血窦，向后到外套膜窦，从外套膜返回心耳；从内脏团到肾，然后到鳃并最终回心耳

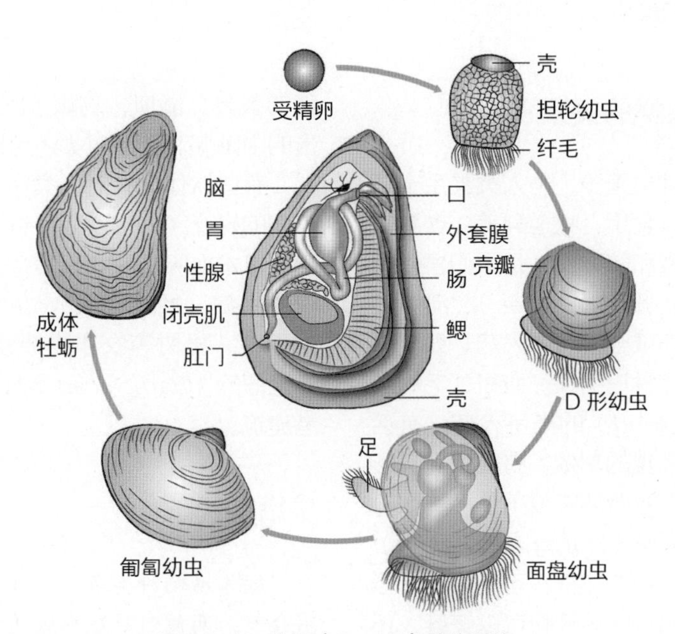

图 10-19 牡蛎（*Ostrea*）的生活史

幼体游约两周，固定附着成为匍匐幼虫

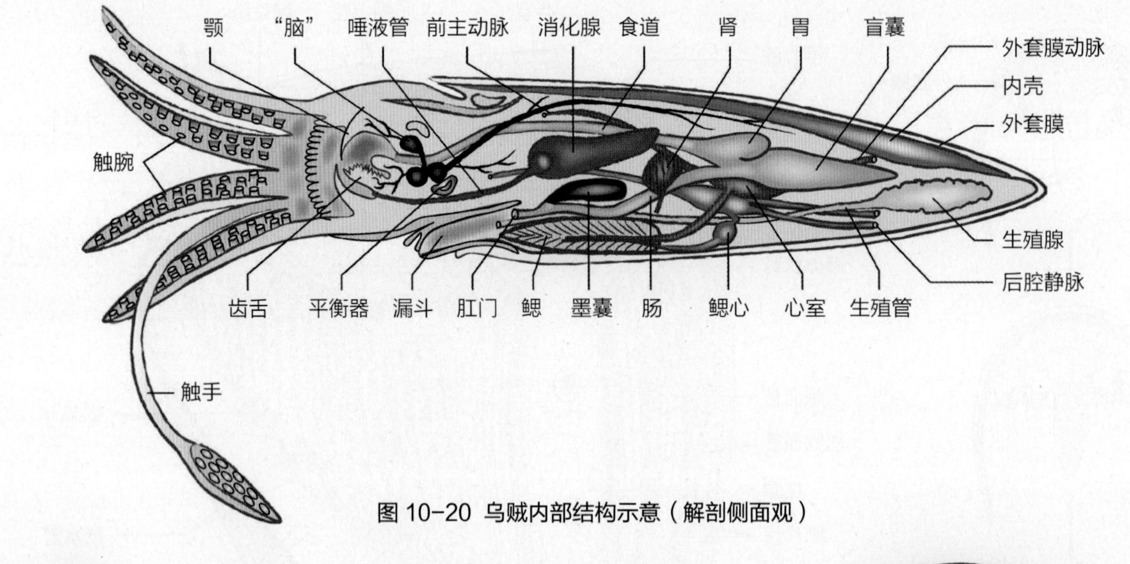

图 10-20 乌贼内部结构示意（解剖侧面观）

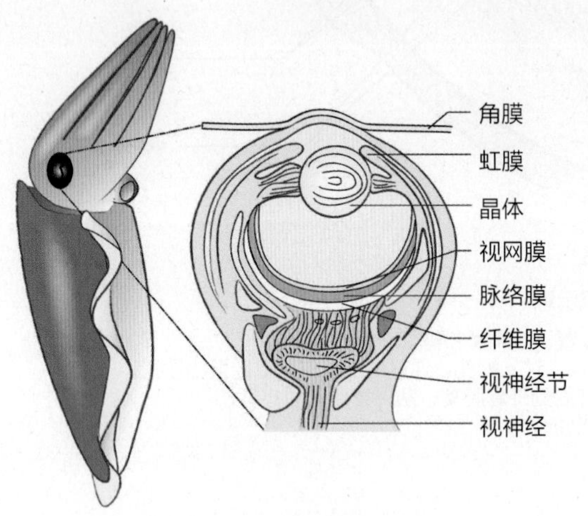

图 10-21 乌贼眼结构示意
（与脊椎动物的眼相似）

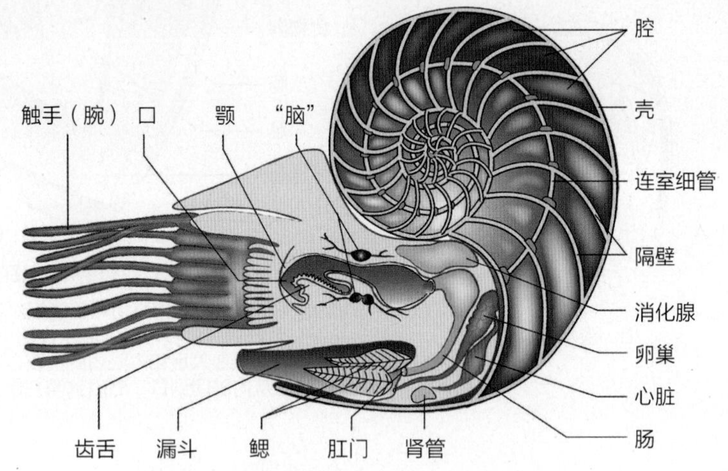

图 10-22 鹦鹉螺纵切示充满气体的腔及体结构

10.3 软体动物与人类的关系

软体动物分布广泛，种类繁多，与人类关系十分密切。软体动物大多数可以食用，味道鲜美，含有较丰富的蛋白质、多种维生素和矿物质，是人们喜爱的美食。如田螺、鲍、蜗牛、扇贝（*Pecten*）、河蚌和牡蛎等。许多软体动物贝壳或全身可以入药。如毛肤石鳖可全身入药，用于治疗淋巴结核。血蚶、毛蚶及魁蚶（*Scapharca broughtonii*）的壳可入药，有活血化瘀、制酸止痛、散结消炎的功效。有些贝壳色彩艳丽、外形奇特，常被人们收藏或制成工艺品，如日月贝（*Amusium*）、竖琴螺（*Harpa conoidalis*）等。而最有价值之物是装饰用的珍珠，可利用海产珍珠贝、淡水河蚌进行人工培育。珍珠粉可以美容，还可药用。在工业和农业方面，贝类的壳可以烧制成精美的餐具、器皿，乌贼（Sepioidea）墨用于制作名贵的中国墨。小型贝类还可以用作农肥或鱼的饵料。

有些软体动物对人类有害。许多淡水螺是人畜传染病的媒介，如椎实螺、钉螺和扁卷螺分别是肝片吸虫、日本血吸虫和布氏姜片虫的中间宿主，可以传播寄生虫病。蛞蝓（*Agriolimax*）和蜗牛大量繁殖时对蔬菜、果树等农作物造成危害。船蛆（*Teredo*）和全海笋（*Barnea candida*）钻木而栖，严重危害海港建筑。

小结

软体动物种类多、数量大，分布广；身体柔软，不分节，两侧对称或内脏团扭转次生性不对称；身体分为头、足、内脏团和外套膜4部分，多数具有石灰质贝壳；排泄系统是后肾管型；开管式或闭管式循环系统；水生种类用鳃呼吸，陆生种类用外套膜特化的“肺”呼吸；直接或间接发育，间接发育经担轮幼虫、面盘幼虫期或经钩介幼虫期。一般分为7个纲：无板纲、单板纲、多板纲、腹足纲、掘足纲、双壳纲和头足纲。

思考题

❶ 外套膜对于软体动物有什么作用？
❷ 软体动物的主要生物学特征是什么？
❸ 软体动物的贝壳是如何形成的？珍珠是如何形成的？
❹ 软体动物和人类间的密切关系主要表现在哪些方面？
❺ 软体动物分类的主要依据是什么？各类群有何主要特征？

数字课程学习

☐ 教学视频　☐ 教学课件
☐ 思考题解析　☐ 在线自测

（刘慧敏）

第 11 章
节肢动物门（Arthropoda）

节肢动物门是动物界最大的1个门，种类约130万，约占动物总数的75%。节肢动物的身体两侧对称，异律分节，具有分节的附肢，体表具有几丁质外骨骼，营自由生活或部分寄生生活；分布广，数量大，与人类的关系极为密切。

11.1 节肢动物的主要特征

11.1.1 异律分节

节肢动物与环节动物一样，都具有体节。但与环节动物的同律分节不同，节肢动物各体节在形态结构和功能上都有一定区别，称之为异律分节。在异律分节基础上身体分部明显，通常可分为头、胸和腹3部分（如昆虫）；少数分为头和躯干两部分（如蜈蚣）；或分为头胸部和腹部（如虾）。身体各部分工明确。如头部主要司感觉和摄食，胸部司支持和运动，腹部司营养和生殖。身体各部虽有分工但又相互联系和配合，极大地增强了其对环境的适应能力。

11.1.2 分节的附肢

节肢动物具有分节的附肢（由此得名），其附肢与环节动物的疣足不同。环节动物的疣足是体壁的突起，呈叶状构造，没有分节，疣足与身体相连的地方也没有关节。而节肢动物的附肢除少数原始的叶状肢外，与身体以关节相连，附肢本身各节之间也具有关节。节肢动物的附肢能产生各种变化，形成多种不同的形状，以适应多种功能，如感觉、运动、捕食、咀嚼、呼吸甚至生殖等。按构造特征可将其分为双肢型和单肢型。双肢型附肢的基本形式是由着生于体壁的原肢和同时连接在原肢上的内肢（端肢）和外肢所构成（图11－1）。甲壳动物除第一对触角是单肢型外，

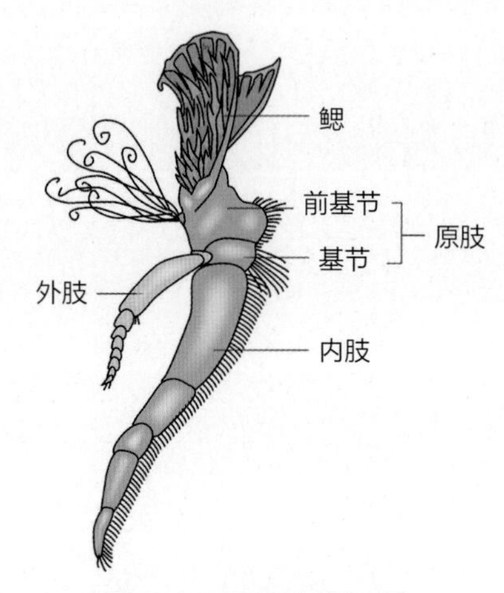

图 11－1 双肢型附肢示意

其余都是由双肢型的附肢演变而来的。由于适应不同功能，有的外肢退化，只剩下内肢，如虾的5对步足。适于陆地生活的多足亚门和昆虫纲动物的附肢则是单肢型的，仅有原肢和内肢。

11.1.3 外骨骼

节肢动物的体壁一般由基底膜、表皮层和角质层3部分组成。表皮层是单层上皮组织结构，它向内分泌形成基底膜的部分组分，向外分泌形成角质层。角质层由内向外又可分为内角质层、外角质层和表角质层（图11－2）。节肢动物角质层的主要成分是几丁质和蛋白质。表角质层含有蜡质，使体壁具有不透水性，在外角质层中含有钙质或骨蛋白，使体壁硬度加强，因此，体壁具有保护内部器官及防止体内水分蒸发的功能。体壁的某些部位向内延伸，成为体内肌肉的附着点，故有外骨骼之称（图11－3A）。节肢动物能适应各种生境，特别是对陆生环境高度适应，与其外骨骼密切相关。

外骨骼参与节肢动物的运动。节肢动物的附肢有

若干分节，节与节之间的外骨骼以很薄的膜相连，构成了活动关节（图11-3A）。肌肉跨过关节附着在相邻两节的外骨骼上。当肌肉收缩时，外骨骼便起到杠杆的作用，产生相应的运动。因此外骨骼与脊椎动物的内骨骼虽然在构造上和胚胎起源上完全不同，但作用方式却有相似之处（图11-3B）。节肢动物的角质层一经骨化，便不能继续扩展，即限制了虫体的生长，因此，当虫体发育到一定程度时，必须蜕去旧的外骨骼，虫体才能长大，此现象称为蜕皮。蜕皮时表皮细胞分泌酶液，将旧角质层的内角质层溶解利用，使外角质层与表皮层分离。与此同时表皮层又分泌出新角质层，而后蜕去不能利用的旧角质层（图11-4）。在新外骨骼未完全硬化之前，吸收空气中的水分与气体，增大体积。所以正在迅速生长的节肢动物，其蜕皮次数较多。不再继续长大时，蜕皮现象也几乎停止。通常是每蜕一次皮即增长1龄，两次蜕皮之间的生长期称为龄期。节肢动物的龄期因种而异。正在蜕皮的节肢动物是最脆弱、易受伤害的，因此也可利用这一良机杀灭害虫。

11.1.4 肌肉

节肢动物的肌肉附着在外骨骼上，由肌纤维集合成肌肉束，伸缩更为迅速有力。肌肉多成对排列，相互拮抗，为强劲有力的横纹肌（图11-3A）。

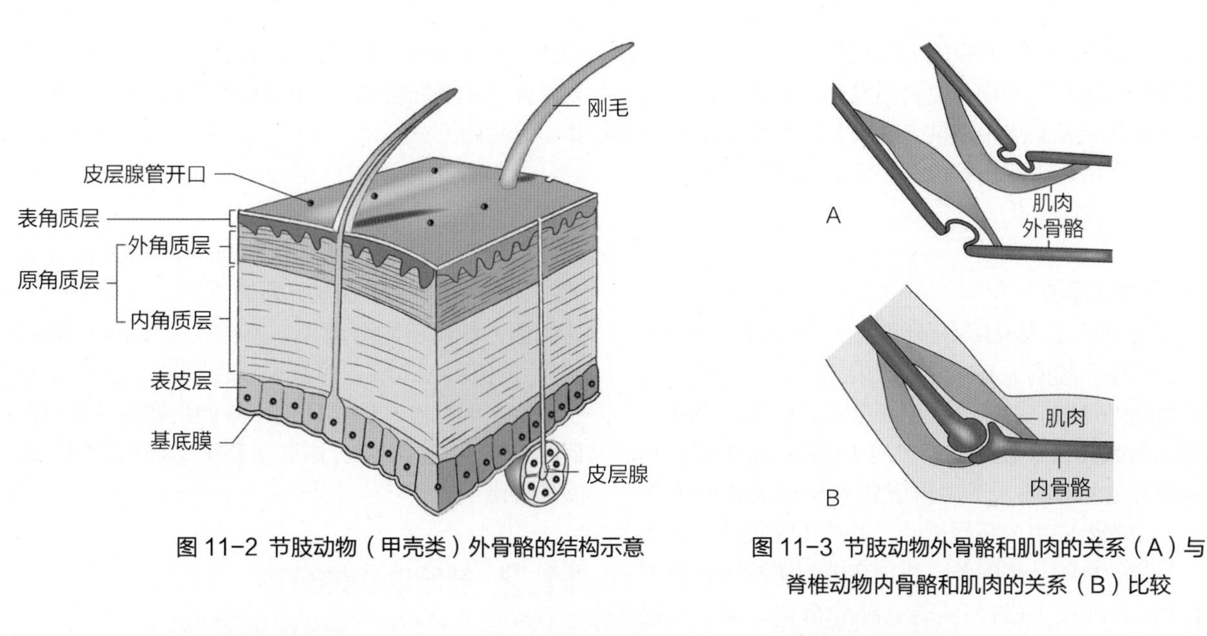

图 11-2 节肢动物（甲壳类）外骨骼的结构示意

图 11-3 节肢动物外骨骼和肌肉的关系（A）与脊椎动物内骨骼和肌肉的关系（B）比较

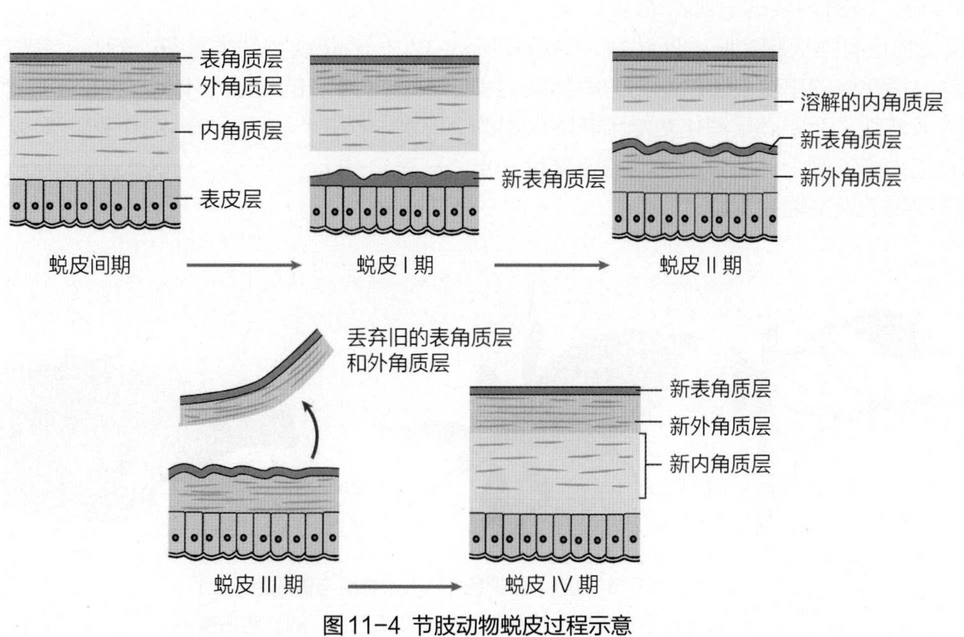

图11-4 节肢动物蜕皮过程示意

11.1.5 体腔和血液循环

节肢动物的真体腔极为退化，仅存于排泄和生殖器官的内腔。在消化道和体壁之间有很大的由囊胚腔（初生体腔）和真体腔（次生体腔）混合而成的混合体腔，充满血液，故称**血腔**，亦称**血窦**。血液循环为开管式，血液经心脏、动脉流入血腔或血窦，浸润各组织器官，再由心孔回心。主要功能是运送营养、代谢废物和激素。由于血液在血腔或血窦中运行，压力较低，当附肢折断时，不致大量失血，这是节肢动物良好的生存适应。

11.1.6 呼吸系统

水生节肢动物多以鳃或书鳃呼吸。陆生节肢动物以书肺和/或气管呼吸。循环系统的复杂程度与呼吸系统密切相关，用鳃呼吸的节肢动物，血管较发达，以气管呼吸的节肢动物，血管不发达。前者血液中有呼吸色素，后者血液中通常无呼吸色素。小型节肢动物（如剑水蚤、恙螨和蚜虫等）靠体表进行呼吸，其循环系统可完全退化。

11.1.7 消化系统

节肢动物的消化系统分前肠、中肠和后肠3部分。前肠和后肠的上皮由外胚层内陷而成，肠壁上有几丁质的外骨骼。前肠外胚层还会形成齿和刚毛等，用来碾磨或滤过食物（如虾）。蜕皮时，前肠和后肠的外骨骼也要脱落，然后再重新分泌形成新的外骨骼。中肠的上皮由内胚层形成，是消化吸收的主要场所。节肢动物的头部附肢，往往变成咀嚼器或帮助抱持食物的构造，有时与头的一部分合称口器（如昆虫）。节肢动物也有唾液腺、肝或肝胰腺、胃腺和肠腺等消化腺。消化腺的出现使节肢动物的消化功能和新陈代谢大大增强，而要满足消化功能和新陈代谢的需求，捕食能力必须增强，捕食能力的增强又进一步促进了节肢动物的大量辐射发展。

11.1.8 排泄系统

水生种类的排泄器官主要为基节腺、触角腺（绿腺）和下颚腺。陆生种类主要为马氏管。

11.1.9 神经系统和感觉器官

类同环节动物，但脑更发达，神经节有愈合趋势。感觉器官复杂，有单眼、复眼及触角等。

11.1.10 生殖与发育

节肢动物一般雌雄异体，且常异型。通常体内受精，卵裂方式为表面卵裂，直接或间接发育。间接发育的种类有一至数种不同的幼虫期，有时这些幼虫的生活习性与成虫不同。也有些节肢动物能进行孤雌生殖（没有受精的卵也能发育为成虫）。节肢动物还有幼体生殖（幼体未成熟，其体内的干细胞团可以发育为个体）和多胚生殖（1个受精卵可以产生2个以上胚体）等生殖方式。

11.1.11 生存策略

有些节肢动物在遇到危险时，会“假死”；有些节肢动物有保护色（与所处的背景、环境十分相似的体色，使自己隐蔽起来，不被天敌发现）、警戒色（鲜艳的色彩和斑纹，对其天敌起警告作用）；有些节肢动物出现拟态（仿其环境中其他生物的形态来保护自己）等（图11-5）。这些生存策略都是自然界长期演化的结果。

11.2 节肢动物的分类

节肢动物种类繁多，分类上有较大意见分歧，多根据体节的组合、附肢以及呼吸器官等特征来分类，分5个亚门，19~22个纲。本教材介绍的类群见表11-1。

图 11-5 拟态、保护色（A）示意图与警戒色（B）
（B 引自国家科技部教学标本资源平台，刘长明拍摄）

表 11-1 节肢动物门的分类概述

亚门	纲	代表动物
三叶虫亚门（Trilobitomorpha）	三叶虫纲（Trilobita）*	三叶虫
甲壳亚门（Crustacea）	鳃足纲（Branchiopoda）	蚤状溞
	鳃尾纲（Branchiura）	鱼虱
	五口虫纲（Pentastomida）	锯齿状舌形虫
	介形纲（Ostracoda）	贻贝虾
	须虾纲（Mystacocarida）	须虾
	头虾纲（Cephalocarida）	哈琴头虾
	桨足纲（Remipedia）	桨足虫
	软甲纲（Malacostraca）	虾、蟹和鼠妇
	颚足纲（Maxillipoda）	藤壶、剑水蚤
螯肢亚门（Chelicerata）	肢口纲（Merostomata）	鲎
	蛛形纲（Arachnoida）	蜘蛛、蜱螨和蝎
	海蛛纲（Pycnogonida）	海蜘蛛
多足亚门（Myriapoda）	倍足纲（Diplopoda）	马陆
	少足纲（Pauropoda）	烛蛷虫
	唇足纲（Chilopoda）	蜈蚣
	综合纲（Symphyla）	幺蚣
六足亚门（Hexapoda）	内颚纲（Entognatha）	弹尾虫、原尾虫和双尾虫
	昆虫纲（Insecta）	甲虫、蚊、蝇和蝴蝶等

* 已灭绝。

11.2.1 三叶虫亚门（Trilobitomorpha）

三叶虫纲（Trilobita） 三叶虫是节肢动物中最原始的类群之一，海生，在古生代寒武纪和奥陶纪最兴盛，二叠纪后绝迹，仅存化石（图11-6）。

三叶虫身体卵圆形，体长1 mm~1 m，一般长3~10 cm。体表覆盖几丁质背甲，体分头、胸和尾3部分。体背面中央隆起，有2条纵沟把背甲分为3部分，外形呈三叶状，故名。头部由5节组成，背面外骨骼形成半圆形的头甲。头甲两侧各有1个复眼，头部腹面有1对触角，4对足状附肢。胸部有若干体节，腹面每节1对双肢型附肢。尾部很短，各节愈合为尾板，最后1节无附肢，称尾节。三叶虫幼体呈圆形。发育时头部先出现，其次为尾，随后在头、尾间陆续生出其余体节。三叶虫遗留的化石主要为背甲，它对研究早古生代地层变迁有重要意义。

11.2.2 甲壳亚门（Crustacea）

该亚门为节肢动物中较大的一个类群，有6.5万种以上。头胸部具背甲，有2对触角，1对大颚（上颚），2对小颚（下颚）。腹部分节。附肢双肢型，形态变化大，适于多种功能。常见有重要经济价值的虾和蟹等均属此类。代表动物为沼虾（*Macrobrachium* sp.）、对虾（*Penaeus* sp.）和克氏原螯虾（*Procambarus clarkii*）等。

（1）外形

虾身体侧扁或平扁，分为头胸部和腹部，沼虾的外形如图11-7；雌雄异体，不同种需作不同区别；附肢19对，各体节附肢的形态变异较大，适应于不同功能（图11-8）。

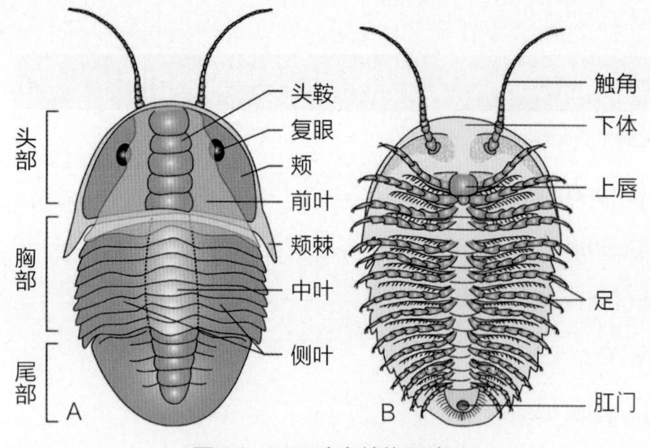

图 11-6 三叶虫结构示意

A. 背面观；B. 腹面观

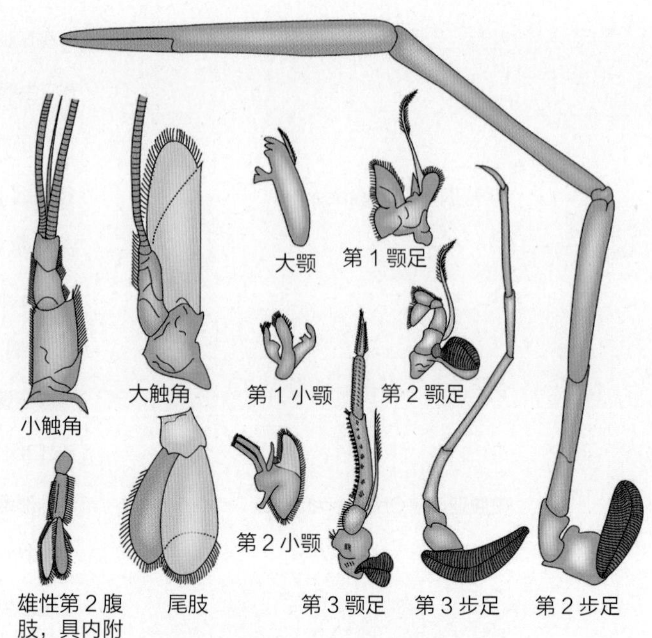

图 11-8 沼虾的主要附肢类型示意

原肢：棕色；内肢：淡蓝色；外肢：黄色

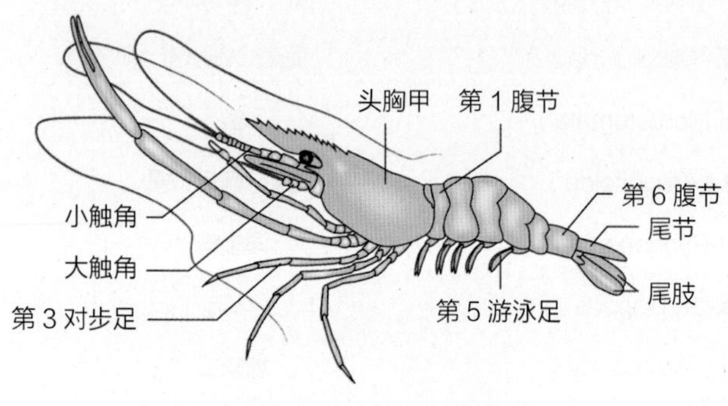

图 11-7 沼虾的外形示意

头部附肢主要用于感觉和摄食，胸部附肢前3对为颚足，有摄食功能，后5对为步足，主要用于步行，兼有防御功能；腹部附肢主要用于游泳。从附肢的发育过程看，除第1对附肢（小触角）为单肢型外，其余附肢均为双肢型，发育中变形成为适于不同功能的附肢。

（2）内部结构与机能

①肌肉　为成束的横纹肌，前、后体节之间或每个附肢的关节之间，都有形成相互拮抗的肌肉束，腹部屈肌非常强大，收缩时使邻近两节骨片之间的角度减小，腹部弯曲，配合尾扇向前方拨动，身体即可迅速后退。

②消化　口在头部腹面，前方有上唇，两侧为大颚，连同小颚和颚足构成口器。食道短，通至胃，胃分两部分，前部是膨大的贲门胃，内有几丁质外骨骼形成的胃磨，能磨碎食物，后部为较狭窄的幽门胃，内面密布刚毛，能分流细小的食物颗粒和不能消化的粗大颗粒（图11-10）。中肠细长，沿腹部背中线后行，其前部两侧伸出盲囊，各由许多分支的盲管组成，又称肝胰脏，可分泌消化液入胃，进行细胞外消化。中肠内壁有许多皱褶，可增加消化吸收面积。后肠接中肠，开口于尾节腹面的肛门。

③呼吸与循环　虾用鳃呼吸，鳃位于头胸甲两侧形成的鳃腔内，鳃腔前、后及腹面和外界以缝相通。鳃多呈羽状（图11-11），多对，着生于胸部侧壁或胸肢基部，表皮极薄，血流通过鳃时进行气体交换。鳃腔内有颚舟片不断摆动，使新鲜水流由后面和腹面进入，向前流出。循环系统为开管式。心脏为多角形扁的肌肉质囊，位于头胸部背侧围心窦内（图11-9、图11-11），通4对心孔。心脏向前（前大动脉1条）、侧（前侧动脉1对）、腹（肝动脉1对，胸直动脉1条）、后（后大动脉1条）发出血管，再有分支将血液从心脏泵至组织间隙的血窦，汇入胸窦，经入鳃血管至鳃、出鳃血管至围心窦，经心孔回心。

④排泄　排泄器官为1对由后肾管演化而来的触角腺，新鲜时呈淡绿色，也称绿腺（图11-12），开口于第2触角基部。排出血液中的代谢废物，同时从血液中回收有用的离子。

⑤神经系统　虾具典型的链状神经系统（图11-9），其食道上方有脑（由原头部前3对神经节合并而

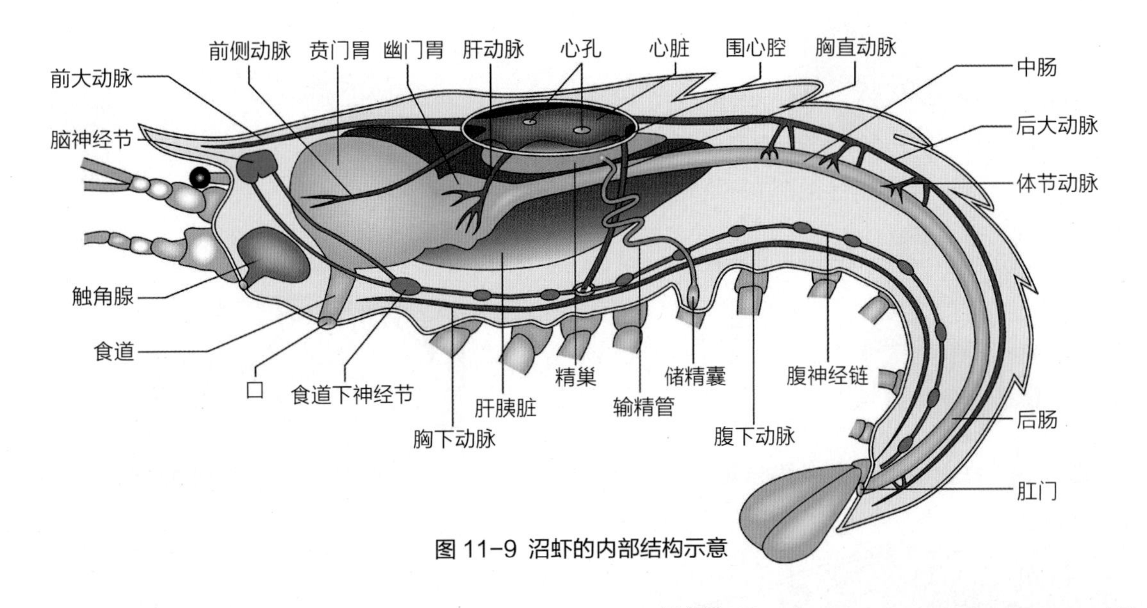

图 11-9 沼虾的内部结构示意

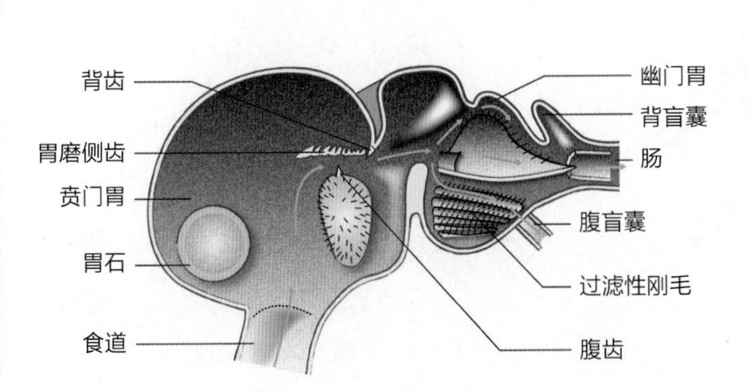

图 11-10 甲壳亚门动物的胃磨结构及食物运动方向

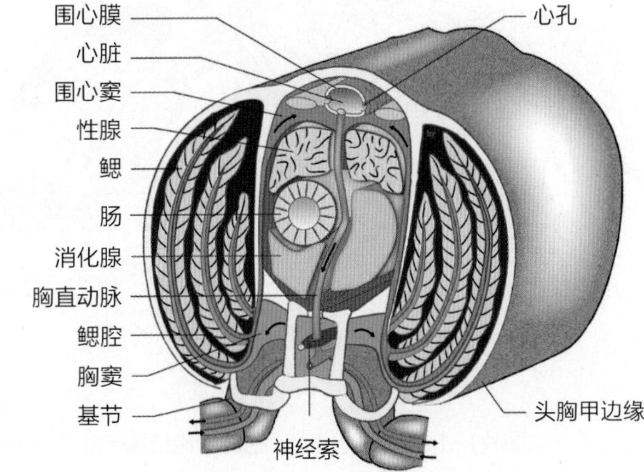

图 11-11 虾过心脏区横切示意

箭头示血流方向

成），发出神经至复眼和触角等处。脑以围食道神经和食道下神经节（由原头部后3对神经节和原胸部前3对神经节合并而成）相连，腹神经链上有5个胸神经节和6个腹神经节。它们发出神经到相应的肌肉和器官。腹神经链在第12和13体节间形成环，胸直动脉由此通过（图11–9、图11–11）。

⑥生殖和发育 克氏原螯虾雄性第1对游泳足变成管状交配器；雌性在第4、5对步足基部之间的腹板上有圆盘状的受精囊，由腹板向内凹陷形成，表面中央有纵向开口，可接受并储存精子。雌虾卵巢1对，位于体背部，繁殖期呈暗绿色，可从头部直到尾节前，输卵管在肝胰脏附近，短而直，开口于第3对步足基部；雄性精巢1对，白色，输精管后段较细，末端膨大为储精囊，在第5对步足基部开口，似沼虾（图11–9）。虾的发育经无节幼体、原溞状幼体和糠虾幼体期（图11–13）。生长过程中有多次蜕皮现象。

（3）甲壳亚门的重要类群

①鳃足纲（Branchiopoda） 淡水生活的小型种类。体分头胸部和腹部或头部、胸部和腹部。有或无背甲。胸部附肢扁平叶状，除用于协助摄食、运动和呼吸外，还可调节渗透压。腹部一般无附肢，身体末端常有尾叉。常见种类如蚤状溞（*Daphnia pulex*）（图11–14）、卤虫（*Artemia*）和鲎虫（*Triops*）等。

②鳃尾纲（Branchiura） 海水或淡水鱼类的一小群主要外寄生虫。口器为吸吮式。体长5~10mm，通常有一个宽盾形的甲壳，有复眼，4对双肢型的胸肢用于游泳，腹部短而不分节，如鱼虱（*Argulus*）（图11–15）。第2小颚变成有钩的吸盘，使寄生虫能在鱼宿主上移动，或从一个宿主移到另一个宿主。严重感染的鱼类可能会并发真菌感染而死亡。直接发育。

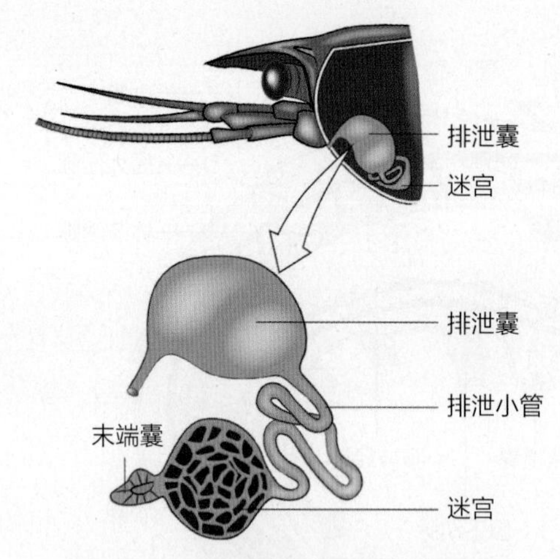

图 11-12 虾触角腺（绿腺）结构示意

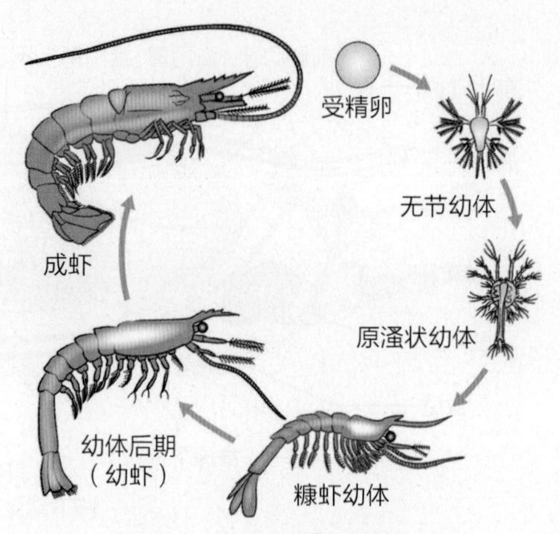

图11-13 虾的生活史示意

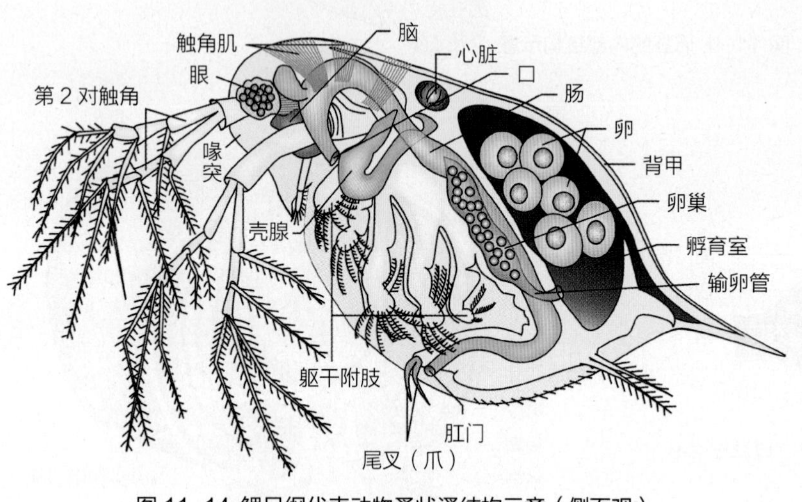

图 11-14 鳃足纲代表动物蚤状溞结构示意（侧面观）

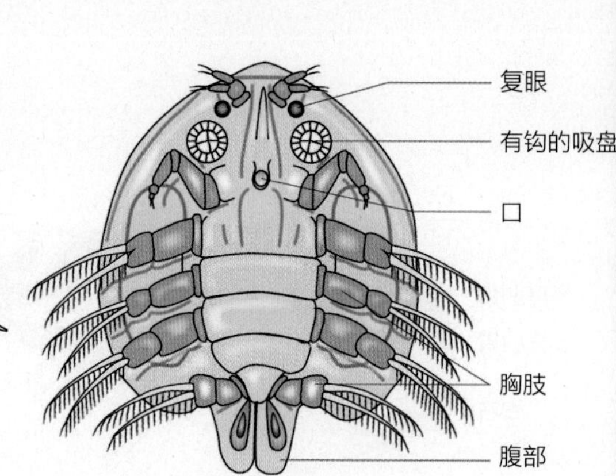

图 11-15 鱼虱

③五口虫纲（Pentastomida） 或称舌形虫（图11-16），约有130种，为脊椎动物呼吸系统的蠕虫样寄生虫。成虫长1~13 cm。身体覆盖着非几丁质、高度多孔的角质层形式的横向环，为幼体期周期性蜕皮结果。前部可有5个短隆突（因此得名“五口虫”）。中央隆突上有口，其余4个有几丁质爪。消化系统直管状。神经系统和其他节肢动物相似，沿腹神经索有成对的神经节。唯一的感觉器官似乎是乳突。没有循环、排泄或呼吸器官。雌雄异体，雌性通常比雄性大。1个雌性可能会产几百万粒卵，这些卵子通过宿主的气管、支气管、喉头、会厌被吞食，并与粪便一起排出。孵化成椭圆形，有尾且有4条粗短腿的幼虫。大多数五口虫的生活史都需要1个脊椎动物如鱼类、爬行动物，或者偶见哺乳动物作为中间宿主，被中间宿主吞食后，幼虫穿过肠道，在体内随机迁移，最后变成若虫。经过生长和几次蜕皮后，若虫最终被包裹起来并休眠。当中间宿主被终末宿主吃掉时，若虫激活并找到宿主的肺，以血液和组织为食，并逐渐发育成熟。已发现了几种五口虫寄生于人体。最常见的是腕带蛇舌状虫（*Armillifer armillatus*）。锯齿状舌形虫（*Linguatula serrata*）是中东和印度人鼻咽五口虫病（被称为“哈尔宗病”，Halzoun）的病原之一。

④介形纲（Ostracoda） 介形纲动物通常被称为贻贝虾或种子虾，世界各地分布，在水生食物网中占有重要地位。背甲双瓣状，覆盖身体，象小蛤，长0.25~10 mm（图11-17A）。介形纲动物的躯干体节大多愈合，使胸部和腹部界线模糊。腹部有1~3对附肢，胸肢2对或无。摄食和运动主要是靠头部附肢（触角）。大多数介形纲动物底栖或爬行在植物上，有些漂浮或穴居，少数寄生。食性多样，可食颗粒、植物、腐肉或捕食动物。多雌雄异体，但有些是孤雌生殖。部分雄性介形纲动物能发闪烁光，以吸引雌性。发育为渐变态。现存6 000多种，化石种1万余种，它

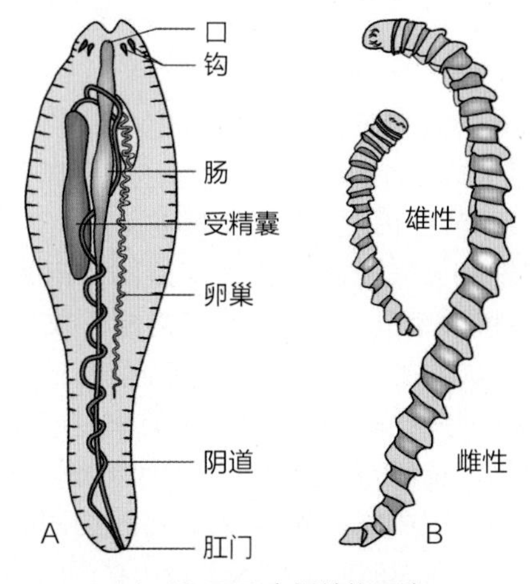

11–16 五口虫纲结构示意

A. 锯齿状舌形虫雌性成体；B. 蛇舌状虫，未定种（*Armillifer* sp.）

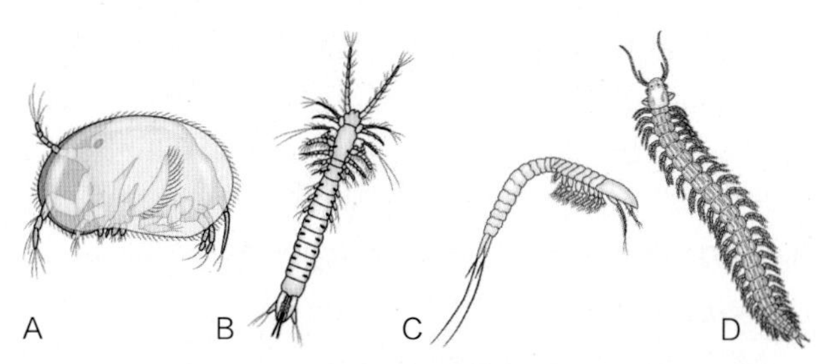

图 11–17 介形纲动物（A）、须虾纲动物（B）、头虾纲动物（C）和桨足纲动物（D）

们在某些岩层中的存在往往是石油矿床的重要标志。

⑤**须虾纲**（Mystacocarida） 须虾纲是微小的甲壳动物，长小于0.5 mm，生活在海滩沙粒之间的间隙中。身体圆柱形，头部相对较大并分成两部分，有4对较长的附肢和2对长触角，胸部和腹部各分5节，胸部有4对小的附肢（图11–17B）。已知仅10余种，但在世界上许多地方都有广泛分布。

⑥**头虾纲**（Cephalocarida） 头虾纲动物海生，体型很小，长2~3 mm，生活在从潮间带到300 m深的底层沉积物中。1950年初次发现，仅知9种。体分头部、胸部和腹部（图11–17C）。无眼和背甲。胸部附肢为同型双肢型，向下伸展。腹部无附肢，雌雄同体。头虾纲动物通过共同的管道排出卵和精子，这在节肢动物中是独一无二的。已知分布于美国周边海岸、西印度群岛和日本。

⑦**桨足纲**（Remipedia） 海生。很小。1980年初次发现，已知约10种。体分头胸部和腹部，触角双肢型，2对颚和1对颚足均适于抓握及摄食。体节25~38个，各具同型双肢型游泳足1对，向两侧伸展（图11–17D）。一种无眼的穴居桨足虫最近被报道是第一种有毒的甲壳动物。

⑧**颚足纲**（Maxillipoda） 多生活于海水中，体短，通常头部5节，胸部6节，胸肢双肢型，具有滤食功能。腹部多为4节及1分叉的尾节，无附肢。成体具中眼。有些种类营寄生或固着生活。常见种类如藤壶（*Balanus*）（图11–18A）和剑水蚤（*Cyclops*）（图11–18B）等。

⑨ **软甲纲**（Malacostraca） 水生或陆地潮湿生境生活。为甲壳亚门中最大的一纲，约4万种。体分头胸部和腹部。有头胸甲（背甲）覆盖头胸部。通常头部6节，胸部8节，腹部6节及1尾节。除尾节外各

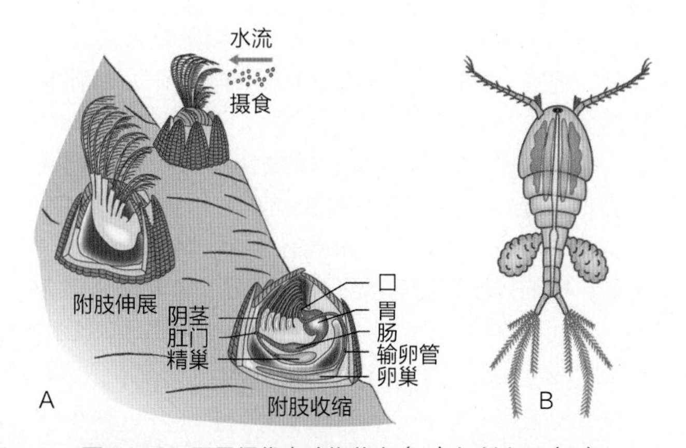

图 11–18 颚足纲代表动物藤壶（A）与剑水蚤（B）

节均有附肢。胸部前3对附肢常形成颚足。常见种类如虾、蟹和囊虾（端足目，Amphipida）等。还包括等足目（Isopoda），即俗称的鼠妇或潮虫。

11.2.3 螯肢亚门（Chelicerata）

生活于海洋或陆地。体分头胸部（前体部）和腹部（后体部）。头胸部有附肢6对，无触角，第1对为螯肢，第2对为须肢（脚须），其余为步足。腹部有或无附肢。已知9万余种，常见类群有：

（1）肢口纲（Merostomata）

体呈瓢状。身体分头胸部和腹部，头胸部被以马蹄形头胸甲，上有单眼、复眼各1对。有6对附肢，第2~6对附肢基部参与组成口的咀嚼面，故名“肢口”。第1对附肢在口前，为螯肢，由3或4节构成。第2至5对附肢各为6节，适于步行，末端呈钳状。第6对附肢7节，末端特化适于掘土和爬行。雄性第2对附肢无钳而成钩状。最末1对步足之后，有1唇状瓣（chilarium），可能是与头胸部愈合的第1腹节的附肢。腹部背面坚硬，呈六角形，两侧具缺刻和短刺。

尾端有能活动的尾剑。腹部体节愈合或分离，一般为5~6节或更多（13）节不等。腹肢6对，第1腹肢左右愈合为生殖厣，其下为生殖孔；其余5对腹肢平扁，双肢型，内肢小，外肢宽阔，其后壁呈叶片状，重叠似书页，称书鳃（book gill），为其呼吸器官。以小动物为食。雌雄异型。初孵出的幼体形似三叶虫，称三叶幼体。海产底栖，大多数种类已灭绝，现存3属4种，被称为“活化石”。常见种为东方鲎（*Tachpleus tridentatus*）（图11-19）。

（2）蛛形纲（Arachnoida）

蛛形纲动物多生活于温暖干燥的地方。已知约8万种，如蜘蛛（图11-20、图11-21）、蝎和蜱螨（图11-22）等。头胸部愈合，腹部分节或不分节。蜱螨类的头胸腹完全愈合成一体。头胸部除螯肢和须肢外，还有4对步足。腹部无附肢，或变化为书肺等构造。

①蜘蛛目（Araneae） 蜘蛛头胸部和腹部之间以腹柄相连。头胸部6对附肢中前2对为头肢，后4对是胸肢。螯肢螯基膨大，末端呈爪状。螯基末端有一沟槽，槽的周缘列生多数细齿；当螯爪对着螯基闭合时，便可紧紧夹住猎物。螯基内有一毒腺开口于爪端，以麻痹或杀死猎物。须肢位于口的两侧，分为6节。基节内缘有刚毛和细齿等，用来抓握和撕裂食物。其余5节细长，司触觉和嗅觉。

雄蛛的须肢末部特化为交接器，用来储精和授精。4对胸肢都是步足，由7节构成，末端有刚毛和爪，适于蜘蛛在光滑的表面或网上爬行或歇息。

腹部节间界限消失。第1腹节演变成腹柄。腹部附肢退化，残存的腹肢演变为指状纺器。纺器位于腹部腹面后端或中部，通常3对。每一纺器的顶端有膜质的纺区，周围被毛。纺区上分布着由刚毛演化而成的空心纺管，各纺管均与体内丝腺的输出管相连。有些种类在前纺器之间还有一横板状筛器，其上同样有多数纺管。

产丝织网为蜘蛛的重要生物学特性，也是蜘蛛对陆上生活适应的一种特殊生存方式。蛛丝由丝腺的分泌物形成，主要成分是丝心蛋白。蛛丝很细，在纺管内已固化，直径只有数微米或不到1 μm，但弹性和韧性很强，耐拉力比同样直径的钢丝强10多倍。所有蜘蛛都产丝，织网蛛占蜘蛛总种数的一半左右，其他为游猎型。

蜘蛛的消化系统分为前肠、中肠和后肠。前肠包

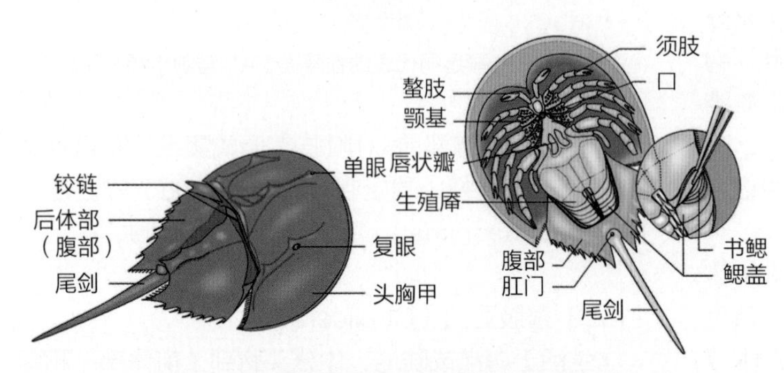

图 11-19 鲎的背面观和雌性鲎的腹面观示意

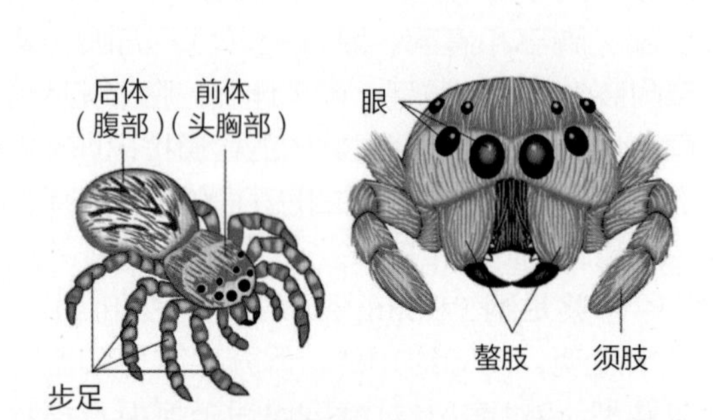

图 11-20 蜘蛛的外部结构及头部前面观

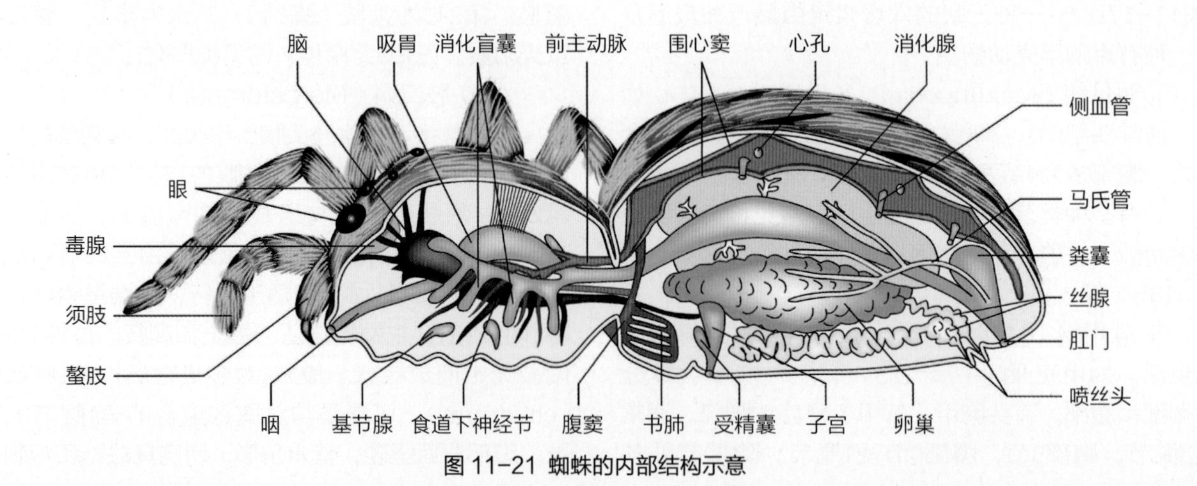

图 11-21 蜘蛛的内部结构示意

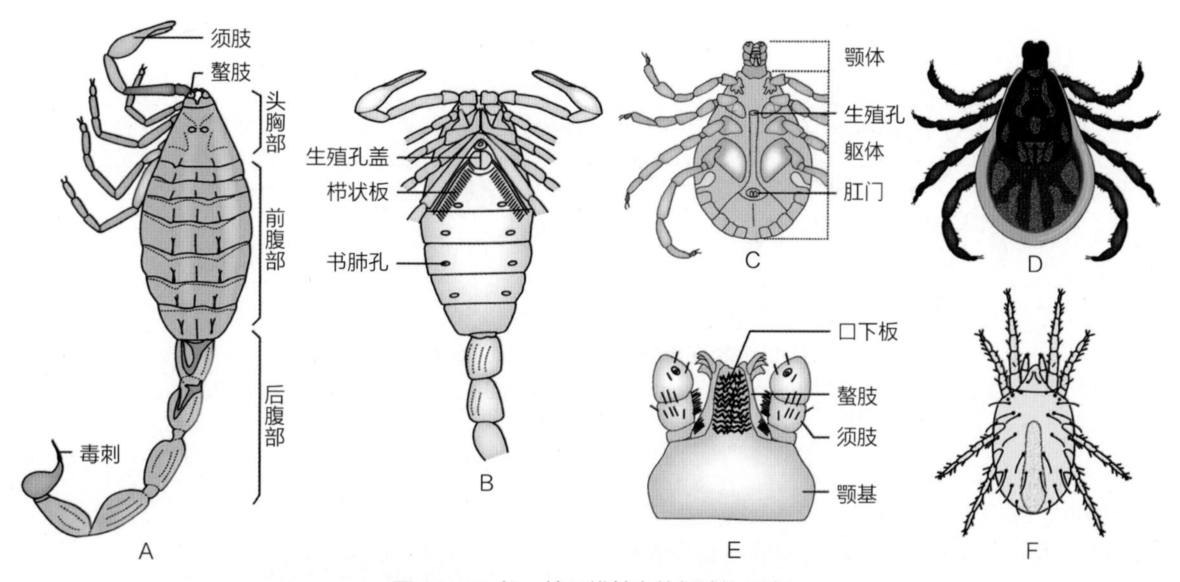

图 11-22 蝎、蜱和螨基本外部结构示意

A. 蝎背面；B. 蝎腹面；C. 蜱腹面；D. 蜱背面；E. 颚体腹面；F. 螨背面

括口、食道和吸胃。吸胃后接中肠，由中肠向左、右各伸出1条粗的长管，绕吸胃前行，各又分出5个盲囊，前1对左右相连，后4对分别伸入步足基部。中肠周围有发达的消化腺。中肠末端膨大成一粪囊，用以聚集废物，其后为短的直肠，肛门开口在体后端（图11-21）。蜘蛛一般吸食液态食物。吸胃壁有强大的肌肉束，使其吸吮能力极强。蜘蛛首先将毒液注入落网的猎物，然后用须肢撕裂，再灌注来自中肠的消化酶，使猎物体内组织液化，再吮吸。由于盲囊能储存食物，故蜘蛛有较强的耐饥力。

循环系统为开管式。心脏呈长管状，位于腹部背侧的围心腔内，通常有3对心孔。心脏向前、后和两侧发出3对动脉。回流的血液一部分经血窦回围心腔，另一部分则流经书肺，进行气体交换后，再通过书肺腔延伸而成的1对肺静脉流入围心腔。围心腔内的血液通过心孔流回心脏。

多数种类呼吸器官为1对书肺和1对气管，少数种类只有书肺或只有气管。由腹部体壁内陷的书肺和气管可使宽广的表面不暴露于外，以减少水分的蒸发，这是动物对陆栖生活适应的结果。蜘蛛的气管相当简单，一般只有1个气孔，开口于后腹部腹面。书肺为本类动物特有，由100~125个片层状突起构成，书肺孔1对，开口于前腹部腹面。

排泄系统有基节腺和马氏管，有的种类两种兼有，多数种类仅有其中一种。基节腺由后肾管演变而来，1~2对，开口于第1或第1、3对步足基节上。马氏管通常1对，从中肠与后肠之间发出，细长而分支，末端封闭。

脑在头胸部由3对神经节合并成一个大的神经团，而位于消化道下方的腹神经节都愈合在一起，并前移与脑十分靠近，由此发出神经通往全身各部（图11-21）。

多夜出活动，视觉不发达，触觉和嗅觉较灵敏。有8个单眼，分前、后2排，位于头胸部背面前缘处。触毛遍布全身，感受机械刺激，嗅毛位于步足跗节末端，感受化学刺激。

雌雄异体。雌蛛一般大于雄蛛。蛛体腹面前方有一横沟，称生殖沟或胃外沟。雌性生殖孔位于此沟中央，沟前缘有1块指状骨片突出，称为生殖厣（外雌器）。雄蛛生殖孔为一小孔，开口于生殖沟正中，无生殖厣。雄蛛性成熟后，用其交接器将精子送入雌蛛受精囊内，待卵子成熟通过输卵管到达子宫时，精子从受精囊出来与卵汇合。受精卵产出后，用蛛丝包裹，形成卵袋。每个卵袋内的卵数因种类不同而异，一般数十个。越冬后翌年春季孵化。

②**蝎目**（Scorpionida） 体分头胸部和腹部，其中腹部又分成前腹部和后腹部（图11-22A~B）。前腹部和头胸部较宽并紧密相连，可合称“躯干”，后腹部窄长，可称作“尾”，末端还有一袋形尾节，尾节末端为一弯钩状毒针。如钳蝎（*Buthus*）和蝎（*Scorpio*）等。

③**蜱螨目**（Acarina） 体小，基本结构可分为颚体（gnathosoma），又称假头（capitulum）与躯体（idiosoma）两部分（图11-22C~F）。颚体位于躯体前

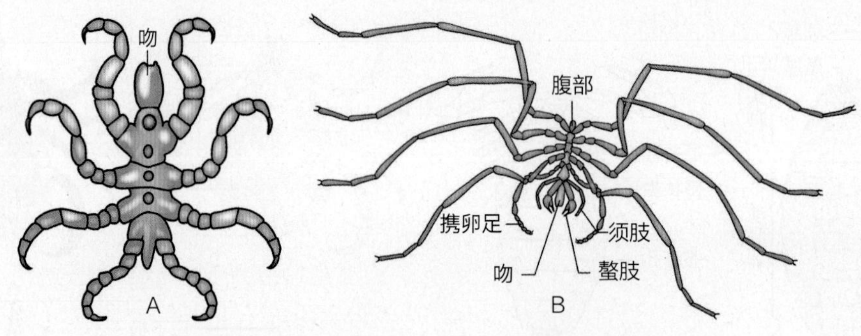

图 11-23 海蛛纲两个属的代表动物结构示意

韩氏海蜘蛛（*Pycnogonum hancockii*）（A）足相对粗短，该属的雌性无螯肢和携卵足，雄性有携卵足。*Nymphon* sp.（B）该属的雌、雄均有螯肢、须肢和携卵足

端或前部腹面，由口下板、螯肢、须肢及颚基组成。躯体呈袋状，表皮有的较柔软，有的形成不同程度骨化的背板。此外在表皮上还有各种条纹和刚毛等。有些种类有眼，多数位于躯体的背面。腹面有足4对，通常分为6节（包括基节、转节、股节、膝节、胫节和跗节），跗节末端有爪和爪间突。气门有或无，有则位于第4对足基节的前或后外侧；生殖孔位于躯体前半部；肛门位于躯体后半部。该目物种有些本身是寄生虫，有些在病原微生物的传播中起媒介作用。如牛蜱（*Boophilus*）、鸡蜱（*Argas persicus*）和红叶螨（*Tetranychus cinnabarinus*）等。

（3）海蛛纲（Pycnogonida）

俗称海蜘蛛。约1 000种，占据着从浅海、沿海水域到深海盆地的海洋栖息地。有些只有几毫米长，而另一些则要大得多，腿长可达0.75 m。海蜘蛛的头胸部发达，腹部短小，通常有4对又长又细的步足。此外，在某些种类中体节是双重的，因此可能有5~6对足，而不是通常螯肢亚门特征的4对足。许多种的雄性还有1对副足（携卵足）（图11-23），它们携带发育中的卵，而雌性中往往没有携卵足。许多种有螯肢和须肢。头部有1个凸起的长吻，有2对单眼。口在长吻的端部，可以从刺胞动物和软体动物中吸取组织液。有一简单的背位心脏，无排泄和呼吸系统。由于身体很小，消化系统和性腺的分支延伸到腿部。海蜘蛛出现在所有的海洋中，以极地水域最丰富。

11.2.4 多足亚门（Myriapoda）

多足类已知约1.3万种，陆生于潮湿的环境中。体分头部和躯干部。头部明显，有1对触角。口器2~3对。躯干部由若干同型的体节组成。每节有1~2对单肢型附肢。以气管呼吸、马氏管排泄。重要类群有：

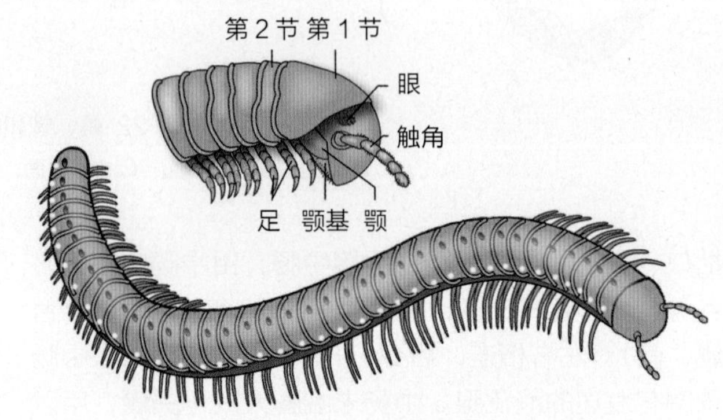

图 11-24 马陆及其前部侧面结构示意

（1）倍足纲（Diplopoda）

本纲动物通称马陆（图11-24）。已知约1万种，栖于石块、落叶或树皮下，也见于潮湿的路边，以腐烂的植物碎屑为食。

体多呈圆筒形，长0.2~30 cm；具足体节11~192节。头部有1对触角，有侧眼；口肢2对，大、小颚各1对；小颚左、右愈合形成颚唇。躯干部前4节与其他体节不同，其第1节称颈节，无附肢，其余3节每节1对足，这4节被认为是胸部；躯干部其余体节每节有2对足，称倍节，被当作腹部；各倍节是由原2个胚节愈合而成的，所以每体节有2对足、2对气门，体内神经链上每节也有2对神经节，心脏每节2对心孔；最后几节无附肢。遇攻击或受惊扰时，常将身体盘卷起来。

（2）少足纲（Pauropoda）

小型多足类，生活在潮湿的土壤、落叶层或腐烂的植被中，或树皮、碎屑或石头下面。约800种。体长0.5~2 mm，呈圆柱形。头部触角1对，基部分节，端部分支。头部两侧各有一圆盘状感觉器（图11-25A）。躯干12节，通常有9对足（8~11对）。气管、气门和循环系统都缺乏。生殖系统与倍足纲相似，通过精荚进行精子传递。可能与倍足纲动物关系最密切。

（3）唇足纲（Chilopoda）

本纲动物通称蜈蚣（图11–25B）。已知约2 800种。躯干体节15~193节不等，因种而异；每体节1对足，15对足以上，第1对足末端具毒爪，爪尖有毒腺开口；爬行迅速，全为捕食性。蜈蚣全虫可入药，我国长江中、下游常见的少棘蜈蚣（*Scolopendra mutilans*），已开展人工养殖。

（4）综合纲（Symphyla）

已知约160种。因具有倍足纲、唇足纲以及低等节肢动物若干基本特征而得名。体似蜈蚣；生活于落叶下和土中；身体柔软，长2~10 mm；3对附肢构成口器，第2对小颚愈合成下唇；躯干14节，前12节各有1对足，第13节有1对纺绩突，末节卵圆形，有1对感觉毛。无眼，但触角的底部有感觉凹。气管系统仅限于头上1对螺旋管，气管仅限于前段。代表动物如幺蚣（*Scolopendrella*）（图11–25C）。

11.2.5 六足亚门（Hexapoda）

六足亚门包括种类众多的昆虫纲和种类不多而又较原始的内颚纲。该亚门动物已描述的有100多万种。分布广泛，多体型小、构造上多种多样，能很好地适应环境。

（1）内颚纲（Entognatha）

无翅；口器藏于头部内一可翻缩的囊内；上颚（大颚）仅有1个关节与头部连接；触角多数节内具肌肉；马氏管不发达或无；足的跗节只有1节；腹部有附肢痕迹。包括弹尾目（Collembola）、原尾目（Protura）和双尾目（Diplura）（图11–26）。约7 000种。

（2）昆虫纲（Insecta）

最繁盛的动物类群，已记录100多万种，不仅是节肢动物门，也是整个动物界种类和数量最多的一个纲。无翅或有翅；口器外露；上颚（大颚）有2个关节与头部连接。代表动物为蝗虫。

①外形　以蝗虫为例，全身绿色或黄褐色；长40~55 mm；雌大雄小；分头、胸和腹3部分（图11–27）。

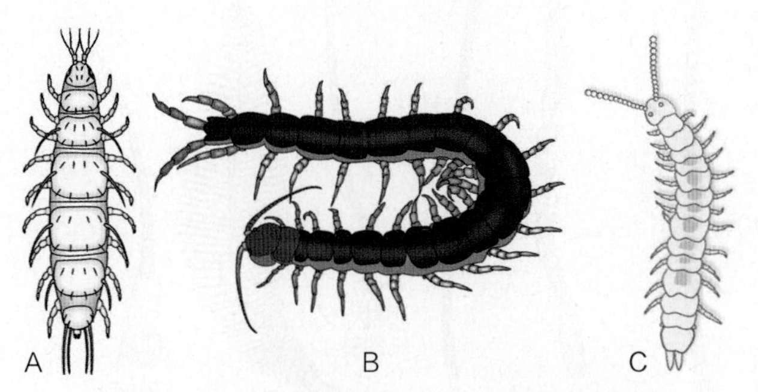

图 11–25 少足纲动物（A）、唇足纲少棘蜈蚣（B）示意和综合纲幺蚣（C）示意

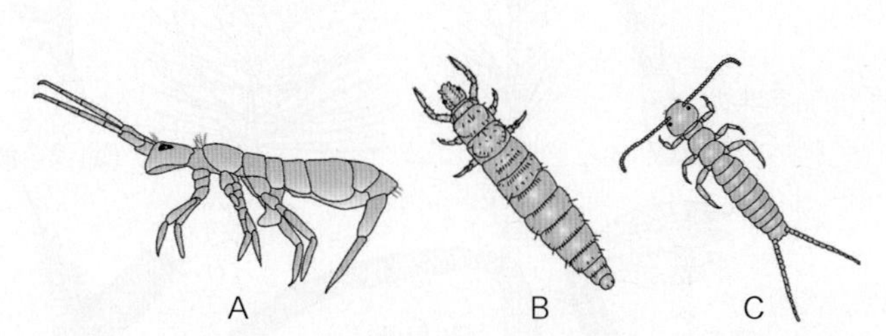

图 11–26 弹尾虫（A）、原尾虫（B）和双尾虫（C）外形示意

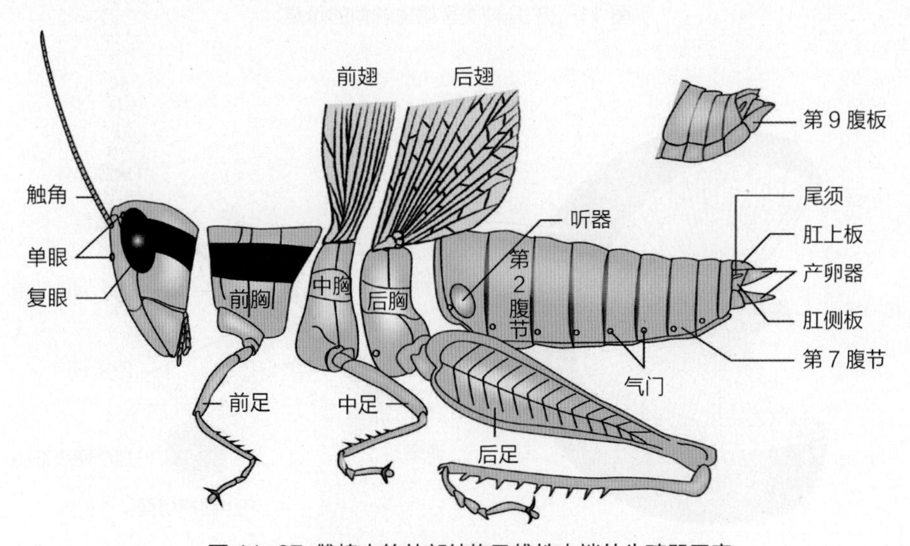

图 11–27 雌蝗虫的外部结构及雄性末端外生殖器示意

②头部

触角 蝗虫触角1对，丝状，基部为柄节，第2节为梗节，其余各节称鞭节，是嗅觉和触觉器官。不同昆虫的触角形态有别，为分类的依据之一（图11-28）。

单眼及复眼 单眼只有1个角膜透镜，只能感光不能视物。复眼由许多小眼组成。每个小眼的表面有1个角膜，是六角形凸镜，角膜下连接圆锥形的晶体。在角膜和晶体这些集光器的下端连着视神经（图11-29）。视神经感受集光器传入的光点而感觉光的刺激，形成“点的影像”，无数小眼的影像组成“镶嵌的影像”（昼行性昆虫）或“重叠的影像”（夜行性昆虫）。复眼能分辨物体的大小和形状。

口器 摄食器官，蝗虫为原始的咀嚼式口器，适于取食固体食物。

咀嚼式口器（图11-30）由上唇、大颚、小颚、舌及下唇组成。上唇形成口器的上盖，大颚用于切碎和咀嚼食物，小颚用于助食和感觉作用，舌有味觉与搅拌食物的功能，下唇左、右愈合形成口器的底盖，可防止食物外逸。除了蝗虫以外，其他直翅目昆虫、鞘翅目幼虫和成虫、脉翅目成虫、鳞翅目幼虫及膜翅目多数成虫也都是咀嚼式口器。不同生活与摄食方式与不同的口器相适应，常见口器类型还有刺吸式、虹吸式、舐吸式（图11-31）和嚼吸式等。刺吸式口器形成了针管形，用以吸食植物或动物体内的液汁。这种口器不能食固体食物，只能刺入组织中吸取汁液，如蚊、虱和椿象等。

嚼吸式口器构造复杂。除大颚可用作咀嚼花粉外，中舌、小颚外叶和下唇须合并构成复杂的食物管，借以吸食花蜜，如蜜蜂的口器。虹吸式口器下颚

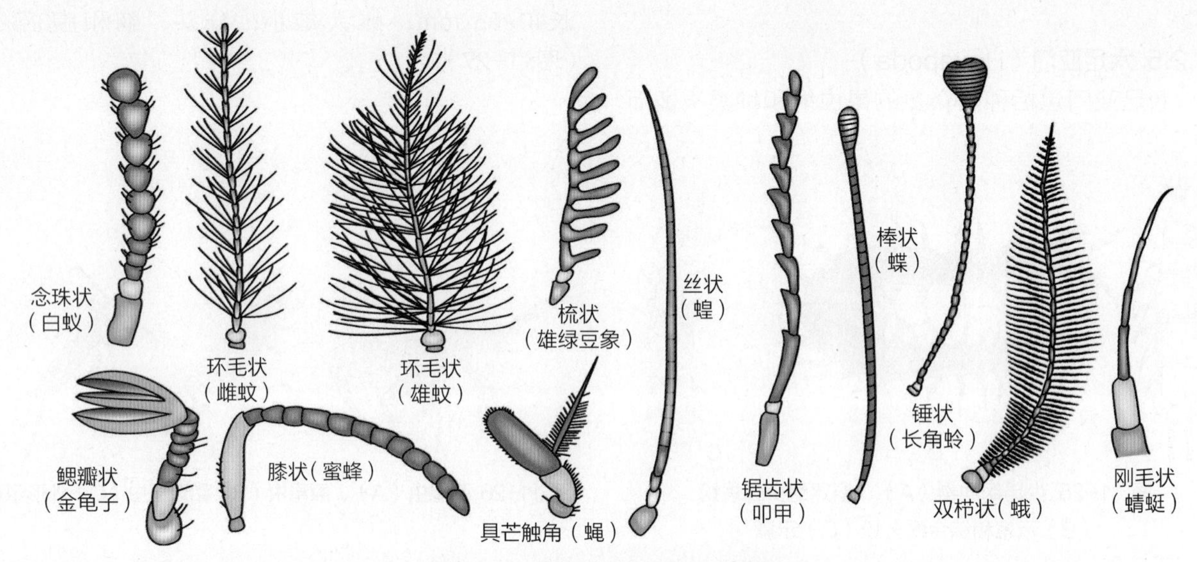

图 11-28 几种类型昆虫触角的示意

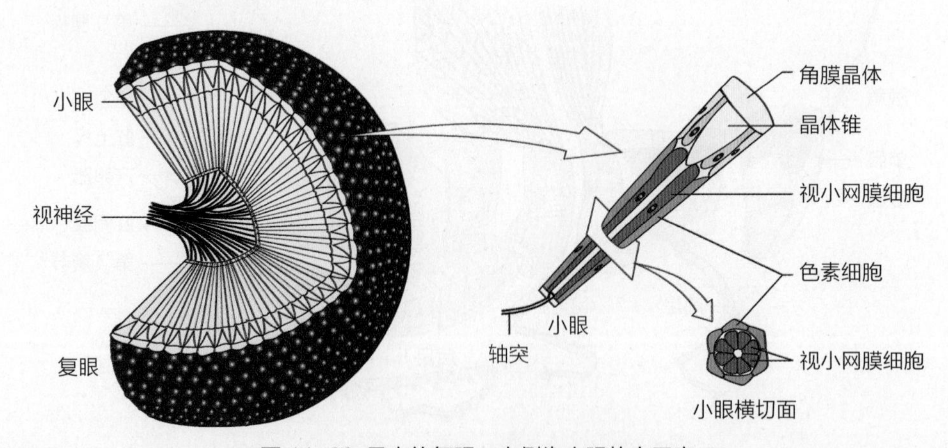

图 11-29 昆虫的复眼，右侧为小眼放大示意

的外颚叶极其发达，左、右合抱成长管状的食物道，盘卷在头部前下方，如钟表的发条一样，用时伸长，口器的其余部分退化，如蛾和蝶的口器。舐吸式口器以下唇为主构成吻，吻端是下唇形成的伪气管组成的唇瓣，用以收集物体表面的液汁；下唇包住了上唇和舌，上唇和舌构成食物道。舌中还有唾液管。如蝇的口器。

口器特征决定了昆虫的取食习性，也是选择防治用药的重要依据。一般情况下，对咀嚼式口器的害虫，可选用胃毒杀虫剂，而对刺吸式口器害虫，以内吸杀虫剂为主。

③胸部 由前、中和后胸3节组成。每节的外骨骼由1片背板、2片侧板和1片腹板组成。蝗虫有1个大的马鞍型前胸背板，侧板位于前胸背板的前侧方，腹板小。中、后胸背板和腹板分成若干骨片，两侧有气门2对。每节各有1对胸足，分别称前足、中足和后足。前、中足适于步行，后足适于跳跃。每足由基节、转节、腿节、胫节、跗节及前跗节6部分组成。前跗节呈爪状，两爪间有1个膜质的中垫。爪适合在粗糙面上行走，爪中垫适于平滑面上爬行。不同种昆虫，适应不同生活环境与生活方式，足的形态构造亦不一样（图11-32）。

翅2对，位于中、后胸上。由体壁向外延伸而成。蝗虫前翅革质，狭长，后翅膜质，扇形，上有许多纵横的脉纹，称翅脉，为气管、血管及神经的遗迹。静止时后翅折叠在前翅之下，因而前翅称覆翅，因其狭长，又称直翅。不同类群昆虫，翅的形态、质地有别，是分类的重要依据。昆虫的飞翔依靠直接和/或间接肌肉的伸缩，十分协调（图11-33）。

④腹部 蝗虫腹部共11节，是新陈代谢和繁殖

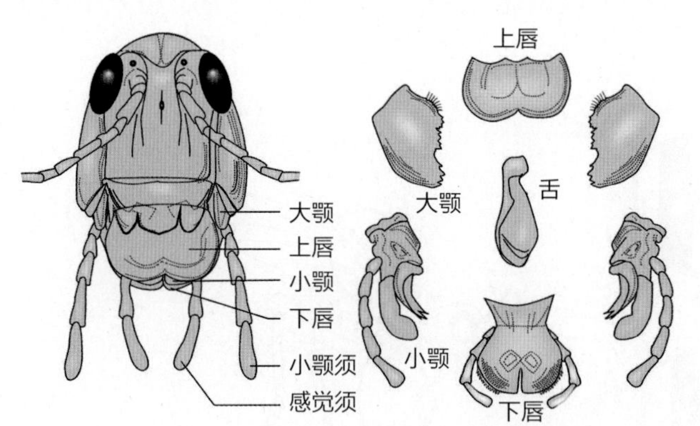

图 11-30 蝗虫的咀嚼式口器解剖示意

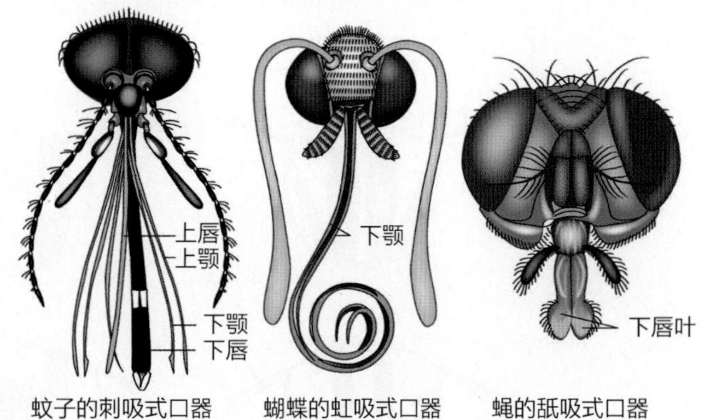

图 11-31 昆虫的 3 种类型口器示意

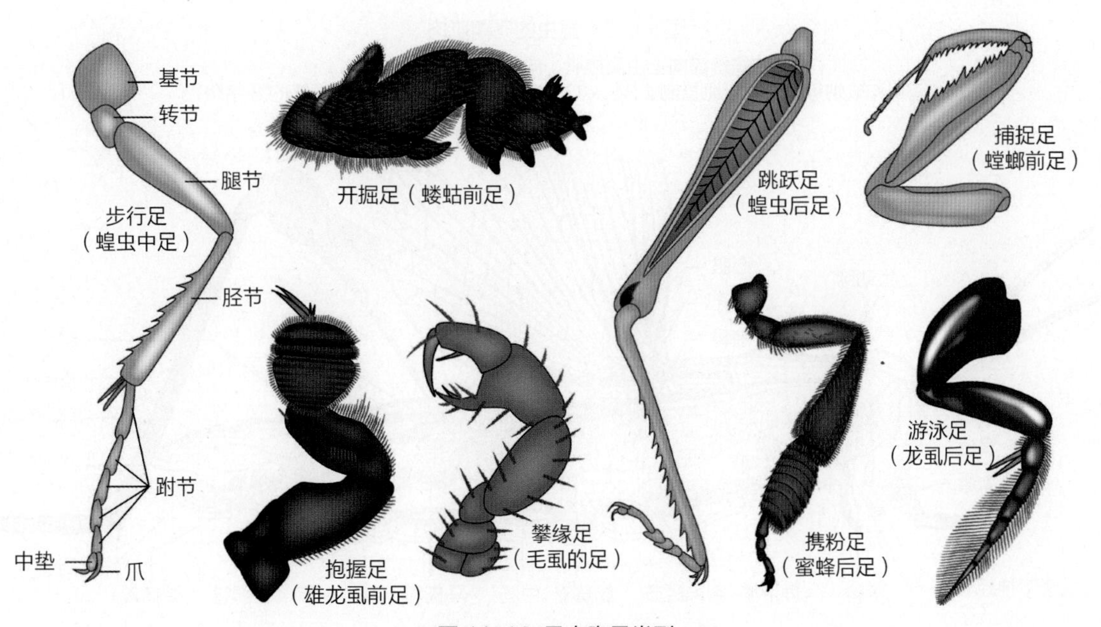

图 11-32 昆虫胸足类型

中心。腹节外骨骼背板和腹板发达，侧板退化。第1腹节两侧有1对鼓膜听器。腹部1~8节的背板两侧下缘前方各有1对气门，共8对。末3个腹节特化，形态因性别而异。雌性第9、10腹节小而愈合。第11腹节退化，其背板位于肛门上方，称肛上板，腹板左、右2片，称肛侧板，1对退化的附肢演变成短小的尾须。腹部末端的产卵器呈瓣状，为产卵、挖土和支持之用。产卵器共2对，背侧1对称背瓣，腹侧1对称腹瓣。雄性第9、10腹节也退化愈合，但第9腹板发达，一直延伸到体末端，称生殖下板，第10腹节腹板已消失。第11腹节及附肢变化与雌性相同。

⑤内部构造

消化系统 蝗虫消化道分为前肠、中肠与后肠3部分。前肠之前为口前腔，为口器包围而成的腔室。前肠包括口、咽、食道、嗉囊及砂囊（前胃）。口前腔的功能是搅拌经口器咀嚼过的食物，使之与排放到舌基的唾液混合。嗉囊是食道后部的膨大，为食物临时储存场所。前胃富含肌肉，内壁有几丁质小齿，能磨碎食物。中肠就是胃，是消化和吸收的场所。中肠以肠盲囊与前胃分界；以马氏管与后肠分界。有肠盲囊 6 对，扩大了消化吸收面积。后肠末端膨大称直肠，肠壁有6个纵向排列的直肠垫，为从食物残渣中回收水分的结构。食物残渣由肛门外排（图11-34）。

循环系统 蝗虫体壁和内脏之间为血腔。血腔由水平的背、腹隔膜分割成背血窦（围心窦）、围脏窦和腹血窦（围神经窦）3 个血窦。背、腹隔膜后缘、两侧缘有缝隙，血液藉此彼此相通。内部器官浸浴在血腔内，为开管式循环。循环器官只有心脏和大动脉。心脏纵贯于腹部背血窦内，管状，后端封闭，由8个膨大呈囊状的心室组成，每个心室有1对心孔，心孔的边缘向内延长，形成心瓣。大动脉由心脏前端发出，贯穿胸部，直达头部，开口于脑后。血液循环由围心窦往心孔入心室，经大动脉流

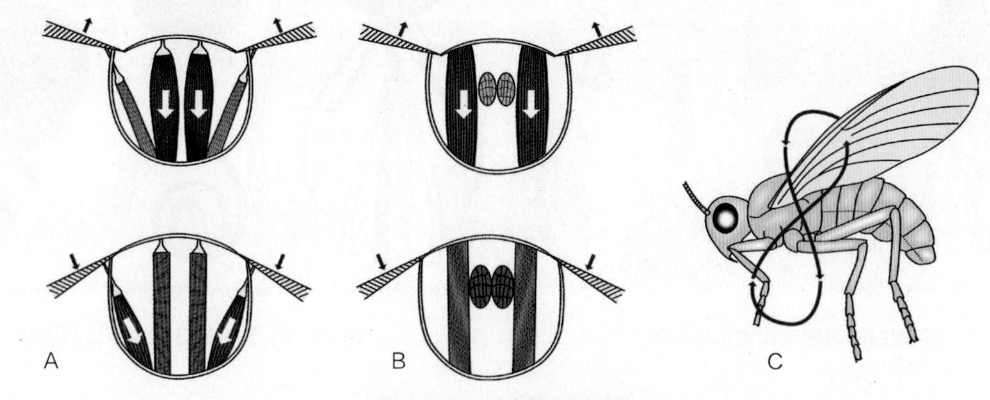

图 11-33 昆虫的飞翔肌肉

蝗虫和蜻蜓等向上由间接肌，向下由直接肌控制（A）；
苍蝇和蚊蚋等都由间接肌控制（B）；C 示昆虫上、下飞翔过程中翅膀的 8 字路径

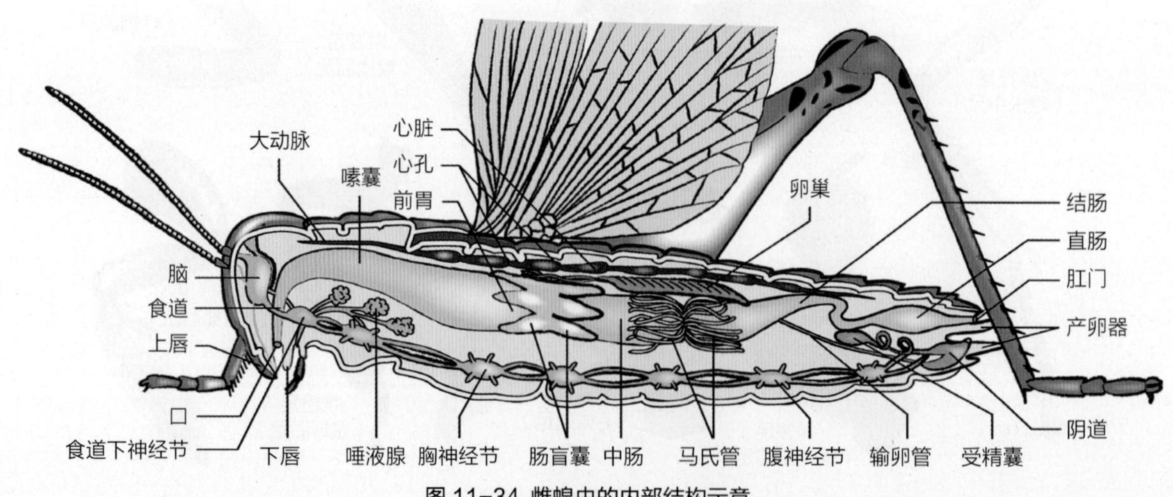

图 11-34 雌蝗虫的内部结构示意

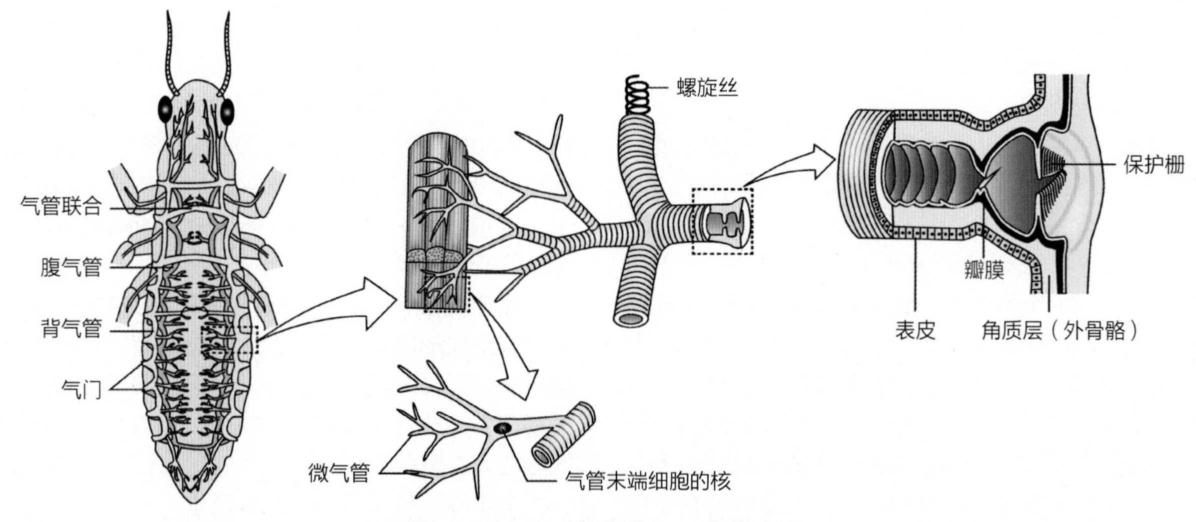

图 11-35 昆虫气管系统的一般结构示意

到血腔，至全身。当一个心室收缩时，其前方的心瓣使心孔关闭，阻止这一心室的血液流入背血窦。血浆或血细胞不含呼吸色素，不运送O_2，而只运输养料和代谢废物等（图11-34）。

呼吸系统　蝗虫的呼吸系统由非常发达的气门和气管构成（图11-35）。纵贯身体的共有侧、背和腹3对气管干，并以横气管相互连接。从纵气管干和横气管发出很多分支，这些分支越分越细，最后形成多数微气管。微气管直径不到1 μm，一般在体壁内面和器官表面盘绕交错，但也伸入细胞之间。气管干或气管的某一部分有时扩大形成薄壁的气囊，以增大气体容量。从中胸开始，直至第8腹节，左、右侧气管干按节向外发出1对短气管，与外界借气门（气孔）相通。气门共10对。O_2以扩散的方式由气门进入气管，到达微气管，透过其纤薄的管壁直接供应O_2给组织和细胞。靠肌肉收缩产生呼吸动作。前4对气门吸气、后6对气门则排放废气。

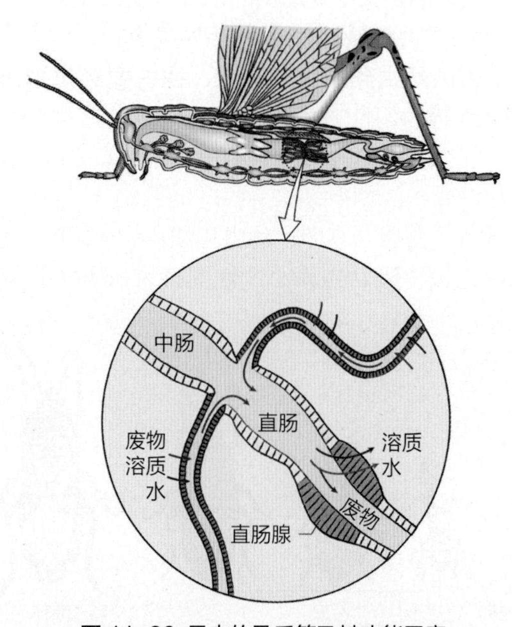

图 11-36 昆虫的马氏管及其功能示意

排泄系统　中、后肠交界处发出的200多条马氏管是蝗虫的排泄器官，为丝状盲管，开口于肠腔，游离于血窦内，经管壁吸收代谢废物排放到肠内，经肛门排出体外（图11-36）。

神经系统与感觉器官　蝗虫中枢神经系统由脑、食道下神经节和腹神经链组成。腹神经链纵走于消化道腹侧，共有8个神经节，胸部3个，腹部5个。由中枢神经系统发出神经到身体各部分（图11-34）。

触角司触觉及嗅觉，下颚须和下唇须司味觉，视觉器官有单眼和复眼，并有鼓膜听器1对。

生殖系统　雌蝗有卵巢1对（图11-34），左、右输卵管汇合成1条总输卵管，连接阴道，雌性生殖孔位于第8腹节腹板后方。阴道背方有受精囊。雄蝗有精巢1对，左、右输精管汇合成1条射精管，雄性生殖孔位于第9腹节生殖下板的背侧基部。精子在输精管内接受附属腺的分泌物，形成精荚。交配时，雄蝗将精荚暂存于雌蝗的受精囊内，等卵产生时，精荚才破裂入阴道，使卵受精。产卵时，雌蝗腹部伸长，将产卵器插入土中产卵，卵粒产出时，由副性腺分泌的黏液结成卵袋，可以防止水分浸入。每个卵袋约有70粒卵。东亚飞蝗在北京以北地区每年发生1~2代，在淮河和长江流域每年发生2~3代，在江西、广东和台湾等地每年发生3代，在海南每年发生4代。

飞蝗一生经历卵、若虫和成虫3个时期，成虫以禾本科植物为食，危害小麦、水稻、玉米、高粱和谷子等，严重危害农业生产。

⑥生殖与发育

生殖 两性生殖。卵生是昆虫常见的生殖方式，此外还有孤雌生殖（卵未受精，直接发育为新个体，如蚜虫）、多胚生殖（1个受精卵产生两个以上胚体，如膜翅目小蜂）和幼体生殖（幼体未成熟，其体内的干细胞团可以发育为个体，如长跗摇蚊），还有些种类营卵胎生（受精卵在母体内发育，产出幼体，如麻蝇）。

发育和变态 昆虫的胚胎发育多数是包在卵壳内完成的，从受精卵开始到完成胚胎发育破壳而出（孵化）为止。胚后发育是由幼虫始到性成熟止的整个发育过程。幼虫的生长伴随着蜕皮，每种昆虫的蜕皮次数是固定的。昆虫一生中的最后一次蜕皮称羽化，在不完全变态的昆虫中为幼虫的末次蜕皮，在完全变态的昆虫中则为蛹的蜕皮。羽化后为成虫。

昆虫由幼虫到成虫的发育，往往要经过形态构造和生活行为习性方面的一系列变化，这种变化称变态。昆虫变态主要分下列几种类型（图11–37、图11–38）。

不完全变态 有卵、幼虫和成虫3个虫期，幼虫和成虫比较，除幼虫体小、性器官未成熟外，还有形态和生活行为习性的不同，又分渐变态和半变态2类。渐变态指幼虫和成虫在形态上比较相似，只是性器官未成熟，翅发育不全，而生活环境和生活习性一样，其幼虫称若虫，如蝗虫的变态发育。半变态指幼虫和成虫的形态和生活行为习性均不相同（如幼虫水生，成虫陆生），这种幼虫称稚虫，如蜻蜓和襀翅目昆虫的变态发育。

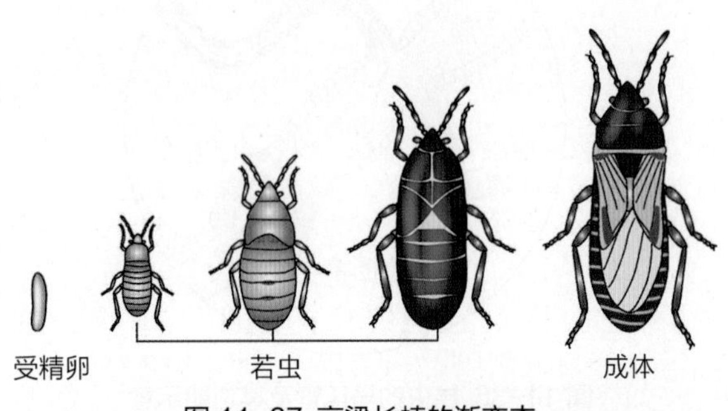

图 11–37 高粱长蝽的渐变态

完全变态 有卵、幼虫、蛹和成虫4个虫期。幼虫和成虫在形态和生活行为习性上常有显著的区别，幼虫必须经过表面上不食不动，但体内进行剧烈改造的蛹期才能转变为成虫。如螟虫、金龟子、蜜蜂和蚂蚁等的变态发育。

⑦雌雄二型与多型（态）现象

雌雄二型 指同种昆虫雌、雄两性在形态上有显著差异，这种现象很普遍。如介壳虫的雌虫球形或片状，常固定在植物上，无翅；但雄虫有翅，能自由飞翔。马兜铃凤蝶雌虫翅底色为暗灰色，雄虫翅底色为白色，花纹也有所不同。雌蝇的两复眼小而分离，雄蝇的两复眼大且几乎左、右相接等。

多型（态）现象 指同一种昆虫在形态构造和生活功能上表现为两种以上不同类型的现象。有些多型现象是因季节变化而出现的，如蚜虫在同一时期内既可出现有翅胎生蚜，又可出现无翅胎生蚜，入冬前还会出现有翅的雄蚜和无翅的卵生雌蚜。营群体生活的白蚁、蜜蜂和蚂蚁等多态现象特别明显。如白蚁有5种主要类型：即3种生殖蚁（大翅型、短翅型和无翅型）和2种不育蚁（工蚁和兵蚁）。蜜蜂中有蜂后、雄蜂和工蜂等。

⑧昆虫的世代 一种昆虫从卵开始到性成熟产卵为止的整个周期称为1个世代。1年只完成1个世代的昆虫称为一化性昆虫，1年有2个世代的称二化性昆

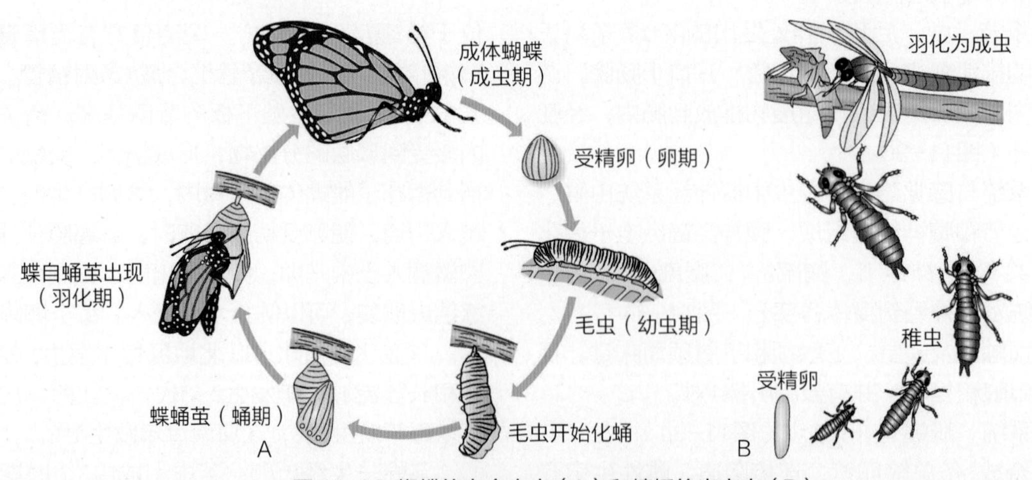

图 11–38 蝴蝶的完全变态（A）和蜻蜓的半变态（B）

虫，一年有多个世代的称多化性昆虫。另有极少数种类完成1个世代可长达几年或十几年，这些种类称多年一代昆虫或多年性昆虫。

⑨**休眠与滞育** 昆虫的休眠（dormancy）是对不利的外界环境条件（如严寒、酷热、干旱和食物不足等）的适应，表现为活动停止，代谢降低，呈相对静止状态，一旦不利因素解除，昆虫可立即恢复正常的活动与发育。休眠可分为夏眠和冬眠。昆虫滞育（diapause）的表现和休眠差不多，但引起滞育的主要原因具有一定的遗传特征，出现在每个世代。滞育虽也由不利环境因子引起，但一旦进入滞育后，必须经过较长的时间，并要求一定的刺激因素，再回到合适的条件下，才能继续生长发育。昆虫的滞育受神经激素调控。

⑩**内分泌系统与激素** 昆虫的生长发育和变态是由激素调控的，昆虫的种间通讯也离不开激素。激素由昆虫的内分泌系统（图11-39）产生。内分泌系统包括有分泌功能的细胞和腺体，如脑神经分泌细胞群、咽下神经节、心侧体、咽侧体、前胸腺、某些体神经节、绛色细胞和睾丸顶端分泌细胞等。分泌的激素分为内激素和外激素2大类。内激素分泌后，经血液运送到作用部位，在不同的生长发育阶段相互作用，调控昆虫的生长、发育、变态、滞育、交配、生殖、两性异型、多态现象及一般的生理代谢。

外激素又称信息素，是昆虫个体间的信息传递媒介，由昆虫体内产生后分泌到体外起作用，能够影响同种其他个体的行为、发育和生殖等生理活动。

⑪**生活习性**

昼夜节律 绝大多数昆虫的活动都有昼夜节律。例如，蜕皮多在清晨湿度高的几小时内启动；开始活动的时期与食物的丰富度相关联。白昼活动的昆虫称为**昼出性昆虫**，如蝶类。夜间活动的昆虫称为**夜出性昆虫**，如蛾类。还有在日出或日落弱光下活动的昆虫称为**弱光性昆虫**，如蚊。

食性 按昆虫的食性，将昆虫分为植食性、肉食性、腐食性、杂食性和寄生性等几种主要类群。**植食性昆虫**约占50%以上，有相当数量为农林害虫，如黏虫、蝗虫和棉铃虫等；**肉食性昆虫**捕食其他动物，如螳螂、猎蝽和虎甲等；**腐食性昆虫**吃动、植物尸体和粪便，如蜣螂和蝇幼虫等；**杂食性昆虫**既吃植物又吃动物，如蜚蠊；**寄生性昆虫**寄生于昆虫或人畜体内、外。根据昆虫食物种类的广狭，又可分为单食性、寡食性和多食性3类。水稻害虫三化螟只吃水稻1种植物，为**单食性昆虫**。小菜蛾喜吃十字花科的近40种

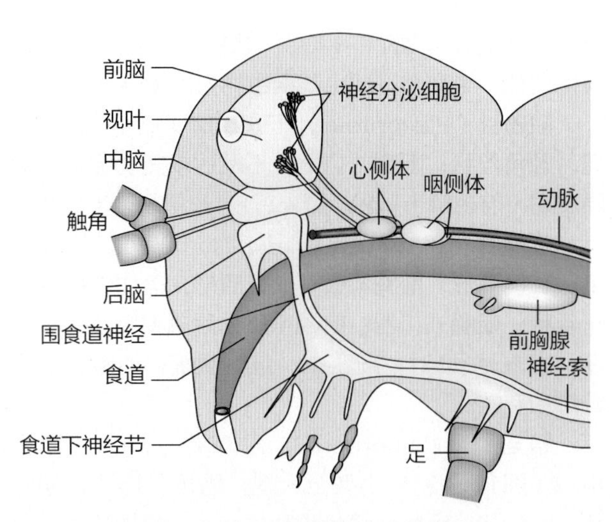

图 11-39 昆虫的神经内分泌系统

植物，这种吃同一科（或个别近似科）的若干种植物的昆虫称**寡食性昆虫**。蝗虫、棉蚜则能吃不同科的多种植物，属于**多食性昆虫**。

趋性 指昆虫对某种刺激进行趋向（正趋向）或背离（负趋向）的定向活动。刺激物多种多样，如光、化、热、地、湿和声等。如夜晚常可见一些飞虫在灯光下飞来飞去，这些昆虫具趋光性；而蜚蠊见光就躲，为负趋光性。还有些昆虫如雌蚊对乳酸（汗味）有正趋化性，蚊和臭虫趋向哺乳动物的体温，地下昆虫趋向潮湿的土壤等。

⑫**昆虫纲的分类**

石蛃目或古颚目（Archaeognatha） 已知约350种。体呈柱状；善跳；咀嚼式口器；上颚只有1个关节；胸部背面隆起；无翅；腹部具附肢遗迹，尾端有1对尾须和中尾丝；发育无变态。

衣鱼目（Zygentoma） 已知约360种。体扁，被有鳞片；咀嚼式口器；无翅；腹部具附肢遗迹；尾端有1对尾须和中尾丝；发育无变态；爬行迅速。如衣鱼（*Ctenolepisma*，图11-40A）。

蜉蝣目（Ephemerida） 已知约2 500种。体柔弱；寿命很短；头部小，触角刚毛状；口器咀嚼式但退化；翅膜质，前翅大，后翅小或退化；尾端有1对尾须，中尾丝有或无；原变态；产卵于水中；稚虫腹部有气管鳃，为水中生活的呼吸器官；老熟稚虫一般浮升到水面爬到石块或植物茎上，羽化为“亚成虫”。如日本蜉蝣（*Ephemera japonica*，图11-40B）等。

蜻蜓目（Odonata） 已知约5 000种。体细长；触角刚毛状；咀嚼式口器；两对相似的膜质翅静息时平放（蜻蜓）（图11-40D），或斜向竖立（蟌或

豆娘）于背上（图11–40C）；蜻蜓身体粗壮，豆娘身体细长；半变态；成虫与稚虫均为肉食性。

襀翅目（Plecoptera） 已知约2 300种，通称石蝇。触角丝状；咀嚼式口器，不发达或无功能；两对膜质翅，前翅狭于后翅；腹末有1对长尾须；半变态。

蜚蠊目（Blattodea） 已知约5 000种。体较扁平，长椭圆形，前胸背板宽大，盾形，盖住头部；触角丝状；咀嚼式口器；前翅革质，后翅膜质，少数无翅；腹末尾须1对；渐变态。包括蜚蠊和地鳖，俗称蟑螂和土鳖。

鞘翅目（Coleoptera） 已知约37万种，通称甲虫（图11–41）。小型至大型；触角多样化，如丝状、锯齿状、锤状、膝状和鳃片状等。前翅角质，坚硬，无翅脉，称为“鞘翅”，用于保护，本目因此得名；后翅膜质，用于飞翔，静止时褶于前翅之下；咀嚼式口器，食性广；完全变态。常见种类如双叉犀金龟（*Allomyrina dichtona*）和眼斑齿胫天牛（*Paraleprodera diophthalma*）等。

鳞翅目（Lepidoptera） 已知约16.5万种。通称蝶和蛾（图11–42）。触角棒状、丝状或双栉状；虹吸式口器或退化；两对膜质翅；身体和翅面覆盖有小鳞片；无尾须；完全变态。

膜翅目（Hymenoptera） 已知约19.8万种，通称蜂和蚁。触角丝状或膝状；咀嚼式或嚼吸式口器；两对膜质翅，前大后小，后翅前缘有1列钩刺，可与前翅后缘连结，或无翅；许多种类有“细腰”；雌性常有锯状或针状产卵器或螫刺；无尾须；完全变态。常见种类如赤眼蜂（*Trichogramma*）、茧蜂（*Meteorus*）、金小蜂（*Dibrachys cavus*）和红火蚁（*Solenopsia invicta*）（图11–43）等。红火蚁原产于南美洲，危害农林作物，也攻击鸟类及小型哺乳动物，人被叮咬后，皮肤红肿，痛痒不堪。2003年侵入台湾，翌年侵入广东，现成为我国的外来入侵物种之一。

双翅目（Diptera） 已知12万种以上，通称蚊、虻和蝇（图11–44）。触角丝状或短而具芒；刺吸式或舐吸式口器；前翅膜质，后翅特化成平衡棒；无尾须。完全变态，从无翅的蛆或孑孓经过化蛹后变为能够飞翔的成虫。传播多种疾病，如疟疾（按蚊）、黑热病（白蛉）和丝虫病（虻、蚋和蠓）等。

半翅目（Hemiptera） 已知8.2万余种，包括通称“蝽”的异翅亚目（Heteroptera）和同翅亚目（Homoptera）。触角丝状或刚毛状，1~5节；刺吸式口器；前翅为半鞘翅，后翅膜质透明，或两对翅均为膜质，也有两对翅近于革质者；无尾须；渐变态。如白蜡蝉（龙眼鸡）（*Fulfora candelaria*）（图11–43A）、比丽蝽（*Pycanum ochraceum*）（图11–45B）、斑须蝽（*Dolycoris baccarum*）（图11–

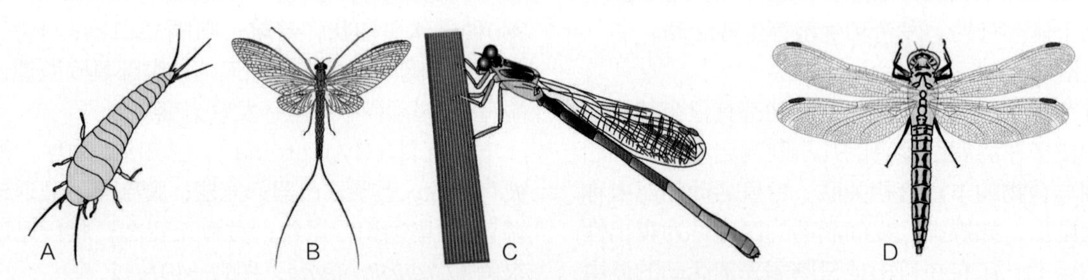

图 11–40 衣鱼目、蜉蝣目和蜻蜓目的代表动物示意

A. 衣鱼；B. 蜉蝣；C. 豆娘；D. 蜻蜓

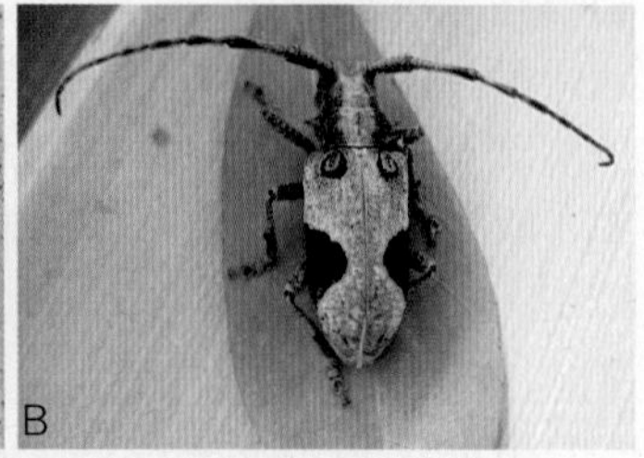

图 11–41 鞘翅目 2 种

A. 双叉犀金龟；B. 眼斑齿胫天牛

（引自国家科技部教学标本资源平台，樊建庭拍摄）

图 11–42 鳞翅目蝶与蛾形态区别示意

43C）、月季长管蚜（*Macrosiphum rosivorum*）（图11–46B）和蚱蟟（*Oncotympana maculaticollis*）等。半翅目多为重要的农林害虫。

直翅目（Orthoptera） 已知2万种以上。触角丝状；咀嚼式口器；前胸背板发达；前翅革质，称为"覆翅"，后翅膜质；后足为跳跃足；渐变态。常见种类如蝗虫（图11–46A）和蟋蟀（*Gryllus chinensis*）等。

等翅目（Isoptera） 较原始的中小型社会性昆虫，通称白蚁（termites）（图11–46C），约2 700多种。腹部柔软；触角念珠状；两对翅相似，膜质狭长，或无翅；尾须短；渐变态。

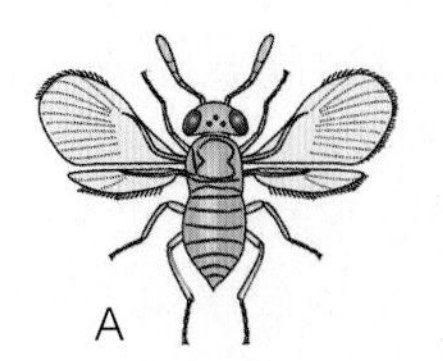

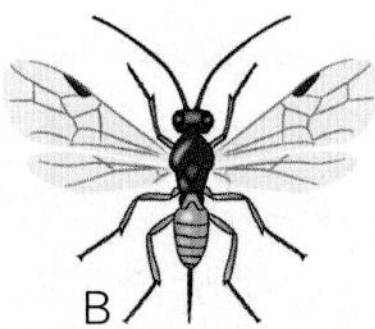

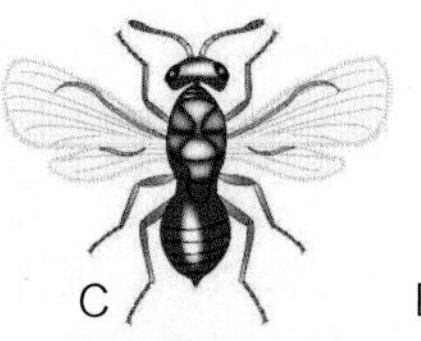

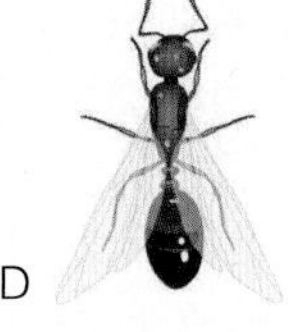

图 11–43 膜翅目代表动物示意
A. 赤眼蜂；B. 茧蜂；C. 金小蜂；D. 红火蚁（雌）

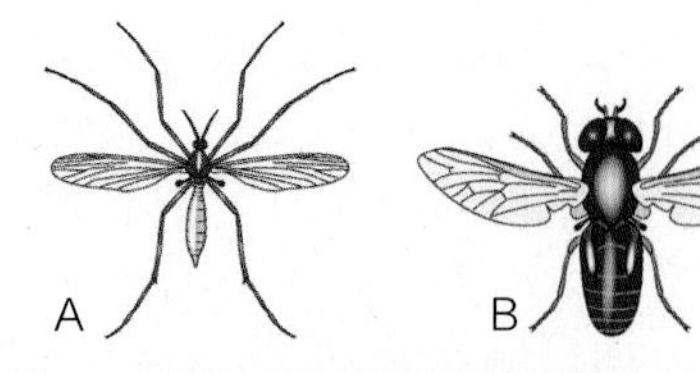

图 11–44 双翅目代表动物示意
A. 蚊；B. 苍蝇

图 11–45 半翅目 3 种
A. 白蜡蝉（龙眼鸡）；B. 比丽蝽；C. 斑须蝽
（引自国家科技部教学标本资源平台，A、B 为庞虹拍摄，C 为吴伟拍摄）

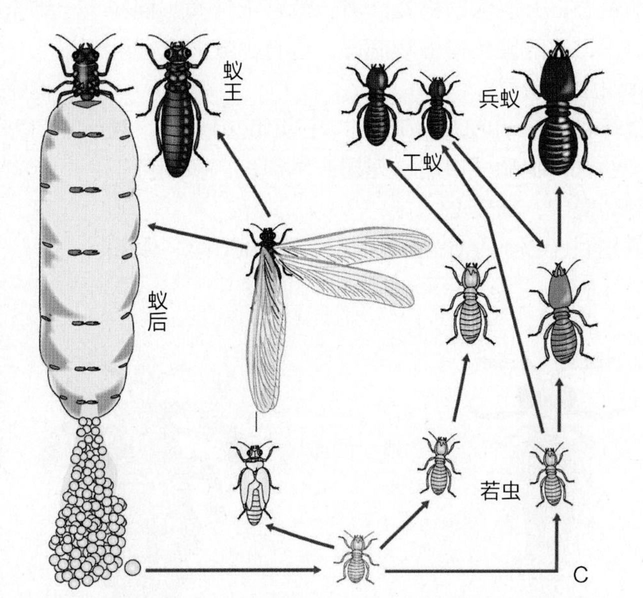

图 11–46 直翅目（A 赤胫伪稻蝗）；半翅目（B 月季长管蚜）；等翅目（C 白蚁及其各虫态）
（A、B 引自国家科技部教学标本资源平台，A 为赵小奎拍摄，B 为吴伟拍摄）

螳螂目（Mantedea） 已知约2 000种。头部三角形且活动自如；触角丝状；咀嚼式口器；前足为捕捉足；前翅革质，后翅膜质；尾须短；渐变态。

捻翅目（Strepsiptera） 已知约560种。雌雄异型。雄虫自由生活；体长1.5~4.0 mm；前翅退化成棒状称拟平衡棒，后翅宽大，扇状、膜质，翅脉简单；复眼大而突出，无单眼；触角形状多变；咀嚼式口器退化；胸部长，具发达的后背片。雌虫和幼虫寄生于其他昆虫体内；无尾须；完全变态。代表种类如捻翅虫（*Strepsiptera*）（图11–47）。

虱目（Anoplura） 已知约5 000种。体小而扁平；无翅；触角粗短，3~5节；刺吸式或咀嚼式口器；常取食温血动物的血或羽、毛和皮屑；足适于攀缘；无尾须；渐变态。如人体虱（*Pediculus humanus corporis*）（图11–48A）。

蚤目（Siphonaptera） 已知约2 500种。成虫体小而侧扁，体长多为1~3 mm，棕黑色，长有许多排列规则的鬃毛，借以在动物毛羽间向前行进和避免坠落。刺吸式口器。触角1对，粗短。无翅。后足粗大适于跳跃，根据体长和跳跃高度之比，堪称动物之最。完全变态。是鼠疫和斑疹伤寒的传播者。如人蚤（*Pulex irritans*）等（图11–48B）。

缨翅目（Thysanoptera） 已知约5 000种，通称蓟马（Thripidae）（图11–48C）。体细小，一般长1~2 mm。口器锉吸式，左右上颚退化，不对称；翅狭长，边缘有长毛，具少数翅脉或无，有些种类翅退化或无；两性生殖为主，有些种类可进行孤雌生殖；渐变态；一般吸取植物汁液，危害禾谷类、棉花和烟草等，有的能传播植物病毒，也有少数肉食性种类捕食蚜虫和粉虱。

蛩蠊目（Grylloblattodea） 已知仅20余种。触角长，丝状；咀嚼式口器；无翅；尾须长；多栖息于有冰的环境中；渐变态。

革翅目（Dermaptera） 已知约1 900种。体长略扁；触角丝状；咀嚼式口器；前翅革质，很短，不能遮盖腹部；后翅半圆形，折叠于前翅下；尾须革质，铗状；渐变态。

竹节虫目（Phasmatodea） 已知约2 600种。体细长柱状或叶状；触角丝状；咀嚼式口器。前胸短；前翅革质，后翅膜质，或无翅；尾须短；渐变态。

纺足目（Embioptera） 已知约200种。体柱状或略扁；触角丝状；咀嚼式口器；两对膜质翅或无翅；前足跗节内有丝腺，能织网；尾须短；渐变态。

啮虫目（Psocoptera） 已知约3 000种。头大；前胸较小；触角丝状；咀嚼式口器；两对膜质翅或无翅；渐变态。

广翅目（Megaloptera） 已知约300种。触角长，丝状或栉齿状；咀嚼式口器；前胸方形；两对膜质翅，后翅基部宽大；静息时翅呈屋脊状置于背面；无尾须；完全变态；幼虫水生。

蛇蛉目（Rhaphidioptera） 已知约200种，通称蛇蛉。触角丝状；头略扁，中部大，向后渐狭；咀嚼式口器；前胸细长如颈；两对相似的膜质翅；无尾须；雌虫有细长的产卵器；完全变态。

脉翅目（Neurotera） 已知约5 000种。触角丝状；咀嚼式口器；两对相似的膜质翅，静息时呈屋脊状置于背面，翅脉多；无尾须；完全变态。

长翅目（Mecoptera） 已知约550种，通称蝎蛉。触角很长，丝状；头部向下延长成喙状；咀嚼式口器；两对狭长的膜质翅，静息时平放于身体两侧；雌虫有1对尾须；雄虫腹末端膨大成铗状并上举似蝎；完全变态。

毛翅目（Trichoptera） 已知约7 000种。外形似蛾；身体和翅面有短毛；触角很长，丝状；咀嚼式口器不发达或全不进食；两对膜质翅，静息时呈屋脊状置于背面；幼虫水生，能吐丝把细沙和草茎缀成管，居于其中；无尾须；完全变态。

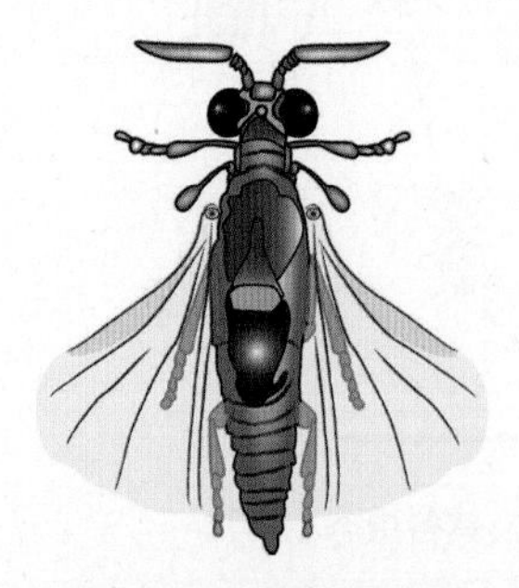

图 11–47 捻翅虫示意

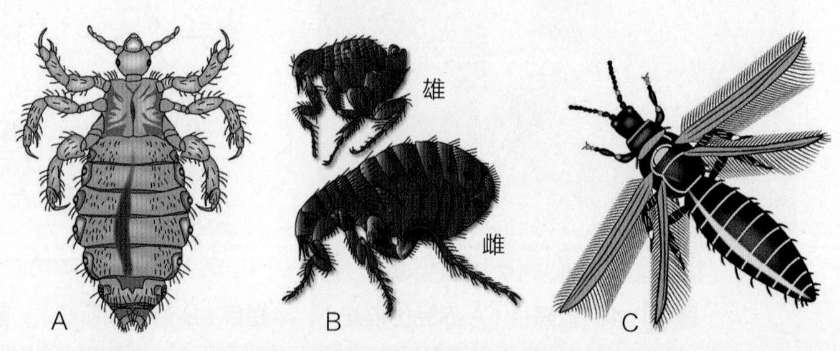

图 11–48 虱目（A 人体虱）、蚤目（B 跳蚤）与缨翅目（C 蓟马）的代表动物示意

11.3 节肢动物与人类的关系

节肢动物与人类的关系十分密切，分有益和有害两方面，但这样划分是相对的，例如蝎子、蜈蚣和蜜蜂都会分泌毒液，咬螫伤人，而另一方面却可作为药材医治疾病。

11.3.1 有益方面

①提供工业原料和具有商业价值的产物。如家蚕能产蚕丝，蜜蜂能产生蜂蜜、蜂蜡和王浆等，白蜡虫分泌的白蜡，紫胶虫分泌的紫胶是高级绝缘体。

②作为食物。如各种虾和蟹，营养价值高；蝗虫及蚕蛹等多种昆虫可以食用。

③作为饵料。如桡足类、枝角类及昆虫幼虫等是经济鱼类的天然饵料。

④完成植物传粉作用。虫媒植物要借蜜蜂等昆虫传播花粉。

⑤作为生物调节因素，抑制害虫，在生态平衡中起重要作用。

⑥药物来源。蝎子、蜈蚣和地鳖等多种节肢动物已入药，大量应用研究正在进行。

⑦改良土壤。地下生活的昆虫活动可以增加土壤的通气性与排水性，利于作物的生长。

11.3.2 有害方面

①传播疾病，威胁人类的健康和生命。如按蚊传播疟疾，白蛉传播黑热病。

②危害各种农作物。如农业害虫给人类经济造成重大损失。

③危害仓库储物。一些鳞翅目、鞘翅目昆虫可以危害谷物、果类、木材、皮毛甚至衣服和书籍等。

④毒害作用。有毒节肢动物如毒蜘蛛、蝎子和蜈蚣等对人类的健康和生命有直接危害等。

小结

节肢动物是动物界中最大的一门。身体异律分节并分部；附肢分节，有几丁质的外骨骼和强劲有力的横纹肌；混合体腔，开管式循环系统；水生种类呼吸器官有鳃和书鳃，陆生种类有书肺和气管；排泄器官为后肾管型的腺体（如基节腺、绿腺和颚腺等）和马氏管；链状神经系统，神经节相对集中，感觉器官较为复杂。雌雄异体，且往往雌雄异型，通常是体内受精，直接或间接发育。根据体节的组合、附肢以及呼吸器官等将节肢动物分为5个亚门、19~22个纲。其中昆虫纲、软甲纲、蛛形纲、倍足纲和肢口纲等都是常见的类群。节肢动物种多、量大、分布广，与人类关系十分密切。

思考题

1. 节肢动物的主要特征有哪些？为什么其能在动物界中占绝对优势？
2. 节肢动物分哪几个亚门？概述常见纲的主要特征。
3. 简要说明昆虫纲各重要目的主要形态特征、变态类型、食性和代表种类。
4. 概述节肢动物与人类的关系。

数字课程学习

☐ 教学视频　☐ 教学课件

☐ 思考题解析　☐ 在线自测

（江寰新）

第12章
棘皮动物门（Echinodermata）

棘皮动物因体表长有棘（spine）或/和叉棘（pedicellaria）而得名。棘皮动物大量出现于5亿多年前的古生代寒武纪，已灭绝的约有20 000种，现存的约有7 000种；全部海生，多数底栖，运动或固着生活；可分为5个纲：海百合纲、海星纲、蛇尾纲、海胆纲和海参纲。

12.1 棘皮动物的主要特征

12.1.1 出现后口，属于后口动物

与前面介绍的那些由原口（原肠胚的胚孔）发育为成体的口的动物不同，棘皮动物、半索动物和脊索动物等类群的原口发育为成体的肛门或封闭，而在消化道离原口较远的另一端，出现内、外胚层融通而形成成体的口，称为后口。具有后口的动物统称为**后口动物**。

12.1.2 次生性辐射对称

棘皮动物幼虫呈两侧对称（图12-1、图12-2），多数种类变态后的成体呈五辐射对称，即通过身体的中央轴有5个切面可以将身体分为互为镜像的两部分（图12-3）；但海参纲的成体多数背面隆起而腹面平坦，偏离五辐射对称而呈现出两侧对称（图12-13）。

五辐射对称的棘皮动物，身体通常不分前后与左右。习惯上将其口所在的一面称为口面，相对的另一面称为反口面（图12-3）。正常生活时海百合的口面向上，海星、蛇尾和海胆的口面向下。两侧对称的海参有前、后和背、腹之分，其口面就是前面，反口面就是后面（图12-13）。

海星纲的海盘车属（*Asterias*）是次生性五辐射对称的典型例子，此属分布广，以太平洋北部海域种类最多，常见于潮间带的礁岩间或海底；运动缓慢，以贝类等为食。成体无头部，由中央盘及相连的5条腕构成，分为口面和反口面（图12-3）。海盘车的发

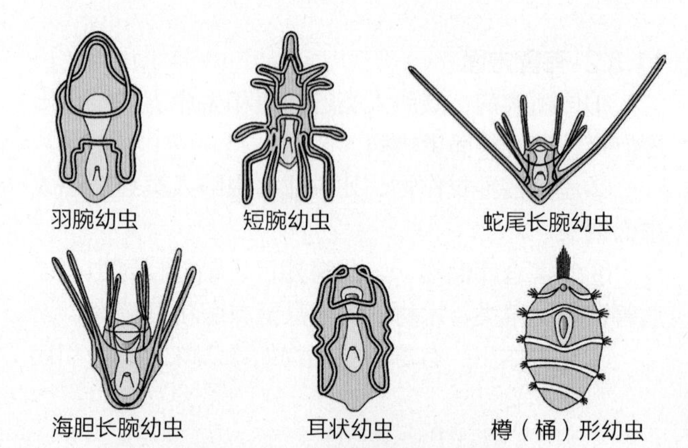

图 12-1 棘皮动物的几种幼虫

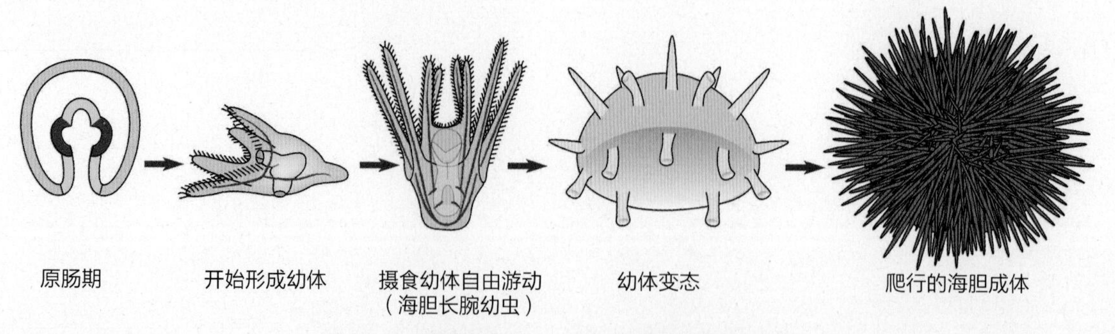

图 12-2 海胆的发育——次生性辐射对称的形成

育要经过两侧对称且能游泳的纤毛幼虫、羽腕幼虫和短腕幼虫阶段，变态后才形成五辐射对称的成体（图12-4）。

12.1.3 体表具棘和皮鳃

棘皮动物的体壁包括：①非细胞的角质层；②来自外胚层的上皮；③来自中胚层的结缔组织（包括骨骼）和肌肉组织；④体壁最内层具纤毛的体腔上皮。

骨骼大小和形状各异，可分布于身体的外面和/或里面。海盘车的骨骼以骨片、骨板和棘的形式不连续分布；海参的内骨骼极其微小；海胆的骨板愈合成坚硬的壳，骨板上有疣突和可动的长棘。较钝的棘也叫棘刺，被表皮覆盖着；剪刀状的棘也叫叉棘，由1个基片和2个颚片构成，颚片下有控制肌肉（图12-5A）。当受到机械或化学刺激时，叉棘靠几组肌肉可开可闭，能帮助捕食，也能清除皮肤上的污垢和杀死停留在身体上的小生物。

皮鳃是薄壁的泡状外突，外覆表皮，里面结缔组织少且无内骨骼。皮鳃内衬体腔上皮，所围绕的空间为体腔的一部分，是体腔液循环空间的一部分。皮鳃为气体交换场所，且体腔液中的部分代谢废物可经皮鳃排出，即皮鳃兼有呼吸和排泄的功能（图12-5B）。

12.1.4 体腔发达，具有特殊的水管系统

棘皮动物的真体腔主要分化为3部分：

①体壁与内部器官之间的围脏体腔。有些种类的

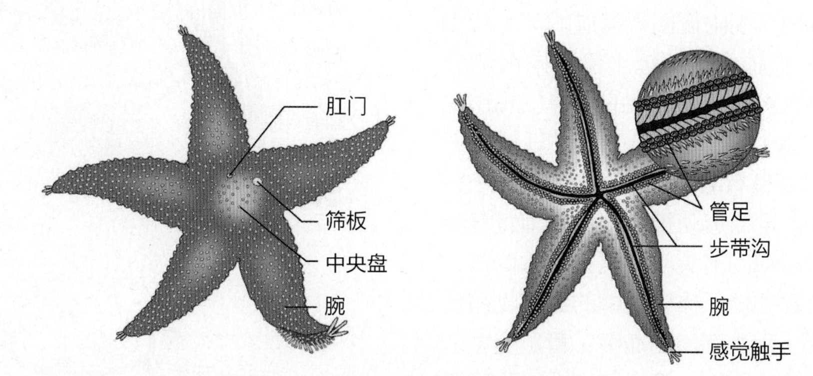

图 12-3 海星的反口面与口面结构

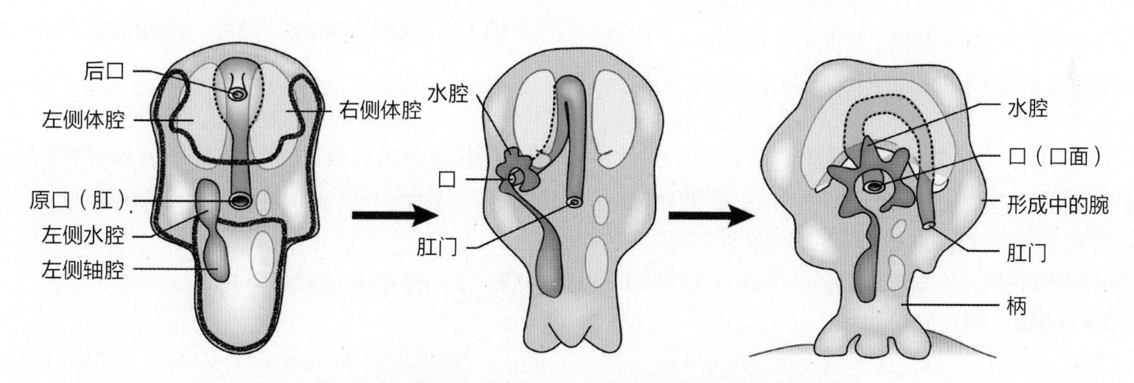

图 12-4 海盘车的发育——次生性五辐射对称的形成

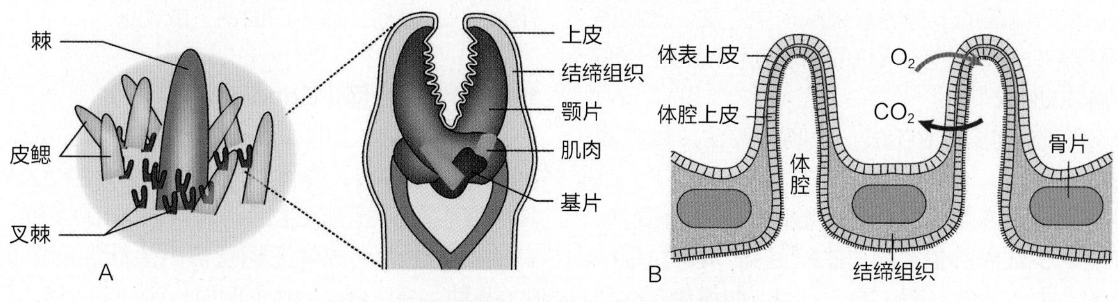

图 12-5 海星的棘、叉棘（A）和皮鳃断面（B）

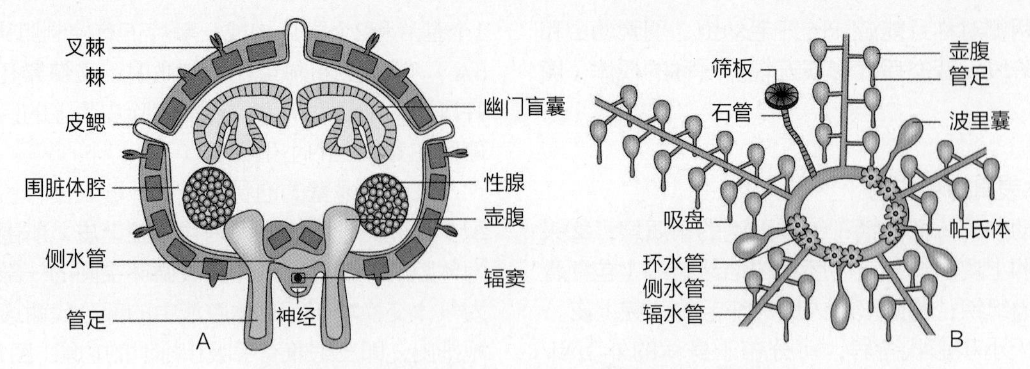

图 12-6 海星的腕横切（A）及水管系统（B）结构

围脏体腔直伸至腕的顶端（图12-6A）。

②水管系统为棘皮动物特有的液压系统。海盘车的水管系统开口于反口面的筛板，筛板有许多小孔与外界相通，通过石管与口面附近围绕食道的环水管相连，环水管向各腕分出辐水管，辐水管再向两侧分出多条侧水管，每条侧水管通入膨大的壶腹（ampula，有人译为罍或坛囊），壶腹往口面方向延伸出细小的管足，管足末端为具有吸附功能的吸盘（图12-6B）。水压的变化与管足的运动相协调：当围着壶腹的肌肉收缩时，侧管瓣膜同时关闭以阻止液体倒流，管足内水压增高，管足伸展；当管足壁的纵肌收缩且围着壶腹的肌肉舒张，则水回流到壶腹，管足变短。当管足壁的肌肉收缩不对称时，管足可弯曲。除了运动，管足也有一定的捕食、呼吸和排泄功能。

与环水管相连的波里囊（Polian's vesicles）可储存液体和调节水管系统内部的压力。环水管边的帖氏体（Tidmann's body）有吸收、吞噬和排除外来可溶性物质的作用（亦有人认为其可产生体腔细胞）。

③围血系统为特化的部分体腔，在主要的血管外面形成管套管的形式，血管外的部分称为“窦”，包围环血管的称环窦，包围辐血管的称辐窦，包围轴器和石管的称轴窦（图12-7）。

12.1.5 其他重要特征

棘皮动物的口神经系来源于外胚层，反口神经系和位于环窦壁侧面的下神经系来源于中胚层。动物界中以中胚层形成部分神经系统的情况到目前为止仅知道见于棘皮动物。

以肠细胞法形成中胚层，以肠体腔法（体腔囊法）形成体腔。

棘皮动物大多雌雄异体，少数同体，体外受精；多数卵生，少数卵胎生（如一些蛇尾）。发育过程中有不同的幼虫（幼体）期（图12-1），如海盘车的纤毛幼虫、羽腕幼虫和短腕幼虫，海参的耳状幼虫、樽（桶）形幼虫和五触手幼虫等。少数种类可行无性裂体繁殖。相当一部分种类具有良好的再生能力。

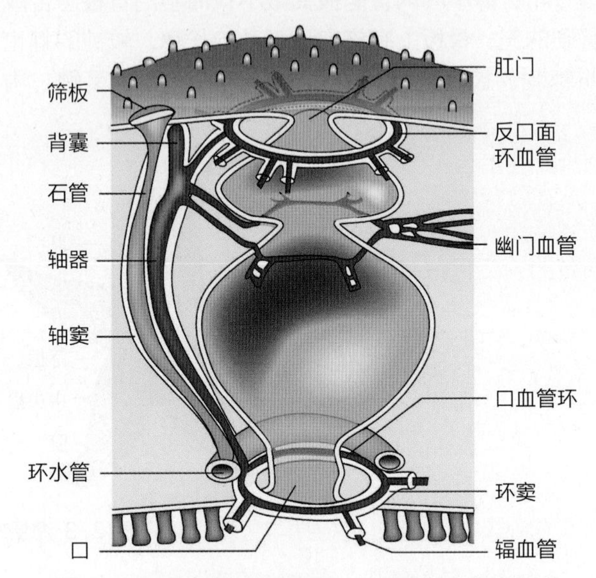

图 12-7 海星的围血系统结构，主要的围血管是轴窦

12.2 棘皮动物的分类

一般将现存棘皮动物分为2亚门5纲。有柄亚门（Plematozoa）仅包含海百合纲，成体口面朝上且至少幼虫期有柄；游移亚门（Eleutherozoa）包括另外4个纲，无柄，成体口面朝下或朝前。

12.2.1 海百合纲（Crinoidea）

肛门开于向上的口面，腕上长有羽支，反口面朝下且有根状卷枝，整体外形似植物。现存700多种，其中终生有柄营固着生活的海百合类100多种；幼体有柄固着生活而成体无柄营自由生活的海羊齿类有600多种。海百合类的体形明显分根、茎（柄）和冠三部，茎由许多骨板构成。冠包括萼（相当于体盘）和腕。主腕5条，但许多种类每条腕可再分叉一到多次而拥有更多的腕。腕上有步带沟，管足无吸盘。体盘无筛板也无棘钳（图12–8）。如中华海羊齿（*Oligometra chinensis*）和海百合（*Metaerinus* sp.）等。

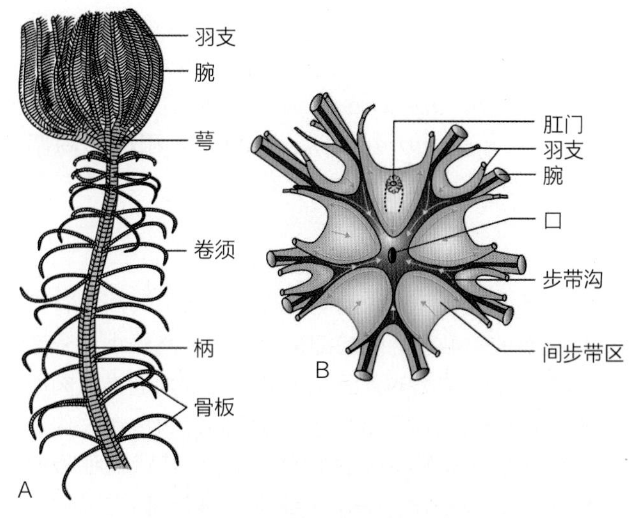

图 12–8 海百合的局部构造

A. 有部分柄的海百合；B. 海百合萼部口面观

12.2.2 海星纲（Asteroidea）

多数体呈星形且有5或5的倍数的腕（太阳海星腕的数目多达45条）；腕与中央盘无明显的界限；腕口面的沟因着生有管足而得名步带沟。本纲约1 600种，如多棘海盘车（*Asterias amurensis*）、罗氏海盘车（*Asterias rollesloni*）和海燕（*Asterias pectinifera*）等（图12–9）。

海雏菊（*Xyloplax* spp.）是在新西兰附近超过1 000 m深海中发现的一些奇怪的圆盘状动物（图12–10），它们的直径小于1 cm。海雏菊于1986年被描述，并作为棘皮动物的一个新纲：同心环纲Concentricycloidea）。已知的物种只有3个。根据核糖体DNA的系统发育分析结果，有些动物学家认为它们是高度特化的棘状海星类（spinulosid asteroids），又将它们置于海星纲内。

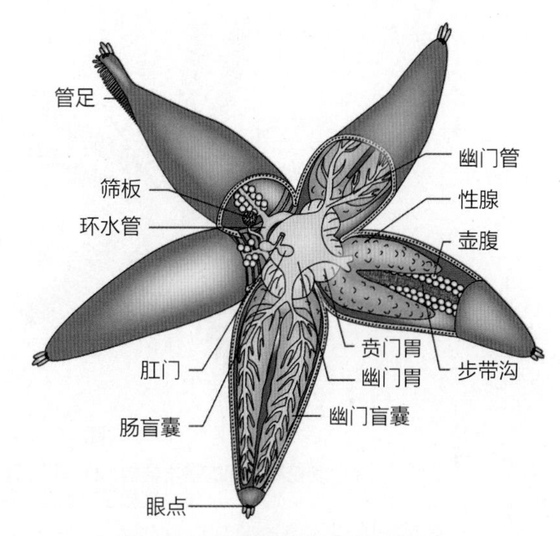

图 12–9 海星的结构（反口面观）

海雏菊呈五辐射对称体制，但没有腕。它们的管足围绕体盘的外周边缘分布，不像其他棘皮动物那样沿着步带区分布。它们的水管系统包括两个同心圆的环状管；外环可能代表辐射管，因为管足由此产生。与筛板同源的水孔将内环管连接到反口面。其中一种海雏菊没有消化道；其口面覆盖着1层膜状的缘膜，很显然是通过缘膜来吸收营养的。另一种海雏菊有浅囊状胃，但没有肠道或肛门。

12.2.3 蛇尾纲（Ophiurodea）

体多为扁平星状，腕细长且运动灵活，与中央盘界限明显，无步带沟；管足无吸盘，司感觉和收集食物。本纲约2 000种，如日本蛇尾（*Ophioplocus japonicus*）、长腕蛇尾（*Amphiopholis squamata*）和刺蛇尾（*Ophiothrix* sp.）等（图12–11）。

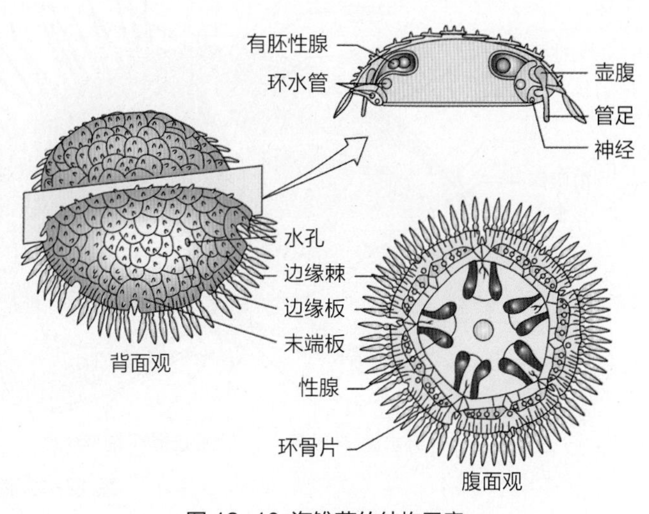

图 12–10 海雏菊的结构示意

12.2.4 海胆纲（Echinoidea）

体呈球形、心形或盘状，成体无腕；部分骨骼形成体壁中坚固的壳；壳上有管足的带状区域称为步带区，从近口处一直延长到反口面近肛门处；两步带区之间的区域称为间步带区。壳上常有许多可动的棘。口腔内具有复杂的咀嚼器——亚氏提灯（Aristotle's lantern），其上有钙质齿，可以切碎食物（图12–

12）。本纲已知1 000多种，我国有100多种，重要种类有马粪海胆（*Hemicentrotus pulcherrimus*）、光棘球海胆（*Strongylocentrotus nudus*）、中间球海胆（*Strongylocentrotus intermedius*）和心形海胆（*Echinocardium cordatum*）等。

12.2.5 海参纲（Holothuroidea）

身体多为圆筒形，两侧对称，无腕。口周围有管足特化而成的触手，以捕捉食物。内骨骼极小且分散于体壁。许多种类的背面及侧面管足变为圆锥状肉质突起（肉刺）。以吞入泥沙中的有机物为食。消化道长而曲折，末端膨大的直肠分出1对分枝状的呼吸树（水肺）（图12-13）。海水能经肛门和直肠进出呼吸树，在呼吸树壁进行气体交换且带走部分代谢废物。

海参纲有许多种类具有重要的食用价值，我国沿海各省均有开展人工养殖。重要种类如过去常被称为刺参的仿刺参或日本刺参（*Apostichopu japonicus*）、花刺参（*Stichopus variegatus*）、白尼参（*Bohadschia* sp.）、黑海参（*Holothuria atra*）、糙海参（*Holothuria scabra*）和梅花参（*Thelenota ananas*）等。

12.3 棘皮动物的经济意义

棘皮动物具有较大的经济价值，我国有40多种海参可供食用或药用，海胆的卵和生殖腺也可供食用，沿海多个省区有规模不等的海参或海胆的养殖基地。研究人员已在部分海参、海星和海胆等体内发现了多种对人体有益的成分。棘皮动物的骨骼由于钙和

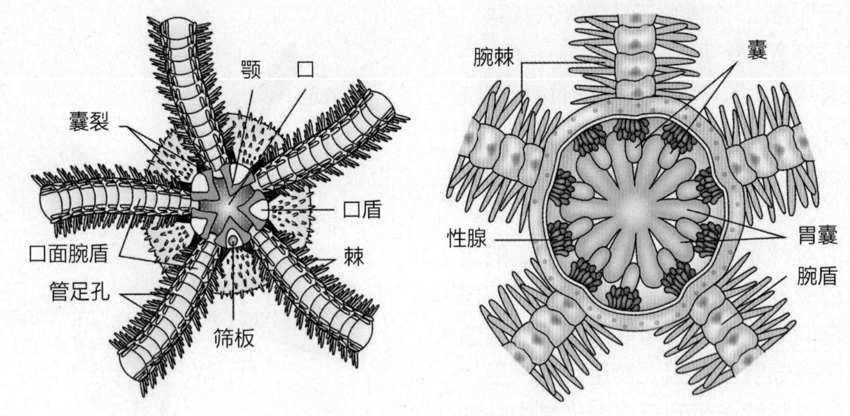

图 12-11 蛇尾纲动物的结构

A. 刺蛇尾口面的基本结构；B. 刺蛇尾反口面体盘壁去除后示主要内部结构；囊充满液体，其稳定的水循环用于呼吸，同时囊也作为孵卵腔

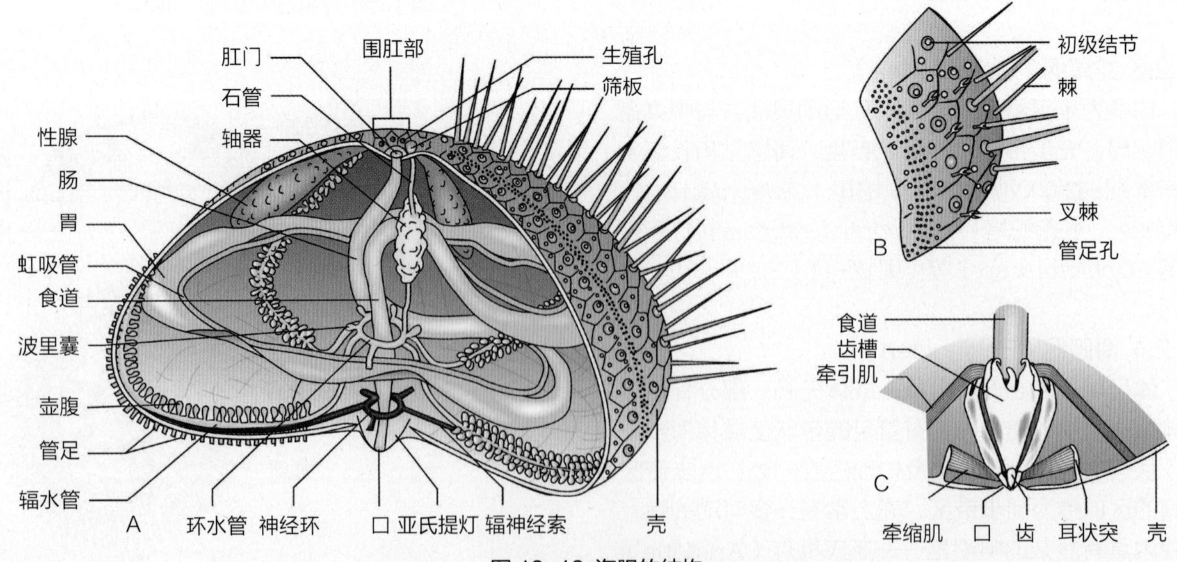

图 12-12 海胆的结构

A. 内部结构；B. 外骨骼部分放大；C. 亚氏提灯结构放大

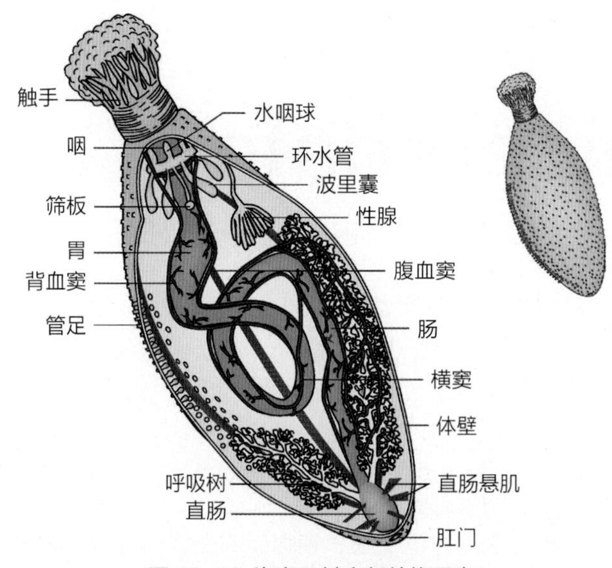

图 12-13 海参及其内部结构示意

氮的含量丰富，可压碎作肥料用。海星卵和海胆卵是研究胚胎发育的好材料。部分棘皮动物形状奇异和/或色彩绚丽，可为海岸游和海底潜水游增添乐趣。

海星喜吃双壳类，故对贝类养殖业有害。海星用腕抱住牡蛎或蛤等，配合以管足的吸盘将贝壳徐徐打开，再以翻出的贲门胃去食其内脏团部分。海胆主食藻类，能危害海带和裙带菜等。筐蛇尾等会吃珊瑚虫，对珊瑚礁有害。

小结

棘皮动物原口（胚孔）形成肛门或封闭，成体的口在原口相对的一端重新形成，为后口动物；多数幼体两侧对称，成体五辐射对称（海参纲的成体两侧对称）；全部海生；具有发达而复杂的次生体腔，包括围脏体腔、特殊的水管系统和围血系统；有中胚层形成的内骨骼；内骨骼常向外突出形成叉棘或棘刺；现存约7 000种，分为海百合纲、海星纲、蛇尾纲、海胆纲和海参纲5个纲。

思考题

❶ 棘皮动物的主要特征有哪些？棘皮动物有何经济意义？

❷ 什么叫后口和后口动物？

❸ 棘皮动物分哪几个纲？各纲的主要特征是什么？

数字课程学习

☐ 教学视频　☐ 教学课件
☐ 思考题解析　☐ 在线自测

（温山鸿）

第13章 半索动物门（Hemichordata）

半索动物因其口索（stomochord）曾被认为是短而原始的脊索而得名，现存近百种，全为海产，下分3个纲：身体呈蠕虫形、钻穴生活的归入肠鳃纲；形似植物、营固着生活的归入羽鳃纲；仅发现幼虫而未发现成体的浮球纲。栖息环境可以是泥沙、岩石、海藻或漂浮于深海等。

13.1 半索动物的主要特征

具鳃裂、口索和前段有小腔的背神经索是半索动物门的3个主要特征。

典型代表动物是肠鳃纲的柱头虫（*Saccoglossus* sp.，图13-1），体呈蠕虫形，由吻、领和躯干3部分组成；躯干部最长，可再分为鳃裂区、生殖区、肝囊区和肠区，肛门开于身体末端。与外形对应的是体腔也被分隔为吻腔、领腔和躯干腔（图13-2)。

吻呈圆锥状，含环肌和纵肌，伸缩力强，配合吻腔液压的变化能在泥沙中钻出“U”形穴道用于栖身（图13-1）。体表多纤毛和黏液，纤毛能将黏在吻上的浮游生物驱赶到口中。

柱头虫的口位于吻、领腹面的交界处。口腔背壁向吻腔基部前伸出的1条短的盲管，称为口索。口索

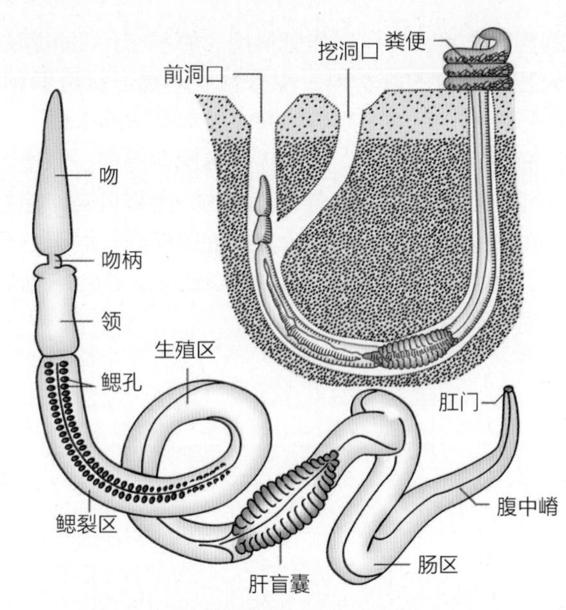

图 13-1 柱头虫的一般结构与生活状态示意

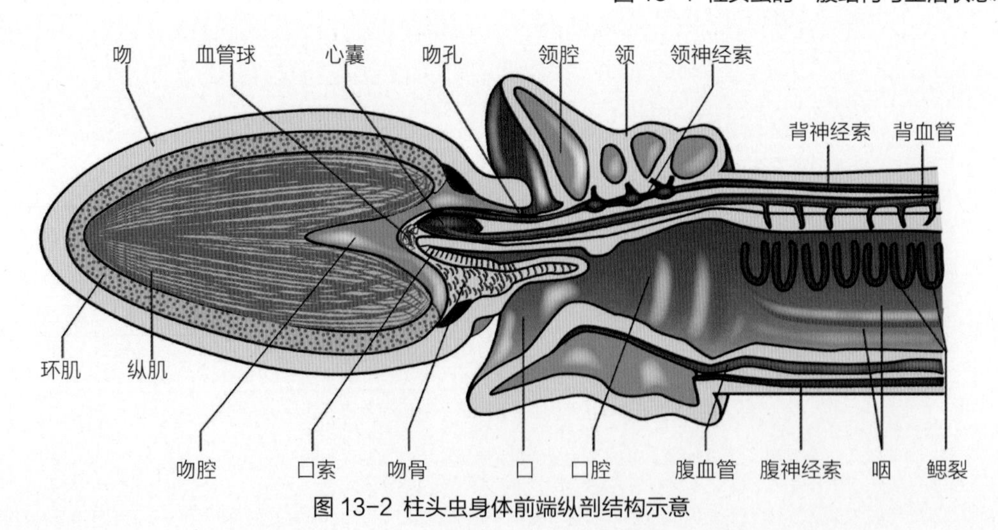

图 13-2 柱头虫身体前端纵剖结构示意

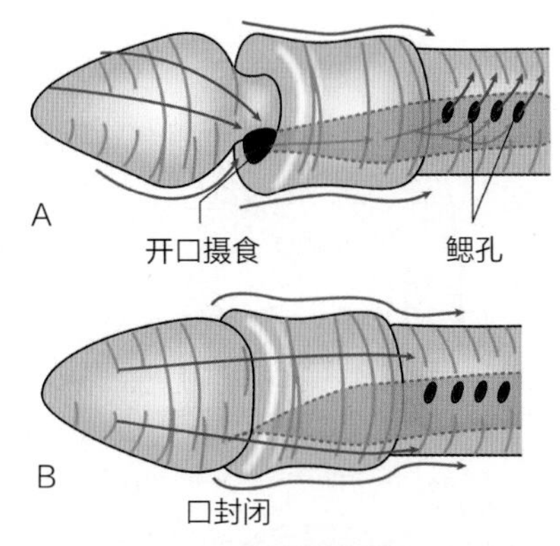

图 13-3 柱头虫摄食与呼吸侧面观

A. 柱头虫将口打开时吻与领部纤毛产生的水流方向，食物颗粒随水流直接进入口和消化道，其他颗粒运到领外；水过鳃囊完成气体交换；B. 口关闭，所有的颗粒被挡在领外流走

腹侧有胶质吻骨。从胚胎发育、组织结构和器官功能三方面来看，口索与脊索都不同，口索属于内分泌器官，发育上与高等动物体内分泌器官的腺垂体同源。

柱头虫的鳃裂（咽鳃裂）是指消化道前段（此段常称为咽）在偏背部的两侧出现的成对裂缝，数目可随躯干变长而增加，有7~700对。柱头虫鳃裂的作用是呼吸和过滤，即进入口中的水在消化道内经鳃裂滤出至消化道外侧的鳃囊再经鳃孔流出体外的过程中，血液与水流进行气体交换，食物颗粒进入消化道（图13-3）。

循环系统为开管式。血液无色且细胞数少，在躯干消化道背侧的背血管内往前流，至领部消化道背面的中央血窦，继续前行至口索背面膨大的心囊（含有肌肉），再被送入血管球（众多血窦形成的网状结构，被认为是排泄场所），经开放的血窦往腹面进入腹血管而往后流动，部分血液进入消化道和体壁的血管网，近身体后端经腹血管返回背血管（图13-2）。

神经系统主要有分别沿着背、腹中线的背神经索和腹神经索，二者在领部由神经环相连。背神经索伸入领中的部分出现小腔，有学者认为此背神经索是雏形的背神经管（图13-2）。

柱头虫为雌雄异体，其生殖腺成对排列的躯干部位称为生殖区。成熟时卵巢呈灰褐色，精巢呈黄色。体外受精；完全均等辐射卵裂；以内陷法形成原肠胚，以肠细胞法形成中胚层，以肠体腔法形成体腔。柱头幼虫变态后成为有肛后尾的童虫，长为成体后，肛后尾消失。

13.2 半索动物的分类

半索动物目前分为肠鳃纲（Enteropneusta）、羽鳃纲（Plerobranchia）和浮球纲（Planctosphaeroidea），其中77%以上的种属于肠鳃纲。

肠鳃纲动物主要分布在浅海，特别在潮间带，在几百米深处也有发现。已知有70余种。大多数种类为泥沙中穴居，或在石块下生活。身体蠕虫形，体长可达2.5 m，但多数种类在9~40 cm之间。体呈圆柱形，非常脆弱，往往不易采到完整的标本。有多个鳃裂。代表动物为柱头虫。

羽鳃纲体型小，多数体长小于8 mm，常群体生活于自身分泌的管中，肠道为“U”形。无鳃裂或有两对鳃裂。代表动物有头盘虫（*Cephalodiscus gracilis*）和杆壁虫（*Rhabdopleura normani*）等（图13-4）。

浮球纲目前发现1种，即生活于深海的大洋浮球虫（*Planctosphaera pelagica*），其成虫尚未被发现；其幼虫呈透明的球状，体表长有分支的弧形纤毛带，消化道呈“U”字形，体腔囊带有胶质。相关资料甚缺。

13.3 半索动物在动物界的地位

因为与脊索动物一样有鳃裂，且有小腔的背神经索也被认为是雏形的背神经管，更重要的是口索曾被误认为是脊索的雏形，故半索动物曾被视为脊索动物门下最原始的一个亚门。

实际上半索动物的特征有些与脊索动物相似，也有些与其他无脊索动物相似。

①半索动物具有腹神经索及成体肛门位于身体末端，这与无脊索动物中的环节动物相似。

②柱头幼虫与某些棘皮动物的幼虫相似，如海参的耳状幼虫（图13-5），海星的纤毛幼虫和短腕幼虫等。

③半索动物、棘皮动物和脊索动物皆同属于后口动物。

④半索动物、棘皮动物和脊索动物皆以肠细胞法形成中胚层。

⑤脊索动物的肌肉含肌酸，多数无脊索动物的肌肉含精氨酸，而棘皮动物和柱头虫的肌肉既含肌酸又含精氨酸。

⑥半索动物与脊索动物都有鳃裂。

⑦半索动物与脊索动物都在消化道的背面出现重要的背神经索，但前者仅在领部有小腔，而后者的背神经中具空腔，称为背神经管。

⑧半索动物发育过程中出现肛后尾结构，与脊索动物相似。

综合以上证据得到的结论是：半索动物、棘皮动

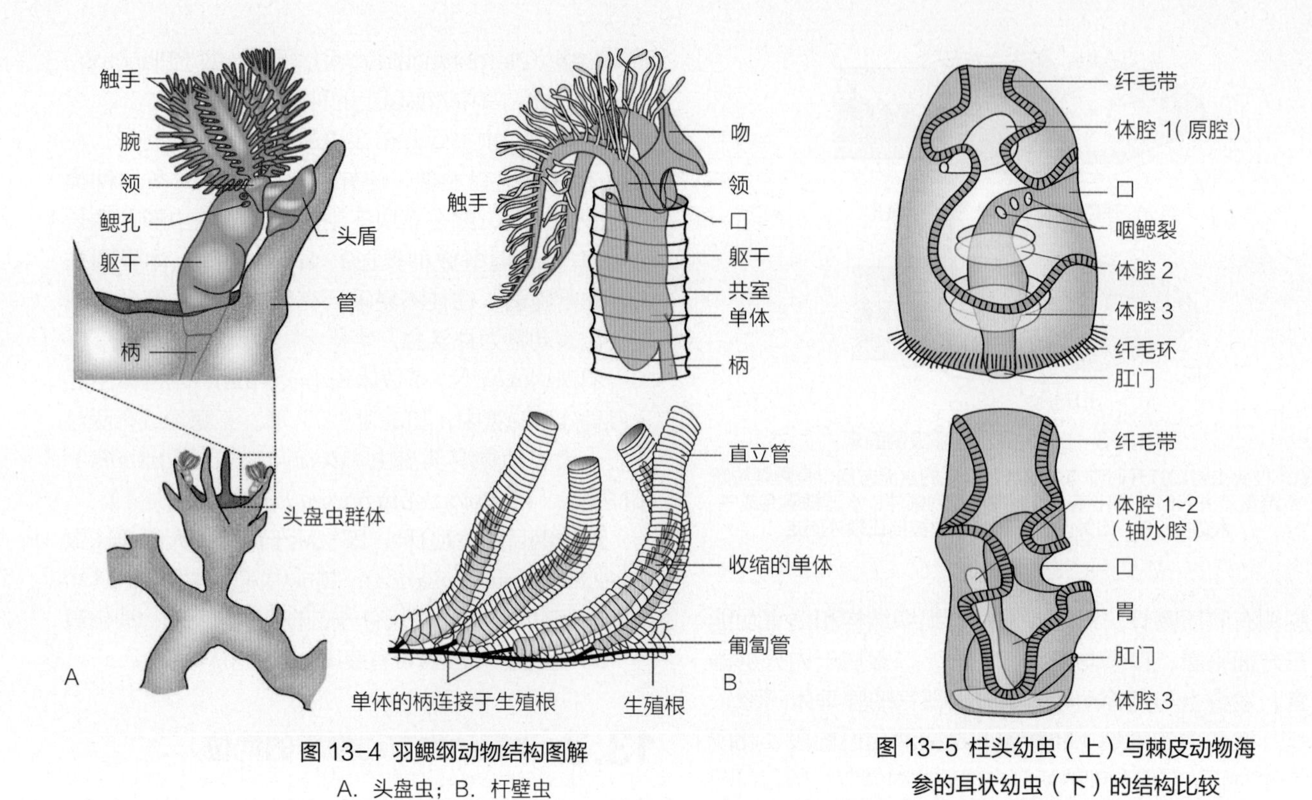

图 13-4 羽鳃纲动物结构图解

A. 头盘虫；B. 杆壁虫

图 13-5 柱头幼虫（上）与棘皮动物海参的耳状幼虫（下）的结构比较

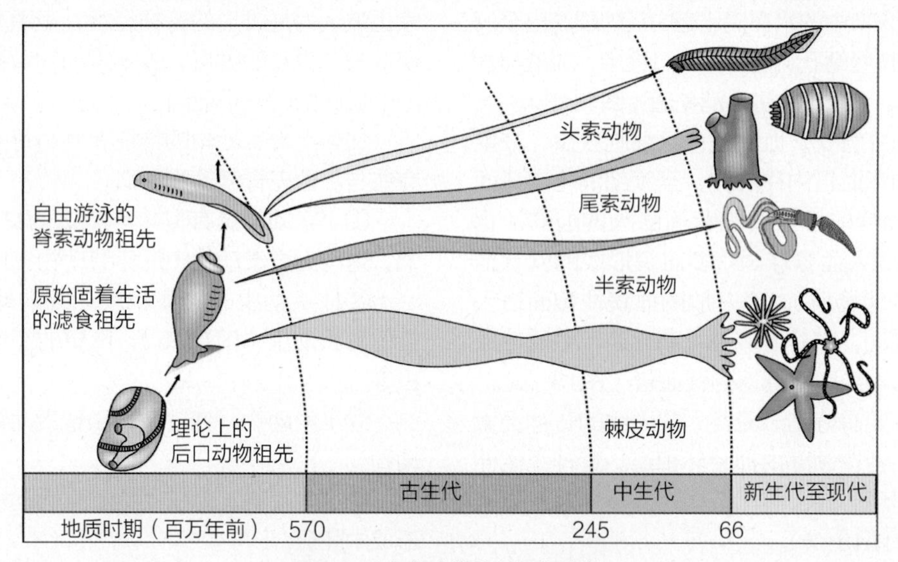

图 13-6 半索动物的起源与演化

物和脊索动物有很近的亲缘关系，半索动物的演化水平介于棘皮动物与脊索动物之间，其起源与演化关系见图13-6。

小结

具鳃裂、口索和前段有小腔的背神经索是半索动物门的3个主要特征；半索动物目前分为肠鳃纲、羽鳃纲和浮球纲；半索动物兼具无脊索和脊索动物的特征，其演化水平介于棘皮动物与脊索动物之间。

思考题

❶ 简述柱头虫的主要特征。

❷ 试述半索动物在动物界中的地位。

（温山鸿）

附 无脊索动物若干小门

1. 冠轮动物（Lophotrochozoa）

冠轮动物是动物界中的一大支，属于两侧对称动物，与蜕皮动物（Ecdysozoa）组成原口动物；原口动物和后口动物（Deuterostomia）并列为两侧对称动物的两个分支。冠轮动物由触手冠动物（Lophophorata）和担轮动物（Trochozoa）两词缩合而成。

（1）颚口动物门（Gnathostomulida）

海生。约100种。体长0.5~3 mm。两侧对称、不分节，无体腔。体表无角质层，而是单层上皮细胞，每个上皮细胞有1根纤毛。消化道有口，无肛门。咽肌发达，通常内有成对的颚和不成对的角质板（图13-7）。雌雄同体。

颚口动物的一些特征与假体腔的腹毛动物相似，如单层纤毛细胞上皮；另外一些特征与轮虫相似，如具头、颚和毛状感受器；而其无体腔、具有实质组织、不完全消化系统等则与扁形动物相同，所以此类动物的演化地位可能介于扁形动物与腹毛动物和轮虫之间。

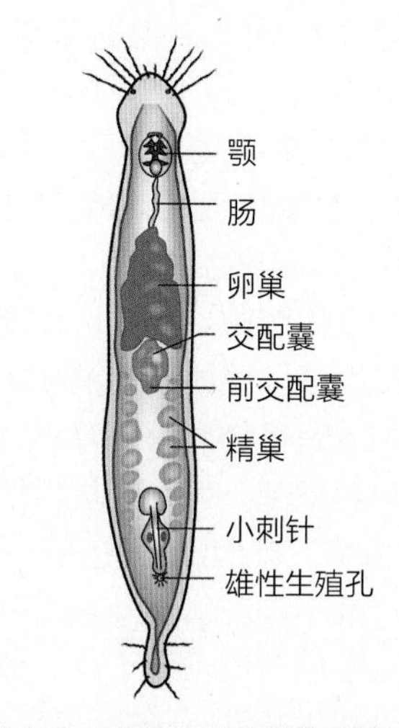

图 13-7 颚口动物结构示意

（2）微颚动物门（Micrognathozoa）

微颚动物门由Kristensen和Funch于2000年报道设立，目前仅描述1个种：湖沼颚虫（*Limnognathia maerski*），于1994年采集自格陵兰。该虫生活于潮间带沙粒之间。两侧对称，体长约142 μm，由头（分两部，前头和后头）、胸（具手风琴样褶）、腹（卵圆形）和短的尾部组成（图13-8）。表皮细胞有多纤毛、单纤毛及无纤毛等类型。有些纤毛形成复合纤毛器（ciliophores），用于运动。腹部中后方有1个独特的腹侧纤毛黏附垫，可产生黏液。

口中有3对复杂的颚，通向1个相对简单的肠道。肛门位于背侧，仅周期性地向外开放。有两对原肾管。目前只发现雌性生殖器官，卵巢1对，可能以孤雌生殖的方式繁殖。雌性产两种类型的卵，包括快速发育的夏季卵和休眠的冬季卵。一般认为，微颚动物与颚口动物以及轮虫的亲缘关系较近。

（3）螠虫门（Echiura）

海产底栖动物。约200种。一般体长1.5~50 cm，多数不超过10 cm。身体呈圆柱状或卵圆形，不分节。一般由吻和躯干部组成（图13-9），吻与环节动物的口前叶同源，边缘向腹面卷曲，形成口道，表面有纤毛，吻不能缩回躯干内。吻后有1对腹刚毛，肛门位于体末端，周围多有尾刚毛1~2圈。体壁结构与环节动物相似，纵肌纤维发达，排成片状或束状。

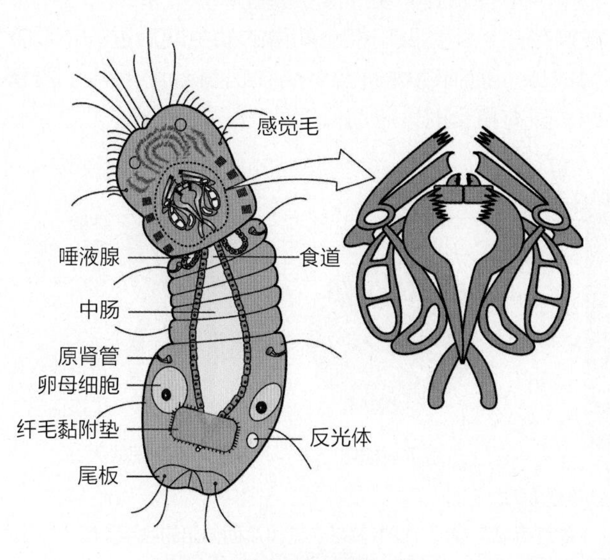

图 13-8 湖沼颚虫结构示意

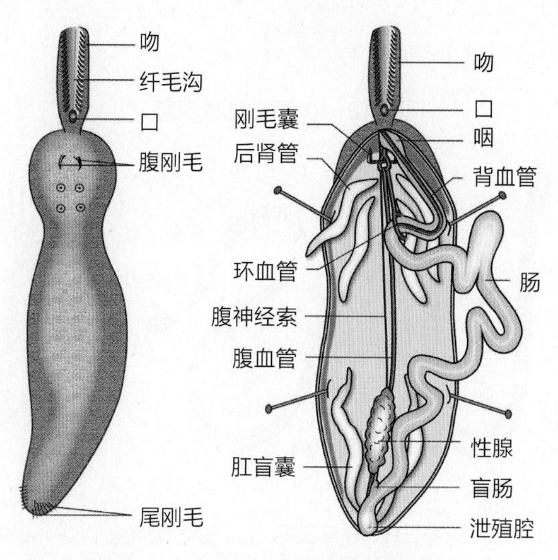

图 13-9 螠虫外形及内部结构示意

体腔发达。吻部的腔隙来自胚胎期的囊胚腔，躯干部的体腔为真体腔。排泄器官为后肾管。神经系统主要为1条腹神经索。螠虫多为闭管式循环系统。雌雄异体，受精卵经螺旋卵裂，发育成自由游泳的担轮幼虫，并出现按节排列的体腔囊。

螠虫与环节动物有亲缘关系，一般认为多毛类祖先的一支演化为螠虫；也有学者认为螠虫与环节动物为姐妹群关系。

（4）星虫门（Sipuncula）

星虫为浅海底栖动物，已知约300种。体长2~72 cm，一般长15~30 cm。体呈长圆筒形，不分节，无刚毛。体前端有一能伸缩的吻，是摄食和钻穴的辅助器官。吻前为口，周围有触手，展开似星芒状，故称星虫（图13-10）。吻后是较粗的躯干，肛门在躯干前端的背面。体壁包括角质层、表皮层、环肌、纵肌及具纤毛的体腔上皮。星虫具有发达的真体腔。躯干前端有1个或1对长囊状的后肾管。神经系统位于表皮下，包括食道背面的脑，由1围咽神经环连接腹面的神经索，无神经节。星虫雌雄异体，体外受精，受精卵经螺旋卵裂，端细胞法形成中胚层，裂体腔法形成体腔囊，直接发育或经担轮幼虫期，或担轮幼虫再形成另一个漂浮生活的幼虫期，最后落入海底变态为成虫。

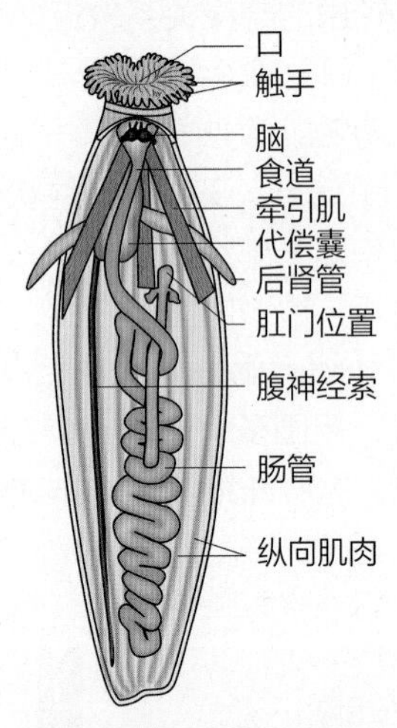

图 13-10 星虫结构示意

星虫不分节，但体壁、神经、后肾管及胚胎发育等都与环节动物相似，一般认为星虫是环节动物分节出现前分出的一支。分子系统学研究结果表明星虫和纽形动物是环节动物的姐妹群。

（5）须腕动物门（Pogonophora）

须腕动物在海底软泥虫管中营固着生活。已报道至少145种。一般体长0.05~3 m，直径0.05~3 cm。虫体细长呈蠕虫状，由前体部、躯干部和后体部组成（图13-11）。前体部头叶小，腹面有须状触手（数目和排列方式因种而异），体腔、血管和神经伸入触手内部。头叶之后为腺体部，其分泌物形成虫管。前体部与躯干部之间有明显的隔膜。躯干部有单个、成双或成堆排列的不同形态的乳突，有些虫体部分区域具刚毛，这些结构使虫体能够在管内黏附及移动。躯干部的分泌物能加厚虫管。后体部也称固着器，由5~30个具刚毛的体节组成，体节内有体腔及体腔液，后体部具有固着和挖掘功能。

须腕动物为真体腔原口动物。体壁由角质膜、表皮、环肌和纵肌组成。成体没有消化系统，靠体表直接摄取溶于水中的有机物而获得营养，大型种类体内有共生的化能自养细菌，可为其提供能量。须腕动物具闭管式循环系统。排泄器官为头叶内1对似后肾管的排泄管。神经细胞在前体头叶背面形成脑节。雌雄异体。生殖腺长形成对位于躯干部，雌性生殖孔开于躯干部中段，雄性生殖孔开于躯干部近前端两侧。受精卵经不等螺旋卵裂形成实囊胚，以分层或外包法形成原肠胚，经类似于担轮幼虫的幼虫期后进一步发育为成体。须腕动物通常生活在自身分泌的几丁质管内，只有摄食时才将前体部伸出。

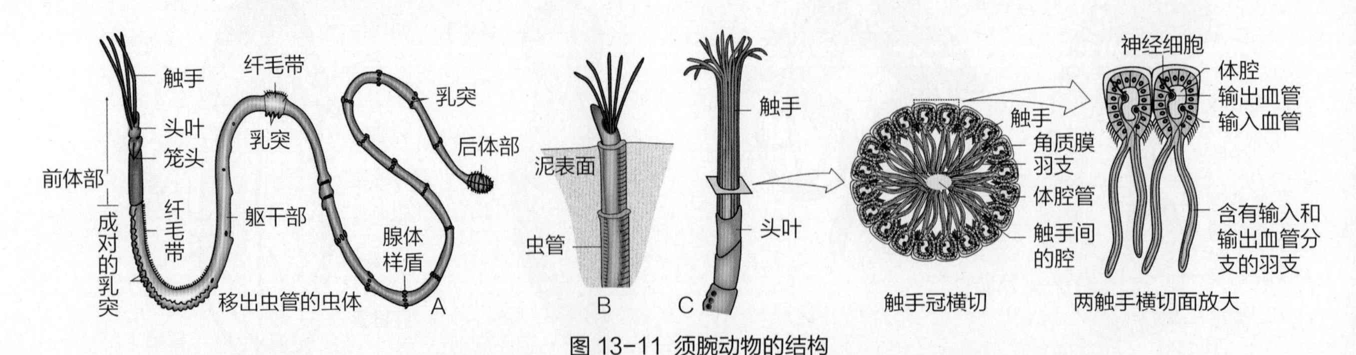

图 13-11 须腕动物的结构

A. 外形；B. 在管状况；C. 瓣形缨腕虫（*Lamellisabella* sp.）的触手冠及横切，头叶基部、前体腹面伸出的触手（不同种数目不等）包围呈圆柱状空间，羽支形成营养摄食网，食物分子可由供应触手和羽支的血管吸收

一般认为须腕动物与环节动物的分类地位相近。也有学者将其作为环节动物多毛纲的1个科：伯达虫科（Siboglinidae）。

（6）苔藓动物门（Bryozoa）= 外肛动物门（Ectoprocta）

苔藓动物现存种类约4 500种。个体长度一般小于0.5 mm，大多数分布在温带海洋中，少数为淡水种类。淡水种类在溪流及湖泊中的石块下固着生活，海产种类多分布在潮间带，少数种类可生活在6 000~8 000 m深海，群体附着生活在固体表面（图13-12）。

群体大小形状不一，有块状、片状和树枝状等，多由成百上万个个员（个体）（zooid）组成，外被其自身分泌的外骨骼——虫室（zoecium）。海产种类群体多有多态现象，有自养个员（autozooid，也译为“摄食个员”或“独立个员”）和异养个员[heterozooid，包括形成分枝主干或提供生长空间的空个员（kenozooids）、形成防御用棘的棘个员（spinozooids）和作为受精卵孵化室的生殖个员（gonozooids）等]。淡水种类仅由自养个员组成。自养个员由翻吻和躯干两部分组成，体壁很薄，由表皮、基膜、肌肉和体腔上皮构成。躯干表皮分泌物形成虫室。翻吻前端为触手冠。触手冠中央有口，肛门位于触手冠外（外肛动物的名称由此来）。躯干占虫体大部分。虫室（外囊）和体壁（内囊）合称囊状体，囊状体保护着内脏器官。消化道“U”形，无呼吸、循环和排泄器官。气体通过体表交换；循环由体腔液完成。神经系统由1围咽神经环和若干神经节组成，无感觉器官。体腔被分隔为触手冠内的前部中体腔和体内大的后部中体腔两部分。多雌雄同体，有性或无性生殖。有性生殖为配子生殖。每个个体具有1个在体腔膜上形成的卵巢和多个精巢，体内或体外发育。少数海产种类有一类似辐轮幼虫的双壳幼虫（cyphonaute larva）期。无性生殖通常以出芽方式进行，可产生外被几丁质壳的休眠芽。

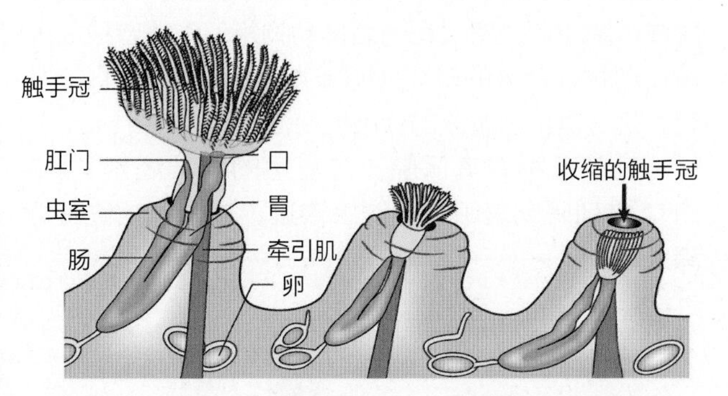

图 13-12 羽苔虫（*Plumalella* sp.）群体的部分结构示意

分子系统发育研究结果表明苔藓动物与腕足动物的关系较为密切。苔藓动物是古生代的3大主要化石类群之一，已发现的化石种类约15 000种。

（7）腕足动物门（Brachiopoda）

腕足动物全部生活在海洋中，多分布在浅海，用肉茎在泥沙、岩石上固着生活，少数种类用壳刺等依附在海底或自由仰卧生活。体外具背、腹两壳，腹壳略大于背壳，外套膜边缘有刚毛，外套膜之间为外套腔。外套腔被隔膜分为前、后两部，前部内有螺旋状总担，一般左、右各一；后部为内脏团，身体柔软，两侧对称；体腔发达，充满体腔液；循环系统由心脏和血管组成，血管与体腔相通，为开管式循环系统；具1或2对后肾管，兼有生殖导管功能；神经系统不发达，食道周围有一神经环，由此发出神经至体各部；无特殊感觉器官，外套膜边缘触觉灵敏。雌雄异体，一般具有2对生殖腺；经可以游动的幼虫期变态发育为成体。以前曾将其归入拟软体动物门。

腕足动物在寒武纪即已出现，晚古生代达全盛，中生代开始衰退。现存约80属、350种，而化石种类则有30 000余种。腕足动物中的海豆芽与酸酱贝自出现到现在一直没有很大变化，均为活化石（图13-13）。

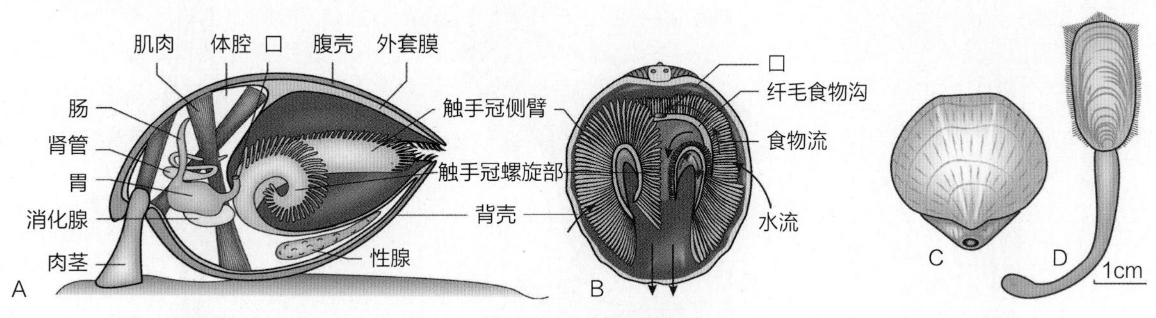

图 13-13 腕足动物

酸酱贝内部结构纵向（A）和横向（B）断面示意；C. 酸酱贝；D. 海豆芽

（8）帚形动物门（Phoronida）

帚形动物为海洋底栖动物，有2属20余种。分布仅限于热带和温带的浅海区域。虫体在岩石、贝壳等各种附着基上分泌角质虫管，虫管往往缠绕在一起，聚集生活。

管内生活的虫体蠕虫状（图13-14），体长一般不超过20 cm，身体不分区；触手内的空腔与体腔相通，触手冠后端膨大成球形，遇到刺激时触手冠可以缩回管内；次生体腔被隔膜分为前体腔和后体腔。后体腔又被分为4个纵室；口的上端有一可以遮盖口的月牙形体壁褶，称为口上突（板）；消化道"U"形，肛门和肾孔开口在触手冠的背面。闭管式循环系统，无心脏，背、腹血管可以收缩；神经系统简单，口后有一上皮内神经环，由此发出神经至身体各部；后肾管1对，兼作生殖导管；多数雌雄同体。个体发育中经一似担轮幼虫的辐轮幼虫期（图13-14）。苔藓动物门、腕足动物门和帚形动物门的动物兼具原口动物与后口动物的特征，都具有触手冠结构，统称触手冠动物或总担动物（Lophophorates）触手冠动物的特点：营固着生活，身体柔软，具外壳；身体前端都有由一圈触手构成的触手冠，也称总担（lophophore）；触手冠是捕食和呼吸器官。消化道呈"U"形，肛门位于体前方。

与原口动物相似的生物学特征：

①身体不分节，具有次生体腔；

②发达的后肾管兼作生殖导管；

③在胚胎发育过程中，胚孔形成口；

④都有自由游泳的、与担轮幼虫相似的幼虫期。

与后口动物相似的生物学特征：

①发育过程中出现前体腔、中体腔、后体腔，它们之间有体腔膜相隔；

②苔藓动物和腕足动物的卵裂是辐射卵裂，而不是螺旋卵裂；

③部分腕足动物以肠细胞法形成中胚层，肠体腔法（体腔囊法）形成体腔。

演化地位：

触手冠动物兼具原口动物和后口动物的一些特征，在某种程度上可视为是从原口动物过渡到后口动物的中间类群，但它们彼此之间的亲缘关系并不清楚。

苔藓动物有虫室，除具有性生殖外，尚进行出芽生殖；腕足动物类具背、腹2瓣壳；帚形动物体呈蠕虫状，体腔有隔膜，闭管式循环系统。这些都说明它们在系统演化上彼此之间的亲缘关系不密切。

（9）毛颚动物门（Chaetognatha）

毛颚动物半透明，形态似箭，亦称"箭虫"，为两侧对称、有真体腔的原口动物。60多种。体长0.5~10 cm。体分头、躯干和尾部3部分，各部间有隔膜。头部腹面有纵裂的口，两侧有几丁质刚毛，用以取食，称"毛颚"；躯干部有侧鳍1~2对，尾部有1尾鳍（图13-15）。体壁表面是角质层，之下为复层上皮。呼吸由体表进行，循环及排泄机能由体腔液完成。雌雄同体，异体受精，辐射卵裂形成囊胚，由内陷法形成原肠胚，由肠细胞法形成中胚层，体腔囊法形成体腔（此发育过程与后口动物相似，故曾被放入后口动物，后来的研究证明其为原口动物），直接发育，是一类自由游泳的食肉性海洋动物。

毛颚动物有真体腔，有发达的腹神经索。18S DNA序列研究表明它与线虫接近，其分类地位有待深入研究。

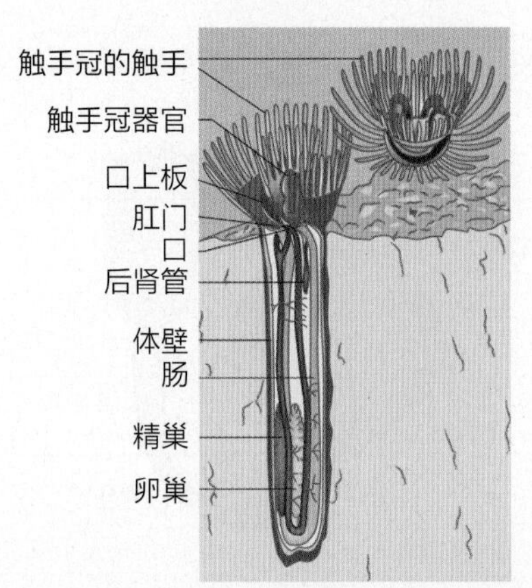

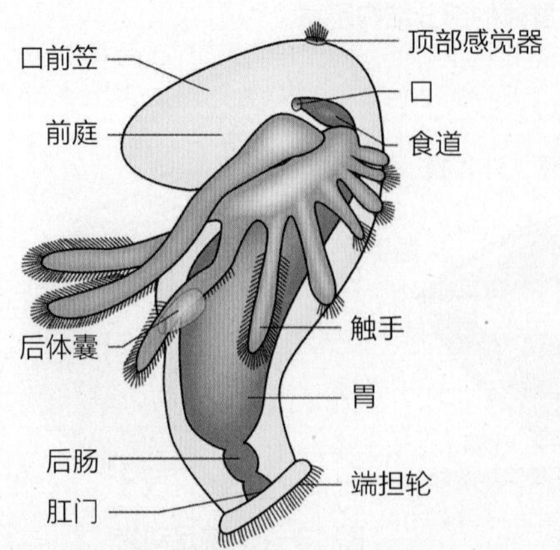

图 13-14 帚形动物及其辐轮幼虫结构示意

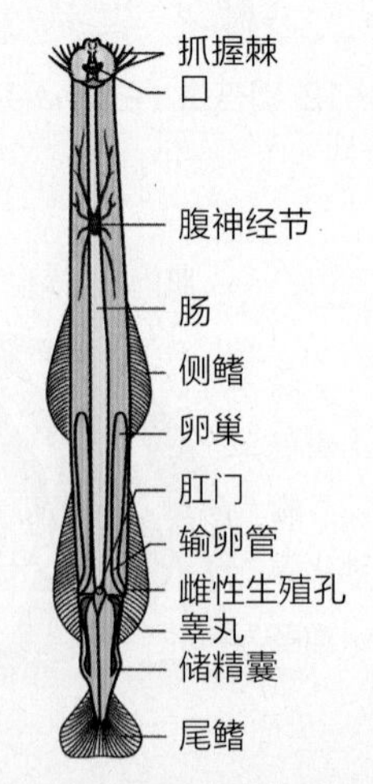

图13-15 毛颚动物结构示意

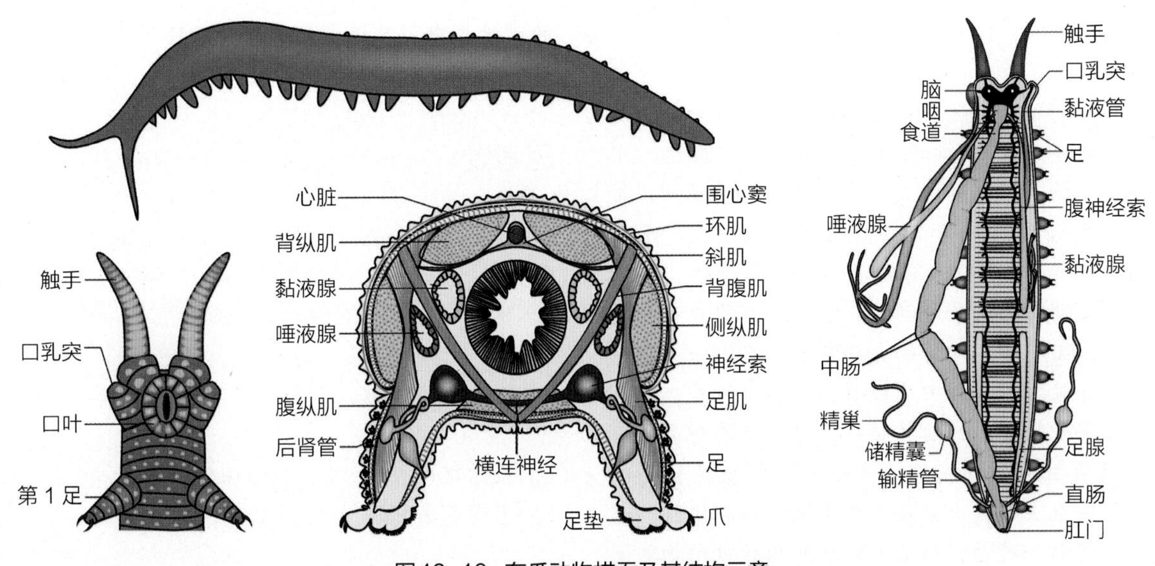

图 13-16 有爪动物栉蚕及其结构示意

2. 蜕皮动物（Ecdysozoa）

蜕皮动物是一类在发育过程中有蜕皮（蜕去角质层或外骨骼）现象的动物。

（1）有爪动物门（Onychophora）

有爪动物陆生，主要分布在热带和亚热带地区，昼伏夜出，爬行缓慢，靠足的移动和体壁的伸缩前行。捕食小型无脊椎动物。有爪动物约110种。体呈蠕虫状，长0.5~15 cm。体表柔软有环纹，但不分节，有带角质刺的突起。附肢多且成对，常为14~44对，短小具爪，不分节（图13-16）。头部有单眼和触角各1对，腹面的口内有2个角质颚，口的两侧各有1可喷射黏液的乳突。有爪动物具有不分节的混合体腔，开管式循环；靠短而不分支的气管呼吸；排泄器官为与环节动物后肾管同源的成对肾管。雌雄异体，常表现为两性异型，多为体内受精，胚胎在亲体内发育，产出与成体相似的幼体。

有爪动物兼具环节动物和节肢动物的部分特征。如：皮肤柔软无骨片、具有皮肌囊，身体两侧有成对无关节的附肢、排泄器官按节排列、输卵管内具纤毛，感觉器官有单眼等构造与环节动物较为相似。而它的颚由附肢变成、开管式循环、心脏为管状且具心孔、混合体腔、用气管呼吸等又与节肢动物相近，因而它与环节和节肢动物都有密切的亲缘关系。

（2）缓步动物门（Tardigrada）

缓步动物俗称水熊或熊虫，分布于淡水、潮湿的土壤、潮间带。已知约800种。体长0.3~0.5 mm。圆柱状或长卵状，不分节，头和躯干分界不明显。腹侧有4对短粗的足，末端具4~8个爪（图13-17）。体表

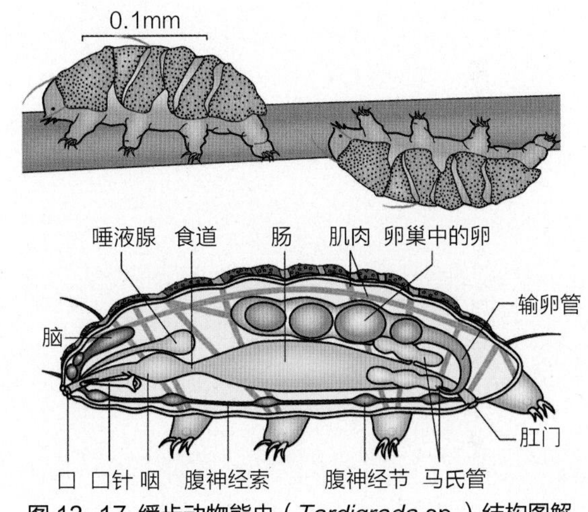

图 13-17 缓步动物熊虫（*Tardigrada* sp.）结构图解

光滑或具有几丁质板、刺。1对锋利的口针可刺破植物组织或动物皮肤，吮吸式的咽可以进行吸食。体腔为血腔。真体腔仅残留于生殖腺腔内。无呼吸及循环器官。绝大多数种类雌雄异体，孤雌生殖很常见。缓步动物对不良环境有积极的适应性。环境干燥时其身体失水而萎缩，分泌双层几丁质膜包在外面，处于隐生状态；环境适宜时，它可在几小时内吸水，使身体复原。有记录可隐生7年之久的种类。缓步动物靠肌肉束来控制躯干与足的运动，运动时用爪抓住基质。由于运动缓慢，故得名。

缓步动物体细胞数目相对恒定、体壁的结构、蜕皮、形成薄壳卵和厚壳卵等特征与腹毛动物相似；但存在真体腔、血腔，附肢具爪、具马氏管及链状神经系统的特征又与节肢动物相似，其演化地位仍然不清楚。

小结

无脊索动物的上述11个小门类均为原口动物，其中冠轮动物包括：颚口动物、微颚动物、螠虫、星虫、须腕动物、苔藓动物或外肛动物、腕足动物、帚形动物和毛颚动物9个小门。蜕皮动物包括：有爪动物和缓步动物2个小门。冠轮动物中苔藓动物、帚形动物、腕足动物为触手冠动物，它们既有原口动物的一些特征，又有后口动物的一些特征，它们一般都有真体腔，并且发育过程中出现前、中和后体腔；都有兼作生殖导管的发达的后肾管；海洋生活的种类均有与担轮幼虫相似的幼虫期；受精卵的卵裂是辐射卵裂；以肠细胞法形成中胚层，肠体腔法形成体腔。这些特征可将触手冠动物视为原口动物和后口动物之间的过渡类群。其他多数类群由于缺乏深入细致的发育研究，分类地位仍不十分明确。

思考题

❶ 了解11个无脊索动物小门的基本特征。

❷ 触手冠动物有什么共同特征？哪些与原口动物相同，哪些又与后口动物一致？

数字课程学习

☐ 教学视频　☐ 教学课件

☐ 思考题解析　☐ 在线自测

（李海云）

第14章 脊索动物门（Chordata）

脊索动物是动物界最高等的一门动物，种类数量繁多，分布广泛。与无脊索动物相比，它们在身体结构的复杂程度、机能完善水平及生活方式的多样性方面远远高于无脊索动物。少数种类在幼体或终生具有脊索，大多数种类仅在胚胎时期具有脊索，故称为脊索动物。脊索动物门的现存种类有很大的差异，但在个体发育的某一时期或整个生活史中具有几个共同特征（图14-1）。

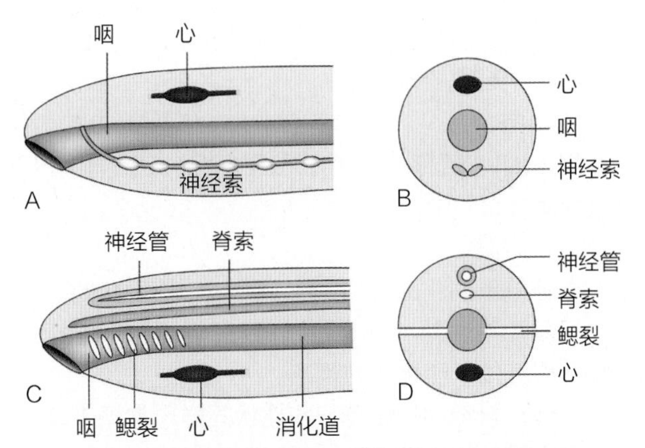

图 14-1 脊索动物与无脊索动物的主要特征比较

无脊索动物体前端的纵、横切面（A和B）；脊索动物体前端的纵、横切面（C和D）

14.1 脊索动物的主要特征

（1）脊索

脊索（notochord）是背部起支持体轴作用的一条有弹性的棒状结构，位于背神经管的腹面，消化道的背面。典型的脊索由富含液泡的脊索细胞组成，外包有脊索鞘。脊索鞘内层为纤维组织，外层为弹性组织（图14-2）。充满液泡的脊索细胞产生膨压，使脊索既具弹性又有硬度，从而起到骨骼的基本作用。脊索终生存在于低等脊索动物中（如文昌鱼）或仅见于幼体时期（如尾索动物）。脊椎动物中的圆口类脊索终生保留，其他类群只在胚胎期出现脊索，后来被脊柱替代，成体时脊索完全退化或有残余。

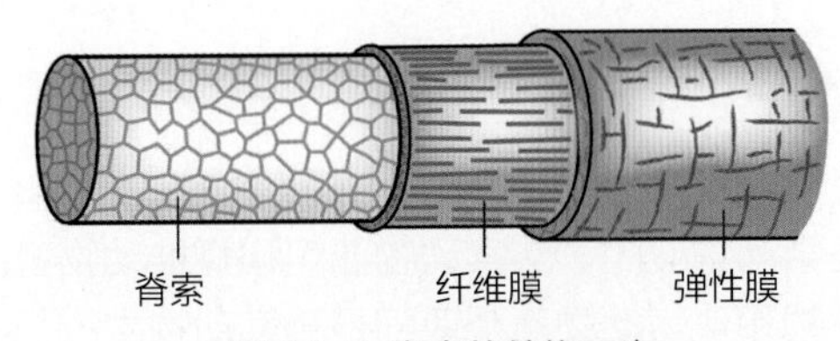

图 14-2 脊索的结构示意

脊索的出现是动物演化史上的重大事件，它强化了对躯体的支撑及对内脏的保护，提高了定向、快速运动的能力，也使动物躯体的大型化成为可能，是脊椎动物头部（脑和感官）以及颌出现的前提条件。

（2）背神经管

脊索动物神经系统的中枢部分呈中空管状，位于身体的背中线上，脊索的背面（图14-3），故称背神经管（dorsal tubular nerve cord）。背神经管由胚胎期背部中央外胚层下陷卷褶所形成，在脊椎动物中前端分化为脑，后端形成脊髓。无脊索动物神经系统的中枢部分多呈索状，位于消化道的腹面。

（3）鳃裂

低等脊索动物在消化道前端的咽部两侧有一系列成对排列，数目不等的裂孔，称为鳃裂（gill slits）（图14-3），直接开口于体表或以一个共同的开口间接地与外界相通。低等脊索动物、鱼类及部分两栖类的鳃裂终生存在并附生鳃，为呼吸器官。其他脊椎动物仅在胚胎期出现鳃裂。

（4）内柱或甲状腺

内柱（endostyle）位于咽的底壁（图14-3），

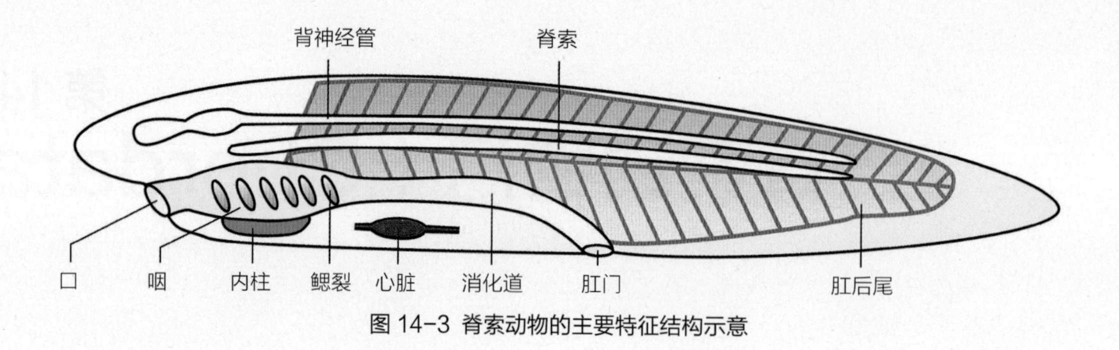

图 14-3 脊索动物的主要特征结构示意

在低等脊索动物中，内柱除了分泌碘化蛋白（甲状腺素）外，还具有分泌黏液，捕捉食物颗粒的功能。低等脊索动物的内柱与高等脊索动物的甲状腺（thyroid gland）为同源结构。甲状腺素在动物体的生长、发育和繁殖中起重要作用。

（5）尾

尾（tail）若存在，则总在肛门后方，称肛后尾（postanal tail）（图14-3）。

（6）心脏

心脏位于消化道腹面（图14-3），闭管式循环系统（尾索动物除外）。血液中多具有红细胞。无脊索动物的心脏位于消化道的背面。

此外，脊索动物还有一些性状同样也常见于高等无脊索动物，如：三胚层、后口、真体腔、两侧对称以及身体和某些器官的分节现象等。这些共同点表明脊索动物起源于无脊索动物。

14.2 脊索动物的分类

目前已知的脊索动物约有6万余种。分为3个亚门：尾索动物亚门、头索动物亚门和脊椎动物亚门。尾索动物和头索动物两个亚门是脊索动物中的低等类群，合称为**原索动物**（Protochordata）。

14.3 尾索动物亚门（Urochordata）

本亚门动物多数在幼体期自由游泳生活，具有脊索动物的3大主要特征，因脊索在尾部，故称尾索动物。变态后随着幼体尾部消失，脊索消失，背神经管退化成神经节，鳃裂仍存在，大多营固着生活。因成体多具被囊（tunic），又称为被囊动物（tunicate）。尾索动物多数营有性生殖，也有无性出芽生殖，甚至生活史中还有世代交替现象出现。常见种类有各种海鞘和住囊虫等，分布遍及世界各地海洋。本亚门动物曾长期被归属于无脊索动物，直至1866年俄国胚胎学家柯瓦列夫斯基（Ковалевский）研究了海鞘的胚胎发育及变态后，才确立了它们的低等脊索动物的地位。

14.3.1 代表动物：海鞘（sea squirts）

（1）成体的形态结构

①外形 海鞘呈长椭圆形似囊袋，基部固着（图14-4）。顶端的一孔是入水孔，稍侧面较低处另有一出水孔，从其发生上看，出、入水孔之间为背侧。水流从入水孔进入而由出水孔排出。受惊扰时体壁会骤然收缩，体内的水会分别从两孔喷射而出，惊扰缓解后逐渐恢复原状。

②外套膜和被囊 外套膜构成海鞘的体壁。外套膜由表面1层外胚层来源的上皮细胞和中胚层来源的肌肉纤维和结缔组织组成。向外分泌类似植物纤维素的被囊素（tunicin），形成被囊。外套膜在水孔的边缘处与被囊汇合，并有环状括约肌控制水孔的启闭。

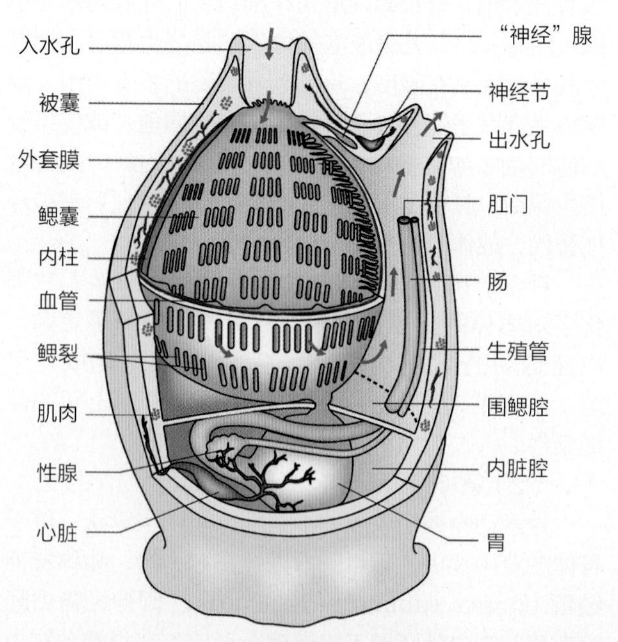

图 14-4 海鞘的成体结构示意

③**围鳃腔** 外套膜内有围鳃腔围绕咽部。宽大的围鳃腔由体表陷入形成，其内壁为外胚层。因其不断扩大，将身体前部原有的体腔逐渐挤小，最终在咽部完全消失。

④**消化系统** 消化道包括口、咽、食道、胃、肠和肛门。肛门开口于围鳃腔。入水孔的底部有口，口周围有口缘触手，可以滤去粗大物体，口连通宽大的咽部。咽的内壁有纤毛，其背、腹侧各有一沟状结构分别称为背板（咽上沟）和内柱，沟壁有腺细胞和纤毛细胞。背板和内柱在咽的前端以围咽沟相连。腺细胞分泌黏液，将由水流带来的食物颗粒黏合成食物团。由于内柱纤毛的摆动，将食物团向前（上）推行，经围咽沟、沿背板向后（下）导入食道、胃和肠进行消化。不能消化的食物残渣通过肛门排入围鳃腔，随水流经出水孔排出体外。

⑤**呼吸系统** 咽壁有许多鳃裂，其间隔里分布着大量毛细血管，从口进入咽内的水流经过鳃裂流到围鳃腔时，即可进行气体交换，完成呼吸作用。

⑥**循环系统** 心脏位于体腹面靠近胃部的围心腔内，前端连鳃血管，分布到鳃裂间的咽壁上，后端连肠血管，经多次分支进入组织器官的血窦中，为开管式血液循环。血液无色。海鞘具特殊的可逆式血液循环，即心脏收缩有周期性间歇，使血流周期性改变方向，因此，血液双向流动，血管无动脉和静脉之分，这种血液循环方式是动物界独一无二的。

⑦**神经系统和感觉器官** 由于成体营固着生活，神经系统和感觉器官退化。神经中枢为出、入水孔间的一神经节，由此分出若干分支到身体各部；没有集中的感觉器官，但在触手、缘膜、外套膜和水孔等处有散在的感觉细胞。

⑧**排泄和生殖系统** 肠的附近有一堆有排泄功能的细胞，称为尿泡（renal vesicles），其中常含尿酸结晶。排泄物进入围鳃腔随水流排出体外。海鞘雌雄同体，异体受精。精子和卵不同时成熟，以避免自体受精。精巢和卵巢均位于外套膜内壁。精巢大，呈分支状；卵巢较小，圆球状；由单一的生殖导管将成熟的配子排入围鳃腔，经出水孔排出体外，或在围鳃腔内与异体的配子相遇受精，在海水中发育。

（2）幼体和变态

海鞘的受精卵经过胚胎发育，形成形似蝌蚪、自由游泳的幼体，体长1~5 mm，有一肌肉质侧扁的长尾，尾内有1条典型的脊索。脊索背侧有中空的背神经管，神经管前部膨大形成脑泡，并具有含色素的眼与平衡器。具有完全的消化道，有口、膨大的咽、肠和肛门，在咽壁上穿孔形成鳃裂。身体腹侧有心脏。

幼体经过几小时至一天的自由生活后，用身体前端的附着突吸附在水中物体上，开始变态：尾部连同其内部的脊索逐渐被吸收而消失；神经管也退化而残存为一个神经节；相反，咽部大为扩张，鳃裂数目急剧增多，并形成了围绕咽部的围鳃腔。附着突也被海鞘的柄所替代。由于口孔与附着突之间生长迅速，口孔的位置被推到与吸附端相对的顶端。最后，体壁分泌出被囊，于是，自由生活的幼体变为固着生活的成体。海鞘经过变态，失去了脊索和背神经管等一些重要的结构，形体变得更为简单，这种变态称为逆行变态（retrogressive metamorphsis）（图14-5）。

14.3.2 尾索动物亚门的分类

本亚门动物全球有2 000多种，分为3个纲，我国已知约14种。

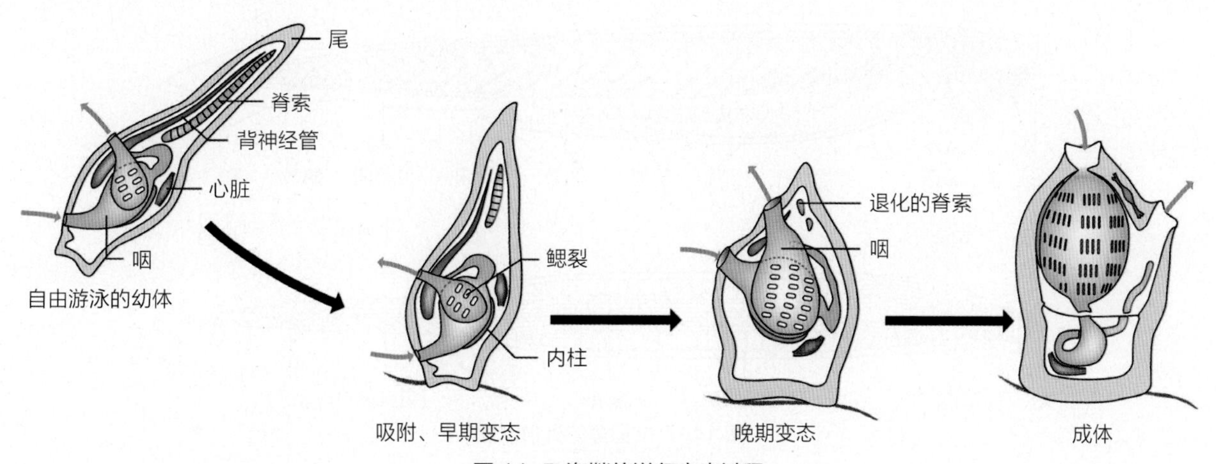

图 14-5 海鞘的逆行变态过程

（1）尾海鞘纲（Appendiculariae）

本亚门中最原始的一纲。体长不超过5 mm，是常见的浮游动物。无被囊和围鳃腔，只有1对直接开口于体外的鳃裂。终生保留幼体的蝌蚪外形，营自由游泳生活，因此又被称为幼态纲（Larvacea）。体表分泌直径几厘米长的透明胶质囊，称为住室，动物在其中自由活动。如：尾海鞘（*Appendicularia*）和住囊虫（*Oikopleura*）（图14-6）等。

（2）海鞘纲（Ascidiacea）

绝大多数尾索动物种类属于此纲，近2 000种，单体或群体。幼体通常有尾，营自由生活，有逆行变态。成体在水中营固着生活，有很厚的被囊。如：柄海鞘（*Styela clava*）、菊花海鞘（*Botryllus*）和玻璃海鞘（*Ciona intestinalis*）等。

（3）樽海鞘纲（Thaliacea）

本纲约65种。成体似桶状或樽形，包在透明的被囊中，入水孔和出水孔分别位于身体的前、后端。在水中漂浮生活或从出水孔喷水以推动身体在水中游动。雌雄同体，生活史复杂，甚至有世代交替现象。如：樽海鞘（*Doliolum deuticulatum*）。

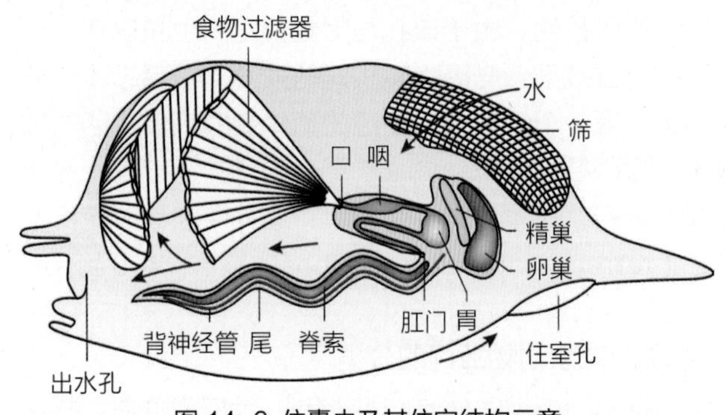

图 14-6 住囊虫及其住室结构示意

14.4 头索动物亚门（Cephalochordata）

头索动物终身具有发达的脊索、背神经管、鳃裂及肛后尾等典型脊索动物的特征性结构。在原索动物中较为高级。脊索纵贯全身，一直达神经管的前方，故称头索动物。仅1纲1科2属。即头索纲，鳃口科，文昌鱼属和偏文昌鱼属，其中偏文昌鱼体长明显小于文昌鱼，且生殖腺仅存在于身体右侧。头索动物共约25种，分布于热带和温带浅海，尤其是北纬48°至南纬40°之间的沿海地区内较多，有“活化石”之称。目前文昌鱼被列为我国国家二级重点保护动物。我国厦门、青岛等地分布的主要是白氏文昌鱼（*Branchiostoma belcheri*），福建、广东和广西沿海分布有偏文昌鱼（*Asymmetron*）。

代表动物——文昌鱼

文昌鱼栖居于浅海水质清澈的海滩上，常钻入沙中，仅露出前端，有时则侧卧在水中沙面上。不善游泳，夜间活跃，凭借体侧肌节的交替收缩可左右摆动，做短暂的游动。文昌鱼的这种生活方式决定了其体制结构的原始性。文昌鱼对光敏感，昼伏夜出。没有真正的头、眼及偶鳍等。

（1）外形

文昌鱼体呈纺锤形，略似小鱼，体侧扁，两端尖，故又称“双尖鱼”。身体半透明，略带肉红色（图14-7）。体长一般小于50 mm。美国的加州文昌鱼是最长的一种，可达100 mm。

文昌鱼的背面沿中线长有背鳍和尾鳍，尾鳍又和腹侧的肛前鳍（臀前鳍）相连，体部两侧各有一皮肤下垂而形成的褶状物，称腹褶，腹褶与肛前鳍的交界处有1腹孔，也称围鳃腔孔。尾鳍与肛前鳍交界处偏

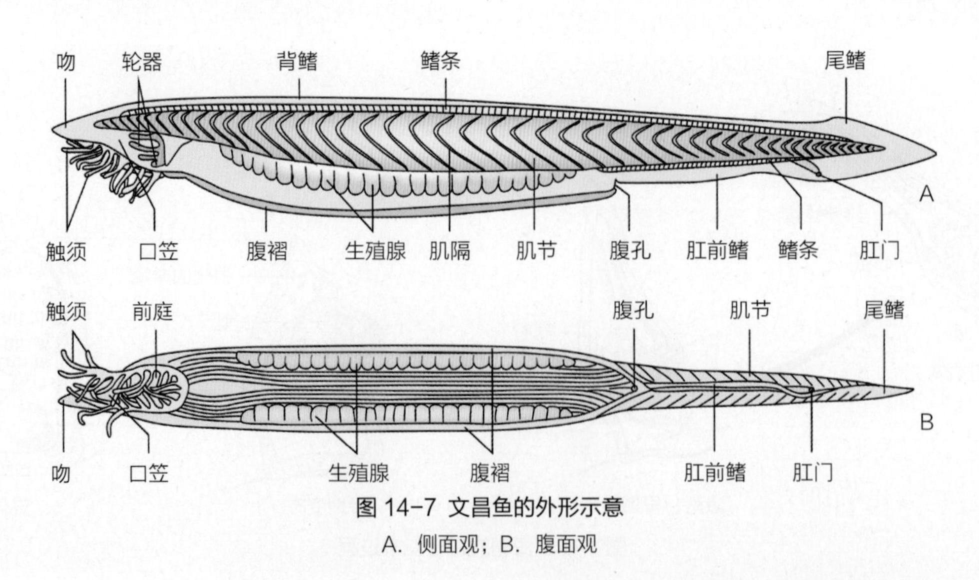

图 14-7 文昌鱼的外形示意

A. 侧面观；B. 腹面观

左侧有肛门，其后为尾。在身体前端的腹面有漏斗形口笠，口笠周围有触须，有过滤食物颗粒和感觉作用。口笠内为前庭，内壁有轮器，可搅动水流入口。口位于环形缘膜中央，缘膜周围环生缘膜触手，可阻止沙粒入口（图14–8）。

（2）皮肤与肌肉

皮肤薄而透明，由表皮和真皮构成（图14–10）。表皮由单层柱状上皮细胞组成，真皮为一层胶冻状结缔组织。

文昌鱼背部肌肉较腹部发达，肌肉分节明显，呈“<”字形，交错互不对称排列在两体侧，肌节的横断面近圆形（图14–9）。肌节之间以结缔组织肌隔分开，肌节的数目是文昌鱼分类上的重要特征之一。

（3）骨骼

文昌鱼以纵贯全身的脊索作为主要支持结构。脊索鞘与背神经管的外膜、肌膈和皮下结缔组织等连续。横断面呈卵圆形，较粗大（图14–9）。此外，在口笠、缘膜触手和轮器内有类似软骨的结构支持。奇鳍内的鳍条和鳃裂之间的鳃棒由结缔组织支持。

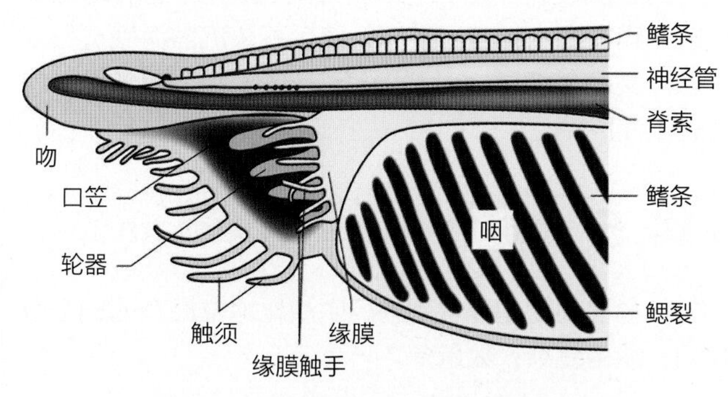

图 14–8 文昌鱼体前端纵切面结构示意

（4）消化和呼吸

消化道前端为有触须的口笠，用于被动过滤食物。文昌鱼消化系统简单，肠为一直管，其前段腹侧有一前伸的盲囊称为肝盲囊，能分泌消化液，相当于脊椎动物的肝。咽发达，约占整个消化道的一半，其两侧有许多鳃裂；咽的顶部和底部分别有咽上沟（背板）和内柱，咽上沟和内柱在咽前方经围咽沟相连。由于内柱纤毛的摆动，将食物团向前推行，经围咽沟、沿咽上沟后导入肠进行消化。不能消化的食物残渣通过位于尾鳍腹面前方左侧的肛门排出体外。

水流通过咽部鳃裂时与毛细血管内的血液进行气体交换，最后再由围鳃腔经腹孔排出体外。同时文昌鱼纤薄的皮肤下的淋巴窦可能也有直接从水中摄取O_2的能力，共同完成呼吸作用。

（5）循环

文昌鱼为闭管式循环（图14–11），无心脏，血液无色。咽部腹面是具有搏动能力的腹大动脉和鳃动脉。腹大动脉的血液向前流，经鳃动脉到鳃裂进行气体交换变成动脉血后注入成对的背动脉根，向前供应体前各器官，向后汇合为1条背大动脉，沿体节向后分出若干体节动脉，到器官组织内进行气体交换变为静脉血，经前、后主静脉注入总主静脉，再返回腹大动脉，内脏的静脉血则经肠下静脉注入肝门静脉，再

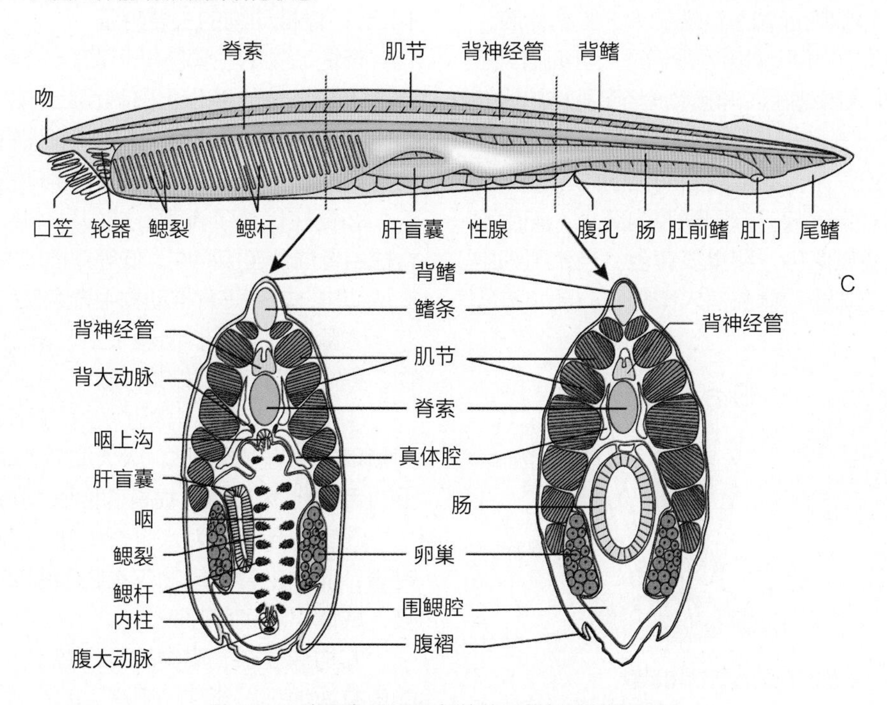

图 14–9 文昌鱼及不同部位体区横切面结构示意

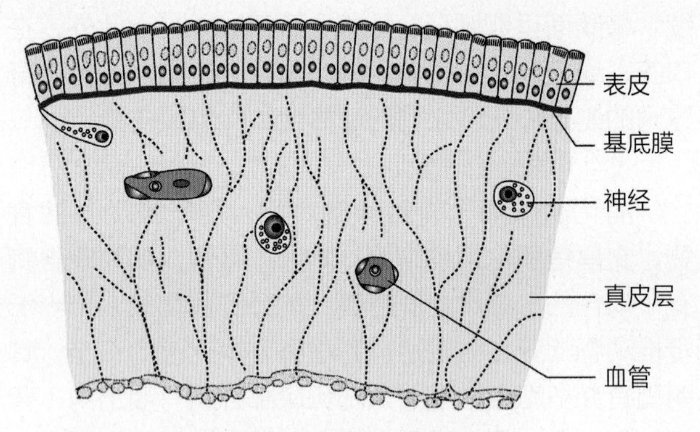

图 14-10 文昌鱼的皮肤横切面结构示意

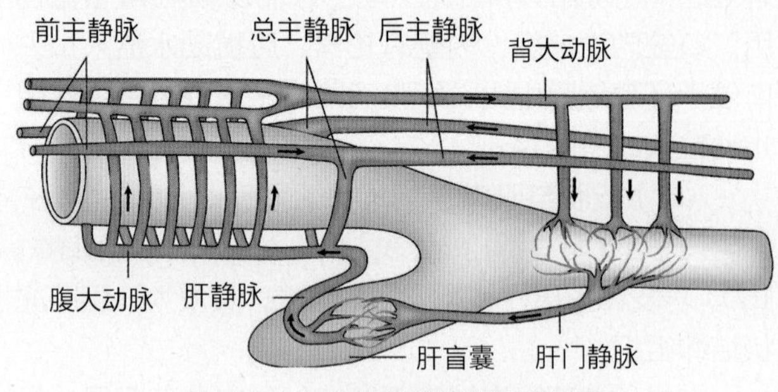

图 14-11 文昌鱼的循环系统示意

经肝静脉返回腹大动脉，如此周而复始。

（6）神经和感官

背神经管分化程度较低，仅在前端管腔膨大形成脑泡。向前发出2对“脑”神经和自神经管两侧发出的、按体节分布的脊神经构成了周围神经，神经管在与每个肌节相应的部位，分别发出1对背神经根（背根）和数条腹神经根（腹根），排列形式与肌节一致，左右交错，互不对称；背根接受皮肤感觉和支配肠壁上肌肉运动。腹根专管运动。感觉器官不发达，仅在背神经管上有一系列黑色小点为脑眼，每个脑眼由1个感光细胞和1个色素细胞构成，可透过体壁起感光作用。

（7）排泄与生殖

排泄器官由按体节排列的肾管组成，有90~100对，位于咽壁背方两侧，肾管是1条短而弯曲的小管，一端由肾孔开口于围鳃腔，另一端连接5~6束管细胞（Solenocytes）。管细胞远端呈盲端膨大，紧贴体腔，内有一长鞭毛。体腔内的代谢废物渗透进入管细胞，然后经肾管从肾孔排入围鳃腔，再随水流经腹孔排出体外（图14-12）。

文昌鱼为雌雄异体，沿围鳃腔两侧的内壁上，按体节排列有约26对生殖腺，向围鳃腔内突入，无生殖管道。性成熟时精巢白色，卵巢淡黄色。当生殖细胞成熟后，冲破生殖腺壁和体腔落入围鳃腔，随水流经腹孔排出体外，在海水中受精发育。

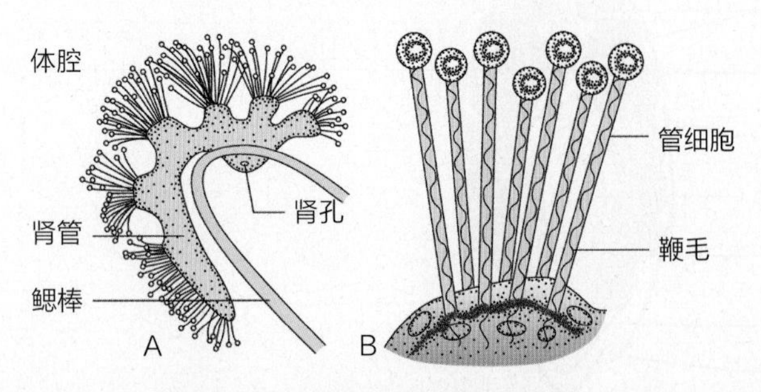

图 14-12 文昌鱼的肾管结构示意
A. 肾管；B. 肾管壁的一部分及管细胞

（8）发育与变态

文昌鱼的主要生殖期多在每年的6—7月间，受精与产卵均在傍晚日落前进行。文昌鱼的受精卵经过桑葚胚、囊胚、原肠胚和神经胚等阶段，历经不到1天的胚胎发育（图14-13）。体表被有纤毛的幼体突破卵膜在海水中自由游泳，随后不久沉落海底进行变态。文昌鱼经过3个月的幼体期进入变态期，一年后达到性成熟。

14.5 脊椎动物亚门（Vertebrata）

脊椎动物是脊索动物门中演化地位最高的一个亚门，结构复杂，数量多。

14.5.1 脊椎动物的主要特征

脊椎动物的主要特征见图14-14。

①神经管前端分化出脑，后端分化成脊髓。体前端出现了集中的嗅、视、听等感觉器官，加上保护它们的头骨，形成明显的头部，故脊椎动物又称为有头类。

②脊柱代替了脊索，成为身体的主要支持结构。脊柱由脊椎骨连接而成。低等脊椎动物中脊索仍为主要支持结构，较高等脊椎动物中脊索仅残余或完全退化。

③除圆口类外，出现了上、下颌，能主动捕捉食物，提高了营养代谢的能力。

④除圆口类外，出现了成对的附肢，即水生动物的偶鳍和陆生动物的四肢，大大加强了动物在水中和陆地上的活动能力和范围，提高了取食、求偶和避敌的能力。

⑤鳃裂和鳃作为水生脊椎动物的呼吸器官进一步完善，而陆生脊椎动物仅在胚胎期或幼体阶段用鳃呼吸，成体出现了肺呼吸。

⑥构造复杂、集中的肾代替了分节排列的肾管，能更有效地排出新陈代谢产生的废物。

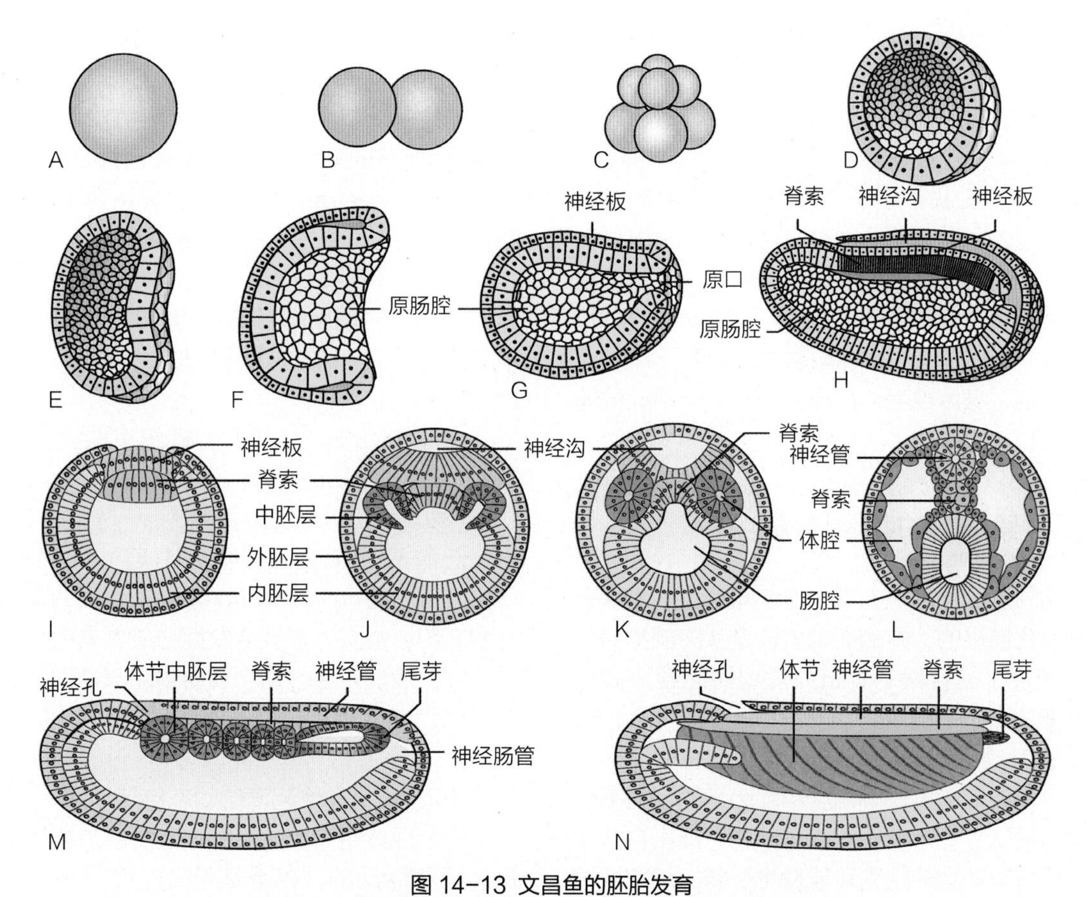

图 14-13 文昌鱼的胚胎发育

A ~ C. 卵裂期；D ~ E. 囊胚及剖面；F. 原肠期剖面；
G ~ L. 神经胚各阶段横切面；M ~ N. 神经管、脊索与体节的形成

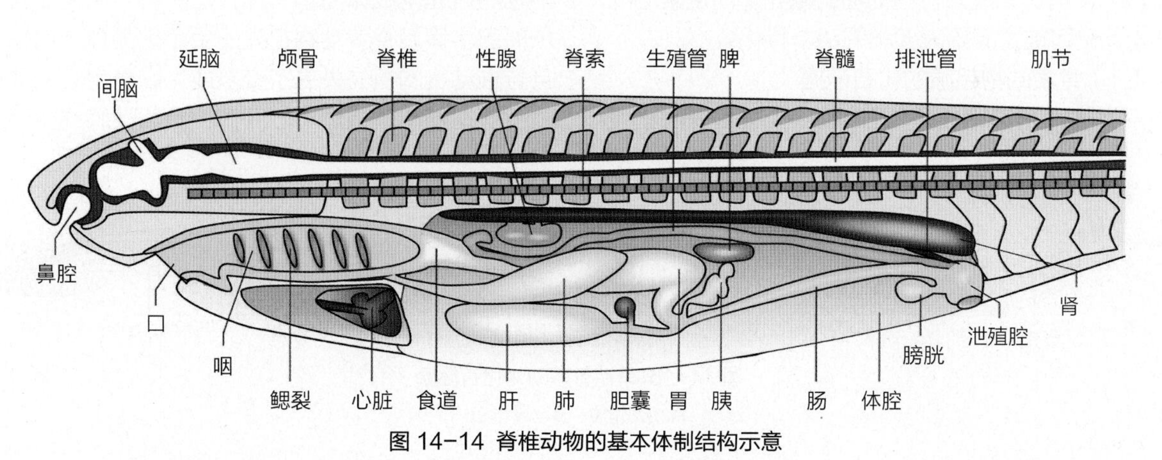

图 14-14 脊椎动物的基本体制结构示意

⑦具备完善的循环系统。肌肉质、有收缩功能的心脏代替了腹大动脉，血液中具有红细胞，其中的血红蛋白能高效运载O_2，循环系统进一步完善。高等动物心脏中的缺氧血和多氧血进一步分开，代谢率进一步提高。为恒温提供了基础。

14.5.2 脊椎动物亚门的分类

脊椎动物亚门包括圆口纲、软骨鱼纲、硬骨鱼纲、两栖纲、爬行纲、鸟纲和哺乳纲。其中圆口纲动物为无颌类，其余各纲动物为有颌类。

①**圆口纲** 鳗形，无颌，无成对的附肢，单鼻孔，用囊鳃呼吸，脊索和雏形椎骨并存，又名无颌类、单鼻类或囊鳃类。

②**软骨鱼纲** 脊索退化，骨骼为软骨，体多被盾鳞，出现成对的鳍，鳃裂直接裸露于体表。

③**硬骨鱼纲** 骨骼一般为硬骨，体多被骨鳞，具

鳃盖骨，鳃裂不直接裸露于体表。

④**两栖纲** 皮肤裸露，幼体用鳃呼吸，鳍运动。变态后多陆生，用肺、口咽腔黏膜和皮肤呼吸，用五趾型附肢运动（无足目除外）。

⑤**爬行纲** 皮肤干燥，外被角质鳞、角质盾或骨板。心脏有2心房、1心室或近于2心室。本纲与鸟纲、哺乳纲在胚胎发育过程中出现羊膜，合称为羊膜动物，其他各纲脊椎动物则合称为无羊膜动物。

⑥**鸟纲** 体表被羽，前肢特化成翼，恒温，卵生。

⑦**哺乳纲** 身体被毛，恒温，多胎生（单孔类卵生），全哺乳。

14.6 脊索动物的起源与演化

从演化的过程和规律上看，脊索动物应该是从无脊索动物演化而来的，有颌类则应该是从无颌类演化而来的。但由于无脊索动物祖先类型缺乏硬质体构造，其间具有的许多中间类型无化石证据可寻，因此，关于脊索动物的起源问题，至今还没有最终解决。目前，主要依据比较解剖学和胚胎学的证据来分析推断，一般认为脊索动物与棘皮动物可能出自共同祖先。推测脊索动物的祖先可能发生于寒武纪的原始无头类。原始无头类演化出前端具有脑、感官和头骨的原始有头类，即成为脊椎动物的祖先。而尾索动物和头索动物可能是原始无头类的两个特化分支。

（1）脊索动物起源的化石证据

原索动物化石很少，在加拿大不列颠哥伦比亚布尔吉斯页岩中发现的寒武纪中期的皮克鱼（*Pikaia gracilens*）具有脊索和“<”形肌节（图14-15A），有可能是一个早期的头索动物。中国学者1999年在澄江生物群化石中发现的“始祖长江海鞘”（*Cheungkangella ancestralis*），经研究被认为是距今5.3亿年的生物，是已知最古老的尾索动物。

已知最早的脊椎动物是无颌类（agnathans），它们的化石出现于5亿年前亚洲和美洲的海洋沉积物中。而其中最早的种类为牙形虫（conodonts）（图14-15B）。

在澄江距今5.3亿年的寒武纪早期沉积岩中发现的海口虫（*Haikouella lanceolata*）化石（图14-16），被认为是无颌类始祖。

云南澄江动物群（帽天山层）耳材村海口鱼（*Haikouichthys ercaicunensis*）化石的报道，溯源于寒武纪，被认为是至今发掘的最古老的脊椎动物祖先。它的发现对古生物学及动物起源学说有极大的影响，因为它将脊椎动物出现的时期进一步推至5.3亿年前。

（2）脊椎动物起源的幼态持续学说

海鞘成体是固着生活的，而文昌鱼和脊椎动物，是活跃和活动的。哪个是祖先形态？1928年，英国的沃尔特·加斯坦格（Walter Garstang）认为脊索动物的祖先与成体海鞘一样，是固着生活的滤食者。加斯坦格假设脊索动物祖先的生活史类似于海鞘，并且脊椎动物的祖先失去了变态成为固着生活的成体的能力。在保持幼虫形态的同时，发展性腺并生殖（幼

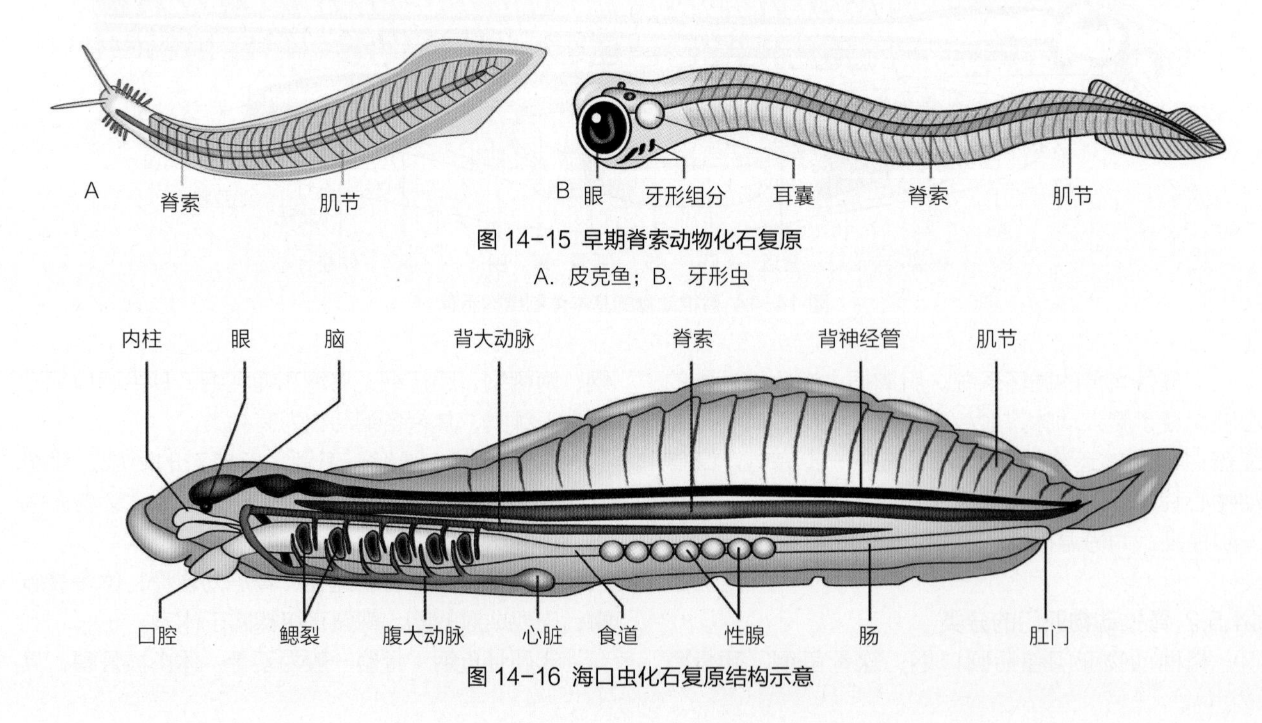

图 14-15 早期脊索动物化石复原

A. 皮克鱼；B. 牙形虫

图 14-16 海口虫化石复原结构示意

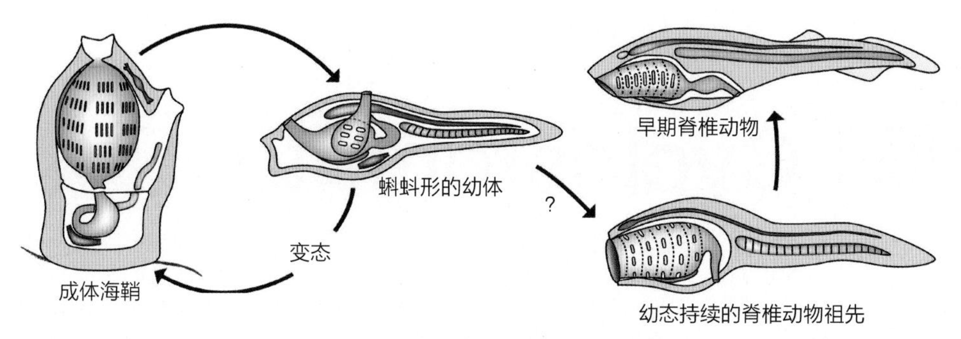

图 14-17 脊椎动物起源的幼态持续学说

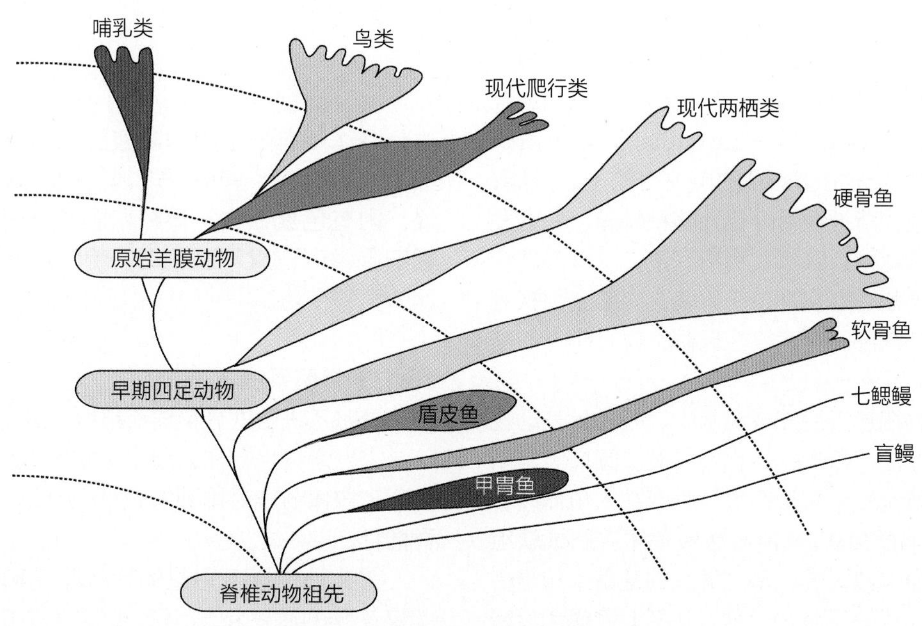

图 14-18 脊椎动物的起源与演化示意

态持续，paedomorphosis）。成体自由游泳，成为头索动物和脊椎动物的祖先。进一步头端化并成为最初的脊椎动物（图14-17）。而幼态持续现象也见于现存的两栖动物中。

脊椎动物的演化可以分为3个阶段：水中的演化——鱼类的演化，从水中到陆地上的演化——两栖类演化，以及陆地上的演化——爬行类、鸟类和哺乳类的演化。

由于化石证据无法记录完整的演化关系，使动物的演化问题难得到实际有效的解决。脊椎动物的大致演化关系如图14-18。

小结

脊索动物具有脊索、背神经管和鳃裂等主要特征。可具肛后尾、内柱和心脏腹位等特征。本门动物分为尾索、头索和脊椎动物3个亚门。

思考题

1. 脊索动物有何共同特征？试加以简要说明。
2. 何为逆行变态？了解逆行变态有何意义？
3. 文昌鱼为什么被称为头索动物？简述文昌鱼结构的原始性、特化性和进步性。
4. 试述脊索动物的分类及各亚门的主要特征。
5. 论述脊索动物的起源。

数字课程学习

□ 教学视频　□ 教学课件
□ 思考题解析　□ 在线自测

（张军霞）

第 15 章 圆口纲（Cyclostomata）

圆口纲动物又称无颌类（Agnatha），是最原始的脊椎动物类群。无主动捕食的可咬合的上、下颌；没有成对的附肢；背神经管分化为脑和脊髓，但脑发育程度低，无脑弯曲；脑颅发育不完整，没有形成头骨顶部；身体两侧有鳃裂开口于体表，内部有由软骨形成的鳃笼支持鳃部；脊索终生保留，仅有雏形的椎骨弧片。

圆口纲动物栖息于海水或淡水中。因其代表动物七鳃鳗具有圆形的口吸盘，故称圆口类。圆口类常用口吸盘或口缘触须辅助吸附在鱼体表或钻入鱼体内，用口吸盘内的角质齿和/或锉舌磨破鱼体皮肤或软组织，吮吸鱼的血肉和内脏，是一类适宜营寄生和半寄生生活的类群。本纲现存70余种，包括七鳃鳗和盲鳗两类（图15−1）。

15.1 圆口纲动物的主要特征

15.1.1 外形

圆口纲动物体呈鳗形，分为头、躯干和尾3部分，代表动物七鳃鳗的头顶部中央有单个鼻孔，头两侧有1对无眼睑的眼，身体两侧各有7个鳃孔开口于体表，故称七鳃鳗。盲鳗头部前端有2~4对口缘触须，吻端有单个鼻孔，眼退化，隐于皮下，身体两侧有1~16对鳃孔。圆口纲动物皮肤裸露、光滑无鳞片。只有奇鳍，即背鳍和尾鳍（雌性七鳃鳗还具一臀鳍），尾鳍在外形和内部骨骼上都是对称的，为原尾型。体长因种而异，从不足20 mm至1 m左右。

15.1.2 皮肤

皮肤表面光滑无鳞，由表皮和真皮组成。表皮为复层上皮组织，内有许多单细胞黏液腺，可分泌大量黏液使体表保持润滑。盲鳗的表皮黏液腺极发达，沿体侧有一系列的黏液腺孔，受刺激后分泌黏液的能力更强。真皮由规则排列的致密结缔组织构成，内有色素细胞、神经和血管分布，有韧性。色素细胞中的色素可以移动，使体色变深或变浅，其幼体更易变色。

15.1.3 骨骼系统

骨骼系统由软骨和结缔组织组成。

①脊索终生存在，用于支持身体。脊索背部两侧出现了按体节成对排列的极小的软骨弧片，是雏形的脊椎骨。

②头骨包括不完整的软骨脑颅和鳃笼。软骨脑颅仅在脑的底壁和侧面形成保护脑和头部感觉器官的软骨板，头骨顶部尚未形成，鼻、耳等部位的软骨仅以结缔组织与脑颅相连。鳃笼是由软骨条连接在一起形成的筐笼状结构，包在鳃囊外侧，起支持和保护作用，其末端构成保护心脏的围心软骨（图15−2）。

15.1.4 肌肉系统

躯干部的肌肉由一系列按体节排列的“Σ”形原始肌节构成，肌节间无水平隔膜，未分为轴上肌和轴下肌。鳃囊部位的环肌以及与吸附和摄食有关的口漏斗和舌部的肌肉略复杂，以支持口漏斗和舌的活动。

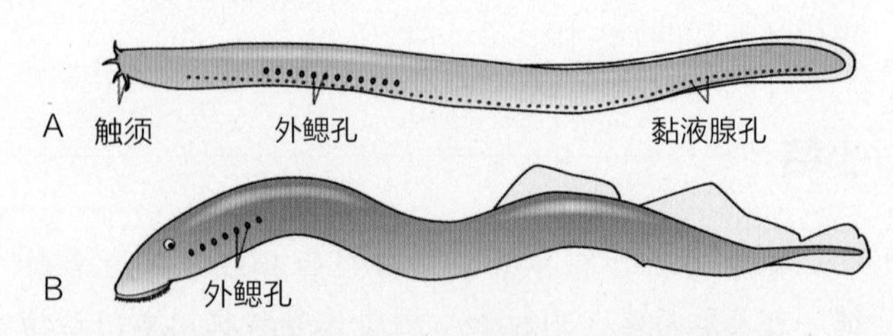

图 15−1 盲鳗（A）和七鳃鳗（B）的外形比较

15.1.5 消化系统与摄食

无上、下颌，缺乏主动捕食的能力。为适应寄生、半寄生生活，圆口纲动物头部腹面有一圆形的口吸盘或有吸吮性口结构，口不能启闭。七鳃鳗的口吸盘似漏斗状，又称口漏斗（图15–3）。口漏斗四周边缘有乳头突起，可以吸附在鱼体上；口漏斗内壁有许多角质齿，舌位于口漏斗的底部，也长有可再生的角质齿（锉舌）。以口漏斗内壁的角质齿和/或舌上的角质齿磨破寄生的宿主皮肤，锉磨宿主软组织，以舌做活塞式运动，引导食物入口（图15–3）。口腔腺可分泌抗凝血剂使得宿主血液不凝固。

口腔后面为咽，咽分化为背、腹两条管道，咽背面较狭窄的为食道，腹面较宽的为呼吸管（图15–4）。七鳃鳗的食道直接与肠相连，肠是主要的消化吸收器官，肠内有纵行的螺旋状垂膜，称为螺旋瓣，可延缓食物通过和增加消化吸收面积。肠末端以肛门开口于躯干部与尾部的交界处。

消化腺有肝和胰，无胆囊，其中肝结构独立；胰不发达，仅有一些胰细胞群。

15.1.6 呼吸系统

七鳃鳗的呼吸管前端有瓣膜控制水的进出，两侧各有7个内鳃孔，每个内鳃孔各自连通1个球状的鳃囊（图15–5A）。鳃囊由鳃裂的一部分膨大形成，鳃囊壁内有由内胚层演变而来的鳃丝，与其他用鳃呼吸的高等脊椎动物的鳃丝是由外胚层演变而来不同。鳃丝上有丰富的毛细血管，是进行气体交换的场所。鳃囊以外鳃孔通外界。当七鳃鳗自由生活时，水由口进入呼吸管，经内鳃孔进入鳃囊，最后由外鳃孔（鳃裂）排出体外；当七鳃鳗以口漏斗吸附于宿主上营半寄生生活时，口部无法进水，此时便依靠鳃囊壁肌肉的收缩而将水由外鳃孔吸入鳃囊，水在鳃囊内完成

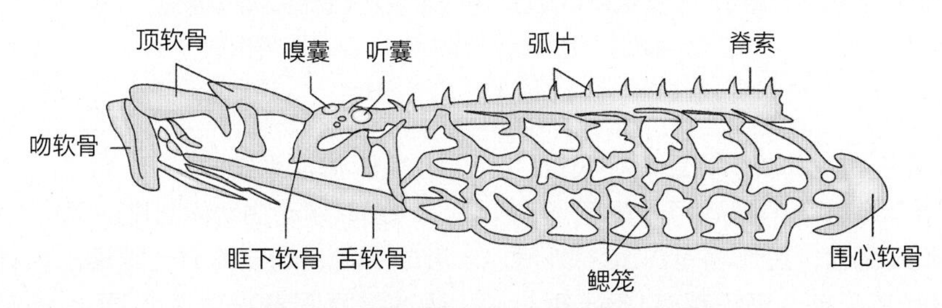

图 15–2 七鳃鳗的骨骼系统前侧面观示意

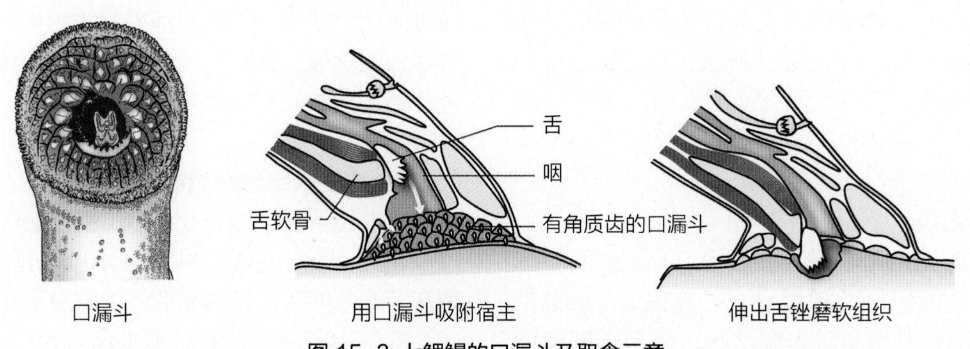

图 15–3 七鳃鳗的口漏斗及取食示意

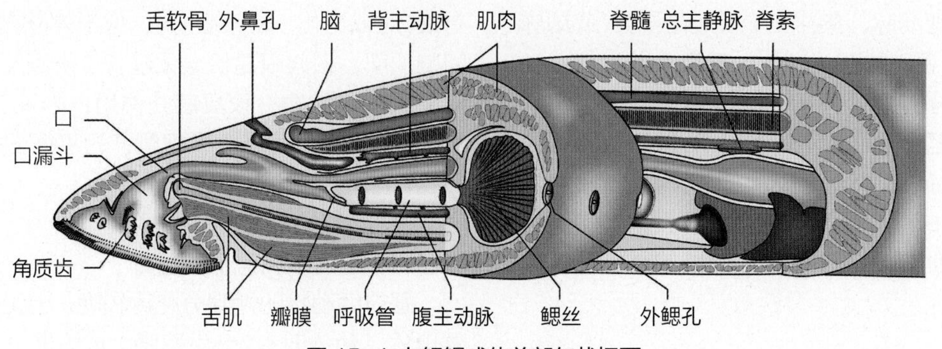

图 15–4 七鳃鳗成体前部矢状切面

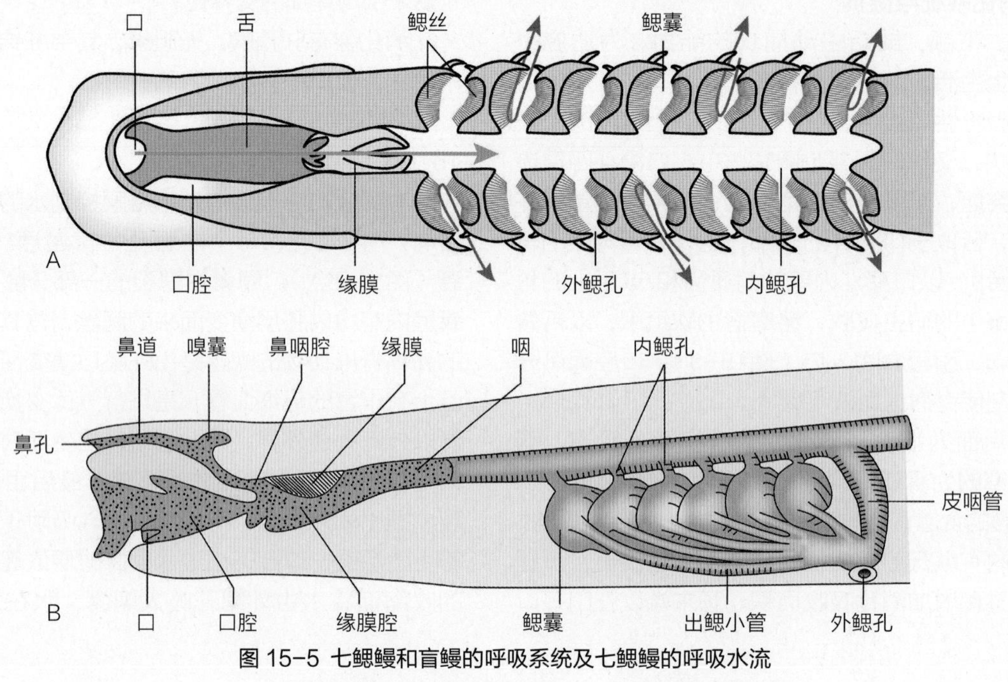

图 15-5 七鳃鳗和盲鳗的呼吸系统及七鳃鳗的呼吸水流

A. 七鳃鳗的呼吸系统与呼吸水流；B. 盲鳗的呼吸系统

气体交换后，再经外鳃孔排出体外。盲鳗无呼吸管，内鳃孔直接开口于咽部，每个内鳃孔经入鳃管通向鳃囊，有多对鳃囊和入鳃管，在体表有1~16对外鳃孔。体表只有1对鳃孔者，每个囊鳃都有1条出鳃小管，汇集成1条总鳃管后，在远离头部的后方开口于体表（图15-5B）。盲鳗的鼻孔与口腔是相通的。所以，盲鳗可通过口和鼻孔进水来呼吸。水经由咽部的内鳃孔进入鳃囊，完成气体交换后，经外鳃孔排出体外。

15.1.7 循环系统

圆口纲动物的心脏仅由1心房、1心室和静脉窦组成，无动脉圆锥，单循环。心室发出1条腹主动脉，腹主动脉发出多对入鳃动脉，分布于鳃囊壁上，形成毛细血管网。血液在鳃囊内经过气体交换后注入多对出鳃动脉，集中到背动脉根内。背动脉根向前发出1条颈动脉至头部，向后汇合成为背主动脉。背主动脉分支到体壁和内脏各器官。在各组织进行交换后，汇合到1对前主静脉和1对后主静脉，共同汇入总主静脉，然后注入静脉窦内，流入心房（图15-4）。圆口纲动物具有肝门静脉，但还没有形成肾门静脉。血液中有白细胞和有核的红细胞，红细胞含血红蛋白。

15.1.8 排泄系统

圆口纲动物幼体时排泄器官为前肾，发育过程中形成中肾，到成体时七鳃鳗出现1对狭长的后位肾，通过腹膜固着在体腔背壁上。2条输尿管沿体腔后行，汇合开口于泄殖窦（urogenital sinus），尿液通过泄殖窦在体表的开口泄殖孔排出体外。输尿管只有输尿的功能。盲鳗前肾终生存在，成体时前肾与中肾并存，共同完成泌尿功能。

15.1.9 神经系统与感觉器官

背神经管的前端分化为脑，后部分化为脊髓。脑已分化为大脑、间脑、中脑、小脑和延脑5部分，排列在一个平面上，无脑弯曲。由脑发出10对脑神经。

有集中的感觉器官：嗅觉器官为1个鼻囊，鼻孔开在头部背面中央或吻端，鼻腔呈短管状；视觉器官有眼1对或退化。松果眼1对，位于外鼻孔后方皮下、间脑顶部，松果眼是松果体延长、末端形成有晶体和网膜层的泡状物，仅具感光作用；内耳只有1条（盲鳗）或3条（七鳃鳗）半规管，为平衡器官。体表有侧线，能感觉水流和低频振动。

15.1.10 生殖系统与个体发育

圆口纲动物的性腺分化比较晚。七鳃鳗一般为雌雄异体，幼体时有2个生殖腺，成体时分别发育为单

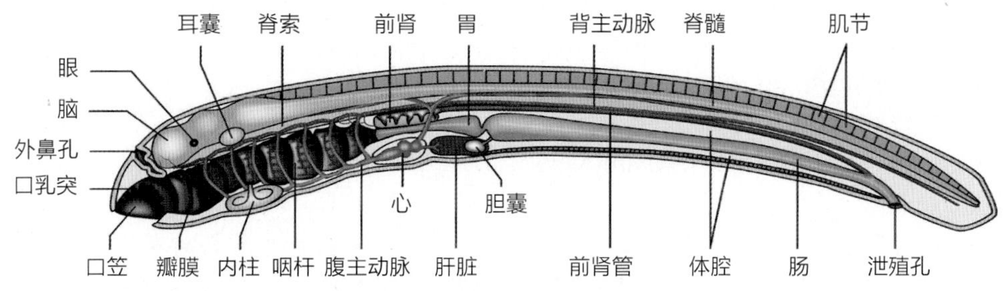

图 15-6 七鳃鳗的幼体沙隐虫结构示意

个精巢或卵巢。盲鳗为雌雄同体，但在生理上两性是分开的。盲鳗幼体期生殖腺的前部是卵巢，后部是精巢，随后，如果前端发达，后端退化，则发育为雌性；反之，则发育为雄性。圆口纲动物无生殖导管。繁殖季节，生殖腺破裂，精子或卵子溢出，落入体腔，通过泄殖窦上的1对小孔进入泄殖窦，再由泄殖孔排出体外，在水中受精。

盲鳗在个体发育过程中无变态，受精卵直接发育成幼鳗。七鳃鳗受精卵的孵化大约需要一个月的时间，幼体为沙隐虫（图15−6），与成体区别很大，幼体经过3~7年才变态为成体。沙隐虫的一些结构特征与生活习性近似文昌鱼，如咽部具有围咽沟和内柱，内柱在变态后发育为成体的甲状腺，这种内柱与甲状腺的同源关系在文昌鱼中也得到证实；有与文昌鱼相同的呼吸和钻泥沙的被动取食方式。这些共同点为脊椎动物与原索动物存在共同祖先提供了有力证据。

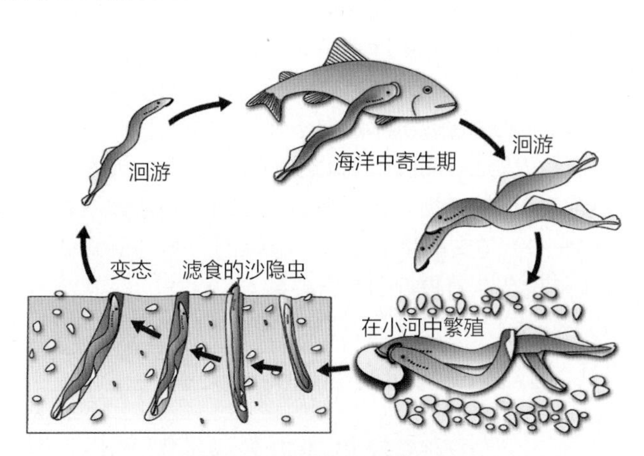

图 15-7 七鳃鳗的生活史示意

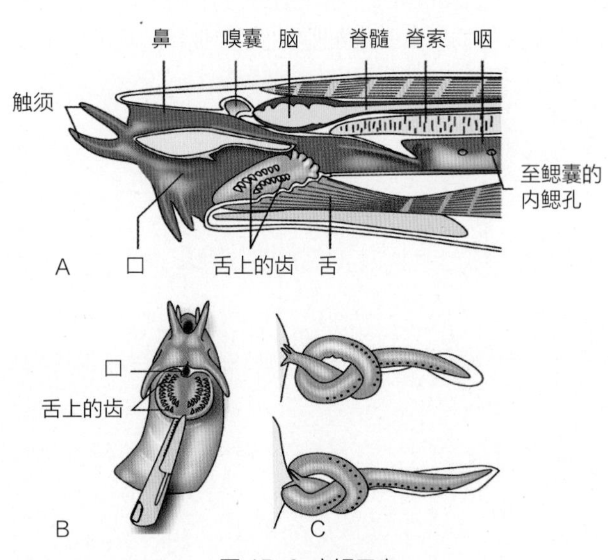

图 15-8 盲鳗示意

A. 头区矢状面；B. 头部腹面观，示舌及其角质化的齿；C. 盲鳗打结，示其从猎物上撕肉的手段

15.2 圆口纲动物的分类

现存的圆口纲动物分为两个目。

15.2.1 七鳃鳗目（Petromyzoniformes）

单个鼻孔开口于头顶部，鼻孔与口腔不通。吻部无须，口吸盘呈漏斗状，内有许多角质齿。有眼1对，背鳍2个。鳃孔7对。雌雄异体，体外受精，卵小、数量多，间接发育（图15−7）。七鳃鳗有一定的捕捞价值。该目动物已知现存40多种，中国有3种：日本七鳃鳗（*Lampetra japonica*）、东北七鳃鳗（*Lampetra morii*）和雷氏七鳃鳗（*Lampetra reissneri*）。

15.2.2 盲鳗目（Myxiniformes）

盲鳗营寄生生活，是唯一一类行体内寄生的脊椎动物（图15−8A）。眼退化，无背鳍和口吸盘，单个鼻孔开口于吻端，鼻孔与口腔相通。吻部有2~4对口缘触须。口位于头部腹面，肉质舌发达，其上有强大的角质齿（图15−8B）。舌能灵活移动，用以刮取宿主软组织及辅助吸血（图15−8C）。无呼吸管，鳃孔1~16对。皮肤黏液腺发达。深海产卵，卵大，量少，一般为10~30枚，卵壳角质，直接发育。

盲鳗全部海生，栖息于温带和亚热带水域。该目全球已知现存有80多种，中国有5种：蒲氏黏盲鳗（*Eptatretus burgeri*）、深海黏盲鳗（*Eptatretus okinoseanus*）、陈氏副盲鳗（*Paramyxine cheni*）、杨氏副盲鳗（*Paramyxine yangi*）和台湾副盲鳗（*Paramyxine taiwane*）。

圆口纲动物的起源和演化目前还不太清楚。但从其身体结构特点来看，它们与奥陶纪、志留纪的甲胄鱼有许多相似之处，如无偶鳍，无上、下颌和单个鼻孔等。因此，有人认为圆口纲动物和甲胄鱼可能存在共同的无颌类祖先，甲胄鱼的身体前部覆盖着沉重的骨甲，可能特化成游泳能力不强的底栖动物。甲胄鱼在泥盆纪灭绝，而圆口纲动物则留存至今，成为脊椎动物中特化的一类。另一方面，七鳃鳗的幼体沙隐虫（图15-6）与文昌鱼很相近，暗示圆口类与头索动物间可能也存在着较近的亲缘关系。

15.3 圆口纲动物与人类的关系

圆口纲动物种类较少，但作为现存最原始的脊椎动物，有重要的科研价值。七鳃鳗作为生物医学研究中的模式生物，其神经细胞轴突特别大，便于显微注射操作来研究突触传递机制。少数种类有一定捕捞价值，可食用；盲鳗的皮适合制作钱包和皮带；对渔业有较大危害。

小结

圆口纲动物是原始的脊椎动物；身体鳗形；无颌；无成对附肢；单鼻孔；用囊鳃呼吸；内耳有1或3条半规管；具软骨；脊索终生存在；有雏形脊椎骨；具口吸盘或吸吮性口结构，以吮吸方式摄食；营寄生或半寄生生活；包括七鳃鳗和盲鳗两个目。

思考题

1. 七鳃鳗的哪些结构特点说明它是原始的脊椎动物？
2. 七鳃鳗有哪些特性与寄生生活相适应？
3. 比较七鳃鳗和盲鳗的异同。

数字课程学习

☐ 教学视频　☐ 教学课件
☐ 思考题解析　☐ 在线自测

（游翠红）

第16章
鱼类（Pisces）

鱼类是以鳃呼吸，以鳍运动，体表多被鳞片，具有上、下颌的变温水生动物。

长期以来，鱼类作为脊椎动物亚门中的一纲，包含软骨鱼和硬骨鱼两大类。目前国外的部分教材已将头索动物、圆口纲的两个目分别作为纲归入鱼类，形成鱼类具有5个纲的格局。多数国内教材则习惯于将软骨鱼和硬骨鱼作为纲放在鱼类，本教材沿用这一体系。

16.1 鱼类的主要特征

鱼类种类繁多、千姿百态、色彩绚丽，是脊椎动物中最大的类群，超过其他所有脊椎动物的总和。除极少数地区外，不论从两极到赤道，或从高海拔的高原山溪到洋面以下的万米深海，都能找到它们的身影（图16-1）。与圆口纲动物相比，鱼类更为成功地适应于水生生活，表现出一系列进步性及适应水生生活的特征。

16.1.1 鱼类的进步性特征

①具有上、下颌 颌的出现，加强了动物主动捕食的能力，扩大了食物范围，有利于动物自由生活方式的发展和种族繁衍，是脊椎动物演化过程中的一项重要形态演化。

②具成对的附肢 附肢包括胸鳍（pectoral fin）和腹鳍（pelvic fin）各1对。以奇鳍和偶鳍作为运动与平衡器官，是对水生生活的高度适应。

③脊柱代替脊索 脊柱逐渐成为身体的中轴骨骼，使支持身体的结构更加牢固。

④具1对鼻孔，内耳有3条半规管 这些结构加强了嗅觉和平衡能力。

16.1.2 鱼类的形态结构概述

（1）外形

身体可分为头、躯干和尾3部分（图16-2）。头和躯干之间以鳃盖（opercular）后缘（硬骨鱼，不包括鳃盖膜）或最后1对鳃裂（软骨鱼）为界，肛门（硬骨鱼）或泄殖腔孔（软骨鱼）为躯干和尾的分界线。

由于生活环境和生活习性的不同，鱼类的体形多种多样。根据前后、左右和背腹轴长短比例的变化，可分为纺锤型、平扁型、侧扁型以及棍棒型4种基本体形（图16-3）。此外，还有些特殊的体形，如箱型、海马型、带型和不对称型等（图16-4）。

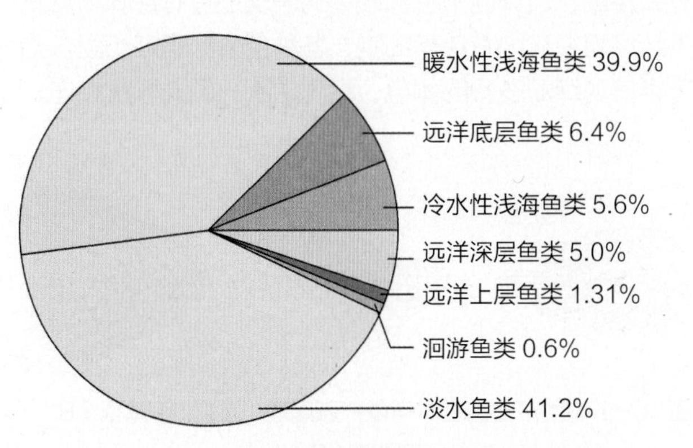

图 16-1 现存鱼类在不同栖息水域中所占的百分比

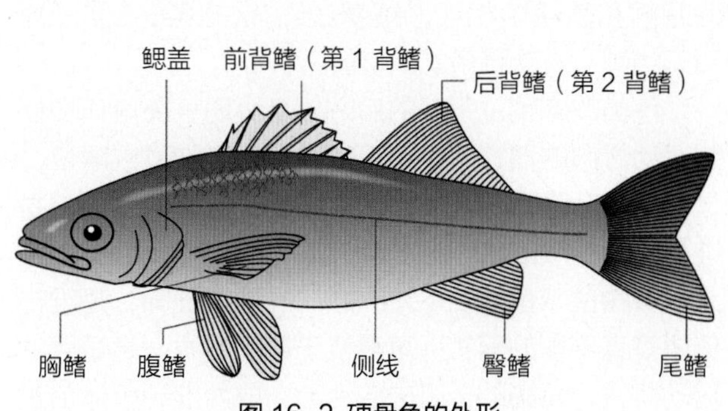

图 16-2 硬骨鱼的外形

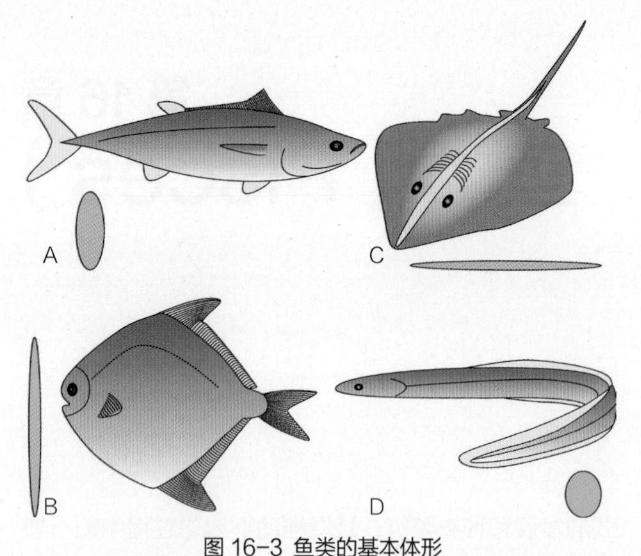

图 16-3 鱼类的基本体形

A. 纺锤型；B. 侧扁型；C. 平扁型；D. 棍棒型

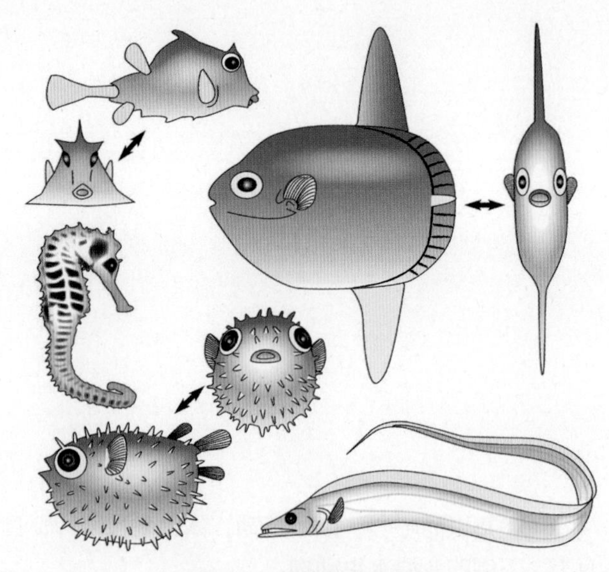

图 16-4 鱼类的特殊体形

鳍是鱼类适应水生生活的重要器官。奇鳍包括背鳍（dorsal fin）、臀鳍（anal fin）和尾鳍（caudal fin），偶鳍包括胸鳍和腹鳍。硬骨鱼的偶鳍呈垂直位，而软骨鱼的偶鳍呈水平位。鳍表面为鳍膜，内有鳍条支持。硬骨鱼的鳍条有两种，一种是不分节不分支的鳍棘；另一种是分节分支或分节不分支的软鳍条。鳍棘和软鳍条的数目因种而异，是硬骨鱼分类的重要依据之一。书面表达鳍的组成方式，称为鳍式。鳍式中，“D.”代表背鳍，“A.”代表臀鳍，“C.”代表尾鳍，“P.”代表胸鳍，“V.”代表腹鳍。大写的罗马数字表示鳍棘的数目，阿拉伯数字代表软鳍条的数目。鳍棘或软鳍条的数目范围以“~”表示。鳍棘与软鳍条连续时以“-”表示；分离时，则以“,”插于其间。举例如下：

鲤 鱼：D. Ⅲ~Ⅳ-17~23；A. Ⅱ~Ⅲ-5~6；P. Ⅰ-15~16；V. Ⅱ-8~9；C. 20~22

鲤鱼的鳍式表明：背鳍的鳍棘和软鳍条相连，数目范围分别是3~4条和17~23条；臀鳍的鳍棘和软鳍条相连，数目范围分别是2~3条和5~6条；胸鳍的鳍棘和软鳍条相连，鳍棘1条，软鳍条15~16条；腹鳍的鳍棘和软鳍条相连，鳍棘2条，软鳍条8~9条；尾鳍无鳍棘，有软鳍条20~22条。

鱼类的胸鳍位于头的后方，是协助平衡鱼体和控制运动方向的器官。腹鳍可以是腹位、胸位或喉位，是转向、升降和平衡的器官。背鳍位于背部正中，是维持身体平衡的器官，其形状、大小和数目变化较大。臀鳍位于鱼体后下方的肛门与尾鳍之间，是维持鱼体垂直平衡的器官。尾鳍位于尾部后方，是重要的运动器官，尾鳍结合肌肉的活动，成为推动鱼体前进的主要动力，还可以稳定身体，像舵一样，控制游泳的方向。根据尾鳍上、下叶的对称性及尾椎的情况，将尾鳍分为3种基本类型：

①**原尾型**（diphycercal tail） 亦称圆尾型。脊柱的末端平直，将尾鳍分为完全对称的上、下两叶（图16-5A）。这种类型主要见于鱼类的胚胎期，刚孵出不久的仔鱼和肺鱼等。

②**歪尾型**（heterocercal tail） 脊柱的末端明显翘向背方，伸入尾鳍上叶（图16-5B）。这种类型的尾内、外部均不对称，如鲨鱼和鲟鱼等的尾鳍。

③**正尾型**（homocercal tail） 脊柱的末端稍上翘，使尾鳍内部不对称，但外形上看却是上、下对称的（图16-5C），如多数硬骨鱼的尾鳍。

（2）皮肤及其衍生物

鱼类的皮肤由表皮、真皮及其衍生物组成。表皮为复层上皮组织，内含大量单细胞黏液腺，可分泌大量黏液，使体表保持润滑，减小与水的摩擦力；还能保护体表不受细菌等微生物的侵袭。除了黏液腺外，部分鱼类如毒鲉、黄斑篮子鱼和鲼等的表皮还具有毒腺。真皮为结缔组织，内有色素细胞，各种色素细胞互相配合使鱼类出现绚丽多彩的体色。真皮内部与肌肉紧密相连。

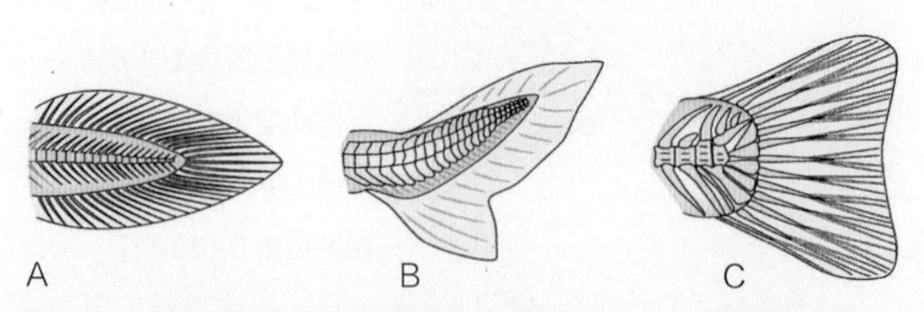

图 16-5 鱼类尾鳍的基本类型：原尾型（A）、歪尾型（B）、正尾型（C）

皮肤衍生物有黏液腺、鳞片、色素、发光器和珠星等。

大多数鱼类的全身或身体的一部分被有鳞片。鳞片是最典型的皮肤衍生物，具有保护作用，游泳时还能起到减少体表湍流的辅助作用。鳞片分为盾鳞和骨鳞两大类，分别被覆于软骨鱼和硬骨鱼的体表（图16-6）。

①**盾鳞**（placoid scale） 盾鳞由真皮和表皮联合形成，为软骨鱼所特有，由埋藏在皮肤内的菱形基板和露在皮肤外面、尖端向后的棘组成。盾鳞遍布全身，斜向排列，向前延伸至上、下颌，并演变为牙齿，与齿同源。牙齿随使用磨损，不断脱落，由新齿代替（图16-7）。

②**骨鳞**（bony scale） 骨鳞为真皮衍生物，分为3种，即硬鳞（ganoid scale）、圆鳞（cycloid scale）和栉鳞（ctenoid scale）。硬鳞存在于硬骨鱼类的硬鳞总目和全骨总目的部分鱼类，如鲟鱼、多鳍鱼、弓鳍鱼和雀鳝等。硬鳞十分坚硬，多呈菱形。成行排列，鳞片间以凹凸关节面相嵌合，稍能伸缩，不呈覆瓦状排列，犹如铠甲，在一定程度上影响了鱼体运动的灵活性。圆鳞和栉鳞存在于较高等的硬骨鱼类，圆鳞呈圆形，前端斜埋在真皮的鳞袋内，呈覆瓦状排列于表皮下，后端游离的部分边缘圆滑（图16-8）。栉鳞位置和排列与圆鳞相似，游离缘带齿突。骨鳞的数目终生不变，能随鱼体的生长而增大，可作为分类鉴定的依据。骨鳞因季节不同而表现出环纹宽窄不同的生长情况：夏、秋季食物丰盛，鱼类长得快，环纹较宽，冬、春季鱼类生长缓慢，环纹较窄，如此夏环和冬环组合起来，构成年轮。根据年轮可以推算鱼的年龄、生长速率和繁殖季节等（图16-9），在养殖业和捕捞业上有重要的意义。

另外，有些鱼的鳞片发生了变异，如海龙、海马和玻甲鱼等。有些鱼无鳞片，属次生现象。

在身体两侧有侧线孔穿通的鳞片称为**侧线鳞**。侧线鳞的数目以及侧线上鳞（侧线至背鳍前端基部的横列鳞）和侧线下鳞（侧线至臀鳍起点基部的横列鳞）的数目，通常用鳞式表示，是硬骨鱼分类的依据之一。鳞式的表示方法是：

$$\text{侧线鳞的数目}\ \frac{\text{侧线上鳞数}}{\text{侧线下鳞数}}$$

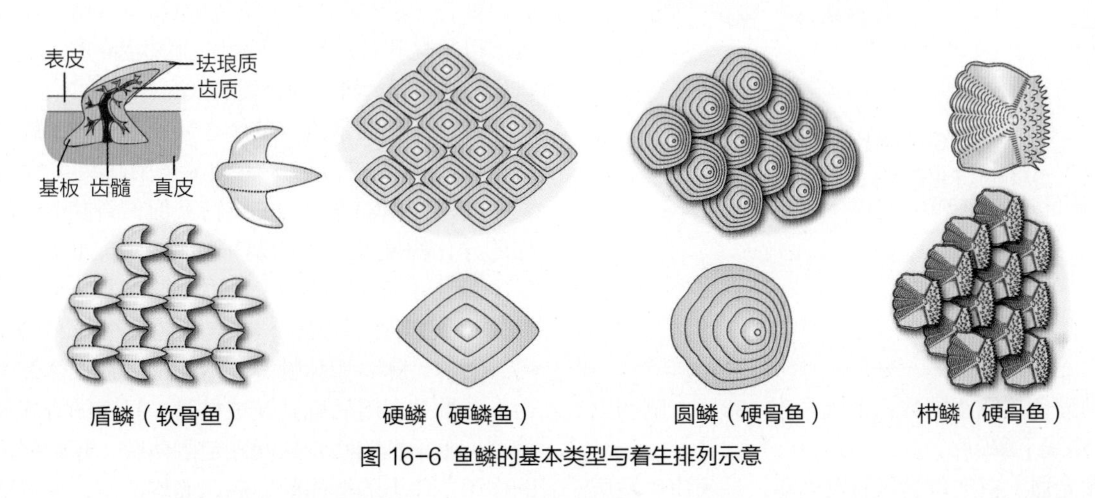

图 16-6 鱼鳞的基本类型与着生排列示意

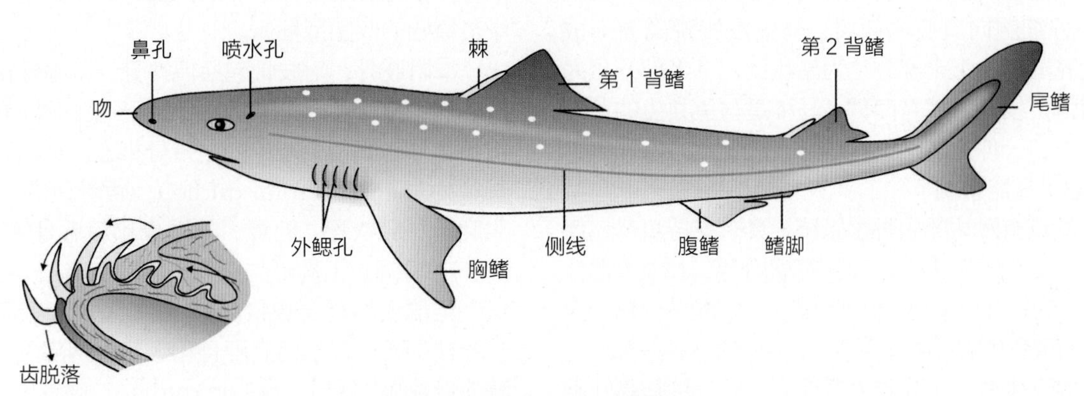

图 16-7 鲨鱼外形及下颌切面

示新齿的发育：后方新齿移向前，替代脱落的齿，不同种类齿替换速率不同

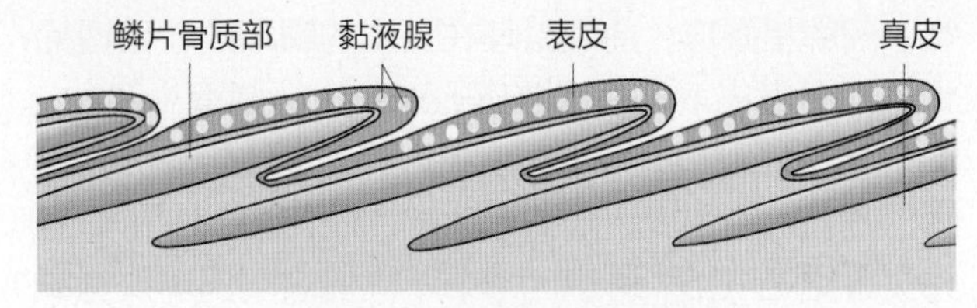

图 16-8 硬骨鱼过皮肤切面

示覆瓦状排列的鳞片；鳞片位于真皮部，由表皮覆盖

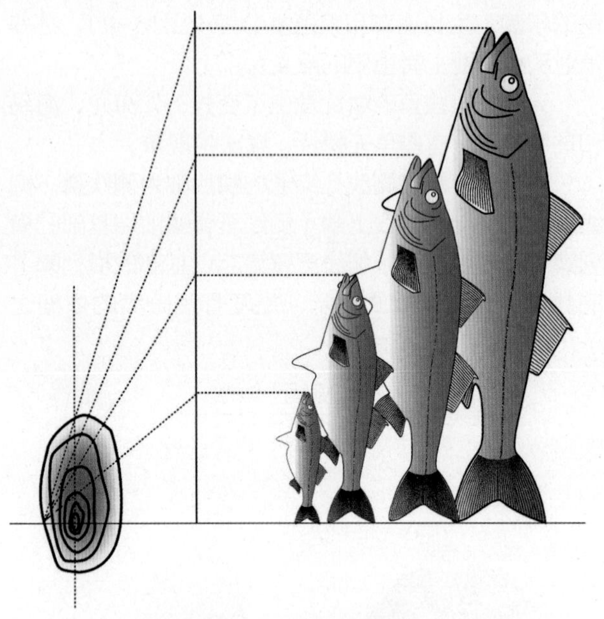

图 16-9 鳞片的生长

鱼鳞可显示生长速率的季节性变化；
每年鳞片生长的增加与每年体长的增长成比例

例如，鲤鱼的鳞式是：

$$34\text{~}38\ \frac{5}{8}$$

说明鲤鱼的侧线鳞数目范围为34~38片，侧线上鳞5片，侧线下鳞8片。

③**发光器** 有的鱼类具有发光器，是表皮生发层的一部分细胞向真皮内伸展，与生发层脱离而形成的。发光器细胞上半部分化为晶状体，下半部分化为发光腺体。发光方式有两种，一种是与鱼共生的发光细菌发光，一种是发光腺体发光。

（3）骨骼系统

鱼类具有发达的内骨骼系统，具有支持身体、保护内脏以及配合肌肉完成运动等重要作用，按其骨骼性质，可分为软骨鱼和硬骨鱼两大类。软骨鱼的骨骼全为软骨，而硬骨鱼的骨骼多为硬骨。硬骨有两种来源：一种是软骨性硬骨，由软骨发育而来；另一种是膜性硬骨，不经过软骨阶段，由结缔组织直接骨化而来。

骨骼按其功能和所在部位，可分为中轴骨和附肢骨两部分，中轴骨包括头骨和脊柱，附肢骨包括带骨和鳍骨（图16-10）。

①**中轴骨**

头骨 头骨分为包藏脑和视、嗅和听等感觉器官的脑颅和左、右两边包围消化道前段的咽颅。软骨鱼类的脑颅结构简单，没有骨片的分化，只是一个完整的软骨脑箱（图16-11）。硬骨鱼类的脑颅由许多骨片拼接而成，并且骨片的数目多于其他脊椎动物。这些骨块分别位于脑颅的筛骨区（鼻囊区）、蝶骨区（眼窝区）、耳骨区（听囊区）、枕骨区（枕区）以及脑颅的背、腹和侧面。

咽颅由7对弧形软骨构成，包括1对颌弓、1对舌弓和支持鳃的5对鳃弓。颌弓在软骨鱼中构成上、下颌，这是脊椎动物最早出现的原始型的颌，称为初生颌。硬骨鱼和其他脊椎动物的上、下颌分别被前颌骨、上颌骨和齿骨等膜性硬骨构成的次生颌所代替，而原来组成初生颌的骨块则退居口盖部或转化为听骨。舌弓除了支持舌外，背部的舌颌骨具有连接脑颅和咽颅的功能，这种脑颅与咽颅借舌颌骨连接在一起的连接方式，称舌接式。硬骨鱼的第5对鳃弓特化成1对下咽骨，不具鳃。鲤形目鱼类下咽骨上长咽喉齿。咽喉齿的数目、形状和排列方式各异，可作为分类的依据。

脊柱 脊柱紧接于脑颅之后，由一连串软骨或硬的椎骨相连而成，从头后至尾按节排列，代替了脊索，成为对体轴强有力的支持及保护脊髓的结构。脊柱的分化程度低，分为躯干椎和尾椎（图16-12A、B）。躯干椎在结构上包括椎体、髓（椎）弓、髓棘、椎体横突以及肋骨等，尾椎则包括椎体、髓（椎）弓、髓棘、脉弓和脉棘等。两侧椎弓在椎体的上方汇合形成椎孔，前后椎孔连成椎管，是容纳脊髓通过的管道。躯干椎的肋骨从两侧包围体腔，起着保护内脏的作用。鱼类的椎体前、后两面均凹入，是脊椎动物中最原始的双凹型椎体。

②**附肢骨** 附肢骨包括偶鳍骨、奇鳍骨和带骨。

偶鳍骨 包括支持鳍的担鳍骨（支鳍骨）和鳍条。担鳍骨外与鳍条相连，内与带骨相连。悬挂胸鳍的带骨称为**肩带**（pectoral girdle）。硬骨鱼的肩带包括肩胛骨、喙状骨、匙骨、上匙骨和后匙骨等（图16-12C），并通过上匙骨与头骨牢固地连接在一起（有些低等类群还具有上喙状骨）。软骨鱼的肩带不与头骨或脊柱相连，仅包括肩胛骨和喙状骨两部分。连接腹鳍的带骨称为**腰带**（pelvic girdle）。硬骨鱼的腰带只由1对基翼骨构成（图16-12D），软骨鱼的腰带由1对

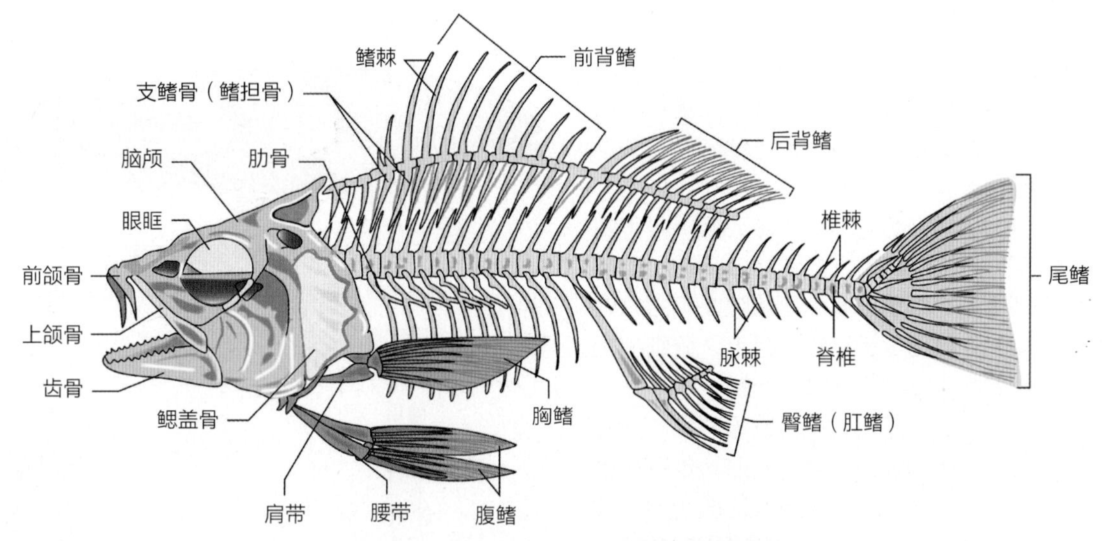

图 16-10 硬骨鱼（鲈鱼）骨骼系统结构示意

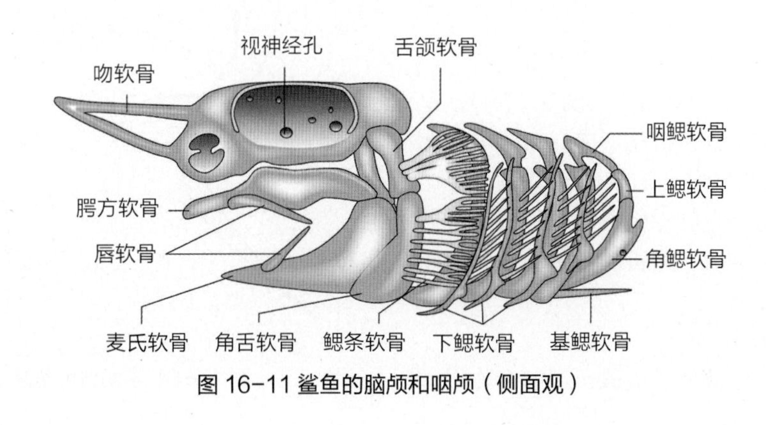

图 16-11 鲨鱼的脑颅和咽颅（侧面观）

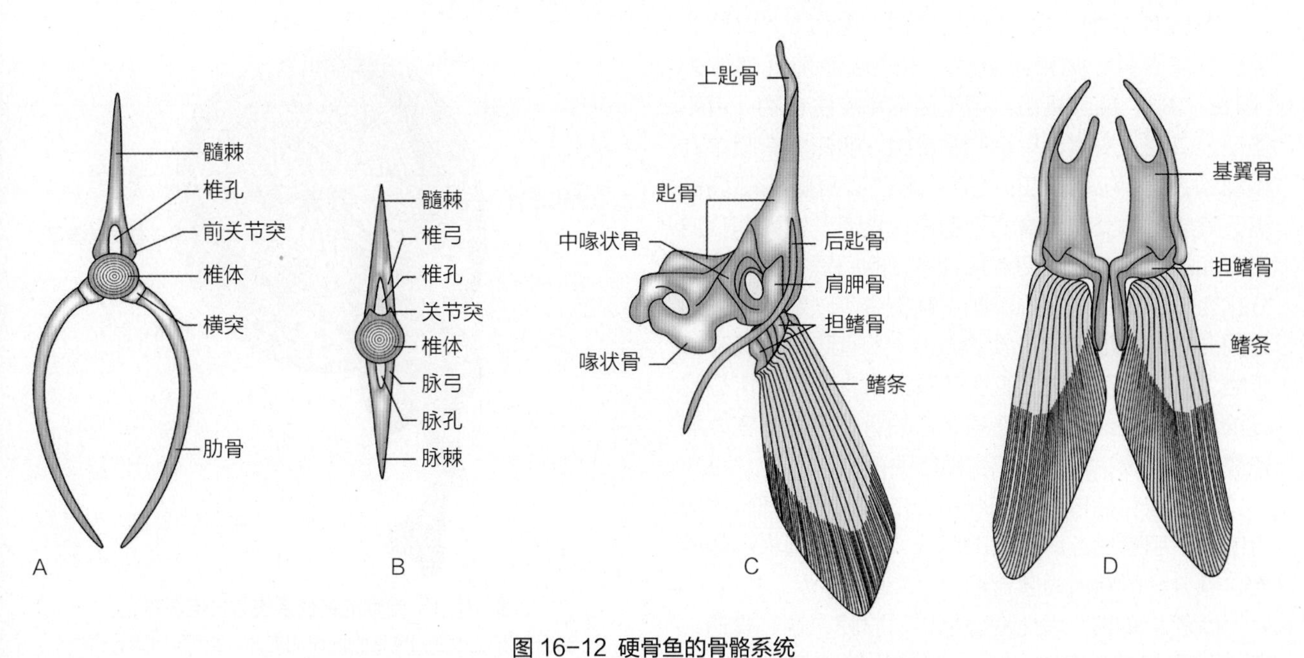

图 16-12 硬骨鱼的骨骼系统

A．躯干椎；B．尾椎；C．肩带与胸鳍；D．腰带与腹鳍

坐耻杆骨成一字形排列构成。

奇鳍骨 由担鳍骨和鳍条构成。担鳍骨内插入体内肌肉中，外与鳍条相连（图16-10）。尾鳍支鳍骨的结构较为复杂，这与尾鳍是鱼类重要的运动推进器有关。

（4）肌肉系统

肌肉按着生部位可分为头部肌肉、躯干肌（图16-13）和附肢肌。头部肌肉主要包括由脑神经控制活动的眼肌和鳃节肌。眼肌的收缩可使眼向不同方向转动。鳃节肌附生在颌弓、舌弓和鳃弓上，分别控制上、下颌的启闭，鳃盖活动和呼吸动作等。

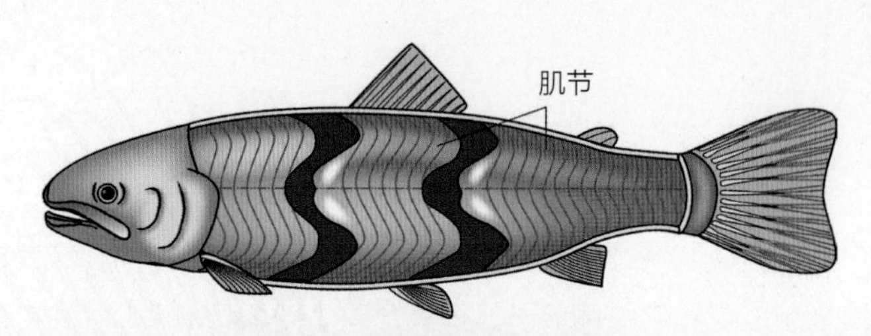

图 16-13 硬骨鱼的肌肉系统

肌节排列为复杂、嵌套式，有利于游泳及调控

躯干肌分为大侧肌和棱肌，位于躯体两侧。大侧肌分节，节间有隔，肌节彼此套叠，同时，本身被水平骨隔分成轴上肌和轴下肌，轴上肌发达而有力。棱肌是一些支配升和降的纵行肌肉，如背鳍和臀鳍前、后的牵引肌和牵缩肌。附肢肌控制和调节各鳍的位置和状态，配合鱼体运动。鱼的运动主要靠水的反作用力推进（图16-14）。

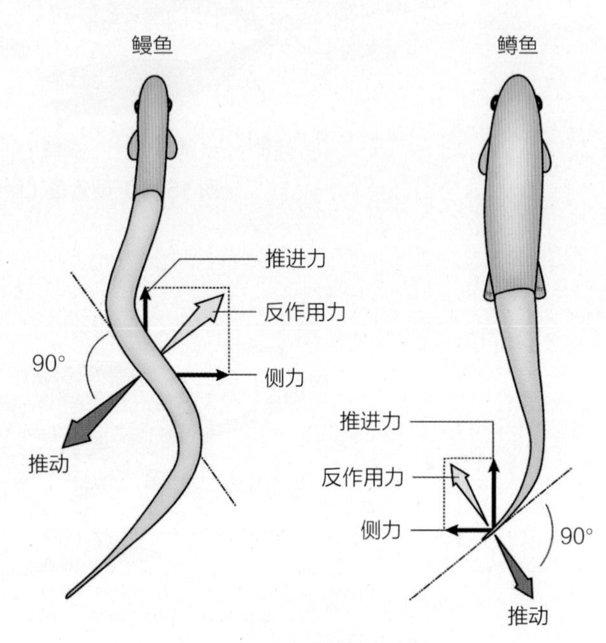

图 16-14 不同体型鱼游动时力的产生

一些鱼类（如软骨鱼类的电鳐科和硬骨鱼类的电鳗科等）有肌肉特化成的发电器官（图16-15），其功能单位电细胞一般由中轴肌特化形成。每个电细胞的电位差约为0.1 V，发电器官的动作电位是每个电细胞的电位差之和，电流强度由所有电细胞横切的总面积决定。发电器官与御敌、避害、攻击、捕食及求偶活动等有关。

（5）消化系统

消化系统由消化道和消化腺组成，承担食物的消化和吸收功能。

①**软骨鱼类** 消化道包括口（腹位）、口腔、咽、食道、胃、肠和泄殖腔，末端以泄殖孔通体外（图16-16）。颌缘具齿，用于捕捉和咬住食物。舌不能动。口腔上皮富含单细胞黏液腺。咽侧壁有喷水孔和鳃裂孔。咽后接短的食道。水经咽两侧的鳃裂流出，完成气体交换。食物经咽进入食道。胃为消化道最膨大的部分，以贲门胃接食道，幽门胃接肠道。肠分化为十二指肠、螺旋瓣肠（螺旋瓣可以延长食物通过的时间和增加消化吸收的面积）和直肠。直肠开口于略为膨大的泄殖腔。直肠的背面有直肠腺，可分泌高浓度的氯化钠溶液，是软骨鱼的肾外排盐器官。泄殖腔接纳直肠、输尿管和生殖管的开口。

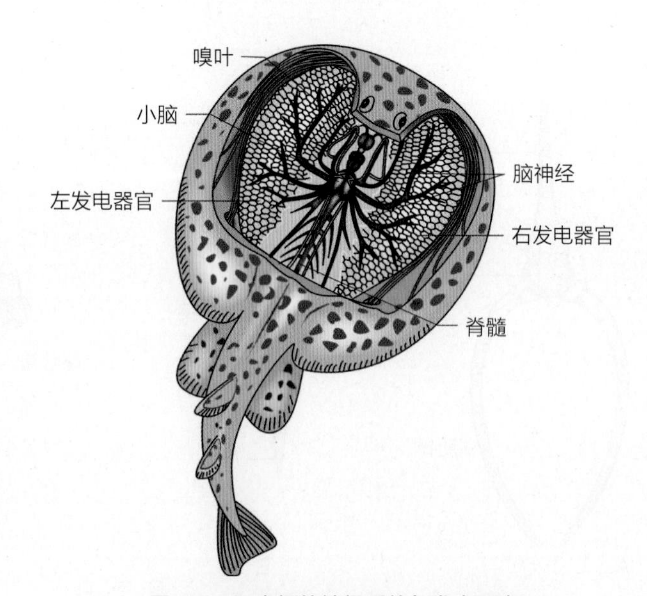

图 16-15 电鳐的神经系统与发电器官

当盘状发电器官的电细胞同时放电时，高强度的电流进入周围水域，可击晕或阻碍猎物，电信号在小脑处理

消化腺包括胃腹面的肝和十二指肠与胃间肠系膜上的胰。胆囊储存肝分泌的胆汁，以胆管通入小肠前部。胰分泌的胰液由胰管通入十二指肠。

②**硬骨鱼类** 消化道包括口、口腔、咽、食道、胃、肠和肛门（图16-17）。口的位置与栖息水层和

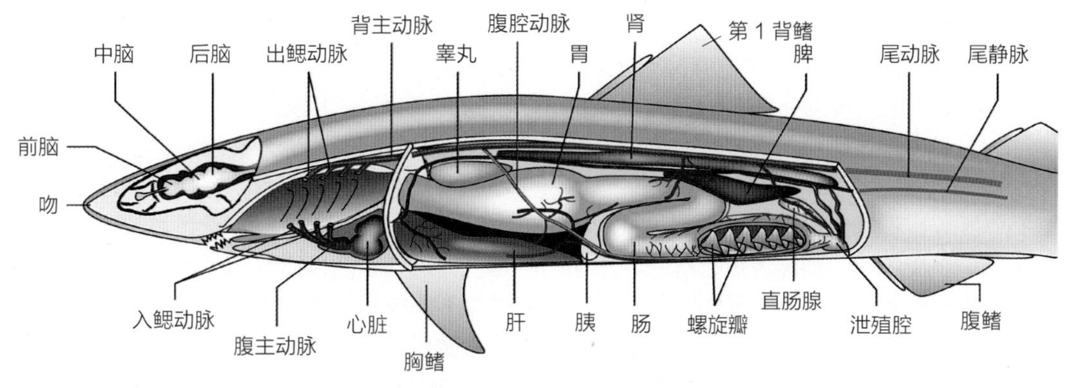

图 16-16 鲨鱼的内部解剖示意

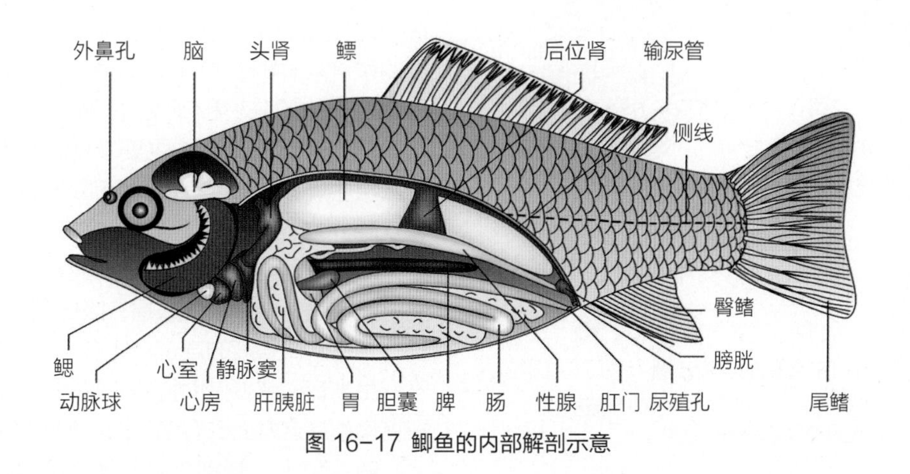

图 16-17 鲫鱼的内部解剖示意

摄食方式密切相关，可分为端位口（多数种类，如鲤和鲫等）、上位口（中层鱼类，如鲢和鳙等）和下位口（中下层鱼类，如中华鲟和鳇等）3种类型。

上、下颌有或无齿。口咽腔内有或无齿，有舌和鳃耙等器官，覆盖着口咽腔上的复层上皮组织富含单细胞黏液腺。有些种类在腭骨、犁骨、翼骨或副蝶骨上有齿，统称口腔齿，无咀嚼功能，只用来捕捉咬获食物，防止食物滑脱。舌位于口咽腔底部，由基舌骨的突出部分外覆黏膜构成，前端游离部分具有少量肌肉，可作不同程度的上、下活动。鳃耙是鳃弓朝向口腔一侧的两排并列突起，为滤食结构。鳃耙的前缘尚有少量味蕾，有味觉作用。鳃耙的数目、形状和疏密状况与鱼的食性有关，以浮游生物为食的鱼，鳃耙细长而稠密；肉食性鱼类的鳃耙粗短而稀疏。鲤科鱼类咽喉齿的形状、数目和排列方式亦与食性有关。

食道很短，通胃部。胃的分化明显或不明显，有的鱼类在胃与肠交界处有许多幽门盲囊，其黏膜有丰富的褶皱和血管，以辅助消化和吸收。肠的长度与食性有关，植食性种类肠道长，肉食性种类的肠道短。鲤科鱼类的肝和胰呈弥散状相混，分布于肠道之间的肠系膜上，称肝胰脏。但肝、胰功能分离。肝分泌的胆汁储存于胆囊，经胆管输入肠内。胰所分泌的胰液由胰管输入肠部。

（6）呼吸系统

鱼类的呼吸器官是鳃，对称排列于口咽腔两侧，由外胚层所形成。

①鳃的构造 软骨鱼类的鳃裂直接开口于体表。鳃弓后缘发达的鳃间隔一直延伸至体表，其内有软骨条支持。板鳃类的鳃是由上皮折叠成的鳃褶贴附在鳃间隔上形成。硬骨鱼类一般有5对鳃弓，鳃间隔退化或无，鳃着生在第1~4对鳃弓的外缘，每个鳃弓上长有2个并列的薄片状鳃片，鳃片由大量鳃丝排列构成，每条鳃丝的两侧又生出许多突起——鳃小片。鳃小片上分布着丰富的微血管，是血液与外界水环境交换气体的场所（图16-18）。当水流经鳃的方向和血流方向相反时，缺氧血中低含氧量与水中高含氧量始终不平衡，促使气体充分交换。此外，鳃还有排泄代谢废物和调节渗透压的功能。

②**呼吸运动** 鱼类依靠口和鳃盖的活动，使水出入鳃部，完成呼吸运动。硬骨鱼类有2对呼吸瓣，一对是位于上、下颌内缘的口腔瓣，闭口时可防止口中的水倒流；另一对是鳃膜，可阻止水从鳃孔倒流入鳃腔。当鳃盖上提时，鳃膜由于外部水流压力而紧贴体表，盖住鳃孔，鳃腔容积增大，内压减小，水流由口腔进入鳃腔；当口腔瓣关闭，鳃盖下拉，鳃腔内压增大，水流冲开鳃膜从鳃孔流出体外（图16-19）。

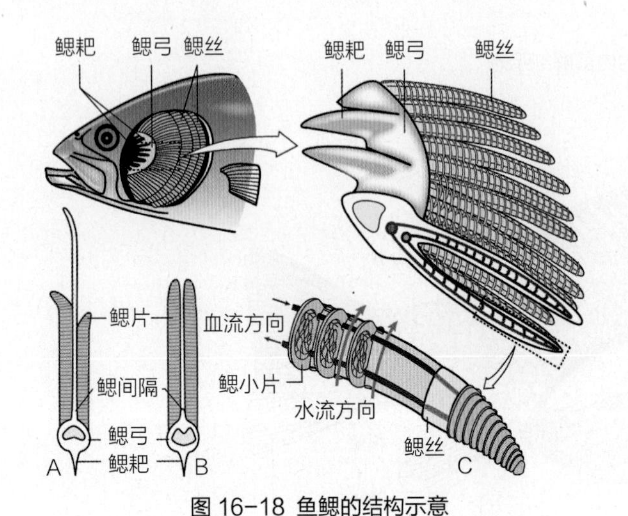

图 16-18 鱼鳃的结构示意

A. 软骨鱼的鳃有鳃间隔；B. 硬骨鱼的鳃鳃间隔退化；C. 硬骨鱼鳃微细结构示意

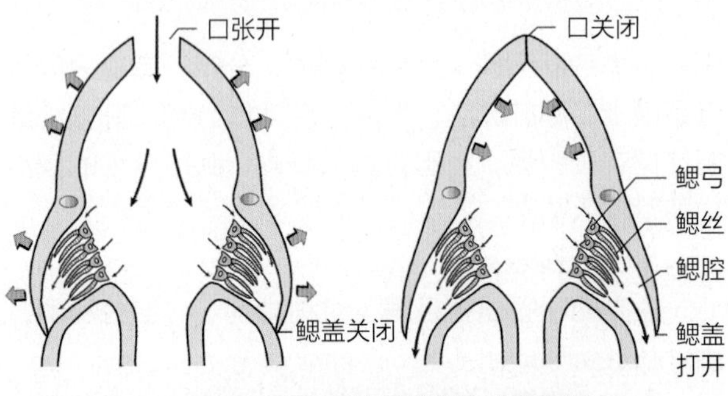

图 16-19 硬骨鱼的呼吸过程图解

③**鳔** 绝大多数硬骨鱼具有鳔（图16-20），位于体腔上部，是消化道与脊柱之间的白色囊状器官，其内充满气体。因鱼种不同而异，鳔可分为1~3室，前、后室的间隔壁上有孔相通。根据鳔与食道之间是否存在相通的鳔管，可将有鳔鱼类分为管鳔类（有鳔管）和闭鳔类（无鳔管）。管鳔类的鳔管与食道相通，是气体进出鳔的通道。闭鳔类鳔内气体的产生主要通过位于鳔前腹面内壁上的气腺（红腺）和其下方的迷网（微血管网）。鳔的后背方有一较薄的卵圆窗，用来吸收鳔内气体。管鳔类在水下补充气体时也能通过红腺，但其红腺不如闭鳔类的发达。

鳔是调节鱼体相对密度的器官。鱼鳔容积的大小在一定程度上引起鱼体密度的变化，当鱼体和所处水层的密度一样时，鱼体可不费力地停留在此水层。由于鳔内气体的分泌和吸收过程缓慢，不能快速地适应水压的变化，因而鳔的主要功能是使鱼体悬浮在限定的水层中，以减少鳍的运动而降低能量消耗。

除此之外，少数的肺鱼和总鳍鱼类可用鳔进行呼吸；鲤形目鱼类的鳔与内耳之间依靠韦伯氏器联系，而鱼鳔能增强外界声波的振幅，因此鲤形目鱼类可以感受到高频率、低强度的声音；还有某些鱼类可通过鳔管放气产生声音，或者借助特定的肌肉——鼓肌使鳔发声，石首鱼类是这方面的有名代表，如大黄鱼和小黄鱼。

有些鱼类，特别是热带地区的鱼，具有辅助呼吸器官，用来吸取空气中的游离氧。如鳗鲡能用皮肤呼吸，黄鳝能用口咽腔呼吸，泥鳅可用肠呼吸，而胡子鲶、乌鳢、斗鱼和攀鲈等鱼类的部分鳃弓特化为鳃上器官，成为专用的辅助呼吸器官。

（7）循环系统

鱼类的血液循环为单循环，并与鳃呼吸密切相关（图16-21）。

①**心脏的构造** 鱼类的心脏构造和血液循环方式与圆口纲动物相似。心脏较小，位于腹腔前方的围心

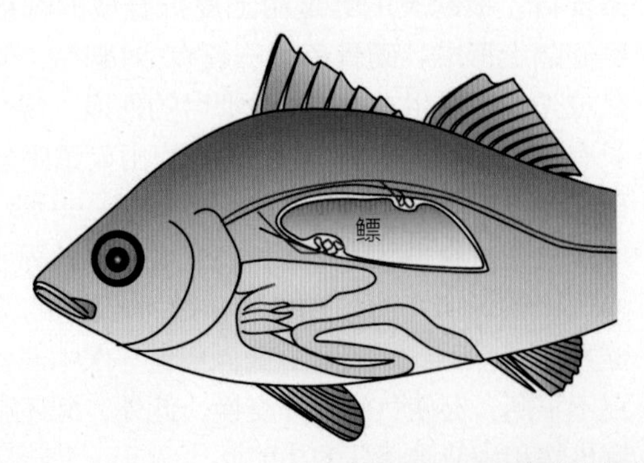

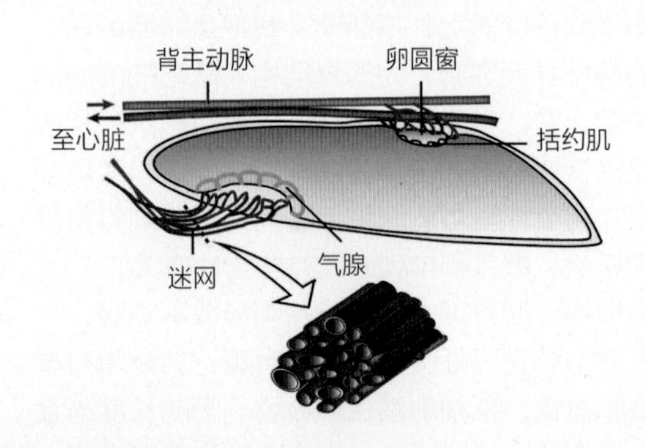

图 16-20 闭鳔类鱼鳔的在体内位置及其结构示意

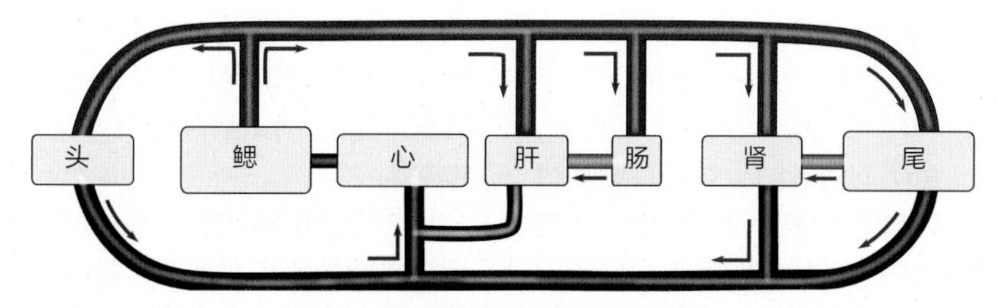

图 16-21 硬骨鱼血液循环路径图解

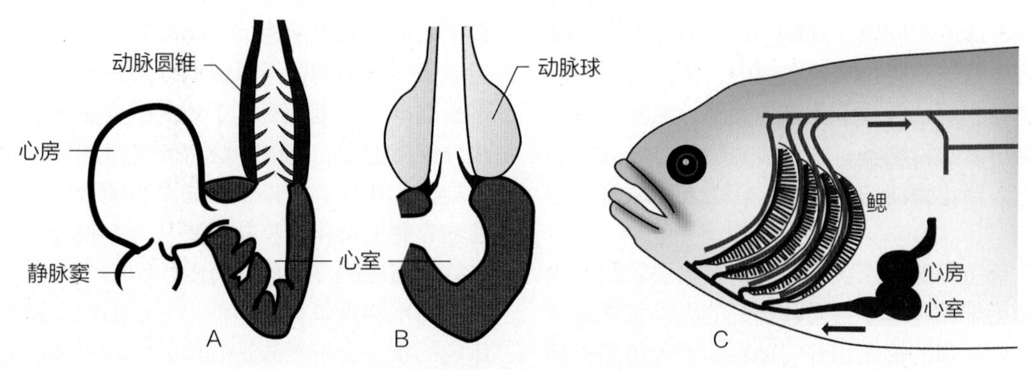

图 16-22 心脏断面结构示意

A. 软骨鱼；B. 硬骨鱼；C. 呼吸和血液循环关联示意

腔内。软骨鱼类的心脏由静脉窦、心房、心室和动脉圆锥4部分构成（图16-22A）。静脉窦是一薄壁的囊，接受流回心脏的静脉血；心房壁稍厚；心室的肌肉壁较厚，是把血液压出的主要部位，起着泵的作用；动脉圆锥是心室向前的延伸，其肌肉壁属于心肌，能有节律地搏动。窦房之间、房室之间有瓣膜，动脉圆锥基部有半月瓣。瓣膜有阻止血液倒流的功能。硬骨鱼的心脏结构与软骨鱼类似，但不具动脉圆锥而代之以不能搏动、由腹大动脉基部膨大而成的动脉球（图16-22B）。

②血液　鱼类的血液呈深红色，由血浆、红细胞、白细胞和血栓细胞等组成。红细胞扁平而两面微凸，有细胞核。

鱼类的动脉主要包括腹大动脉、背大动脉和动脉弓（连接腹大动脉和背大动脉）。腹大动脉离开心室以后，在咽部下方前行并向两侧分支成动脉弓，沿鳃囊间向背部延伸。再由动脉弓分出进入鳃的入鳃动脉，离开鳃的为出鳃动脉。气体交换就在入鳃与出鳃动脉间的鳃动脉毛细血管网上进行，缺氧的静脉血转变为多氧的动脉血。出鳃动脉将多氧血通过鳃上动脉注入背大动脉，然后再分送到身体各器官组织（图16-22C）。硬骨鱼的入鳃动脉和出鳃动脉皆是4对，而软骨鱼的入鳃动脉是5对，出鳃动脉是4对。

静脉接收全身各部毛细血管中的血液运回心脏。头部的静脉血注入前主静脉，躯干部及体后来的静脉血注入后主静脉，成对的前主静脉和后主静脉带来的血液汇合形成总主静脉，然后运回静脉窦。鱼类在肾和肝上有发达的门静脉。门静脉内无瓣膜，两端连接毛细血管网。肝门静脉收集消化道来的血液进入肝，在肝内分支成毛细血管，然后再汇集为肝静脉，注入静脉窦。鱼类肾门静脉特别发达，自尾部回来的血液归入尾静脉，尾静脉分成左、右两支后形成肾门静脉进入肾，并在肾内分支形成毛细血管网，毛细血管汇集为肾静脉，再通入后主静脉内回心。

③淋巴系统　是血液循环系统的辅助部分，包括淋巴液、淋巴管和淋巴心。淋巴液的组成与血液相似，但无红细胞，而含淋巴细胞。淋巴管逐级分支，最细的淋巴管起始端尖细，是盲管，管径越来越粗，最后注入主静脉。硬骨鱼大都在尾区有淋巴心。淋巴心实系淋巴管扩大形成的圆形结构，能搏动，位于最后一枚尾椎的下方，与尾下骨紧接。左、右淋巴心相通。鱼类的淋巴系统不发达，淋巴液的主要机能是协助静脉系统带走多余的细胞间液、清除代谢废物和促进受伤的组织修复等。脾位于腹腔的肠系膜上，是淋巴系统中的一个重要器官，是造血、过滤血液和清除衰老红细胞的场所。

（8）排泄系统和渗透压调节

鱼类大部分代谢废物以尿的形式由肾滤过，并通过输尿管排出体外。鱼类排泄系统由肾、输尿管及膀胱组成。其功能除排泄尿液外，亦参与维持体液平衡、进行渗透压调节。

①肾及泌尿机能 鱼类的肾紧贴于腹腔背壁（图16-23），胚胎期和成体期的结构和功能有一定差异。胚胎期经前肾发育为中肾，成体发育为后位肾。前肾位于体腔前端，由前肾小管组成，管的一端开口于体腔血管球附近，另一端汇合为前肾管，通入泄殖腔；中肾位于体腔中后部，其肾小管一端膨大内陷成肾小囊，将血管球或肾小球包在囊内，形成肾小体，排泄功能加强；后位肾位于体腔中后部，结构与中肾近似，但肾小体数目增多，排泄能力增强。血液中的废物直接进入肾小囊滤出，经肾小管进入输尿管，并排出体外。

雄性软骨鱼肾的前部狭小退化，其输尿管改为输送精液。肾后部内侧再发育出数条细的副输尿管进行输尿。雌性软骨鱼的输尿管专门输尿。软骨鱼类无膀胱，左、右输尿管汇合通入排泄窦，延伸成为泌尿乳突，开口于泄殖腔，排泄物以尿素为主。

硬骨鱼腹腔前端有头肾，为淋巴和造血器官。后端为后位肾，左、右有部分相连，两肾各有1条输尿管，沿腹腔背壁后行合并，膨大成输尿管膀胱，末端通至泄殖腔，以泄殖孔开口于肛门后方。硬骨鱼以排铵盐为主。

②渗透压的调节 淡水和海水含盐度相差极大，而淡水硬骨鱼和海水硬骨鱼体液所含盐分的浓度却相差无几，表明鱼类具有调节渗透压的能力。相对于外界环境，淡水硬骨鱼的体液属高渗溶液。体外的淡水会不断地通过半渗透性的鳃和口腔黏膜等渗入体内，但淡水硬骨鱼的肾可以借助众多肾小球的泌尿作用，不断地排出浓度几乎等于清水的大量尿液，使体内的水分保持恒定，同时，淡水硬骨鱼的肾小管具有重吸收盐分的作用。此外，有些淡水硬骨鱼还能通过食物或依靠鳃上特化的吸盐细胞从外界吸收盐分，这对其维持渗透压的平衡也具有重要作用（图16-23）。

海水硬骨鱼类的体液相对于海水，属低渗溶液。体内的水分会不断渗透到体外，若不加以调节，会因大量失水而死亡。为维持体内的水盐平衡，海水硬骨鱼必须大量吞饮海水，而多余的盐分则靠鳃上的泌盐细胞排出（图16-23）。

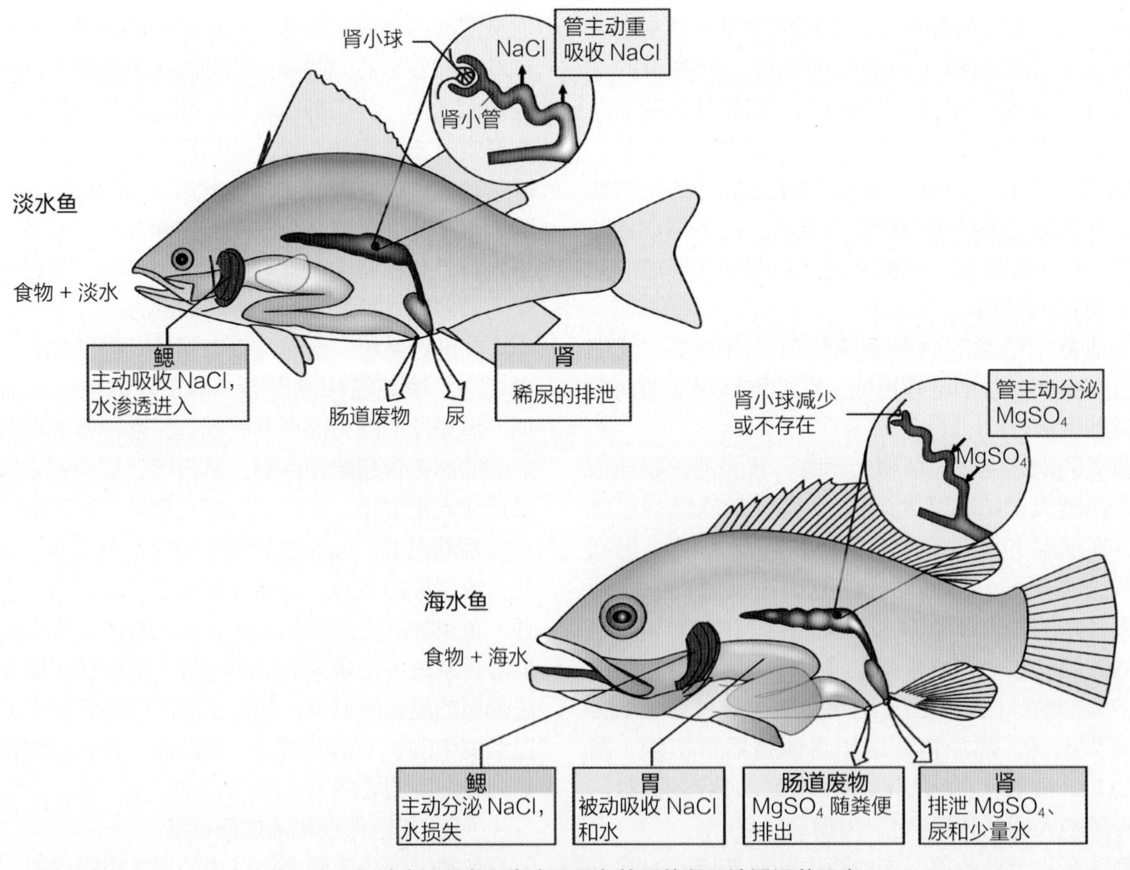

图 16-23 淡水硬骨鱼和海水硬骨鱼的后位肾及渗透调节示意

软骨鱼类保持体内水、盐动态平衡的主要因子是尿素，当血液和组织液尿素含量偏高时，从鳃区进入的水分就多。进水量增多后会稀释血液和组织液的尿素浓度，排尿量随之相应增加，因而尿素流失也多。当血液和组织液内尿素含量降低到一定程度时，进水就会自动减少，排尿量相应递减，于是尿素含量又开始逐渐升高。软骨鱼类的直肠腺及肠上皮等在渗透压调节中有一定作用，具有泌盐功能。

（9）神经系统和感觉器官

神经系统由中枢神经系统和周围神经系统组成。

①中枢神经系统　由脑和脊髓组成。脑包藏在脑颅中，脊髓位于脊椎骨的椎管内。胚胎期的神经管前端分化成脑，脑先分化出前、中和后脑3部分，然后前脑又分化为大脑和间脑，后脑又分化为小脑和延脑，最后形成结构明显的大脑、间脑、中脑、小脑和延脑5部分（图16–24），5部脑在一个平面上。

大脑　主司嗅觉功能，位于脑的最前端，由嗅球、嗅束和大脑半球组成；大脑内有不完全的纵隔分为左、右两个侧脑室，借室间孔与间脑的第三脑室相连；绝大多数鱼的大脑背壁很薄（软骨鱼和肺鱼例外），不含神经细胞胞体，主要由神经纤维构成，称为**古脑皮**。

间脑　位于大脑后方，内部有第三脑室，顶部有松果体，腹面前方有视交叉，交叉后方有漏斗体和脑垂体，漏斗体基部两侧有1对下叶，下叶后方有1个血管囊，是鱼类特有的探测水深度的压力感受器（图16–24B）。

中脑　是鱼类的视觉中枢，同时也是综合各部分感觉的高级中枢，位于间脑后背方，内有中脑导水管与前方第三脑室相通。

小脑　是身体运动的调节中枢，前连中脑，后连延脑。

延脑　前连小脑，后连脊髓。是鱼类多种生理机能及部分感觉（如听觉、皮肤感觉和侧线感觉）和呼吸中枢，还是调节色素细胞作用的中枢，为活命中枢。小脑和延脑内有第四脑室，前连中脑导水管，后通脊髓中央管。

脊髓一般为扁椭圆状，由前向后逐渐变细，在胸鳍和腹鳍的相应部位略膨大。脑室和脊髓中央管内流着脑脊液。脊髓的横切面背、腹部中线处有背中沟和腹中沟，脊髓的白质在外周，由神经纤维构成，灰质在内，围绕着中央管，是神经细胞胞体集中的区域。

②周围神经系统　周围神经系统由中枢神经系统发出的神经构成，包括脑神经和脊神经。脑神经10对，包括嗅神经、视神经、动眼神经、滑车神经、三叉神经、外展神经、面神经、听神经、舌咽神经和迷走神经（图16–24B）。脊神经按节排列，每条脊神经包括背根和腹根。背根连在脊髓背面，内含感觉神经纤维，感觉冲动经背根传入脊髓；腹根连在脊髓腹面，内含传出（运动）神经纤维，传出冲动到肌肉与腺体等处。脑神经和脊神经传出神经中支配随意肌的为躯体运动神经（动物性神经），支配不随意肌和腺体的为自主神经（植物性神经或内脏神经）。

自主神经支配与调节内脏平滑肌、心肌、内分泌腺和血管扩张与收缩等的活动，与内脏的生理活动和机体的新陈代谢密切相关，包括交感和副交感神经，其神经纤维同时分布到各种内脏器官，产生拮抗作用，器官在两种对立作用的制约下，维持其平衡和正常的生理功能。总体而言，鱼类的自主神经尚处于初级阶段，不发达。

③感觉器官　感觉器官包括视觉、嗅觉、味觉、听觉和侧线感觉器官等，此外，有些鱼还有电感受器等。

视觉器官　眼1对，多位于身体的头部两侧，无泪腺，无眼睑，有些鲨鱼有可动瞬膜，能向背方移动遮盖眼球。眼球呈球状，具3层被膜：外层是巩膜；巩膜的前方约$^1/_5$~$^1/_3$区域为透明而扁平的角膜，有保护眼及避免因摩擦而遭受损伤的作用；中层是脉络膜，脉络膜向前延伸成虹膜，虹膜中央的孔即瞳孔；眼球的最内层为视网膜，是产生视觉的部位（图16–25）。

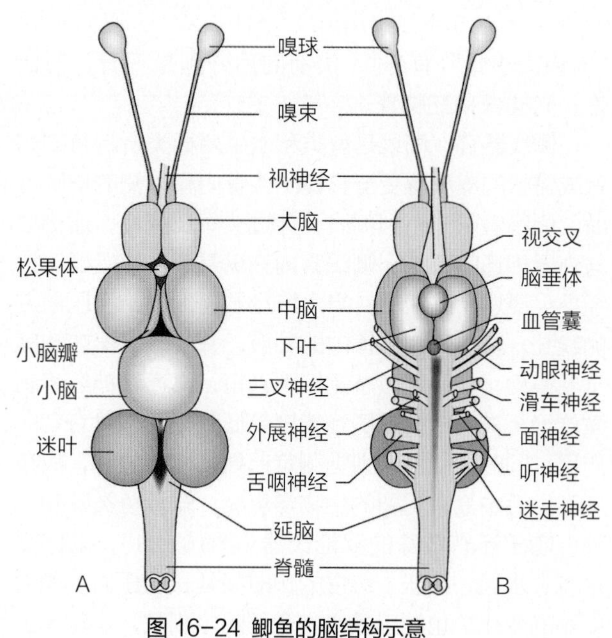

图 16–24　鲫鱼的脑结构示意
A. 背面观；B. 腹面观

眼球内有透明细胞构成的晶体，大而圆、无弹性，背面藉悬韧带连接在虹膜上，紧挨于角膜后方，使鱼眼只能看到较近处的物体。硬骨鱼脉络膜向内形成镰状突，前端伸至晶体后下方，以调节晶体和视网膜间的距离，适应观察较远处的物体，但最远的视距一般不超过15 m。

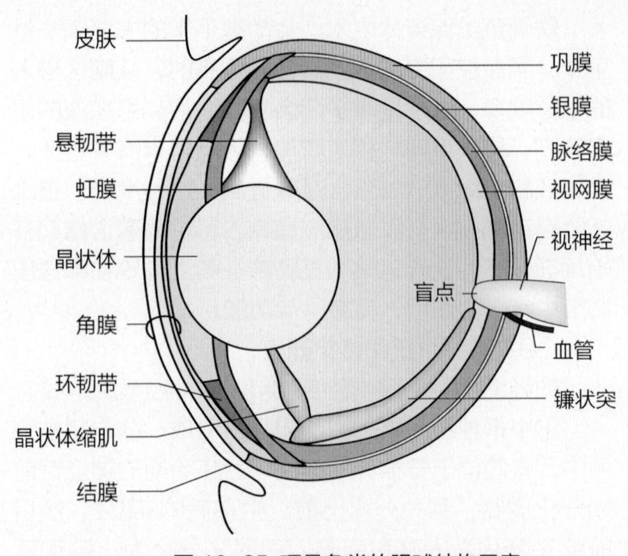

图 16-25 硬骨鱼类的眼球结构示意

嗅觉器官 嗅觉器官由鼻孔、鼻腔和嗅囊组成。外鼻孔成对存在，不与口腔相通者，与呼吸无关；与口腔相通者，与呼吸有关。嗅囊能感受由食物发出的气味刺激，还有识别同类和辨别水质的作用。

味觉器官 味蕾分布广，皮肤、口腔黏膜及食道的黏膜层上都可能有分布。有些鱼头部具有触须，触须上亦有味蕾，用于辅助摄食。

听觉和平衡感觉器官 鱼类有内耳1对，因其结构复杂而称为膜迷路，包藏于脑颅听囊内的外淋巴液中，膜迷路内充满内淋巴液（图16-26）。

每侧的内耳都包括上、下两部分：上部是椭圆囊和与其相通的3条半规管，管的基部膨大成壶腹；下部是球囊，球囊后方有一突出的瓶状囊，这些囊内有石灰质的耳石3~5块。椭圆囊、球囊和壶腹内有感觉上皮——囊斑和嵴，与神经末梢联系，是鱼类平衡的主要感受部位。当鱼体位变动时，内淋巴液的流动使囊斑和嵴的压力发生改变，进而产生神经冲动并传入中枢，因而产生平衡感觉。

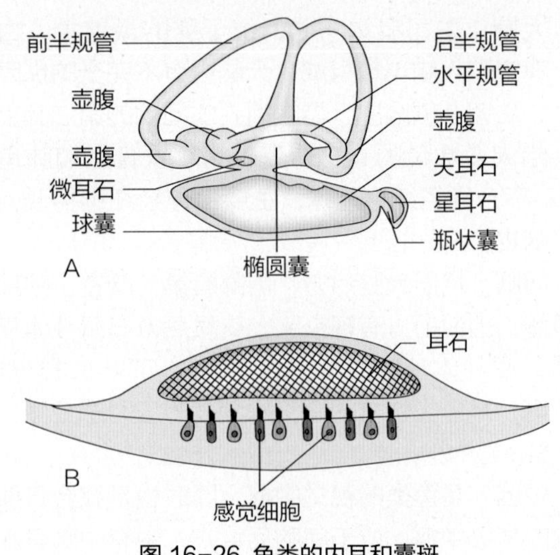

图 16-26 鱼类的内耳和囊斑

A. 内耳；B. 椭圆囊和球囊内的囊斑

韦伯氏器 鲤形总目鱼类的前几节躯干椎的两侧有几块小骨，可在鳔与内耳之间传导声波，并通过听神经传到脑，从而产生听觉。这些小骨称为韦伯氏器（Weber's organ）（图16-27）。通常认为“韦伯氏小骨”有4对，由前向后分别是闩骨、舟状骨、间插骨和三脚骨。

侧线器官 侧线是鱼类和水生两栖类所特有的沟状或管状的皮肤感受器，埋于头骨内和体侧的皮肤下面，侧线管以一系列侧线孔穿过头骨及鳞片，连接成与外界相通的系统。侧线管内充满黏液，感受器（神经丘）浸埋于黏液中。当水流轻击鱼体时，水压通过侧线孔，影响到沟或管内的黏液，并使感受器内的感觉毛摆动，从而刺激感觉细胞兴奋，再通过神经将刺激传导至神经中枢。侧线能感受低频振动，具有定向作用，同时还能协助视觉测定远处物体的位置，故在鱼类生活中具有重要的生物学意义。软骨鱼类除侧线外，吻部还有特殊的罗伦氏器（图16-28），以感受水流、水温、水压（缓慢的和时间延长的压力）和盐度等的变化，也能感受水中微弱的电刺激，是软骨鱼的电感受器。

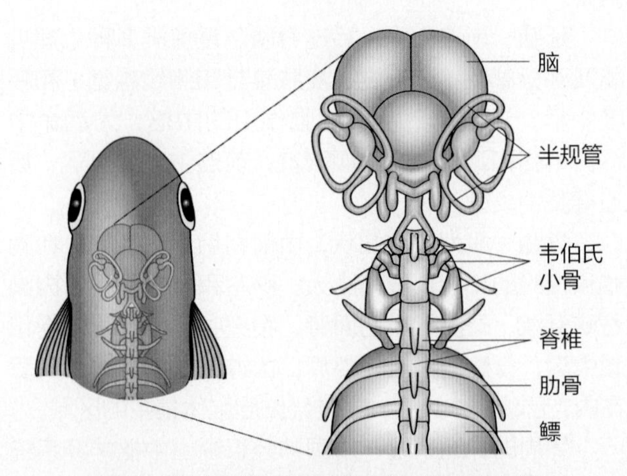

图 16-27 鲤形总目鱼类的韦伯氏器结构示意

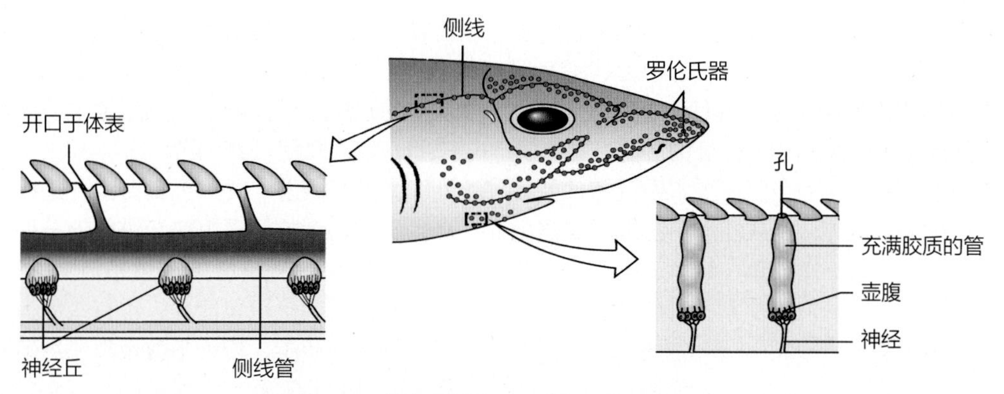

图 16-28 鲨鱼的侧线和罗伦氏器结构示意

（10）生殖

软骨鱼和硬骨鱼在生殖器官结构及生殖方式上有较大差别。

①雄性软骨鱼有精巢1对，乳白色，后通输精管（中肾管），管的后端膨大为储精囊，之后通入泄殖腔，经鳍脚将精液排出。雌性软骨鱼的卵巢多数成对存在，属游离卵巢。成熟的卵落入腹腔后，在体壁肌肉的收缩作用下，进入输卵管。输卵管前端较细，是受精场所，之后膨大为卵壳腺，受精卵在此被包上几层膜而形成卵囊。卵壳腺之后是子宫，子宫是卵胎生或假胎生鱼类胚胎发育的场所。输卵管后端一般分别开口于泄殖腔中，少数鱼类的两条输卵管合并后以一总孔开口于泄殖腔。

②硬骨鱼的生殖导管不是由中肾管演变来的，而是由腹膜所围成，这样的导管直接和生殖腺相连，是硬骨鱼所特有的现象。

绝大多数的鱼为雌雄异体，在外形上，通常有两性鉴别特征，繁殖季节更为明显。进行体内受精的鱼，其雄鱼都有交配器，如软骨鱼类的鳍脚、食蚊鱼的臀鳍特化棒等。第二性征的表现则是多方面的，有些鱼雌雄大小不同，如角鮟鱇和康吉鳗雌性大于雄性10~30倍或以上；而黄颡鱼和棒花鱼的雄性略大于雌性。有些鱼雌、雄鳍的形状有差别，如马口鱼、泥鳅、草鱼和孔雀鱼等。有些鱼在繁殖季节表现出明显的雌雄异形现象，如驼背大马哈鱼，在繁殖季节到来时，雄鱼的头部背面向上耸起，上、下颌变得长而弯曲；再如斗鱼和麦穗鱼等，雄鱼会在生殖季节披上“婚装”，体色变得异常鲜艳。这些婚色的出现都是生殖腺分泌的性激素通过血液作用的结果。而鲤鱼和麦穗鱼等，在繁殖季节，雄鱼的体表，特别是头部，会出现角质的白色小粒状突起，称为珠星或追星，是表皮细胞肥厚和角质化的产物。

少数鱼中存在雌雄同体现象，如胡瓜鱼、个别鲤鱼和少斑猫鲨等。有些鱼有“假雌雄同体”现象，即其外生殖器和第二性征为一种性别，而生殖腺却为另一种性别，如剑尾鱼的雌性个体发育晚期出现雄性交配器。有些鱼有双性现象，即鱼体内同时存在两种生殖腺，如狭鳕生殖腺上半部为卵巢，下半部为精巢或一侧为卵巢另一侧为精巢。双性现象在鲱、鲽和黄鲷等鱼中也存在。有些鱼有性逆转现象，即其发育早期为一种性别，发育晚期为另一种性别。如黄鳝从胚胎到性成熟时为雌性，产卵后卵巢变为精巢，一般体长100 mm 以下的为雌性，530 mm 以上的为雄性，360~380 mm 的雌、雄性各占一部分。

总之，鱼类一般雌雄异体，生殖方式为：体内受精或体外受精，卵生、卵胎生或假胎生（仅见于软骨鱼类）。卵生者占大多数，产卵量一般较大；卵胎生与假胎生后代数较少。卵生种类在体外发育，营养物质由自身的卵黄囊提供。卵胎生种类在母体输卵管膨大而成的子宫内发育，营养物质由自身的卵黄囊提供。假胎生种类的胚胎发育在母体子宫内完成，前期发育的营养物质来自卵黄囊，后期胚胎卵黄囊壁伸出许多褶皱嵌入母体子宫壁，形成卵黄囊胎盘，胎儿藉此从母体血液中获得营养，完成胚胎期的发育。

16.1.3 鱼类的洄游

有些鱼在其生命活动中有一种周期性、定向性和集群性的迁徙运动，这种沿着固定路线进行的有规律的迁徙运动称为洄游。洄游是一种适应性生物学现象。凭借洄游，可以满足某发育时期对环境条件的特殊需求，以完成其个体的生存和种族的繁衍。根据洄游的目的，可分为生殖洄游、索饵洄游和越冬洄游（图16-29）。

①**生殖洄游**　即产卵洄游，是指鱼为了实现生殖

目的而从越冬场或育肥场集群游向产卵场的洄游。生殖洄游的特点是集群大、游速快、目的地远、肥育程度高和停止进食等。大多数生活在海洋中的鱼，其生殖洄游都是从远洋游向浅海，进行近海洄游，如大黄鱼、小黄鱼和带鱼等。终生生活在淡水中的鱼，如青鱼、草鱼、鲢鱼和鳙鱼等，是从江河下游及其支流上溯到中、上游产卵。太平洋鲑鱼、鲥鱼、鲟鱼和大银鱼等海鱼，则在生殖季节溯江河而上到淡水水域中产卵，称为溯河产卵洄游（图16–30）。平时生活在淡水中的鳗鲡和松江鲈鱼，到生殖季节时降河进入深海产卵，称为降河产卵洄游。

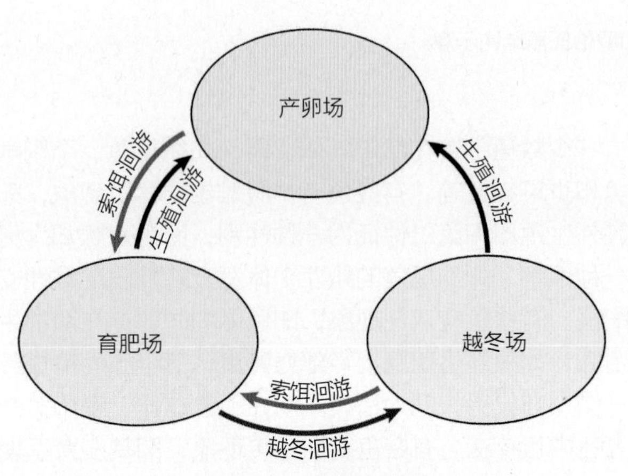

图 16–29 鱼类的洄游

②**索饵洄游** 又称觅食洄游，是指因追寻迁移的水生生物为食或寻觅饵料而进行的一种有规律的集群性定向迁移。一般鱼类在生殖洄游之前进行索饵洄游，为繁衍后代积累营养；也有些鱼类在生殖洄游之后进行索饵洄游，因大多数鱼类在生殖期间不进行摄食，故生殖后需补充大量食物，以恢复体能、蓄积营养，以供生长、越冬和来年的生殖。

③**越冬洄游** 指成鱼和幼鱼从育肥场向水温、水底和地形都适宜的区域（越冬场）迁移的洄游。如在渤海产卵繁殖的带鱼，每年秋末冬初，随着水温的下降，11月前就返回黄海越冬。

研究并掌握鱼类洄游规律，对于探测渔业资源量及其群体组成的变化状况，预报渔场汛期，制订鱼类繁殖保护条例，提高渔业生产和资源保护管理的效果及放流增殖等具有重要意义。

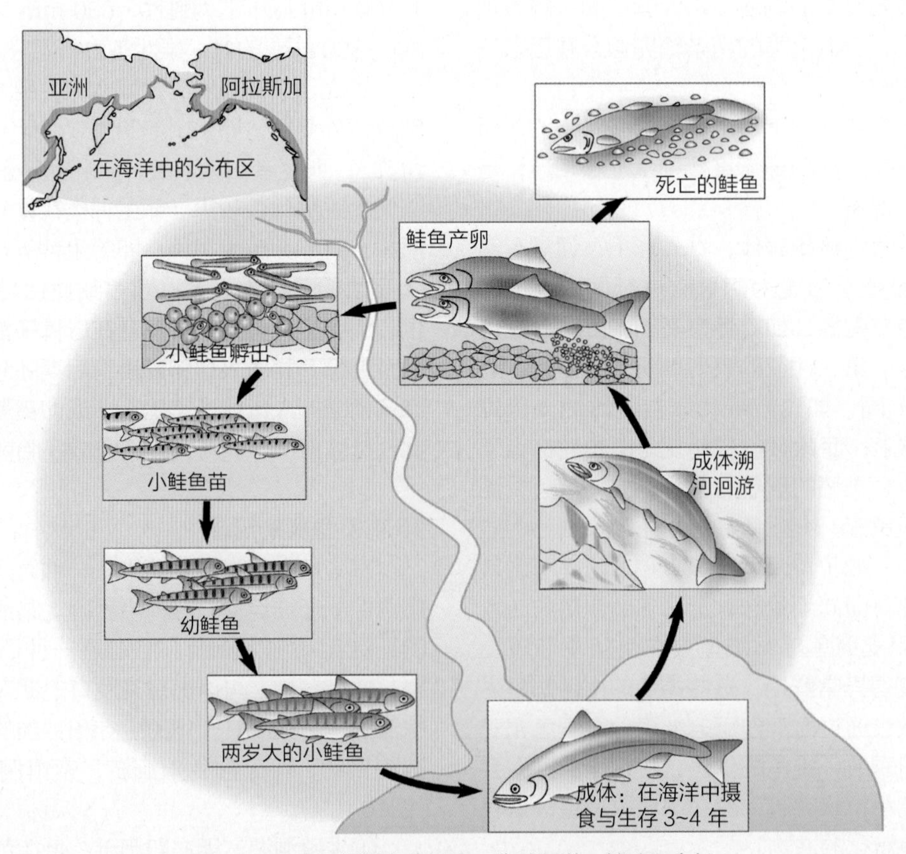

图 16–30 太平洋鲑鱼生活史：生殖洄游、繁殖和生长

16.2 鱼类的分类

全世界现存鱼类33 000多种，通常根据骨骼的性质将其分为软骨鱼纲和硬骨鱼纲。

（1）软骨鱼纲（Chondrichthyes）

软骨鱼类现存1 200多种，绝大多数生活于热带和亚热带海洋中，可分为两个亚纲。其主要特征是：①骨骼全部为软骨；②体被盾鳞或无鳞；③鳃裂一般5对，各自开口于体表，鳃间隔发达，无鳔；④口腹位，肠内有螺旋瓣；⑤体内受精，雄体有鳍脚，卵生、卵胎生或假胎生；⑥歪尾型。

①板鳃亚纲（Elasmobranchii） 口横裂于头吻端腹面；具盾鳞；鳃裂5~7对，分别开口于体表；眼后有喷水孔1个；具泄殖腔；上颌不与脑颅愈合；鳃片不是丝状而是折叠成板状贴在鳃间隔上，因而得名。

鲨形总目（Selachomorpha） 身体多呈纺锤形；游速快；胸鳍与头侧不愈合；鳃裂均位于体侧，故又称侧孔总目（Pleurotremata）（图16-31）；包括六鳃鲨目（Hexanchiformes）、虎鲨目（Heterdontiformes）、鼠鲨目（Lamniformes）、真鲨目（Carcharhiniformes）、角鲨目（Squaliformes）、锯鲨目（Pristiophoriformes）和扁鲨目（Squatiniformes）等，约537种；代表动物有俗称大白鲨的噬人鲨（*Carcharodon carcharias*）、日本扁鲨（*Squatina japonica*）、姥鲨（*Cetorhinus maximus*）和锤头双髻鲨（*Sphyrna zygaena*）等。其中，鲸鲨（*Rhincodon typus*）是全世界最大的鱼类，体长可达20 m。

鳐形总目（Batomorpha） 体扁平呈盘状（图16-32）；胸鳍前部与头侧相连；无臀鳍；多营底栖生活；多卵胎生；鳃裂5对，位于腹面，故又称下孔总目（Hypotremata）。

本总目包括锯鳐目（Pristiformes）、鳐形目（Rajiformes）、电鳐目（Torpediniformes）和鲼形目（Myliobatiformes）等，约668种，代表动物有：孔鳐（*Raja porosa*）、犁头鳐（*Rhinobatus hynnicephalus*）、赤魟（*Dasyatis akajei*）和日本蝠鲼（*Mobula japonica*）等。其中，蝠鲼类的宽度可达6 m，能用翅膀状的胸鳍扇动，自由翱翔于海洋中。

②全头亚纲（Holocephali） 头大尾细，体侧扁，无鳞；鳃裂4对，鳃腔外被膜质鳃盖；无泄殖腔，以泄殖孔和肛门通体外；雄鱼除鳍脚外，还有腹前鳍脚和额鳍脚；上颌与脑颅愈合，故名全头类。

本亚纲只有银鲛目（Chimaeriformes），约56种。体由前向后逐步变细。头大，侧扁，口腹位。体表光滑，无鳞（幼体具有盾鳞）。我国产黑线银鲛

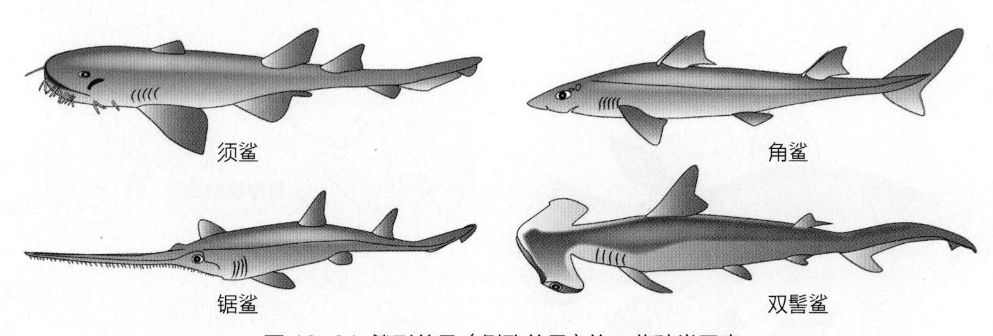

图16-31 鲨形总目（侧孔总目）的一些种类示意

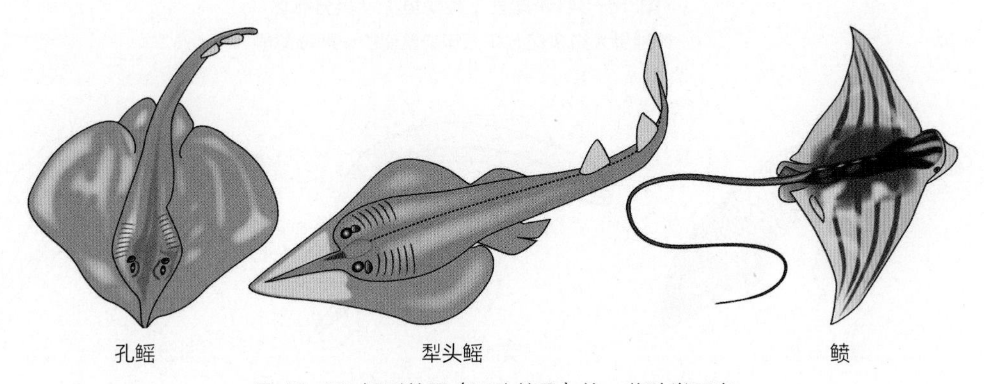

图16-32 鳐形总目（下孔总目）的一些种类示意

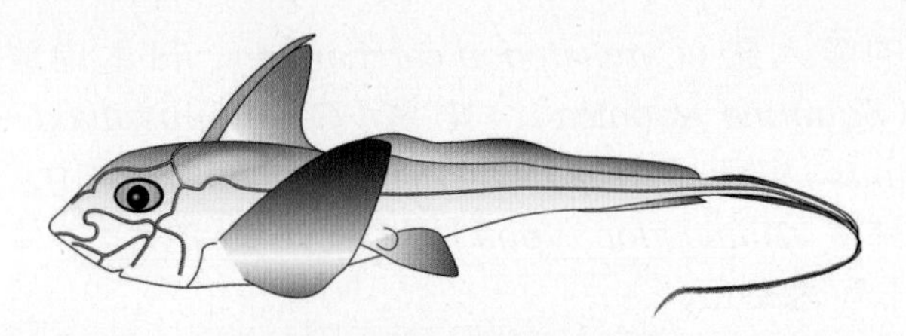

图 16-33 黑线银鲛外形示意

（*Chimaera phantasma*）（图16-33）等5种。

（2）硬骨鱼纲（Osteichthyes）

硬骨鱼纲主要特征是：①骨骼全部或部分为硬骨；②体被骨鳞或无鳞；③鳃裂4对，不直接开口于体表，有骨质鳃盖保护，鳃间隔退化，一般有鳔；④口位于头前端，多数种类肠内无螺旋瓣；⑤多体外受精，多卵生，少数种类变态发育；⑥尾多属正尾型，低等种类歪尾型或原尾型。硬骨鱼纲32 500多种，全球性分布，可分为两个亚纲。

①内鼻孔亚纲（Choanichthyes） 骨骼部分骨化；具内鼻孔；具泄殖腔；肠内有螺旋瓣；偶鳍为肉质桨状、叶状或鞭状，故又称肉鳍亚纲（Sarcopterygii）。分两个总目：

总鳍总目（Crossopterygiomorpha） 偶鳍基部覆盖鳞片，其内部骨骼的排列与陆生脊椎动物肢骨的排列极为相似，能支撑鱼体爬行。鳔有呼吸空气的作用。

总鳍鱼是古老原始的鱼类，在古生代和中生代曾广泛分布于淡水水域，之后移居海洋。人们一直以为其在6 000万年前已经灭绝，但1938年12月在非洲东南沿海捕到一尾总鳍鱼，轰动一时，命名为矛尾鱼（*Latimeria chalumnae*），属腔棘鱼目（Coelacanthiformes）。以后陆续捕到矛尾鱼近200尾，然而矛尾鱼的鳔已丧失呼吸作用，内鼻孔发生次生性外移而在口腔中消失。目前仅在印度洋西部、非洲东南沿海、马达加斯加群岛和印度尼西亚附近海域有发现（图16-34）。

肺鱼总目（Dipneustomorpha） 硬骨不发达，终生有残存的脊索。肺鱼能用口吞空气于鳔中进行呼吸，鳔为辅助呼吸器官。本总目包括单鳔肺鱼目（Ceratodiformes）和双鳔肺鱼目（Lepidosireniformes），现存种类仅6种，分别是澳洲肺鱼（*Neoceratodus forsteri*）、美洲肺鱼（*Lepidosiren paradaxa*）和4种非洲肺鱼。其中，仅澳洲肺鱼是单鳔肺鱼（图16-35）。

②辐鳍亚纲（Actinopterygii） 主要特征是无内鼻孔，无泄殖腔，肛门和泄殖孔分开。本亚纲种类占现存鱼类的95% 以上，分布广泛，分类复杂，主要总目有：

硬鳞总目（Ganoidomorpha） 为古老类群的残余种，保留许多原始的特征：肠内有螺旋瓣；歪尾型；体多被硬鳞；多生活在淡水中，少数海淡水

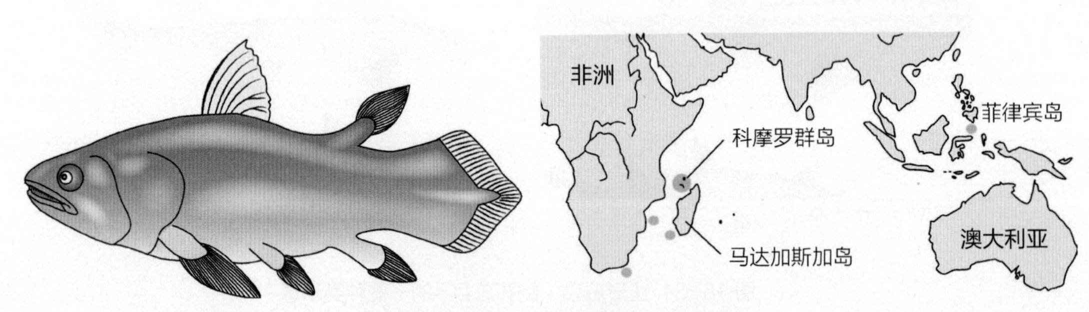

图 16-34 矛尾鱼（腔棘鱼）及其分布区

该种是大约 3 亿 5 千万年前繁盛的一种总鳍鱼

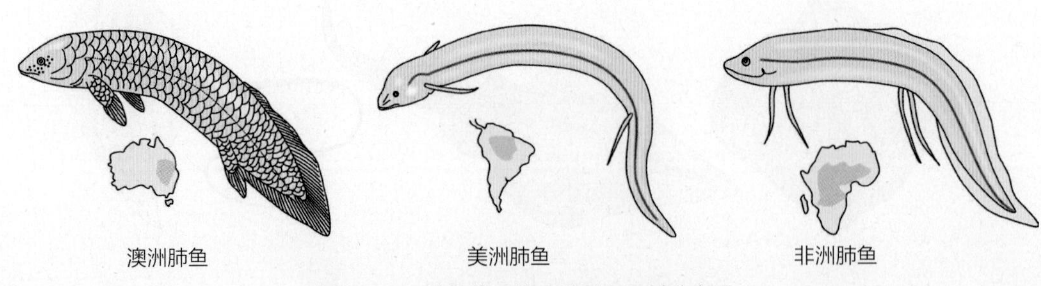

图 16-35 肺鱼总目的 3 种肺鱼及其分布区

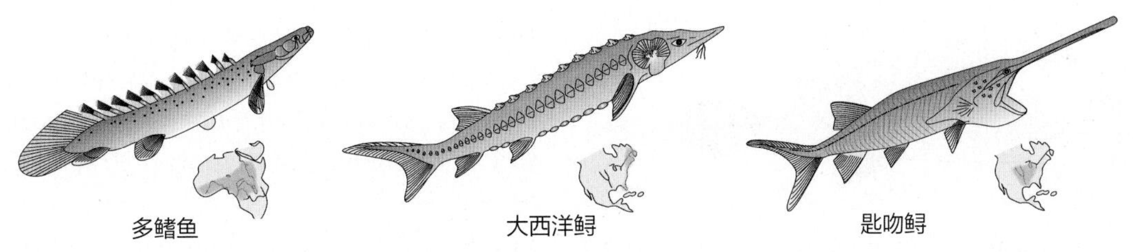

图 16-36 硬鳞总目的原始鳍鱼及其分布区

洄游；包括鲟形目（Acipenseriformes）（27种）、多鳍鱼目（Polypterformes）（14种）、弓鳍鱼目（Amiiformes）（1种）和雀鳝目（Lepidostiformes）（7种）；代表动物为分布于非洲淡水中的多鳍鱼（*Polypterus bichir*）、分布于美洲淡水中的扁口雀鳝（*Lepidosteus platystomus*）和弓鳍鱼（*Amia clava*）（图16-36）等。我国的一级保护动物中华鲟（*Acipenser sinensis*），吻长，口在吻的腹面，体表被五行硬鳞，骨骼大多为软骨，歪尾。

鲱形总目（Clupeomorpha） 鳍无棘，腹鳍腹位；体被圆鳞；前后椎骨大致相似；海淡水均产；包括海鲢目（Elopiformes）、鼠鱚目（Gonorhynchiformes）、鲱形目（Clupeiformes）、鲑形目（Salmoniformes）和灯笼鱼目（Myctophiformes）等。

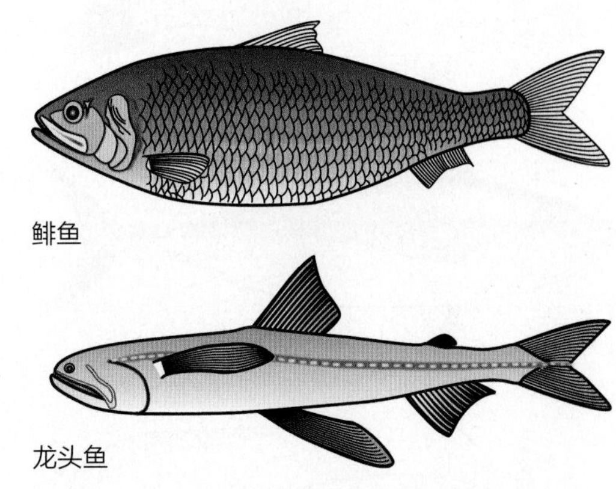

图 16-37 鲱形总目的鲱鱼和龙头鱼外形示意

鲱形总目约2 000种；代表种类有鲱鱼（*Clupea pallasi*）、龙头鱼（*Harpodon nehereus*）（图16-37）、鼠鱚（*Gonorhynchus abbreviates*）、大马哈鱼（*Oncorhynchus keta*）、虹鳟（*Salmo gairdneri*）、鲥鱼（*Maccrura reevesi*）、银鱼（*Protosalanx hyalocranius*）、东北狗鱼（*Esox reicherti*）、哲罗鱼（*Hucho taimen*）和香鱼（*Plecoglossus altivelis*）等，多为名贵鱼类，经济价值高。

鳗鲡总目（Anguillomorpha） 体形细长棍棒型；腹鳍腹位或无腹鳍，有些种类无胸鳍，背鳍和臀鳍一般很长，且与尾鳍相连；鳞极细小或无；个体发育有明显的变态现象；多生活于热带和亚热带海洋，少数可洄游入淡水。鳗鲡总目包括鳗鲡目（Anguilliformes）、囊咽鱼目（Saccopharyngiformes）及背棘鱼目（Notacanthiformes）等近1 000种；我国仅产鳗鲡目，代表种类有日本鳗鲡（*Anguilla japonica*）、海鳗（*Muraenesox cinereus*）和网纹裸胸鳝（*Gymnothorax reticularis*）等。鳗鲡为降河洄游性鱼类，在淡水中生长，入海产卵。鳗鲡具有很高的食用价值，在日本和我国已成为重要的人工养殖对象。

鲤形总目（Cyprinomorpha） 为较原始的硬骨鱼类，亦称骨鳔鱼类。腹鳍腹位，背鳍1个，有些种类具有脂鳍；体被圆鳞或无鳞，具韦伯氏器；鳔有管与消化道相通；多淡水生活，广布于各大洲；包括鲤形目（Cypriniformes）和鲶形目（Siluriformes），10 000余种，我国的淡水鱼大部分种类隶属其中；常见种类有鲤鱼（*Cyprinus carpio*）、鲫鱼（*Carassius auratus*）、团头鲂（*Megalobrama amblycephala*）、青鱼（*Mylopharyngodon piceus*）、草鱼（鲩）（*Ctenopharyngodon idellus*）、鲢（*Hypophthalmichthys molitrix*）、鳙（*Aristichthys nobilis*）、泥鳅（*Misgurnus anguillicaudatus*）和鲶鱼（*Silurus asotus*）等，其中青、草、鲢、鳙俗称“四大家鱼”。原产于巴西亚马孙河流域的纳氏锯脂鲤（*Serrasalmus nattereri*），俗称食人鱼，肉食嗜血，性格凶猛，被列为最危险的水生动物之一。

银汉鱼总目（Athenrinomorpha） 胸鳍位高，腹鳍腹位或亚胸位；体被圆鳞；闭鳔类；海水、淡水都有；包括鳉形目（Cyprinodontiformes）、银汉鱼目（Atheriniformes）和颌针鱼目（Beloniformes），近2 000种；代表动物有青鳉（*Oryzias latipes*）、食蚊鱼（*Gambusia affinis*）、白氏银汉鱼（*Allanetta bleekeri*）和扁颌针鱼（*Ablennes anastomella*）等。

鲑鲈总目（Parapercomorpha） 腹鳍喉位、胸

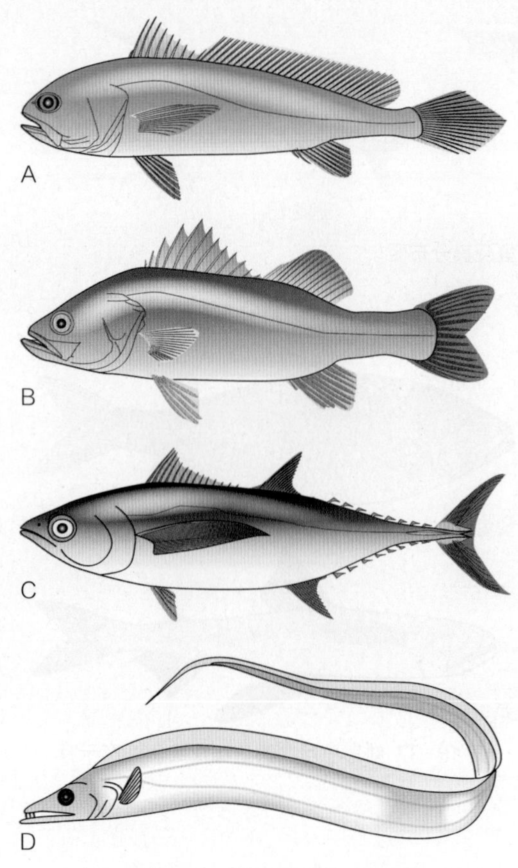

图 16-38 鲈形总目的一些种类
A. 大黄鱼；B. 鲈鱼；C. 金枪鱼；D. 带鱼

位或亚胸位；体被圆鳞或栉鳞；鳔无管；海水、淡水都有；包括鲑鲈目（Percopsiformes）和鳕形目（Gadiformes），约有1 160种，我国只产后者；代表动物主要有大头鳕（*Gadus macrocephalus*）和江鳕（*Lota lota*）。

鲈形总目（Percomorpha） 是比较高等的硬骨鱼类，也是种类最多的一个总目（图16-38）。鳍常有鳍棘，腹鳍喉位或胸位；体被栉鳞；鳔无管或无鳔；海水、淡水都有。包括刺鱼目（Gasterosteiformes）、鲻形目（Mugiliformes）、合鳃目（Symbranchiformes）、鲈形目（Perciformes）、鲉形目（Scorpaeniformes）、鲽形目（Pleuronectiformes）和鲀形目（Tetraodontiformes）等。鲈形目的大黄鱼（*Larimichthys crocea*）、小黄鱼（*L. polyactis*）和带鱼（*Trichiurus lepturus*），连同软体动物中的乌贼合称为我国的"四大海产"。

鲈形总目近15 000种；代表动物有日本海马（*Hippocampus japonicus*）、黄鳝（*Monopterus albus*）、带鱼、金枪鱼（*Thunnus thynnus*）、海鲈鱼（*Lateolabrax japonicus*）、鳜（*Siniperca chuatsi*）、点带石斑鱼（*Epinephelus malabaricus*）、叉尾斗鱼（*Macropodus opercularis*）、乌鳢（*Ophiocephalus argus*）、松江鲈（*Trachidermus fasciatus*）、牙鲆（*Paralichthys olivaceus*）和河鲀（*Takifugu ocellatus*）等。

蟾鱼总目（Batrachoidomorpha） 腹鳍喉位、胸位或亚胸位或无腹鳍、鳔无管或无鳔；均为底栖鱼类；包括海蛾鱼目（Pegasiformes）、蟾鱼目（Batrachoidiformes）、喉盘鱼目（Gobiesociformes）和鮟鱇目（Lophiiformes），约610种；代表动物有黄鮟鱇（*Lophius litulon*）和黑鮟鱇（*L. setigerus*）等。

16.3 鱼类与人类的关系

鱼类资源丰富，与人类关系极为密切。以鱼类为养殖、捕捞对象的海洋渔业、淡水渔业是全球水产业的主体，也是国民经济的重要组成部分。鱼类对人类生活有以下影响：①鱼类是人类的重要食物之一，它不但提供优质蛋白质，还提供重要矿物质和维生素，为B族维生素的最好来源；②从鱼类身上还可以提取化工原料（鱼光鳞和鱼鳞胶等）和药物（深海鱼油和鱼肝油等），也可制革、供作饲料（鱼粉）和农业肥料等；③鱼类的身体结构和运动方式是仿生学的极好研究对象；④部分鱼类还可以入药，如海马和海龙，有安神、滋补、散结和舒经活络等功效；河豚毒素对治疗神经性疾病和痉挛有一定功效；⑤稻田和池塘中的鱼类可有效消灭蚊虫幼虫，从而防止蚊虫引起的传染性疾病的传播；⑥一些鱼类因其鲜艳色彩或奇特形状而具有观赏价值而成为观赏鱼；⑦由于种类繁多，便于采集，易于养殖与观察，鱼类成为教学和科研的良好实验材料，已广泛应用于胚胎学、遗传学、内分泌学、毒理学、行为学、比较病理学和环境科学等研究领域中；⑧有些鱼类是寄生虫的中间宿主，在传播食源性寄生虫病中起作用；⑨某些鱼类能分泌毒素，人被刺到后皮肤会肿胀疼痛，如篮子鱼。还有些鱼类虽然肉质鲜美，但内脏及生殖腺有剧毒，若处理不当，可导致食用者死亡，如河鲀；⑩少数鱼类会直接伤人，如噬人鲨和食人鱼。

小结

鱼类是具颌、身体多被鳞、用鳃呼吸和用鳍运动的变温水生脊椎动物；内耳具有3条半规管；单循环；具有发达的渗透压调节系统；行有性生殖，体外或体内受精；大多数卵生，卵胎生或假胎生较为少见；分为硬骨鱼纲和软骨鱼纲；大多数硬骨鱼具鳔，鳔是有效的调节鱼体相对密度的结构；软骨鱼无鳔，以脂肪减轻相对密度。

思考题

❶ 名词解释：软骨鱼、硬骨鱼、舌接式、动脉圆锥、罗伦氏器、洄游、鳍式、韦伯氏器。
❷ 软骨鱼和硬骨鱼有哪些共同的主要特征及主要区别？
❸ 鱼类的鳞、鳍和尾有哪些类型？
❹ 简述鱼类渗透压的调节方式。
❺ 简述鱼类骨骼系统的特点。
❻ 简述鳔的结构和功能。
❼ 简述侧线的结构及其功能。
❽ 说明鱼类与水生生活相适应的特点。
❾ 研究鱼类洄游有什么实际意义？
❿ 举例说明鱼类的经济价值。

数字课程学习

☐ 教学视频　☐ 教学课件
☐ 思考题解析　☐ 在线自测

（赵娟，孙媛）

第17章
两栖纲（Amphibia）

两栖动物是一类在个体发育中经历幼体水生和成体水陆兼栖生活的变温动物。少数种类终生生活在水中。两栖动物幼体形态似鱼，用鳃呼吸，有侧线，依靠尾鳍游泳，发育中需经变态（metamorphosis）才能上陆生活，这是两栖动物区别于陆栖脊椎动物的基本特征。在动物演化过程中，从水生到陆生是一个非常重要的改变，需要该生物体内各器官结构由适应水生转为适应陆生。

由于水、陆环境的巨大差异（表17-1），动物登陆面临着一系列必须克服的矛盾：陆地上支撑身体并完成运动、呼吸空气中的O_2、防止体内水分蒸发、陆地繁殖、维持体温及适应陆地多变的环境条件等。陆生动物在所有器官系统的形态结构方面都发生了深刻的演变。

两栖动物对陆生生活的适应是初步的，从身体结构、功能到个体发育都表现出明显的过渡性状：初步解决了陆地运动（五趾型附肢）、呼吸空气（肺呼吸但不完善）、陆生环境的感觉器官（如中耳）等矛盾，但不能有效防止水分蒸发（表皮角质化程度不高）、不能解决陆地繁殖（受精、胚胎发育及幼体离不开水）问题。

表 17-1 水、陆环境的比较

	水	陆
含氧量	3~9 ml/L	210 ml/L
密度	1 kg/L	1.293 g/L（空气，标准状态）
温度	25 ℃ ~30 ℃（赤道大洋）	变化剧烈
水分	—	干燥，水分易蒸发
环境	简单	复杂

早在距今3.6亿年的古生代泥盆纪，某些具有强壮灵活的鳍和由咽分支发展而来的一个简单“肺”的古总鳍鱼曾尝试登陆，并获得初步成功。两栖动物很可能就是在那时由古总鳍鱼类演化而来。最早发现的两栖动物化石鱼石螈（*Ichthyostega*）与总鳍鱼类的新翼鱼（*Eusthenopteron*）在附肢骨结构等方面有惊人的相似性（图17-1）。

鱼石螈虽有总鳍鱼类的部分特征：有迷齿（珐琅质深入到齿质中形成复杂的迷路），头骨上有前鳃盖骨，体表有鳞片，鱼尾型尾鳍等，但它已具备与头骨失去连接的肩带、五趾型附肢等两栖动物的特征。这些古两栖动物大约在1.5亿年间，在征服新的陆生环境的同时，迅速地向各方面辐射演化，但以后相继绝灭。现存两栖动物都是从中生代侏罗纪以后才出现的（图17-2）。

17.1 两栖纲动物的主要特征

17.1.1 外形

两栖动物的身体一般可分为头、躯干、尾和四肢4部分。现存两栖动物的体型大致可分为蚓螈

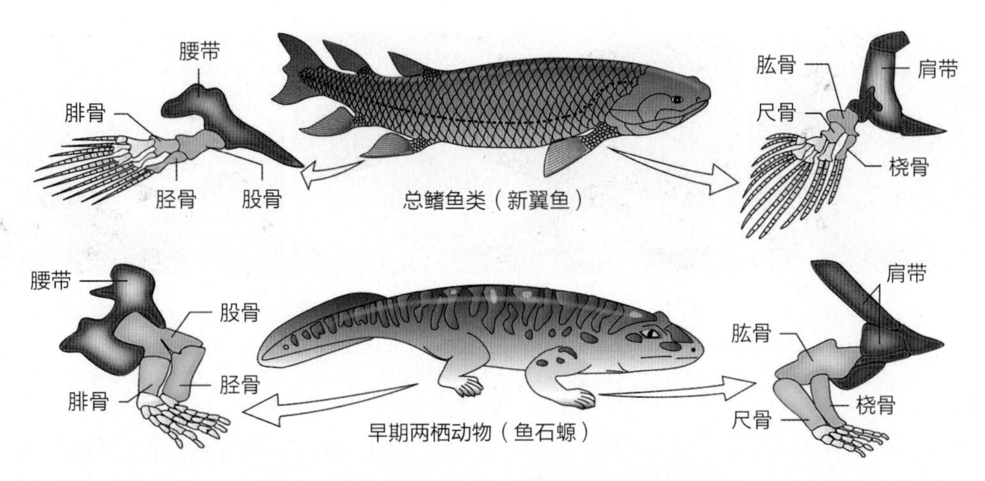

图 17-1 总鳍鱼类与早期两栖动物四肢骨骼的比较

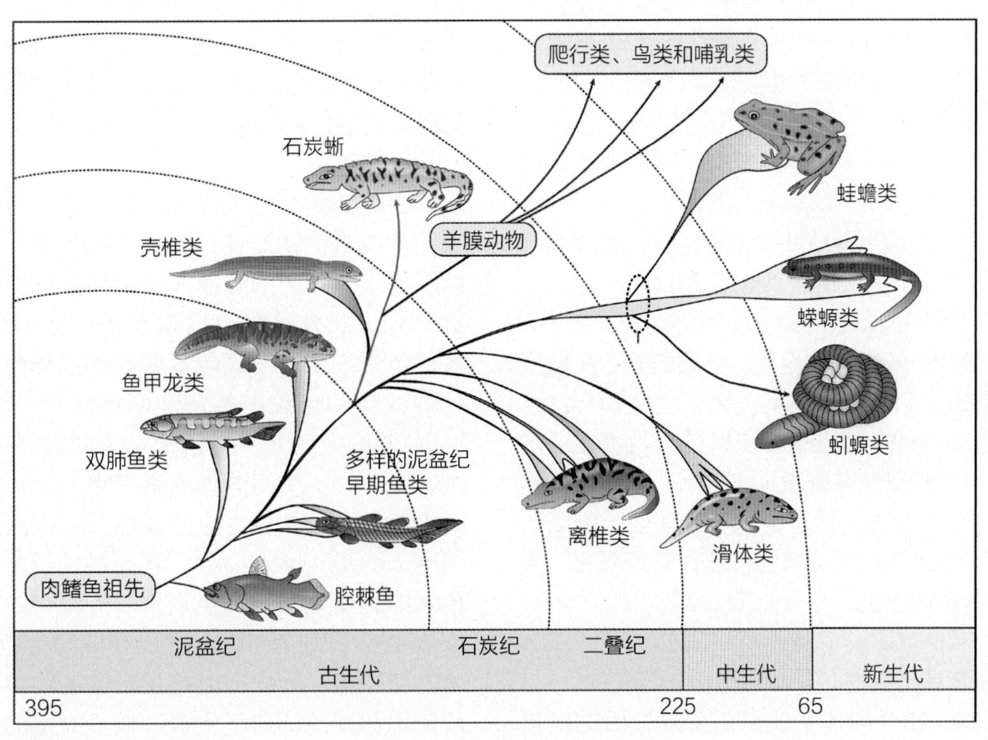

图 17-2 两栖动物的起源与演化

型、鲵螈型和蛙蟾型（图17-3）。蚓螈型的种类外观似蚯蚓，眼和四肢退化，尾短而不明显，以屈曲身体的方式蜿蜒前进，营隐蔽的穴居生活，代表动物有蚓螈和鱼螈等。鲵螈型的种类四肢短小，尾甚发达，终生水栖或繁殖期水生，匍匐爬行时，四肢、体及尾的动作基本上与鱼的游泳姿势相同，代表动物有各种蝾螈和鲵类。蛙蟾型的体型短宽，四肢强健，无尾，是适于陆栖爬行和跳跃生活的特化分支，也是两栖动物中发展最繁盛和种类最多的类群，代表动物为各种蛙类和蟾蜍。世界上最小的两栖动物是来自巴布亚新几内亚的阿马乌童蛙（*Paedophryne amauensis*），长度仅为7.7 mm，同时也是世界最小的非寄生或共生的脊椎动物。现存最大的两栖动物是中国大鲵（*Andrias davidianus*），体长可达1.8 m。

以蛙蟾类为例，头扁平而略尖，游泳时可减少阻力，便于破水前进。口裂宽阔；吻端两侧有外鼻孔1对，具鼻瓣，可随意开、闭，控制气体吸入和呼

图 17-3 两栖动物的 3 种体型（赵蕙拍摄）
A. 蚓螈型：版纳鱼螈；B. 鲵螈型：中国瘰螈；C. 蛙蟾型：花背蟾蜍（雄）

出，外鼻孔经鼻腔以内鼻孔开口于口腔前部。大多数陆栖种类的眼大而突出，具活动的眼睑，下眼睑连有半透明的瞬膜，当蛙、蟾等潜水时，瞬膜会自动上移遮蔽和保护眼球。眼后常有一圆形的鼓膜，覆盖在中耳外壁，内接耳柱骨，能传导声波至内耳产生听觉。多数物种雄体的咽部或口角有1~2个外声囊或内声囊。

颅骨后缘至泄殖腔孔为躯干部，背面光滑或粗糙而具瘰粒；一些种类常有2条隆起的背褶；另一些种类却只有长短不一的纵行皮肤褶或嵴；躯干后部有泄殖孔。鲵螈型种类尾形侧扁，为游泳器官。

两栖类一般附肢2对，鲵螈型中的鳗螈仅有细小的前肢，蚓螈和鱼螈则四肢退化。蛙蟾类的四肢发展不均衡，前肢短小，4指，指间无蹼，生殖季节雄性第1、2趾腹面内侧膨大加厚成棕黑色，叫婚垫（图17-4），抱对时对雌性有刺激排卵作用。后肢常大而强健，5趾，趾间有蹼，适于游泳和在陆地上跳跃。树栖蛙类的指、趾端膨大成吸盘，能往高处攀爬，吸附在草木的叶和树干上。

17.1.2 皮肤及其衍生物

皮肤裸露，富含腺体，缺少角质或骨质的覆盖物，这是现代两栖动物皮肤的显著特点。

皮肤由表皮和真皮组成（图17-5A）。表皮含有多层细胞，最内层由柱状细胞构成生发层，能不断地产生新细胞向外推移，由此向外，细胞逐渐变为宽扁形，最外层细胞有不同程度的轻微角质化。这种轻微的角质化仅在一定程度上减少体内水分的蒸发，因此两栖动物只能在潮湿的环境中生活，蟾蜍的皮肤角质化程度稍高，比较耐旱。蚓螈体表有许多环状缢纹，其内嵌入成行的骨质小鳞。有尾类体表皮肤有颈褶和肋沟。

表皮中含有丰富的多细胞泡状黏液腺，腺体的分泌部下沉于真皮层，外围肌肉层，有管道通至皮肤表面，分泌物使体表经常保持湿润黏滑和对空气、水的可透性，对于减少体内水分散失及利用皮肤呼吸都具有重要作用，也是两栖动物通过蒸发冷却调节体温的一种途径。位于蟾蜍眼后的耳旁腺和皮肤中的毒腺，一般认为是由黏液腺转变而来，能分泌乳状毒浆，内含多种有毒成分，对食肉动物的舌和口腔黏膜有强烈的涩味刺激，因而是一种防御的适应。

真皮厚，居于表皮下，分为2层：外层为疏松层，由疏松结缔组织构成，其间分布着大量的黏液腺、神经末梢和血管；内层为致密层，由致密结缔组织构成，其中的胶原纤维和弹性纤维呈横向或垂直排列。此外，在表皮和真皮中还有成层分布的各种色素细胞，不同色素细胞的互相配置，是构成各种体色和色纹的基础。两栖动物的皮肤颜色由3层色素细胞产生，包括最浅表层的黄色素细胞（lipophores）、中间的鸟粪素细胞（guanophores，内含有许多颗粒，产生蓝绿色）和最深层的黑色素细胞（melanophores）。在光线或温度的影响下，色素细胞还能通过其色素扩展、聚合的变化，引起体色改变（图17-5B），由此变成与生活环境浑然一体的保护色。雨蛙和树蛙是两栖动物中具有保护色及能迅速变色的典型代表。很多有毒的蛙类，如箭毒蛙（arrow-poison frog）的皮肤颜色鲜艳，是一种警戒色。

17.1.3 骨骼系统

骨骼系统因体型不同而异（图17-6、图17-7），但均可分为中轴骨和附肢骨。中轴骨包括头骨和脊柱；附肢骨包括肩带、腰带和前、后肢骨。

头骨扁而宽，脑腔狭小，无眶间隔，平颅型脑颅。骨化程度不高，骨块数目少。蚓螈类骨片大，排列紧凑无大孔洞。脑颅后方有两块外枕骨，左、右环接，构成一孔，即枕骨大孔，这是连接脑和脊髓的通道。在枕骨大孔的下方，每块外枕骨都有1个骨关节

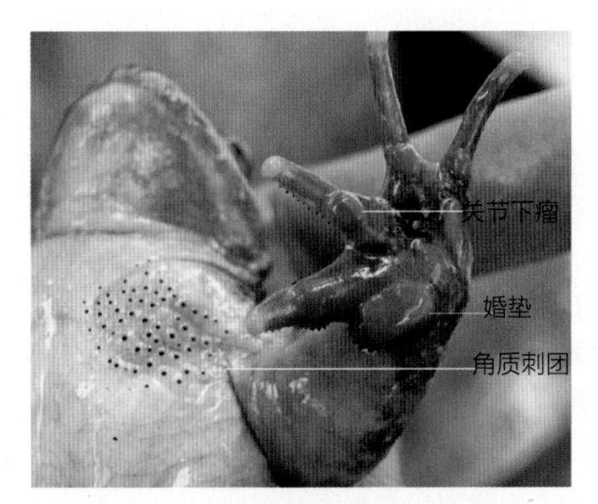

图 17-4 缅北棘蛙（雄），示婚垫（时磊拍摄）

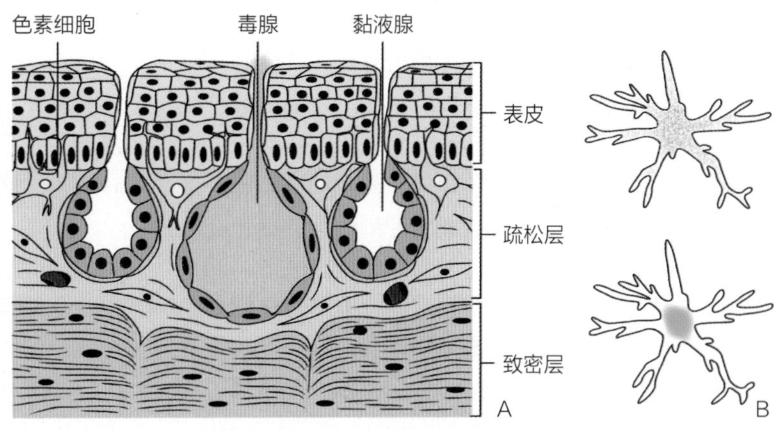

图 17-5 蛙的皮肤结构（A）及色素细胞色素的扩散与汇聚（B）

髁，即枕髁。因此，两栖动物为双枕髁。颅骨通过方骨与下颌连接，这种连接方式称自接型（autostylic）。舌颌骨失去连接脑颅与咽颅的悬器作用，进入中耳腔，形成传导声波的耳柱骨。

舌弓的其他部分和鳃弓的一部分成为舌器支持舌。初生颌（腭方软骨和麦氏软骨）趋于退化，由其外包的膜性硬骨（前颌骨、上颌骨和齿骨等）组成的次生颌，代为执行上、下颌的功能。鲵螈类因颧骨和方轭骨消失，致使颅骨的边缘不完整。成体鳃弓大部分消失，小部分演变为勺状软骨、环状软骨及气管环。蝌蚪有4对鳃弓。

两栖动物的脊柱已分化为颈椎（1枚）、躯椎、荐椎（1枚）和尾椎。颈椎因形状似环又称寰椎，椎体前有一突起与枕骨大孔的腹面连接，突起的两侧有1对关节窝与颅骨后缘的两个枕髁相关节，使头部稍能上、下活动。两栖动物的躯椎具有陆生脊椎动物椎骨的典型结构，每枚躯椎均由椎体（除少数原始种类，如鱼螈为双凹型外，大多为前凹型或后凹型，可增大椎体间的接触面，提高支持体重的效能）、棘突由成对的前关节突和后关节突所组成，因而增强了脊柱的牢固性和灵活性。荐椎的横突发达，与腰带的髂骨相接，使后肢骨获得稳固的支持。颈椎和荐椎的出现是陆生脊椎动物的标志，然而与真正的陆栖脊椎动物相比，因其颈椎和荐椎的数目少，所以在增加头部运动及支持后肢的功能方面还处于不完善的初步阶段。脊椎骨的数目因种类不同，差异较大。如鱼螈的脊椎骨超过100枚；蛙的脊椎骨共10枚，1枚颈椎，7枚躯椎，1枚荐椎和1根棒状的尾杆骨，尾杆骨是在胚胎时期由若干个尾椎骨愈合而成的（图17-7）。

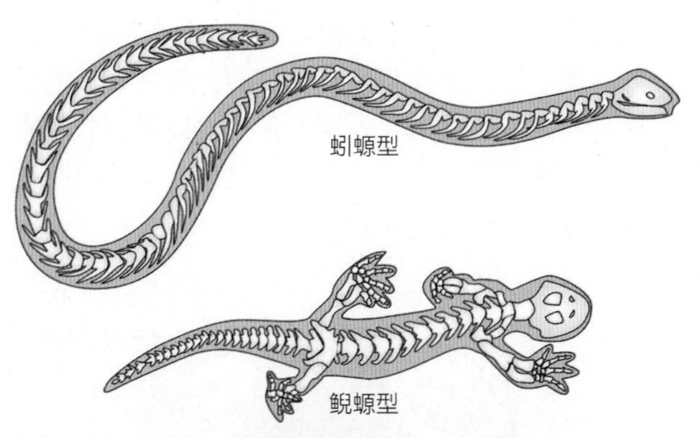

图 17-6 两种体型两栖动物的骨骼结构示意

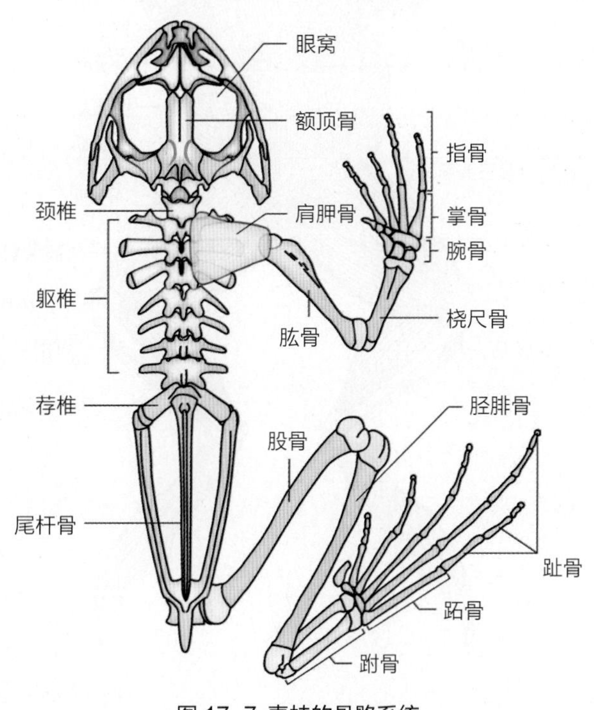

图 17-7 青蛙的骨骼系统

蛙蟾类的肩带由肩胛骨、喙状骨、上喙状骨和锁骨等构成。腰带由耻骨、髂骨和坐骨构成，其中，耻骨位于髋臼腹面，髂骨和坐骨位于髋臼背面，髂骨与荐椎两侧的横突关节，这种排列方式是所有陆生脊椎动物腰带的共性。鲵螈类的肩带、胸骨和耻骨等大多没有骨化，且缺乏锁骨。组成肩带和腰带的诸骨交汇处，分别形成肩臼和髋臼，与前、后肢相关节。两栖动物的肩带不附着于头骨，腰带借荐椎与脊柱联结，这是四足动物与鱼类的重要区别。肩带脱离了头骨，不但可以增进头部的活动性，并且也极大地扩展了前肢的活动范围。

蛙的胸骨由肩胸骨、上胸骨、中胸骨和剑胸骨（剑突）构成，蟾蜍无肩胸骨和上胸骨。无明显的肋骨，故无胸廓（蚓螈类有肋骨，无胸骨）。两栖动物典型的五趾型附肢包括上臂（股）、前臂（胫）、腕（跗）、掌（跖）和指（趾）等5部分。与之相应的前肢骨为肱骨、桡/尺骨、腕骨、掌骨和指骨；后肢骨为股骨、胫/腓骨、跗骨、跖骨及趾骨。五趾型四肢的骨骼在所有陆生脊椎动物中基本相似，只是因生活环境和生活方式不同而产生某些变异。如蛙类由于适应跳跃生活，致使前肢骨的桡骨与尺骨愈合成1块桡尺骨，第一指骨退化。后肢的胫骨与腓骨愈合成1块胫腓骨（图17-7）。

17.1.4 肌肉系统

从两栖类起，由于四肢的出现及登陆后运动的复杂化，使肌肉系统渐渐复杂化（图17-8）。

两栖动物肌肉系统有以下特点：

①除幼体（蝌蚪）和鲵螈类外，原始肌肉分节现象已不明显，肌隔消失，大部分肌节愈合并经过移位，分化成许多形状、功能各异的肌肉。

②躯干背部的轴上肌由于水平骨隔位置上移到椎骨横突外侧，体积已大为减缩。鲵螈类的轴上肌保留分节状态。蛙蟾类轴上肌的外侧形成起于头骨基部止于尾杆骨前部的背最长肌，其作用是使脊柱向背方弯曲；轴下肌分化为3层，由表及里分别为腹外斜肌、

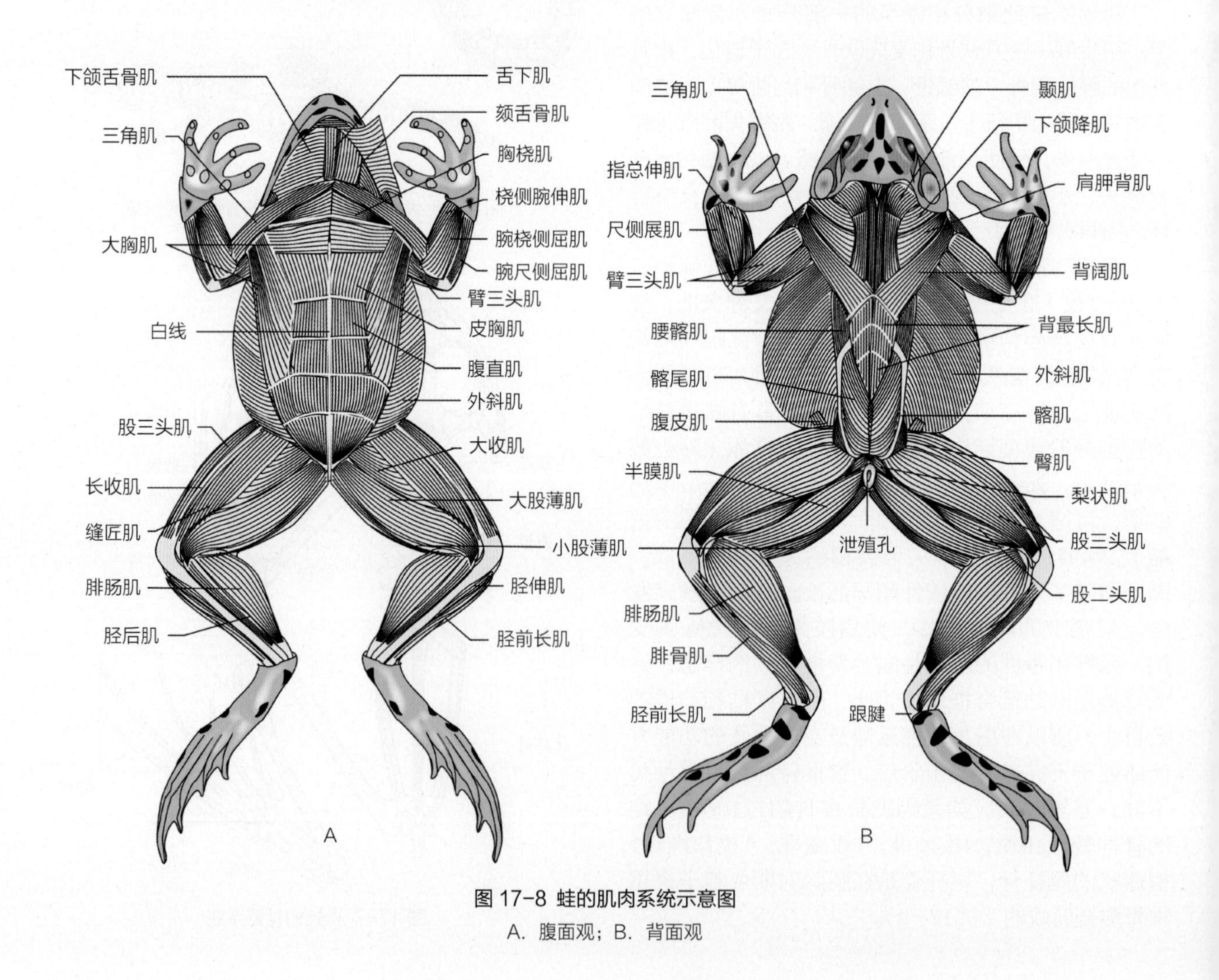

图 17-8 蛙的肌肉系统示意图

A. 腹面观；B. 背面观

腹内斜肌和腹直肌。这些肌肉的分化与支持腹壁、压缩肺囊和参与呼吸运动有关。腹直肌位于腹壁最内层，由耻骨伸向胸骨，有保护腹壁和向前牵拉腰带、适应陆地上的爬行和跳跃运动功能。

③由于五趾型附肢的出现，附肢肌相应发展，变得强大而复杂。除起于躯干分布到附肢的外生肌外，还发展出起于带骨或附肢骨近端，止于附肢骨的内生肌，使附肢的各部分能彼此做相应的局部运动。一般起止于后肢的肌肉要比前肢更发达，以加强爬行和跳跃能力。

④鳃肌退化。部分转化为支持喉头和舌软骨活动的肌肉。

17.1.5 消化系统

两栖动物的消化系统由消化道和消化腺组成，与鱼类的消化系统无本质上的区别，但具有了泄殖腔，大肠（直肠）的末端即开口于此。消化腺主要包括唾液腺、肝和胰（图17-9）。

两栖动物的口咽腔比鱼类复杂，这反映了陆生脊椎动物与鱼类的重大区别。蛙的口咽腔内具有内鼻孔、耳咽管孔、喉门和食道开口等（图17-9）。内鼻孔位于犁骨外侧。耳咽管孔位于口咽腔顶部近口角处。喉门为口咽腔后部一纵裂开口，下通喉气管室。食道开口位于喉门后方。多数雄蛙的口咽腔两侧或底部还具有1对或单个的声囊开口。

蛙类在上颌边缘有一排细齿（上颌齿），口腔顶壁的犁骨上有两簇犁骨齿；蟾蜍类无齿，有尾类具犁骨齿；蚓螈类上、下颌及犁骨、腭骨上均具齿；鲵螈类具颌齿1~2排。两栖动物的牙齿功能与鱼类的齿相似，只是协助吞咽，防止食物滑脱而无咀嚼功能。

两栖动物的口咽腔有肌肉质的舌和分泌黏液的唾液腺。无尾两栖类舌根位于下颌前部，舌尖游离，蛙类有深浅不同的分叉，蟾蜍类无分叉。蛙类的舌比较特殊，舌尖向后，能翻出口外卷捕活的昆虫（图17-10），已成为特化的捕食器官。鲵螈类舌呈垫状，活动性差，后部黏膜有黏液腺和味蕾。颌间腺位于前颌骨和鼻囊之间，开口于口咽腔前部。食道短。胃位于体腔左侧，与食道相连的一端叫贲门胃，与十二指肠连接的一端叫幽门胃。胃壁黏膜层含许多管状胃腺，分泌胃液。胃壁肌肉层很厚，肌肉舒缩引起胃蠕动。十二指肠壁上有胆总管开口，输入胆汁和胰液，消化蛋白质和脂肪。小肠具吸收机能。大肠粗短，直径为小肠的2倍多，通泄殖腔，功能为吸收水分，聚集并排出食物残渣。泄殖腔壁上有消化道、输尿管和生殖导管开口，以泄殖孔与外界相通。肠的长度与食性有关：肉食性肠短，草食性肠长。成蛙肠的长度为体长的2倍，蝌蚪肠的长度为体长的9倍。肝位于体腔前端，分为左、右两大叶和一较小的中叶。左叶有一切迹将其分为前、后两部分。左、右两叶间有1个绿色球状胆囊，有2条管与之相通，1条与肝管相通将胆汁送入胆囊，1条与胆总管相通，将胆汁由胆囊送入胆总管，再从胆总管输入到十二指肠。胰腺位于十二指肠与肾之间的肠系膜上，淡黄色，呈不规则的扁平状，它所分泌的胰液经细而短的胰管输入到胆总管，与胆汁混合后，流入十二指肠（图17-9）。

17.1.6 呼吸系统

两栖动物的呼吸方式比其他动物更为多样，反映了动物向陆生的过渡情况。不同种的两栖类、同种的幼体和成体阶段，在不同生活状态下分别进行鳃呼吸、皮肤呼吸、口咽腔呼吸和肺呼吸。早期阶段的蝌蚪头部两侧具3对羽状外鳃，一段时间后外鳃消失形成3对内鳃，变态登陆后鳃消失，由咽部腹侧长出的1对壁薄、透明、呈盲囊状密布毛细血管网的肺囊取而代之。蚓螈类有1个退化的肺，由食道和气管辅助呼吸。无尾类幼体用鳃呼吸，成体用肺兼皮肤呼吸。体型小的无肺螈（plethodontid salamanders）则完全依赖皮肤进行呼吸。

蛙蟾类呼吸道分化不完全，喉头、气管分化不明

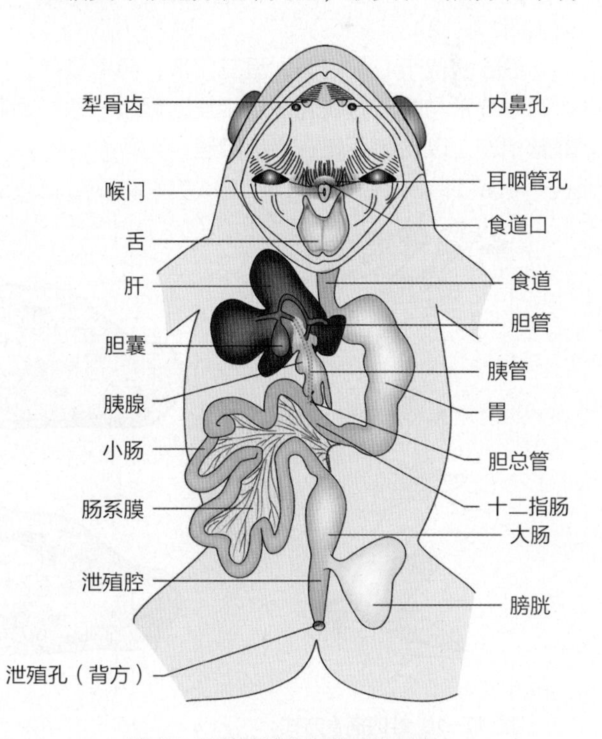

图 17-9 蛙的消化系统结构示意

显，为一短的喉气管室与肺相连。喉门为一裂缝状开口，两边围绕着2块半月形的勺状软骨，外缘为1块环状软骨。勺状软骨内侧有2片富有弹性的纤维带（声带），气体经过时产生振动而发声。蚓螈类喉头只有勺状软骨，气管由“C”型软骨环支持。

由于没有胸廓，呼吸动作比较特殊，吸气时，上、下颌紧闭，鼻孔瓣膜开放，口咽腔底部下降，空气由鼻孔进入口咽腔（图17–11A）；然后，瓣膜紧闭，口咽腔底部上升，将空气压入肺内（图17–11B）；鼻孔打开，喉门关闭，口底上、下运动，空气进出口咽腔，在口咽腔黏膜上完成气体交换（图17–11C）；肺内气体完成交换后，由于肺的弹性回缩和腹肌的收缩，气体又退回口咽腔中，鼻孔开张，呼出气体（图17–11D），这就是蛙类特有的口咽式呼吸。此外，蛙在水下或冬眠期间可用皮肤来呼吸，其皮肤薄、湿润、分布有丰富的毛细血管，O_2溶于黏液中渗入血管内。

17.1.7 循环系统

血液循环 由于肺的出现，循环系统也发生了改变，由单循环变为双循环，即血液循环由肺循环和体循环两条途径组成，血液流经身体一周需要经过心脏两次。两栖类由于心脏为2心房1心室，心室中的多氧血和缺氧血没有完全分开而称为不完全双循环。心脏位于围心腔内，由静脉窦、心房、心室和动脉圆锥组成（图17–12）。

静脉窦位于心脏后面，呈三角形，薄壁囊状，前边两角分别与左、右前腔静脉相连，后边一角与后腔静脉相连，以窦房孔与右心房相通。

心房位于围心腔前方，壁薄，肌肉质。心房由房间隔分隔为左、右两部分。右心房以窦房孔与静脉窦相通，孔前、后各有一瓣膜防止血液倒流。左心房背壁有一孔与肺静脉相通。左、右心房由一共同的房室孔与心室相通，孔周围有房室瓣阻止血液倒流。有尾两栖类和无足类房间隔不完全，有孔使左、右心房相通。

心室位于心房腹侧，近三角型。肌肉质，壁厚，内部无分隔。内壁有肌肉质的柱状纵褶由中央向四周伸展，在一定程度上缓冲了进入心室的多氧血和缺氧血的混合。

动脉圆锥自心室腹面右侧发出，与心室连接处有3块半月瓣。动脉圆锥内有一纵行的螺旋瓣，能随动脉圆锥收缩而转动，有助于分流心室压出的血液。皮静脉中的血回心入右心房，肺静脉中的血回心入左心房，因此右心房血含氧亦不少。由动脉圆锥延伸出左、右两条动脉干。每条动脉干内以2个隔膜分为3支动脉弓，由内向外依次为颈动脉弓、体动脉弓和肺皮动脉弓。颈动脉弓又分为内颈动脉及外颈动脉2支，前者运送血液至脑、眼及上颌等处，后者运送血液到下颌和口腔壁。左、右体动脉弓弯向背侧，在分出锁骨下动脉至前肢及食道后，便汇合成1条背大动脉，往后延伸并发出动脉分支到内脏各器官及后肢。蚓螈类因无四肢而缺乏锁骨下动脉及髂动脉。左、右肺皮动脉弓各分为2支，一支是肺动脉，通至肺，在肺壁上分支成毛细血管网，另一支为皮动脉，行至背部皮下，也分支成毛细血管网。

前腔静脉1对，代替了前主静脉接受颈外静脉（收集来自舌、下颌和口底的血液）、无名静脉（汇集来自颈内静脉和肩胛下静脉的血液）、锁骨下静脉

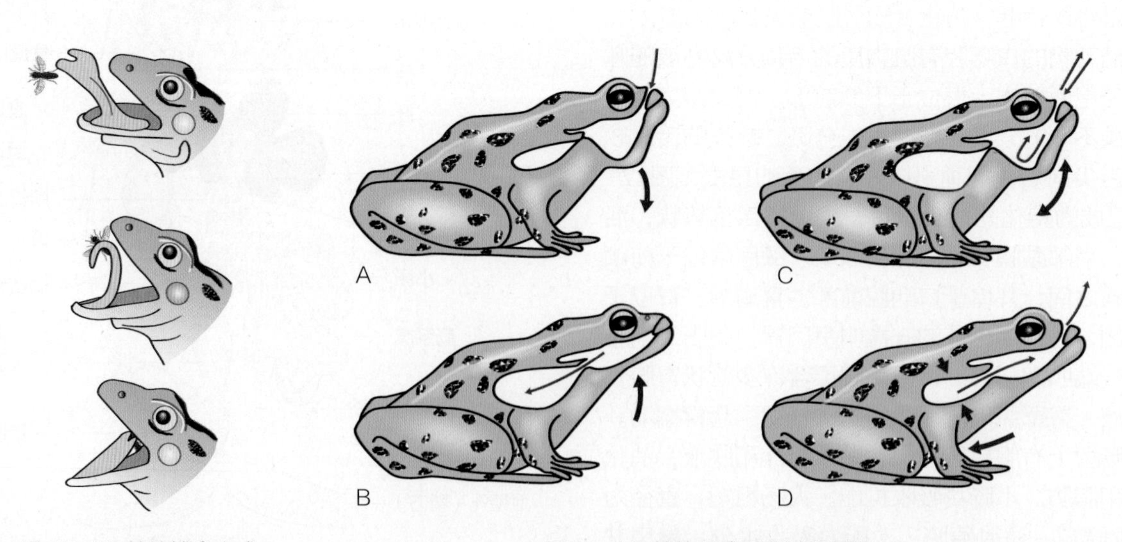

图 17–10 蛙的捕食方式

图 17–11 蛙的咽式呼吸过程图解
A~D 顺序进行

（汇集来自臂静脉和肌皮静脉的血液）的血液汇入静脉窦。后腔静脉1条代替鱼类的后主静脉，位于体腔背正中线上，后端起于两肾之间，向前越过肝背面入静脉窦。途中接受肾静脉、生殖静脉和肝静脉的血液。腹静脉1条，代替鱼类的侧腹静脉，由左、右股静脉分出盆静脉汇合于腹中线而成。有尾两栖类有后腔静脉，但还保留着退化状态的后主静脉1对，后主静脉后端与后腔静脉相连（图17-13）。

淋巴循环 血液中的部分血浆可透过毛细血管壁到组织间隙去，这些液体称组织液，与细胞进行物质交换后进入淋巴管内的组织液称淋巴液。输送淋巴液的管道称为淋巴管，起始处为盲端，逐渐汇集变粗将淋巴液送入静脉血管。淋巴管上膨大的地方称为淋巴窦，如舌下淋巴窦，充满淋巴时可使舌突然外翻。皮下有许多大淋巴窦。淋巴通路上能搏动的区域称为淋巴心。蛙有2对肌质淋巴心，前淋巴心1对位于肩胛骨下、第3椎骨两横突的后方，压送淋巴液进入椎静脉。后淋巴心1对位于尾杆骨尖端的两侧，压送淋巴液进入髂横静脉。两栖类不具淋巴结。脾为淋巴器官，位于肠系膜上，暗红色球状，可消除衰老的红细胞，并制造淋巴细胞。

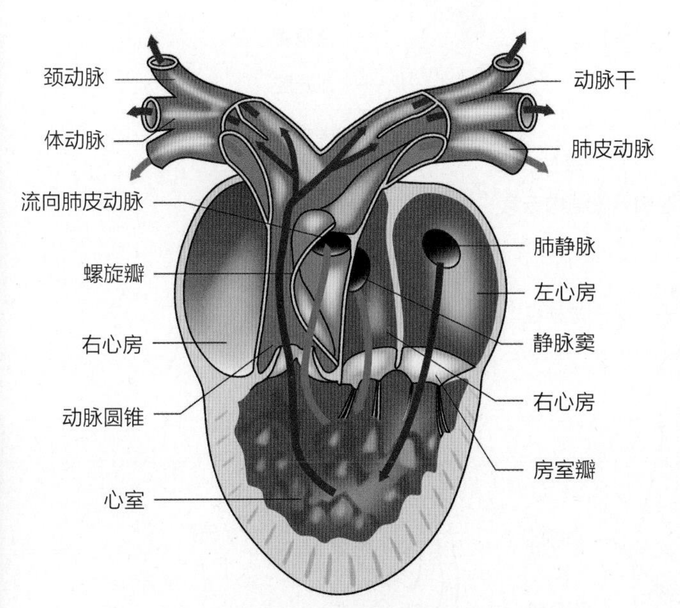

图 17-12 蛙的心脏（冠切面），示血液分流
红色示多氧血；蓝色示缺氧血

17.1.8 排泄系统

两栖动物的排泄系统由1对肾和1对输尿管组成。肾位于体腔后部，脊柱两侧，长形分叶体，呈暗红色。输尿管（吴氏管）位于肾外缘近后端处，通泄殖腔，开口于泄殖腔背壁。雄性的肾前端失去泌尿机能，一些肾小管与精巢的精细管相通，将精子送入输尿管。雌性输尿管只有输尿功能。泄殖腔的腹壁突出形成储尿的膀胱，即泄殖腔膀胱（图17-14）。输尿管与膀胱不直接相通，尿液先经输尿管入泄殖腔，然后慢慢流入膀胱，当膀胱内充满尿液时，再流入泄殖腔，最终排出体外，每天排出的尿液约为体重的1/3。幼体和大多数水生成体两栖动物排氨，陆生物种排尿素。一些树蛙还会排泄尿酸。

肾除了泌尿功能外，还具有调节体内水分、维持渗透压的作用。两栖动物的皮肤通透性很高，机体在入水时，会有大量的水分渗入体内，登陆后又存在失水问题。而肾小球高效的过滤机能使两栖动物体内的水分得以平衡。此外，膀胱的重吸收水分也有助于减少失水。两栖动物没有肾外排盐器官，通常只能生活在淡水中。海蛙（*Rana cancrivora*）却能生活在近海边的咸水或半咸水地区。它的血液里含有高浓度的尿素，同海水保持了渗透压的平衡，能耐受2.8%的盐度，而一般蛙类在盐浓度超过1%的海水中就不能生存。海蛙的蝌蚪更能耐受高达3.9%的盐度。

17.1.9 神经系统

中枢神经系统包括脑和脊髓。

脑明显分为大脑、间脑、中脑、小脑和延脑5部分，无脑曲（图17-15）。大脑体积增大，形成两个

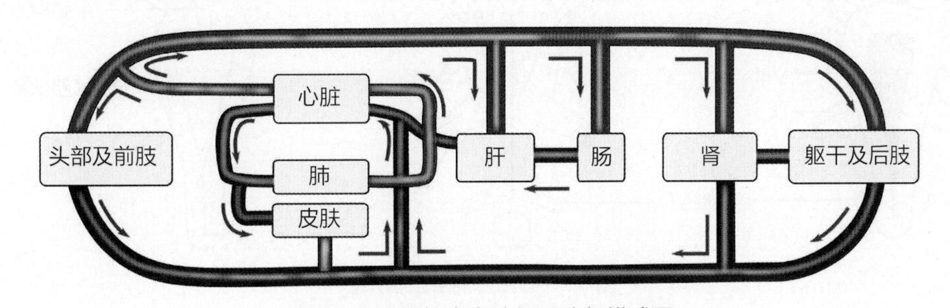

图 17-13 两栖类血液循环路径模式图

完整的半球，内部有左、右侧脑室，大脑半球底部、侧壁、顶部深层均有神经细胞分布，表层仅有零散的神经细胞分布，为原脑皮，其机能与嗅觉有关。间脑顶部呈薄膜状，有富含血管的前脉络丛。松果体不发达。间脑中央为第三脑室，与松果体内腔相通，前方与侧脑室相通。第三脑室侧壁增厚叫丘脑（视丘），腹壁叫下丘脑（包括漏斗体和脑垂体）。中脑顶部为1对圆形视叶，其内部的空腔称中脑室，两侧的腔相通。中脑腹壁增厚称大脑脚，是视觉中枢，也是神经系统最高中枢。中脑中央的空腔叫导水管，前通第三脑室，后通第四脑室。小脑不发达，仅1条横褶位于第四脑室前缘。延脑内部有1个三角形的腔叫第四脑室，与脊髓中央管相通（图17-15C）。脑室顶壁下陷形成菱形窝，有后脉络丛。由于有四肢，脊髓相应形成颈膨大和腰膨大。

周围神经系统由脑神经和脊神经组成。脑神经

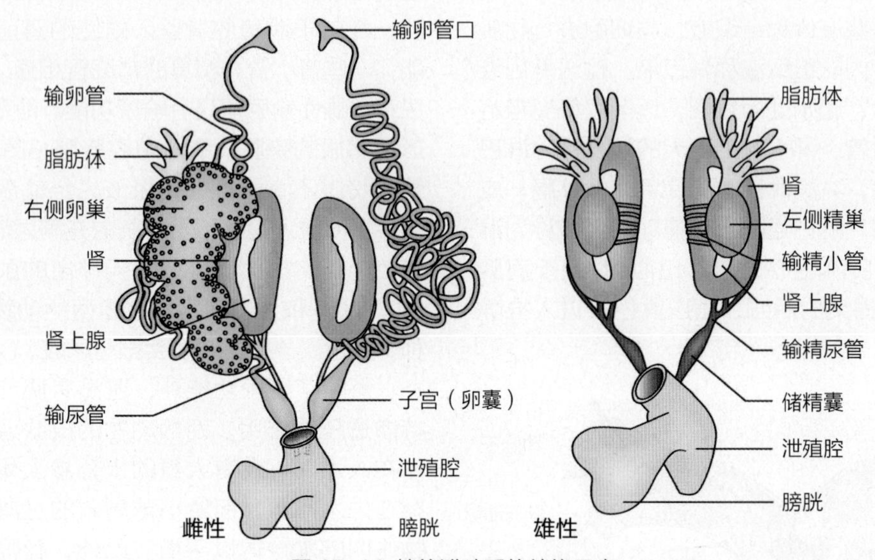

图 17-14 蛙的泄殖系统结构示意

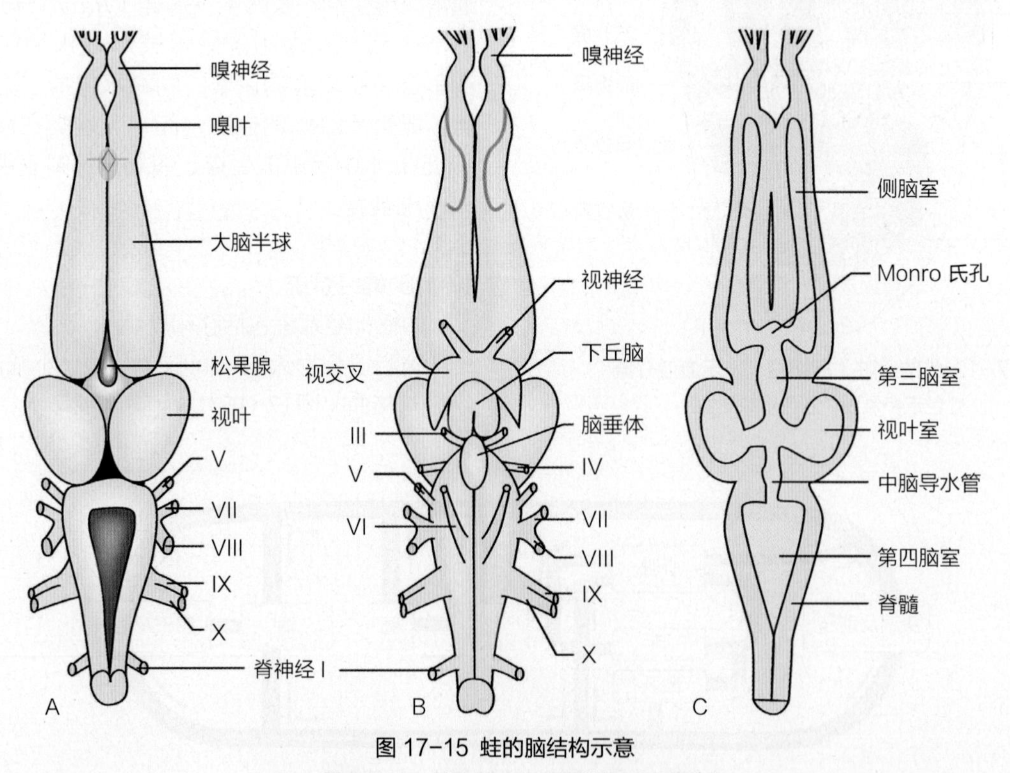

图 17-15 蛙的脑结构示意

A. 背面观；B. 腹面观；C. 冠状切面，示脑室

和鱼类一样，也是10对，多数分布到头部的感觉器官、肌肉和皮肤。只有第10对迷走神经自延脑侧面发出，分布到内脏器官（图17-15A~B）。蛙蟾类的脊神经10对。从脊髓两侧椎间孔发出。第1对主支分布到舌与舌器的肌肉，另一侧支与第2~3对合成臂神经丛，分布到前肢；第4~6对分布到腹部肌肉和皮肤中；第7~9对构成腰神经丛（坐骨神经丛），分布到后肢；第10对由尾杆骨两侧发出，分布到膀胱和泄殖腔等处。

脑神经和脊神经传出神经中支配随意肌的为躯体运动神经（动物性神经），支配不随意肌和腺体的为自主神经（植物性神经或内脏神经）。自主神经包括交感和副交感神经。交感神经的中枢在脊髓，1对纵行的交感干位于脊柱两侧，脊髓发出的交感神经与之相连，交感干发出神经到各内脏器官。副交感神经前段的中枢在中脑和延脑，神经纤维与第3、7、9、10对脑神经伴行，分布到眼、口腔腺、血管和内脏器官；后段的中枢位于脊髓荐部，发出数对副交感神经到盆腔内的器官。

17.1.10 感觉器官

两栖动物的视觉器官具有一系列与陆栖生活方式相适应的特征。视觉范围较为广阔，既能近视又能远观，且在白昼与夜晚均能视物。眼球角膜凸出，晶体近球形，稍扁，角膜与晶体距离较远，适于远视。晶体牵引肌（蛙的在晶体背面，鲵螈的在晶体腹面）收缩时使晶体前移并改变其弧度，使视觉由远视调节为近视。但晶体自身凸度不能调节，故不能像人眼一样，同时看到远、近的各种物体。只有物体对着视网膜上的焦点，才能看清楚。加上两眼间距较大，视网膜上的感觉细胞对活动的物体比较敏感。出现了活动的眼睑、瞬膜和哈氏腺，起到保护眼球、防止干燥的作用（图17-16A）。蛙闭眼时眼球下陷，下眼睑及瞬膜上拉盖住眼球；哈氏腺分泌物湿润眼球，多余者沿鼻泪管流入鼻腔。

两栖动物在由水生到半陆生的转变过程中，听觉器官发生了极其深刻的变化（图17-16B）。内耳球状囊的后壁已开始分化出雏型的瓶状囊（听壶，lagena），有感受音波的作用。因此，两栖动物的内耳除有平衡感觉外，还首次出现了听觉机能。适应在陆地上感受声波而产生了中耳，绝大多数的两栖动物没有外耳，但中国特有的凹耳蛙（*Amolops tormotus*）鼓膜下陷形成了雏形的外耳道并能感受超声波。中耳的外膜即鼓膜，其内为鼓室（中耳腔）；鼓室由胚胎时第一对咽囊发育而来，借耳咽管与口咽腔相通，空气可进入鼓室使鼓膜内、外压力平衡；听骨1块，棒状，即耳柱骨，由舌颌骨演化而来，一端连在鼓膜内壁，另一端连至内耳卵圆窗，声波对鼓膜的振动可经耳柱骨传入内耳。鲵螈类无中耳腔，耳柱骨外端与鳞骨相关节，通过颌骨将声波传入内耳。

嗅觉器官尚不完善，鼻腔内的嗅黏膜平坦，上有嗅觉细胞，经嗅神经与嗅叶相通。蛙有1对嗅囊，借外鼻孔与外界相通，借内鼻孔与口咽腔相通。鼻腔具有嗅觉与呼吸的双重作用，这是一切陆生脊椎动物的特征。此外，蛙具犁鼻器，是位于鼻腔腹内侧壁的一对盲囊，其内壁衬以嗅黏膜，是一种化感器，帮助舌分辨食物性质并探知化学气味。

两栖动物幼体都具有侧线。无尾两栖类成体无侧线，有尾两栖类成体保留侧线，蝾螈陆栖时侧线消

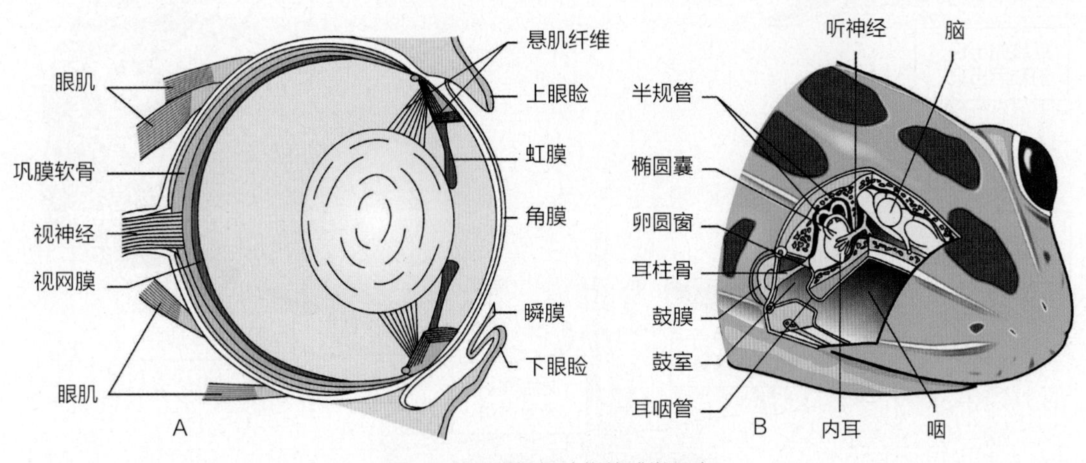

图 17-16 两栖纲动物的感觉器官

A. 眼的结构；B. 内耳及相关结构

失，回到水中产卵时侧线又出现。

17.1.11 生殖与发育

雄性具有1对卵圆形（蛙）、长柱形（蟾蜍）或分叶状（蝾螈）的精巢，位于肾内侧。成熟的精子经由精巢背侧发出的若干输精小管进入肾前端，再通过输精尿管、泄殖腔排出体外（图17-14）。蚓螈类和一些有尾类行体内受精，雄性泄殖腔可外翻凸出将精液输入雌性泄殖腔内。

雌性具有1对卵巢，由卵膜包围，悬挂在体腔背侧，生殖季节因含大量卵粒而胀大，卵排出后则呈多皱褶状。成熟的卵落入腹腔，进入输卵管口（喇叭口），经输卵管到泄殖腔，排出体外（图17-14）。卵沿输卵管下行，在下行过程中，包裹上由输卵管壁腺体分泌的胶膜2~3层，豹蛙甚至可多达5层。雌、雄生殖腺的前方有黄色的脂肪体，可为发育中的生殖细胞提供营养。通常，蛰眠期前的蛙和蟾蜍由于摄食旺盛，体内都积储了丰富的营养物质，因而脂肪体也显得十分粗大。当进入生殖细胞迅速生长发育的繁殖季节，脂肪体被大量消耗而萎缩。

春季繁殖，大部分为卵生。抱对，雌蛙产卵的同时雄蛙排精，在水中完成受精作用。不同的种，卵的大小、颜色和形状各异。卵外胶膜遇水膨胀，有防止受精异常、聚集阳光的热量和保护等作用。两栖动物的发育（以蛙类为例：图17-17），通常在春季温度适宜的条件下，卵受精后2~4 h开始卵裂，因是间黄卵，而行不等完全卵裂。动物极细胞小，黑色；植物极细胞大，色浅。经囊胚、原肠胚、神经胚和器官系统的发生，进一步发育成蝌蚪。此时，它可冲破卵外胶膜，进入水中。这时的蝌蚪已形成了口吸盘、口、鼻腔和泄殖孔，头部两侧也已出现了3对羽状的外鳃，可独立生活了。它能利用口吸盘上的角质齿弄碎植物的叶子而摄食。

随着蝌蚪的生长，口吸盘和外鳃逐渐消失，同时咽部两侧出现鳃裂，由鳃裂内腔壁上衍生出内鳃，执行呼吸功能，并在外鳃消失处发生皱褶形成鳃盖。这时的血液循环为单循环。侧线也已形成，但与鱼类不同，其感觉细胞藏在皮肤里面。排泄器官为前肾。无四肢，仅靠尾部游泳。上、下颌具角质齿，以植物为食（主食藻类），所以消化道很长，盘绕在体内。

蝌蚪发育到后期，进入变态期，在尾的基部两侧

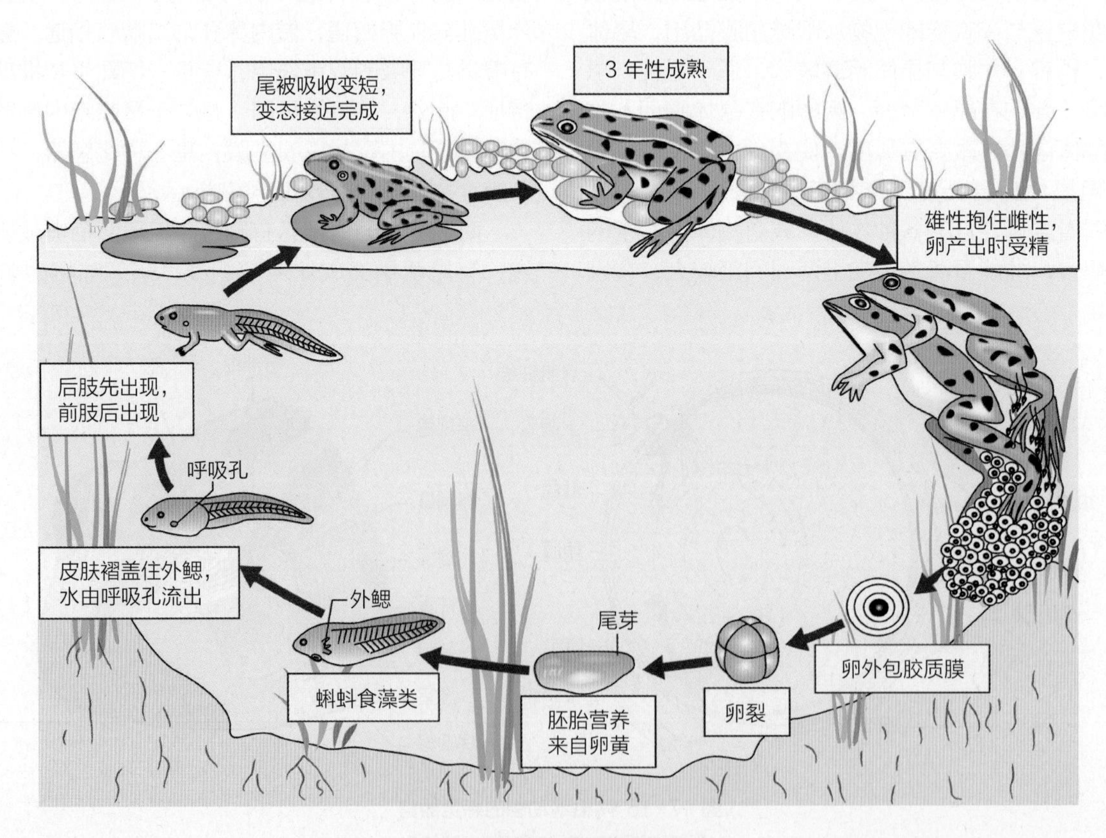

图 17-17 豹纹蛙的生活史示意

长出后肢，尾随之开始萎缩。后肢长出后，前肢也突破鳃盖附近的皮肤而生出。同时在咽部后方的腹侧，生出1对盲管状突出物，逐渐发育成肺。内鳃和鳃裂随之消失。血液循环变成不完全双循环。侧线消隐不见。骨骼发生剧烈变化，全身绝大部分软骨变成硬骨，尾椎骨愈合成尾杆骨。排泄器官由前肾经中肾，最后变成后位肾。食性由植食性变成肉食性。上、下颌的角质齿消失，消化道变短，口加宽，最终发育为成体。一些有尾类有幼态持续现象，如美西螈。少数生活在潮湿的热带雨林中的蛙类的卵可以直接孵化成体型较小的成蛙，其蝌蚪阶段位于卵内。

17.2 两栖纲动物的分类

现生两栖动物隶属3目，75科，7 900余种，我国有480余种。

17.2.1 蚓螈目（Gymnophiona）

蚓螈目又称裸蛇目或无足目（Apoda），是两栖纲中最低等的类群，保留着一系列原始特征：环褶真皮内有退化的骨质小圆鳞；头骨上的膜性硬骨数目多；无荐椎；椎体为双凹型；具长肋骨，但无胸骨；左、右心房间的隔膜发育不完全，动脉圆锥内无纵瓣。蚓螈目动物体长圆形，似蚯蚓或蛇，皮肤裸露，上有多数环状皱纹和黏液，无四肢及肢带。通常在湿地营洞穴生活，眼退化隐于皮下，耳无鼓膜。嗅觉器官发达。雄性身体末端具有由泄殖腔壁突出而成的交接器，体内受精。卵生或卵胎生。卵多产在洞穴中，由亲体孵化（图17−18A）。

幼体在孵出前有一个3对外鳃的阶段，外鳃仅具有吸收营养的作用。当幼体孵出后，外鳃消失，幼体移到水中完成发育。幼体具有1对外鳃裂和尾鳍，游至水面用肺呼吸（右肺发达）。最后，鳃裂封闭，尾鳍消失，移至陆地变成营地下穴居的成体。主要捕食昆虫、蠕虫和蚯蚓等。蚓螈目有10科200余种。广泛分布于环球各大洲赤道与南、北回归线之间的热带和亚热带地区。我国仅鱼螈科（Ichthyophidae），1属1种，即版纳鱼螈（*Ichthyophis bannanicus*），（图17−18B）。

17.2.2 有尾目（Caudata）

有尾目又称蝾螈目（Salamandriformes），形似蜥蜴，四肢细弱，终生有发达的尾，尾褶较厚实。皮肤光滑无鳞，表皮角质层薄并定期蜕皮。舌圆或椭圆形，舌端不完全游离，不能外翻摄食；两颌周缘有细齿；有犁骨齿。构成头骨的骨块少，颅侧因无颧骨和方轭骨而边缘不完整。椎体在低等种类中为双凹型，高等种类中则为后凹型；肋骨、胸骨和带骨大多为软骨质；有分离的桡骨、尺骨及尾椎骨。低等类群终生具鳃，无肺或肺不发达。心房隔不完整，动脉圆锥内无螺旋瓣，有4对动脉弓，有后腔静脉也有后主静脉。无鼓室和鼓膜。卵生，雄性无交配器，体外或体内受精。体外受精种类在水中由两性几乎同时排出卵和精液，完成受精作用；体内受精种类的雄性先排出由胶质形成的精包（spermatophore），这是泄殖腔内骨盆腺（pelvic gland）和泄殖腔腺（cloaca gland）所分泌的黏性胶质物，内含精子。雌体将精包纳入其泄殖腔中的受精器内，精包被吞噬细胞破坏而释放出精子，在输卵管内与卵子完成受精作用。

有些种类有护卵行为（图17−19）；幼体水栖，尾褶较发达；2~3龄时进行变态，但变态不明显，通常以外鳃消失、鳃裂封闭和颈褶形成作为变态结束的标志（图17−20）。成体栖息于潮湿环境，大多营半水栖生活，也有终生水栖或陆栖的生态类型。以节肢动物、蠕虫、螺类、小鱼、蝌蚪和幼蛙等为食。视觉差，捕食活动主要凭嗅觉或侧线的感觉，求偶时依靠

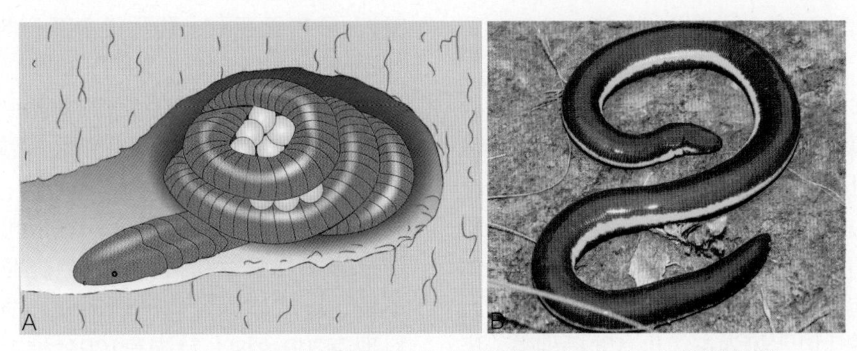

图 17−18 在洞中孵卵的雌蚓螈（A）和版纳鱼螈（B）（B 为赵蕙拍摄）

图 17-19 雌性暗色蝾螈（*Desmognathus* sp.）在照料卵，包括转动、防止菌类感染及被其他动物偷食等

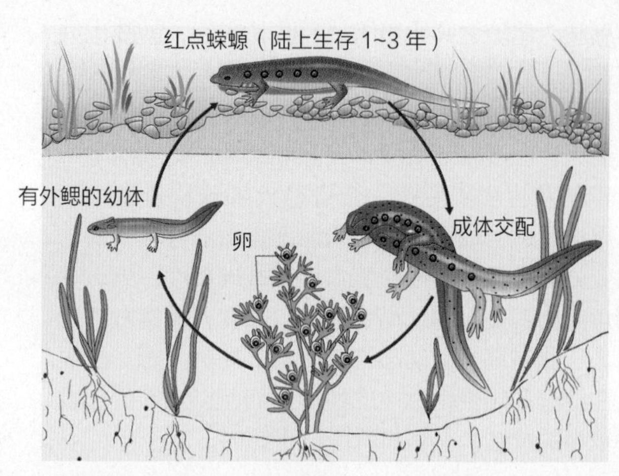

图 17-20 蝾螈科红点蝾螈（*Notophthalmus viridescens*）生活史示意

皮肤腺和1~3对泄殖腔腺分泌物所发出的特殊气味识别同类。除地面爬行外，主要以四肢后伸贴体和尾部左、右摆动的方式在水中游泳前进。再生能力强，肢和尾等损残后均可重新长出。

有尾目现存9科700余种。主要分布在北半球，少数渗入热带地区。非洲大陆、南美洲南部和大洋洲无本目动物。我国产3科80余种。

（1）隐鳃鲵科（Cryptobranchidae）

体成扁筒形，具前、后肢，成体不具外鳃，鳃裂不明显。上、下颌具齿，犁骨齿呈长弧状排列，与上颌齿平行。眼小无活动眼睑，椎体双凹型。本科现存2属3种。我国仅有1种：中国大鲵（图17-21A）

（2）小鲵科（Hynobiidae）

体较小，全长不超过300 mm。有活动眼睑。犁骨齿成“U”形或排成左、右两短列。椎体双凹型。皮肤光滑无疣粒，多数种类具颈褶；躯干呈圆柱状，体侧有明显的肋沟。体外受精，卵胶囊成对，呈弧形、环形或螺纹形，一端游离，另一端附着在物体上。本科现存10属60余种，我国有8属30余种。代表种类有山溪鲵（*Batrachuperus pinchonii*，图17-21B）和爪鲵（*Onychodactylus fischeri*，图17-21C）等。

（3）蝾螈科（Salamandridae）

全长小于200 mm。尾长多侧扁，有活动眼睑。皮肤光滑或有疣瘰，肋沟不明显，四肢发达，前肢4指，后肢4趾或5趾，指、趾间无蹼。椎体后凹型。犁骨齿呈“Λ”形。体内受精，雌性具受精器——泄殖腔外翻的囊，将精子纳入体内；雄性泄殖腔内具腺体分泌胶质形成精包。大多水中产卵，少数在水源附近的湿土上产卵，成体以水栖为主，也有陆栖种类（疣螈）。本科现存22属120余种，我国产5属40余种。代表种类有中国瘰螈（*Paramesotriton chinensis*，图17-22A）和东方蝾螈（*Cynops orientalis*，图17-22B）等。

17.2.3 无尾目（Anura）

体形宽短，具发达的四肢，后肢强大，适于跳跃。成体无尾。皮肤裸露富有黏液腺，一些种类在身体的不同部位集中形成毒腺、腺褶和疣粒等。有活动的眼睑和瞬膜，鼓膜明显。椎体前凹或后凹，荐椎后边的椎骨愈合成尾杆骨。一般不具肋骨，肩带有弧胸型和固胸型，桡、尺骨，胫、腓骨愈合。成体肺呼吸，不具外鳃和鳃裂，营水陆两栖生活，生殖回到水中，变态明显。为现存两栖类中结构最高级、种类最多、分布最广的一类。无尾目现存56科，约7 000种。我国有9科400余种，常见7科。

（1）铃蟾科（Bombinatoridae）

舌为圆盘状而不能伸出。半水栖。蝌蚪有角质颌和唇齿，出水孔位于腹部中央，属于有唇齿腹孔型，此类型仅见于本科。本科现存2属8种，我国有1属3种。分布于亚欧大陆及日本部分地区。如东方铃蟾（*Bombina orietalis*，图17-23A）。

（2）角蟾科（Megophryidae）

瞳孔大多纵立；舌卵圆形，舌端游离而缺刻浅；上颌有齿，通常无下颌齿和犁骨齿；椎体前凹型，间有双凹形，荐椎横突极大，肩带弧胸型。胸侧有胸腺；胁部及股后缘各有一浅色疣粒。趾间无蹼或蹼不发达。成体除繁殖产卵期外，很少进入水中。本科现存200余种，我国有100余种，全部生活在海拔

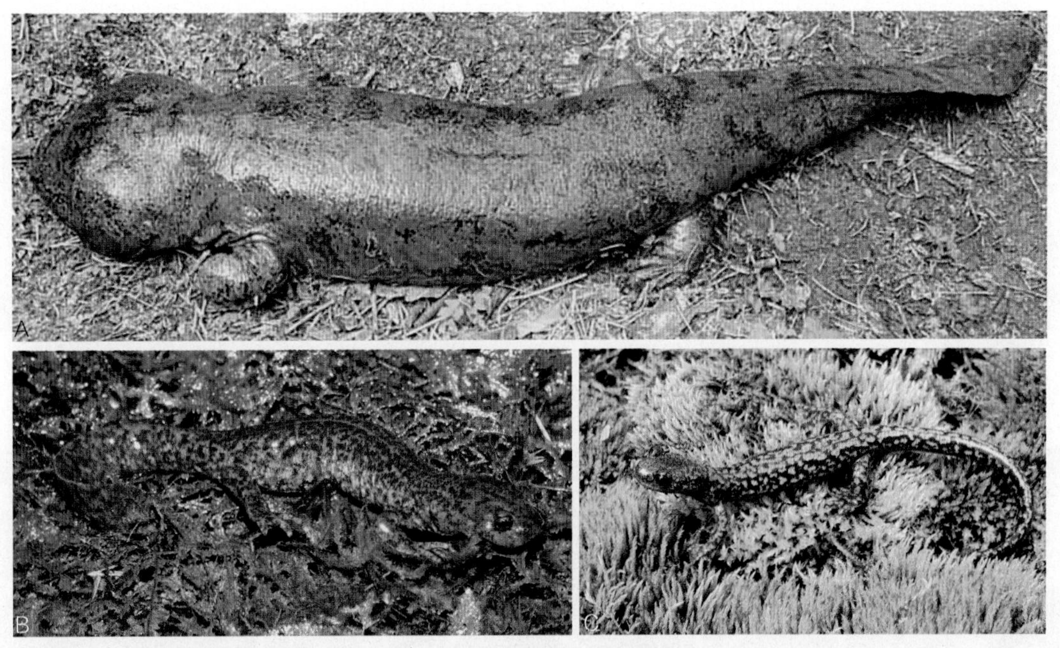

图 17-21 大鲵科和小鲵科代表种例

A. 中国大鲵；B. 山溪鲵；C. 爪鲵（赵蕙拍摄）

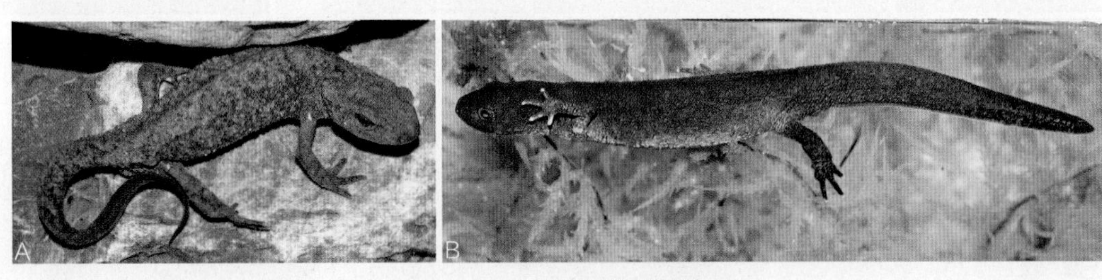

图 17-22 蝾螈科代表种例

A. 中国瘰螈；B. 东方蝾螈（赵蕙拍摄）

较高的南方山区溪流内。如峨眉角蟾（*Megophrys omeimontis*，图17-23B）和峨眉髭蟾（*Vibrissaphora boringii*，图17-23C）。

（3）蟾蜍科（Bufonidae）

体短粗，背面皮肤上具有稀疏而大小不等的瘰粒。头部有骨质棱嵴；耳旁腺大，鼓膜大多明显；瞳孔水平形；舌端游离，无缺刻；上、下颌及犁骨均无齿。后肢较短。椎体前凹型，无肋骨。雌性产卵于长条形的胶质卵带内。本科现存600余种，我国有6属19种。如中华蟾蜍（*Bufo gargarizans*，图17-24A）和花背蟾蜍（*B. raddei*，图17-24B~C）。

（4）雨蛙科（Hylidae）

小型蛙类。皮肤光滑，无疣粒或肤褶；舌卵圆形前端分叉，可活动；有上颌齿和犁骨齿；鼓膜明显；椎体前凹型；最末2节指骨和趾骨之间各有一间介软骨（intercalary cartilage），指、趾末端膨大成吸盘，并有马蹄形横沟，适于吸附在挺水植物、农作物和乔、灌木的叶上。本科现存700余种。我国有1属8种。如华西雨蛙（*Hyla annectans*，图17-24D）。

（5）蛙科（Ranidae）

上颌及犁骨具齿，舌端分叉，鼓膜明显或隐于皮下，一般无毒腺。除第8椎骨外，椎体为前凹型，荐椎横突柱状，后肢发达。本科现存300余种，我国有120余种。如中国林蛙（*Rana chensinensis*，图17-25A）、倭蛙（*Nanorana pleskei*，图17-25B）、山湍蛙（*Amolops monticola*，图17-25C）和尖舌浮蛙（*Occidozyga lima*，图17-25D）等。

（6）树蛙科（Rhacophoridae）

外形及生活习性与雨蛙相似。末端两指、趾节之间有间介软骨，指、趾端明显膨大成吸盘，并有马蹄形横沟。椎体参差型。树栖，产卵于卵泡内，蝌蚪生活在静水水域内。本科现存400余种，我国有80余种，分布于秦岭以南。如斑腿泛树蛙（*Polypedates megacephalus*，图17-25E~F）。

图 17-23 铃蟾科和角蟾科代表种例

A. 东方铃蟾；B. 峨眉角蟾； C. 峨眉髭蟾 （赵蕙拍摄）

图 17-24 蟾蜍科和雨蛙科代表种例

A. 中华蟾蜍；B. 花背蟾蜍（雄）；C. 花背蟾蜍（雌）；D. 华西雨蛙 （A~C 为时磊拍摄；D 为赵蕙拍摄）

图 17-25 蛙科及树蛙科代表种例

A. 中国林蛙； B. 倭蛙；C. 山湍蛙；D. 尖舌浮蛙；E. 抱对的斑腿泛树蛙；F. 斑腿泛树蛙卵团
（D 为赵蕙拍摄；其余照片为时磊拍摄）

（7）姬蛙科（Microhylidae）

中小型陆栖蛙类。头狭而短，口小，舌端不分叉，大多数种类无上颌齿和犁骨齿。指、趾间无蹼。椎体前凹型，肩胸骨很小或消失，无肋骨。蝌蚪的口位于吻端，常缺乏角质颌和唇齿。现存600余种，我国有5属17种。如北方狭口蛙（*Kaloula borealis*，图17-26A）和花姬蛙（*Microhyla pulchra*，图17-26B）。

图 17-26 姬蛙科代表种例

A. 北方狭口蛙；B. 花姬蛙（赵蕙拍摄）

还有一些无尾两栖类有特殊的繁殖策略（图17-27）。此外还有很多特别的两栖类，其中有一些濒临灭绝的种类有待深入调查与保护。

17.3 两栖纲动物与人类的关系

两栖动物与人类关系密切。绝大多数蛙蟾类生活于农田、耕地、森林和草地，捕食大量的害虫。值得一提的是，两栖动物捕食的昆虫，常是许多食虫鸟类在白天无法啄食到的害虫或不食的毒蛾等，因而是害虫的重要天敌之一。

水体污染和水质恶化是导致两栖动物大量死亡的直接原因，因而两栖动物也可作为重要的环境指示生物。低浓度农药能刺激蝌蚪的肌肉运动，使之易被天敌发现和捕食，高剂量农药则可引起两栖动物迅速死亡；酸雨和化肥残留物（特别是磷和氮）能改变水体的化学性质，影响卵和蝌蚪的存活。蝌蚪数量的减少可能导致藻类过度生长，继而破坏淡水生态系统。无节制地捕杀食用是导致蛙类濒临灭绝的重要原因，对经济价值较大的蛙类，如棘胸蛙和中国林蛙则应大力发展人工养殖。此外还可以引入食用蛙类，如原产于美洲的牛蛙（*Rana catesbeiana*）作为野生蛙类的替代。

很多两栖动物可作药用，其中最负盛誉的首推蛤士蟆和蟾酥。市面出售的蛤士蟆是中国林蛙的整体干制品，而其雌性输卵管的干制品即**蛤蟆油**，是我国名贵的强壮健身滋补品。蟾蜍耳旁腺分泌的毒液成分复杂，干制加工后制成的**蟾酥**，是六神丸和安宫牛黄丸等数十种中成药的主要原料。

两栖动物卵大而裸露，便于采集，也容易培养和观察，因此是科研和教学的良好实验材料，已广泛使用于生物学、生理学、发育生物学和药理学等实验中。我国著名实验生物学家朱洗先生，用带血针刺蟾蜍未受精卵而获得**“没有外祖父的癞蛤蟆”**的研究成果，就是一个很好的例子。

20世纪80年代后期以来，世界各地都注意到两栖动物种群的急剧减少，甚至大规模的局部灭绝。目前，两栖动物的减少被认为是对全球生物多样性最严重的威胁之一。两栖动物的衰退涉及多种原因，包括栖息地破坏和改造、过度开发、环境污染、物种入侵、气候变化、臭氧层破坏和传染性真菌类疾病（主要是壶菌，*Batrachochytrium dendrobatidis*）等。

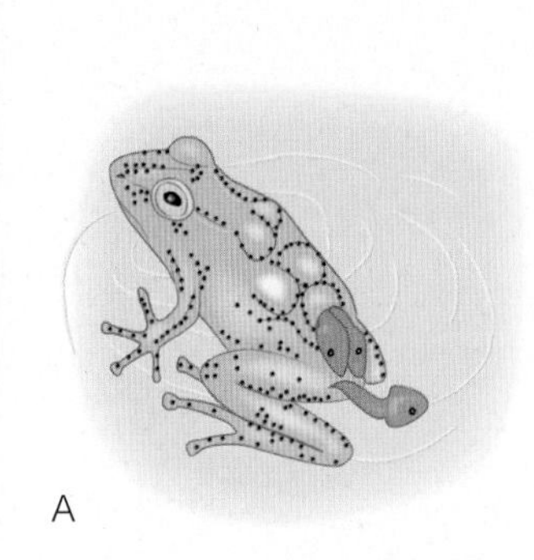

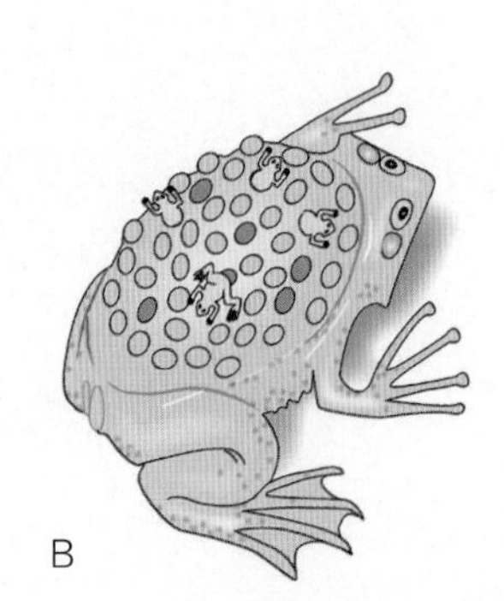

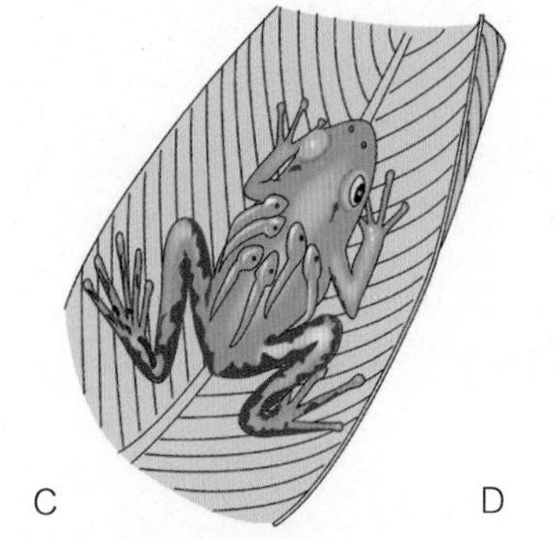

图 17-27 无尾目不寻常的繁殖策略

A. 南美小囊蛙（*Flectonotus pygmaeus*）雌体将生长中的幼体放在被囊中；B. 负子蟾（*Pipa pipa*）雌体将卵埋在背部特殊的育囊中，发育完成时小蟾出现并游开；C. 雄箭毒蛙（*Phyllobates bicolor*）将蝌蚪附于其背部；D. 雄性达尔文蛙（*Rhinoderma darwinii*）的声囊供受精卵发育成蝌蚪，发育完成时，蝌蚪爬到亲体口腔，亲体张口使其逸出

小结

两栖动物有蚓螈型、鲵螈型、蛙蟾型3种体型。骨骼多为硬骨：脊椎骨有分化——颈椎、躯干椎、荐椎和尾椎。脊索消失。有的种类具肋骨。大多具五趾型附肢，后肢与脊柱形成连接，有利于承受体重。五趾型附肢是多支点杠杆，使附肢不仅可依躯体运动，而且附肢各部可作相对转动，有利于沿地面爬行。表皮开始发生角质化：有1～2层细胞轻微角质化；没有很好地解决防止水分蒸发问题。皮肤多腺体，有些是毒腺。色素细胞会改变体色。呼吸器官多样，包括鳃、肺、皮肤及口咽腔内壁。幼体有外鳃。成体心脏3腔：2心房1心室，不完全双循环，体温不恒定。成体排泄器官为后位肾，主要含氮废物为尿素。两个大脑半球完全分开，脑神经10对。听觉器官具中耳。卵生，极少数卵胎生。生殖未脱离水。发育中多有变态。3个目：蚓螈目、有尾目和无尾目。

思考题

❶ 结合水陆环境的主要差异，总结动物有机体从水生过渡到陆生所面临的主要矛盾。
❷ 试述两栖纲动物对陆生生活的适应表现在哪些方面？其不完善性表现在哪些方面？
❸ 简要总结两栖纲动物躯体结构的主要特征。
❹ 简述两栖纲的主要目、科及代表动物的特征。
❺ 简述蛙的发育过程。
❻ 为什么要保护青蛙？影响青蛙存活的主要因素有哪些？

数字课程学习

☐ 教学视频　☐ 教学课件
☐ 思考题解析　☐ 在线自测

（时磊）

第18章 爬行纲（Reptilia）

爬行动物是真正的陆栖脊椎动物，它们的形态结构与陆栖生活环境相适应，是体被角质鳞片、在陆地繁殖的变温动物。其胚胎发育过程中，产生羊膜、绒毛膜和尿囊等胎膜（图18-1），使胚胎可以脱离水而在干燥的陆地环境下进行发育，这是与高等的鸟类和哺乳类所共有的特点，因而爬行纲、鸟纲和哺乳纲动物总称为羊膜动物。爬行纲动物常见的种类有乌龟、中华鳖、眼镜蛇、滑鼠蛇、水游蛇、壁虎、草蜥和鳄鱼等。

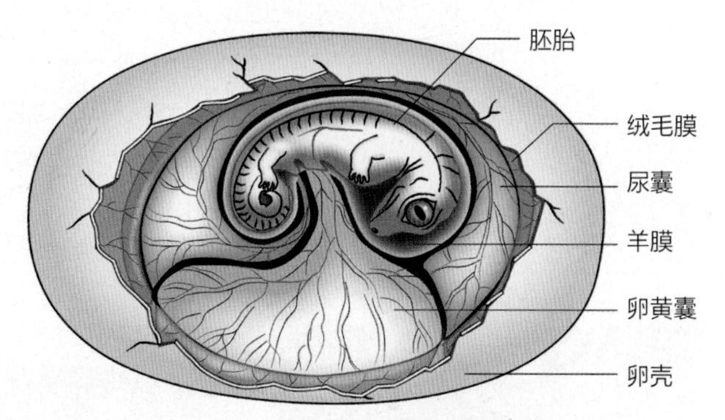

图18-1 羊膜卵发育中的胎膜示意

18.1 爬行纲动物的主要特征

18.1.1 羊膜卵及其在脊椎动物演化史上的意义

羊膜卵（图18-1）外包有石灰质的硬壳或纤维质韧皮，能维持卵的形状，减少卵内水分蒸发、避免机械损伤和防止病原体侵入；卵壳或韧皮具有通透性，能保证胚胎发育时进行气体交换，卵生和卵胎生种类的卵内储存有丰富的卵黄，能保证胚胎在发育过程中得到足够的营养。

羊膜动物在胚胎发育过程中，原肠期后，胚体周围发生向上隆起的环状皱褶——羊膜绒毛膜褶（图18-2A），不断生长的环状皱褶由四周渐渐往背部中央聚拢，彼此愈合和打通后成为围绕着整个胚胎的2层膜：羊膜和绒毛膜（图18-2B）。羊膜内为羊膜腔，充满羊水，胚胎悬浮其中，能防止干燥和机械损伤（图18-2C）。绒毛膜紧贴在卵壳或韧皮内面，其内为胚外体腔，由胚胎消化道后端伸出的尿囊位于羊膜与绒毛膜之间，尿囊腔是胚胎代谢废物的储存场所（图18-2D）。在发育后期，尿囊外壁与绒毛膜紧贴，有丰富的毛细血管，可通过多孔的卵膜和卵壳或韧皮与外界进行气体交换（图18-2E）。羊膜卵的出现是脊椎动物从水生到陆生演化过程中产生的一个重大适应，它解决了在陆上繁殖的问题，使羊膜动物彻底摆脱了水环境的束缚而成功登陆。

18.1.2 爬行纲动物的躯体结构

（1）外形

爬行动物的体型变化很大，有蜥蜴型、蛇型和龟鳖型3种（图18-3）。蜥蜴型较为典型，身体形状似有尾两栖类的蝾螈，呈圆筒形，可区分为头、颈、躯干、四肢和尾部，全身被角质鳞，前、后肢都是五趾型，指、趾端有爪。蛇型呈长圆筒形，四肢退化，体被覆鳞片。龟鳖型呈椭圆形，身体宽大，四肢较短，有角质骨板（龟类）或革质软皮（鳖类）。这些体型分别适应于树栖、地栖、穴居和水栖等不同生活环境。

（2）皮肤及其衍生物

皮肤干燥，缺乏腺体，这样的皮肤没有呼吸机能，但有利于防止体内水分的散失。具有来源于表皮的角质鳞或兼有来源于真皮的骨板，是爬行类皮肤的主要特点。角质鳞的相邻部分以薄层相联，构成完整的鳞被，从而保证了身体的灵活性（图18-4）。同时由于角质鳞不能无限生长，因而爬行类在生长过程中

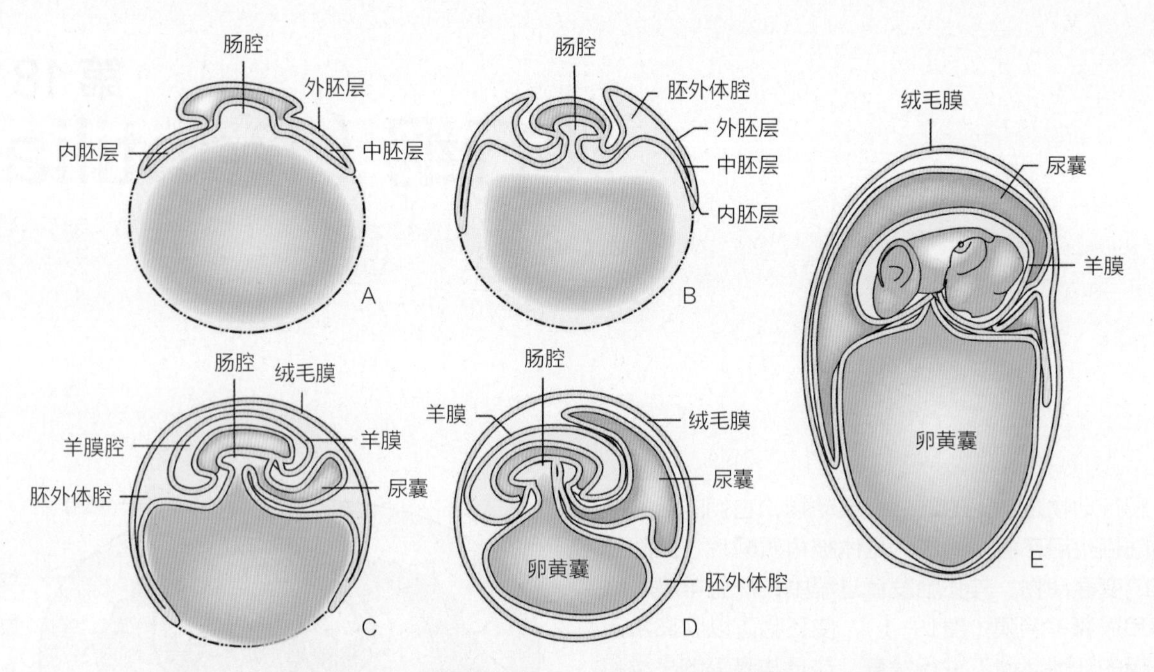

图 18-2 羊膜动物的胎膜发生（A~D）及发育中的蜥蜴（E）示意

图 18-3 蜥蜴型 - 密点麻蜥（*Eremias multiocellata*）、蛇型 - 虎斑颈槽蛇（*Rhabdophis tigrinus*）和龟鳖型 - 四爪陆龟（*Testudo horsfieldi*）

（引自国家科技部教学标本资源平台，A、C 为时磊拍摄，B 为刘家武拍摄）

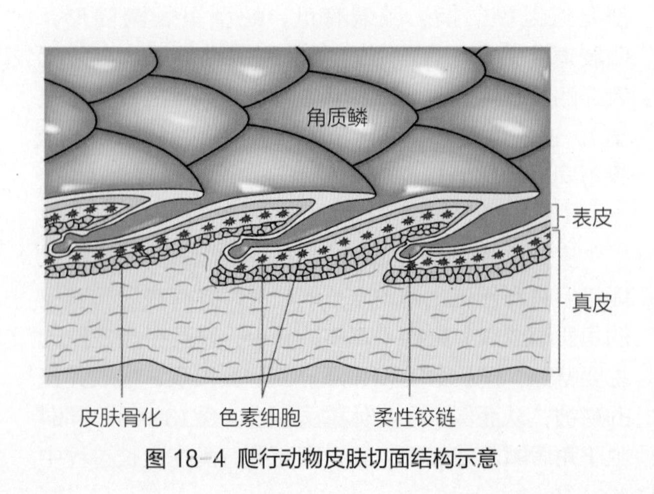

图 18-4 爬行动物皮肤切面结构示意

有蜕皮现象出现。蜥蜴和蛇类具有特殊的“表皮世代”，蜕皮前，表皮生发层进行强烈的细胞分裂，在外表皮层下形成一个内表皮层，随着后者的分化成熟，两者之间发生分裂，外表皮层整个蜕去，完成一个蜕皮周期。龟及鳄类没有定期完整的蜕皮，而是不断地以新替旧。

真皮比较薄，由致密结缔组织构成，在真皮的上层内富有色素细胞。许多爬行动物具有鲜艳的色彩图案，避役和许多种蜥蜴在不同环境条件下具有迅速改变体色的能力，与其色素细胞的活动有关。

（3）骨骼系统

爬行动物的骨骼系统发育良好，分化程度高，适应于陆生。主要表现在脊柱分区明显、颈椎有寰椎和枢椎的分化，提高了头部及躯体的运动性能。躯干部具有发达的肋骨和胸骨，出现的胸廓加强了对内脏的保护并协同完成呼吸运动。

①**头骨** 爬行类头骨的特点是脑腔扩大，由两栖类的平颅型发展为高颅型。头骨几乎全为硬骨。两眼窝间有眶间隔，出现颞窝（temporal fossa）。枕骨只有1个枕髁。颅底由前颌骨和上颌骨的腭突、腭骨与翼骨共同形成雏型的次生硬腭（secondary palate）（图18-5），使口腔中的内鼻孔位置后移，将呼吸和摄食有效分隔开。次生腭的结构在各类群中存在差异，鳄类中尤为发达。

颞窝是在头骨两侧、眼眶后部的孔洞，由颞部的膜性硬骨缩小或消失形成，颞窝的出现与咬肌的发达有密切关系，可容纳咬肌收缩时膨大的肌腹部。根据颞窝形态可将头骨分为4种类型（图18-6）：

无颞窝型 无颞窝存在。为原始类型，见于原始爬行类化石杯龙目及现代的龟鳖类。

上颞窝型 只有单个上方的颞窝。见于化石鱼龙类及中龙类。

合颞窝型 头骨每侧有1个颞窝。见于化石盘龙类和兽孔类，哺乳类是兽孔类的后裔。

双颞窝型 头骨每侧有2个颞窝。见于化石恐龙类、飞龙类和现代的喙头目、鳄目、蜥蜴目和蛇目，鸟类也属于此类。蜥蜴目和蛇目有所分化，它们失去了一部分膜性硬骨，特别是蛇，其方骨与下颌的关节骨形成关节，由于方骨周围缺乏膜性硬骨的束缚，使口能张得很大（图18-7）。

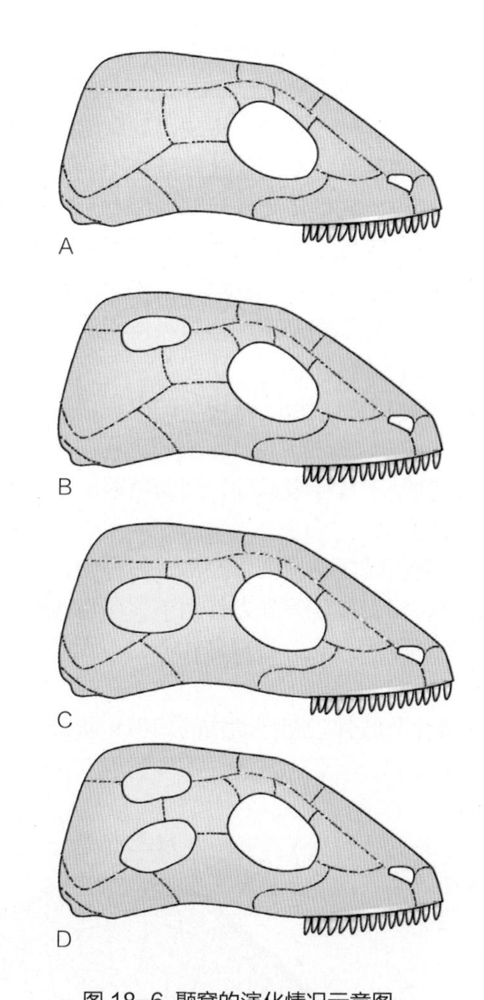

图 18-6 颞窝的演化情况示意图

A. 无颞窝－龟鳖类；B. 上颞窝－槽齿龙类；C. 合颞窝－兽孔类和哺乳动物；D. 双颞窝－喙头类、鳄、蜥蜴、蛇和鸟类

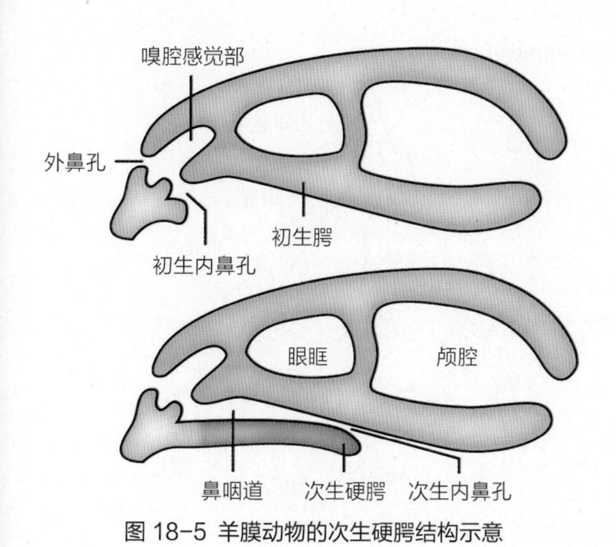

图 18-5 羊膜动物的次生硬腭结构示意

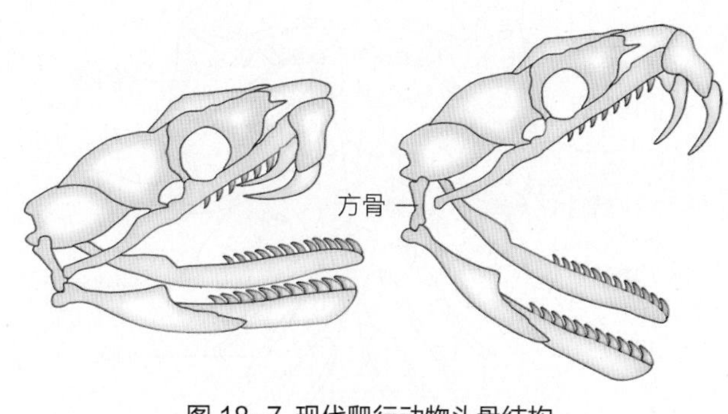

图 18-7 现代爬行动物头骨结构

示其口可以张开很大的机制

②**脊柱、肋骨和胸骨**　爬行动物脊柱分化为颈椎、胸椎、腰椎、荐椎和尾椎5部分。椎体大多为后凹型或前凹型，低等种类为双凹型。第1枚颈椎特化为寰椎，第2枚颈椎特化为枢椎。寰椎前部与颅骨的枕髁关连，枢椎的齿突伸入寰椎，构成可动联结，使头部获得了更大的灵活性，从而使头部既能上、下运动，又能转动。颈椎、胸椎和腰椎两侧附生有发达的肋骨。龟鳖类和蛇类除外，爬行动物前面一部分胸椎的肋骨均与腹中线的胸骨连接成胸廓。胸廓为羊膜动物特有，具有保护内部器官和加强呼吸作用的功能，同时为前肢肌肉提供附着点。

龟鳖类由于有背板（背甲）的出现，骨骼系统发生了一些变异，脊椎和肋骨与背板融合在一起（图18-8），限制了其呼吸运动，因而龟鳖类采取特殊的吞咽式呼吸。

有些爬行动物的尾椎骨在形成过程中，前、后两半不愈合，当受挤压等外力作用下，可自残断尾，自残部位的细胞始终保持增殖分化能力，因此，可再生新尾。

③**带骨及肢骨**　爬行动物的肩带和腰带基本上和两栖动物类似，但更为坚固，不同类群变化较大，本教材以蜥蜴为例介绍。肩带包括喙状骨、前喙状骨、肩胛骨和上肩胛骨，由十字形的间锁骨（锁间骨或上胸骨）将胸骨和锁骨连接起来（图18-9A）。腰带包括髂骨、坐骨和耻骨，以及部分软骨（上耻骨、上坐骨和下坐骨）。两栖动物的左、右耻骨和坐骨全部愈合，爬行动物的耻骨和坐骨之间分开，为一大的耻坐孔（龟鳖和鳄类与闭神经孔愈合为闭孔，蜥蜴的闭神经孔单独位于耻骨上）。左、右坐骨在腹中线结合形成坐骨联合（上坐骨和下坐骨）、左、右耻骨形成耻骨联合（上耻骨），形成封闭式骨盆，构成后肢的坚强支架（图18-9B）。典型的五趾型四肢，四肢与体长轴呈横出直角相交，故只能腹部贴地爬行运动。前、后肢骨的基本结构与两栖类相似，但支持及运动能力显著提高。蛇由于适应穴居生活，带骨及肢骨已退化消失，仅蟒蛇例外，仍有后肢的残余，为1对角质爪，此外，体内仍保留退化的髂骨和股骨。

（4）肌肉系统

爬行动物与陆上运动相适应，躯干肌及四肢肌均较两栖类更为复杂。特别是出现陆地动物所特有的皮肤肌和肋间肌。皮肤肌一般起自躯干、附肢或咽部而止于皮肤，能调节角质鳞的活动。蛇是爬行动物中皮肤肌最

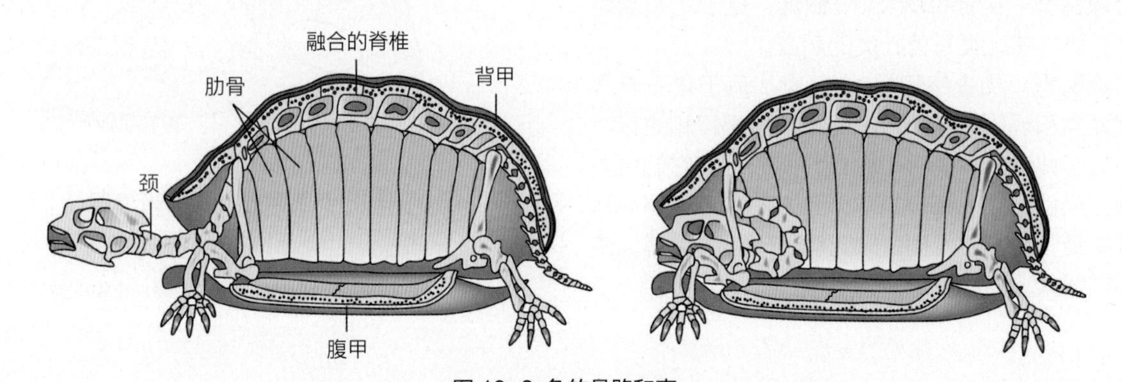

图 18-8 龟的骨骼和壳

示脊椎和肋骨与背甲融合在一起；长而柔的颈使得龟可以将头缩入壳内

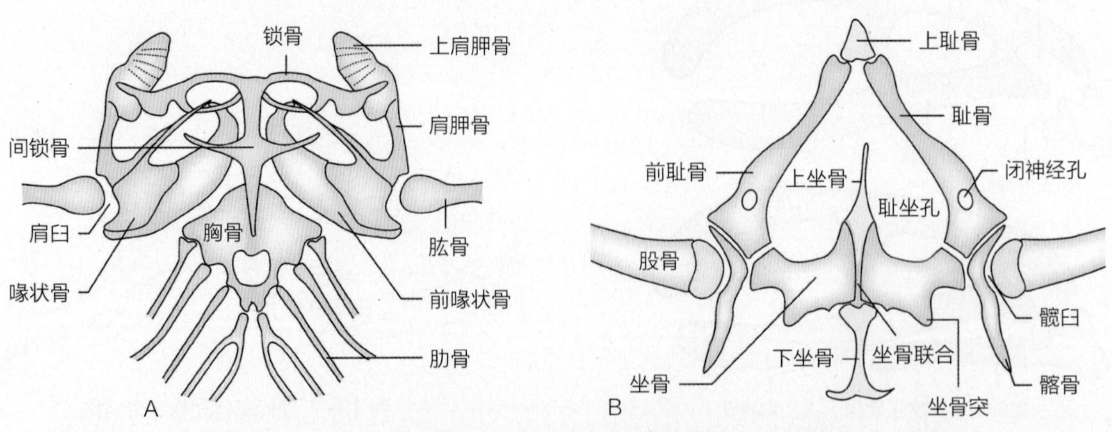

图 18-9 蜥蜴（*Acanthodactylus boskianus*）的肩带（A）和腰带（B）示意

发达的类群，皮肤肌收缩可引起皮肤及其附属的鳞片产生活动，在蛇运动中起重要作用。肋间肌位于胸部表层肋上肌下方相邻两枚肋骨之间，可分为肋间外肌和肋间内肌，用于调节肋骨的升降，其收缩可造成胸廓节律性扩展与缩小，协同腹壁肌肉完成呼吸运动。

爬行动物的躯干肌由于四肢发达而萎缩。背部的主要肌肉是背最长肌，负责脊柱的上、下屈曲。背肌在两侧分化出一层薄片肌（髂肋肌），往下伸展至腹壁，止于肋骨侧面。背最长肌和髂肋肌均起自颅骨枕区后缘，其收缩与头、颈部的转动有关。腹肌由表及里仍为外斜肌、内斜肌和横肌，腹直肌发育良好。

（5）消化系统

爬行动物口腔与咽有明显的界限。陆栖种类口腔腺发达，起着湿润食物和辅助吞咽的作用。口腔腺包括腭腺、唇腺、舌腺和舌下腺。毒蛇及毒蜥等的毒腺，就是某些口腔腺的变形。毒腺与特化的毒牙相通。舌生在口腔的底部，多可伸出捕食，蛇类的舌分叉，俗称“信子”。舌除捕食和协助吞咽外，尚有辅助触觉的作用，口腔后部通入咽，咽后通食道。食道细长，通向胃，胃接小肠。从爬行类开始在小肠与大肠交界处出现盲肠，植食性陆生龟类的盲肠发达，这与消化植物纤维有关。大肠末端为直肠，通泄殖腔（图18-10）。大肠及泄殖腔均具有重吸收水分的功能，这对减少体内水分散失和维持水盐平衡具有重要意义。

爬行动物的牙齿根据其着生位置可分为3种类型（图18-11）：①**端生齿**，牙齿着生在颌骨端部，见于低等种类；②**侧生齿**，牙齿着生在颌骨边缘内侧，见于大多数蜥蜴与蛇类；③**槽生齿**，牙齿着生在颌骨齿槽内，见于鳄类。龟鳖类无齿，用角质鞘代替牙齿。

毒蛇在其上颌的牙齿中，有数齿（一般是2枚）变形成为具有沟（沟牙）或管（管牙）的毒牙（图18-12）。毒牙的基部通过导管与毒腺相连，咬噬时引导毒液进入伤口。毒牙后面常有后备齿，当前面的毒牙失掉时，后备齿就替补上去。

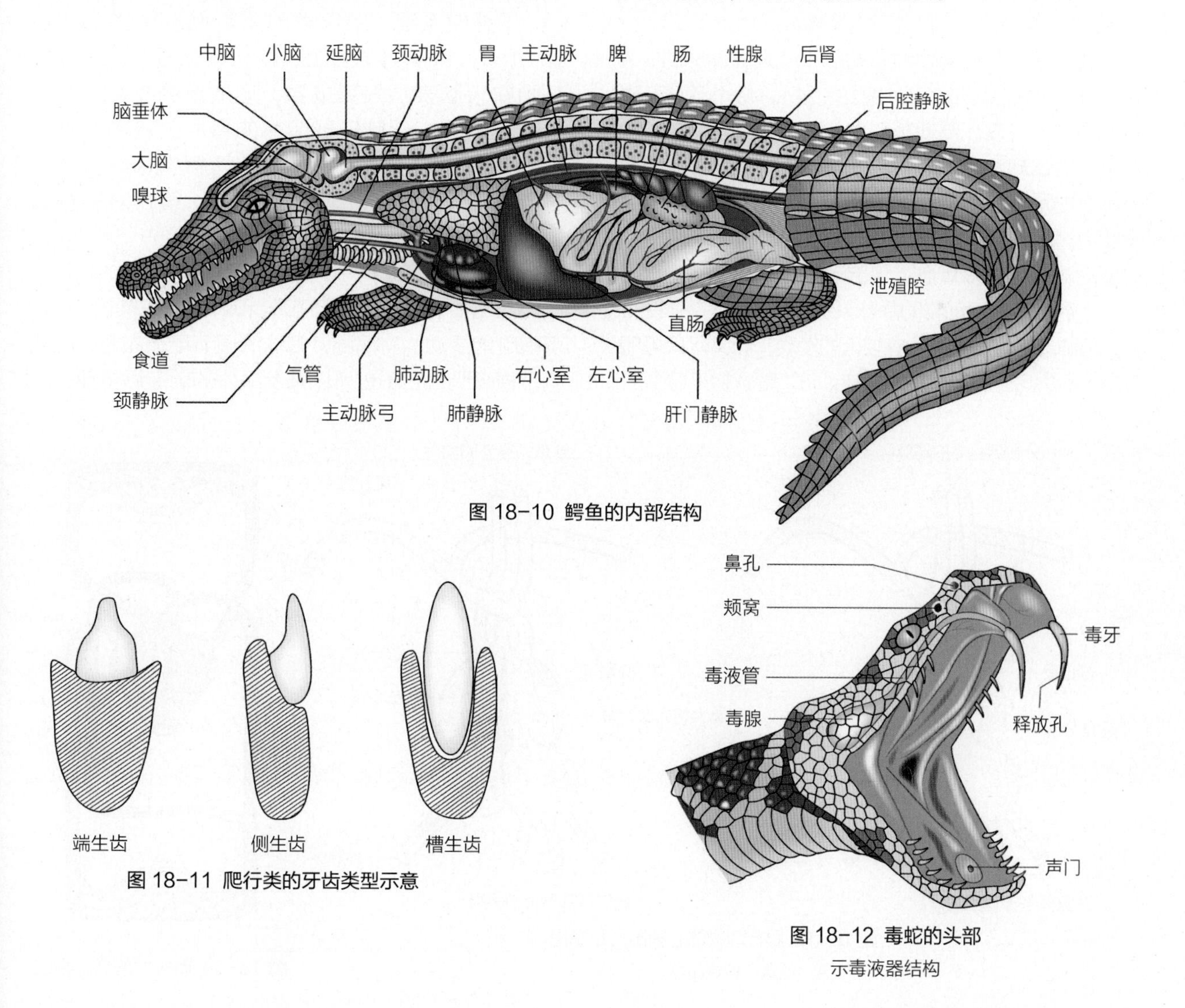

图18-10 鳄鱼的内部结构

图18-11 爬行类的牙齿类型示意

图18-12 毒蛇的头部
示毒液器结构

（6）呼吸系统

爬行类的肺比两栖类复杂，肺里的隔膜增多，肺泡数目增加，气体交换能力增强，只靠肺的呼吸作用就能满足身体对O_2的需要，不像两栖类那样需要皮肤辅助呼吸。因此，爬行类能够适应比较干燥的生活环境。水生爬行类的咽壁和泄殖腔壁富有毛细血管，可辅助呼吸。水栖龟类还可用副膀胱辅助呼吸，因此，龟鳖类能长时间在水中生活。海蛇在水中则用皮肤呼吸。爬行动物的喉部构造较复杂，呼吸道有了明显的气管和支气管的分化，支气管是从爬行类才开始出现的。

（7）循环系统

爬行类的循环系统为不完全双循环（图18-14）。

①**心脏** 由静脉窦、心房和心室构成。静脉窦趋于退化和消失。蜥蜴、蛇和龟鳖类的心室被不完全分隔，当心室收缩时，室间隔可在瞬间将心室隔开，使离心动、静脉血液有较好的分流。鳄类的心室为完全分隔，仅在左、右体动脉基部有一潘氏孔相通连，在生活时动、静脉血液不会混合（图18-13）。

②**动脉** 爬行动物的总动脉干分为肺动脉弓、左体动脉弓和右体动脉弓（图18-14）。每个动脉干的基部均有半月瓣。肺动脉和左体动脉弓从心室的右侧发出，右体动脉弓从心室的左侧发出。由于在心室间隔不全的地方，由肉柱形成的腔室，由心室左侧来的动脉血进入腔室，再流入左、右体动脉弓，因此左、右体动脉弓均为多氧血，仅肺动脉含缺氧血。

③**静脉** 爬行动物的静脉系统基本上和两栖类的相似，但肺静脉与后大静脉有较大的发展，仍保留1对侧腹静脉，汇集后肢和腹壁来的血液，肾门静脉趋于退化。

（8）排泄系统

爬行类与所有其他羊膜动物的肾在系统发生上均为后肾，胚胎期经过前肾和中肾阶段，在胚胎发育后期，来源于中间中胚层的生肾节细胞，在躯体的后方集聚，形成肾单位。

爬行类的后肾位于腹腔的后半部（图18-10），一般局限在腰区，它们的体积通常不大。排泄产物含大量尿酸和尿酸盐。尿酸不易溶解于水，容易沉淀成白色半固态物质，与粪便一起排出体外，这样可使体内失水减少。排泄尿酸也与爬行类产具壳的羊膜卵有关，使在卵壳内完成发育的胚胎，能有最小程度的失水量并以较小的体积来容纳通过尿囊所排出的代谢废物。某些蜥蜴、龟、蛇和鳄的头部具有盐腺，能分泌很浓的盐水。在干旱地区生活的爬行类，因盐腺分泌盐分，可减少尿中的盐分含量，有助于尿中水分的重吸收。“鳄鱼的眼泪”其实就是盐腺的分泌物。

（9）神经系统和感觉器官

①**神经系统** 爬行类的脑较两栖类发达（图18-15）。大脑半球显著，纹状体加厚。神经细胞开始在大脑表层聚集成层，形成新脑皮。小脑比两栖类发达，延脑形成明显的弯曲。从爬行类开始具有12对脑神经，前10对与两栖类相同。第11对脑神经（副神经）为运动神经。第12对脑神经为舌下神经，亦是运动神经。

②感觉器官

视觉器官 有上、下眼睑和瞬膜（蛇类除外），下眼睑能活动。有泪腺，眼球的调节更加完善，睫状肌是横纹肌，它不仅可以调节晶体的前、后位置，而

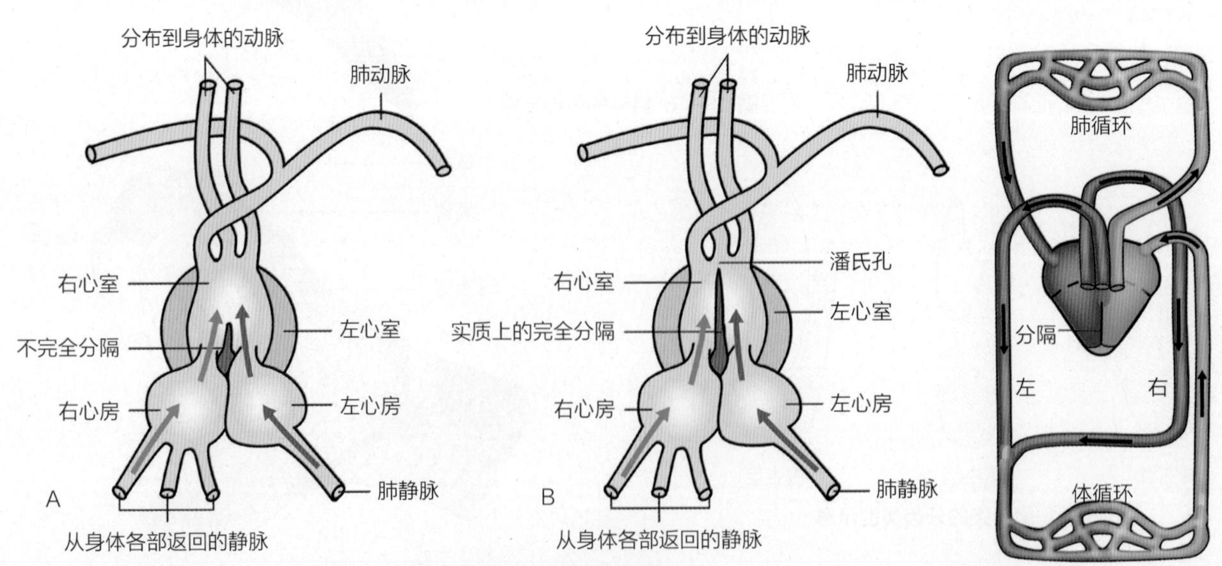

图 18-13 爬行动物的心脏剖面示意图

A. 龟鳖、蜥蜴和蛇；B. 鳄

图 18-14 爬行类的循环系统

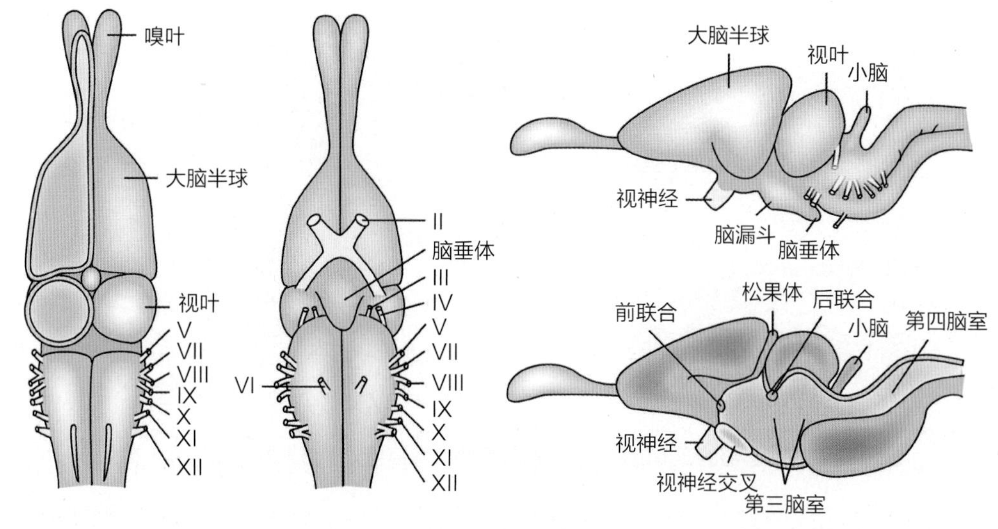

图 18-15 蜥蜴的脑

A. 背面观；B. 腹面观；C. 侧面观；D. 矢状面，示脑室

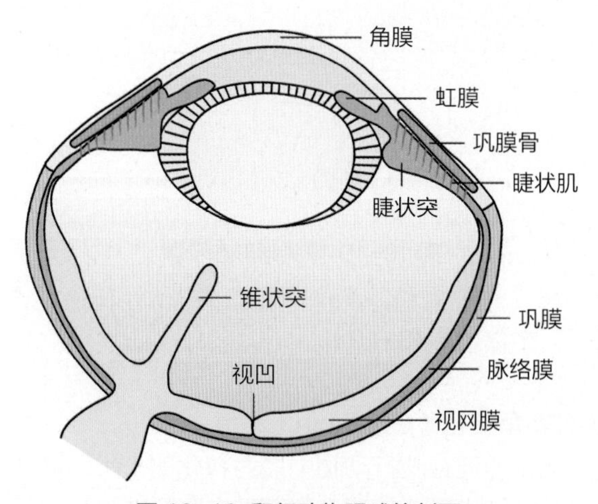

图 18-16 爬行动物眼球的剖面

且也能略微改变晶体的凸度，因此爬行类可以观察在不同距离内的物体，这对于生活在陆地环境的动物来说是很重要的（图18-16）。

听觉器官 爬行类的听觉器官类似于两栖类，由内耳和中耳组成，由于鼓膜下陷出现了外耳道。中耳内有耳柱骨，耳柱骨的外、内两端分别接鼓膜和紧贴内耳的椭圆窗，椭圆窗之下有正圆窗，窗外覆盖薄膜，使内耳中淋巴液的流动有了回旋余地。中耳有耳咽管通咽喉。内耳瓶状囊扩大，鳄类的瓶状囊延长成卷曲的耳蜗，内有螺旋器，为真正的听觉器。蛇类适应穴居生活，其鼓膜、中耳和耳咽管均退化，声波沿地面通过头骨的方骨传导到耳柱骨，使内耳感觉之。

嗅觉器官 爬行类的嗅觉器官有鼻甲骨处分布的嗅上皮和犁鼻器。鼻甲骨是爬行类鼻腔内首次出现的结构，在鳄类中已发展为3个鼻甲骨。鼻甲骨表面覆盖有嗅上皮，分布有嗅觉细胞和嗅神经。龟鳖类的鼻甲骨不发达。蜥蜴和蛇类的犁鼻器（或称贾氏器）十分发达，亦是一种嗅觉感受器（图18-17）。

红外线感受器 蛇类中的蝰科蝮亚科以及蟒科的一些种类具有对环境温度微小变化发生反应的热能感受器，即红外线感受器，分为两种，一种为颊窝（图18-18），是长在蝮亚科蛇类的鼻孔和眼之间的一个陷窝，窝内有膜将其分为两部分，膜上有大量的神经末梢及线粒体，是一个热敏器官，对周围环境温度的变化极为敏感，能在数尺的距离内感知0.001℃的温度变化。另一种为唇窝，位于蟒蛇类唇鳞表面，呈裂缝状，其结构与颊窝相似。

（10）生殖

雄性具精巢1对，以盘旋的输精管通到泄殖腔的背面。雌性卵巢1对，位于体腔背壁的两侧。1对输卵管各以一大的裂缝状喇叭口开口于体腔，输卵管前部有蛋白腺，后部有壳腺，开口于泄殖腔。

爬行类多行体内受精，除楔齿蜥外，雄性的泄殖腔具有可膨大而伸出的交配器：阴茎或半阴茎。阴茎有海绵组织，可勃起交配，与哺乳动物的交配器同源（龟鳖和鳄类）；半阴茎没有海绵组织，依靠阴茎囊环肌的收缩，翻出泄殖腔外交配。交配器有的成对，有的为泄殖腔中央的单个突起。雄性借交配器上的沟将精液输送到雌体内。各种爬行动物的交配器形态不一，是分类的依据之一。

爬行动物大多数为卵生，少数为卵胎生，卵胎生是指某些动物的受精卵留在母体的输卵管内发育，直到胚胎发育成为幼体时才产出体外，受精卵在母体内

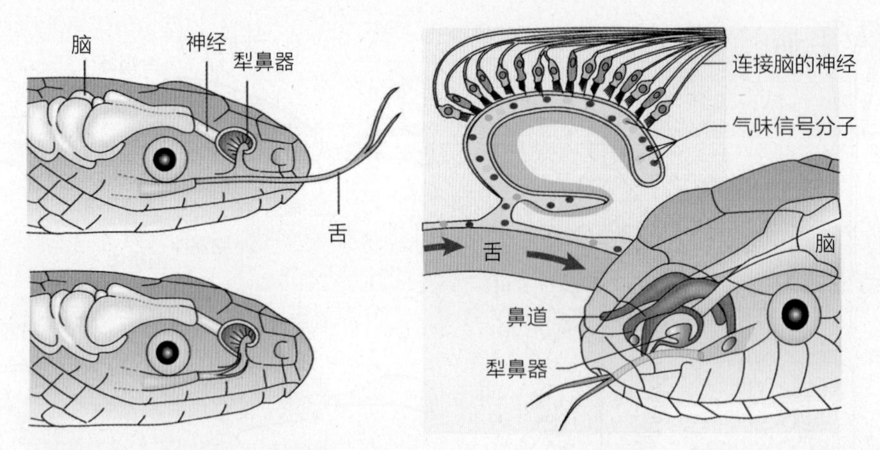

图 18-17 蛇犁鼻器的在体位置（左）及外界的气味信号分子进入犁鼻器示意（右）

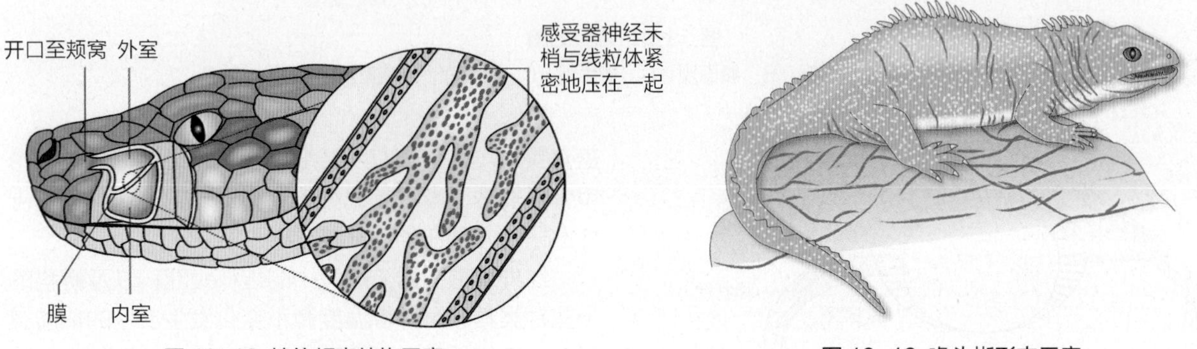

图 18-18 蛇的颊窝结构示意

图 18-19 喙头蜥形态示意

发育时所需要的营养不用母体供给，而是靠受精卵自身的卵黄囊供给。

繁殖时期，爬行动物到比较潮湿、温暖和阳光充足的地方产卵，或者把卵产在特别挖掘的土坑内或铺好的草堆中，借阳光的照射或植物腐败后所产生的热量来孵化。

18.2 爬行纲动物的分类

世界上现存的爬行类有10 000余种，分别属于5个目，即喙头目、龟鳖目、蜥蜴目、蛇目和鳄目。我国有400余种，除喙头目外，其余4个目在我国均有分布。

18.2.1 喙头目（Rhynchocephalia）

此目是最原始的现存爬行类，亦是地球上生存过的爬行类中最原始的类群之一，大多生活于二叠纪和三叠纪，具有一系列古代爬行类的结构特征：体外被覆细鳞；头骨具原始形态的双颞窝；嘴长似鸟喙，因而称喙头蜥。本目仅存1种，即喙头蜥（楔齿蜥）（*Sphenodon punctatum*），产于新西兰的部分岛屿上，数量极少而珍贵。在科研上有重要价值，有“活化石”之称（图18-19）。

18.2.2 龟鳖目（Chelonia）

此目为现存爬行动物中最为特化的一类，陆栖、水栖或海洋生活。体背及腹面具有坚固的骨质甲板，甲板外被角质板或厚皮。分为13科约350种。我国常见4科，代表性种类有龟和鳖等（图18-20）。

（1）龟科（Testudinidae）

陆栖性。四肢粗壮、不呈桨状，爪钝而强。具坚强的龟壳。颈部可缩入壳内。我国常见种类有金龟（*Geoclemys reevesii*）。全国多数地区都有分布。

（2）棱皮龟科（Dermochelidae）

大型海龟。四肢特化为桨状。甲板外不具角质板而代以革质皮。产于热带及亚热带海洋。本科仅1属1种，即棱皮龟（*Dermochelys coriacea*），我国东海及南海有分布。

（3）海龟科（Cheloniidae）

中、大型海龟。四肢特化为桨状。甲板外被有角质板。头不能缩入壳内。产于热带及亚热带海洋。例如绿蠵龟（*Chelonia mydas*）。我国代表种类为玳瑁（*Eretmochelys imbricata*），其角质板为高级工艺品原料。我国东海及南海有分布。

（4）鳖科（Trionychidae）

中、小型，水生。甲板外被有革质皮。指（趾）间具蹼。吻延长成管状。我国常见种类为中华鳖（*Pelodiscus sinensis*），俗称甲鱼。几乎遍布全国。生活在河流、湖泊中。为著名食品及滋补品。产卵于岸上沙穴中，靠阳光的温度孵化。

18.2.3 蜥蜴目（Lacertiformes）

曾与蛇目一起合称为有鳞目（Squamata），是爬行类最多的一个类群。全身被有角质鳞，多数身体细长，四肢发达，指、趾各5枚，末端具爪；具有肩带及胸骨；有活动的眼睑；鼓膜明显；舌扁平，可收缩，但无舌鞘；左、右下颌骨在前端愈合，上、下颌具侧生齿或端生齿。雄性具1对交配器（半阴茎），卵生或卵胎生。营水生、半水生、陆生、树栖或地下穴居等多种生活方式。分布很广，世界各地均产。此目分为20科，6 000余种。代表性类群有：

图 18-20 四爪陆龟腹面（A）和中华鳖（B）

（引自国家科技部教学标本资源平台，A 为黄人鑫拍摄，B 为邓学建拍摄）

（1）壁虎科（Gekkonidae）

原始夜行性或树栖生活类群。眼大、瞳孔常垂直。常不具眼睑。皮肤柔软，具颗粒状鳞。指（趾）端常具膨大的吸盘状垫，适于攀缘。舌宽，能伸出捕食。以昆虫为食。代表种类有多疣壁虎（*Gekko japonicus*，图18-21A）、无蹼壁虎（*Gekko swinhonis*）和大壁虎（蛤蚧）（*Gekko gecko*）等。

（2）避役科（Chamaeleonidae）

适应于树栖生活。皮肤有迅速变色的能力，故有变色龙之称。身体左、右侧扁，背部有脊棱。多数种类在枕部有盔甲状突起。眼大而突出，各眼可单独活动。舌极发达，能伸出，其长度可超过其体长，舌尖有腺体，能分泌黏液，故可黏住昆虫。主要分布于非洲和马达加斯加。代表种类为避役（*Chamaeleon vulgaris*）和豹避役（*Furcifer pardalis*）等。

（3）石龙子科（Scincidae）

中、小型陆栖类群。体粗壮，四肢短或缺。常具圆形光滑鳞片、覆瓦状排列。体角质鳞下具有骨鳞。眼睑常透明。我国常见种类为中国石龙子（*Plestiodon chinensis*）和蓝尾石龙子（*Eumeces elegans*）（图18-21B）等。

（4）蜥蜴科（Lacertidae）

中、小型陆栖类群。体鳞一般具棱嵴。头部具大型对称鳞片。四肢发达，五指（趾）具爪。尾长而尖，易折断。生活在山坡、岩石缝隙中，常在干燥、阳光充足的地方活动。我国常见种类如丽斑麻蜥（*Eremias argus*）、捷蜥蜴（*Lacerta agilis*，图18-21C）和北草蜥（*Takydromus septentrionalis*）等。

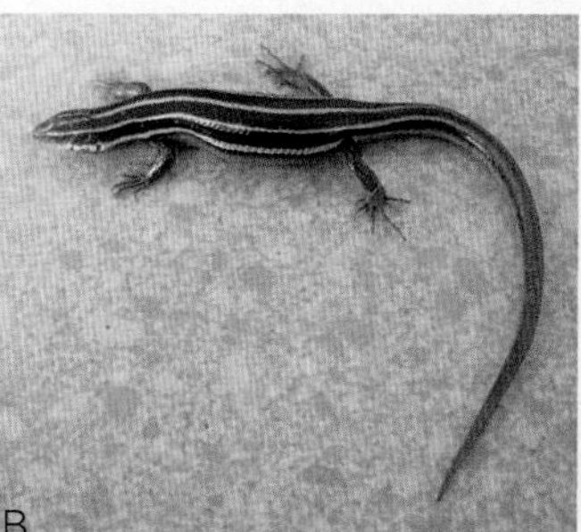

图 18-21 多疣壁虎（A）、蓝尾石龙子（B）和捷蜥蜴（C）

（引自国家科技部教学标本资源平台，A 为张秋金拍摄，B 为邓学建拍摄，C 为张晶晶拍摄）

（5）蚓蜥科（Amphisbaenidae）

中、小型穴居类群。体呈圆柱形，体外有许多环形褶襞，全身除头外均无鳞。外耳及眼均退化。后肢消失，前肢亦常缺。分布于美洲、南欧、南亚和非洲。如白蚓蜥（*Amphisbaena alba*），四肢均无。蚓蜥的分类地位有一定争议，以前放在有鳞目（蜥蜴和蛇），即蚓蜥亚目，也有独立为蚓蜥目者。最新的分子系统学研究结果证实它和蜥蜴科的关系最近，因此本教材将其作为蜥蜴目的一个科处理。

（6）巨蜥科（Varanidae）

体型较大，背鳞颗粒状。头、颈和尾相对较长。四肢适于爬行。能以四肢支持身体离开地面。舌长，具侧生齿，无毒牙。分布于南亚、非洲和大洋洲。我国的巨蜥（*Varanus salvator*，图18-22A）和科莫多巨蜥（科莫多龙，*V. komodoensis*）为本科代表。

（7）鬣蜥科（Agamidae）

头部被覆小的方形鳞片，舌宽而短，有细长柔软不易折断的尾部，生活于陆地或树上。分布于我国云南、广西及海南岛等地的斑飞蜥（*Draco maculatus*），体侧各有一翼状皮膜，能滑翔于树枝间。代表种类有变色树蜥（*Calotes versicolor*）、丽纹攀蜥（*Japalura splendida*，图18-22B）和白唇树蜥（*Calotes mystaceus*，图18-22C）等。

（8）蛇蜥科（Anguidae）

体蛇形，无四肢，具能动的眼睑。栖于草地，以蜗牛为食。分布于北美、南美、欧洲及东南亚等地。我国分布有脆蛇蜥（*Ophisaurus harti*）和细脆蛇蜥（*O. gracilis*，图18-22D）等。

（9）鳄蜥科（Shinisauridae）

本科仅有1属1种。中等体型，躯干粗壮，四肢发达，指、趾端具尖锐而弯曲的爪，尾长。其大小与爬行姿态很像初生的小鳄。鳄蜥（*Shinisaurus crocodilurus*）是主要分布在我国的珍稀动物，产于广西，目前广东及越南也有发现。

18.2.4 蛇目（Serpentiformes）

身体细长，分头、躯干和尾3部分，颈部不明显。附肢退化，不具肩带及胸骨，运动为侧方、蛇行、折叠式或直线运动（图18-23）等。无活动性眼睑、瞬膜和泪腺。缺乏鼓膜和耳咽管，鼓室萎缩，内耳的卵圆窗和方骨之间通过耳柱骨相连。颅骨由于大量膜性骨退化或消失，而无双颞窝的痕迹，同时可以在很大范围内活动。椎体前凹型，除寰椎和尾椎外，其余椎骨上都有可活动的肋骨，构成蛇类运动的主要支持器官。由于体型的影响，成对的内脏器官两侧对称的位置变换成前、后交错的

图 18-22 巨蜥（A）、丽纹攀蜥（B）、白唇树蜥（C）和细脆蛇蜥（D）

（引自国家科技部教学标本资源平台，A~C 为刘绍龙拍摄，D 为时磊拍摄）

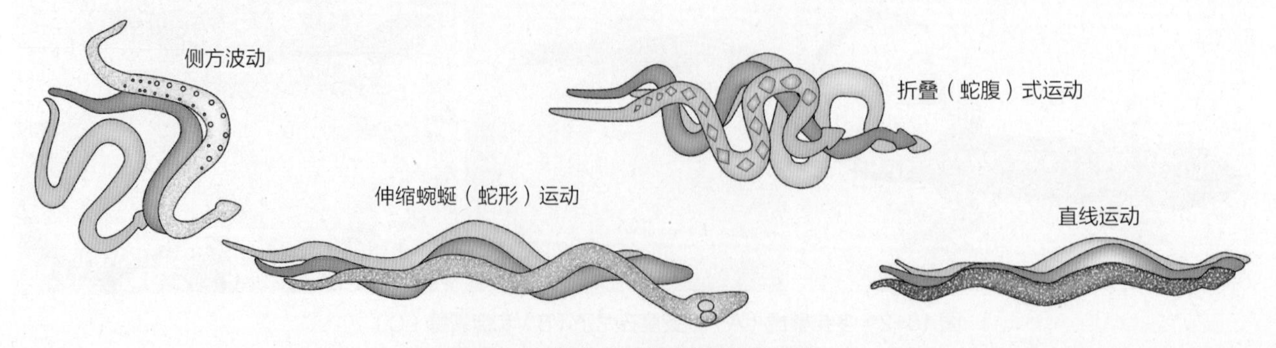

图 18-23 蛇的 4 种基本运动类型示意

位置，或仅保留一侧器官，另一侧萎缩、退化。无膀胱。雄性具1对交配器（半阴茎），卵生或卵胎生。与蜥蜴亲缘关系较近。分布很广，世界各地均产。此目分为13科，3 700余种。我国有200余种，其中毒蛇约50种。代表类群有：

（1）盲蛇科（Typhlopidae）

体呈圆筒形，似蚯蚓，头与躯干分界不明显。下颌无齿，无毒。眼退化，隐于皮下。营穴居生活，以昆虫为食。我国分布有大盲蛇（*Typhlops diardii*），生活于石块下或干旱的山区，主要以蚁类及其他昆虫的卵和幼虫为食。

（2）蟒科（Boidae）

地栖或树栖性种类，体形为蛇类中最大者，长0.3~11 m。是蛇类中的较低等类群。此科种类不具毒牙，主要借将捕获物缠绕绞杀致死，这种习性与众不同。它们主要以温血动物为食，大多数种类发展了与这种食性相适应的热能感受器——唇窝。我国南方的蟒蛇（*Python molurus*）及东方沙蟒（*Eryx tataricus*，图18-24A）等为典型代表。

（3）游蛇科（Colubridae）

现代蛇类中种类最多的一科，营陆栖、水栖或树栖生活。上、下颌均具齿。多数无毒，少数种类为后沟牙类毒蛇。卵生或卵胎生。分布几遍全球。我国常见种类有赤链蛇（*Dinodon rufozonatum*）、黑眉锦蛇（*Elaphe taeniura*，图18-24B）、红点锦蛇（*E. rufodorsata*）和水游蛇（*Natrix natrix*）等。

（4）蝰科（Viperidae）

具1对管状的大型毒牙，体粗壮，尾短。营陆栖、树栖或水栖。主要以温血动物为食。蝰科主要分布于欧、亚、非和美洲等地。我国的代表种类大多在长江以南分布，如竹叶青（*Trimeresurus stejnegeri*，图18-24C）、蝮蛇（*Agkistrodon halys*）、五步蛇（尖吻蝮）（*A. acutus*）（图18-25A）和烙铁头（*Trimeresurus mucrosquamatus*）等。

（5）眼镜蛇科（Elapidae）

上颌的前部有沟状的毒牙1对，毒性很强，为出名的毒蛇类之一。我国常见种类有眼镜蛇（*Naja atra*）（图18-25B）、金环蛇（*Bungarus fasciatus*）和银环蛇（*B. multicinctus*，图18-25C）等，均为剧毒蛇类，主要分布于华南一带。

18.2.5 鳄目（Crocodilia）

鳄目是现代爬行动物中最高等的类群。水栖类型。体被大型坚甲。头骨略具有特化的双颞窝。方骨不可动。槽生齿。四肢健壮，趾间具蹼。尾侧扁。鳄目已知20余种。我国扬子鳄（*Alligator*

图 18-24 东方沙蟒（A）、黑眉锦蛇（B）和竹叶青（C）

（引自国家科技部教学标本资源平台，A 为时磊拍摄，B 为李神斌拍摄，C 为周惠拍摄）

图 18-25 尖吻蝮（A）、眼镜蛇（B）和银环蛇（C）

（引自国家科技部教学标本资源平台， A、B 为邓学建拍摄，C 为张秋金拍摄）

sinensis）为特产代表，列为国家重点保护动物，近年由于人工繁殖成功，数目已超过10万只（图18-26）。

图 18-26 扬子鳄（李海云拍摄）

18.3 爬行纲动物与人类的关系

18.3.1 有益方面

①爬行动物为变温动物，所摄取的大部分能量均转化为自身的生物量，净生产力在30%~90%之间，对于维持陆地生态系统的稳定及为自然界提供能量储存方面具有重要意义。

②蜥蜴、壁虎等主食昆虫，其中不少是农林害虫。许多蛇类以鼠为主食。在维持生态系统的稳定及生物多样性方面有重要作用。

③很多爬行动物既可作滋补食品，又可入药。如五步蛇或银环蛇去内脏后的干燥品入药称白花蛇，有祛风湿、通经络、降血压等作用。我国用于入药的蜥蜴多种，如大壁虎，有补肾和肺、止咳嗽、助阳的功能。玳瑁的甲片有潜阳熄风、清热解毒的作用。鳖甲和龟板更是著名的补阴药。蛇胆可加工成蛇胆川贝枇杷膏和蛇胆陈皮末等中成药，治风湿关节痛和咳嗽多痰等病。黑眉锦蛇等的蛇蜕，有祛风、去翳和解毒的功效。有许多国家开展了蛇毒的生理、生化及其综合利用方面的研究，取得了可喜的进展。我国学者从蝮蛇蛇毒中提取的抗栓酶，在临床已用于脑血栓、血栓闭塞性脉管炎和冠心病等的治疗。

④龟、鳖（甲鱼）、蜥蜴和蛇的肉富有营养，肉味美。不少地区有专门的蛇餐馆，以蛇肉为佳肴，或制成蛇酒。龟和鳖的卵大，含脂肪多，可以制油。

⑤蟒蛇、鳄和巨蜥的皮张面积大，厚且富有韧性，花纹美观，可以制革。蛇皮质地柔韧，且有美丽的饰斑，是制作弦乐器必不可少的原料。

⑥中国、泰国和印度等国家的一些地方驯养鳄和蛇等与人共同表演，增加旅游乐趣。此外，蛇类对地壳内部的震动、地温变化、气味异常及地面发生的倾斜运动等具有很强的敏感性，因而可能在地震前表现出反常的行为，有助于地震预报。

18.3.2 有害方面

主要是毒蛇、鳄咬伤人以及其他动物。尤以毒蛇伤人最为严重。据估计全球每年有数十万人被毒蛇咬伤，蛇伤致死达3万~4万。其中5/6在亚洲热带地区。我国每年有很多人被毒蛇咬伤，而且毒蛇还伤害耕牛和马匹等，给农业生产造成损失。

附 毒蛇与无毒蛇的区别及毒蛇咬伤的应急处理原则

毒蛇与无毒蛇的区别

现存蛇类中，约600种为毒蛇，我国产毒蛇约50种（表18-1）。

表 18-1 毒蛇与无毒蛇的主要区别

序号	项目	毒蛇	无毒蛇	序号	项目	毒蛇	无毒蛇
1	毒牙	有	无	6	吻端	尖而上翘	钝圆，或尖而不翘
2	牙痕	2~4 个大孔	2~4 列细小孔	7	肛后鳞	多为 1 片	多为 2 片
3	头	多呈三角形	多呈椭圆形	8	爬行	缓慢	敏捷
4	体型	粗短	细长	9	立起	前体多可立起	多不可立起
5	尾	短，往后突然变细	长，往后逐渐变细	10	性情	激怒后凶猛	多数不凶猛

毒蛇咬伤的应急处理原则

①**保持镇静**，切勿惊慌或奔跑，以减慢人体对蛇毒的吸收和蛇毒在人体内的传播速度，减轻全身反应。

②**绑扎伤肢**，应立即用柔软的绳或布带结扎在患肢近心端，伤口上方约5 cm处，以阻断静脉血和淋巴液的回流，减少毒液吸收，防止毒素扩散；注意结扎无需过紧，并留有活结，便于松解，每隔15~30 min放松1~2 min，避免肢体组织缺血坏死，一般不超过2 h，待有效急救处理措施使用后即可解除。

③**冲洗应急排毒**，立即用冷茶、冷开水或泉水冲洗伤口，有条件的话可用生理盐水、肥皂水、双氧水或1‰的高锰酸钾溶液等冲洗。

④**施行刀刺排毒**，用清洁的小刀、三棱针或其他干净的利器（最好过火消毒）挑破伤口，不要太深，以划破两个毒牙痕间的皮肤为原则，防止伤口闭塞，使毒液外流，刀刺后应马上清洗伤口，从上而下向伤口不断挤压15 min左右，挤出毒液。

⑤**可用吸吮排毒法**，采用拔火罐或针筒前端套一条橡皮管来抽吸毒液，无工具时可直接用嘴吸吮，但必须注意安全（无口腔破损或龋齿，以防吮吸者中毒），边吸边吐，每次要用清水漱口。

⑥**破坏蛇毒**，因其是毒性蛋白质，可用火柴、打火机等烧灼伤口，取其高温破坏伤口中残留蛇毒，减少人体的吸收。还可以直接将米粒大的高锰酸钾置于伤口处。

⑦**内服、外敷解毒药物**，如季德胜蛇药或草药垂盆草等，应根据当时当地能立即采到为原则，灵活运用。尽可能**及时送医**。

小结

爬行动物是真正的陆栖脊椎动物，指、趾端有爪，适于在陆地上爬行。皮肤干燥，缺乏腺体，具有角质鳞片或骨质板，有利于防止体内水分的散失。骨骼系统发育良好，分化程度高，具有胸廓，适应于陆生。躯干肌及四肢肌均较两栖类复杂，具有肋间肌。大肠及泄殖腔均具有重吸收水分的功能，以减少体内水分散失和维持水盐平衡。肺的隔膜增多，肺泡数目增加，气体交换能力增强。具有2心房和1心室，心室内具有不完全或近完全的分隔。排泄尿酸，减少失水。小脑较发达，自爬行类开始具有12对脑神经。为羊膜卵，胚胎位于充满液体的羊膜腔中，使胚胎在相当稳定的环境中发育，从而具有在陆上繁殖的能力。世界上现存的爬行类约10 000种，分别属于喙头目、龟鳖目、蜥蜴目、蛇目和鳄目。爬行动物有着丰富的生物多样性，可以消灭害虫、药用、食用、工业用、观赏和地震预报等。毒蛇具有毒牙，会咬伤人及其他动物。

思考题

1. 爬行类作为成功登陆的类型，其躯体结构特征有哪些与陆地生活相适应？
2. 了解爬行纲的分类概况。
3. 在你生活的周围环境中常见的爬行动物有哪些，分别属于哪个目？
4. 简述羊膜卵的主要特征及其在动物演化史上的意义。
5. 什么是卵胎生？有哪些动物属于卵胎生？

数字课程学习

☐ 教学视频　☐ 教学课件

☐ 思考题解析　☐ 在线自测

（潘红平）

第19章 鸟纲（Aves）

鸟类是体表被羽、有翼、恒温和卵生的高等脊椎动物。鸟类起源于爬行类，与爬行类相比，鸟类主要有4方面的进步性特征：①体温高而恒定（37.0~44.6 ℃），提高了对环境的适应能力；②有迅速飞翔的能力，能借主动迁徙来适应多变的环境条件；③有发达的神经系统和感觉器官，以及相关的复杂行为，能更好地协调体内、外环境的统一；④有较完善的繁殖方式和行为（占区、营巢、孵卵和育雏等），保证后代有较高的成活率。

鸟类突出的特征是多能在空中飞翔。全球鸟类约10 000种，是继鱼类之后的脊椎动物第二大类群。学习鸟类的知识应注意，在总结鸟类与爬行类相近似及进步性特征的基础上，重点归纳鸟类适应飞翔生活的特征。

19.1 鸟纲动物的主要特征

19.1.1 恒温及其在动物演化史上的意义

鸟类与哺乳类都是恒温动物，恒温的出现是动物演化史上一个极为重要的进步。恒温动物具有较高而稳定的新陈代谢水平与调节产热和散热的能力，从而使体温保持在相对恒定、稍高于环境温度的水平。这与无脊椎动物及低等脊椎动物（鱼类、两栖类和爬行类）等变温动物有本质的区别。恒温动物在环境温度低时，通过毛、羽和脂肪等保温，同时代谢产热维持高的体温，但在高于体温的环境温度下生活时，可能会引起“过热”而死。

恒温使各种酶催化反应获得最优的化学协调，从而提高了新陈代谢水平。高温下，机体细胞（特别是神经和肌肉细胞）对刺激的反应迅速而持久，肌肉的黏滞性下降，收缩迅速有力，显著提高动物快速运动的能力，有利于捕食及避敌。恒温减少了动物对外界环境的依赖，扩大了生活和分布的范围，特别是获得在寒冷地区和寒冷季节生活的能力。

恒温的出现是动物有机体在漫长的发展过程中与环境条件对立统一的结果。实验证明，即使是变温动物，其个别种类也可通过不同的途径来实现暂时高于环境温度的体温。如多形平咽蜥（*Liolaemus multiformis*）在接近冰点的稀薄冷空气下，测得体温为31℃，这是借皮肤吸收太阳的辐射热而提高体温的。印度蟒（*Python molurus*）的雌性个体可借躯体肌肉的不断收缩而产热，比环境温度高7℃，从而把所缠绕的卵孵出。这些都是从变温向恒温演化的不同形式。

19.1.2 鸟纲动物的外形及皮肤结构

（1）外形

鸟类身体呈流线形的外廓，可以减少飞行中的阻力。头端具角质啄食器官——喙（bill）。喙的形状与食性密切相关。颈长而灵活，尾退化，躯干紧密结实，后肢强大。眼大，具眼睑及瞬膜，可保护眼球。这些都与其飞翔的生活方式密切相关。耳孔略凹陷，周围着生耳羽，有助于收集声波，夜行性鸟类（如猫头鹰）的耳羽极为发达。前肢特化为翼，后肢具2~4趾，这是鸟类外形上与其他脊椎动物不同的显著标志（图19-1）。

（2）皮肤

鸟类皮肤薄、松、软且缺乏腺体，便于飞翔时肌肉剧烈运动和保水。多数鸟类唯一的皮肤腺称尾脂腺或油腺（uropygial gland 或 oil gland），能分泌油脂以防水并保护羽不致变形，因而水禽（雁鸭类等）的尾脂腺特别发达。羽、喙、爪和鳞片等为鸟类的皮肤衍生物。

羽是鸟类特有的皮肤衍生物，它着生在体表的

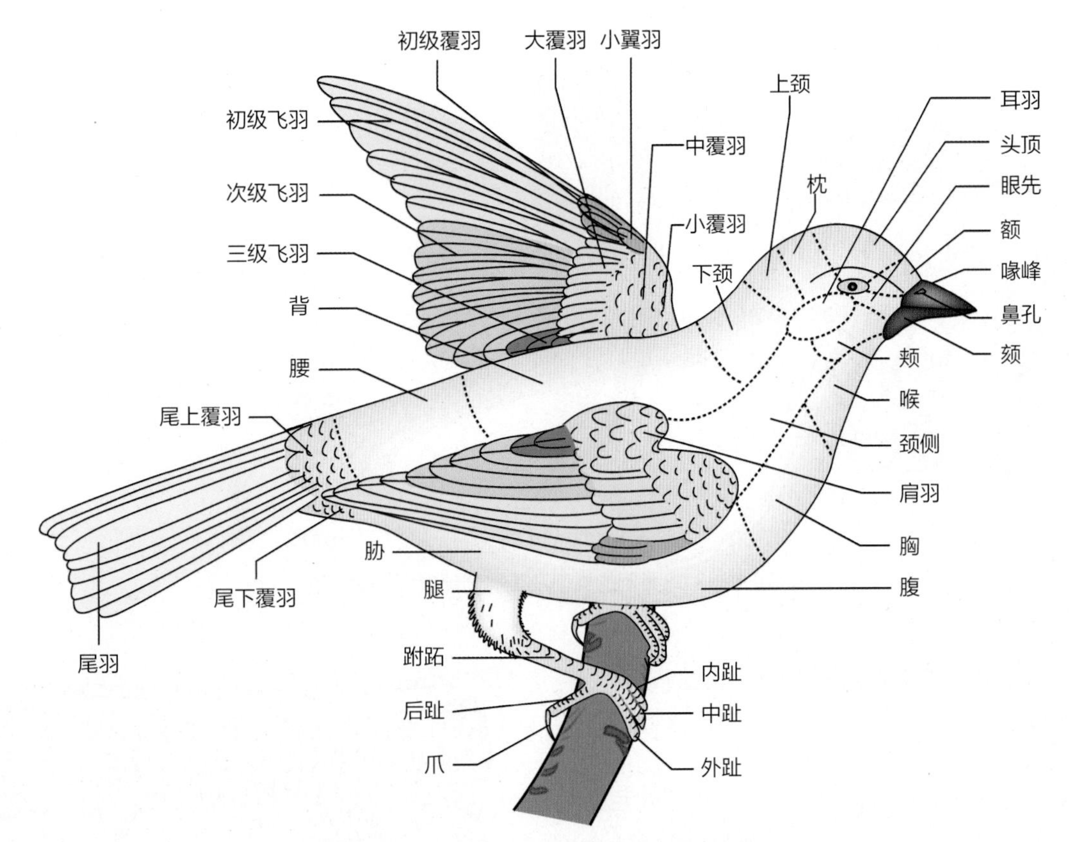

图 19-1 鸟类的外形及体羽的基本情况示意

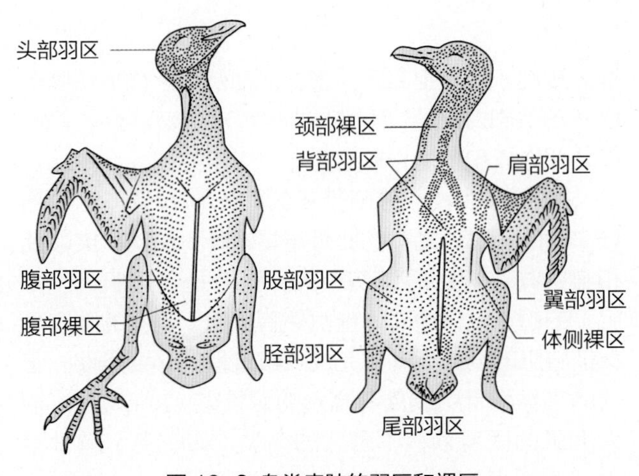

图 19-2 鸟类皮肤的羽区和裸区

一定区域内，称为羽区（pteryla），不着生羽的地方称裸区（apteria）（图19-2）。羽的这种着生方式，不致限制皮肤下的肌肉收缩，有利于剧烈的飞翔运动和孵卵。雌鸟在孵卵期间，腹部羽大量脱落，称“孵卵斑”。羽的主要功能是：①构成飞翔器官的一部分——飞羽及尾羽。②使外形呈流线型，减少飞行时的阻力。③保持体温，形成隔热层。通过附着于羽基的皮肤肌，可改变羽的位置，调节体温。④缓冲外力，保护皮肤不受损伤。⑤羽色还可成为一些鸟类（如地栖性鸟类及大多数孵卵雌鸟）的保护色，或者求偶炫耀和性别识别等。

根据羽的结构和功能，可分为以下几种：

①**正羽**（contour feather） 又称翮羽，为被覆在体外的大型羽片，构成严密的保护层。着生于翅膀的正羽称为飞羽（flight feather），着生于尾部的正羽称为尾羽（tail feather）。飞羽对飞翔起决定性作用，尾羽在飞翔时维持身体的平衡，起舵的作用。正羽由羽轴和羽片构成。羽轴基部不具羽片、深插入皮肤中的部分为羽根，其末端有小孔，真皮乳突自此小孔供给营养。羽片由许多大致平行排列的细长羽支构成，羽支两侧又密生成排的羽小支。羽小支上有羽小钩，使相邻的羽小支互相钩结，构成坚实而有弹性的羽片，以扇动空气和保护身体（图19-3）。由外力分离开的羽小支，可借鸟喙的啄梳而再行钩结。鸟类经常啄取尾脂腺分泌的油脂，涂抹于羽片上，使羽片的结构和功能保持完好。不会飞翔的鸟类，例如鸵鸟等在羽小支上没有小钩，羽毛蓬松而不形成羽片。

②**绒羽**（plumule，down feather） 位于正羽

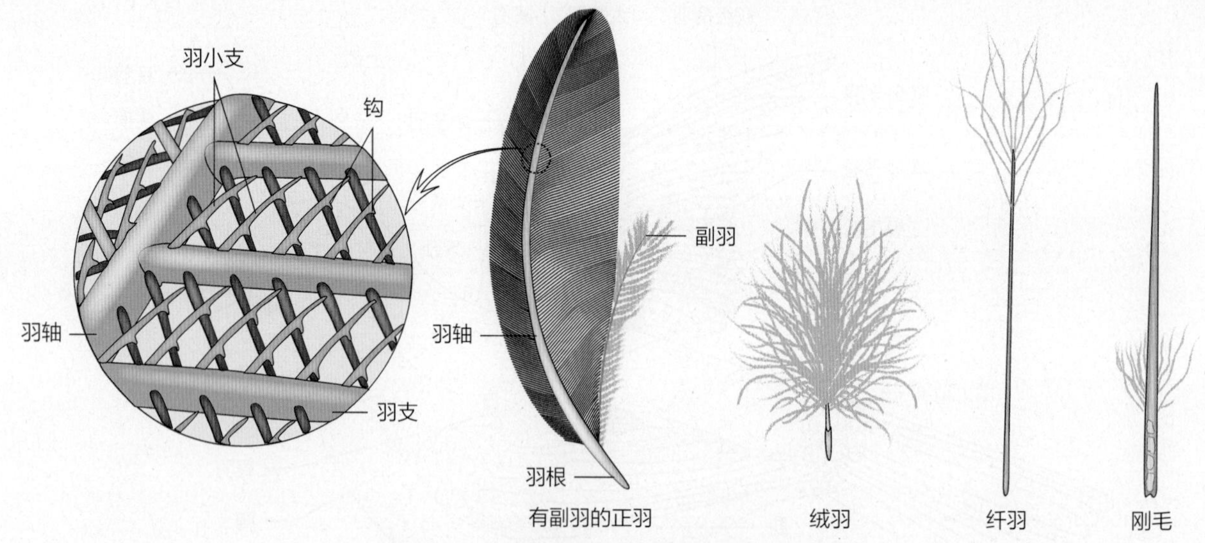

图 19-3 鸟类羽的类型及正羽局部放大结构示意

下方，呈棉花状，构成松软的隔热层。绒羽的羽轴纤弱，羽小支的羽小钩不发达，因而不能构成坚实的羽片（图19-3）。

③纤羽（filoplume，hair feather） 外形如毛发，杂生在正羽与绒羽之中，具有触觉功能（图19-3）。

④刚毛（bristle） 相对较硬的感觉毛，一般着生于喙基及蜡膜周边部位（图19-3）。

鸟类一般一年换羽两次：在繁殖结束后所换的羽称冬羽（winter plumage）；冬季及早春所换的新羽称夏羽（summer plumage）或婚羽。换羽有利于鸟类完成迁徙、越冬和繁殖活动。甲状腺激素的分泌是换羽的基础。多数鸟类的飞羽和尾羽是逐渐更换的，换羽过程不影响飞翔。但许多大型水禽如雁鸭类为一次性更换飞羽，在几周内几乎脱去全部羽，失去飞翔能力，多隐蔽于人迹罕至的湖泊草丛中。

19.1.3 运动系统

（1）骨骼

鸟类适应飞翔生活，骨骼系统与爬行类相比有显著的特化，主要表现在：骨骼内有气腔，轻而坚固（图19-4），头骨、脊柱、骨盆和肢骨的骨块有愈合现象，肢骨与带骨有较大的变形（图19-5）。

①脊柱和胸廓 脊柱由颈、胸、腰、荐和尾椎组成。胸廓由胸椎、胸骨和肋骨连结构成（图19-5）。

颈椎有8（一些小型鸟类）~25枚（天鹅），其椎体间的关节面呈马鞍形，称**异凹型椎体**。此类关节面使椎骨间的运动十分灵活。鸟类颈椎的第1枚为环状，称寰椎，第2枚称枢椎，寰椎可与头骨一起在枢椎上转动，大大提高了头部的活动范围。如猫头鹰可以转动头部270°。颈椎的这种特殊的灵活性，与前肢特化为翼和多类脊椎的愈合密切相关。

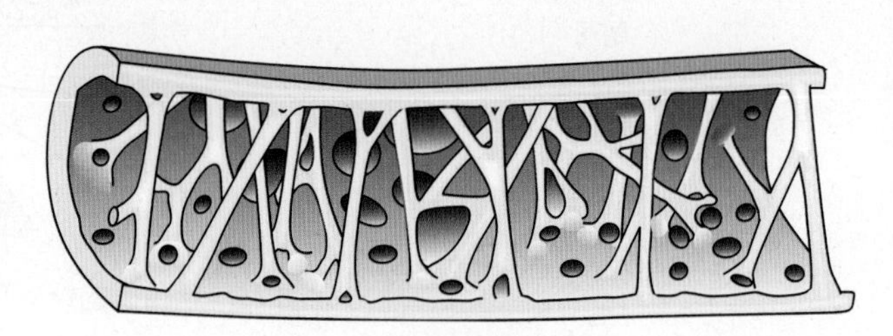
图 19-4 气质骨结构示意

胸椎5~10枚，借硬骨质的肋骨与胸骨连结，构成牢固的胸廓。鸟类的肋骨不具软骨，借钩状突彼此相连，与飞翔生活密切相关。胸骨是飞翔肌肉（胸肌）的起点，飞翔时体重由翅膀负担，坚强的胸廓是保证胸肌的剧烈运动和完成呼吸过程的必要条件。善飞的鸟类胸骨中线处有高耸的龙骨突（keel），可增大胸肌的固着面，不善飞的鸟类（如鸵鸟）胸骨扁平，无龙骨突。

综荐骨（愈合荐骨）（synsacrum）由少数胸椎、腰椎、荐椎及一部分尾椎愈合而成，又与宽大的骨盆（髂骨、坐骨和耻骨）相愈合，构成鸟类在地面步行时支持体重的坚固支架。

尾骨退化，最后几枚尾椎骨愈合成一块尾综骨（pygostyle），支持尾羽。

鸟类脊椎骨骼的愈合及尾椎骨退化，使躯体重心集中在中央，有助于在飞行中保持平衡。

②头骨 薄而轻，各骨块间的骨缝在成鸟的颅骨

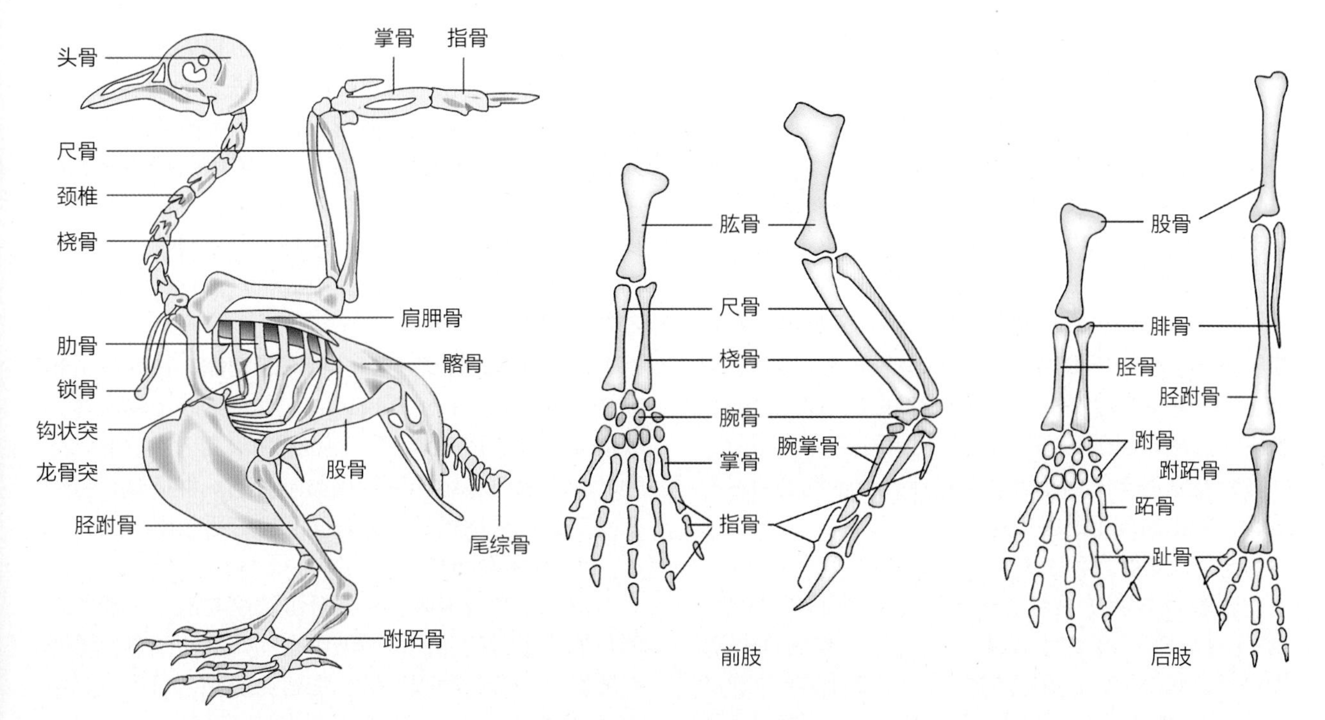

图 19-5 鸟类的骨骼结构示意

愈合为一体，骨内有蜂窝状充气的小腔，使头骨轻便而坚实。上、下颌骨极度前伸，构成鸟喙（区别于其他脊椎动物）。鸟喙外具有角质鞘，构成锐利的切喙或钩，是鸟类的取食器官。现代鸟类均无牙齿，以减轻头部重量。脑颅和视觉器官高度发达，颅腔膨大使头骨顶部呈圆拱形，枕骨大孔移至腹面。

③**带骨与四肢骨**　有愈合及变形现象以适应飞翔生活。

肩带由肩胛骨、喙状骨和锁骨组成。三骨的联结处构成肩臼，与翼的肱骨构成关节。左、右锁骨以及退化的间锁骨在腹中线处愈合成鸟类特有的“V”形叉骨，叉骨具有弹性，可以避免鸟类双翼剧烈扇动时左、右肩带（主要是喙状骨）的碰撞。前肢特化为翼，手掌处有多处愈合和消失，使翼的骨骼构成一个整体而且扇翅有力（图19–5）。

腰带（髂、坐及耻骨）愈合成薄而完整的骨架，髂骨向前、后扩展与综荐骨愈合，使后肢得到强有力的支持。耻骨退化，而且左、右坐骨与耻骨不像其他陆生脊椎动物那样在腹中线处汇合，而是一起向侧后方伸展，构成**“开放式骨盆”**，有利于产出大型硬壳卵。鸟类的后肢强健，后肢骨骼的腓骨退化成刺状；胫骨与其相邻的跗骨愈合成一细长形的胫跗骨（tibiotarsus），远端跗骨与其相邻的跖骨愈合成1块细长形的跗跖骨（tarsometatarsus）（图19–5）。这种简化及骨骼的延长，能增加起飞和降落时的弹性。大多数鸟类具4趾，拇趾向后，以适应于栖树握枝。鸟类足趾的形态与生活方式密切相关。

（2）肌肉

鸟类的肌肉系统由骨骼肌（横纹肌）、内脏肌（平滑肌）和心肌组成。由于适应飞翔生活，骨骼肌的形态结构上有显著改变，主要包括：

①由于胸椎以后的脊椎愈合而导致背部肌肉退化，颈部肌肉则相应发达。

②胸大肌（扇翼肌）和胸小肌（扬翼肌）十分发达（图19–6A），两者合计约占体重的1/4。肌肉的肌腹部分均集中于躯干的中心部分，借伸长的肌腱“远距离”控制肢体运动，对保持重心稳定、维持飞行平衡有重要意义。

③后肢的运动肌群特别发达，以适应在陆上靠后肢行走和支撑体重。后肢具有适宜于栖树握枝的肌肉，例如栖肌、贯趾屈肌和腓骨中肌（图19–6B）。

④具有特殊的鸣管和鸣肌，鸣肌可支配鸣管及鸣膜改变形状和紧张度而发出多变的声音，如雀形目鸟类的鸣管和鸣肌均较发达。

19.1.4 消化系统

鸟类的消化能力强，消化过程十分迅速（食物1.5 h就可以通过雀形目鸟类的消化道），这是鸟类活动性强、新陈代谢旺盛的物质基础。强大的消化能力和能量消耗，使鸟类食量大，进食频繁。雀形目鸟类一天所吃的食物相当于体重的10%~30%。蜂鸟一天所吃的蜜浆等于其体重的2倍。

鸟类的消化系统包括消化道和消化腺两部分。消化道包括：喙、口腔、咽、食道、嗉囊、胃（腺胃和肌胃）、小肠（十二指肠、空肠和回肠）、盲肠、直肠和泄殖腔（图19-7）。消化腺包括唾液腺、肝和胰。

（1）口部

具有角质喙，有一定硬度，以弥补无齿给取食带来的不便。喙由于食性不同而形态各异，如锥状、铗状、钩状和钓匙状等。舌位于口腔底部，呈三角形，外有角质鞘。舌的形态结构与食性和生活方式有关，如取食花蜜鸟类的舌呈管状和刷状，啄木鸟的舌具有倒钩，能把树皮下的害虫钩出。

（2）食道

较长且具有扩展性，黏膜分泌物可润滑食物，食道中下部多膨大为嗉囊（crop）。肉食性鸟类无嗉囊；食谷鸟类嗉囊明显，可临时储存并软化食物。繁殖期雌鸽的嗉囊能分泌鸽乳（pigeon's milk）喂养幼鸽；食鱼鸟类（如鸬鹚和白额鹱等）的嗉囊能制造食糜喂雏鸟。

（3）胃

鸟类的胃分为腺胃（前胃，proventriculus）和肌胃（砂囊，gizzard）两部分。腺胃壁厚，富含腺体，分泌含有盐酸的黏液和含有胃蛋白酶的消化液。肌胃外壁为强大的肌肉层，内壁为由黏膜上皮分泌物和上皮细胞碎屑形成的黄色坚硬革质层（内金），腔内储有鸟类不断啄食的砂砾，在肌肉的作用下，革质壁与砂砾一起将食物磨碎。食谷鸟类的革质层较厚，易剥离，食肉鸟类的较薄，不易剥离。

（4）肠

包括小肠（十二指肠、空肠和回肠）、盲肠和直肠。"U"形十二指肠与肌胃相连，胃通向十二指肠处称幽门，鸟类的幽门与腺胃进入肌胃的入口紧邻，腺胃内的液状消化物可直接经幽门进入十二指肠。小肠与大肠交界处着生一对盲肠，具有吸收水分、利用共生细菌发酵分解植物纤维、合成和吸收维生素等作用。植食性鸟类盲肠发达。直肠很短，不储存粪便，具有吸收水分的作用，有助于减少失水及飞行时的负荷。泄殖腔为直肠末端的膨大处，是消化、排泄和生殖的共同通道。

鸟类泄殖腔的背方有一特殊的腺体，称为腔上囊或法氏囊（bursa of Fabricii）。幼鸟的腔上囊发达，成体则退化。腔上囊是一免疫器官，能产生B淋巴细胞。腔上囊还被用作鉴定鸟类年龄的一种指标，特别在鉴定鸡形目鸟类的年龄方面已被广泛应用。

（5）消化腺

口腔里有唾液腺，主要分泌物是黏液，一般不含消化酶，食谷的燕雀类唾液中含消化酶。雨燕目的唾液腺发达，分泌糖蛋白等，能将海藻黏合作巢，其中金丝燕的鸟巢是传统的营养补品"燕窝"。小肠壁上有肠腺分泌肠液。肝为最大的消化腺，胰位于十二指肠肠系膜上，肝和胰分别分泌胆汁和胰液注入十二指肠，在功能上与其他脊椎动物没有本质的区别。

19.1.5 呼吸系统

鸟类呼吸系统由鼻腔、咽喉、气管、支气管、肺和气囊构成（图19-8A）。鼻孔1对，位于上喙的基部，常有硬须（刚毛）、鼻瓣或鼻盖加以掩蔽，以防异物进入。鼻腔后方的开口（内鼻孔）呈"V"形，与咽相通。咽后为喉，开口称为喉门，呈纵裂状。喉

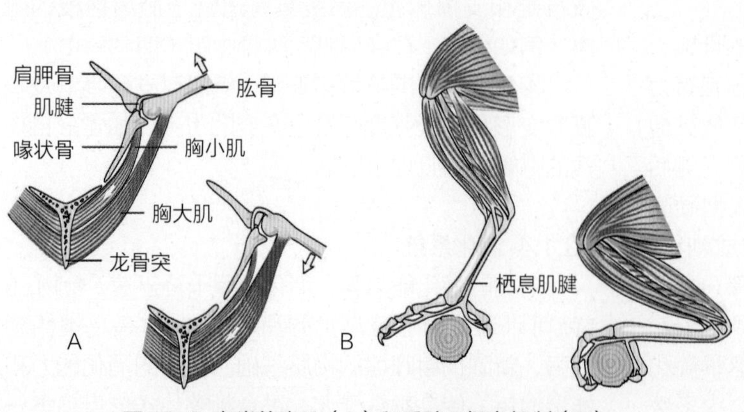

图 19-6 鸟类的胸肌（A）和后肢示栖息机制（B）

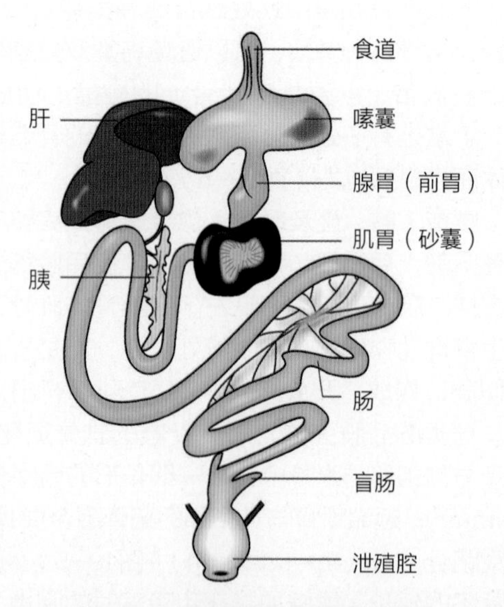

图 19-7 鸟类的消化系统结构示意

门周围有1个环状软骨（cricoid cartilage）和1对杓状软骨（arytenoid cartilage）加以支持和保护。喉头下接气管，呈圆柱形，由许多透明软骨构成的软骨环支撑，气管内壁为具有纤毛上皮的黏膜，并有黏液腺分布。气管的长度一般与颈的长度相当，气管进入胸腔后，末端分为左、右2支气管入肺。

鸟类的肺与气囊（air sac）相通，使其具有独特的双重呼吸（dual respiration）。鸟类吸气时一部分新鲜空气经初级支气管进入后气囊（后胸气囊和腹气囊）储存，另一部分空气最终进入肺的微气管进行气体交换。呼气时废气经前气囊（颈气囊、锁间气囊和前胸气囊）排出的同时，储存在后气囊中的新鲜空气进入肺内进行气体交换。所以鸟类无论是吸气或呼气，都在肺部进行气体交换（图19-8B），以满足鸟类飞翔时的高氧耗和高能耗。鸟类在静止时，主要靠胸骨和肋骨运动来改变胸腔容积，引起肺和气囊的扩大和缩小以完成气体交换。飞翔时主要靠气囊的扩展和缩小协助肺完成呼吸，因为胸骨作为扇翅肌肉的起点，趋于稳定，以保持飞行的平衡。扬翼时气囊扩张，空气经肺而吸入；扇翼时气囊压缩，空气再次经过肺而排出。因此鸟类飞翔越快，扇翅越猛烈，气体交换频率也越快，这样就确保了O_2的充分供应。有实验表明，飞行中的鸟类所消耗的O_2约是静息时的21倍。气囊是保证鸟类飞行时供应足够O_2的装置。

（1）肺

鸟类的肺体积相对较小，是一个无弹性的海绵状结构，是一个由各级支气管形成的彼此相通的密网状管道系统。鸟类的气管下端分为左、右支气管，进入肺的腹内侧即膨大成一前庭，向前成为贯穿肺体的中支气管（初级支气管，mesobronchi）。中支气管向背、腹发出很多次级分支（次级支气管），称为背支气管（dorsobronchi）和腹支气管（ventrobronchi）。背、腹支气管借数目众多的平行支气管（三级支气管，parabronchi）相互联结，平行支气管发出放射状排列的微气管（air capillary），微气管外分布有大量毛细血管网，是气体交换的场所，为鸟肺的功能单位。气体在肺内沿一定方向流动，即从背支气管→平行支气管→腹支气管，称为“d-p-v系统”。也就是呼气与吸气时，气体在肺内均为单向流动（图19-8B）。

（2）气囊

气囊壁主要由单层扁平上皮组织构成，内有少量结缔组织，是鸟类的辅助呼吸器官，缺乏气体交换功能。气囊一般有9个：与肺部中支气管末端相连的为后气囊，包括后胸气囊（1对）和腹气囊（1对）；与肺部腹支气管末端相连的为前气囊，包括颈气囊（1对）、锁间气囊（1个）和前胸气囊（1对）（图19-8A）。气囊遍布于内脏器官、胸肌之间，并有分支伸入大的骨腔内。

气囊除辅助呼吸外，尚有助于减轻身体相对密度，减小肌肉间及内脏器官间的摩擦，并起到快速调节体温的作用。

（3）鸣管

气管特化的发声器官，位于气管与支气管的交界处（图19-9）。此处的内、外侧管壁均变薄，称为鸣膜。鸣膜可因气流振动而发声。鸣管外侧着生有鸣肌，它的收缩可导致鸣管壁形状及其紧张度发生改变，从而改变气流的流速和流量，发出复杂多变的鸣声。

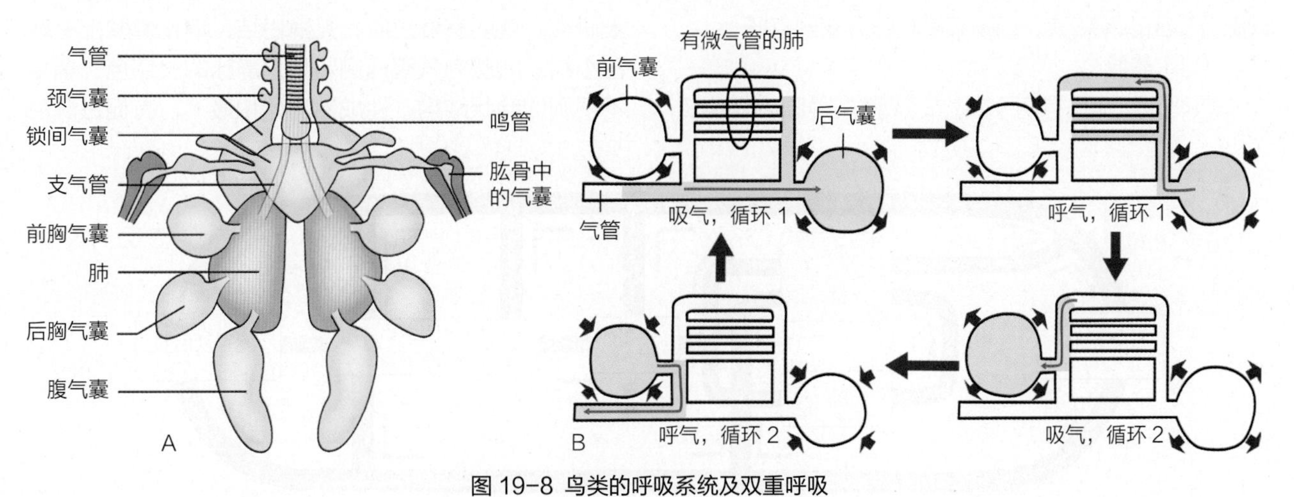

图 19-8 鸟类的呼吸系统及双重呼吸

A. 气囊；B. 吸气和呼气过程中的气体流向

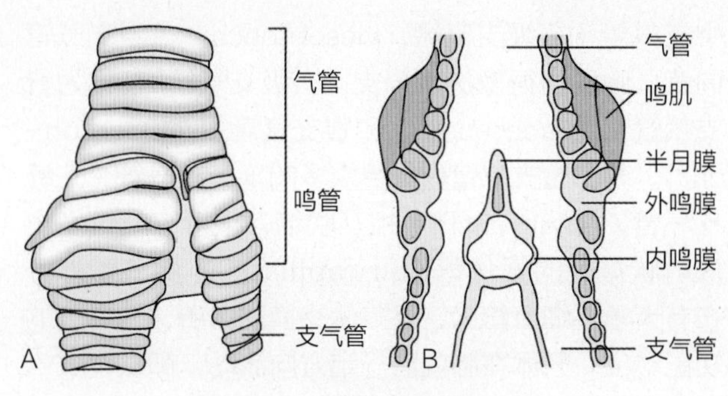

图 19-9 鸟类的鸣管结构示意

19.1.6 循环系统

鸟类的循环系统分为血液循环（图19-10）和淋巴循环，两者相互协调。血液循环由心脏、动脉、静脉和毛细血管构成。心跳频率快，动脉压高，血液循环迅速。这与鸟类适应飞翔生活所需能量高，耗氧高和新陈代谢旺盛等相适应。血液中的红细胞具核，其中含有大量的血红蛋白，执行输送O_2及CO_2的机能。

（1）心脏

心脏4腔，容量大，动脉血和静脉血完全分开。来自体静脉的血液，经右心房、右心室而由肺动脉入肺。在肺内经过气体交换，含氧丰富的血液经肺静脉回心注入左心房，再经左心室送入体动脉到达全身。鸟类的右心房与右心室间的瓣膜为肌肉质结构，与其他陆栖脊椎动物不同。鸟类的心脏占体重比是脊椎动物中最大的，一般为0.95%~2.37%（表19-1）；鸟类的心率快（150~350次/min，蜂鸟的心率达600次/min以上），动脉血压高（300~400 mmHg），血液循环迅速，心脏的血液输出量大，可将物质迅速运达组织进行代谢。

表 19-1 鸟类与其他脊椎动物心脏体重比及心率的比较

种类	心脏与体重之比	心率（次 /min）	种类	心脏与体重之比	心率（次 /min）
蛙	0.57%	22	人	0.42%	78
蟒蛇	0.31%	20	麻雀	1.68%	460
狗	1.05%	140	蜂鸟	2.37%	615

（2）动脉

由左心室发出右体动脉弓，绕道心脏背面成为背大动脉。由它发出2支无名动脉，各分出颈总动脉、头臂动脉和胸动脉3支。颈总动脉有的左、右2支，有的2支发出后愈合成1条或只有左颈总动脉，颈总动脉分支形成内颈动脉和外颈动脉。背大动脉沿脊柱后行，沿途形成成对的分支：肋间动脉、腰动脉、生殖动脉、肾动脉和总髂动脉进入各器官。不成对的动脉有腹腔动脉分支进入胃、脾、胰、肝和十二指肠；前肠系膜动脉分支到小肠和胰。后肠系膜动脉分支到直肠。

（3）静脉

鸟类的静脉具有两个特点：①肾门静脉趋退化，仅有少数分支在肾内形成毛细血管，其主干穿过肾与后大静脉连接并有瓣膜控制血流方向，血液可直接流入后大静脉，这对提高血流速度和血压有意义。②尾肠系膜静脉为鸟类所特有，由尾静脉分出，收集尾部血液汇入肝门静脉，一般认为它和侧腹静脉同源。

（4）淋巴系统

淋巴系统由淋巴管、淋巴结、淋巴小结、腔上囊、胸腺和脾等组成。鸟类具有1对大的胸导管，收集躯体的淋巴液送入前腔静脉。只有少数鸟类淋巴结被研究。鸡胚有淋巴心，无淋巴结，消化道壁上有淋巴小结。胸腺为气管两侧紧贴颈静脉的淡红色、扁平不规则的叶状结构，性成熟时体积最大，有促进淋巴

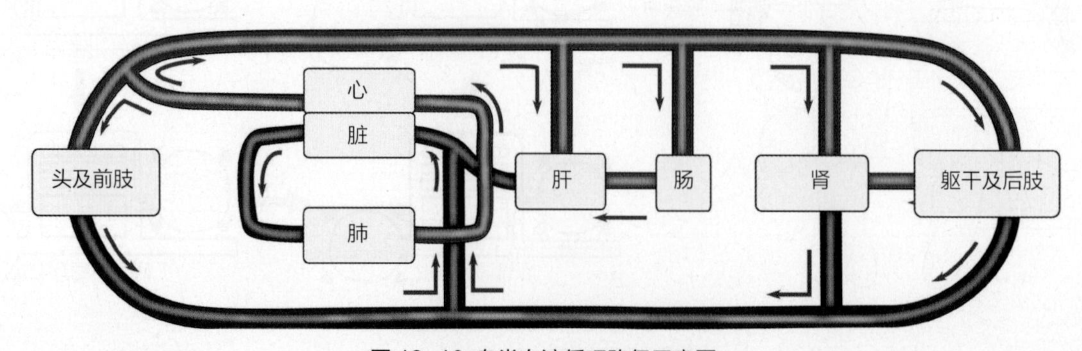

图 19-10 鸟类血液循环路径示意图

细胞发育成熟并诱导其产生细胞免疫作用。脾位于腺胃和肌胃背侧的交界处，呈红褐色四面体形态，能产生淋巴细胞和单核细胞，以破坏并吞食衰老的红细胞。腔上囊是鸟类特有的一个中枢淋巴器官，可产生B淋巴细胞。

19.1.7 泌尿生殖系统

（1）泌尿系统

鸟类的泌尿系统由肾（属于后肾，肾小球多，泌尿功能强）、输尿管和泄殖腔组成。多数鸟类无膀胱，排泄尿酸，是保水和减轻体重以适应飞翔生活的特征。

（2）盐腺

海洋和沙漠鸟类具有发达的盐腺，可排出体内多余的盐分（图19-11）。盐腺位于眶上区鼻孔之间，开口于鼻间隔，可分泌约5%的盐溶液，通过泌盐管将分泌液排入鼻腔，经内鼻孔入口腔沿喙尖滴出或经上喙深沟流至喙尖，借此排出多余盐分，维持正常的渗透压。海鸟饮海水后15 s就有盐液滴出。一些沙漠中生活的鸟类（如鸵鸟）以及隼形目的鸟类，其盐腺也有调节渗透压的功能，使之能在缺乏淡水、蒸发失水较多以及食物中盐分高的条件下生存。

鸟类与一切羊膜动物一样，面临着保存体内水分的问题。由于鸟类皮肤干燥、缺乏腺体，体表覆有角质羽及鳞片，这些都减少了体表水分的蒸发，加以排尿及排粪中损失水分很少，但是由于鸟类新陈代谢水平高，呼吸导致的水分损失较大，供水是鸟类养殖的关键因素之一。

鸟类生殖腺的活动存在明显的季节性变化。非繁殖季节，多数鸟类的生殖腺变小或退化，繁殖季节鸟类的生殖腺显著增大，其体积可增大几百，甚至近千倍。雌性个体只有左侧卵巢和输卵管正常发育，右侧退化。大型硬壳卵逐个成熟。这些均与减轻体重，适应飞翔生活有关。

（3）雄性生殖系统

雄性生殖系统由睾丸、附睾和输精管组成。睾丸1对，卵圆形，以睾丸系膜悬挂于同侧肾前叶的腹侧。生殖季节，白色睾丸极度增大，成年公鸡睾丸的体积比平时大300倍。附睾位于睾丸内侧中央部分，是与睾丸相通的弯曲长管，在性活动季节，显著肥大。输精管1对。多数鸟类不具交配器，鸵鸟、雁鸭类雄鸟的泄殖腔腹壁可隆起，构成交配器。

（4）雌性生殖系统

雌性生殖系统由卵巢、输卵管和泄殖腔组成（图19-12）。雌鸟的右侧性器官多退化，卵巢的发育与性周期密切相关；成熟的卵突出于卵巢表面，呈葡萄状。输卵管根据功能和结构不同分为5部分：伞部、蛋白分泌部、峡部、子宫部和阴道部。

成熟卵通过输卵管前端的喇叭口进入输卵管伞部，鸡卵细胞可在此停留15~18 min并完成受精作用。蛋白分泌部管壁厚、黏膜形成纵褶，有腺体，可分泌蛋白包在卵黄外周，因卵旋转下行在两端形成由浓稠蛋白拧扭形成的系带。峡部管腔较窄，腺细胞分泌物形成内、外壳膜。子宫为输卵管膨大部，黏膜形成深褶，肌肉层发达，在此吸收水分形成蛋白，壳腺分泌含钙化合物形成硬壳。产卵前4~5 h子宫壁色素细胞分泌色素涂于壳表面，形成各种鸟类特有的色

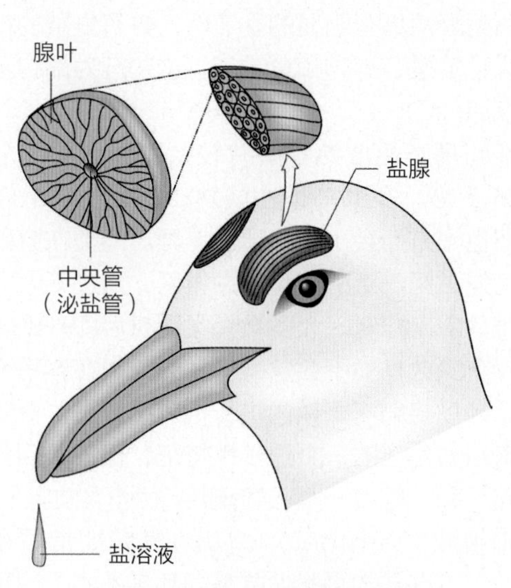

图 19-11 海鸟的盐腺结构示意

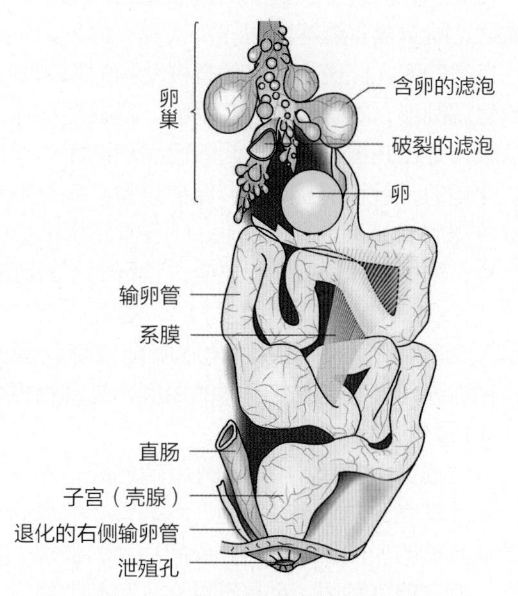

图 19-12 雌鸟的生殖系统结构示意

斑。阴道为输卵管末端，开口于泄殖腔左侧，腺体分泌黏液或角质物涂在卵壳表面，有润滑和保护卵壳色泽的作用。卵壳由89%~97%碳酸钙、少数盐类和有机物构成，其表面有数千个小孔，以保证卵在孵化时的气体交换。

19.1.8 神经系统和感觉器官

鸟类的神经系统较爬行类更为进步，主要表现在：高度发达的大脑纹状体是鸟类的“智慧”中枢，小脑很发达，视叶发达，嗅叶退化。

（1）脑

鸟类的脑重占体重的2%~9%，与大多数哺乳类相似。由大脑、间脑、中脑、小脑和延脑组成（图19-13）。大脑是复杂的本能活动及学习、认知和语言中枢，主要由大脑皮层和纹状体组成。大脑底部纹状体在新纹状体上又增加了上纹状体，是鸟类求偶、营巢、孵卵和育雏等复杂本能活动和“智慧”中枢。切除上纹状体，鸟类的正常兴奋抑制被破坏，视觉受影响，求偶、营巢等本能丧失，许多学习行为不能实现。间脑由上丘脑、丘脑和下丘脑组成。下丘脑为间脑底壁，是重要的神经分泌部位，直接影响脑下垂体的分泌；有体温调节中枢并控制自主神经。中脑位于大脑半球后下方，与发达的视觉相关，背侧有1对发达的视叶（中脑），为视觉高级中枢。小脑特别发达，分化为3部分；中间为蚓部，表面有许多横沟，两侧为小脑卷。小脑能很好地整合骨骼肌、视觉和内耳平衡感觉，以协调复杂的飞翔活动。延脑有呼吸、心跳和分泌等许多重要神经中枢。

（2）感觉器官

鸟类感觉器官中以视觉器官最发达，听觉和平衡觉次之，嗅觉器官最不发达。

鸟类的眼在比例上较其他脊椎动物的眼都要大，多数呈扁圆形，具眼睑及透明瞬膜。瞬膜很发达，可以从眼角处拉开覆盖眼球，起着湿润和洁净角膜的作用，飞翔时，瞬膜覆盖眼球，保护角膜。鸟类眼球具特殊的巩膜骨，即前壁内着生有1圈覆瓦状排列的环形骨片，构成眼球壁的坚强支架，飞行时不致因强大气流压力使眼球变形（图19-14）。鸟眼具有“双重调节”功能，眼球的前巩膜角膜肌能改变角膜的屈度，后巩膜角膜肌能改变晶体的屈度，是动物界中调节功能最好的眼。

听觉器官由内耳、中耳和外耳道构成。外耳道很长，无外耳壳，内耳比较发达，耳蜗管亦稍弯曲，但不像哺乳类的一样呈螺旋状。夜间活动的种类（如猫头鹰）听觉器官发达，具有不对称耳孔和收集音波的

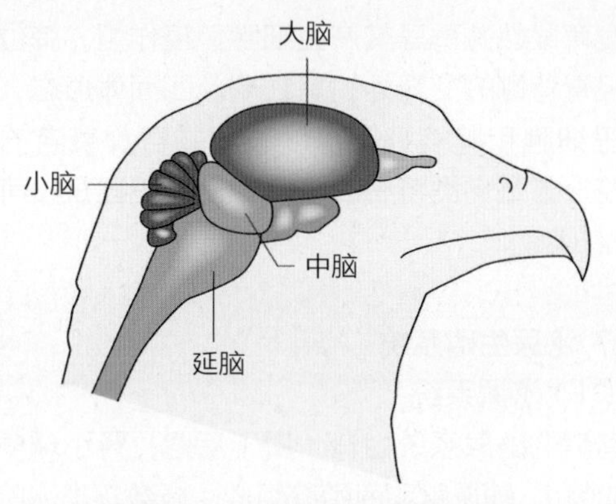

图 19-13 鸟类脑的结构示意

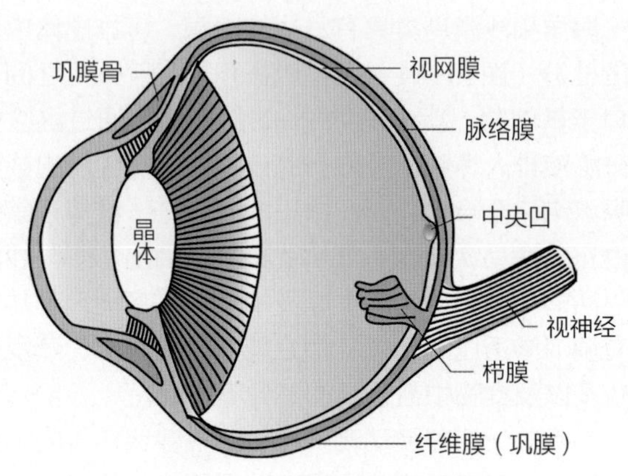

图 19-14 鸟眼的基本构造示意

耳羽。鸟类在迅速飞翔时，嗅觉器官起不到作用而退化，视觉器官则具有重要意义。

19.1.9 行为

（1）繁殖

鸟类繁殖具有明显的季节性，并有复杂的行为，如占区、营巢、孵卵和育雏等，这些行为都有利于后代的存活。

不同鸟类性成熟年龄有较大差异，从几个月到10余年不等。多数鸟类性成熟时，雌、雄个体在外形和羽色等方面会出现明显的差异。鸟类在繁殖期，由雄鸟先占据一定的地盘作为巢区，通过不停的鸣叫招引雌鸟前来配对。大多数鸟类配对后即开始营巢活动，仅有少数鸟类不会营巢。多数鸟类在春季产卵。营巢后亲鸟将卵产于巢内进行抱孵和育雏。育雏是鸟类在繁殖演化上的一个进步性特征，保证了后代有较高的存活率。现就一些主要繁殖行为介绍如下：

①领域（territory） 鸟类在繁殖期常占有一定的领地，不许其他鸟类尤其是同种鸟类侵入，称为占

区现象。所占有的一块领地称为领域。占区、求偶炫耀和配对是有机地结合在一起的，占区成功的雄鸟也是求偶炫耀的胜利者。

占区的生物学意义在于：a. 保证巢区有充足的食物。b. 调节巢区内的种群密度和分布，以有效地利用自然资源，减少传染病的散布。c. 减少其他鸟类的干扰。d. 对参与繁殖的同种鸟类的心理活动产生影响，起社会性兴奋作用。

②营巢（nest building） 绝大多数鸟类均有营巢行为。常见的巢有编织巢、洞巢、地面巢和水面浮巢等。一些种类仅在地表凹穴内放入少许草、茎叶、毛或羽；而有些种类则以细支、草茎、毛或羽等编成各式各样精致的鸟巢。

鸟巢具有以下功能：a. 使卵不致滚散，能同时被亲鸟孵化；b. 保温；c. 使卵及雏鸟免遭天敌伤害。鸟类营巢可分为“独巢”和“群巢”两类。大多数鸟类均为独巢或成松散的群巢。鸟类集群营巢的因素是：a. 适宜营巢的地点有限；b. 营巢地区的食物比较丰富，可满足成鸟及幼雏的需要；c. 有利于共同防御天敌。

③产卵（egg laying）和**孵卵**（incubation） 产卵有定数产卵和不定数产卵的类型，前者在每一繁殖周期内只产固定数量的窝卵数，如有遗失亦不补产；后者遇有遗失可以补产，直至产满其固有的窝卵数为止。一般猛禽类产卵数量少，鹑鸡类产卵数量较多。

孵卵大多由雌鸟担任，也有雌、雄轮流孵卵，如黑卷尾、鸽、鹤及鹳等；少数种类为雄鸟孵卵，如鹂鹊和三趾鹑等。雄鸟担任孵卵者，其羽色暗褐或似雌鸟。除企鹅、鸬鹚、雁鸭类等少数种类外，参与孵卵的亲鸟腹部均具有孵卵斑。孵卵斑有单个（如很多雀形目鸟类、猛禽及鸽等）、两个侧位（如海雀及鸻形目鸟类等）以及一个中央和两个侧位（如鸥与鸡类等）。鸟类孵卵时的卵温为34.4~35.4℃。各种鸟类的孵卵期相对稳定。一般大型鸟类的孵卵期较长，如信天翁需63~81天，鹅31天；小型鸟类孵卵期短，一般雀形目鸟类为10~15天。

④育雏（parental care） 胚胎完成发育后，雏鸟借喙端背方临时着生的角质突起——“卵齿”将壳啄破而出。依据发育程度不同，雏鸟分为早成雏（precocial）和晚成雏（altricial）（图19-15）。

早成雏孵出时即已充分发育，被有密绒羽，眼已张开，腿脚有力，待绒羽干后，即可随亲鸟觅食。大多数地栖鸟类和游禽属此。晚成雏出壳时尚未充分发育，体表光裸或微具稀疏绒羽，眼不能睁开，需由亲鸟饲喂半个月到8个月不等（因种而异），继续在巢

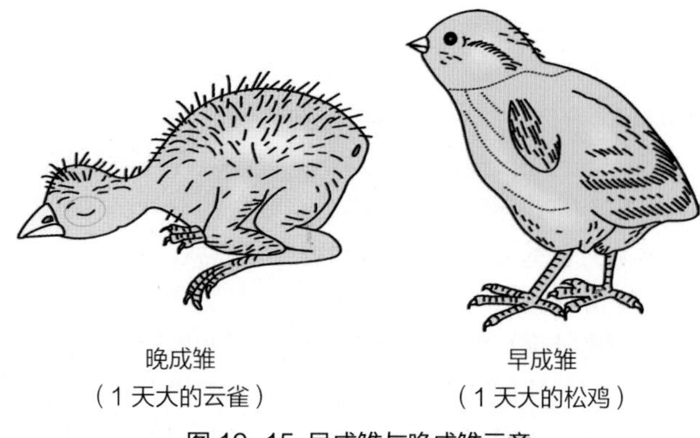

图19-15 早成雏与晚成雏示意

内完成后期发育，方能逐渐独立生活；鸣禽、攀禽、猛禽及部分游禽属于此类。

（2）飞翔

鸟类有了完善的飞行器官——翅膀和尾，身体的结构和功能都为飞翔做好了准备。那么，鸟类又是怎样腾空而起、翱翔蓝天的呢？

鸟类翅膀的构造，十分符合气体力学原理。它不仅是流线型，穿过空气时阻力很小，而且它的横切面成弯形，可以产生升力，维持它在空中不掉下来。空气流过翼面前缘和凸起的上面时，就会增加流速。物理学上的柏诺利定律告诉我们：气流中速度最大之处压力最小，于是造成翼面上方压力降低；而在这时，在凹下的翼底处，空气压力则仍然保持正常。由于翼上、翼下两面压力的差异，就产生升力。正如飞机一样，翼上的缝槽和襟翼可以用来增减升力（图19-16）。

鸟翼有许多不同类型，反映出它们在不同环境下的适应结果。例如飞翔于广阔空间的海鸥，翼已演化为轻而窄长，以便在气流中乘风飘举；与之相反，鸽子的生活环境较为狭窄，不大能依靠这种气流来滑翔和飘举，因此它就生有1双肌肉结实的短翼，使它成为靠自己力量鼓翼前进的飞行者。

鸟翼的表面积和升力成正比。翼的表面积大小因鸟种而异，也与鸟翼的展开或折叠程度有关。当气流速度增加时，升力也增强，升力与气流速度的平方成正比。当鸟在缓慢飞行、起飞或降落时，要增强升力，可用其他方法达到目的。如，将翼倾斜，使前缘提高，增加迎风角度，这样就增加了它的升力。但与此同时，翼上的表面也增加了上升的干扰气流，这时，翼上的羽分开而形成许多翼沟，使气流很快流过，从而使干扰气流消失。某些鸟类着陆时常展开尾羽，并向下弯曲，可以获得额外的升力，起“刹车”作用。尾部的运动对于鸟体的升降和飞行的方向极为重要，当尾向上举起时，由于空气的反作用，鸟类的

头部和躯干部也随之上升。反之，尾羽向下，头部和躯干部也随之下降。根据这种空气作用的原理，鸟用摆动尾羽的方法，变换飞行方向。

鸟类的飞行技术十分高明，它可以在不同的环境中施展不同的飞行技术，来适应多变的自然条件，归纳起来，鸟类大体可以分为3种飞行姿态。

①滑翔飞行 这可能是最早的鸟类飞行方式。例如始祖鸟等最初的古鸟，相信它们都是先爬到岩石上或树上，然后展开双翼投身而下。如鸡类在着地前的一段滑翔、水禽掠过水面、燕子掠过低空等，都是常见的滑翔飞行。

②鼓翼飞行 最普通的飞行方式，也是常见的鸟类飞行姿势。鼓翼飞行时，两翼上、下运动，动作十分协调，可用最小的能量达到最大的速度（图19-17）。

③翱翔飞行 与鼓翼飞行相反，它利用空气中的气流运动来飞行。

不同鸟类飞行时多有各自的特点，红隼飞行时拍翅多而翱翔少，在空中常会定点拍翼悬停。河乌、翠鸟紧贴水面作直线飞行。鹡鸰、啄木鸟飞行路线起伏呈波浪状。鹟类、卷尾喜从停息地点跃起捕食，随后飞返原地，飞行路径呈不规则的曲线。小云雀能够垂直升起和降落，鸢起飞降落都会盘旋飞行，鹪鹩和鹛类通常仅做短距离的飞行。沙锥受惊飞起时拍翅很急，且边飞边鸣。野鸭飞行时急速拍翅常发出哨音。鹭科鸟类拍翅缓慢，飞行时颈部呈“S”形，雁鸭、鹳及鹤飞行时颈部笔直前伸，雕、鹫翼形宽阔，能长时间不扇动翅膀在空中翱翔。毛脚鵟飞行时常有迎风收缩翼角的动作。有些鸟类飞行时会有特别的队形，如雁鸭类和鹤类飞行时常编成“一”字形或“人”字形队伍，鸻和鹬结群飞行时爬高、俯冲、转弯动作整齐一致。一些鸟在繁殖季节还

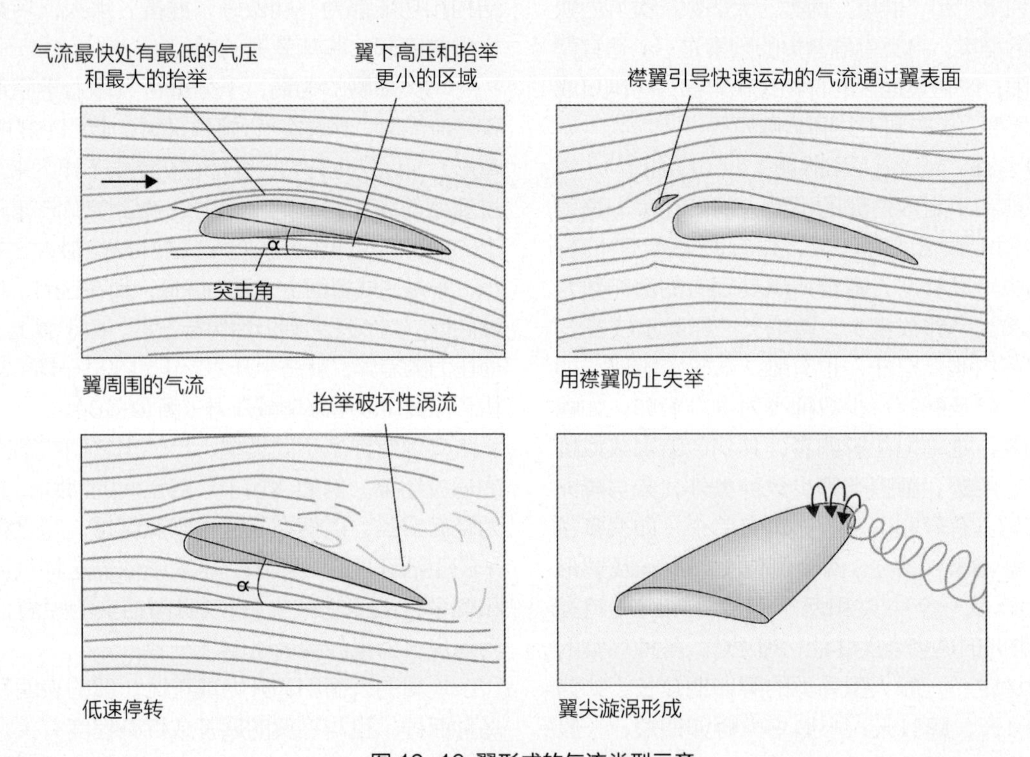

图 19-16 翼形成的气流类型示意

图 19-17 正常强劲的鼓翼飞行者

如雁鸭类，翼完全伸展向下、向前摆动。推力由翼尖初级飞羽提供。开始上升，翼弯曲，摆向上、向后。翼随后伸展，准备进入下一次的下降

有奇特的婚飞“表演”。蜂鸟的飞翔很特别，能够即刻改变方向或悬在空气中不动（图19-18）。

（3）迁徙

迁徙是多种鸟类有依季节不同变更栖居地区的一种习性。迁徙的特点是定期、定向和集群。迁徙可以说是鸟类对改变的环境条件的一种积极适应，它们在营巢区和越冬区之间有规律地进行迁移。迁徙的距离可由数百千米至数千千米不等。

根据鸟类是否迁徙，可把鸟类分为留鸟（resident）和候鸟（migrant）。留鸟终年留居在出生地，不发生迁徙，例如麻雀和喜鹊等。候鸟则在春、秋两季，沿着固定的路线，往返于繁殖区与越冬区之间，我国常见的很多鸟类就属于候鸟。其中夏季飞来繁殖，冬季南去越冬的鸟类称夏候鸟（summer migrant），如家燕和杜鹃等；冬季飞来越冬，春季北去繁殖的鸟类称冬候鸟（winter migrant），如某些野鸭、大雁和白鹤等。仅在春秋季节规律性地从我国某地路过的鸟类称旅鸟（traveler）或过路鸟（on passage），如鹟和极北柳莺等。严格地说，现今所说的留鸟，有不少种类在秋冬季节具有漂泊或游荡的习性，以获得适宜的食物，而成为漂鸟（wanderer）。

美洲食米鸟每年迁飞约22 500 km；美国金斑鸻每年迁飞约18 000 km（图19-19）。

19.2 鸟纲动物的分类

鸟类分为两个亚纲，即古鸟亚纲（Archaeornithes）和今鸟亚纲（Neornithes）。古鸟亚纲在白垩纪以前已经灭绝，仅见化石（图19-20），具有部分爬行类和部分鸟类特征：如具有鸟类的翼、羽、“开放式”骨盆及后肢4趾（3前1后）等，同时又具有槽生齿、双凹型椎体、18~21枚分离的尾椎骨、前肢具有3枚分离的掌骨、指端具爪、腰带各骨未愈合等爬行类的特征。今鸟亚纲包括白垩纪以来的鸟类，现存约10 000种，分为3个总目，33个目，约200个科。

今鸟亚纲的分类主要根据以下特征（图19-21）：①胸骨形状，有无龙骨突；②喙的形状；③趾的排列；④翅型；⑤尾型和尾羽数目；⑥羽毛的颜色；⑦蹼型；⑧雏鸟类型，等等。

科的分类主要依据比较突出而明显的特征，且常具有一定适应性的形态特征和生态学方面的明显特征。如燕科具有平扁而短阔的喙，适应在急速飞行中捕食昆虫；绣眼鸟科的舌尖有两簇刷状突，可伸入花中捕食昆虫或采食花粉。在生态上，如攀雀（*Remiz*）原归于山雀科（Paridae），但它不像山雀在树洞或岩缝中营杯状巢，而是营囊状巢并悬于枝头，因此

图 19-18 蜂鸟能够即刻改变方向或当从花中吸蜜时悬在空气中不动的秘密有赖于其翼的结构

其翼几乎是不弯曲的，由一旋转关节与肩相联，并由相对于鸟体而言，相当大的喙上肌提供动力。当盘旋时，翼双桨式划动。向前动时翼前沿向前，向后动时肩旋转约 180° 向后。结果在前、后动时产生抬举而没有推进

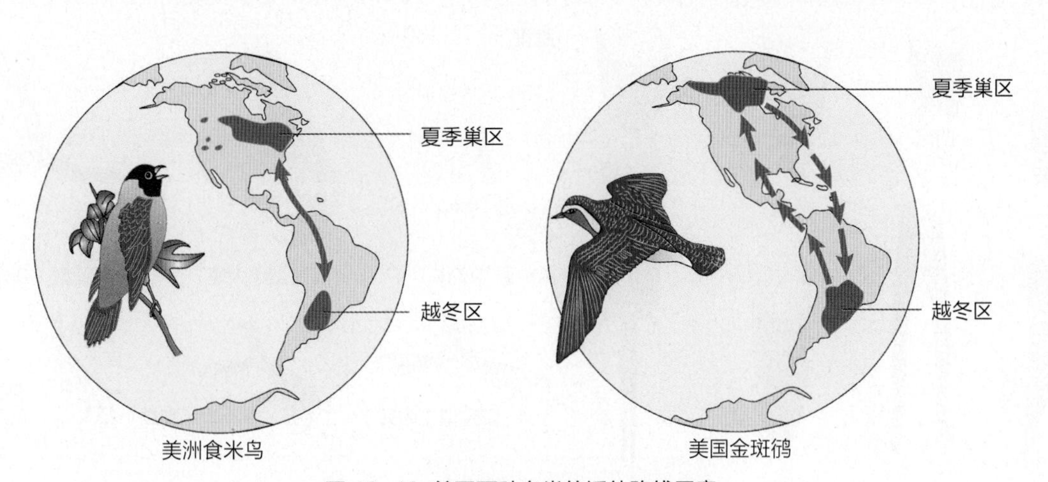

图 19-19 美国两种鸟类的迁徙路线示意

目前将它另立为一个科，即攀雀科（Remizidae）。属的分类主要依据共有的形态特征，例如喙形、羽冠的有无、翅型和尾羽数目等。区分属时并不只依据一种特征，而是以综合的特征为依据。种的分类主要依据生殖隔离。另外，物种鉴别还依据形态、分布和生态学等方面的特征。

19.2.1 平胸总目（Ratitae）

平胸总目为现存体型最大的奔走生活鸟类，体重大者达135 kg，体高2.5 m，具有一系列原始特征：翼退化；胸骨不具龙骨突，不具尾综骨及尾脂腺；羽均匀分布，无羽区及裸区之分，羽支不具羽小钩，因而不形成羽片；足趾由于适应奔走生活而趋于减少，仅2~3趾。分布限于南半球（非洲、美洲和澳大利亚南部）。代表动物为非洲鸵鸟（*Struthio camelus*）、美洲鸵鸟（*Rhea americana*）及鸸鹋（*Dromaius novaehollandiae*），此外还有鹤鸵（*Casuarius* sp.）和几维鸟（*Apteryx* sp.）等。

19.2.2 企鹅总目（Impennes）

为不会飞翔但擅长潜水和游泳的中、大型鸟类。具有一系列适应潜水和游泳生活的特征：前肢鳍状，适于划水；具均匀分布的鳞片状羽（羽轴短而宽，羽片狭窄）；尾短；腿短而移至躯体后方，趾间具蹼，适于游泳；在陆上行走时躯体近于直立，左、右摇摆；皮下脂肪发达，有利于在寒冷地区及水中保持体

图 19-20 始祖鸟化石（A）及其复原图（B）
（A 引自 http://www.jskjb.com/upload/original/）

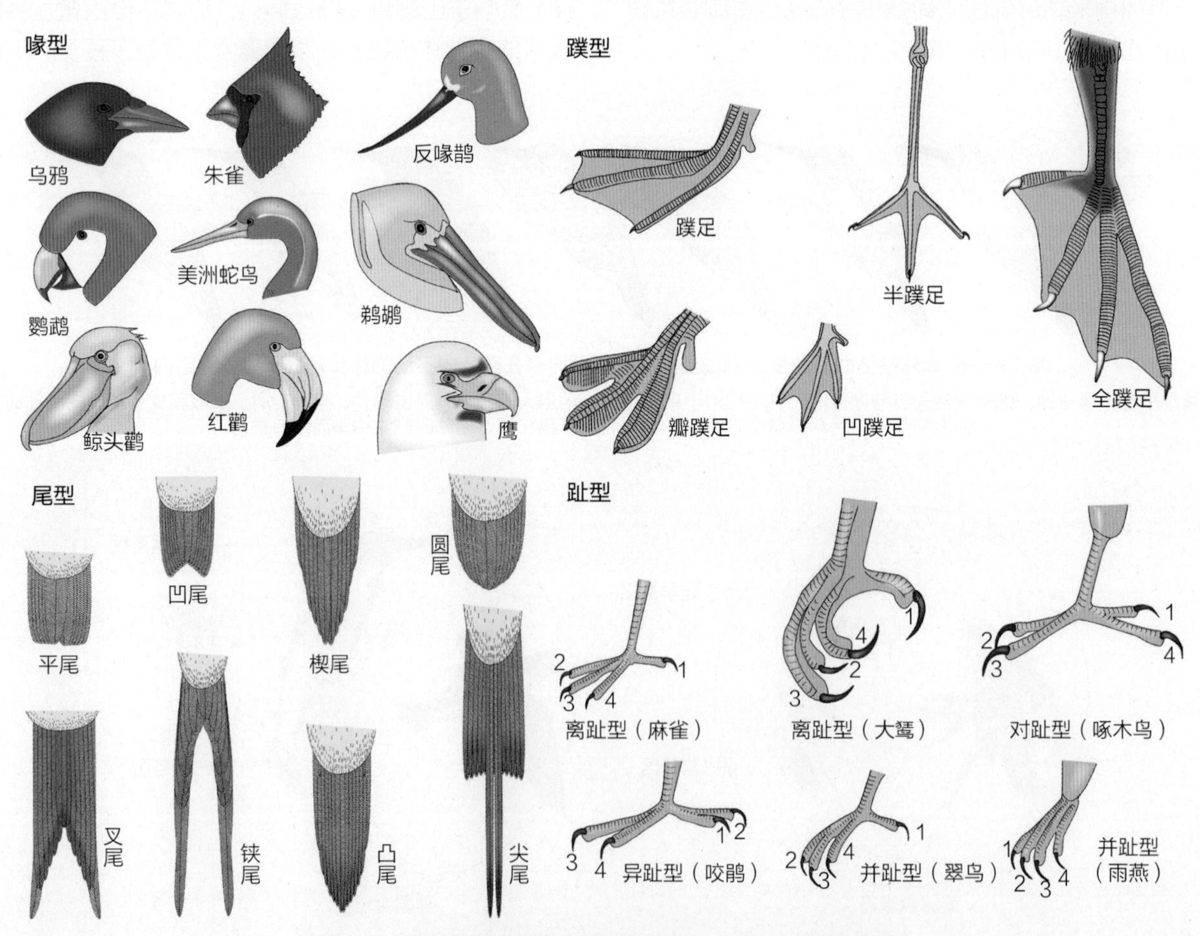

图 19-21 鸟类分类常用的依据示意：喙型、尾型、蹼型和趾型

温。骨骼沉重不充气；胸骨具有发达的龙骨突，与前肢划水有关；游泳快速，有人称其为“水下飞行”者。分布限于南半球。

19.2.3 突胸总目（Crinatae）

翼发达，善于飞翔，胸骨具龙骨突。最后4~6枚尾椎骨愈合成1块尾综骨，具气质骨；正羽发达，构成羽片，体表有羽区、裸区之分；雄鸟绝大多数均不具交配器。我国现存鸟类均属于突胸总目，计有24目101科。根据其生活方式和结构特征，大致可分为6个生态类群，即游禽、涉禽、陆禽、攀禽、猛禽和鸣禽。现就常见类群略加概述。

（1）游禽类

包括5个目，不善行走，但适于游泳和潜水，具有较强的飞翔能力。后肢多后移；趾间具蹼；形成游泳器官，尾脂腺发达。

①䴙䴘目（Podicipediformes） 中等体型，极善潜水；喙尖而直；趾具分离的瓣蹼；尾短小，由一簇绒羽构成；羽松软如丝。遇警时能背负幼鸟在水下潜逃，与所有其他游禽不同（潜鸟、秋沙鸭及天鹅可背负幼鸟在水面游逃）。共1科20种，中国有5种；代表种有小䴙䴘（*Podiceps ruficollis*）和凤头䴙䴘（*P. cristatus*，图19-22A）等。

②鹱形目（Procellariiformes） 大型海洋性鸟类；喙强大具钩，由多个角质片构成；鼻孔呈管状；趾间有蹼；翼长而尖，善于在海面翱翔；多集群繁殖，产卵于岸边地上，有时卵下垫草叶；每次产1枚卵，白色，两性均参与孵卵，孵卵期为70~80天。晚成雏，需哺育42天。共4科，中国3科，其中信天翁科13种，中国有2种。我国常见的短尾信天翁（*Diomedea albatrus*）属漂泊性海鸟，除繁殖期外，几乎终日翱翔或栖息于海上。

③鹈形目（Pelecaniformes） 大型鸟类；具全蹼；喙强大具钩，具发达的喉囊，适于捕鱼；多在树上或岩崖上营巢。共6科，中国有5科。代表种类有普通鸬鹚（*Phalacrocorax carbo*）、白鹈鹕（*Pelecanus onocrotalus*，图19-22B）、小军舰鸟（*Fregata minor*）和红脚鲣鸟（*Sula sula*）等。

④雁形目（Anseriformes） 大、中型重要的经济鸟类；喙扁平，边缘具有滤食功能的梳状栉板，喙尖具加厚的“嘴甲”；腿后移，前3趾间具蹼；后趾形小而不着地；皮下脂肪厚；尾脂腺发达；气管基部具膨大的骨质囊，有助于发声时的共鸣；雄鸟比雌鸟的羽色美丽，翼常具有暗绿色或紫色带有金属光泽的翼镜；雄鸟有交配器；早成雏；具季节性长距离迁徙习性。本目2科，145种，我国只有1科，即鸭科，46种。

常见的雁类有斑头雁（*Anser indicus*，图19-23A）、鸿雁（*A. cygnoides*）及豆雁（*A. fabalis*）等。常见鸭类代表有绿头鸭（*Anas platyrhynchos*）、斑嘴鸭（*A. poecilorhyncha*）及鸳鸯（*Aix galericulata*，图19-23B）等。鸿雁是我国家鹅的祖先。雁形目体型最大的是天鹅（*Cygnus* sp.），通体洁白，喙黄具黑斑；游泳时长颈直伸于水面；体姿优美，稀少而珍贵，为我国重点保护鸟类。

⑤潜鸟目（Gaviiformes） 体羽紧密，背部多为黑色、腹部白色；喙长而尖；跗跖侧扁，前3趾具蹼，后趾几乎与其他趾在一个平面上；翅小而尖；早成雏。潜鸟擅长潜水，在陆地上走路很笨拙。潜鸟广泛分布于北方高纬度地区，冬季南迁。共1属5种，中国分布3种，代表种类为红喉潜鸟（*Gavia stellata*）（图19-23C）。

（2）涉禽类

涉禽包括3个目，栖息于水边，不会游泳，适于涉水生活。具喙长、颈长和后肢长的3长特征，尾脂腺发达。

①鸻形目（Charadriiformes） 多为中、小型鸟类；体沙土色，具有隐蔽性，多在水边和沼泽地

图 19-22 䴙䴘目、鹈形目代表种例

A. 凤头䴙䴘；B. 白鹈鹕（引自国家科技部教学标本资源平台，A 为时磊拍摄，B 为时磊拍摄）

图 19-23 雁形目、潜鸟目代表种例

A. 斑头雁；B. 鸳鸯；C. 红喉潜鸟
（引自国家科技部教学标本资源平台，A 为时磊拍摄，B 为时磊拍摄，C 为王吉衣拍摄）

带活动；能突然起飞而方向多变，奔跑快速，翼尖善飞；早成雏；主要分布在北半球。包括鸻和鸥两个亚目，12科，中国有9科。普通燕鸻（*Glareola maldivarum*）喙短而宽，尾分叉，为我国捕食蝗虫的著名益鸟。鸻类代表种类还有金眶鸻（*Charadrius dubius*）、白腰草鹬（*Tringa ochropus*）和蟹鸻（*Dromas ardeola*）等。鸥类习性近于游禽，常集成大群活动，在渔业区，有时可对鱼苗造成危害，但燕鸥的多数种类嗜食草螟等害虫，为非渔业区的益鸟。我国常见种类有红嘴鸥（*Larus ridibundus*，图19-24A）。

②鹳形目（Ciconiiformes） 大、中型鸟类。颈部不曲成“S”形；胫部裸露，趾细长，4趾在同一平面上，喙型大多直而侧扁；营巢于高大的树上、苇丛或岩崖上；晚成雏；我国有3科，鹭科（Ardeidae）、鹳科（Ciconiidae）和鹮科（Threskiorothidae）。鹭科：我国常见的有白鹭（*Egretta alba*）、苍鹭（*Ardea cinerea*）及夜鹭（*Nycticorax nycticorax*，图19-24B）等。鹳科：常见黑鹳（*Ciconia nigra*）和东方白鹳（*C. boyciana*，图19-24C）。鹮科：朱鹮（*Nipponia nippon*）为世界濒危，在我国陕西秦岭地区（洋县）还有分布。

③鹤形目（Gruiformes） 体型大小不等；胫部裸露无羽；趾不具蹼或微具蹼，后趾高于前3趾；早成雏；本目所属12科，中国有4科，即三趾鹑科（Turnicidae）、鹤科（Gruidae）、秧鸡科（Rallidae）和鸨科（Otidae）。鹤为世界著名的湿地鸟类，世界共有鹤15种，中国有9种。代表种丹顶鹤（*Grus japonensis*）为世界珍稀鸟类，黑颈鹤（*G. nigricollis*）为我国特产。秧鸡类中的白骨顶（*Fulica atra*，图19-24D）和黑水鸡（红骨顶，*Gallinula chloropus*）常被当作狩猎对象。大鸨（*Otis tarda*）在能飞翔的鸟类中体重最大，栖息于草原地区，为世界濒危物种。

（3）陆禽类

陆禽包括2个目，适于陆地生活。其后肢强壮，善于迈步行走；喙较短、钝、善于啄食；翅短圆（鸠鸽类除外）退化，飞翔能力较差。

①鸽形目（Columbiformes） 中、小型鸟类；喙短，基部柔软，鼻孔外具有蜡膜；腿脚健壮，4趾位于同一平面；育雏期，嗉囊上皮脱落形成鸽乳喂雏；晚成雏；家鸽的祖先为原鸽（*Columba livia*）。本目2科，即沙鸡科（Pteroclididae）和鸠鸽科（Columbidae），中国均有分布。代表种类有毛腿沙鸡（*Syrrhaptes paradoxus*）和山斑鸠（*Streptopelia orientalis*）（图19-25A）等。

②鸡形目（Galliformes） 体形大小不等；腿脚强健，具适于掘土挖食的钝爪。弓形的上喙适于啄食植物种子，嗉囊发达；翼短圆，不善远飞；雌、雄大多异色，雄鸟羽色鲜艳，繁殖期好斗，有复杂的求偶炫耀行为；早成雏。本目共7科，中国有2科，即松鸡科（Tetraonidae）和雉科（Phasianidae）。世界性分布，也是重要的经济鸟类，许多已被驯养。饲养最多的是雉科的种类，除原鸡的后裔家鸡外，饲养种类有普通鹌鹑（*Coturnix coturnix*）、鹧鸪（*Francolinus pintadeanus*）、石鸡（*Alectoris chukar*）、环颈雉（*Phasianus colchicus*）、绿孔雀（*Pavo muticus*）和白鹇（广东省鸟）（*Lophura nycthemera*，图19-25B）等。代表种类还有蓝马鸡（*Crossoptilon auritum*）、红腹角雉（*Tragopan temminckii*）、红腹锦鸡（*Chrysolophus pictus*，图19-25C）和褐马鸡（*Crossoptilon mantchuricum*）等。

图 19-24 鸻形目、鹳形目和鹤形目代表种例

A. 红嘴鸥；B. 夜鹭；C. 东方白鹳；D. 白骨顶
（引自国家科技部教学标本资源平台，A、B 为刘家武拍摄，C 为唐仕敏拍摄，D 为时磊拍摄）

图 19-25 鸽形目和鸡形目代表种例

A. 山斑鸠；B. 白鹇；C. 红腹锦鸡
（引自国家科技部教学标本资源平台，A 为李神斌拍摄，B 为舒实拍摄，C 为时磊拍摄）

（4）猛禽类

猛禽包括2个目。喙、爪锐利带钩；翼强健，飞翔能力强；羽色多不鲜艳；性情凶猛，善于捕猎。

①隼形目（Falconiformes） 大、中型肉食性鸟类。喙具利钩以撕裂猎物；脚强健有力，具锐利的钩爪；翼发达，善疾飞及翱翔；视觉敏锐；雌鸟体型大于雄鸟；有些种类嗜食动物尸体；多数为益鸟，在消灭鼠害方面有很大作用；晚成雏。本目5科，中国有3科。代表类群有鹰类和隼类。鹰类中、大型，上喙边缘具弧状垂突，跗跖部相对较长，约与胫部等长，飞行时扇翅节奏较慢。代表种有鸢（老鹰）（*Milvus korshun*）、苍鹰（*Accipiter gentilis*，图19-26A）、雀鹰（*A. nisus*）、金雕（*Aquila chrysaetos*）和秃鹫（*Aegypius monachus*）等。隼类为中、小型，喙较短，上喙边缘具单枚齿突，鼻孔圆形，尾较长，扇翅节奏较快，多以鼠类为主食，代表种有红隼（*Falco tinnunculus*，图19-26B）和游隼（*F. peregrinus*）等。

②鸮形目（Strigiformes） 中、小型鸟类；夜行性；内部结构似攀禽，但喙和爪强而锐利，外趾能后转成对趾足；两眼大而向前，眼周有放射状细羽构成的"面盘"，俗称"猫头鹰"；听觉为其主要定位器官，耳孔特大，周缘具皱襞或耳羽，有利于收集音波；羽片柔软，飞时无声，适于夜间捕食；营巢于树洞中；晚成雏。本目2科，中国均有分布，即草鸮科（Tytonidae）和鸱鸮科（Strigidae）。代表种有长耳鸮（*Asio otus*）、短耳鸮（*A. flammeus*）、雕鸮（*Bubo bubo*，图19-26C）和纵纹腹小鸮（*Athene noctus*，图19-26D）等。

（5）攀禽类

常见攀禽包括9个目。腿短而健壮，适于在树干、树枝、土壁、石壁上攀缘生活。其足趾往往发生特化以适应特殊的生活方式，如对趾型、异趾型、并趾型和前趾型等。

①鹦形目（Psittaciformes） 中、小型鸟类。对趾型足；喙短而坚硬具利钩，上喙能上抬，利于在树上攀缘及掰剥种子的种皮；大多营巢于树洞中；产白色近球形卵，孵化期21天；晚成雏；是著名的观赏鸟，善仿效人类语言。本目1科，即鹦鹉科（Psittacidae），中国有分布。代表种有大紫胸鹦鹉（*Psittacula*

图 19-26 隼形目与鸮形目代表种例

A. 苍鹰；B. 红隼；C. 雕鸮；D. 纵纹腹小鸮
（引自国家科技部教学标本资源平台，A 为徐剑拍摄，B 为时磊拍摄，C、D 为王海涛拍摄）

derbiana）、小葵花凤头鹦鹉（*Cacatua sulphurea*）和虎皮鹦鹉（*Melopsittacus undulatus*）等。

②**鹃形目**（Cuculiformes） 中型鸟类；对趾型或转趾型足；外形略似隼，但喙、爪不具钩；喙较纤细，常具鲜艳色泽；翅尖长，尾长呈圆形；有的为巢寄生（产卵于其他鸟巢中，出壳后能将巢内义亲的卵和雏抛出巢外，独受义亲的哺育）；晚成雏；具迁徙性；主食昆虫，为农林益鸟。本目3科，中国1科，为杜鹃科（Cuculidae）。代表种有大杜鹃（布谷鸟）（*Cuculus canorus*）、四声杜鹃（*C. micropterus*）、褐翅鸦鹃（*Centropus sinensis*）和蓝蕉鹃（*Corythaeola cristata*）等。

③**䴕形目（啄木鸟目）**（Piciformes） 中、小型鸟类；对趾型足；喙凿形，舌长具倒钩，能远伸出口外，专食蛀干害虫，有“森林医生”之称；尾羽的尾轴坚硬而有弹性，啄木时起支架作用；凿树洞为巢；产3~5枚白色钝圆形卵，孵卵期10~18天，晚成雏。本目6科，中国有2科，即须䴕科（Capitonidae）和啄木鸟科（Picidae）。代表种有大斑啄木鸟（*Dendrocopos major*）和黄冠绿啄木鸟（*Picus chlorolophus*）等。

④**夜鹰目**（Caprimulgiformes） 中、小型鸟类；夜行性；并趾型足（前趾基部并合），中爪具栉状缘；喙短阔，边缘具成排硬口须，适于飞捕昆虫；体色与枯枝相似，为白天潜伏时的保护色；具有休眠现象，以度过缺食、寒冷的冬季；不营巢；产1~2枚卵于地表；晚成雏。本目5科，中国有2科。代表种有茶色蟆口鸱（*Podargus papuensis*）、普通夜鹰（*Caprimulgus indicus*）（图19-27A）和油鸱（*Steatornis caripensis*）等。

⑤**佛法僧目**（Coraciiformes） 中、小型鸟类；并趾型足；种类较多，形体各异；营洞巢；卵多为白色球形；晚成雏。本目9科，中国有5科。代表种有普通翠鸟（*Alcedo atthis*）（图19-27B）、三宝鸟（*Eurystomus orientalis*）、冠斑犀鸟（*Anthracoceros coronatus*）、紫胸佛法僧（*Coracias caudatus*）和黄喉蜂虎（*Merops apiaster*）等。

⑥**雨燕目**（Apodiformes） 小型鸟类；喙短宽似燕，或细长；羽多具光泽；翅尖长适于疾飞或短圆可“悬停”飞行；晚成雏。本目3科，中国有2科，雨燕科（Apodidae）和凤头雨燕科（Hemiprocnidae），雨燕科为前趾型足。我国常见种类有普通楼燕（*Apus apus*）、白腰雨燕（*A. pacificus*，图19-27C）和金丝燕（*Aerodramus* sp.）等。

⑦**蜂鸟目**（Trochiliformes） 为世界上最小的鸟类，小者体重仅1~2g，是新大陆特有类群，包括1科329种，主要分布于南美洲，少数种类见于中、北美洲。以花蜜为食，能在花朵前快速扇翼而悬停，此时每秒钟扇翼达50余次，伸出吸管状长舌吸吮花蜜。在蜜源不足时有短期的休眠行为，称为日眠。代表种类有蓝胸蜂鸟（*Polyerata amabilis*）、宽尾煌蜂鸟（*Selasphorus platycercus*）和紫刀翅蜂鸟（*Campylopterus hemileucurus*）等。

⑧**咬鹃目**（Trogoniformes） 小型鸟类；喙短粗，先端具钩；腿短弱，异趾型足，跗跖部分被羽；适于攀缘；体羽鲜艳并具金属光泽；晚成雏。本目仅1科，咬鹃科（Trogonidae），中国有分布。代表种有红腹咬鹃（*Harpactes wardi*）和红头咬鹃（*H. erythrocephalus*）等。

⑨**戴胜目**（Upupiformes） 小型鸟类；喙细长而

图 19-27 夜鹰目、佛法僧目和雨燕目代表种例

A. 普通夜鹰；B. 普通翠鸟；C. 白腰雨燕

（引自国家科技部教学标本资源平台，A 为杨贵生拍摄，B 为唐仕敏拍摄，C 为刘绍龙拍摄）

尖，向下弯曲；以昆虫等为食。有2科3属10种。其中戴胜科（Upupidae）有1属2种，林戴胜科（Phoeniculidae）有2属8种。代表种为戴胜（*Upupa epops*）。

（6）鸣禽类

鸣禽类仅1个目；羽色鲜艳；善于鸣叫，其鸣管和鸣肌复杂，鸣声多变；体态轻盈，活动灵敏；跗跖后部的鳞片愈合成1块完整的鳞板；大多巧于营巢；晚成雏。占现存鸟类的半数以上，5 400余种，为鸟类中最多样化的类群。

雀形目（Passeriformes） 中、小型鸟类；离趾型足，后趾与中趾等长；喙型多样；鸣管及鸣肌发达，善于鸣啭。本目72科，中国有31科。常见种如：麻雀（*Passer montanus*）、云雀（*Alauda arvensis*）、棕背伯劳（*Lanius schach*，图19-28A）、烟腹毛脚燕（*Delichon dasypus*， 图19-28B）、大山雀（*Parus major*，图19-28C）、白鹡鸰（*Motacilla alba*，图19-28D）、黑尾蜡嘴雀（*Eophona migratoria*，图19-28E）、红耳鹎（*Pycnonotus jocosus*， 图19-28F）、红嘴蓝鹊（*Urocissa erythrorhyncha*，图19-28G）、鹊鸲（*Copsychus saularis*，图19-28H）、红嘴相思鸟（*Leiothrix lutea*，图19-28I）、黑枕黄鹂（*Oriolus chinensis*）和太平鸟（*Bombycilla garrulus*）等。

19.3 鸟纲动物与人类的关系

19.3.1 鸟类的益处

①维持生态平衡 鸟类中的猛禽、海鸥和乌鸦等，嗜食死尸、垃圾及废弃的有机物，可以消除自然环境中的污染物，加速生态系统中的物质循环；食谷物的雁鸭类、鸠鸽类及乌鸦等，以多种植物种子为食，种子食入后，经过消化道后更容易萌发，是植物种子的传播者。

②食用和滋补药品 鸟类的肉、蛋、内脏乃至血液是营养丰富的美味食品。经人工驯化繁殖的雉鸡和鸵鸟等多种经济鸟类，已被推广养殖食用。某些人工驯化的禽类产品可直接入药，如鸡内金可消食，乌骨鸡等则是很好的滋补品。

③日用、观赏和使役 水禽发达的绒羽，是优良的枕、褥、被和衣服的填充材料；很多种鸟类具有观赏价值而被饲养；美丽的鸟羽可做精美的装饰品；利用信鸽传递信件；驯养鸬鹚捕鱼、雀鹰助猎和鸵鸟搬运等。

④诗词书画创作素材 鸟类题材的相关作品，一直对人类文化生活起着重要的作用。

⑤仿生素材 人们模仿鸟类飞行而发明了飞机；模仿鸟类优美的舞姿，发展了许多民族舞蹈节目，如云南省傣族的孔雀舞和白族的白鹤舞等。

⑥物种资源 鸟类中有许多待开发的种类，可作为野鸟和家禽的新品种驯养，为生物遗传工程的发展增添了新内容。

19.3.2 鸟类的危害

鸟类所造成的危害常是局部的，而且因时、因地并因人的认识程度而异。

①危害航空 飞鸟与飞机相撞而引发的事故，称为“鸟撞”。故机场需对鸟类的活动进行监测，并通过利用鸟类害怕的光、声音和猛禽的模型等综合技术进行驱鸟，以保证飞机的安全。

②传染疾病 某些鸟携带一些寄生虫和其他病原微生物，可引起人、畜和禽类共患病，如高致病性禽流感（H5N1血清型）的爆发和传播，不仅危害禽类，还危害人类。

③危害农业 许多鸟类，例如雁、鹦鹉、雉类、鸠鸽以及雀形目中的鸦科、雀科和文鸟科的许多种类都嗜食谷物或秧苗，需要在权衡得失的基础上，选择适宜的方法加以适当控制。

图 19-28 雀形目代表种例

A. 棕背伯劳；B. 烟腹毛脚燕；C. 大山雀；D. 白鹡鸰；
E. 黑尾蜡嘴雀；F. 红耳鹎；G. 红嘴蓝鹊；H. 鹊鸲；I. 红嘴相思鸟
（引自国家科技部教学标本资源平台，A 为章叔岩拍摄，B~H 为王英永拍摄，I 为时磊拍摄）

④污染环境　建筑物周围的鸟类粪便和鸟声会对环境造成一定程度的污染。

小结

鸟类是全身被羽，前肢变为翼，多数善飞，产大型羊膜卵，恒温的脊椎动物。鸟类对飞行的适应主要表现在两个方面：减少相对密度和加强飞翔的力量。身体流线型；全身被羽；气质骨，高度愈合；前肢为翼；颈部肌肉和胸肌发达，背部肌肉退化；具有发达的气囊，双重呼吸；轻便的角质喙代替牙齿和颌骨；有盲肠，直肠极短，消化能力强而迅速；2心房、2心室，完全双循环，心率快，血压高，血液循环迅速；多无膀胱，排泄尿酸，能迅速排出代谢废物；雌鸟右侧性器官多退化；体温恒定；小脑发达、视力发达、行为复杂。分为古鸟亚纲和今鸟亚纲；今鸟亚纲包括平胸总目、企鹅总目和突胸总目。

思考题

❶ 鸟类在各个器官系统上有哪些适应飞翔生活的特点？
❷ 鸟类与爬行类相比有哪些相似的特点，有哪些进步性特征？
❸ 简述鸟类呼吸系统的结构特点？
❹ 鸟类的 3 个总目在分类特征上有哪些主要区别？
❻ 鸟类的各种生态类群由于适应相似的生境，在形态结构上有哪些趋同性表现？
❼ 什么叫迁徙？举例说明留鸟和候鸟。
❽ 鸟类繁殖行为有哪些主要特征？试述其生物学意义。
❾ 简述鸟类与人类的关系。
❿ 概述禽流感与野生鸟类、家禽和人之间的关系。

数字课程学习

☐ 教学视频　☐ 教学课件
☐ 思考题解析　☐ 在线自测

（苏丽娟）

第 20 章 哺乳纲（Mammalia）

哺乳动物是全身被毛、运动快速、恒温、多数胎生和全部哺乳的高等脊椎动物，又称兽类。

20.1 哺乳纲动物的进步性特征

哺乳动物无论是躯体结构，还是生理功能均为动物界中最高等的类群。它比其他动物类群高等而进步的特征表现在：

①具有动物界中最发达的神经系统和感觉器官。大脑有发达的皮层，参与行为、记忆和学习有关的高级机能，能够协调复杂的机能活动和适应多变的环境条件。

②在动物界中首次出现口腔咀嚼消化，大大提高了消化能力。

③具有高而恒定的体温（25℃~37℃），减少了对环境的依赖，扩大了分布范围。

④具有陆上快速运动的能力，能有效地捕食和御敌。

⑤多数胎生，全部哺乳的繁殖和育儿能力，极大地保证了后代的成活率。

20.2 胎生、哺乳及其在动物演化上的意义

（1）胎生

绝大多数哺乳动物是胎生（viviparity）（原兽亚纲的种类为卵生），所谓胎生是指胎儿借一种特殊的构造：胎盘（placenta）和母体联系并取得营养，在母体内完成胚胎发育过程（妊娠，gestation）而成为幼儿后产出。

胎盘是由胎儿的绒毛膜（chorion）和尿囊（allantois）与母体子宫内膜结合起来形成的（图20-1）。胎儿发育中所需的养料由母体的血液提供。胎儿和母体的两套血液循环系统不相通，中间有1层极薄的（约2 μm）膜所隔开，营养物质和代谢废物是通过膜的弥散作用来交换的。其弥散过程有着高度的特异性，可以允许O_2、CO_2、H_2O、电解质、无机盐、小分子有机物、脂溶性维生素和激素等通过，大分子物质和细胞均不能透过。一些大分子营养物质如血

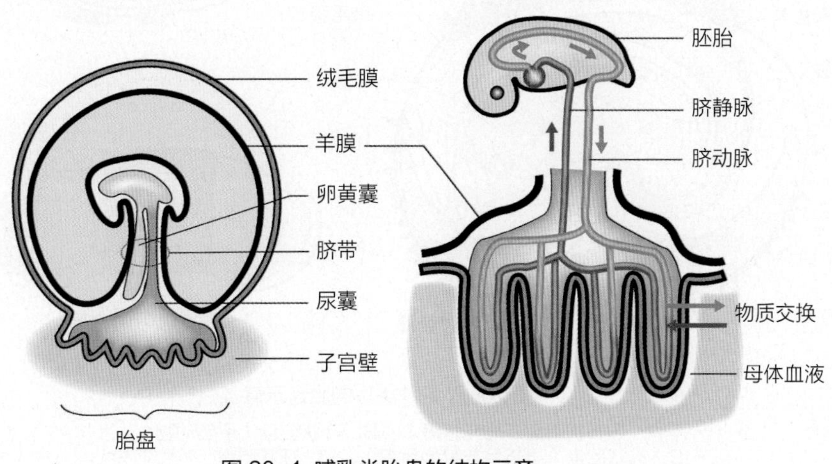

图 20-1 哺乳类胎盘的结构示意

浆蛋白、免疫球蛋白和脂质等，虽不能直接通过胎盘，但可通过胎盘中存在的多种酶分解为脂肪酸、氨基酸和葡萄糖后通过胎盘，再由胎盘合成脂肪、蛋白质和糖原供胎儿利用。胎儿的代谢废物如尿素、尿酸、肌酸和乳酸等，也是通过胎盘传送给母血，再由母体排出体外。超微结构研究显示，这些物质的弥散是通过胚胎绒毛膜上的几千个指状突起（绒毛）像树根一样插入子宫内膜而完成的。绒毛极大地扩展了交换接触面积。以人的胎儿为例，整个绒毛的表面积约为皮肤面积的50倍。胎盘细胞有许多类型，以控制母体与胎儿之间的物质交换，它们同时具有胎儿暂时性的肺、肝、小肠和肾功能，并能产生激素。

哺乳类的胎盘有无蜕膜和蜕膜之分。无蜕膜胎盘胚胎的尿囊和绒毛膜与母体子宫内膜结合不紧密，胎儿出生时似手从手套脱出一样，不使子宫壁大出血。而蜕膜胎盘的尿囊和绒毛膜与母体子宫内膜结为一体，胎儿产出时需将子宫壁内膜一起撕下产出，造成大量流血。蜕膜胎盘属于哺乳类的较高等类型，效能高，更利于胚胎发育。无蜕膜胎盘一般包括散布状胎盘和叶状胎盘，散布状胎盘的绒毛均匀分布在绒毛膜上，鲸、狐猴及某些有蹄类属此（图20-2A）；叶状胎盘的绒毛汇集成一块块小叶丛，散布在绒毛膜上，大多数反刍动物属此（图20-2B）。蜕膜胎盘一般包括环状胎盘和盘状胎盘，盘状胎盘绒毛呈盘状分布，食虫目、翼手目、啮齿目和多数灵长目种类属此（图20-2C）；环状胎盘绒毛呈环带状分布，食肉目种类、象和海豹等属此（图20-2D）。

（2）哺乳

哺乳类的幼仔产出后，母兽以乳腺分泌的乳汁哺育之，乳汁含有水、蛋白质、脂肪、糖、无机盐、酶和多种维生素，营养丰富且易消化，还有一些抵御疾病的特殊抗体，因此对幼仔的生长发育极其有利。哺乳使后代的发育成长在优越的营养条件下迅速完成，加之哺乳类对幼仔有各种完善的保护行为，因而哺乳动物幼仔的成活率远比其他脊椎动物高。与之相关的是哺乳类所产幼仔数目显著减少。

（3）胎生和哺乳在动物演化上的意义

胎生使胎儿在母体内稳定的条件下发育，并从母体获得养料和O_2。哺乳使胎儿获得营养丰富而平衡的乳汁，又可得到母体的保护。胎生和哺乳使后代成活率大为提高。

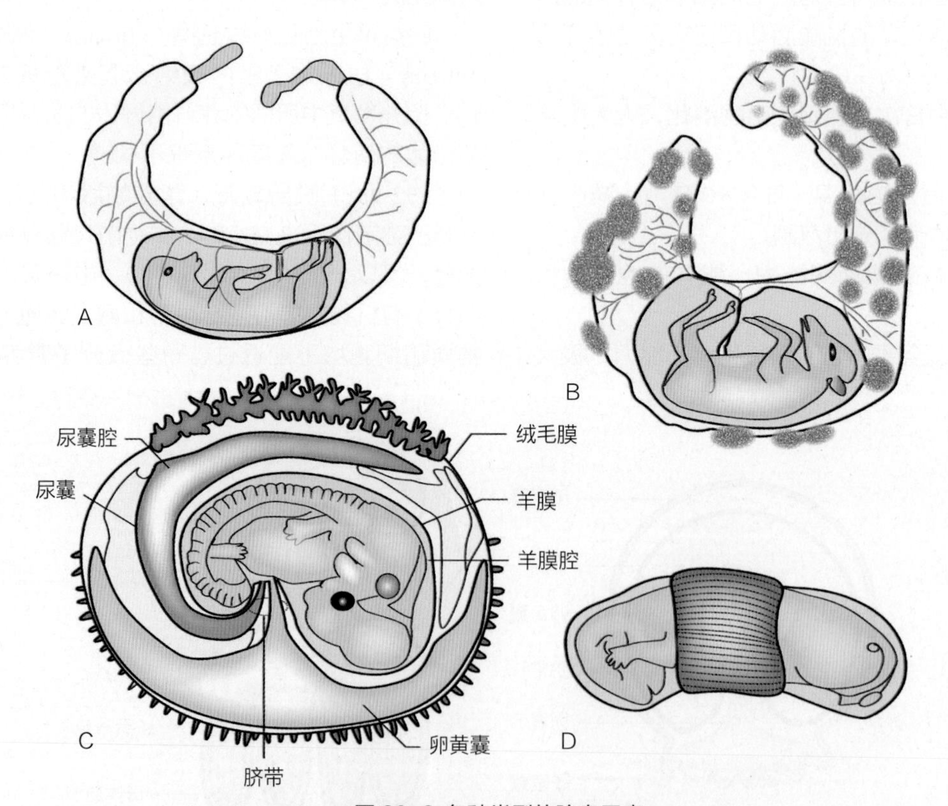

图 20-2 各种类型的胎盘示意

A. 散布状胎盘（马与猪等）；B. 叶状胎盘（反刍动物）；
C. 盘状胎盘（灵长目与啮齿目等）；D. 环状胎盘（狗和猫等）

20.3 哺乳纲动物的躯体结构

20.3.1 外形

哺乳类体表被毛，身体分为头、颈、躯干、四肢和尾等部分。躯体结构与四肢的着生均适应于在陆地上快速运动。四肢均着地或仅后肢着地，前肢的肘关节向后转，后肢的膝关节向前转，从而使四肢紧贴于躯体下方（图20-3B），大大提高了支撑力和跳跃力，有利于步行和奔跑，结束了低等陆栖动物以腹壁贴地，用尾巴作为运动辅助器官的局面（图20-3A）。适应于不同生境的哺乳类，在形态上有较大改变。水栖种类（如鲸）体呈鱼形，附肢退化呈桨状；飞翔种类（如蝙蝠）前肢特化，具有翼膜；穴居种类体躯粗短，前肢特化如铲状，适应掘土（如鼢鼠）。

20.3.2 皮肤及其衍生物

（1）皮肤

分为表皮和真皮（图20-4），表皮为复层扁平上皮组织，外层的细胞角质化，称角质层，与基底膜相接的一层为生发层，具分裂增殖能力，可补充损耗的外层细胞。基底膜下为真皮。真皮厚而含有致密结缔组织。真皮部分可利用制革。真皮之下为疏松结缔组织，含有大量的脂肪细胞。

（2）皮肤衍生物

包括：毛、皮肤腺、指（趾）端角质构造和角等。

哺乳动物的毛分针毛、绒毛和触毛3类。针毛长而粗，耐摩擦，有保护作用；绒毛细而卷曲，在针毛基部，用于冬季保暖；触毛长而硬，总在嘴边，有触觉作用。哺乳动物的毛在每年春、秋季脱落更换，称为换毛，秋季夏毛脱落，长出长而密的冬毛，春季冬毛脱落，长出短而稀的夏毛。一般以此来确定狩猎时间以保证毛皮质量。

哺乳动物的皮肤腺包括：汗腺（sweat gland）、乳腺（mammary gland）、皮脂腺（sebaceous gland）和味腺（scent gland）。汗腺是哺乳类特有的多细胞单管状腺，由表皮生发层分化形成，具有排泄和调节体温作用；乳腺也是哺乳类特有的，由汗腺演变而成，乳腺集中区为乳区，除原兽亚纲种类无乳头外，哺乳动物在乳区上有乳头，分真乳头和假乳头两种，前者的分泌管直接开口于乳头表面（灵长目和啮齿目等），后者的分泌管开口于乳头管底部，再由乳头管通出体外（牛和羊等）；皮脂腺为葡萄囊状的多细胞腺体，分泌皮脂以润滑皮肤和毛；味腺又称臭腺，是汗腺和皮脂腺的变形，能分泌具有特殊气味的物质，有吸引异性、自卫和标记领域等作用，如雄麝的麝香腺和啮齿动物的腹下腺等。

爪、蹄和指甲均为兽类指（趾）端表皮形成的角质结构，蹄和指甲均为爪的变形。角为若干哺乳动物特有的头部表皮及真皮部分特化的产物，也是有蹄类的防卫利器。常见的有洞角（牛角和羊角等）及实角（鹿角）。

洞角不分叉，终生不更换，为头骨的骨角外面套以表皮角质化形成的角质鞘构成（图20-5A）。实角为分叉的骨质角，通常多为雄性发达，且每年脱换一次（图20-5B）。它是由真皮骨化后，穿出皮肤而成。刚生出的鹿角外包富有血管的皮肤，此期的鹿角称鹿茸，为贵重的中药材。长颈鹿的角终生包被有皮毛，是另一种特殊结构的角。犀牛角则为毛的特化产物。

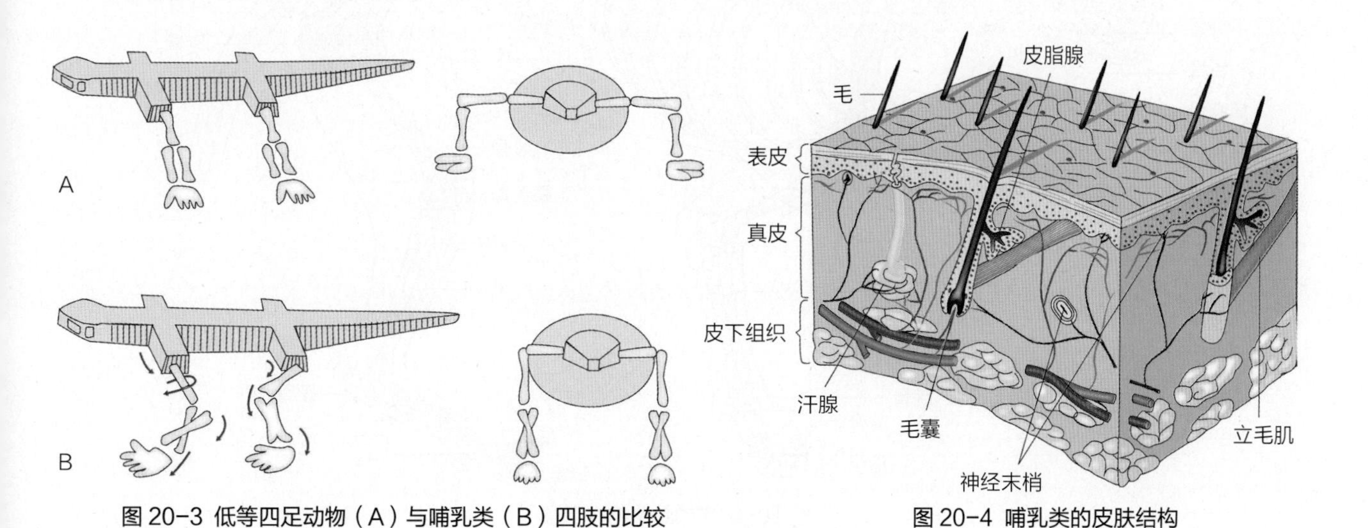

图 20-3 低等四足动物（A）与哺乳类（B）四肢的比较

图 20-4 哺乳类的皮肤结构

20.3.3 骨骼系统

哺乳动物骨骼系统包括中轴骨骼和附肢骨骼（图20–6）。

（1）中轴骨骼

包括：头骨、脊柱、胸骨及肋骨。头骨由于脑、感官的发达和口腔咀嚼的产生而发生了显著变化。脑颅和鼻腔扩大和次生腭的形成，使头骨的一些骨块消失、变形和愈合，顶部形成明显的“脑杓”以容纳脑髓，枕骨大孔移至头骨的腹面。鼻腔扩大而有明显的脸部。下颌骨由单一的齿骨构成。齿骨与头骨的颞骨鳞状部直接关节，加强了咀嚼能力；头骨具有颧弓，作为咀嚼肌的起点。脊柱分为颈、胸、腰、荐和尾椎，椎体的关节面平坦，为双平型椎体，椎体之间有纤维软骨质椎间盘（intervertebral disk）。颈椎数目多为7枚。第1、2枚特化为寰椎和枢椎，寰椎与头骨间可上、下运动，寰椎还能与头骨一起在枢椎上转动，增强了灵活性。胸椎12~15枚，两侧与肋骨相关节。胸椎、肋骨和胸骨构成胸廓，是保护内脏、完成呼吸动作和间接支持前肢运动的重要支架。荐椎多3~4枚，有愈合现象，构成对后肢腰带的稳固支撑。鲸由于后肢退化而无明显的荐椎。尾椎数目不定，有的退化。

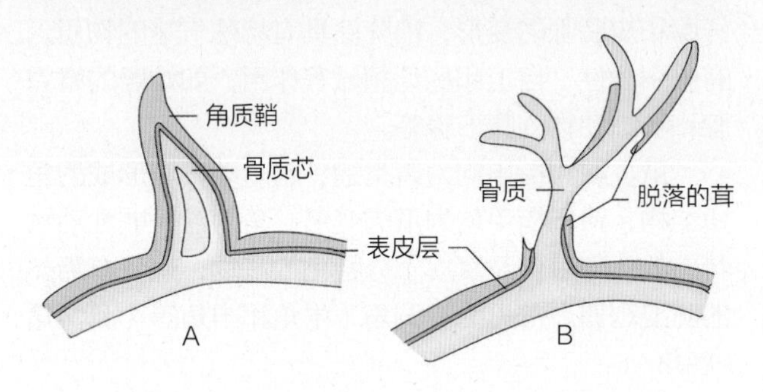

图 20–5 哺乳类洞角（A）与实角（B）示意

（2）附肢骨骼

包括：肩带、腰带和四肢骨。哺乳类的四肢主要为前、后运动，肢骨长而强健，与地面垂直，指（趾）向前。

肩带由肩胛骨、喙状骨和锁骨构成。肩胛骨十分发达，喙状骨退化成喙突。锁骨多趋于退化。单孔目尚有前喙状骨和间锁骨。前肢骨的基本结构与一般陆生脊椎动物相似，但肘关节向后，提高了支撑和运动能力。**腰带**由髂骨、坐骨和耻骨构成。髂骨与荐椎关节，左、右坐骨与耻骨在腹中线处愈合，构成闭合式骨盆。后肢骨的基本结构与一般陆生脊椎动物相似，但膝关节向前，提高了支撑和运动能力。

陆栖哺乳类适应于不同的生活方式，在足型上有跖行、趾行和蹄行（图20–7），其中以蹄行与地表接触面最小，是适应于快速奔跑的一种足型。

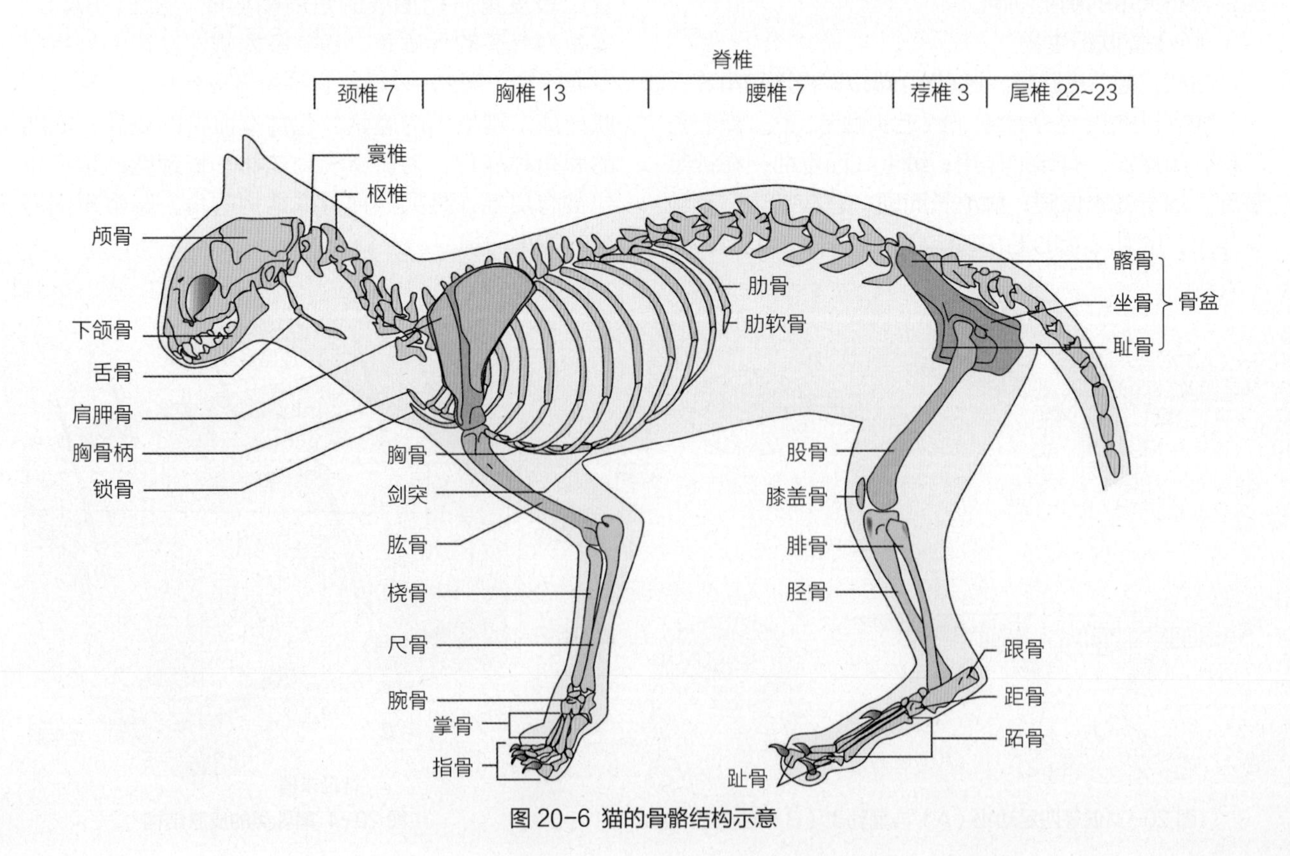

图 20–6 猫的骨骼结构示意

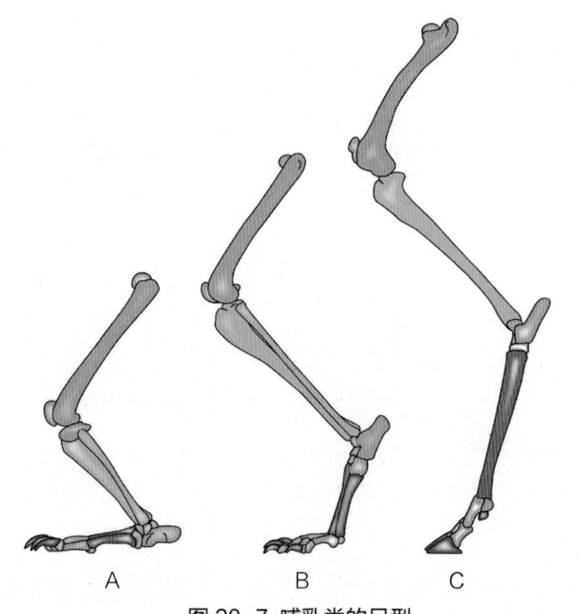

图 20-7 哺乳类的足型

A. 跖行（狒狒）；B. 趾行（狐）；C. 蹄行（羊、驼）

20.3.4 肌肉

哺乳类的肌肉系统基本上与爬行类相似，但功能和结构进一步复杂化并有其特殊性。表现在如下方面：①**具有特殊的膈肌**。膈肌为哺乳类特有，起于胸廓后端的肋骨缘，止于中央腱，构成分开胸腔与腹腔的膈。在神经系统的调节下发生运动而改变胸腔容积，是呼吸运动的重要组成部分。②**咀嚼肌强大**。由于哺乳类出现了口腔消化，与之相适应，出现了强大的咀嚼肌，由颞肌、咬肌、翼外肌和翼内肌构成，均分布于下颌关节周围，收缩时牵引下颌骨，进行咀嚼运动。③**皮肤肌发达**。哺乳类皮肤的结构和功能极为完善，皮肤肌发达是其表现之一。④**表情肌**。哺乳类中的低等种类无表情肌，食肉动物出现表情肌，灵长类的表情肌发育完善，而人类的表情肌最为发达，约有30块。⑤**四肢及躯干的肌肉具有高度可塑性**。为适应其不同运动方式出现了不同的肌肉模式，如适应于快速奔跑的有蹄类及食肉类四肢肌肉强大。

20.3.5 消化系统

哺乳动物消化系统包括消化道和消化腺（图20-8）。

（1）消化道

消化道分为：口腔、咽、食道、胃、小肠、大肠、直肠和肛门等部分。哺乳动物出现了肌肉质的唇（lip）。在食草动物特别发达，为吸乳、摄食及辅助咀嚼的主要器官；口腔内有牙齿和舌及唾液腺的导管通入。哺乳动物牙齿属异型齿（heterodont），分化为门齿（incisor，简写为I）、犬齿（canine，简写为C）、前臼齿（premolar，简写为P）和臼齿（molar，简写为M）。

牙齿的主要作用是切断、撕裂和磨碎食物。牙齿外侧出现颊部，可防止食屑掉落，有些仓鼠、松鼠和猴在颊部内侧有颊囊来储存、搬运食物。

牙齿分齿冠和齿根（图20-9），上端为齿冠，其表面覆盖坚硬的釉质（珐琅质），下端为齿根，其外面覆盖一层齿质，齿的内部空腔称髓腔，内有齿髓组织，血管和神经通过根尖孔进入齿髓，腔外的厚壁为齿质。大多数哺乳动物的牙齿为再出齿（diphyodont），即先有乳齿（temporary or milk tooth），脱落后再换成恒齿（permanent tooth），终生不再更换。只有门齿、犬齿和前臼齿有乳齿，这几种乳齿以后逐渐由恒齿替代。臼齿只有恒齿。

因食性不同，哺乳类牙齿可分为食虫性（insectivorous）、食肉性（carnivorous）、食草性（herbivorous）和杂食性（omnivorous）（图20-10）。食虫动物门齿尖锐，犬齿不发达，臼齿齿冠上有锐利的齿尖，多呈“W”型。食肉动物门齿较小，少变化，犬齿特别发达，臼齿常有尖锐的突起，上颌最后一枚前臼齿和下颌的第一枚臼齿常特别增大，齿尖锋利，用以撕裂肉，称为**裂齿**（carnassial teeth）。食草动物犬齿不发达或缺少，这样就形成了门齿和前臼齿间的宽阔齿隙（或称犬齿虚位，diastema），臼齿扁平，齿尖延成半月型，称月型齿（lophodont），齿冠也高。杂食动物的臼齿齿冠有丘形隆起，称为丘型齿（bunodont）。

不同食性的哺乳动物其牙齿的形状和数目均有很大变异，但齿型和齿数在同一种类是稳定的，通常用齿式（dental formula）来表示哺乳动物上、下颌一

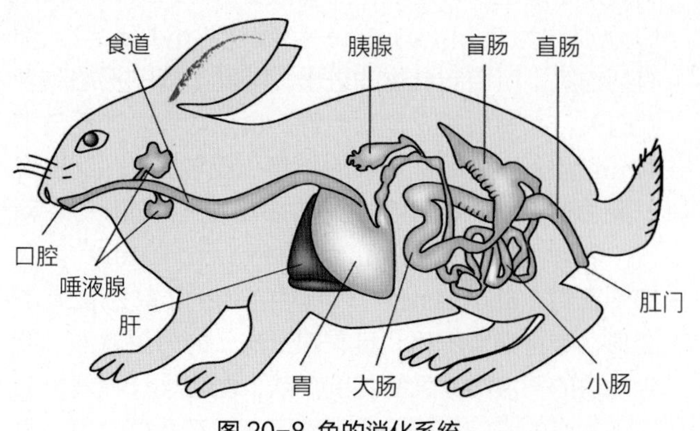

图 20-8 兔的消化系统

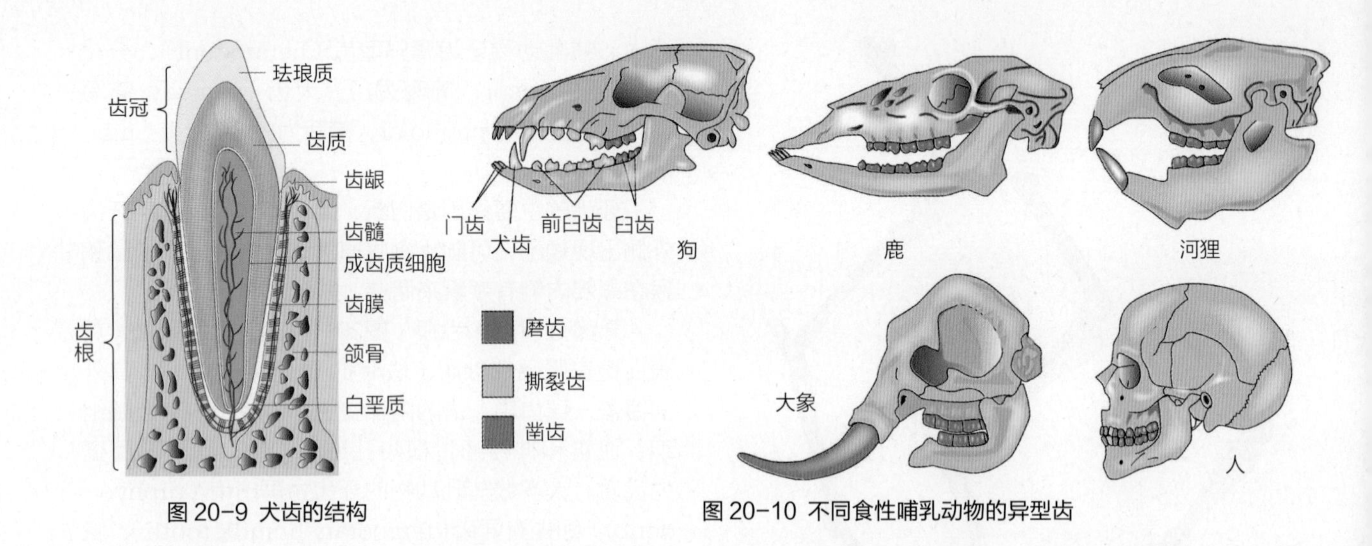

图 20-9 犬齿的结构

图 20-10 不同食性哺乳动物的异型齿

侧牙齿的数目，它是哺乳类分类的重要依据。例如：

$$猪为\frac{3\cdot1\cdot4\cdot3}{3\cdot1\cdot4\cdot3}=44；牛为\frac{0\cdot0\cdot3\cdot3}{4\cdot0\cdot3\cdot3}=32$$

$$仓鼠为\frac{1\cdot0\cdot0\cdot3}{1\cdot0\cdot0\cdot3}=16；猴与人均为\frac{2\cdot1\cdot2\cdot3}{2\cdot1\cdot2\cdot3}=32$$

舌是味觉器官，同时具有搅拌食物和辅助发声等功能。口腔由硬腭和软腭一起将呼吸道与消化道充分隔开，各自功能更为独立与完善。口腔后接咽，后通喉与食道。哺乳动物由于形成了次生腭，内鼻孔开口到咽部，咽部即成为消化和呼吸道的交叉处（图20-11）。哺乳动物适应于吞咽食物碎屑、防止食物进入气管，而在喉门外形成一个软骨的“喉门盖”，即会厌软骨（epiglottis）。当完成吞咽动作时，先由舌将食物后推至咽，食物刺激软腭而引起一系列的反射：软腭上升、咽后壁向前封闭咽与喉的通路，此时呼吸暂停，食物经咽部而进入食道，解决咽交叉部位呼吸与吞咽的矛盾。

食道和胃　食道是通到胃的肌肉质管，食道壁的肌肉为平滑肌。胃是消化道的重要部分，其入口和出口分别称为贲门（cardia）和幽门（pylorus），都有括约肌，可控制食物的进出。哺乳类胃的形态与食性有关，大多数哺乳类为单胃。食草动物中的反刍类（ruminant）则具有复杂的复胃（反刍胃）。反刍胃一般由4室组成（图20-12），即瘤胃（rumen）、网胃（蜂巢胃，reticulum）、瓣胃（omasum）和皱胃（真胃，abomasum）。其中前3个胃室为食道的变形，皱胃为胃本体，具有腺上皮，能分泌胃液。新生幼兽的胃液中凝乳酶特别活跃，能使乳汁在胃内凝结。从胃的贲门部开始，经网胃至瓣胃孔处，有一肌肉质的沟褶，称食道沟。食道沟在幼兽发达，借肌肉收缩可构成暂时的管（自食道下端延续的管），使乳汁直接流入胃内。至成体则食道沟退化。

反刍（rumination）　俗称倒嚼，是指进食经过一段时间后将半消化的食物返回口腔里再次咀嚼。简要过程是：当混有大量唾液的纤维质食物（如干草）进入瘤胃后，在微生物（细菌、纤毛虫和真菌）作用下发酵分解（有时也能进入网胃）。存于瘤胃和网胃内的粗糙食物上浮，刺激瘤胃前庭和食道，引起逆呕反射，将粗糙食物逆行经食道入口再行咀嚼。咀嚼后的细碎和密度较大的食物再经瘤胃与网胃的底部，最后达于皱胃。这种反刍过程可反复进行，直至食物充分分解为止（图20-12）。

小肠和大肠　小肠是消化道中最长的部分，包括十二指肠、空肠和回肠，食物的消化过程主要在此完成。分解后的食物由肠壁吸收运到全身。小肠黏膜内有肠腺，可分泌小肠液。肝和胰腺所分泌的胆汁和胰液进入小肠参加消化，小肠黏膜表面也有许多指状突起，叫绒毛（图20-13），可扩大吸收面积，每个绒毛的表面是单层柱状上皮，顶端有微绒毛，内部是结缔组织，其中含有毛细血管、毛细淋巴管、乳糜管、神经和平滑肌纤维等。哺乳动物小肠绒毛和微绒毛的存在，使吸收表面积增加了600倍以上，大大提高了消化吸收能力。

大肠较小肠短，黏膜上无绒毛，其黏液腺能分泌碱性黏液保护和润滑肠壁，以利粪便排出。在大肠开始部的盲支为盲肠，其末端有一蚓突。盲肠在单胃食草动物，如马、兔等特别发达，起到瘤胃的作用。哺乳动物的大肠可分为结肠与直肠，直肠直接以肛门开口于体外，无泄殖腔，这是哺乳类与两栖类、爬行类

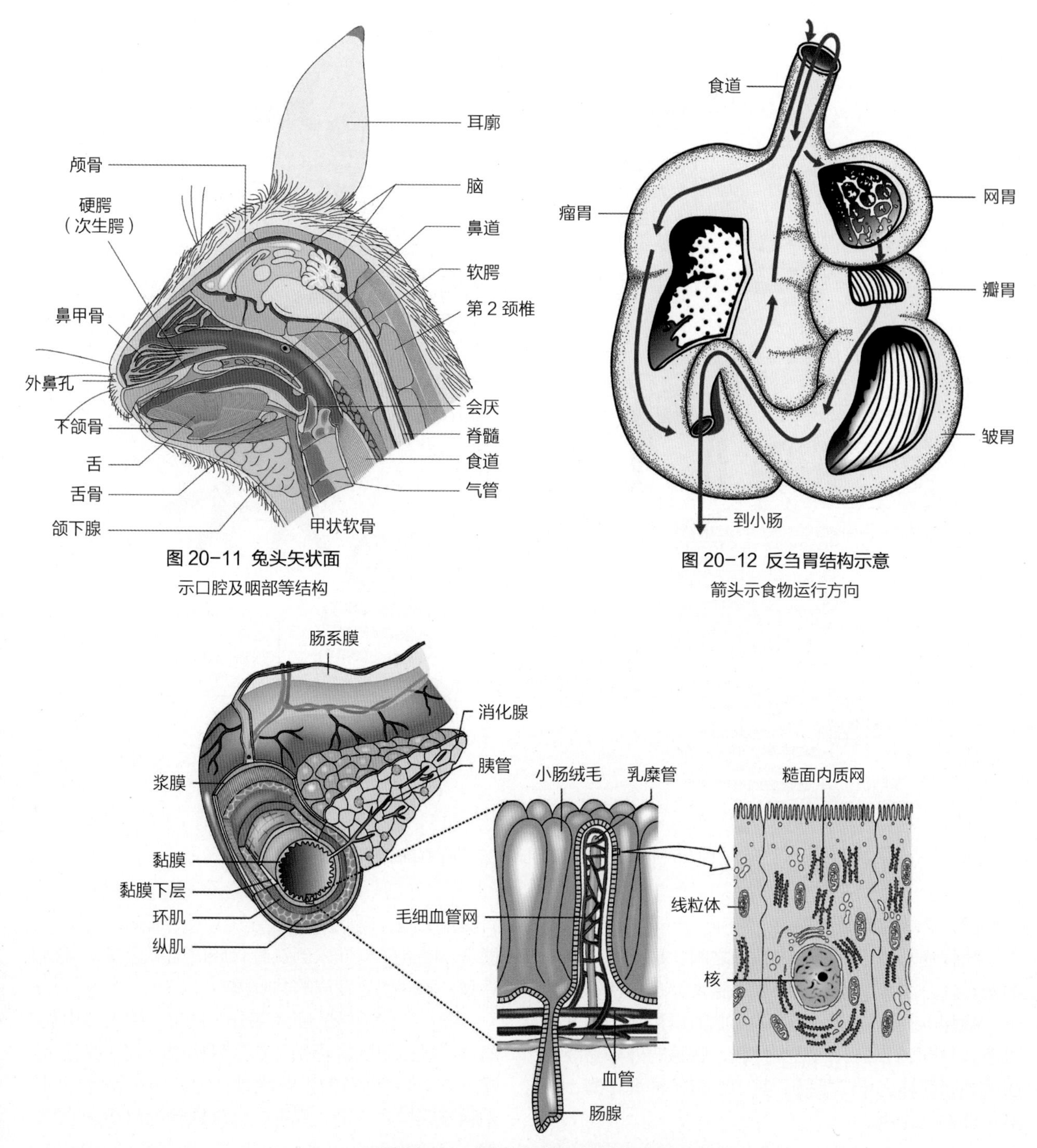

图 20-11 兔头矢状面

示口腔及咽部等结构

图 20-12 反刍胃结构示意

箭头示食物运行方向

图 20-13 哺乳动物小肠的结构逐级放大示意

和鸟类的显著区别。原兽亚纲的动物还有残余的泄殖腔。不同食性的哺乳动物其消化道各段的形态及长短比例差异很大（图20-14）。

（2）消化腺

消化腺包括唾液腺（salivary gland）、肝、胰腺以及胃腺和肠腺。

哺乳动物一般有3对唾液腺：腮腺、颌下腺及舌下腺，都有导管开口于口腔，唾液中含淀粉酶，很多哺乳动物对食物的消化从口腔就开始了。

肝是哺乳动物最大的腺体，位于横膈右面，分左、右2叶，每1叶又分成几小叶。肝分泌胆汁经胆管流入十二指肠。肝除分泌胆汁外，还有其他非常重要的功能，包括储存糖原，调节血糖，使多余的氨基酸脱氨形成尿及其他化合物，将某些有毒物质转变为无

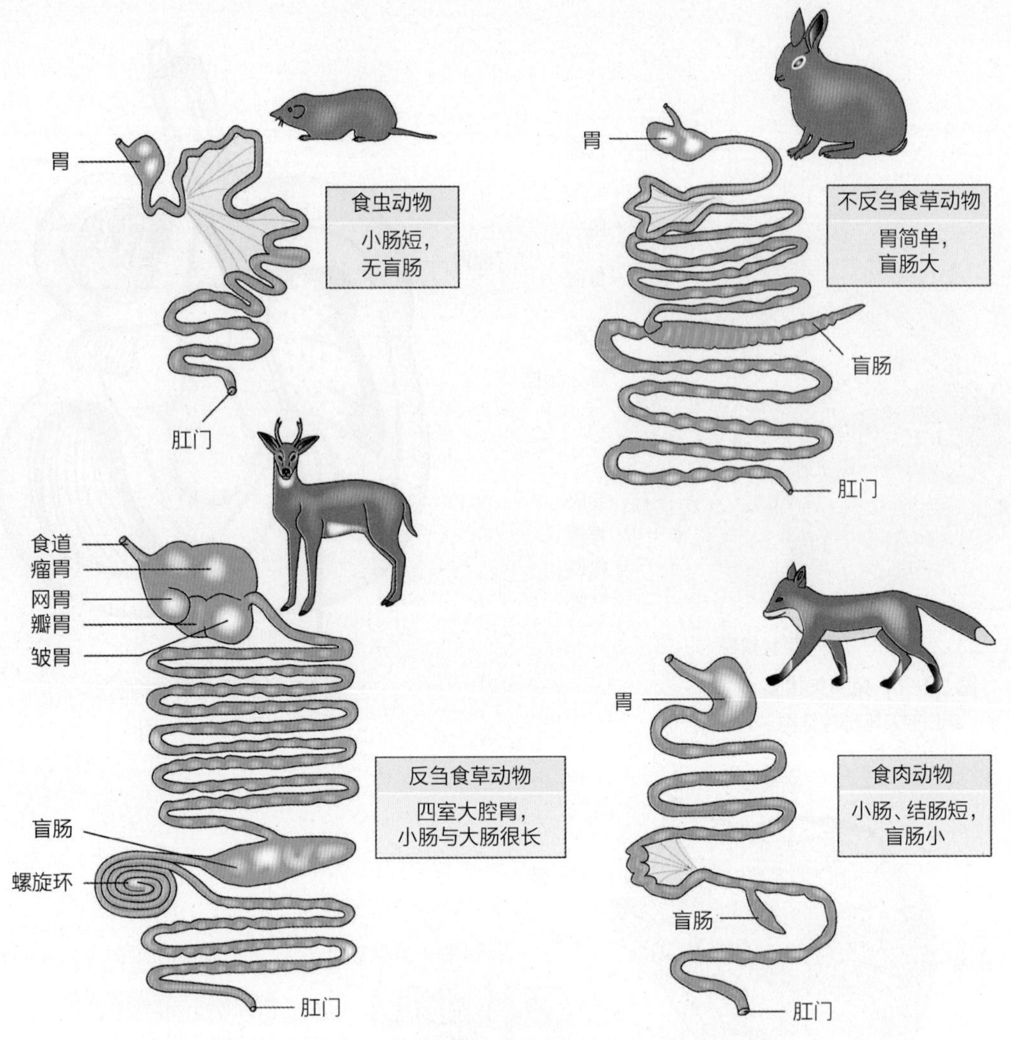

图 20-14 不同食性哺乳动物的消化系统结构示意

毒物质，合成血浆蛋白等。

胰腺通常位于胃及十二指肠之间，是人体内唯一的既是外分泌腺又是内分泌腺的腺体，是一特殊的脏器。胰腺内的胰岛细胞分泌胰高血糖素和胰岛素等入血液，共同调节组织的糖类代谢；胰腺的外分泌液或胰液经胰管输入十二指肠，其中含有各种消化酶，起消化食物的作用。

20.3.6 呼吸系统

呼吸系统包括呼吸道和肺两部分，前者为气体进出肺的通路，后者是气体交换的部位。

（1）呼吸道

呼吸道由外鼻孔、鼻腔、咽、喉和气管组成（图 20-11）。鼻腔内具发达的鼻甲，其鼻腔壁及鼻甲上有黏膜，黏膜内富有血管和腺体，可使吸入的空气增加温度和湿度，并黏着空气中的尘埃及杂物，黏膜上有嗅觉细胞，因此鼻既是空气出入的通路，也是嗅觉器官。哺乳类有伸入到头骨骨腔内的鼻旁窦，可辅助呼吸，同时也是发声的共鸣器。

喉是气管前端的膨大部分，是空气的入口和发声器官，喉由甲状软骨和环状软骨构成喉腔，在环状软骨上方有1对小型的杓状软骨，它和甲状软骨之间的黏膜皱襞构成声带。喉部的会厌软骨为可活动的喉门盖，可防止食物和水误入气管。气管和支气管位于食道腹面，由一系列背面不衔接的“C”形软骨环支持，气管通入胸腔后经左、右支气管分别入肺。

（2）肺

肺位于胸腔内，外观呈海绵状，右肺通常比左肺大，由覆盖在外表面的胸膜脏层和肺实质两部分组成，肺实质包括导气部（支气管树）、呼吸部（呼吸性细支气管至肺泡）和肺间质（肺泡间的结缔组织）。肺泡是终末细支气管末端的盲囊，由单层扁平上皮组成，外面密布微血管，是气体交换的场所（图20-15）。肺泡之间分布有弹性纤维，随呼气动作可使肺被动回缩。肺的弹性回位，使胸腔内呈负压状态，从而使胸膜的壁层和脏层紧密相贴。胸腔借横膈与腹腔分开，为哺乳类特有，容纳心、肺。腹式呼吸通过膈肌控制横膈的运动可改变胸腔容积；胸式呼吸通过肋间肌（肋间内肌和肋间外肌）控制肋骨的升降亦可改变胸腔的容积，使肺被动扩张和回缩，完成呼气与吸气。

20.3.7 循环系统

哺乳类循环系统与鸟类基本一致，心脏为完全的4室，为完全的双循环，不同的是哺乳类具有左体动脉弓，血液中的成熟红细胞无细胞核。

（1）心脏

心脏分左、右心房和左、右心室（图20-16），左、右心室之间叫室间隔，左、右心房之间叫房间隔，房室之间有瓣膜，左房室之间为二尖瓣（bicuspid valve），右房室之间为三尖瓣（tricuspid valve）。体静脉回来的血入右心房，再流入右心室。肺动脉从右心室发出后分支进入肺，从肺静脉归来的多氧血注入左心房，流入左心室，再经体动脉通到全身。

（2）血液

血液分血浆及血细胞两部分。血细胞有白细胞和红细胞两类，此外还有血小板。

哺乳类的成熟红细胞与其他各类脊椎动物不同，没有细胞核，内含血红素，在肺中与O_2结合后成为氧合血红素，经血液循环带到器官组织中，供给细胞O_2。氧合血红素脱氧后，再与代谢产生的CO_2结合，经静脉流回心脏后，再输送到肺部进行气体交换。

（3）淋巴

哺乳类的淋巴系统很发达，包括淋巴管、淋巴结和脾等，其功能是辅助静脉将组织液运回血液和输送某些营养物质，同时还具有制造淋巴细胞和产生免疫的机能。

20.3.8 排泄系统

哺乳动物的排泄系统由肾（泌尿）、输尿管（导尿）、膀胱（储尿）和尿道（排尿途径）组成（图20-17、图20-18）。肾的主要功能是排泄代谢废物，参与水分和盐分调节以及酸碱平衡，以维持有机体环境理化性质的稳定。此外哺乳类的皮肤也具有重要排泄功能。

哺乳类的肾呈豆形，位于腰部脊柱两侧，由被膜包被，在断面上肾实质可以区分为皮质、髓质和肾盂3部分（图20-17）。肾的功能单位为肾单位（nephron），由肾小体（renal corpuscle）和肾小管（renal tubule）组成。哺乳类肾单位数极多，人的肾单位可达300万个，肾小体位于肾皮质内，它包括毛细血管盘曲而成的肾小球（glomerulus）和包在其外的双层壁的肾小囊（renal capsule）。肾小体像一个血液的过滤器，使血液中除血细胞和分子较大的蛋白质外，其他物质（如水、葡萄糖、氯化钠、尿素和尿酸等）都能过滤到肾小囊腔内，形成原尿。肾小管分近曲小管、髓袢及远曲小管3部分。尿液的浓缩主要是借肾小管对尿中水分及钠盐等的重吸收而实

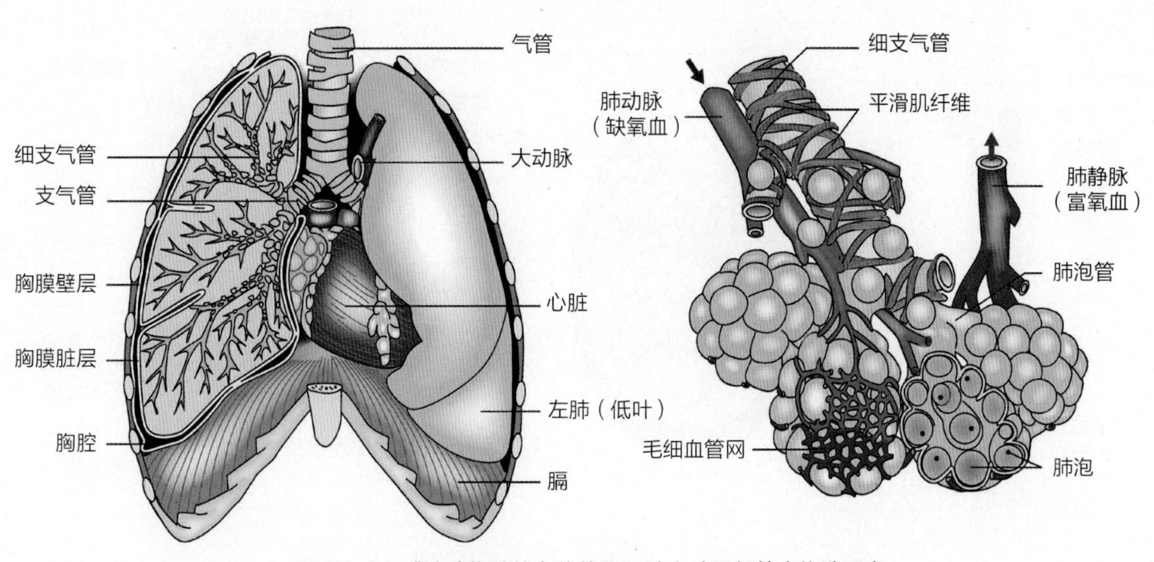

图 20-15 哺乳动物肺的在体位置及肺小叶局部放大构造示意

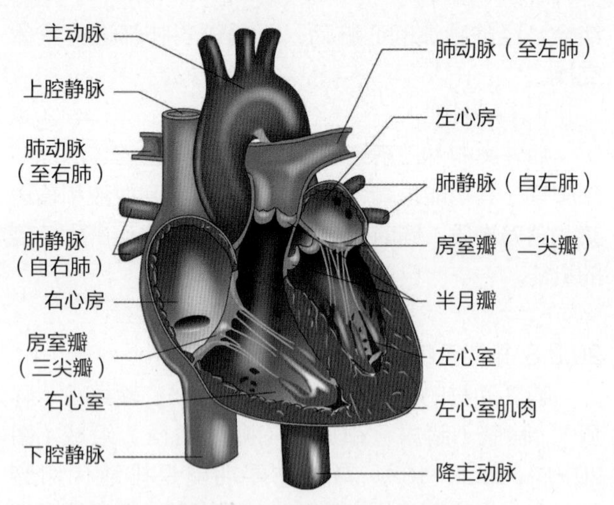

图 20-16 哺乳动物（人）的心脏结构示意

现的。

哺乳类的新陈代谢异常旺盛，高度的能量需求和食物中含有丰富的蛋白质，使其在代谢过程中所产生的尿量极大。要避免这些含氮废物的迅速积累，就需要有大量的水将废物溶解并排出体外，而这又与陆栖生活所必需的“保水”形成尖锐矛盾。哺乳类所具有的高度浓缩尿液的能力就是解决这一矛盾的重要适应，如人尿液的最大浓度可达1 430 mol/L；分布于干旱地区的跳鼠高达9 400 mol/L。

20.3.9 生殖系统

哺乳动物的生殖系统构造达到相当复杂的程度。

（1）雌性生殖系统

雌性生殖系统包括卵巢、输卵管、子宫和阴道。卵巢1对，表层为生殖上皮，卵巢内有生殖上皮产生的处于不同发育时期的卵泡（follicle）。卵泡由卵原细胞和周围的卵泡细胞组成。卵泡成熟后破裂，排出卵及卵泡液。输卵管的一端扩大成喇叭口，另一端与子宫相通。子宫经阴道开口于阴道前庭。前庭腹壁有1个小突起，称阴蒂，是雄性阴茎头的同源器官，前庭外围有阴唇（图20-18A）。

（2）雄性生殖系统

雄性生殖系统包括睾丸（精巢）、附睾、输精管、附属腺和交配器（图20-18B）。

雄性具1对睾丸，通常位于阴囊内。睾丸外由被膜包被，实质由结缔组织分隔为许多小叶，小叶内充满盘曲的生精小管（seminiferous tubule）。精子由生精小管的上皮产生，进入附睾后停留至达到生理上的成熟。输精管由附睾末端发出，左、右输精管在膀胱背侧趋向中央，开口于尿道。附属腺有精囊腺、前列腺和尿道球腺。附属腺的分泌物进入尿道参与精液形成，这些分泌物能增强精子的活性、促进雌性子宫收缩和中和阴道的酸性，有利于受精的顺利完成。阴茎是交配器官，主要由海绵体构成，尿道贯行其中，兼有排尿和射精的作用。

（3）哺乳动物子宫类型

真兽亚纲雌兽子宫的愈合程度有所不同。根据其愈合程度可分为4种类型（图20-19）。

①**双体子宫**：具有2个子宫，分别开口于阴道，如兔的子宫（图20-19A）；②**分隔子宫**：有2个子宫，但其下端开始合并，以一共同的孔开口于阴道，如牛、羊、马和猪等的子宫（图20-19B）；③**双角子宫**：子宫愈合范围很大，只在子宫腔上端有一些分

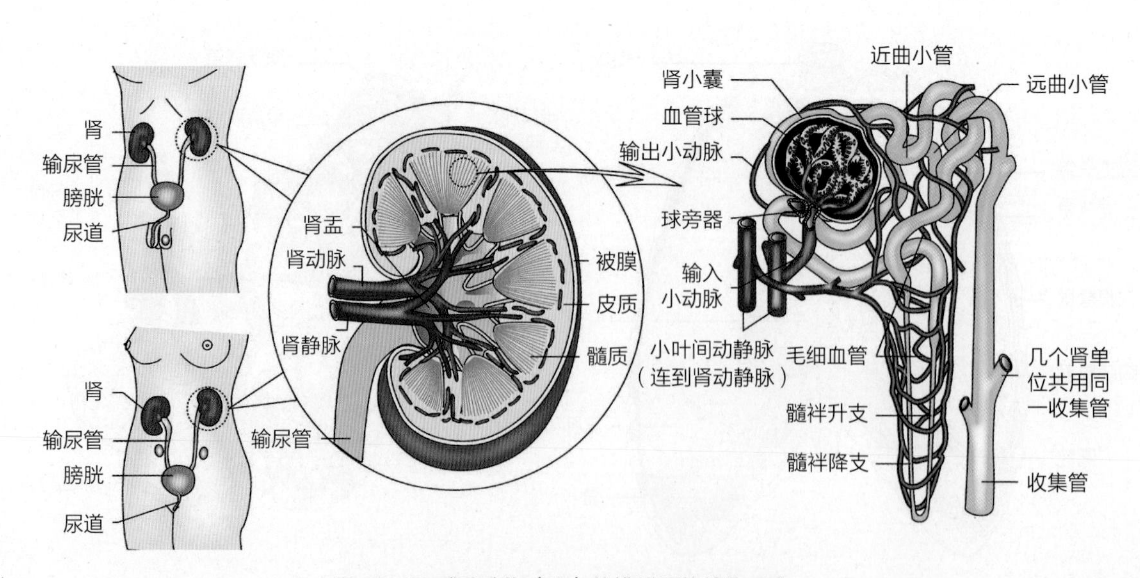

图 20-17 哺乳动物（人）的排泄系统结构示意

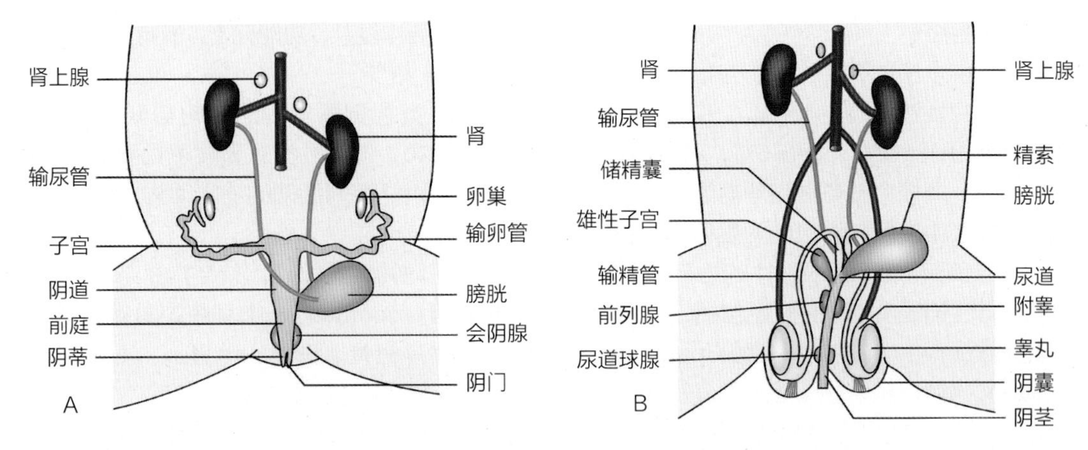

图 20-18 哺乳动物（兔）的泌尿生殖系统结构示意

A．雌性；B．雄性

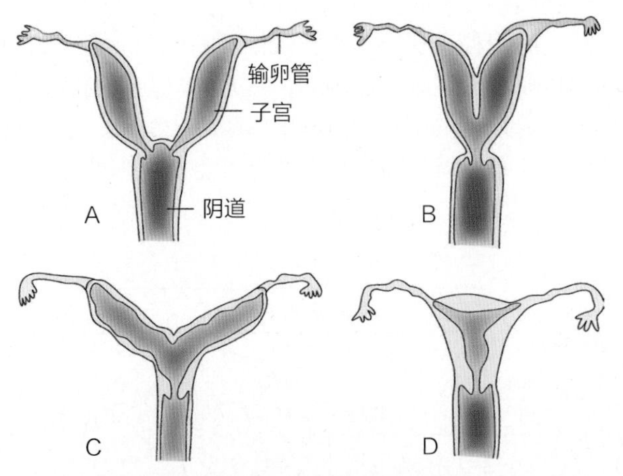

图 20-19 哺乳类子宫类型（剖面）示意

A．双体子宫；B．分隔子宫；C．双角子宫；D．单子宫

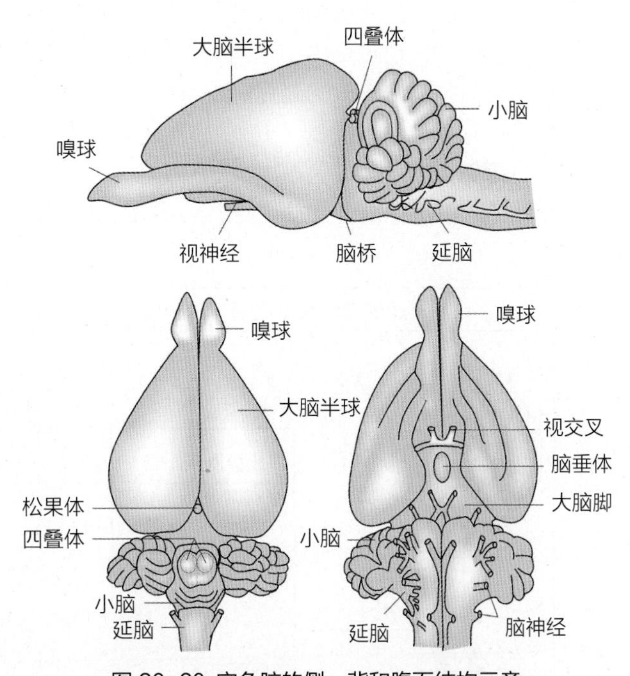

图 20-20 家兔脑的侧、背和腹面结构示意

离，如犬、猫和鲸等的子宫（图20-19C）；④单子宫：2个子宫完全愈合成为单一的子宫，如猿、猴和人的子宫（图20-19D）。

20.3.10 神经系统

哺乳动物的神经系统高度发达，主要表现在大脑和小脑体积增大，大脑皮层加厚并出现皱褶（沟回），神经系统包括中枢神经系统和周围神经系统。

（1）中枢神经系统

由脑和脊髓构成。脑为5部脑，即大脑、间脑、中脑、小脑和延脑（图20-20）。

大脑分为左、右两个半球，表层为大脑皮层，有许多沟和回，增加表层面积，两半球之间有哺乳动物特有的胼胝体（corpus callosum）相连。大脑接受全身各处感受器传来的刺激信号，通过分析综合，根据已经建立的神经联系产生适当的反应。间脑被大脑半球蔽盖，丘脑大，两侧壁加厚叫做视丘。中脑体积甚小，顶部除纵沟外，还有横沟，构成四叠体。小脑发达，褶皱非常多，其前腹面有突起称脑桥（pons），脑桥是小脑与大脑之间联络通路的中间站，为哺乳类所特有，越是大脑和小脑发达的种类，脑桥越发达。

延脑在小脑腹方连接脊髓，它是哺乳动物主要的内脏活动中枢，节制呼吸、消化、循环和汗腺分泌及各种防御反射（如咳嗽、呕吐、泪分泌和眨眼等），又称活命中枢。

（2）周围神经系统

由中枢神经系统发出的神经构成，包括脑神经和脊神经。脑神经均为12对；脊神经以人为例，有31对，其中颈部8对，胸部12对，腰部5对，荐部6对，均分布于全身各部，调控完成各种生理功能。

脑神经和脊神经中支配随意肌的为躯体运动神经或动物性神经，支配不随意肌和腺体的为自主神经（内脏神经或植物性神经）。自主神经包括：交感神经（sympathetic nerve）和副交感神经（parasympathetic nerve），哺乳动物的自主神经很发达，它管理平滑肌、心肌和分泌腺等的活动（图20-21）。内脏各器官、血管和分泌腺等一般都接受交感和副交感神经的双重支配。交感和副交感神经对它们的调节作用多是相互拮抗而又协调的。有机体内部得以维持正常的生理活动，也正是由于这两类神经的作用不断地互相矛盾和不断地统一的过程。

20.3.11 感觉器官

哺乳类的感觉器官十分发达，视觉、听觉、嗅觉等感觉器官结构复杂、功能完善，嗅觉和听觉高度灵敏。

（1）视觉

哺乳类视觉器官眼的结构与低等陆栖种类相似（图20-22），但哺乳类对光波感觉灵敏，对色觉感受力差，特别是夜间活动的哺乳动物。

（2）听觉

哺乳动物听觉敏锐，其结构复杂，内耳具有发达的耳蜗管（cochlea）、中耳腔内具有3块彼此相关节的听小骨（锤骨、砧骨和镫骨），以及发达的外耳道和耳壳（图20-23A）。

耳壳可以转动，能够更有效地收集声波。声波经外耳道到达鼓膜，引起鼓膜的振动（图20-23B）。鼓膜振动又通过听小骨传达到前庭窗（卵圆窗），使前庭窗膜内移，引起前庭阶中外淋巴振动，从而耳蜗管中的内淋巴和基底膜等也发生相反的振动。封闭的蜗窗膜也随着上述振动而振动，其方向与前庭窗膜方向相反，起着缓冲压力的作用（图20-23C）。基底膜的振动使螺旋器与盖膜相连的毛细胞发生弯曲变形，产生与声波相应频率的电位变化，从而刺激听觉的感

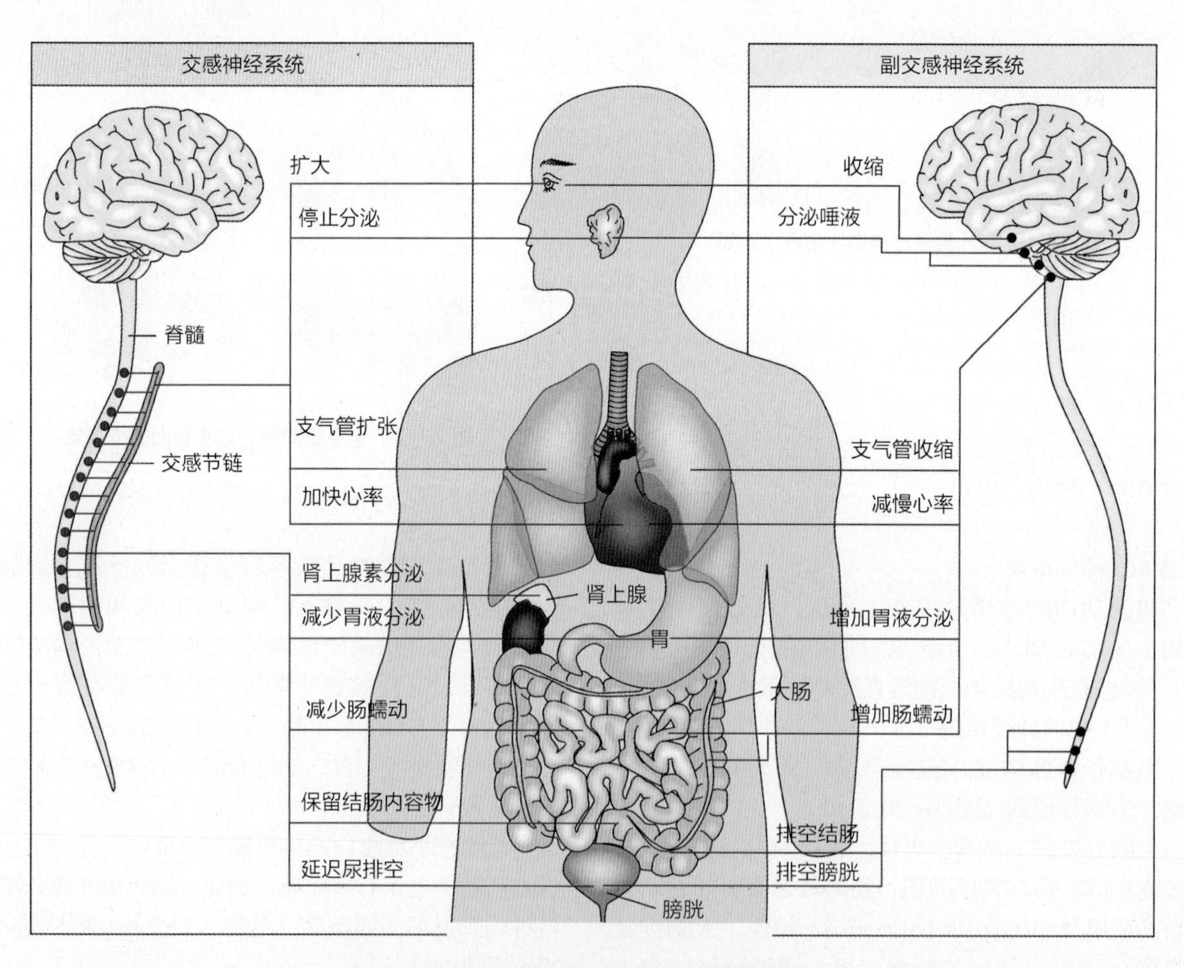

图 20-21 哺乳类的植物性神经系统及其功能示意

受器（螺旋器或称柯蒂氏器，图20-23D）产生冲动，经耳蜗神经纤维传到中枢引起听觉。鼓室内的空气振动也可经正圆窗膜而激动鼓阶的外淋巴，进而使基底膜发生振动，但力量较微弱。

（3）嗅觉

哺乳类嗅觉高度发达，这是因为哺乳类的鼻甲骨复杂和鼻腔扩大而致。鼻甲骨是盘卷复杂的薄骨片，其外覆有满布嗅神经的嗅黏膜，大大增加了嗅觉表面积（例如兔的嗅神经细胞多达10亿个）。水栖种类（如鲸、海豚和海牛等）的嗅觉器官则退化。

20.3.12 内分泌系统

哺乳动物的内分泌系统（endocrine system）极为发达，其内分泌腺（endocrine gland）是不

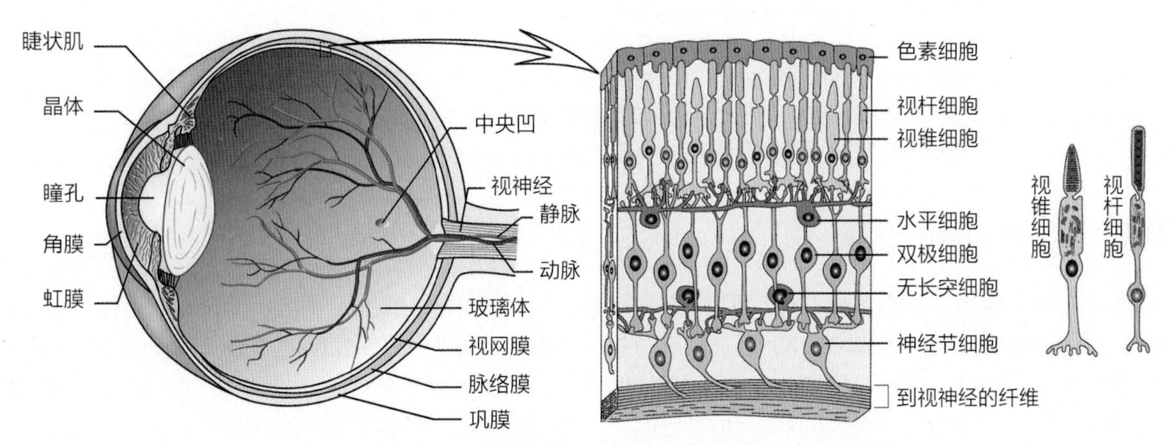

图 20-22 灵长类眼的结构及视网膜结构放大示意

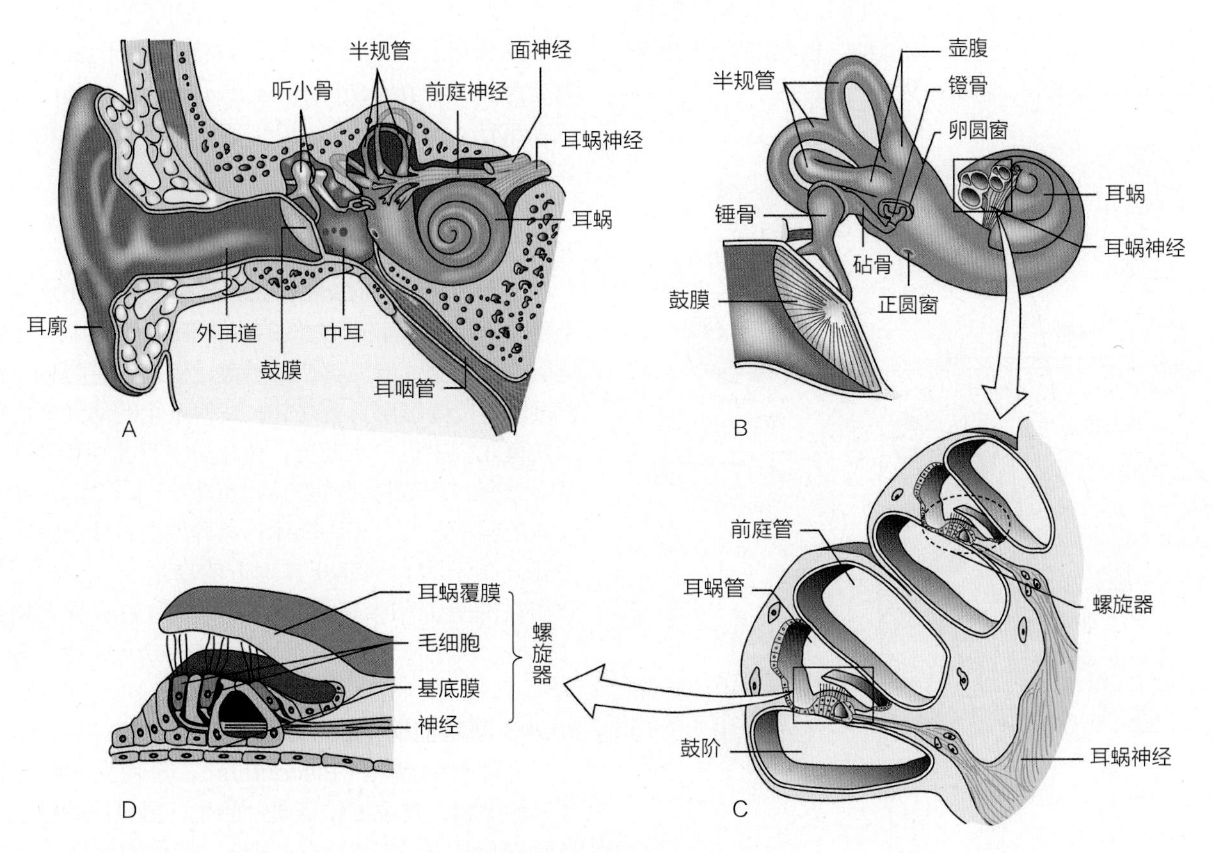

图 20-23 听觉器（人耳）

A. 纵切，示外、中和内耳；B. 中耳和内耳放大，内耳的耳蜗切开，示管的布局；C. 耳蜗横切，放大示螺旋器；D. 螺旋器的详细结构

具导管的腺体，所分泌的活性物质称为激素（hormone）。哺乳动物的内分泌腺包括脑垂体、甲状腺、甲状旁腺（副甲状腺）、肾上腺、胰岛、性腺、前列腺、松果体和胸腺等（图20-24）。内分泌腺所分泌的各种激素对机体的生长、发育和繁殖等起着十分重要的作用（表20-1）。

表 20-1 人主要内分泌腺及其功能

内分泌腺	功能
脑垂体	分泌激素种类多，调节生长、血压和水平衡等生理过程，并且能调节其他内分泌腺的活动。如分泌生长激素，直接作用于组织细胞，可以增加细胞的体积和数量，促进人体的生长等。
甲状腺	分泌甲状腺激素，促进人体的生长发育和新陈代谢，提高神经系统的兴奋性。
胰岛	分泌胰岛素和胰高血糖素等，在调节糖类、脂肪、蛋白质代谢，维持正常的血糖水平方面，都起着十分重要的作用。
睾丸	分泌雄性激素，有促进精子生成，促进男性生殖器官发育并维持其正常活动，激发和维持男性第二性征等作用。
卵巢	分泌雌性激素和孕激素。雌性激素能促进女性生殖器官、乳腺导管发育，激发并维持女性第二性征。孕激素能促进子宫内膜增厚和乳腺腺泡的发育。

20.4 哺乳纲动物的分类

哺乳动物种类繁多，形态多样，生活类群及分布广泛，几乎遍布地球上海洋、湖泊、河流、天空、地上、地下、高山、森林、草原、沙漠、戈壁和湿地等各种生境。就身体大小而言，最大的哺乳动物蓝鲸，体长达33 m，体重达150 t，它的心脏就有700 kg左右，最小的哺乳动物鼩鼱体重只有5 g。哺乳动物目前有5 400余种，我国有600余种。根据哺乳动物身体结构与功能不同，将其分为3个亚纲。

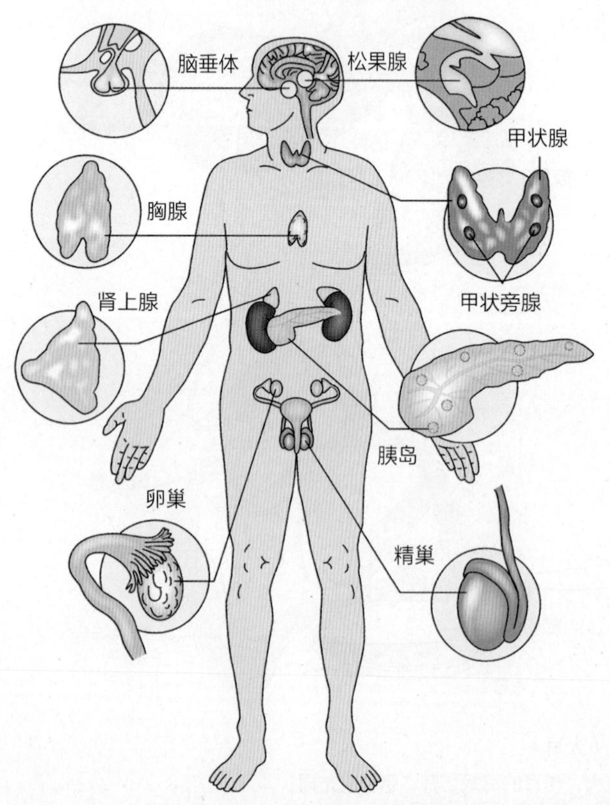

图 20-24 人的主要内分泌器官

20.4.1 原兽亚纲（Prototheria）

为现存哺乳类中最原始的类群，具一系列接近爬行类的特征：卵生，雌兽还具有孵卵习性；无子宫和阴道，具泄殖腔，仅以泄殖孔开口于体外，故又称单孔类（Monotremata）；大脑皮层不发达，无胼胝体；成体无齿，代之以角质鞘。同时又具有哺乳动物的特征：体表被毛，具乳腺但无乳头（乳腺开口于皮肤表面），体温基本能维持恒定，具肌肉质的横隔，仅具左体动脉弓，下颌由单一齿骨构成等。代表动物为鸭嘴兽（*Ornithorhynchus anatinus*）和澳洲针鼹（*Tachyglossus aculeatus*）等，分布于澳大利亚及其附近岛屿上。

20.4.2 后兽亚纲（Metatheria）

也称有袋类（Marsupialia），是一类演化水平介于原兽亚纲和真兽亚纲之间的较低等的哺乳动物。主要特征为：胎生，但无真正的胎盘，仅借卵黄囊和子宫壁接触；母兽腹部具育儿袋，发育不全的幼仔产出后须在育儿袋中进一步发育，育儿袋中有乳腺和乳头。常同时有3个不同发育期的幼体依赖母体（图20-25）；大脑皮层不发达，无胼胝体；具异型齿；体温恒定。主要分布于澳大利亚及其附近的岛屿上，少数种类分布在南美洲和中美洲，代表动物为东部灰大袋鼠（*Macropus giganteus*）和负鼠（*Didelphis* sp.）等。

20.4.3 真兽亚纲（Eutheria）

又称有胎盘类（Placentals），是哺乳动物中最高等的类群，其主要特征是：胎生，具真正的胎盘，胚胎在母体子宫内发育时间长，产出的幼仔发育完全；乳腺发达，具乳头；不具泄殖腔；大脑皮层发达，有胼胝体；具异型齿；有良好的体温调节机制。

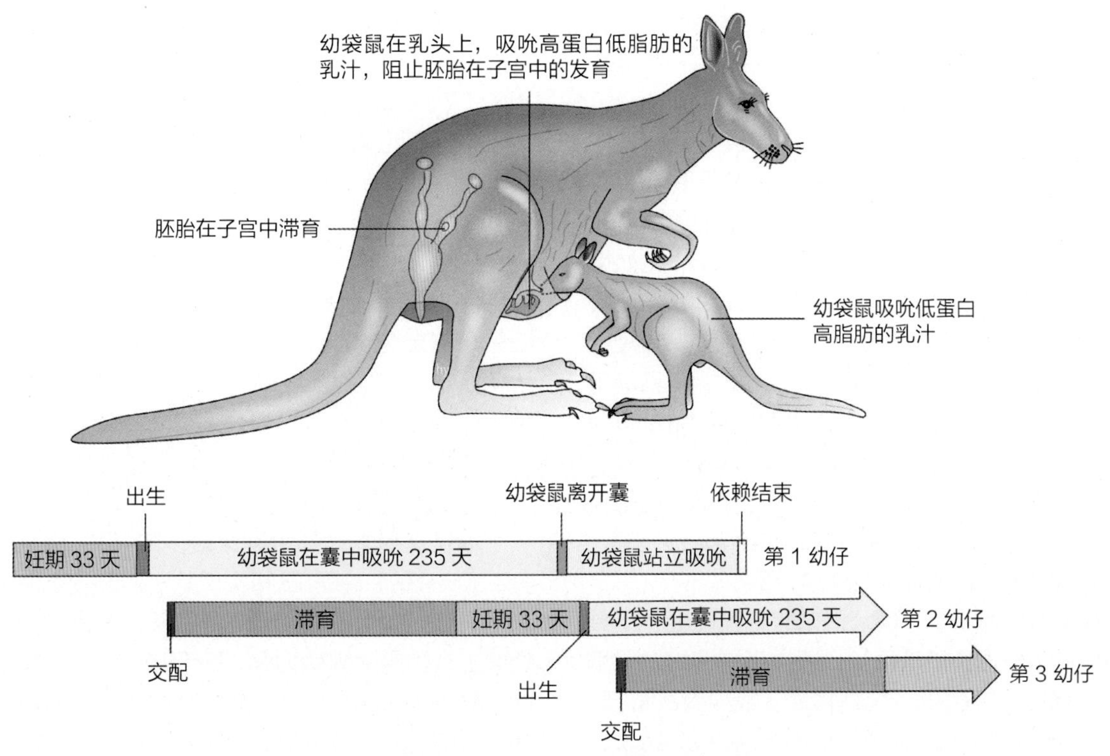

图 20-25 有袋类袋鼠及其 3 个幼仔之间的关系图解

现就我国各目及其代表种类叙述如下。

（1）劳亚食虫目（Eulipotyphla）

Wilson 和 Reeder的分类系统将原食虫目（Insectivora）分为鼩形目（Soricomorpha）、猬形目（Erinaceomorpha）和非洲鼩目（Afrosoricida），最新研究证明前面2个类群构成一个单系——劳亚食虫目。本教材将传统的食虫目动物分为2目介绍。

劳亚食虫目动物个体一般较小，吻部细尖，适于食虫。四肢多短小，指（趾）端具爪，适于掘土。牙齿结构比较原始。体被绒毛。主要以昆虫及蠕虫为食，大多数为夜行性。包括沟齿鼩科（Solenodontidae）、岛鼩科（Nesophontidae ）、鼩鼱科（Soricidae）、鼹科（Talpidae）和猬科（Tenrecoidae）。常见的如小鼩鼱（*Sorex minutus*）和大耳猬（*Hemiechinus auritus*）。

（2）非洲鼩目（Afrosoricida）

包括无尾猬科（Tenrecidae）和金毛鼹科（Chrysochloridae），共13属38种。原隶于食虫目，现独立为目。分布于非洲大陆和马达加斯加岛。金毛鼹（*Chrysochloris*）外形似鼹，体型短粗，尾极短；前肢4指，具发达爪；视觉退化，营地穴生活。

（3）树鼩目（Scandentia）

树鼩目为小型树栖食虫的哺乳动物，形状与习性似松鼠，在结构上（例如臼齿）似食虫目但又有似灵长目的特征，例如嗅叶较小，脑颅宽大，有完整的骨质眼眶。仅1科16种。我国1种，即分布于我国云南、广西及海南岛的北树鼩（*Tupaia belangeri*）。

（4）翼手目（Chiroptera）

翼手目为真兽亚纲中种数的第二大目，全世界已知有19科，约950种，中国约134种。主要特征为：前肢特化，具特别延长的指骨，由指骨末端到肱骨、体侧、后肢及尾间，着生有薄而柔韧的翼膜，借以飞翔，是唯一能真正飞翔的哺乳动物。头骨几乎全部愈合，具有高度发达的耳，夜行性，多数种类的飞行和捕食全靠发出和回收超声波（图20-26）。多数种类为食虫齿，臼齿齿冠有齿尖，多呈“W”形，少数为食果齿，臼齿齿冠相对平坦。

可分为大蝙蝠亚目（Megachiroptera）和小蝙蝠亚目（Microchiroptera），前者如果蝠（*Rousettus leschenaulti*），后者如家蝠（*Pipistrellus abramus*），栖息于屋舍附近，体型较大，昼伏夜出，捕食飞虫，遍布全球，以及菲菊头蝠（*Rhinolophus pusillus*）（图20-27）等。

（5）灵长目（Primates）

灵长类主要在森林中营树栖生活，狒狒及人例外，下到地面上生活。除少数种类外，拇指（趾）多能与它指（趾）相对，适于树栖攀缘握物，指（趾）

端部多具指甲，大脑半球高度发达，眼眶朝向前方，眶间距窄（图20-27B）。全世界560余种，中国约27种。

灵长目可分两个亚目，即原猴亚目（或称狐猴亚目，Prosimiae）和猿亚目（或称类人猿亚目，Anthropoidae）。原猴亚目为灵长类中的低等类群，具一些原始特征，和食虫目很接近，代表种类如懒猴（*Nycticebus* sp.）。猿亚目包括人，为哺乳动物中最高等的类群，颜面部似人，两眼向前，吻短，前肢大都长于后肢，各具五指（趾），末端皆具扁平指甲，大脑半球甚发达，代表种类如猕猴（*Macaca mulatta*）、金丝猴（*Rhinopithecus roxellanae*）、黑长臂猿（*Hylobates concolor*）以及产于非洲的黑猩猩（*Pan troglodytes*）和大猩猩（*Gorilla gorilla*）等。

（6）鳞甲目（Pholidota）

体外覆有角质鳞甲，鳞片间杂有稀疏硬毛，不具齿，吻尖，舌发达，前爪极长，适应于挖掘蚁穴，舐食蚁类等昆虫；种类少，仅1科8种。我国有3种，以南方所产穿山甲（*Manis pentadactyla*）为代表，又称鲮鲤，其鳞片可入药，据《本草纲目》记载“鳞可治恶疮、疯疟、通经、利乳”。

（7）兔形目（Lagomorpha）

中、小型食草动物。上颌具两对门齿，前一对大，后一对小，隐于前一对之后，故也称为重齿类（Dupilicidenta），下颌一对门齿，无犬齿，上唇中部有纵裂，称兔唇。齿式2·0·3·2/1·0·2·3。包括兔科、鼠兔科2科70多种。我国35种，北方广泛分布的鼠兔（*Ochotona* spp.）及蒙古兔（*Lepus tolai*）是代表。值得一提的是，中国哺乳动物中特有种比例最高的就是兔形目，达43%。鼠兔科全球共30种，中国分布有25种，其中50%以上为中国特有种。

（8）啮齿目（Rodentia）

本目是哺乳动物中种数最多的1目，全世界种类有2 300余种，中国已知215种，主要特征为上、下颌各具1对锄状门齿，可终身生长，无犬齿，臼齿咀嚼面上有齿突，繁殖力强，分布极广。常见的有小家鼠（*Mus musculus*）、褐家鼠（*Rattus norvegicus*）和花鼠（*Tamias sibiricus*）（图20-27C）等。

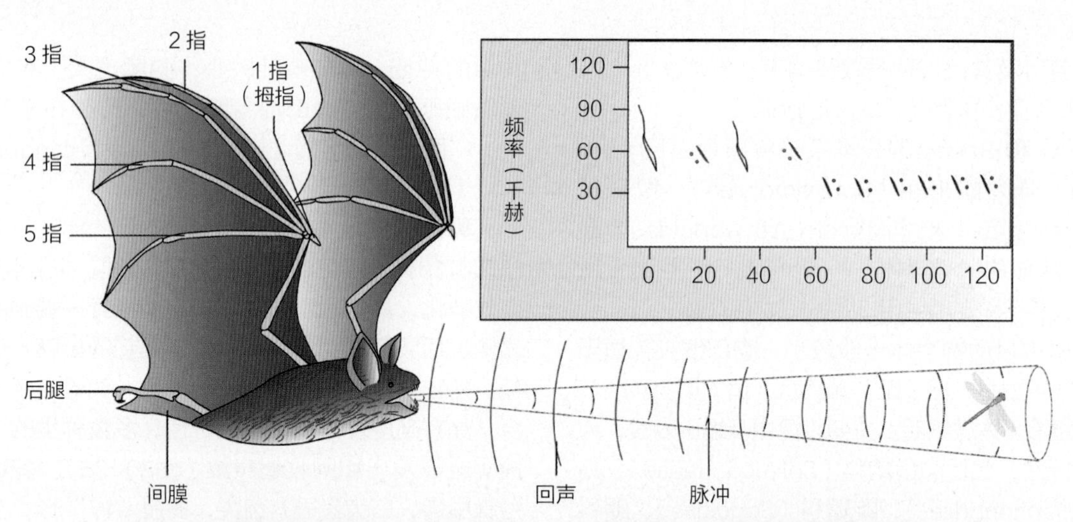

图20-26 翼手目小棕蝠（*Myotis lucifugus*）的回声定位。频率调制的脉冲自蝙蝠口中发出定向的窄束。当靠近猎物时，以更快的速率发出更短更低的信号

20-27 翼手目、灵长目和啮齿目代表种例

A. 菲菊头蝠；B. 白颊长臂猿；C. 花鼠

（引自国家科技部教学标本资源平台，A为罗峰拍摄，B为刘绍龙拍摄，C为时磊拍摄）

（9）鲸目（Cetacea）

本目是哺乳动物完全转变为水生的一支，体型似鱼，毛退化，皮下脂肪增厚；前肢鳍状，具“背鳍”及水平的叉状“尾鳍”；颈椎常愈合在一起，鼻孔位于头顶。包括须鲸亚目（Mysticeti）和齿鲸亚目（Odontoceti）两类，全世界约98种，我国38种。我国长江特产的珍稀动物白鱀豚（白鳍豚）（*Lipotes vexillifer*）和长江江豚（*Neophocaena phocaenoides asiaorientalis*）是代表。此外还有海豚（*Delphinus delphis*）、抹香鲸（*Physeter catodon*）和逆戟鲸（虎鲸）（*Orcinus orca*）等。海豚可以通过特殊的回声定位系统捕食（图20-28）。

有学者认为鲸是由陆地有蹄的古兽演化来的，这两个目在很多地方一致，区别于其他哺乳动物，比如从气管到右肺间又多出了1根支气管。故把鲸目和偶蹄目合为鲸偶蹄目（Cetartiodactyla）。

（10）海牛目（Sirenia）

本目是一些适应于海洋生活的动物，身体结构和鲸有相似之处，但从系统发生上看，两者来源不同，海牛和长鼻目的关系最为密切；体呈鱼形，前肢变为鳍状，后肢消失，皮厚无毛，多皱，皮下脂肪很厚。全世界4种，我国海域仅有儒艮（*Dugong dugon*），就是传说中的“美人鱼”原型。

（11）鳍足目（Pinnipedia）

本目是适应水中生活的食肉动物。四肢特化为鳍状，五趾间有蹼。在陆上移动时其后鳍足能向前弯到躯干下面，跖面裸出。前肢较长，无爪、无毛、尾短。身体被覆稠密的绵毛。雄体大，雌体小。主食软体动物、海蟹及小鱼等。我国的代表种为斑海豹（*Phoca vitulina*），此外还有国外分布的海狮、海象和海狗等。全世界约34种，我国5种。牙齿与陆栖食肉兽相似，但犬齿、裂齿等分化不明显。现有学者将鳍足目降为鳍足亚目，归入食肉目。

（12）长鼻目（Proboscidea）

本目为陆栖最大的食草兽类。鼻与上唇伸长成圆筒状，能屈伸自如，除用以嗅觉外还能探索和取食。四肢粗壮。上颌门齿突出称象牙，作为攻击的武器。我国云南所产的亚洲象（*Elephas maximus*）及非洲产的非洲象（*Loxodonta africana*）是代表。

（13）食肉目（Carnivora）

绝大多数为肉食性兽类。牙齿发达，门齿小，犬齿强大而锐利，臼齿通常有锐利的齿峰，其中上颌最后一枚前臼齿和下颌第一枚臼齿特别发达，上、下嵌合适于撕裂，称为裂齿。四肢发达，行动敏捷。指（趾）端均具锐爪，有些种类爪能伸缩。趾行性或跖行性。毛厚密，多数为贵重的毛皮兽（图20-29）。现已知8科89属约240种，我国约53种。主要的科是犬科（Canidae）、熊科（Ursidae）、浣熊科（Procyonidae）、大熊猫科（Ailuropodidae）、鼬科（Mustelidae）、灵猫科（Viverridae）、鬣狗科（Hyaenidae）和猫科（Felidae）。

（14）奇蹄目（Perissodactyla）

本目为草原奔跑兽类，主要特征是四肢仅第3趾发达，其他各趾不发达或完全退化；后趾蹄奇数；胃单室，盲肠大；肝无胆囊。本目主要有马科（Equidae），体格匀称，四肢长，第3趾发达，具蹄；颈背中线具一列鬃毛，腿细而长，尾毛极长。全世界现存约17种，中国有6种，目前现存3种，即普氏野马（*Equus przewalskii*）（图20-29C）、蒙古野驴（*E. hemionus*）和藏野驴（*E. kiang*），我国原来有犀牛

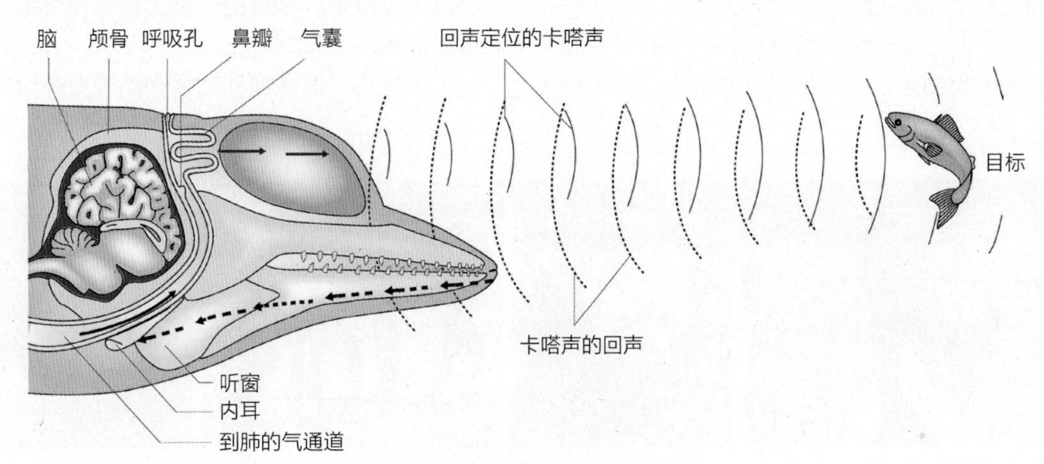

图 20-28 海豚捕食的回声定位系统

海豚由运动的气流通过鼻管时产生卡嗒声并通过鼻疣聚成束。回声最初由听窗接收，下颌骨的后部有细骨，并通过下颌骨中油样物途径到达中耳和内耳

分布，20世纪50年代初，大独角犀、爪哇犀和双角犀在中国区域灭绝。野马为家马的祖先，原产于蒙古及我国新疆等地。野驴分布在西北各省和内蒙古，为家驴的祖先。另外还有分布于东南亚和南美洲的貘科和分布于非洲的犀牛科的种类。

（15）偶蹄目（Artiodactyla）

本目包括现代大多数有蹄动物；第3趾和第4趾特别发达，趾端有蹄，第2趾和第5趾很小，第1趾退化。很多种类上门齿全部消失，而代之以角质垫；消化系统复杂，分2类，一类为不反刍类，胃为单室；另一类为反刍类，胃为4室。全世界现有约171种，我国67种。偶蹄目动物经济意义很大，有的种类为重要的家畜，如牛、羊、驯鹿、骆驼和牦牛等，有的种类为著名的药用动物，如麝和梅花鹿。

①不反刍亚目（non-Ruminantia） 该亚目动物胃仅1室，不反刍，犬齿存在，无角，仅有猪科（Suidae），猪科动物头长，吻长，吻末端在鼻孔处有圆的吻垫，用以拱土觅食；雄性上颌犬齿很发达，成为獠牙，向外方翘起，全身被毛粗硬；四肢较短，杂食性。例如野猪（*Sus scrofa*），体型似家猪，但吻部更突出；体重大的可达200~250 kg；毛色一般黑褐色；栖息于乔木林或灌木丛中。家猪是由野猪驯化而来的。

②反刍亚目（Ruminantia） 有咀嚼反刍食物现象的偶蹄动物，胃分3~4室。如牛、羊、鹿、骆驼（图20-29D）和麝等。

20.5 哺乳纲动物的起源与演化

哺乳类起源于距今2亿多年的古生代爬行类，从起源时间上看比鸟类出现早。

石炭纪末期，由合颞窝类祖先爬行类的一支盘龙类开始向哺乳类演化，先演化出较进步的兽孔类和犬齿类，到中生代三叠纪末期，从一些比较进步的兽形爬行动物分化出最早的哺乳动物。兽形爬行类后裔中的一支，即兽齿类（Theriodontia），可能是哺乳类的直系祖先，它们已具备哺乳类的一些特征。兽齿类的典型代表是犬颌兽（*Cynognathus*），其特征是：枕部有1对枕髁，头骨为合颞窝型，槽生齿，已有门齿、犬齿和臼齿的分化，下颌的齿骨特别发达，其他骨片已很退化，具有次生腭，四肢已像兽类那样位于身体腹侧，膝关节向前，肘关节向后。犬颌兽在许多方面已接近哺乳动物。我国云南禄丰地区晚三叠纪地层中发现的卞氏兽（*Bienotherium*），在构造特征上更接近哺乳类，如下颌骨已基本上是由单一的齿骨组成，残余的关节骨和上隅骨已极度退化。可以说是最接近哺乳类的爬行类。目前比较一致认为哺乳动物是多系起源的。哺乳类经过了中生代萌芽发展的阶段，在新生代广泛辐射演化，得到了空前的发展（图20-30）。

20.6 哺乳纲动物与人类的关系

有益方面：

①工业用 哺乳动物的皮肤加厚，为制革原料。寒冷地区哺乳动物的毛皮更加漂亮保暖。我国毛皮动物资源丰富，约有150种，其中貂、水獭、狐和黄鼬都是世界闻名的。我国每年能产毛皮2 000万~3 000万张。

②食用 我们吃的肉类、乳类产品，离不开家畜。绝大多数哺乳动物都有食用价值，是人类动物蛋白的主要来源 。广泛食用的包括偶蹄目、兔形目、食肉目等的部分种类。

③役用 有些动物历史上长期被用作交通运输等工具如马拉车、牛耕田，警犬和导盲犬等对人类具有重要贡献。

④药用 很多哺乳动物产品均有药用价值，常见

图 20-29 食肉目、奇蹄目和偶蹄目代表种例

A. 非洲狮（*Neofelis leopard*）；B. 小熊猫（*Ailurus fulgens*）；C. 普氏野马；D. 双峰驼（*Camelus bactrianus*）
（引自国家科技部教学标本资源平台，A 为长谷川政美拍摄，B 为刘绍龙拍摄，C 为时磊拍摄，D 为张晶晶拍摄）

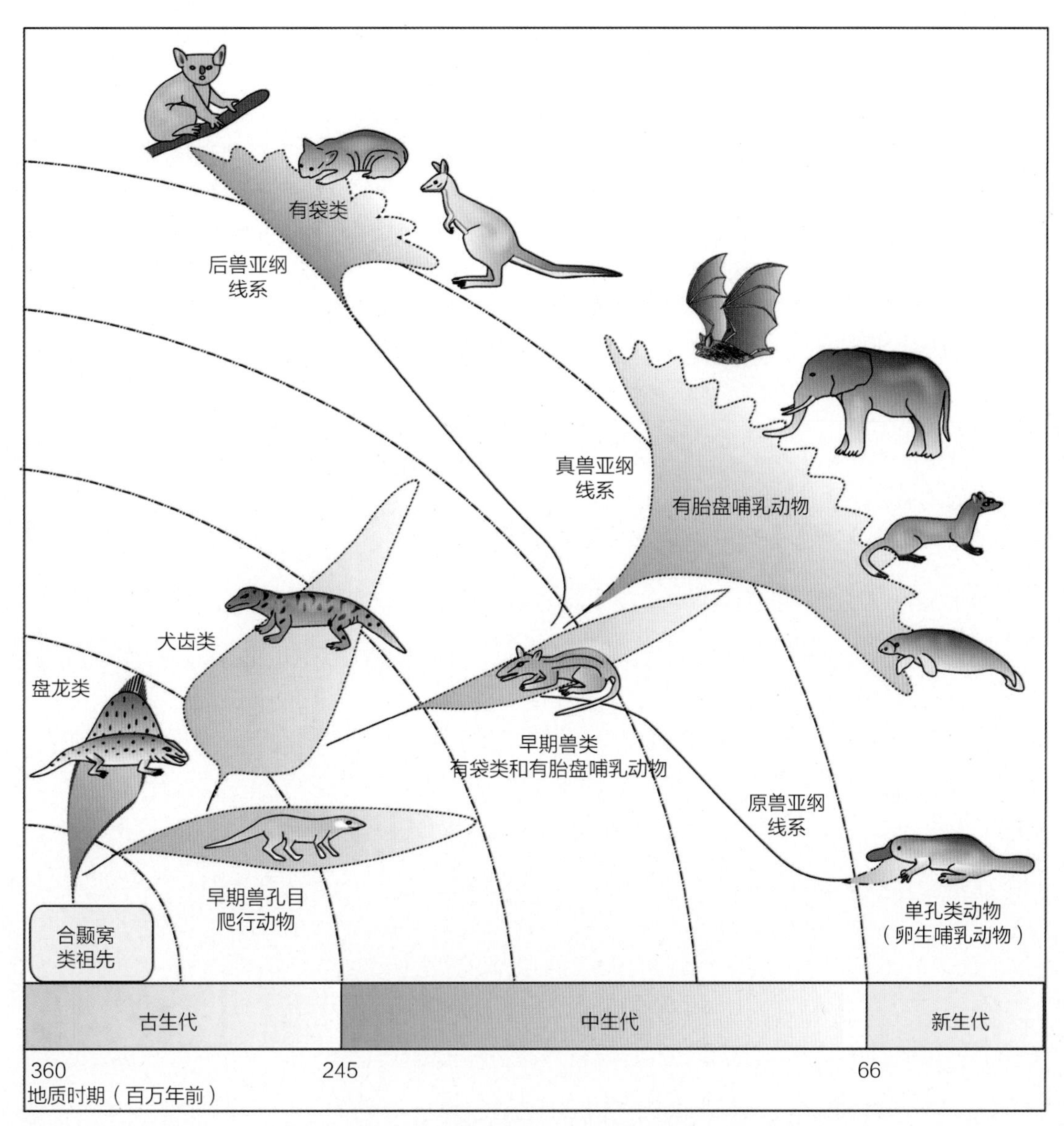

图 20-30 哺乳动物的起源与演化历程示意

的有虎骨、鹿茸、阿胶、熊胆、穿山甲鳞片、紫河车（人类胎盘）、望月砂（夜明砂，野兔的粪便）和五灵脂（复齿鼯鼠的粪便）。

⑤**玩赏** 哺乳动物中很多种类被人类当作宠物饲养玩赏，典型的如犬和猫。

⑥**科学研究的实验对象** 鼠、兔、犬和猴等众多哺乳动物为人类做出重要贡献，尤其在现代医学、动物行为学、免疫学、药物筛选和检验，以及肿瘤研究等领域都占用重要地位。仿生学也为科学家带来灵感。

有害方面：

①**直接危害** 最大的是鼠类。破坏森林（树苗）、农田和草原；危害仓储物品，啮食坚硬物体，咬坏工业设施；穿挖洞穴破坏堤坝，引起水灾。

②**间接危害** 携带多种细菌、病毒和寄生虫等病原，传播多种疫病和人畜共患病。如传播鼠疫和狂犬病等。

小结

在动物演化史上，哺乳动物无论是躯体结构，还是生理功能均为动物界中最高等的类群。哺乳动物是全身被毛、恒温、多数胎生、全部哺乳的脊椎动物。它们具有动物界中最发达的神经系统和感觉器官，能够协调复杂的机能活动和适应多变的环境条件；在动物界中首次出现口腔咀嚼消化，大大提高了消化能力；具有高而恒定的体温，减少了对环境的依赖，扩大了分布范围；具有陆上快速运动的能力，能有效地捕食和御敌；胎生使胎儿在母体内稳定的条件下发育，并从母体获得养料和O_2。哺乳使胎儿获得营养丰富而平衡的乳汁，又可得到母体的保护。胎生和哺乳使后代成活率大为提高。哺乳纲分为原兽亚纲、后兽亚纲和真兽亚纲。我国现存的哺乳纲动物有14个目，其中食肉目、奇蹄目、偶蹄目、兔形目和啮齿目等与人类关系极为密切。

思考题

❶ 哺乳动物的进步性特征是什么？
❷ 何谓胎生和哺乳？胎生和哺乳在动物演化上有什么意义？
❸ 哺乳动物四肢的着生方式是如何适应陆上快速运动的？
❹ 为什么说哺乳动物皮肤的结构和功能是最完善的？
❺ 哺乳动物的皮肤腺有哪几种，各具有什么功能？
❻ 哺乳动物的脊柱与其他陆生脊椎动物有什么区别？
❼ 如何理解哺乳动物消化功能的完善及其适应意义？
❽ 哺乳动物 3 个亚纲的主要特征是什么？

数字课程学习

☐ 教学视频　☐ 教学课件
☐ 思考题解析　☐ 在线自测

（郭志成）

第 21 章
动物的比较与演化基本原理

21.1 动物体的构建类型及体制

21.1.1 动物体的构建类型

动物体的构建（图21-1）表现为有机体的复杂程度，分为4个等级：

①**原生质水平** 以单细胞的原生动物为代表，所有的生命活动局限于一个细胞内，由原生质分化为细胞器，执行特殊的生理功能。

②**细胞水平** 是多细胞聚集成的细胞有机体，细胞有分化，如鞭毛虫中的团藻，有明显的体细胞和生殖细胞的分化。也有人将海绵动物放在这个水平。

③**组织水平** 由相似或功能密切相关的细胞进一步聚集成一明确的结构并执行一定功能，成为组织。刺胞动物明显属于这一水平，其神经细胞以突起相互联系，形成明确的组织结构——神经网，行使协调功能。

④**器官和系统水平** 不同的组织有机地组合成为更复杂的器官，完成某一特定的功能。功能相关的器官联合在一起形成系统，完成有机体某一方面的生理功能。从扁形动物开始属于这一水平，它们有明确的器官如眼点和生殖系统等；不完全消化系统包含多个器官（咽和肠）。大多数动物门类都属于此水平。

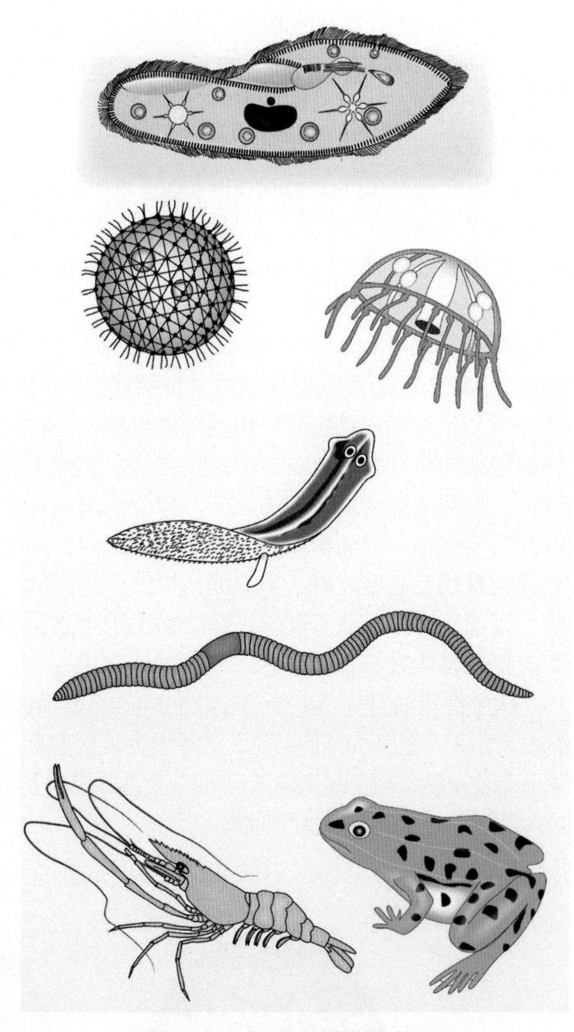
图 21-1 动物体的基本构建类型

21.1.2 动物的体制

体制包括对称性、胚层、体腔及分节等。

（1）对称性

对称性（symmetry）在一定程度上反映了动物的演化历程及动物对不同环境的适应，分为下列几种类型：

①**不对称**（asymmetry） 无对称面，如一些原生动物（如变形虫）和某些多细胞动物（如多数海绵动物），由于缺乏固定的形态结构形式而呈现原生性不对称的体型；软体动物腹足纲的动物早期幼体是两侧对称，面盘幼虫开始发生内脏团的扭转，成体内脏团为次生性不对称。

②**球体对称**（spherical symmetry） 通过身体

中心的任何平面都可以把动物体分成镜像的两部分（图21-2A）。主要见于一些原生动物，如太阳虫、放射虫和团藻等。适宜漂浮或滚动式的生活，这类动物没有前后、左右和背腹之分，也没有口面与反口面，运动相对最迟缓。

③**辐射对称**（radial symmetry） 通过身体中央轴有许多切面可以把动物体分成镜像的两部分（图21-2B）。主要见于刺胞动物及少量海绵动物。适宜水中固着或漂浮生活，此类动物没有前后、左右和背腹之分，但有口面与反口面，运动相对较迟缓且不定向。

④**两辐射对称**（biradial symmetry） 通过身体中央轴有两个切面可以把动物体分成镜像的两部分。主要见于刺胞动物的珊瑚纲（如海葵）和栉水母动物。营固着或漂浮生活，运动相对较迟缓，介于辐射对称和两侧对称之间。

⑤**五辐射对称**（pentamerous radial symmetry） 通过身体中央轴有5个切面可以把动物体分成镜像的两部分。见于部分棘皮动物成体，适于少活动或固着生活方式。

⑥**两侧对称**（bilateral symmetry） 通过身体中央轴只有1个切面可以把动物体分成镜像的两部分（图21-2C）。从扁形动物开始出现两侧对称。这种对称体制使动物有了前后、左右和背腹之分，机能上有了分化，腹部司运动，背部司保护，神经系统与感觉器官向前端集中，进而形成脑。运动有了方向，动物对外界刺激的反应更准确、更敏捷，扩大了空间活动范围，既适于游泳又适于爬行，是动物由水生演化到陆生的基本条件之一。

⑦**次生性辐射对称**（secondary radial symmetry） 动物发育过程中幼体为两侧对称，成体变为辐射对称，如部分棘皮动物，可能是适应从活动的生活方式到少活动或固着生活方式的一种退行性演化。

（2）胚层与体腔

团藻可看成1层细胞，相当于多细胞动物个体发育的囊胚期；海绵动物是细胞水平的有机体，没有体腔和肠腔；刺胞动物有两胚层，相当于多细胞动物个体发育的原肠胚期，有了原始的消化循环腔（有口无肛门）；扁形动物开始形成了三胚层，出现了两侧对称，动物体随之由简单向复杂演化，胚层的增多为其复杂化提供了物质基础。

体腔是动物体内体壁层与脏壁层（或肠壁层）之间的空间。体腔充满液体时像垫子一样保护机体，有些动物（如原腔动物和环节动物等）的体腔与体腔液形成“流体静力骨骼”。

扁形动物的内脏器官埋于中胚层形成的实质组织中而无体腔，原腔动物由囊胚腔残余形成初生体腔，内脏器官直接浸泡于体腔液中，各脏器功能不够独立，消化管壁没有源于中胚层的肌肉层，消化能力不强，其他系统功能亦不强；环节动物开始出现了由中胚层组织裂开或包围而成的次生体腔，内脏器官有体腔膜包围，与体腔液分隔且各器官相互隔离，机能独立，更为有效；消化管壁有了源于中胚层的肌肉层，消化能力增强，其他系统功能亦随之加强（图21-3、图21-4）。

（3）分节

分节现象在动物的演化历程中出现过两次，一次是在无脊索的环节动物和节肢动物，另一次在脊索动物中（图21-5）。这两次分节可能都是动物对于运动的适应。环节动物除头部和尾部少数几节外，其他体节在形态结构与功能上相似，为同律分节；节肢动物的体节在形态结构与功能上有分化，为异律分节，而且在异律分节基础上形成了身体的分部，各部的功能分化更为精细，对环境的适应能力更强。脊索动物的分节现象表现为骨骼与肌肉的分节，分节的肌肉实际上是原始的，成束的肌肉才更为有效。

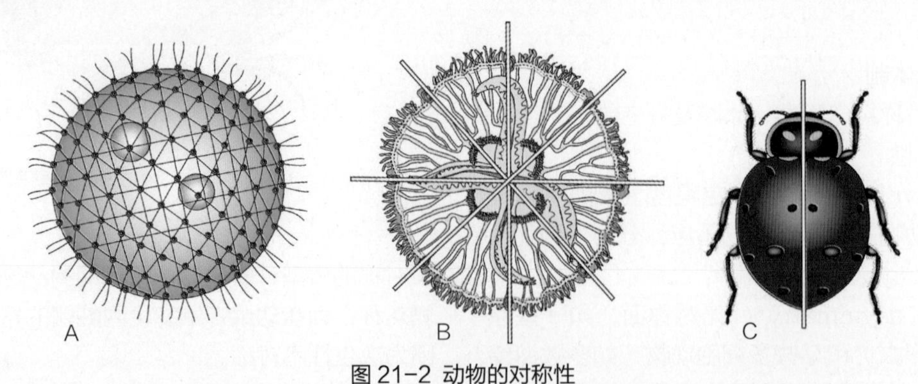

图21-2 动物的对称性

A. 球体对称；B. 辐射对称；C. 两侧对称

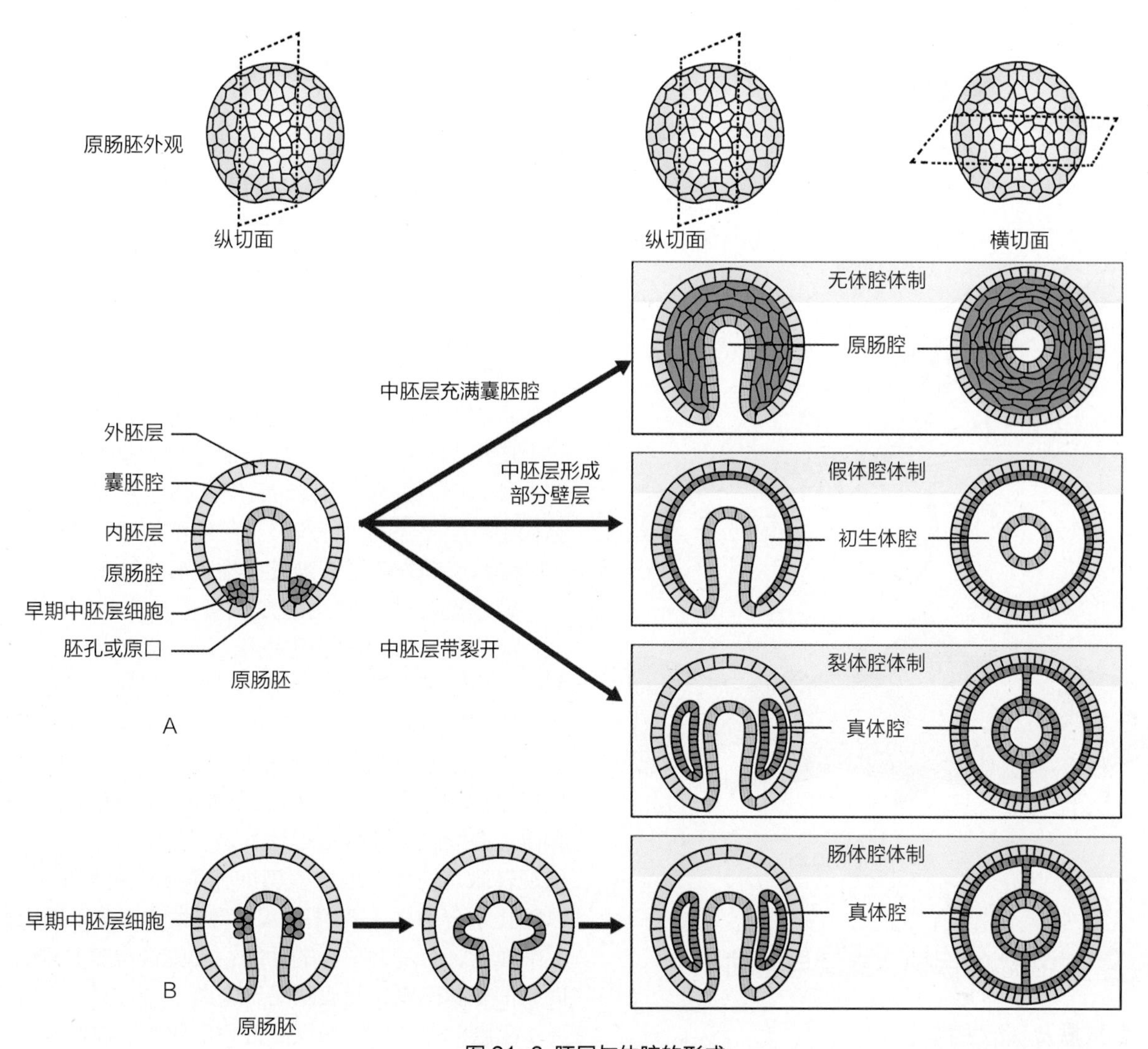

图 21-3 胚层与体腔的形成

A. 原口动物主线系；B. 后口动物主线系

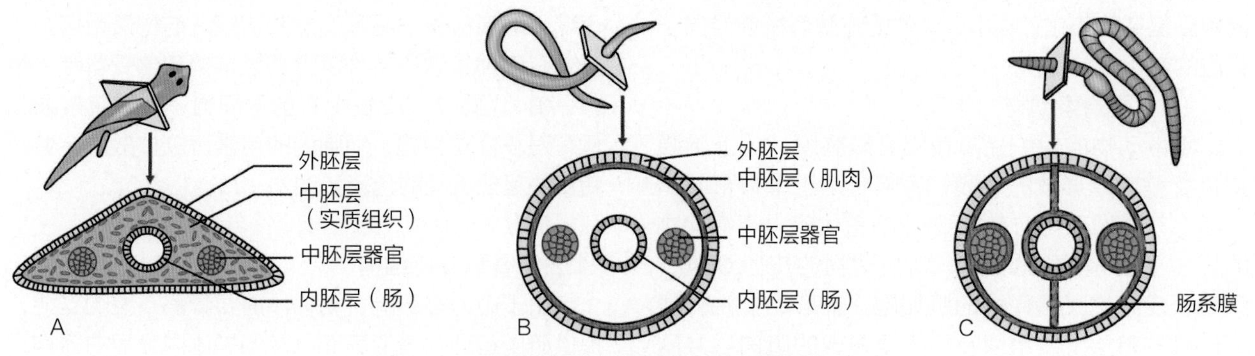

图 21-4 无体腔（A）、假体腔（B）与真体腔（C）

注意实质组织、体腔膜和器官的相对位置

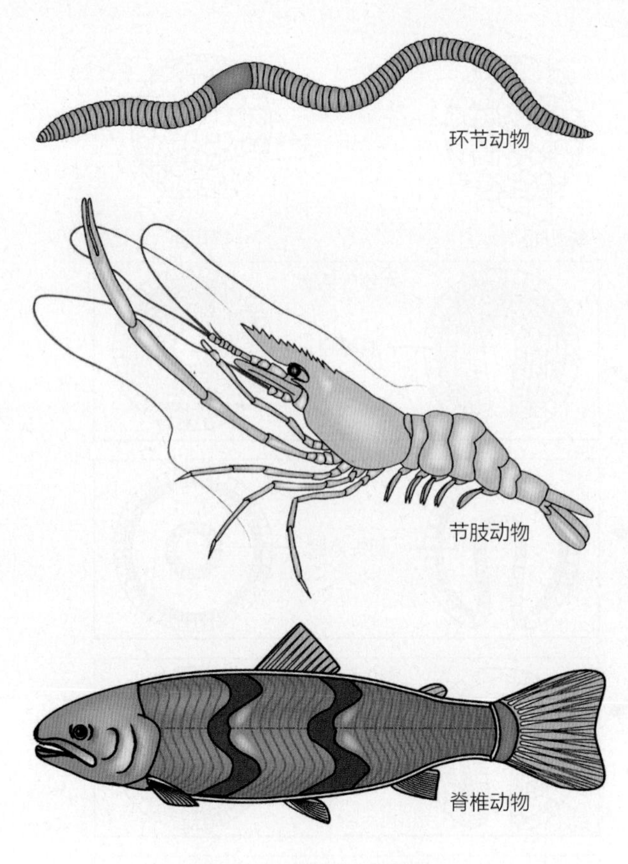

图 21-5 动物的分节现象

21.2 动物体的保护、支持与运动

21.2.1 皮肤及其衍生物

皮肤被覆于动物体表，形成一个独立而开放的系统，具有保护、支持、运动、分泌、排泄、感觉、呼吸和调节体温等多种功能。环境影响在一定程度上决定皮肤的结构和功能，在动物从单细胞到多细胞、从简单到复杂的演化过程中，动物的皮肤系统亦经历了相应的变化。

（1）无脊索动物

原生动物的保护性覆盖物是细胞膜，或细胞膜特化折叠增厚形成的表膜，表膜有助于维持形状。多细胞无脊椎动物均有1层表皮覆盖体表。海绵动物的表皮主要是1层扁细胞。刺胞动物的皮肌细胞，既是表皮细胞又是原始的肌细胞。扁形动物由外胚层形成的单层上皮组织及中胚层形成的肌肉层共同构成皮肌囊的结构，与功能相适应；自由生活的种类，腹面上皮细胞密生纤毛，用于运动；寄生生活的种类，上皮细胞层形成合胞体结构，体表具微毛或棘，用于营养物质的吸收及代谢。较为高等的无脊椎动物，上皮细胞或腺体分泌角质层（如原腔动物和环节动物等），寄生种类角质层主要用于抵抗宿主的消化液，而软体动物的外套膜分泌物则形成坚硬的贝壳。节肢动物上皮细胞向外的分泌物形成坚实的外骨骼，起保护、支持与运动支点的作用（图21-6A）。环节动物表皮细胞除形成角质层外，部分细胞内陷形成毛原细胞，再形成刚毛，用于协助运动。

（2）脊索动物

脊索动物的皮肤由外胚层形成的表皮与中胚层形成的真皮共同构成。头索动物文昌鱼的表皮为单层柱状上皮组织，真皮为胶冻状结缔组织。尾索动物的体壁为外套膜。外套膜由表面1层外胚层来源的上皮细胞和中胚层来源的肌纤维及结缔组织构成，有些种类的外套膜可向外分泌纤维素样物质形成被囊。

脊椎动物的皮肤由表皮、真皮及皮肤衍生物构成，结构更复杂、功能更完善。圆口类和鱼类表皮为复层上皮组织，散布有大量单细胞黏液腺，能分泌黏液，以保护机体不受微生物的侵袭并减小游泳阻力。鱼类有些表皮腺转变成发光腺或毒腺。真皮和/或表皮衍生出鳞片（图21-6B）。两栖类皮肤裸露，富含腺体，多细胞黏液腺及毒腺下陷于真皮内，表皮细胞出现轻微角质化（蟾蜍表层细胞角质化程度较高），以防止水分散失（图21-7A）。蛙类的表皮下有大量毛细血管，有辅助呼吸的功能；其皮肤与皮下组织之间有很多淋巴囊，使皮肤易于剥离。

羊膜动物的皮肤表层高度角质化，具有保水而无呼吸的功能，同时形成鳞、羽、爪、喙、角、指甲、毛发和皮肤腺等各种衍生物（图21-8）。如爬行类皮肤干燥，缺乏腺体，有些种类形成鳞（图21-6C）、甲和板等（如蛇、龟和鳖等）。鸟类皮肤适应飞翔，干燥、薄而松软。哺乳类皮肤增厚，结构最为复杂，分布有各种腺体和各种感觉神经末梢和感受器等（图21-7B）。此外，皮肤中有色素细胞，有的色素细胞具有很多分支突起，细胞内的色素可以扩散或会聚而使皮肤呈现不同的色彩（图21-9）。

21.2.2 骨骼支持结构

由于重力等影响，动物体需要骨骼系统的支持，提供肌肉运动附着的表面以及保护体内脆弱的器官，同时维持机体的形态。动物界中支持骨骼有3种类型：流体静力骨骼、外骨骼和内骨骼。细胞中均具有微管、微丝和中间丝构成的细胞骨架，以维持细胞的形状和相应的功能。

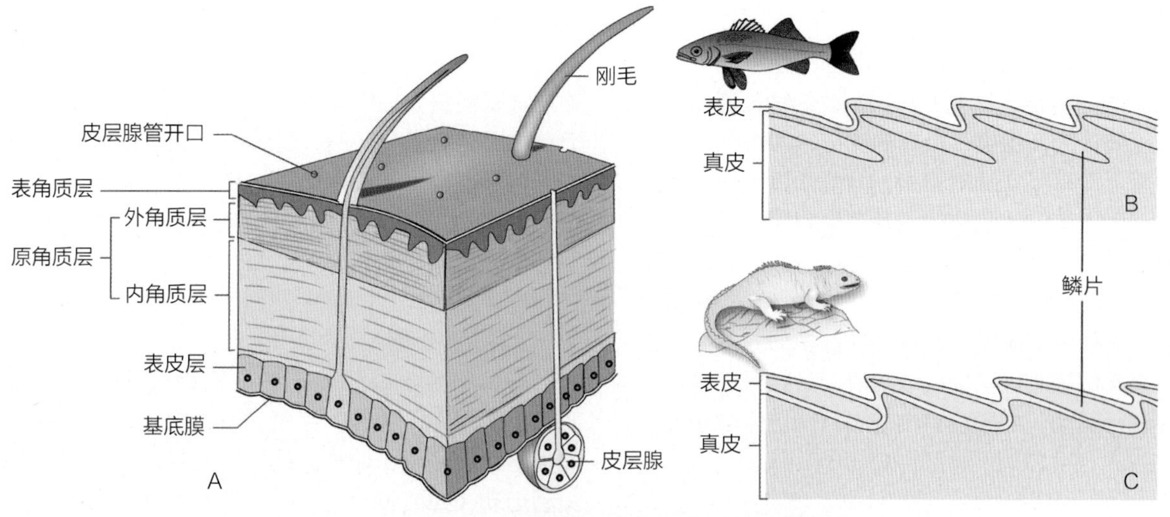

图 21-6 不同类群动物的皮肤结构示意图（Ⅰ）

A. 甲壳动物；B. 硬骨鱼；C. 爬行动物
硬骨鱼的鳞片由真皮产生，爬行动物的鳞片由表皮产生

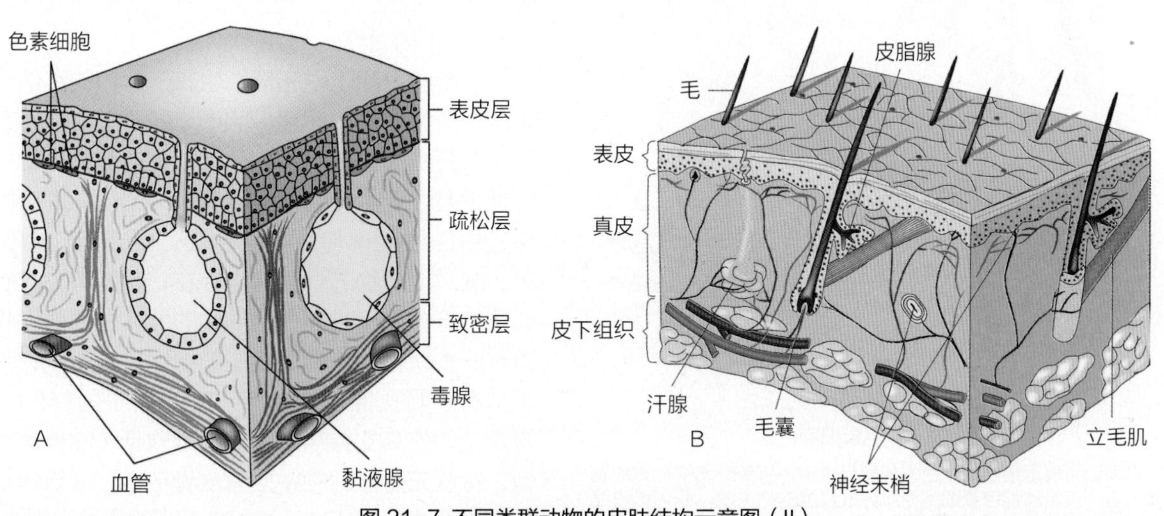

图 21-7 不同类群动物的皮肤结构示意图（Ⅱ）

A. 两栖动物；B. 哺乳动物

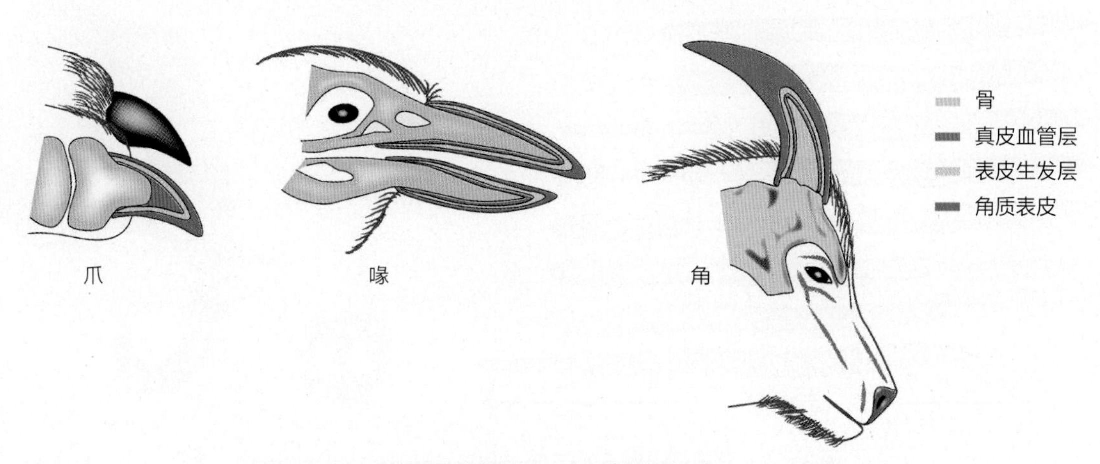

图 21-8 不同类动物皮肤衍生物结构的相似性

骨质核心由血管营养层覆盖；外部表皮层基部有生发层，可以使结构不断生长；加厚的表层为角质层

（1）流体静力骨骼

原腔动物、软体动物、环节动物和原索动物等都具有流体静力骨骼，即是1个由液体充满的囊，液体不能被压缩，因而提供了极好的支持，如蚯蚓，其肌肉在体壁上没有坚实的附着点，但能依靠包围在有限空间内不可压缩的体腔液的流动产生力量，体壁环肌和纵肌的交替收缩使蚯蚓变细后变粗，产生向后移动波从而推动蚯蚓向前运动（图21-10A）。蚯蚓和其他环节动物体内有隔膜将身体分成许多独立的腔，如果虫体某部位被刺破甚或切成几段，各部分仍能产生压力并进行运动。如果没有内分隔，一旦体被刺破，体液流出，则流体静力骨骼就不存在了（如原腔动物）。原腔动物因为体壁只有纵肌而无环肌，纵肌收缩与舒张使身体只能做波状运动，不能改变粗细；环节动物因有纵肌和环肌，身体可以变粗变细。

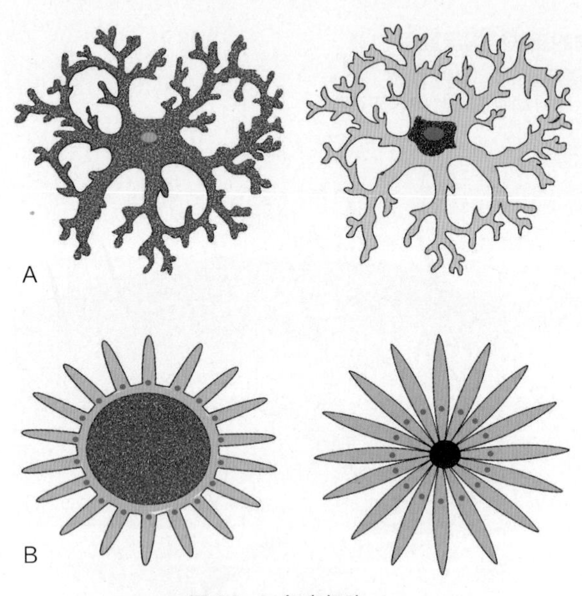

图21-9 色素细胞

A. 甲壳动物色素细胞，示色素扩散与集中，与脊椎动物色素细胞类似；B. 头足动物色素细胞为肌纤维包围的弹性囊，肌纤维收缩时，囊伸展，暴露色素

扁形动物由于没有体腔，由实质组织和肌肉层共同形成特殊的肌肉实质流体静力骨骼结构，此类相似结构亦出现于脊椎动物，如大象的长鼻处（图21-10B）等。

（2）外骨骼

外骨骼源于外胚层的表皮细胞分泌的非生活物质，呈现为壳，骨针，钙质、蛋白质或几丁质板等。外骨骼可以坚硬，如软体动物的贝壳；可以有关节能灵活运动，如节肢动物。由于外骨骼是死的，一旦形成后一般就限制着动物的生长发育，故而需要周期性蜕皮。也有些无脊椎动物的外骨骼如软体动物的壳，可以随动物的生长而生长，因而不需蜕皮。外骨骼内表面的一定部位供肌肉附着，参与运动的完成。

（3）内骨骼

内骨骼为源于中胚层、生长于体内的活结缔组织骨架，分为脊索、软骨和硬骨3类。脊索是原索动物和所有脊椎动物胚胎期和幼体期支持身体纵轴的、有弹性的棒状结构，由大型富含小液泡的细胞构成轴心，由纤维膜和弹性膜层包围，能在运动中保持体形。圆口纲动物的脊索终生存在；软骨鱼类具有软骨性质的骨骼，而其他脊椎动物的成体主要是硬骨，点缀有一些软骨。软骨是柔韧的组织，抗压缩，其基本类型有透明软骨（如成体呼吸道壁的软骨环）、弹性软骨（如外耳支持结构）和纤维软骨（如椎间盘）几类。有些无脊椎动物中亦有软骨结构，如软体动物腹足纲的齿担、腕足类动物触手冠的支持结构等。此

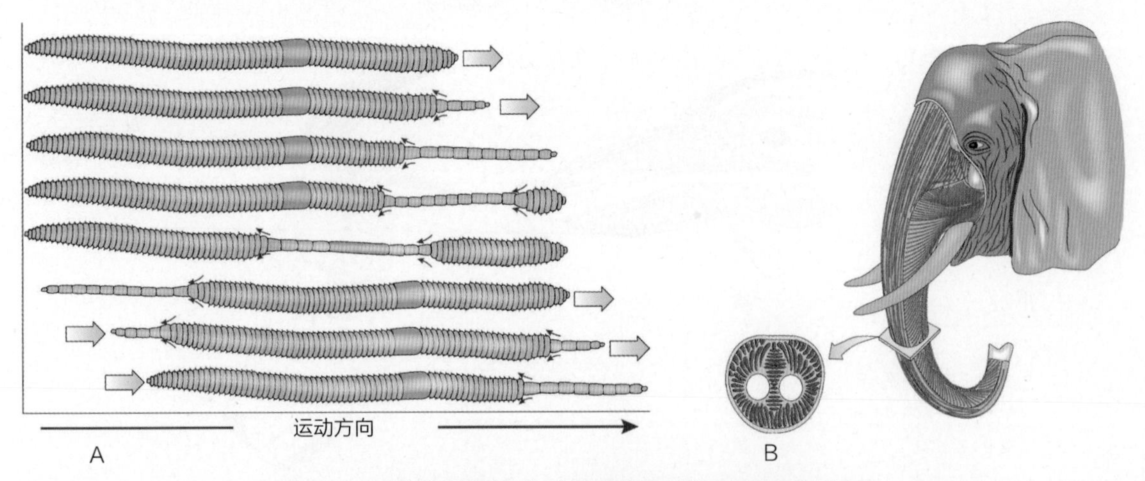

图21-10 蚯蚓运动图解（A）及肌肉流体静力骨骼示意（B）

A. 蚯蚓依靠环肌与纵肌的交替收缩、刚毛的锚定及流体静力骨骼的作用产生运动；B. 象的肌肉质鼻是肌肉流体静力骨骼的一个实例

外，头足类软体动物的软骨比较特殊，细胞具有长分支突起，类似于脊椎动物的骨细胞。棘皮动物的棘是中胚层起源的钙化骨片，突出于体表。脊椎动物的内骨骼供肌肉附着，协同完成运动功能。

脊椎动物的骨骼系统由中轴骨和附肢骨组成。中轴骨包括头骨、脊柱、胸骨和肋骨。附肢骨包括带骨和四肢骨。圆口纲动物的身体以脊索为主要支持结构，仅出现雏形脊椎骨。从鱼类开始具有典型的脊柱，脊索残留或消失，椎体为双凹型（图21-11A），脊柱仅分化为躯椎和尾椎，肩带和腰带不与脊柱相关联，肩带与头骨相连。鳍为主要运动器官。两栖类开始具有典型的五趾型四肢，脊柱分化出颈椎和荐椎各1枚，椎体多为前凹或后凹型（图21-11B、C）、增加了脊柱的韧性，产生了胸骨，肩带与头骨脱离，头部更为灵活。肩带和腰带均与脊柱相关联，构成对身体强有力的支撑。爬行类颈椎多枚、荐椎2枚，颈椎第1枚为寰椎，第2枚为枢椎。次生腭、颞窝和闭合式骨盆，有肋骨连接胸椎和胸骨，共同形成胸廓，参与呼吸运动并保护心脏和肺（龟鳖类和蛇类例外）。胸廓为羊膜动物特有。

鸟类为适应空中飞翔，减轻体重，具有气质骨。骨片愈合：综荐骨、尾综骨、胫跗骨、跗跖骨等。善于飞翔的种类胸骨龙骨突发达，供飞翔肌附着，增加动力；锁骨构成特殊的叉骨；开放式骨盆；鸟类颈椎为马鞍型或异凹型椎体，运动十分灵活。最高等的哺乳类，颅骨大，产生颧弓，为咀嚼肌提供更大的附着面，一些骨块退化消失，一些骨片愈合，四肢扭转将身体抬离地面，肘关节向后，膝关节向前，大大提高了附肢的支撑和灵活运动作用，闭合式骨盆；双平型椎体（图21-11D）。

21.2.3 肌肉与运动

动物的肌肉组织由特殊分化的肌细胞（肌纤维）构成，能收缩和舒张，参与机体的运动，并对体内器官起保护作用。根据肌细胞不同的形态与功能特点，可分为横纹肌（或骨骼肌，为随意肌）、斜纹肌（或螺旋纹肌，广泛存在于无脊椎动物）、心肌（不随意肌）和平滑肌（不随意肌）等类型。肌肉收缩是肌细胞内肌动蛋白丝在肌球蛋白丝之间相对滑行的结果（图21-12）。中枢神经系统内产生的电信号通过神经肌肉突触（图21-13）启动了肌肉的动作电位，引起肌肉收缩，这一过程称为神经肌肉兴奋过程。

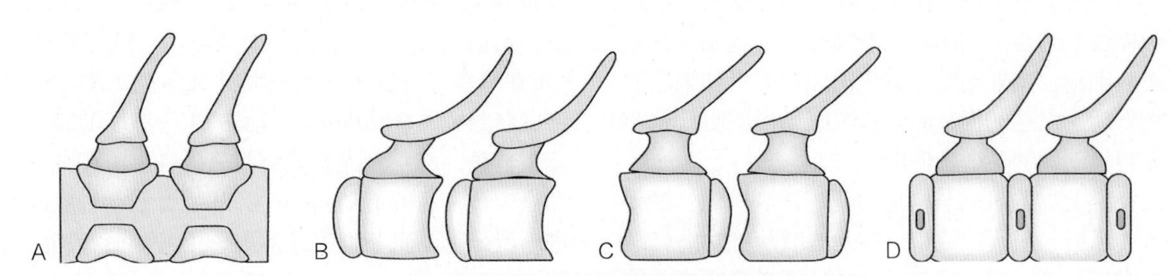

图 21-11 几种椎体的形态结构示意

A. 双凹型（鱼类、有尾两栖类、少数爬行类）；B. 后凹型椎体（多数蝾螈和一部分无尾类）；C. 前凹型椎体（多数无尾类、多数爬行类和鸟类的第 1 颈椎）；D. 双平型椎体（哺乳类）

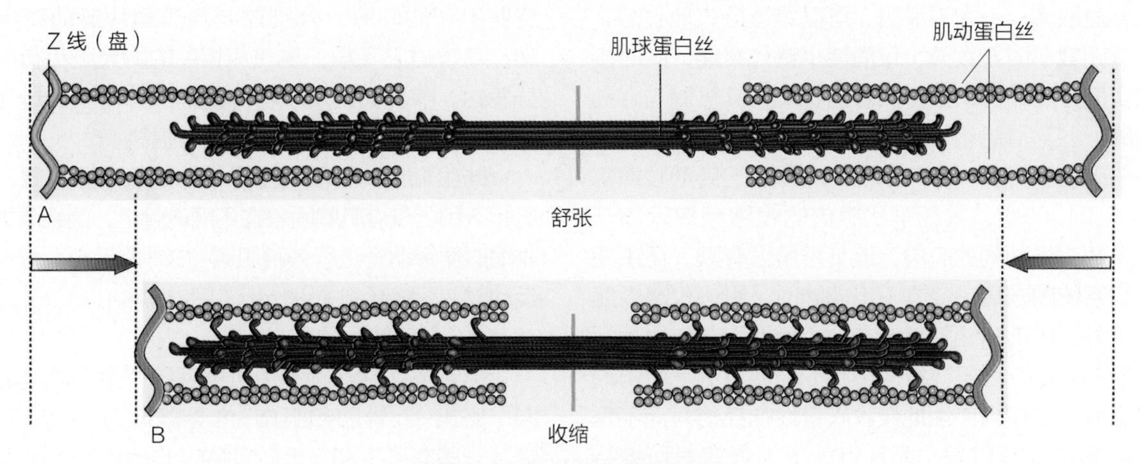

图 21-12 肌肉收缩的滑动理论

示肌动蛋白丝与肌球蛋白丝间的相互滑动

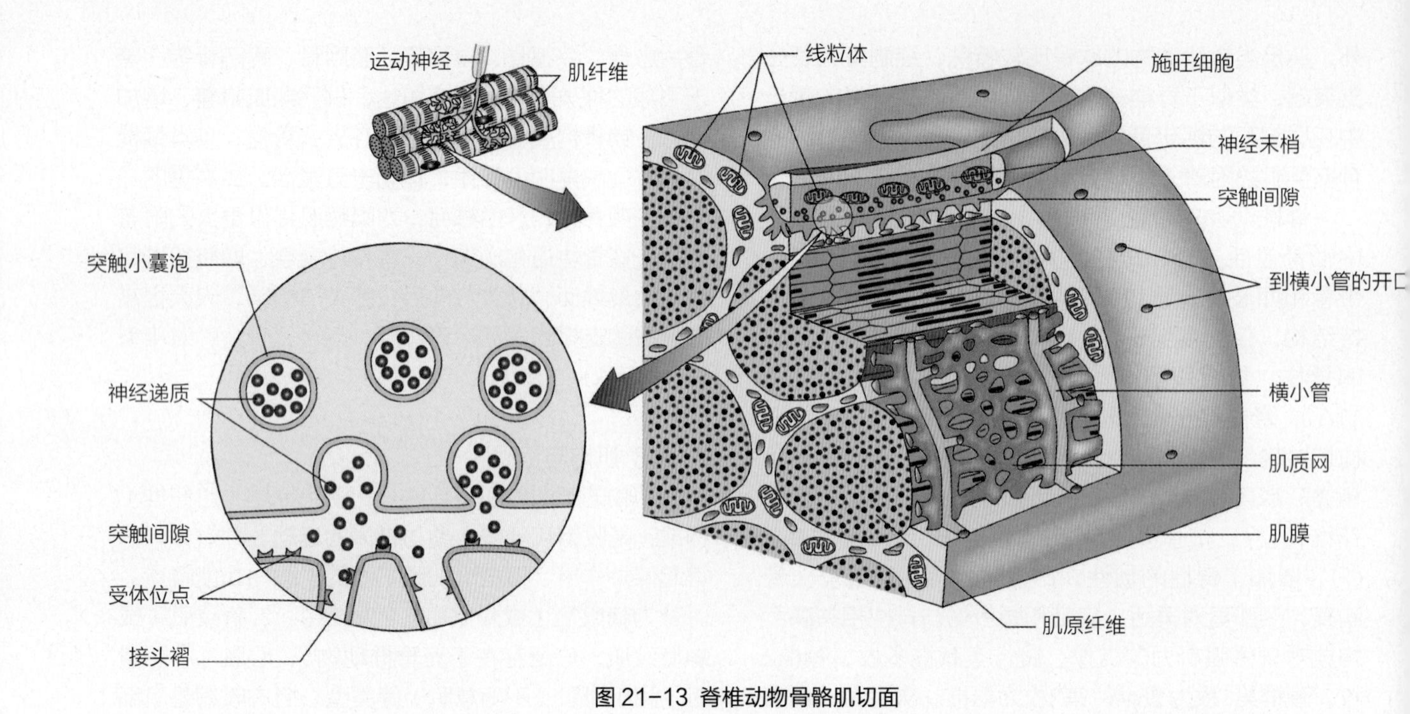

图 21-13 脊椎动物骨骼肌切面

示神经肌肉突触

（1）无脊索动物肌肉的类型与运动

无脊索动物中存在着平滑肌、横纹肌和斜纹肌。这3种类型的肌肉有多种变异，甚至于有脊椎动物平滑肌和横纹肌组合的结构和功能特征。刺胞动物开始出现皮肌细胞。扁形动物中首次出现平滑肌细胞。节肢动物出现了发达的横纹肌。斜纹肌和横纹肌普遍存在于无脊索动物的各个类群中。

无脊椎动物的肌肉结构与功能十分多样化，排列成环状、纵行、斜行或成束。在此选取两种功能极端的肌肉进行讨论：双壳纲软体动物的闭壳肌及昆虫的飞行肌。双壳纲软体动物的闭壳肌含有两型肌纤维：一为横纹肌，当受扰时可快速收缩，使壳瞬间关闭，快速躲避敌害；一为平滑肌，可以缓慢持久地收缩，使壳紧闭数小时至数天，仅消耗少量代谢能，同时接收极少的神经信号以维持其激活状态，其机制与脊椎动物的一些平滑肌相似。昆虫的飞行肌与双壳纲软体动物的闭壳肌相反，有的小型昆虫翅膀的扇动频率每秒钟多于1000次，其纤维状肌肉的收缩频率远高于绝大多数脊椎动物的肌肉，但其扩展力有限。昆虫翅膀杠杆系统的布局，使其下扇翅膀时，肌肉仅略微缩短。此外，肌肉和翅膀就像在一个弹性胸部作快速振荡运动的系统。由于飞行时翅膀的伸展激活了肌肉的弹性反冲，它们周期性地接收兴奋性神经信号而不是每次收缩都要有信号，而且每一个加强信号可维持20~30次收缩，使系统保持活性。

（2）脊索动物的肌肉系统与运动

快速运动及各方面机能的完善使脊索动物同时具有随意的横纹肌（骨骼肌）、不随意的心肌和平滑肌，其肌肉系统进一步分化与发达。低等脊索动物（如文昌鱼）与低等脊椎动物（如鱼类）的肌肉基本保持着原始的分节现象。鱼类的躯干肌肌节发达，且相互套叠，水平骨隔将大侧肌分为轴上肌和轴下肌。为适应登陆后的运动复杂性，陆生脊椎动物肌肉系统进一步分化，肌节退化或消失，由各种形状的肌肉群和块状肌替代，增强了肌肉的收缩力。两栖类躯干肌水平隔多消失，肌节愈合、移位，形成束状、功能各异的肌肉，四肢肌肉发达，鳃肌退化。爬行类出现了皮肤肌和肋间肌，分别控制角质鳞片运动和呼吸运动。鸟类适应飞翔，与飞翔相关的胸大肌和胸小肌十分发达。哺乳类出现了特殊的膈肌参与呼吸运动，咀嚼肌强大，使口腔消化功能大为提高。

陆生脊椎动物演化出多关节的五趾型四肢，骨骼肌起点和止点借肌腱附着在不同的骨上，围绕着关节，收缩时便牵动骨进行各种肌肉-内骨骼运动。脊椎动物运动时，跟腱起到关键作用（图21-14）。

（3）其他运动方式

上述多细胞动物多由肌肉系统产生不同类型的肌肉、肌肉-外骨骼和肌肉-内骨骼运动，而单细胞动物及一些有鞭毛和纤毛的动物，也有着独特的运动方式：鞭毛、纤毛运动及变形运动等，各种运动形式所需能量的供应来自细胞内线粒体产生的ATP。

①**鞭毛、纤毛运动** 作为运动细胞器，鞭毛及纤毛运动方式在原生动物中较为普遍。鞭毛和纤毛与细胞的原生质相连接，超微结构由膜内中央纵行排列的2条中央微管和周围的9组双联体微管构成。运动是由于双联体微管之间的相互滑动所致。鞭毛和纤毛的运动见图21-15。

②**变形运动** 变形运动即伪足的运动方式。伪足由原生质溶胶和凝胶的相互转变而形成，其形成是由细胞质内微丝的排列所决定，微丝的滑动引起伪足的运动。除变形虫外，高等动物的巨噬细胞和白细胞等也可进行变形运动。

21.3 动物的消化与吸收基础

动物的消化方式有细胞内消化及细胞外消化。细胞内消化是最早在动物界出现的方式，与动物尚未形成消化器官有关。低等无脊椎动物有的只有细胞内消化，有的既有细胞内消化，也有细胞外消化。高等无脊椎动物和脊椎动物主要进行细胞外消化。

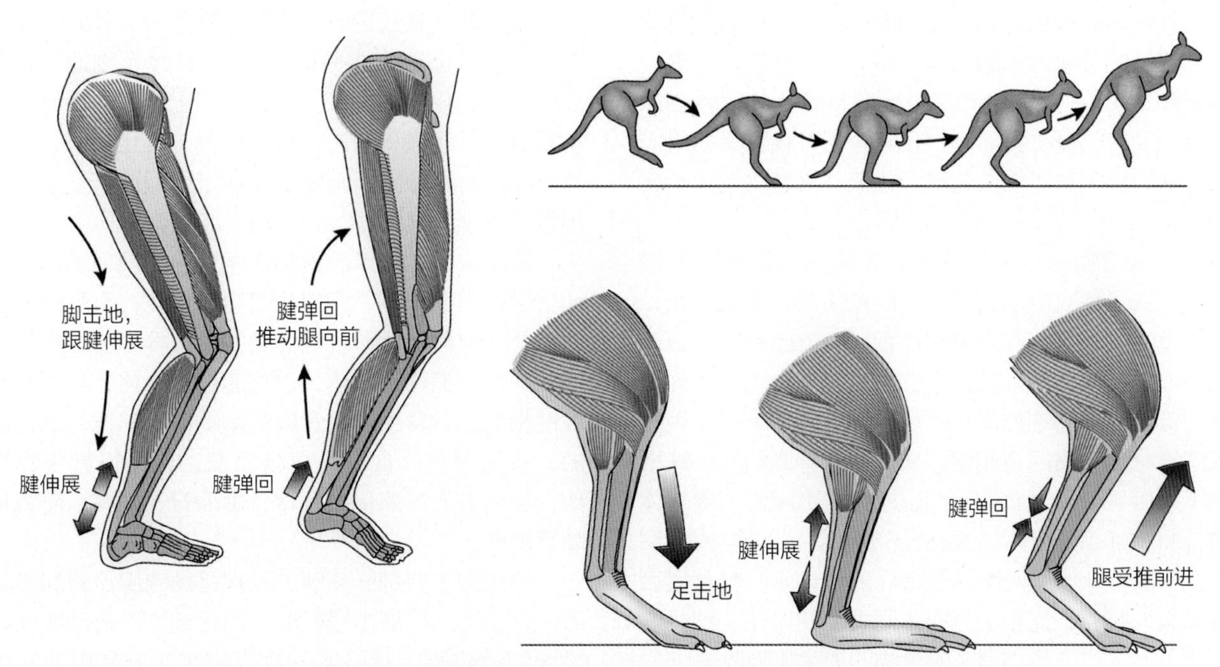

图 21-14 能量储存于人或袋鼠的跟腱中，奔跑时足击地跟腱伸展，能量释放推动腿向前

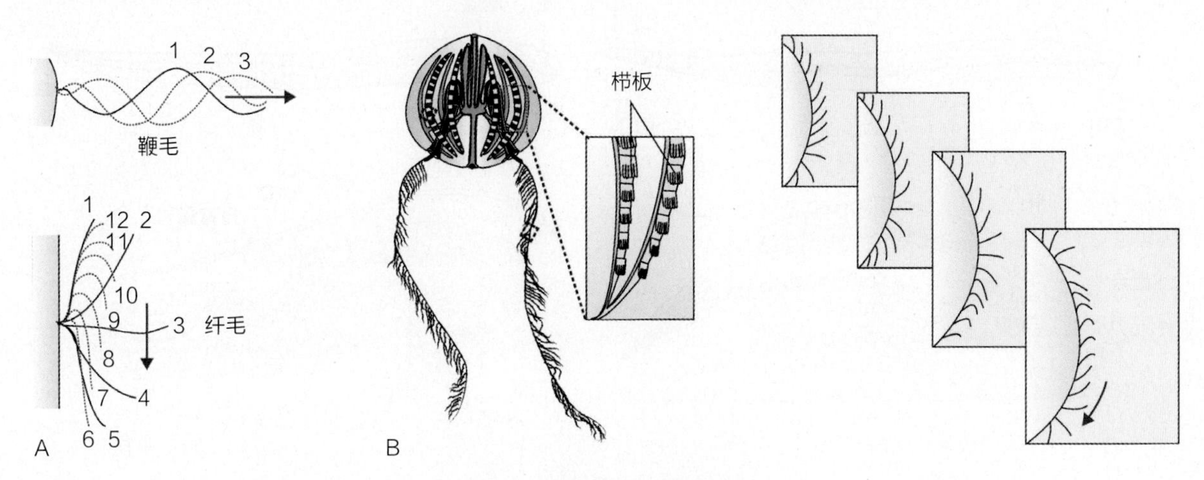

图 21-15 鞭毛和纤毛的运动

A. 鞭毛波状打动，推动水流平行于其主轴；纤毛推动水流的方向平行于细胞表面；
B. 栉水母栉板上的纤毛运动，注意其栉板运动波的传递

21.3.1 无脊椎动物的消化基础（图21-16）

原生动物只有简单的细胞内消化，以食物泡形式摄取食物；海绵动物靠领细胞将食物颗粒吞入进行细胞内消化。刺胞动物体中央有了消化循环腔，腔内有腺细胞分泌的消化酶，有了细胞外消化的能力。大分子物质先在消化循环腔内消化，然后较小分子再入内胚层细胞内进行细胞内消化。刺胞动物只有口而无肛门，食物消化后的残渣仍由口排出。

扁形动物虽然为三胚层动物，但其消化系统仍不完全，有口无肛门，无明显的消化腺。从原腔动物开始具有完全的消化系统，有口有肛门，但肠仍为一直管，肠壁无肌肉层，也无专门的消化腺。环节动物的消化道开始分化为前肠（包括口、咽、食道、嗉囊、砂囊和胃）、中肠（中肠部位还有盲肠，此盲肠相当于脊椎动物的肝）和后肠，各有分工，肠壁具有肌肉层。咽、胃和盲肠均能分泌消化液，具有化学性消化能力。

软体动物消化系统复杂，胃膨大，肠弯曲并增长，出现了独立的消化腺；不同食性消化道变化大，口腔发达的种类，其内具有齿舌，有的还有颚片，头足类加上口周围的腕及其上的吸盘，捕食能力大为增强。低等节肢动物的消化系统与环节动物类似，甲壳类的胃分化为贲门胃和幽门胃，并有胃磨结构；蛛形纲不直接吞食固体食物，而以螯肢将毒液注入猎物体内，将其杀死，再将中肠分泌的酶注入猎物的组织中，将其液化，再吸吮这些液汁为食，所以其食道后端扩大为吸胃；昆虫类具有不同类型的口器，消化道变化很大，进一步加强了对食物的消化和吸收。

棘皮动物消化系统的特征是贲门胃可翻出取食，有发达的幽门盲囊用于吸收、储存和运送养分；半索动物消化系统的特征是咽部出现鳃囊，咽后为食道、肠，最后由直肠通过肛门开口于体表。尚无胃的分化。尾索动物消化系统与半索动物的类似，但已分化出胃。头索动物的消化系统无胃的分化，但出现了肝盲囊。

21.3.2 脊椎动物的消化系统

脊椎动物的消化系统明显地分为消化道和消化腺两部分。成体的消化道分化为口腔、咽喉、食道、胃、肠、直肠和肛门等。圆口纲动物的口不能启闭，只能以舌做活塞式运动，引导食物入口。肠内有纵行的黏膜褶（螺旋瓣或称盲沟），以延缓食物通过，增加肠道的消化吸收面积。鱼类出现上、下颌，可以主动摄食，其颌齿和咽齿强化了摄食与消化功能，软骨鱼类肠内有螺旋瓣。两栖类出现了同型齿和多出齿，出现了能动的肌肉质舌。爬行类仍多为同型齿，端生、侧生或槽生，口腔腺和舌发达，出现盲肠。鸟类消化道出现了嗉囊、腺胃和肌胃的分化，直肠极短，适宜飞翔时减轻体重。哺乳类为槽生异型齿，出现了口腔消化，消化腺发达，消化道高度分化，与不同的食性相适应。食虫类和食肉类动物胃为单胃，消化道短，盲肠退化；食草类盲肠极发达，可行微生物消化，反刍类的胃演化成复胃，由瘤胃、网胃、瓣胃和皱胃组成。

消化腺主要是肝和胰，其次是唾液腺、胃腺和肠腺，分泌的消化液由导管输入消化道。肝是动物体内最大的消化腺，对机体的物质代谢起极其重要的作

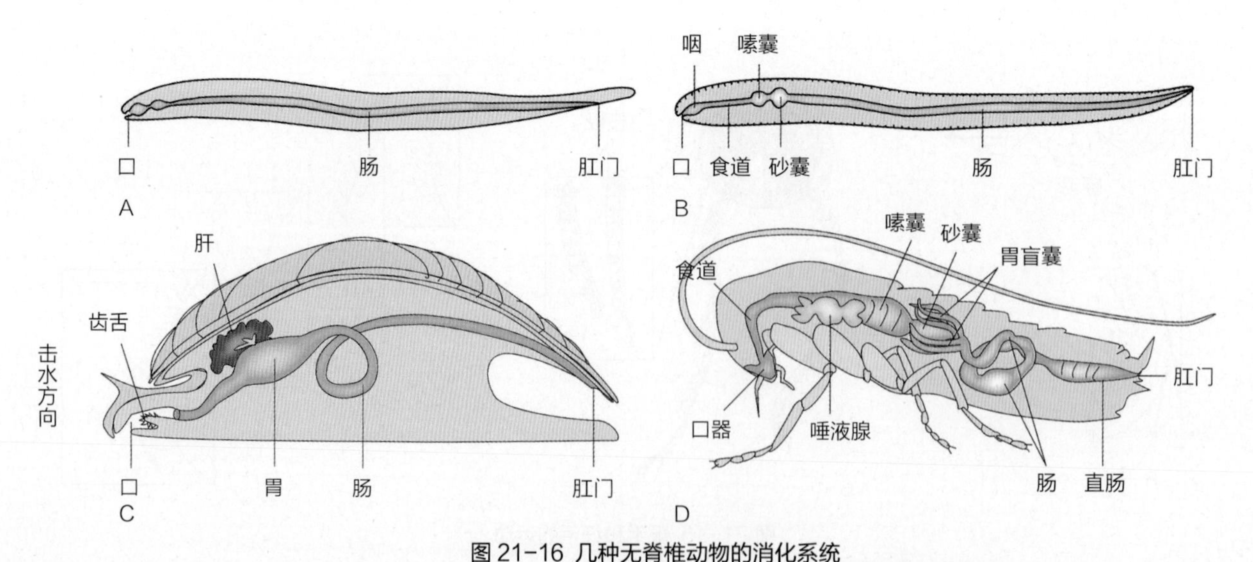

图 21-16 几种无脊椎动物的消化系统

A. 原腔动物；B. 环节动物；C. 软体动物；D. 节肢动物

用。肝有分泌胆汁、调节营养物质代谢、解毒、物质转化、储藏维生素A等多重功能。胰腺是双重腺体，一部分分泌胰液，由胰导管通入十二指肠起消化作用，为外分泌部；另一部分分泌胰岛素、胰高血糖素、生长抑素和胰多肽等，分泌物直接进入血液调节血糖等，为内分泌部。食物被分解后的产物（如氨基酸、单糖、脂肪酸、甘油、矿物质、维生素和水等）先通过肠黏膜上皮细胞，然后再进入毛细血管或毛细淋巴管（乳糜管）。

脊椎动物与无脊椎动物（昆虫）消化系统主要功能区比较见图21-17。

21.4 动物的排泄和体内水盐平衡的调节

21.4.1 无脊椎动物的排泄

动物体在进行新陈代谢过程中，不断形成H_2O、CO_2及含氮化合物等各种代谢终产物。当这些产物的积累超过一定量时，会危害到机体的正常运转，必须排出体外。因此所谓排泄是指机体代谢过程中产生而不为机体所利用或有害的代谢产物、多余的水和无机盐，以及进入机体的异物（如药物）等排出体外的过程。排泄对维持机体内环境的稳定，保障新陈代谢的正常进行有重要意义。

在演化过程中，由于生境的差异，动物排泄形式、排泄途径和排泄系统也各不相同。对无脊椎动物而言，由于其生活的年代久远，演化的历史漫长，且类群繁多，排泄器官的结构和排泄方式也十分多样。主要归纳为如下4类：

（1）细胞排泄

原始的排泄实质上由原始动物类群的特定细胞器，或几种细胞器共同协作，通过体表排出代谢废物。这种方式不涉及细胞间的协作，整个排泄过程均由单细胞完成，因此称为细胞排泄。伸缩泡为此类细胞器的代表，其为球形小泡，具一层单位膜，膜表面附着收缩细丝，伸缩泡通过一些辐射状收集管与内质网成分相连接，收缩时通过排泄孔将溶有代谢终产物的液体排出细胞。

原生动物肉足纲、鞭毛纲和纤毛纲几乎都有伸缩泡结构，变形虫等肉足纲动物和绿眼虫等鞭毛纲动物伸缩泡为单个，草履虫等纤毛纲动物前、后各有1个；寄生的肉足虫、鞭毛虫及海洋自由生活的原生动物无伸缩泡。海绵动物的领细胞中亦具有伸缩泡。

刺胞动物的代谢终产物主要是氨。与其生活环境相适应，刺胞动物没有特别的排泄细胞器或器官，直接由体壁外胚层细胞排泄到周围水体中，或由内胚层细胞排入消化循环腔中。

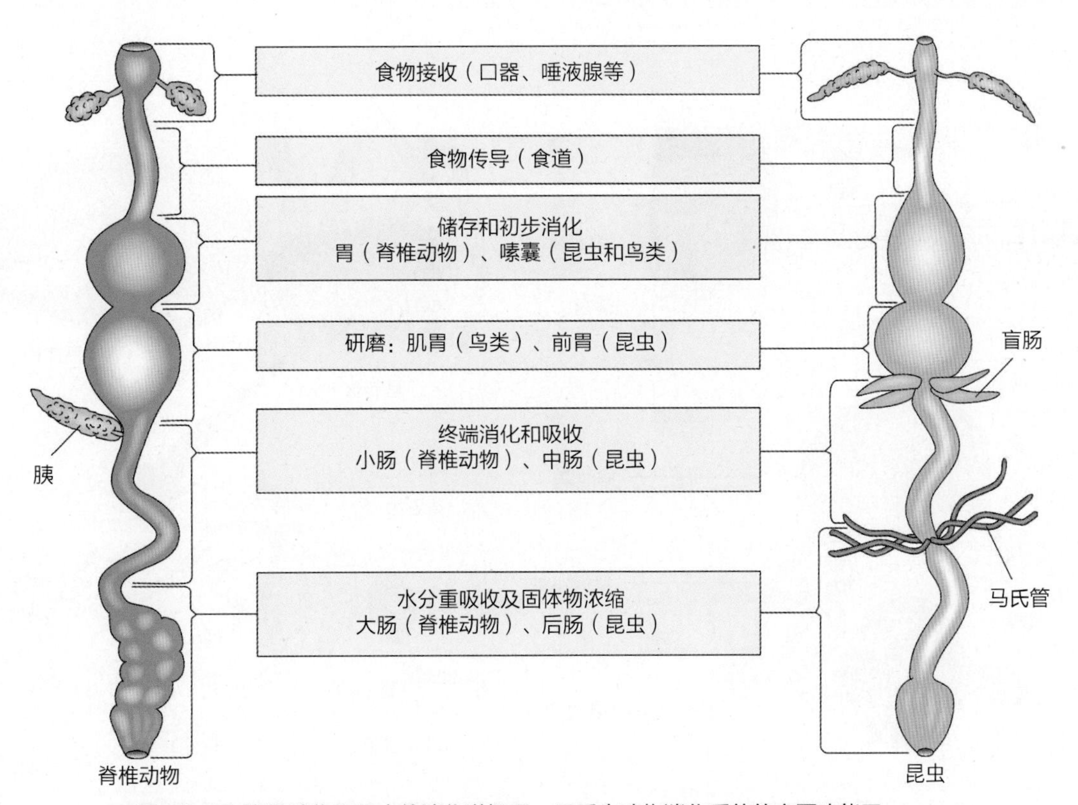

图 21-17 脊椎动物和昆虫的消化道概况，示后生动物消化系统的主要功能区

（2）原肾管

原肾管（protonephridia）由外胚层陷入体内形成，是扁形动物、纽形动物、原腔动物和苔藓动物等的主要排泄器官。

原肾管是一端开口于动物体表、一端终止于焰细胞的网管状结构。在原肾管的毛细管内，焰细胞的鞭毛不断扑动，产生负压，驱动体内废液进入小管腔，然后经排泄管（吸虫纲和绦虫纲可能还有排泄囊）从排泄孔排出体外。

鳃曳动物中，几个焰细胞呈分支状并列起来共同形成原肾管的终端，每个细胞都有1条鞭毛，且仅形成原肾管壁的一部分，管壁被1层基膜包围。此种形式的排泄结构也见于内肛动物。

线虫中有一些类群的排泄器官特化为H型管状或腺体状。

纽形动物的原肾管有较多变异。

环节动物担轮幼虫的排泄器官也是原肾管。原肾管前端为多个焰细胞，后端与泄殖孔相接。这一现象可说明环节动物成虫的后肾管，可能是在原肾管基础上演变形成的。

（3）后肾管

从环节动物开始，动物体具备了真体腔，出现了后肾管式的排泄器官。后肾管（metonephridia）由中胚层的体腔上皮向外突出形成，但往往也将由体腔管和原肾管一起形成的混合肾管计入其中。后肾管与原肾管的主要区别在于：①胚层来源不同；②原肾管一端开口、另一端为焰细胞端，而后肾管两端开口，一端开口于动物体体腔内（或隔膜上），另一端开口于体表；③原肾管有管细胞构成的细胞内管，而后肾管则由一层体腔上皮围成管。在较高级的类群中，管的不同区段还分化出不同的功能，有可能是器官分化的雏形。

环节动物的后肾管按体节排列，一般每体节有1对后肾管，故也称体节器。

软体动物有结构较复杂的“肾”，其前半部呈海绵状，富含血管；而后半部构成排泄管。肾口开口于围心腔，具纤毛，可收集围心腔中的废物。此外还有围心腔腺（凯氏器）辅助排泄。

以虾、蟹为代表的甲壳动物具有触角腺（绿腺）（图21-18A），为位于头部的排泄小囊，浸泡在血淋巴液中，滤出代谢废物，经膀胱和排泄管从触角基部小孔排出。蛛形纲的基节腺（图21-18B）、须腕动物的体腔管、半索动物的血管球（肾小球）均与后肾管同源。

值得注意的是，由于后肾管开始从血液中接受排泄物，使进入管内的液体代谢物浓度大大升高，加之出现重吸收作用，肾管中的液体与体腔液很不相同，因此可称为尿。

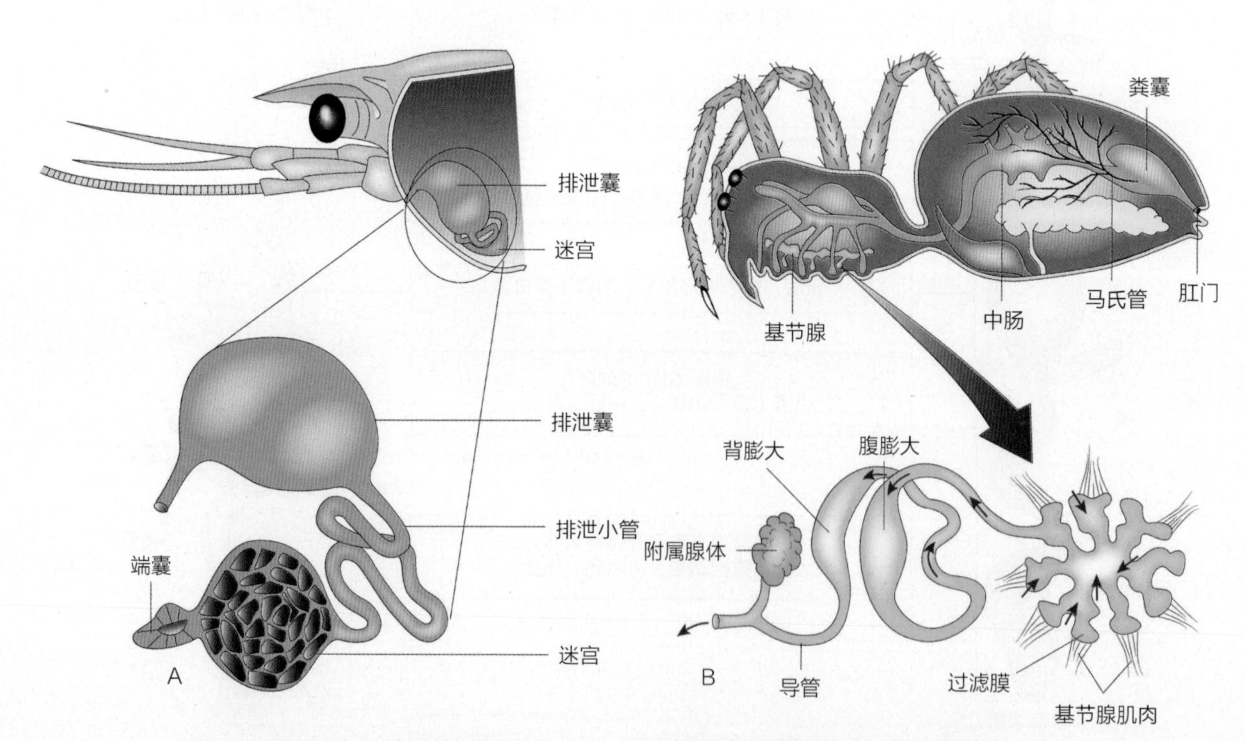

图 21-18 甲壳动物的绿腺（触角腺）（A）；蛛形纲的基节腺的位置及其结构示意（B）

（4）马氏管

马氏管（Malpighian tubule）是蛛形纲、多足纲和昆虫纲的排泄器官，是由肠管上皮突出衍生形成的细小盲管，但来源不一，蛛形纲的马氏管源于内胚层，昆虫纲则源于外胚层的后肠上皮。马氏管盲端浸泡在动物体的血窦（腔）中，血液中的代谢废物渗入马氏管，经高度浓缩后随粪便经后肠（直肠）、肛门排出。

除以上所述的4大类排泄器官外，头索动物文昌鱼用位于咽壁背方两侧的90~100对发生于外胚层的肾管来执行排泄功能。尾索动物海鞘用肠附近一堆具有排泄功能的细胞（小肾囊）进行排泄。此外还具有形式多样的辅助排泄机制，如无肠动物的中央吞咽细胞团、环节动物的黄色细胞、棘皮动物海星纲的肠盲囊等。但它们不在排泄器官发展演化的主线上，在生理上也仅起辅助作用。

21.4.2 脊椎动物的排泄系统

脊椎动物排泄系统在发生上来源于中间（或间介）中胚层，结构上包括肾、输尿管、膀胱和尿道4部分；依据发生阶段可分为原肾（古肾，archinephros）、前肾（pronephros）、中肾（mesonephros）、后位肾（opisthonephros）和后肾（metanephros）等类型。

（1）肾的几种类型

无羊膜动物肾的发生要连续经过原肾（胚胎期）、前肾（胚胎期）、中肾（胚胎期或成体期）和后位肾（成体期）2~4个阶段；而羊膜动物则需经历3个阶段，即前肾和中肾（胚胎期）到后肾（成体期）。这几种类型的肾在发生的顺序、所处位置及结构特点等方面均不同。

①**原肾**（图21-19A） 位于体腔背中线两侧，呈小管状分节排列，这些小管称原肾小管。每一原肾小管的一端开口于体腔，开口处呈漏斗状，其上有纤毛，称肾口。小管的另一端汇入一总的导管，称原肾管，末端通入泄殖腔或泄殖窦。肾口的附近血管丛丰富但不形成血管球，血管丛以过滤的方式将血液中的代谢废物排入体腔中，借助肾口处纤毛的摆动，将体腔中的废物收集入原肾小管，再经原肾管由泄殖腔排出体外。这种类型的肾是盲鳗胚胎期经历的阶段，是脊椎动物肾的原始状态。

②**前肾**（图21-19B） 位于体腔前方背中线两侧，呈小管状分节排列，这些小管称前肾小管。每一前肾小管的一端开口于体腔，开口处呈漏斗状，其上有纤毛，称肾口。小管的另一端汇入一总的导管，称前肾管，末端通入泄殖腔或泄殖窦。在肾口的附近有血管丛形成的血管球（外血管球），它们以过滤的方式将血液中的代谢废物排入体腔中，借助肾口处纤毛的摆动，将体腔中的废物收集入前肾小管，再经前肾管由泄殖腔排出体外，血管球和肾小管之间的这种联系被称为体腔联系。这种类型的肾是脊椎动物胚胎期都要经历的阶段，只有盲鳗和少数硬骨鱼在成体时仍保留为功能肾。

③**中肾**（图21-19C） 指七鳃鳗、鱼类、两栖类和羊膜动物胚胎期在前肾之后依次出现的过渡性功能肾，也是盲鳗成体的功能肾。位于体腔中部。在前肾退化时，其后方一系列生肾节形成中肾小管，中肾小管向侧面延伸，与纵行的前肾管相通，此时前肾管就改称中肾管。中肾小管的一端开口于中肾管，另一端膨大内陷成为1个双层杯状囊，即肾球囊，把血管球包在其中共同形成1个肾小体，肾单位的结构趋向完善。这种包在囊中的血管球称为"内血管球"，以区别于前肾悬浮于体腔中的"外血管球"。内血管球将

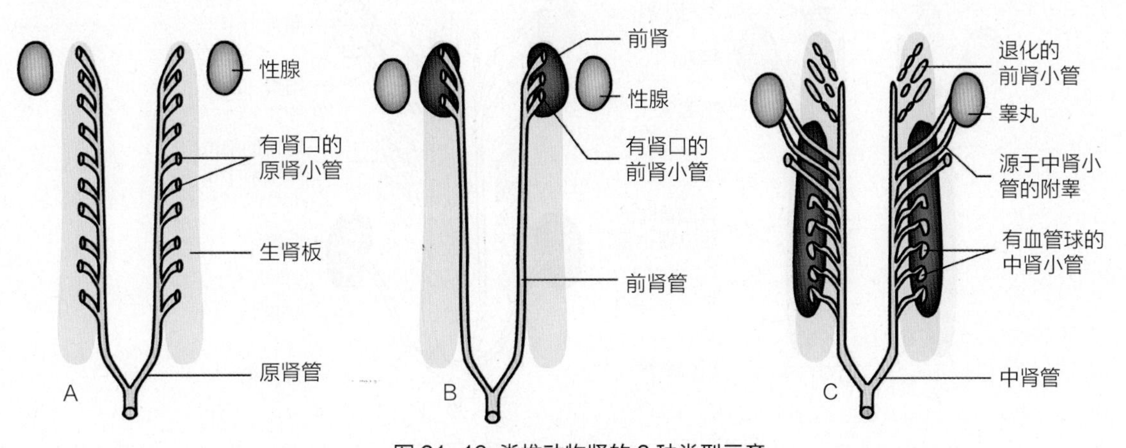

图 21-19 脊椎动物肾的 3 种类型示意
A. 原肾；B. 前肾；C. 中肾

血液中的废物直接排入肾球囊，再经中肾小管运至中肾管。这种联系称为血管联系，与前肾的体腔联系相比较，无疑具有更加高效的排泄功能。由体腔联系到血管联系是动物排泄功能的一大进步。

④**后位肾**（图21-20A） 为七鳃鳗、鱼类和两栖类成体的功能肾。位于体腔中后部。其结构与中肾类似，肾单位数目增加，功能更趋完善。

⑤**后肾** （图21-20B） 是羊膜动物成体的肾，其发生时期和生长的部位都在中肾之后。后肾在发生上具有双重来源：一部分来源于后肾芽基、另一部分来源于后肾管芽。后肾芽基接在中肾小管的后面，发育成的后肾小管数量多，比中肾小管长，其一端为肾小体，完全不具肾口，另一端和集合管连通。后肾管芽是中肾管基部靠近泄殖腔处伸出的1对突起，其末端向前延伸连接后肾芽基，在肾内末端一再分支，形成大量的集合管。可以说，较之于中肾或后位肾而言，后肾在结构上具有更丰富的肾单位，机能更完善。

综上所述，脊椎动物的肾有下列演化趋势：肾单位的数目由少到多，肾口由有到无，由体腔联系到血管联系，发生的部位由体腔前部移向体腔的中、后部。

（2）输尿管与膀胱

排泄系统除肾外，还包括输尿管、膀胱和尿道。尿在肾生成，经输尿管流入泄殖腔或膀胱，储积至一定量时，经尿道排出体外。

①**输尿管** 七鳃鳗的后位肾管即输尿管，仅输尿，与生殖无关。软骨鱼另外形成多条副肾管输尿，而后位肾管作为输精管。硬骨鱼的后位肾管仅作输尿之用。两栖类的后位肾管在雄性兼作输精之用。羊膜动物的输尿管即后肾管。

②**膀胱** 圆口类、软骨鱼类、部分爬行类（如蛇、一部分蜥蜴和鳄）和鸟类（平胸总目鸟类例外）全无膀胱，其他动物的膀胱可以分成3种类型：输尿管膀胱，由肾管后端膨大形成，见于硬鳞鱼和硬骨鱼；泄殖腔膀胱，由泄殖腔腹壁突出而成，肾管与膀胱无直接联系。泄殖腔孔由于括约肌的收缩平时关闭，尿液由泄殖腔倒流入膀胱内储存，见于肺鱼、两栖类和哺乳类的单孔类；尿囊膀胱，由胚胎时期尿囊柄的基部膨大而成，见于少数爬行类（如龟、鳖，部分蜥蜴类和楔齿蜥等）和多数哺乳类。

（3）各类脊椎动物排泄系统与功能的比较

圆口类有较集中的肾（胚胎期为原肾或前肾，成体期为前肾兼中肾或后位肾），与生殖器官无联系。输尿管仅有输尿功能。

鱼类的排泄系统除排出含氮废物外，对渗透压的调节起着重要作用。淡水硬骨鱼体液浓度高于其水环境，水不断渗入体内，肾不断排出浓度极低的尿液，鳃上泌氯细胞吸收盐分，才得以使体内水盐平衡；其肾小体数目极多。海水硬骨鱼体液浓度低于海水，机体面临失水威胁，它们大量吞饮海水，排出少量尿液，体内多余盐分通过鳃上泌氯细胞排出；其肾小体非常退化。软骨鱼靠血液和组织液中的尿素浓度调节渗透压，同时其直肠腺可以将多余的盐分排出体外。鲨鱼肾前端细窄，其内被迂回曲折的输精管所占据，已无泌尿功能；肾后部较宽，称为尾肾。雄鲨的后位肾管仅作输精之用，而由另外形成的副肾管输尿。硬骨鱼一般在幼体阶段以前肾、中肾，成体阶段则以后位肾执行泌尿功能，其生殖导管与后位肾管无关，肾管仅输尿。

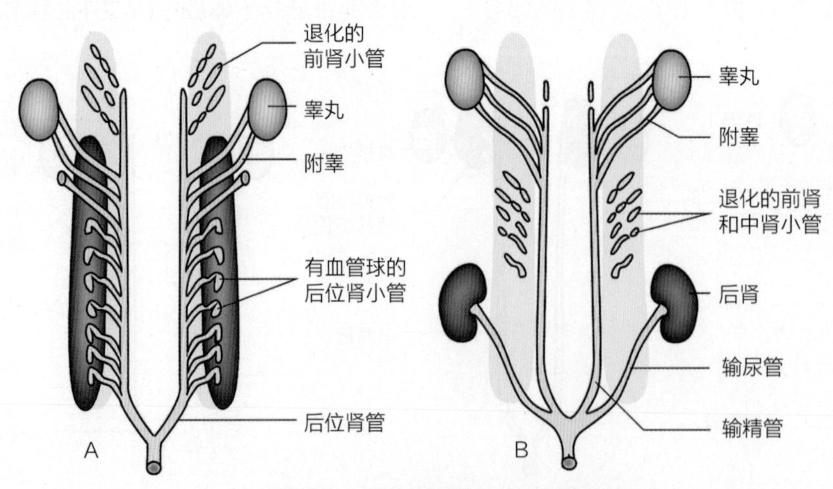

图 21-20 脊椎动物肾的 2 种类型示意

A. 后位肾；B. 后肾

两栖类变态前，前肾保留有泌尿的功能。有尾两栖类的后位肾前端失去泌尿功能，在雄性称为副睾肾，盘旋在其中的后位肾管称附睾，肾的后部有很多集合小管，跨过系膜通入后位肾管；无尾两栖类的肾位于体腔后部，在其外缘靠近后端处各连有1条输尿管，直通泄殖腔，雄性输尿管兼有输精功能，雌性则仅作输尿之用。

羊膜动物胚胎期经历了前肾和中肾阶段。中肾在胚胎期一度有泌尿功能，此时中肾管一直作为输尿的管道。一旦后肾形成，后肾管则成为输尿管；雌体的中肾管退化为卵巢冠纵管，而雄体的中肾管则专作输精管之用，中肾退化为一些生殖系统的附属结构。成体的肾为后肾，以后肾管为输尿管。

爬行类的后肾位于腰区，体积通常不大，排尿酸以减少水分丢失。鸟类的肾特别大，在比例上甚至超过哺乳类，其皮质厚度大大超过髓质，而肾小体的管较哺乳类简单，肾小管一般只有近曲小管和远曲小管，只有极少数肾小管有髓袢，排泄物以尿酸为主，其肾小管和泄殖腔都有重吸收水分的能力，而且尿液随粪便排出，以减少体内水分的散失。许多海鸟、海洋爬行类以及干旱地区的蜥蜴和蛇类等都具有盐腺，以分泌含盐液体，排出多余盐分。哺乳类成体以后肾排泄，排泄物以尿素为主。

21.5 动物的呼吸、循环与免疫

21.5.1 动物的呼吸

动物体与外界环境之间的气体交换过程，称为呼吸。通过呼吸，动物摄取新陈代谢所需的O_2，排出组织细胞产生的CO_2。大多数多细胞动物有专门的呼吸器官，其呼吸一般包括外呼吸和内呼吸。外呼吸包括通气和血液-空气间的气体交换两个环节，内呼吸指细胞与血液、组织液间的气体交换。体细胞直接浸在体液内环境中进行气体交换，和原生动物生活在水环境中的情况相似。动物由水生演化到陆生，由水呼吸演化成空气呼吸，由于生活环境和呼吸方式不同，出现了不同的呼吸类型和特化的呼吸器官。

（1）无脊索动物的呼吸

所有的原生动物和一些简单的多细胞无脊索动物直接通过体表进行呼吸。沙蚕的疣足不仅有运动的功能，也有呼吸功能。软体动物是动物界中最早出现专职呼吸器官的类群，水生种类用鳃呼吸，鳃由外套膜内壁皮肤伸展而成，其形态结构各异，有栉鳃、楯鳃、瓣鳃、丝鳃、板鳃和隔鳃等的分化，使鳃与水的接触表面积大大增加。陆生的蜗牛等用外套膜形成的“肺”进行气体交换。小型节肢动物用体表进行呼吸，大型节肢动物出现了多样化的呼吸器官，水生种类用鳃（甲壳类）或书鳃（肢口纲鲎类）呼吸，鳃和书鳃为体壁外突物；陆生种类如蝎子和部分蛛形纲动物用书肺进行呼吸，昆虫纲和部分蛛形纲动物用气管呼吸，部分蛛形纲动物兼用书肺和气管呼吸。书肺和气管由体壁内陷而成，能有效防止体内水分的散失，是对陆生生活的适应性改变。棘皮动物的皮鳃为体壁无内骨骼处的外突。半索动物咽部有“U”形鳃裂，单个鳃裂开口到鳃腔，再经鳃孔通向体表，鳃裂间分布有丰富的微血管，水从口进入消化道，经过咽部鳃裂和鳃腔，由鳃孔排出体外，在此过程中完成气体交换。

（2）脊索动物的呼吸

低等水生脊索动物类群（原索动物），咽部具有鳃裂，圆口纲动物的鳃囊和鱼类动物的内鳃等，均用于气体交换。高等类群鳃裂仅出现在胚胎期或幼体期（如幼体期蝾螈或幼体期蝌蚪的外鳃）。各种动物鳃的形态很不相同，但基本的结构特征是一致的：表面积很大，交换壁薄，具有丰富的毛细血管网。鳃中血液流动的方向和水流方向相反，这种逆流使水中氧分压始终高于血液，血液能最大限度地摄取O_2。

肺鱼和总鳍鱼类除鳃外，还有开始适应陆地生活的“肺”（鳔）。两栖类多无气管和支气管的分化，喉气管室通往囊状的肺，肺囊壁呈蜂窝状。无胸廓，行口咽式呼吸，体表皮肤及口咽腔黏膜均需辅助进行气体交换。爬行动物出现气管和支气管的分化。许多种类仍然只具有原始的囊状肺，但少数蜥蜴类、龟鳖类和鳄类的肺已经具有海绵状的结构，行胸腹式呼吸，有较高效的气体交换功能，龟鳖类由于有背甲的限制，行特殊的吞咽式呼吸。鸟类的肺由各级支气管形成彼此吻合的密网状管道系统，缺乏弹性，但出现了发达的气囊系统与肺相通连，进行双重呼吸。哺乳类的肺是具高度弹性的结构，呼吸时，膈肌和肋间肌的协同舒缩，使胸腔的体积扩大或缩小，保证满足机体对O_2的需要。主要脊椎动物类群肺的比较见图21-21。

（3）呼吸色素

呼吸过程中，呼吸色素起重要作用。呼吸色素是含有金属铁或铜的卟啉与蛋白质的结合体，在呼吸过程中与O_2或CO_2有亲合力。动物的血液中有4种呼吸色素：血红蛋白、血绿蛋白、血蓝蛋白和蚯蚓血红蛋白。有的动物体内仅有1种呼吸色素，有的动物体内可以同时含有两种呼吸色素。血红蛋白普遍存在于动物体中。多数无脊椎动物的呼吸色素多存在于血浆中，少数存在于体腔液的血细胞中，这是无脊椎动物血液的特点，也是呼吸色素存在的比较低级的形式。在无脊椎动物中，血绿蛋白存在于一些环节动物多毛纲种类的血浆中，血蓝蛋白存在于环节动物、软体动物、甲壳类和蛛形纲动物的血浆中，蚯蚓血红蛋白主要存在于环节动物、星虫类和腕足类的血浆和血细胞中。绝大多数脊椎动物血细胞中含有的呼吸色素是血红蛋白。

21.5.2 血液循环

血液循环是动物运送血液，使身体各部分组织细胞获得O_2和营养物质，排出CO_2和其他代谢产物的系统，并有输送激素，调节体温，保持物质、能量和信息的交流畅通，内、外协调，维持机体动态平衡及参与免疫等机能。

（1）无脊椎动物的血液循环

从原生动物到原腔动物都没有专门的循环器官或系统，细胞与细胞之间的物质运输以扩散方式进行。当中胚层及体腔分化形成后，原体腔中充满体腔液，体壁肌肉的伸缩活动促使体腔液流动而起到运输作用。最早出现循环系统的是纽形动物，纽形动物没有体腔，其血管实际上是实质中围有一层膜的空隙，没有心脏，血液流动借身体的伸缩运动来完成，血流不定向。真体腔产生后，原体腔残留部分形成心脏和血管内腔，产生了由管道输送血液的循环系统（图21-22），一般都有心耳、心室、动脉和静脉4部分，血液在其中有固定的流动方向，依血液是否始终在心血管中流动，分为开管式和闭管式两种基本循环系统类型。开管式循环系统中，血液从心脏泵出进入动脉，再散布到组织间隙与组织细胞接触，然后进入静脉、从心耳流回心脏；由于血液在血腔或血窦中运行，压力较低、器官的血流缺乏调节、血流回心缓慢，但开管式循环可避免折肢、破损时大出血。蛭类、多数软体动物、节肢动物、棘皮动物、半索动物和尾索动物的循环系统属于开管式。闭管式循环系统中，血液从心脏泵出到动脉，经毛细血管到静脉、从心耳回心，血液完全在封闭的心血管系统中流动。血管的弹性管壁可维持高压、可调节各器官血流量分布，使血液或血淋巴快速回心。这种循环方式使得血液不积于组织间隙中，效率高。环节动物的多毛纲和寡毛纲、软体动物的头足纲、头索动物及脊椎动物的循环系统均为闭管式。

无脊椎动物的心脏形态各异，但通常均位于身体背侧。环节动物背血管能做节律性的蠕动，几对横血管稍微膨大，血管壁的肌肉层加厚，能搏动，起到类似心脏的作用，促使背血管的血液流向腹血管，其内有瓣膜以防止血液倒流，保证血液的单向流动。软体动物的心脏位于内脏团背侧的围心腔中，心室壁厚，能搏动，为血液循环的动力；血液自心室送至动脉，再进入组织间的血窦中，经肾和鳃然后汇集到静脉中，再回到心耳；头足类有发达的闭管式循环系统，有1个体心和1对鳃心，有明显的动脉、静脉和毛细血管网，血液与组织液明显分隔，血液循环不仅与鳃呼吸有关而且与肾的排泄功能有关。节肢动物为混合体腔，血液与体腔液混合在一起称为血淋巴，它们的循环系统全部是开管式，心脏和背血管是循环系统的主要成分，心脏发出动脉把血淋巴输送到各种组织内的血窦和细胞间隙，由血窦和细胞间隙再到围心腔，通过心孔进入心脏；由于心脏的收缩，推动血液的循环；许多昆虫有副心，这些副心存于翅、足和触角等附肢内，对促进这些部位的血液循环有重要作用。棘皮动物的循环系统比较特殊，具有各自独立的血系统和围血系统。半索动物为开管式循环系统，血液无色；尾

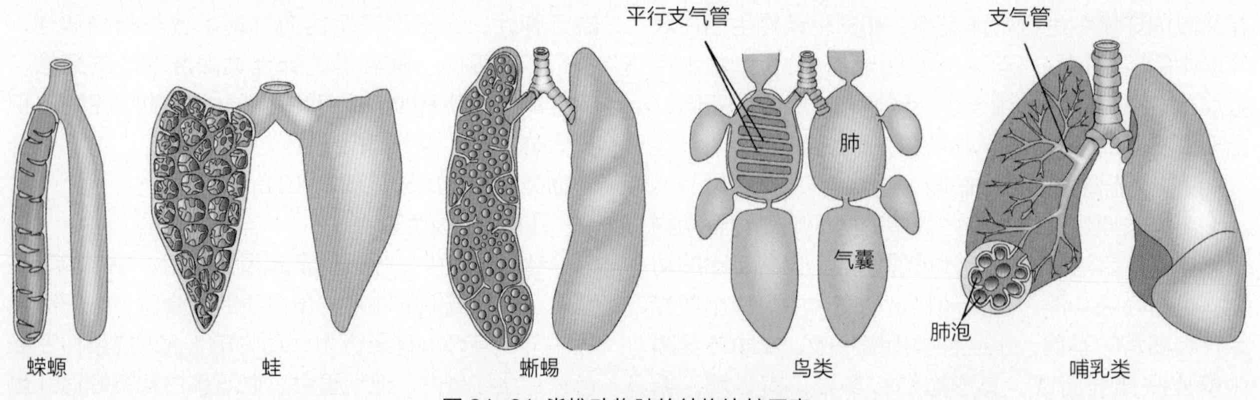

图 21-21 脊椎动物肺的结构比较示意

索动物是脊索动物中唯一开管式循环的类群，其动、静脉血管不分。头索动物为闭管式循环系统，血液无色，无心脏，腹大动脉和入鳃动脉具有搏动能力。

（2）脊椎动物的循环系统

脊椎动物的循环系统都由心脏、动脉、静脉和毛细血管等部分组成，不同脊椎动物类群的心脏结构有明显差别。凡是输送血液离开心脏的血管称为动脉，运送血液回心的血管称为静脉。动、静脉之间由毛细血管网连接。根据肺的出现与否，循环路线与血液的分流情况，又分为单循环、不完全双循环和完全双循

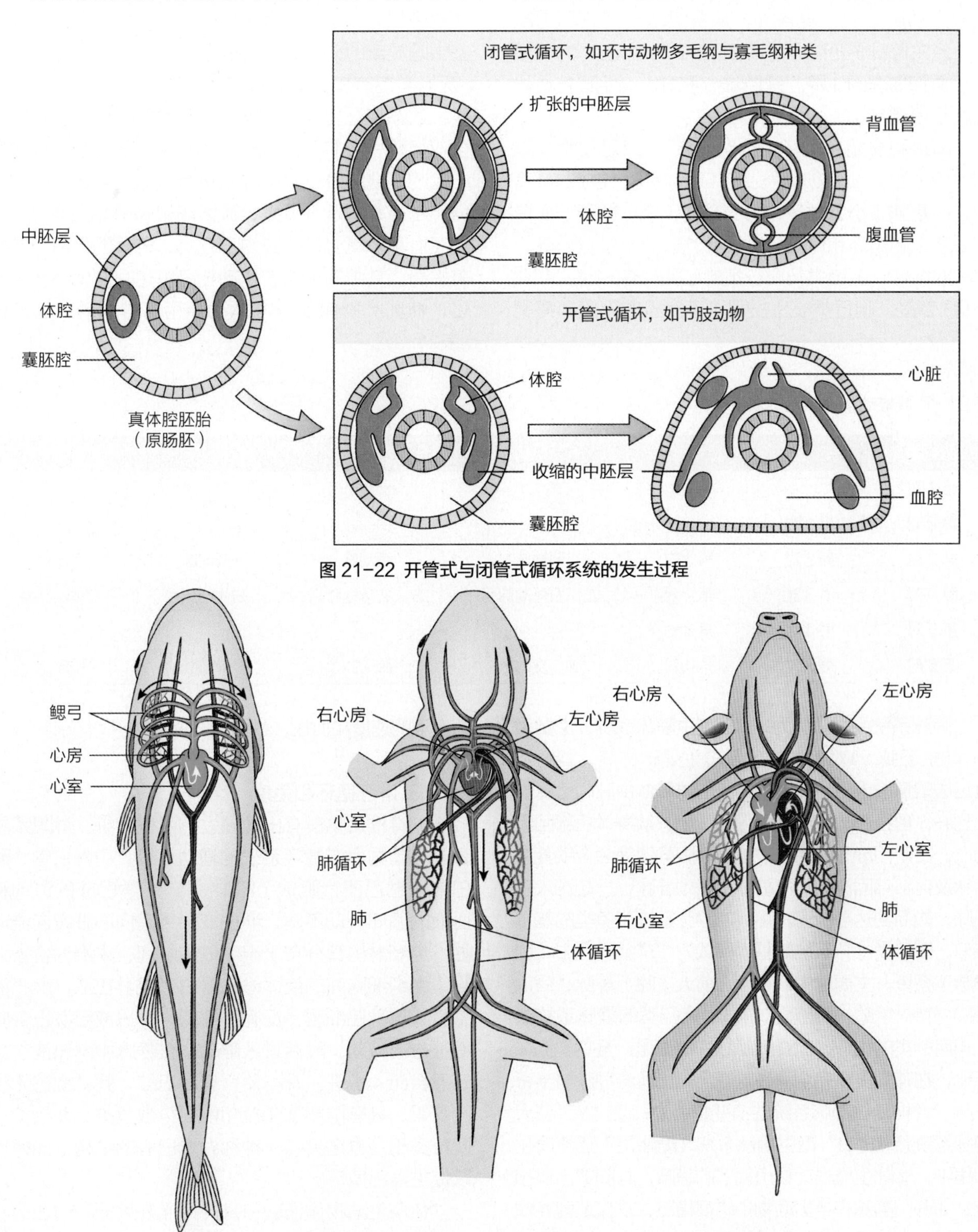

图 21-22 开管式与闭管式循环系统的发生过程

图 21-23 循环系统：单循环、不完全双循环到完全双循环的演化示意图

环等类型（图21-23）。

绝大多数鱼类为鳃呼吸，心脏简单，由静脉窦、1个心房、1个心室和动脉圆锥（软骨鱼类）或动脉球（硬骨鱼类）组成，心室泵出的是缺氧血，通过腹大动脉送到鳃进行气体交换，出鳃后多氧血经背大动脉分送全身各处，从各组织器官返回的缺氧血经主静脉流回心脏，循环途径只有1条，为单循环。血液每循环1周，只经过心脏1次。两栖类幼体也属于单循环。

肺鱼和总鳍鱼类开始出现“肺”，四足动物多以肺呼吸为主，血液循环发生了巨大变化，包括2条途径，一是肺（小）循环，另一是体（大）循环，血液从心脏经肺循环和体循环，循环1周，2次经过心脏，故称双循环。两栖类及爬行类的心脏均有3个腔，即2心房1心室，爬行类心室出现了不完整的隔膜（鳄类已基本上分隔为2个心室）。右心房接受体循环的缺氧血，左心房接受肺循环的多氧血，两心房将血液排入同一心室。由于心室不分隔，缺氧血和多氧血不能完全分开，所以称为不完全的双循环。由心室泵出的血含氧量相对低，动物体的代谢效率不高。爬行类与两栖类相比，血液混合程度较低。两栖与爬行动物心室中螺旋瓣的分流作用有利于将大部分缺氧血导入肺（两栖类还有皮肤）循环，将大部分多氧血导入体循环，效率相对要高。鸟类和哺乳类的循环系统属于完全双循环，心脏具4个腔，由体循环进入右心房和右心室的是缺氧血，送到肺循环经气体交换后进入左心房和左心室的是多氧血，体循环和肺循环完全分开，缺氧血和多氧血在心脏内不混合，机体的代谢效率显著提高。其中鸟类的右体动脉弓发达，左体动脉弓退化；哺乳类则保留了左体动脉弓，右体动脉弓消失（表21-1）。

表 21-1 脊椎动物动脉弓的演变

胚胎期	软骨鱼纲	硬骨鱼纲	两栖纲	爬行纲	鸟纲	哺乳纲
第 1 对						
第 2 对	第 1 对					
第 3 对	第 2 对	第 1 对	颈动脉	颈动脉	颈动脉	颈动脉
第 4 对	第 3 对	第 2 对	左、右体动脉弓	左、右体动脉弓	右体动脉弓	左体动脉弓
第 5 对	第 4 对	第 3 对				
第 6 对	第 5 对	第 4 对	肺、皮动脉	肺动脉	肺动脉	肺动脉

静脉系统中，鱼类为“H”型主静脉系统，主要由1对前主静脉、1对后主静脉及总主静脉构成。其缺氧血运送的情况大致是：肠胃等处的缺氧血由肝门静脉收集到肝，再经肝静脉集合而入静脉窦。从身体后部回流的血，由肾门静脉、后主静脉、侧腹静脉等会合锁骨下静脉及自头部回流的前主静脉、下颈静脉，一起送入主静脉，最后到达静脉窦。蝌蚪的静脉系统和鱼类的基本相似。四足类静脉系统的基本模式为“Y”型大静脉（腔静脉）系统。主要由内颈静脉、前大（腔）静脉、后大（腔）静脉构成，并出现肺静脉。爬行类的静脉系统大体和两栖类的相似，但肾门静脉开始退化，至鸟类更加退化，在哺乳类则完全消失。哺乳类出现奇静脉与半奇静脉。脊椎动物静脉系统的演变趋势为：①“Y”型大静脉系统替代“H”型主静脉系统，静脉主干逐渐简化和集中；②陆生脊椎动物出现了肺静脉，与肺的出现相应；③肝门静脉在各类动物中均很稳定，以保证营养代谢的需要；④肾门静脉由发达逐渐退化消失，以提高回心血液的速度和血压。

21.5.3 淋巴循环和免疫

无脊椎动物没有出现独立的淋巴系统。淋巴系统是高等动物血液循环系统的辅助系统，由淋巴管、淋巴液和淋巴器官组成（图21-24）。淋巴液的流动和血液的循环流动不同，淋巴液始终是向心脏方向流动的。毛细淋巴管分布于组织细胞之间，末端为盲管，收集组织细胞间的液体渗入管内形成淋巴液，淋巴液中有大量淋巴细胞，没有红细胞。淋巴液经淋巴管向心脏方向流动，最后进入静脉，在静脉中淋巴液与血液混合而入心脏。淋巴器官有淋巴结、脾、扁桃体和胸腺等，具有重要的免疫功能。少数鱼类、两栖类、爬行类和鸟类还具有一种称为淋巴心的结构，能搏动以促进淋巴循环。

免疫是动物体识别自身并排斥外来的和内在的非自身的抗原性异物，以维持机体相对稳定的一种生理

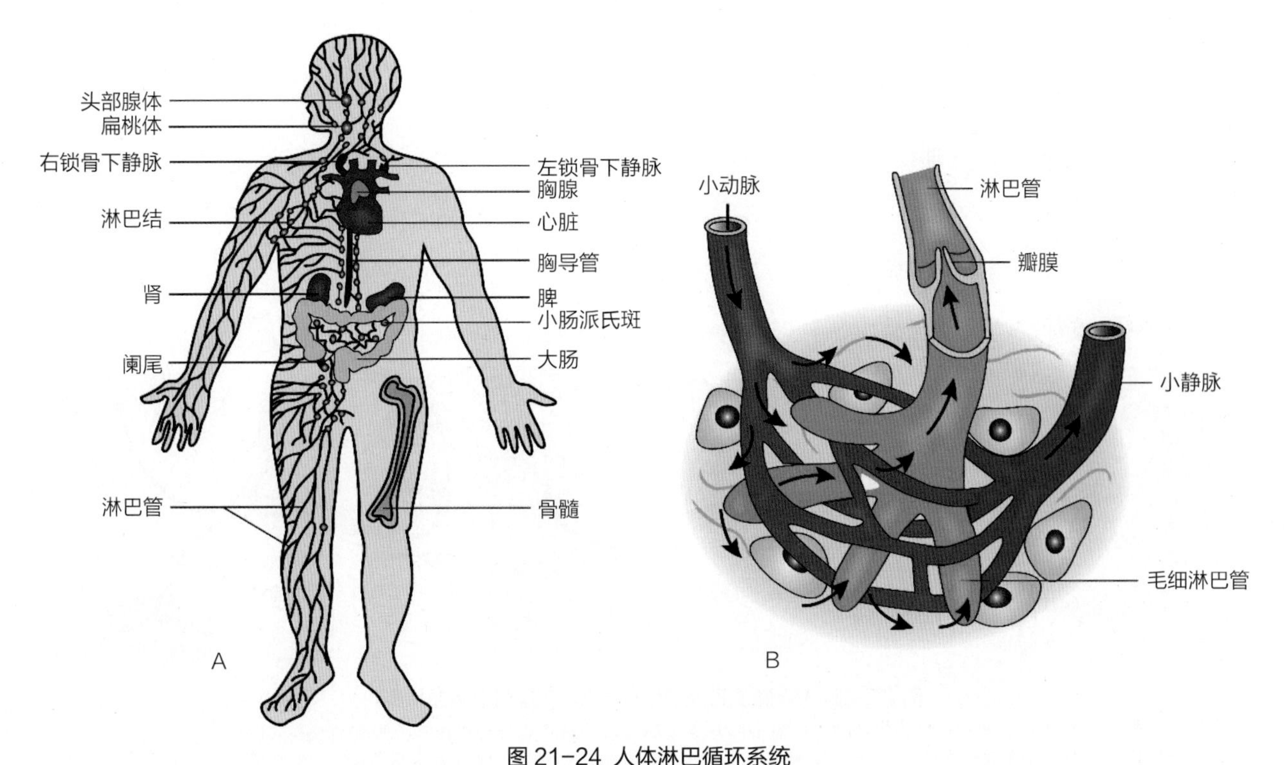

图 21-24 人体淋巴循环系统

示主要的淋巴器官与管（A）及血液和毛细淋巴管间的密切关系（B）

功能，包括非特异性免疫（先天性免疫）和特异性免疫（适应性免疫）两类。非特异性免疫通过组织屏障（皮肤和黏膜系统、血脑屏障、血睾屏障、血气屏障和胎盘屏障等）、免疫细胞（吞噬细胞、杀伤细胞和树突状细胞等）、免疫分子（补体、抗体和细胞因子等）攻击入侵的异物或自身变异的细胞。特异性免疫是由于以往感染所获得的或由于接种疫苗所诱导产生的免疫反应。特异性免疫补充了非特异性免疫的不足，两者构成一个完整的防御体系。

特异性免疫可以根据效应物质分为体液免疫和细胞免疫。体液免疫是指B淋巴细胞（来自骨髓或鸟类的腔上囊，大多分布在淋巴结等淋巴器官中，其寿命仅有几天到一两周）在抗原刺激下活化产生浆细胞，进而分泌大量抗体随血液和淋巴液到身体各部位以清除抗原的特异性免疫过程。一部分B淋巴细胞还在巨噬细胞和T淋巴细胞参与下成为记忆细胞，当相同的抗原再次入侵时，就会立刻发生免疫反应清除抗原。细胞免疫主要指由T淋巴细胞（来自胸腺，主要分布于血液和淋巴液中，其寿命较长，可达10年）参与的特异性免疫过程。

免疫功能是在动物的演化过程中逐步完善的。无脊椎动物无淋巴器官，不产生特异性免疫，其非特异性免疫的重要成分包括吞噬细胞和变形细胞；脊椎动物具有双重免疫功能，而且越是高等的动物，其免疫器官及其机能越复杂。

21.6 动物的神经调节基础

动物要获取食物、识别配偶和逃避敌害，保持内、外环境的平衡等，都需要从内、外环境中得到信息，通过感受器把所感知的变化或信息转变为神经冲动传到中枢，由神经中枢进行综合分析处理并发出指令，使身体或身体的某些部位产生适应性变化或反应（图21−25A）。这些功能主要由神经系统和感觉器官来完成。

神经细胞（神经元）是神经系统的基本结构和功能单位，一般由胞体、树突和轴突组成，形态功能各异。从功能上讲，神经元可分为传入神经元、传出神经元和中间神经元等。神经元通过传导神经冲动（动作电位）实现对机体的调节作用。从接受刺激到发生反应的全部神经传导结构称为反射弧。接受刺激的器官、组织或细胞称为感受器，发生反应的器官、组织或细胞称为效应器（图21−25B）。高等动物的神经系统依据分布、形态和功能分为中枢神经系统和周围神经系统。

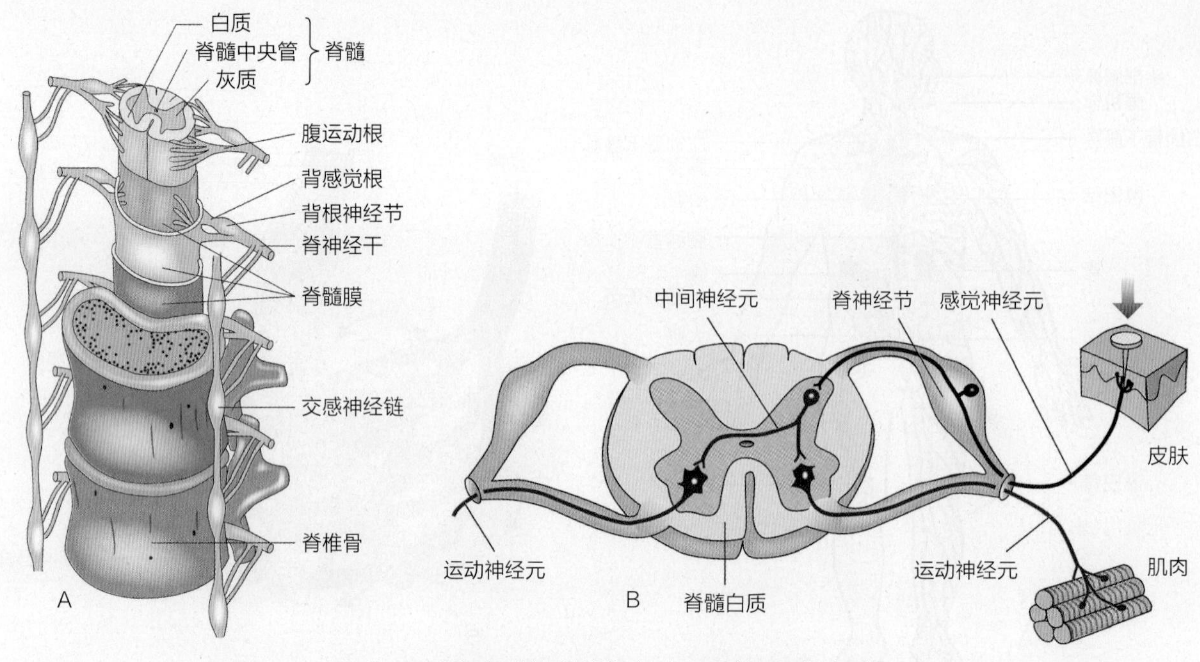

图 21-25 人脊髓及其保护结构（A）与反射弧示意（B）

A. 两个脊椎骨，示脊髓的位置、脊神经及交感神经链。脊髓有 3 层膜包围，膜间有脑脊液保护。
B. 刺激作用于皮肤通过感觉神经元传入，经过中间神经元至中枢将信息整合处理后，通过运动神经元传出信息支配效应器（肌肉或腺体）

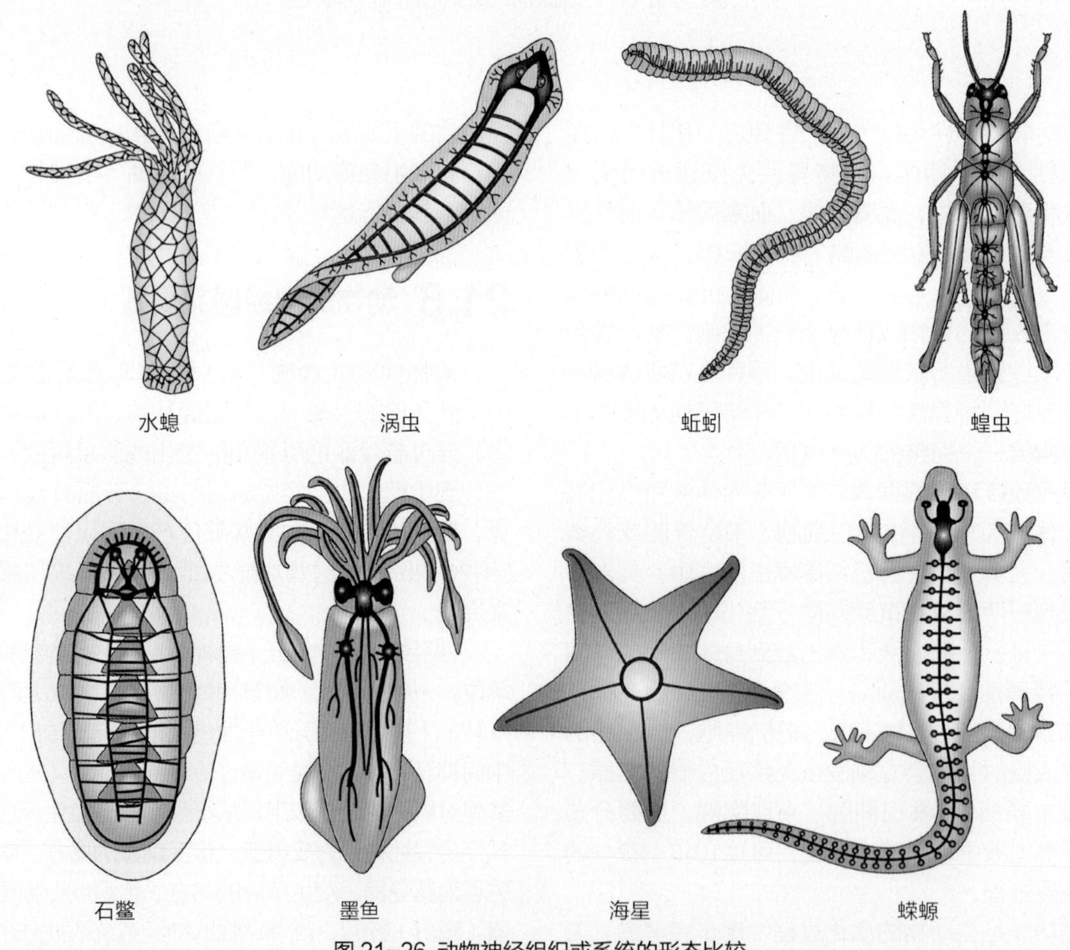

图 21-26 动物神经组织或系统的形态比较

从网状到梯状再到链状，进一步头端化形成脑

21.6.1 无脊索动物的神经组织结构（图21-26）

原生动物体内存在多种神经肽，可以通过膜电位的变化来感知外界的刺激。海绵动物已经有神经元，但是这些神经元之间没有突触。从刺胞动物开始产生网状神经组织。它们的神经元与内、外胚层中的感觉细胞和皮肌细胞之间已经存在突触联系，但由于其神经元是双极或多极的，神经传导不定向，没有神经中枢。扁形动物出现了原始的中枢神经系统——梯状神经系统。表现为神经细胞向前端集中形成“脑”。脑以1对或几对纵行神经索及多数横向联合与身体各部分联系。环节动物形成了由“脑”、咽下神经节和腹神经索组成的链状神经系统，由中枢神经系统和周围神经系统组成。脑和腹神经索构成中枢神经系统，脑、咽下神经节和每个腹神经节发出的神经构成周围神经系统。

软体动物的神经系统更为集中，有的形成成对的脑、足、侧和脏神经节，并有较发达的周围神经系统。头足类的神经系统是无脊索动物中最高级的，它还具有完善的平衡感受器，其眼与脊椎动物的眼在构造上极为相似，视觉非常发达；腕上的每个吸盘都有各自的神经节与中枢相联，这些神经节本身对局部的化学和机械感觉可进行处理并控制吸盘运动。

节肢动物的中枢神经系统与环节动物一样为链状，随着体节愈合，头胸部神经节和腹部神经节都有愈合现象。昆虫的脑由3对神经节（前脑、中脑和后脑节）愈合而成，是神经中枢。无脊索动物神经细胞的形态与脊椎动物的不同，神经细胞集中，形成神经节，胞体部分集中分布在神经节的表面，神经纤维分布在神经节的内部。

21.6.2 脊索动物的神经系统（图21-27）

（1）中枢神经系统（脑和脊髓）

脊索动物的神经系统主要由神经管发展而来，原索动物中神经管分化不明显，尾索动物的部分种类经过逆行变态，神经管退化为神经节。

①脑　头索动物的神经管前端膨大形成脑泡，后端为脊髓。脊椎动物神经管前部膨大为脑，后部为脊髓，始终保持管状。在演化过程中，动物的活动越复杂，头部感觉器官就越集中，神经系统就越发达。从圆口纲开始，神经系统已分化为5部脑（大脑、间脑、中脑、小脑及延脑）。5部脑不断分化，最初排列在同一平面，至羊膜动物出现颈弯曲，随后进一步形成不同程度的弯曲。

端脑包括嗅球和大脑。原始脊椎动物的大脑有嗅觉功能；鱼类大脑背壁薄，不含神经细胞，为古脑

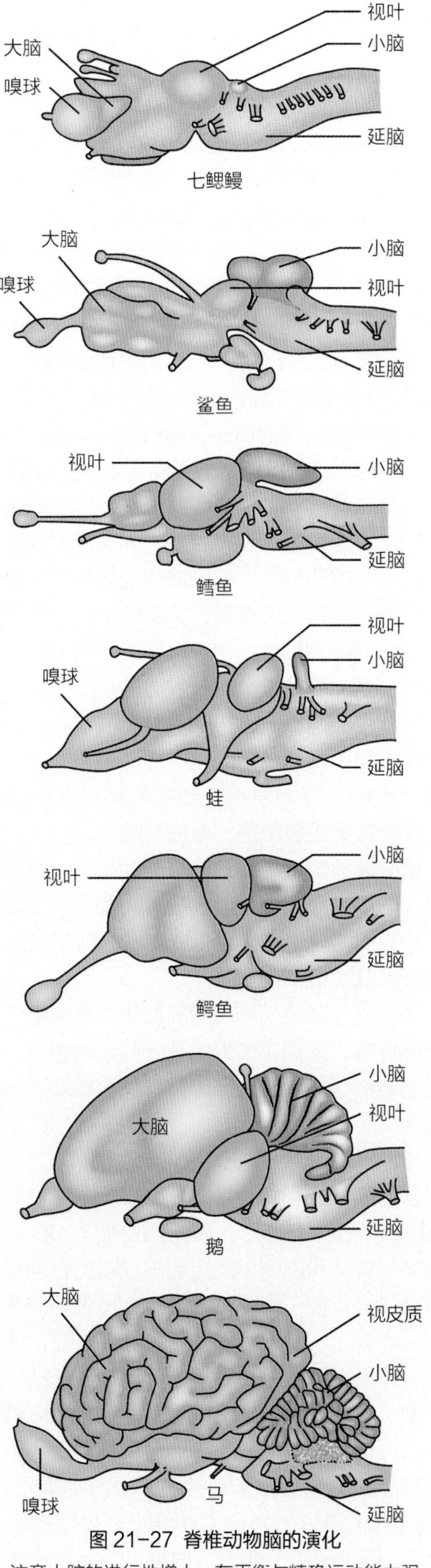

图 21-27　脊椎动物脑的演化

注意大脑的进行性增大，在平衡与精确运动能力强的动物中，小脑较大

皮。两栖类大脑的顶部和侧部出现了零散的神经细胞，为原脑皮。爬行类和鸟类的大脑皮层开始出现大量神经细胞，为新脑皮，大脑开始成为高级神经活动的中枢。哺乳类的大脑皮层加厚，表面出现了沟和回，神经细胞数量大大增加，成为与学习、思考、智力、技能和记忆相关的主要联络和整合中枢。

间脑又名丘脑，其下部是下丘脑。有些低等脊椎动物（如鱼类、两栖类和爬行类）丘脑上部还有松果体，它们有感受辐射能的作用，可能对行为性体温调节和生殖产生影响，随后松果体变为一个内分泌器官，产生褪黑激素。下丘脑是机体内分泌调控中枢，通过自主神经系统以及垂体前、后叶的活动调节生命活动。间脑是植物性神经中枢，重要的内分泌腺脑垂体就位于间脑底部。

在低等脊椎动物鱼类和两栖类，中脑既是视觉中心，也是神经系统的高级中枢，其背面的视叶是感觉冲动的一个主要整合中枢。演化的后期，大脑承担了这一角色，但视叶仍在视、听反射中起重要作用。

小脑是协调机体运动与平衡的中枢。圆口类的小脑只是一条横嵴，鱼类有较发达的小脑，但在由水生过渡到陆生的两栖类，小脑又减小成带状，这可能与其平衡机能不再像游泳的鱼类那样重要有关。从爬行类起，小脑又开始发达，到哺乳类首次出现小脑半球，并有灰质皮层覆盖，形成沟回。

延脑或延髓是重要的内脏活动中枢，调节呼吸、消化、循环、汗腺分泌以及各种防御反射（如咳嗽、呕吐和眨眼等），又称为活命中枢。延髓通过网状结构与高级脑中枢相连。

②脊髓　呈前后稍扁的圆柱体，全长粗细不等，位于椎管内，上端在枕骨大孔处与延髓相连，下端尖削呈圆锥状，称脊髓圆锥，圆锥尖端延续为一细丝，称终丝。

（2）周围神经系统

分为脑神经和脊神经。从脑发出10~12对脑神经（鱼类和两栖类为10对，爬行类开始有12对），从脊髓两侧（背侧和腹侧）发出若干成对的脊神经。每一脊神经包含背根和腹根。背根包含传入神经纤维（感觉神经纤维），这些纤维来自皮肤和内脏，能传导冲动进入中枢神经系统；腹根由传出神经纤维（运动神经纤维）组成，分布到肌肉与腺体，将中枢神经发送的冲动传送到各效应器。脑神经和脊神经传出神经中支配随意肌的为躯体运动神经（动物性神经），支配不随意肌和腺体的为自主神经（植物性神经或内脏神经）。自主神经主要调节内脏、心血管和腺体的分泌。其包括交感和副交感神经，大多数组织器官均受到副交感神经与交感神经的双重支配，在功能上多起拮抗作用。七鳃鳗的植物性神经是分散的。鱼类的自主神经不发达，对内脏没有拮抗性支配。从两栖类开始有较发达的自主神经。

脊椎动物神经元的胞体主要分布在中枢神经系统的灰质内。白质主要为神经纤维和神经胶质细胞。神经管的发育过程中，神经元最初出现于管腔周围，随着发育的进行，脑区神经元不断分裂的同时向外层迁移。古脑皮、原脑皮和新脑皮亦代表着神经管的不同发育和演化期。

21.6.3 动物的感觉器官

感觉器官（感受器）是动物体专司感受各种刺激的结构。其种类很多，结构复杂程度不同，它们是动物与其内、外环境之间保持复杂联系的一个重要环节。依其所在的位置，可分为外感受器和内感受器。前者位于动物身体的表面，与外环境直接接触（如皮肤感觉器、视觉器、听觉器、嗅觉器和味觉器等）；后者位于身体内部，接受内部器官的刺激（如平衡感受器、本体感受器、消化道和循环系统内的感受器等）。根据所感受刺激的性质可分为物理感受器和化学感受器。前者有皮肤感受器、平衡感受器、听觉器和视觉器等；后者有嗅觉器和味觉器等。

（1）化学感受器（化感器）

化感器（图21-28）是动物界最古老而广泛的器官，比任何其他器官更能指导动物的行为。单细胞动物使用接触性化学受体定位食物及寻找O_2合适的水域，并避免有害物质。这些受体能够控制行为的方向，朝向或离开某一化学源，称为趋化作用。大多数后生动物有特殊的化感器如嗅觉器，通常更为敏感，用于摄食、性配偶的定位与选择、领域和行踪标记及警示等。

涡虫的耳突和口咽周围、蛔虫的唇乳突上有许多司味觉和嗅觉的感觉细胞。软体动物螺类和瓣鳃类的嗅检器能辨别水质。昆虫的舌、内唇和下唇须司味觉，触角上有发达的嗅觉感受器可以对许多植物和动物发出的气味发生反应。水生无脊椎动物的化感器对氨基酸、肽、核苷、核苷酸及有机酸（如乳酸）等发生反应。

圆口类只有一个外鼻孔和单个嗅囊。鱼类有成对的外鼻孔和嗅囊，内鼻孔鱼类和陆生脊椎动物出现了内鼻孔，可以呼吸空气，嗅觉器和口腔相通，利用嗅觉（嗅囊和犁鼻器）寻找食物，鼻腔兼有嗅觉和呼吸功能。两栖类的内鼻孔开于口腔前部。爬行类出现次

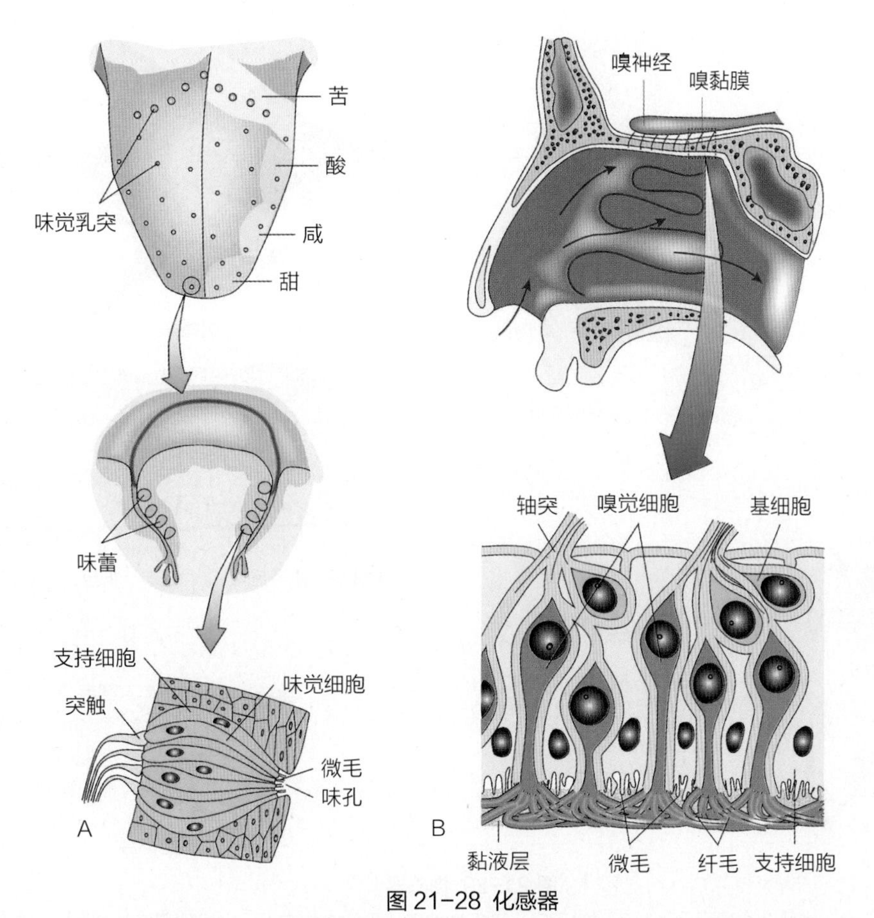

图 21-28 化感器

A. 味觉感受器，示人舌表面味觉乳突的分布、味蕾在味觉乳头上的位置及味蕾的结构；
B. 人的嗅觉上皮的分布及结构示意

生腭，内鼻孔后移到咽部，鼻腔、鼻黏膜面积增加，嗅觉比较发达。鸟类和哺乳动物有发达的鼻甲，进一步扩大了鼻黏膜的面积，黏膜表面布满了嗅觉神经末梢（图21-28B）。

脊椎动物的味蕾一般分布在口腔内或口的周围，但鱼类的味蕾可分布到上咽部、头部、触须和身体的外表面。许多鱼能把不合适的食物吐出，说明鱼类能通过味觉选择食物。人的味觉较灵敏，有酸、甜、苦和咸4种基本味觉。

（2）物理感受器（物感器）（图 21-29）

①皮肤感受器 皮肤覆盖在体表，直接与外环境接触，其内分布有一些神经末梢和由神经末梢形成的皮肤感受器，分别感受冷、热、触、压和痛等刺激。如刺胞动物的触手、蚯蚓体壁上的表皮感受器、昆虫触角上的感受器、鱼类和两栖类的侧线、蝮蛇颊窝内的红外线感受器和哺乳动物的触觉小体等。

许多哺乳动物口附近的触须对于感受周围空气的振动和接触刺激是很重要的，夜间在黑暗中活动的动物，很大程度依靠触须来导向。温度调节由温度感受器引发。鱼类的皮肤及下丘脑视前区都有温度感受器。鸟类的喙和舌上有对温度敏感的神经末梢。哺乳动物皮肤内有冷和热的感受器。当这些温度感受器受到冷或热的刺激时，动作电位发放频率会出现时相性变化。

②平衡器 无脊椎动物如水母、软体动物瓣鳃类和头足类、甲壳动物虾、蟹类等有检测与重力有关的体位变化和运动速度变化的平衡器官——平衡囊。脊椎动物的平衡器官在内耳前庭的膜迷路内，包括球状囊、椭圆囊和半规管等（图21-30）。

盲鳗类有1条半规管，但其总斑由一水平、一中央垂直和一后水平组分构成，是盲鳗感知不同方向位置的结构基础；七鳃鳗类的内耳膜迷路中除了主要的两条半规管外，尚有水平半规管（内侧管）用于感知水平方向的角加速度，与颌口类的水平半规管（侧管）不是同源结构；鱼类、两栖类及羊膜动物均有3条半规管。自两栖类开始，内耳除了具有平衡觉外，还具有听觉的功能。

③听觉器 昆虫的毛状感受器和弦音感受器对声

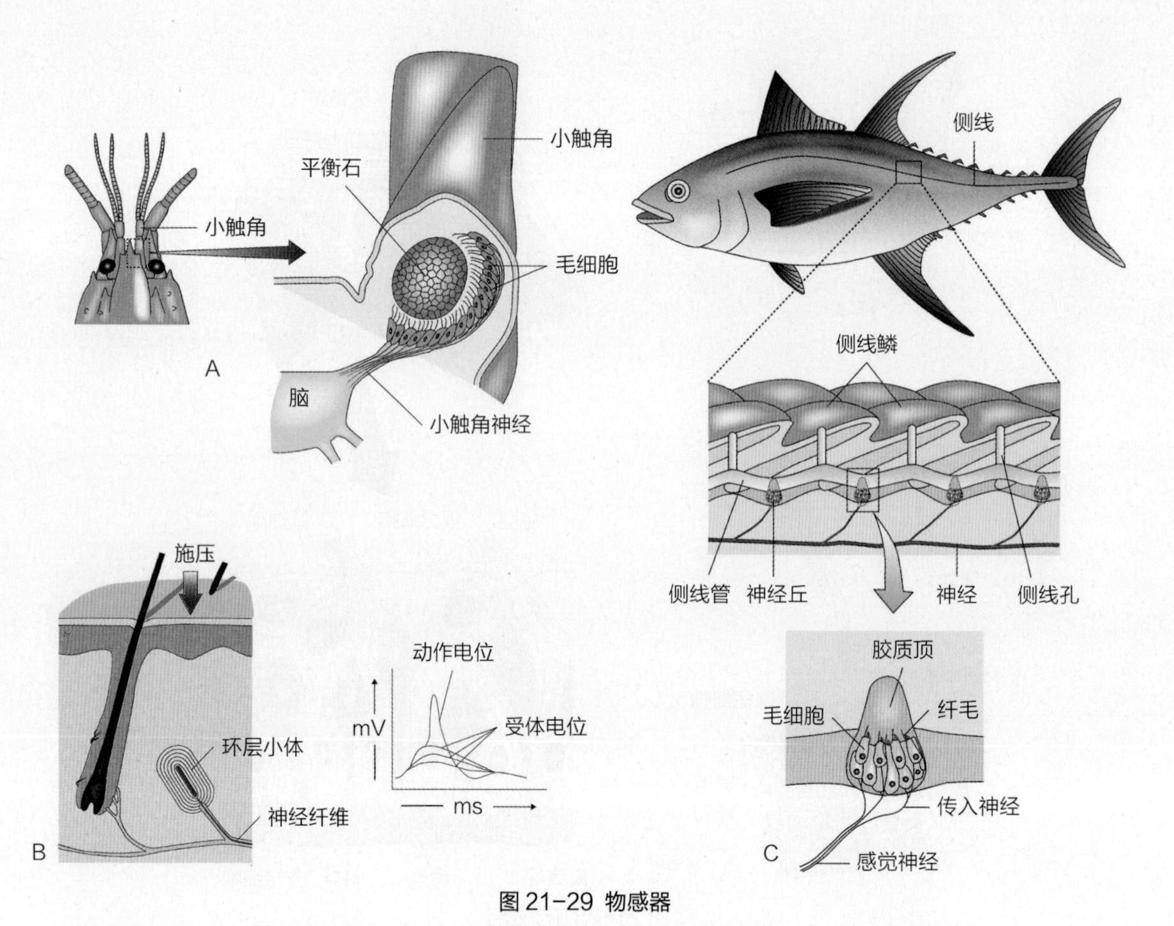

图 21-29 物感器

A. 螯虾的平衡石；B. 哺乳动物环层小体对压力的反应，进行性加压，受体电位增大，当达到阈值时产生动作电位冲动从神经纤维传入中枢；C. 硬骨鱼的侧线系统，侧线示露出体表的孔和隐藏的神经丘

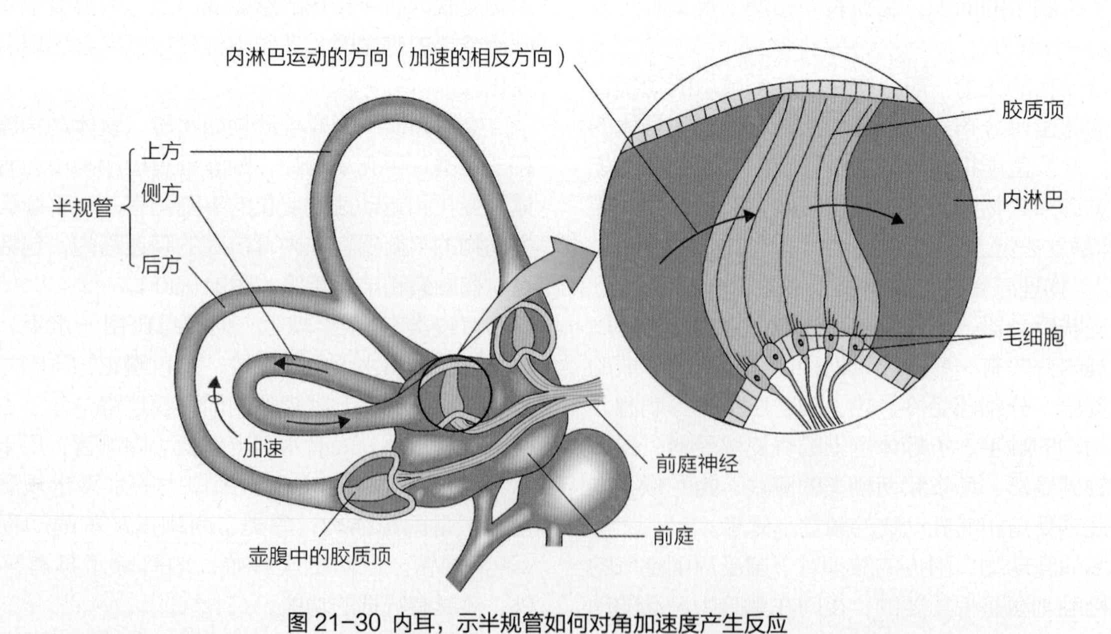

图 21-30 内耳，示半规管如何对角加速度产生反应

由于惯性，半规管中的内淋巴与角加速度相反的方向通过胶质顶，胶质顶的运动刺激毛细胞产生冲动

音有感觉作用，蟋蟀尾须上有听毛，蝗虫的听觉器为1对鼓膜。位于雄蚊触觉基部的江氏器（Johnston's organ），具有听觉功能，能感受雌蚊飞翔时振翅所发出的声音。

鱼类只有内耳，没有特化的耳蜗，但这不影响其听力，鱼类可以通过侧线系统感受频率较低的声波振动。

两栖类出现了中耳和鼓膜，中耳有1块耳柱骨，能把声音在鼓膜上产生的振动传到球状囊底部小突起（瓶状囊）的听斑上，听斑上方出现了原始的覆膜。性成熟的雌蛙可以准确地听出鸣叫的雄蛙所在的位置。爬行类的瓶状囊和覆膜进一步发达，并出现外耳道帮助收集声波。蛇虽然不能感受空气中的声波，但对地层的振动异常敏感，能把振动传来的声波通过头部的方骨经耳柱骨传到内耳产生听觉。鸟类的瓶状囊延长成管状，其中有螺旋器，外耳道口常有耳羽帮助收集声波，听觉已经较发达。哺乳类则出现外耳壳来帮助收集声波，中耳有3块听小骨，耳蜗的基底膜长且卷曲成为耳蜗管。蝙蝠能发出超声波，并利用回声来定位前方的物体。

④视觉器 视觉器也称光感受器，低等无脊椎动物如原生动物的眼点、刺胞动物触手囊上的眼点、扁形、环节和软体动物（头足类除外）等都有构造简单的眼（图21-31），由色素细胞和感光细胞构成，只能感受光线的强弱。节肢动物如昆虫多具单眼和复眼，其中复眼由许多小眼组成，不但能感觉光线强弱，而且能成像。软体动物头足类眼结构的复杂性已接近脊椎动物的眼，光线通过角膜、晶体后，聚集于视网膜上，调节晶体，可以在视网膜上形成清晰的物像。

脊椎动物的眼构造基本相同，但调节方式略有不同。鱼类无眼睑，靠晶体后方的镰状突来调节晶体到视网膜的距离，是近视眼。陆生脊椎动物具眼睑、瞬膜和泪腺。两栖类有晶体牵引肌，能将晶体前拉聚焦；爬行类以横纹肌构成的睫状肌进行晶体的调节；鸟类的巩膜角膜肌可以改变角膜和晶体的曲度以及晶体到视网膜的距离，即进行“双重调节”；哺乳类的睫状肌为平滑肌。

21.7 动物的激素分泌与调控

Bayliss和Starling于1902年发现促胰液素，成为动物内分泌生理学的奠基人。

激素是由特殊的内分泌腺或其他细胞合成分泌的、通过血液和其他体液运送到靶细胞的化学信使，通过改变特异的生物化学过程影响细胞的功能。特异性的反应由存在于靶细胞表面或内部的受体选择性地结合激素来保证。靶细胞的激素效应通过一系列传递机制得到充分放大。

脂溶性的固醇激素（如肾上腺皮质激素、雌激素、雄激素和甲状腺素等）分子一般较小，能够穿过细胞膜进入胞质中，与靶细胞的胞质内或胞核内的相应受体结合，激素–受体复合体进入核内与特定的DNA序列结合，作为基因表达的调控因子，

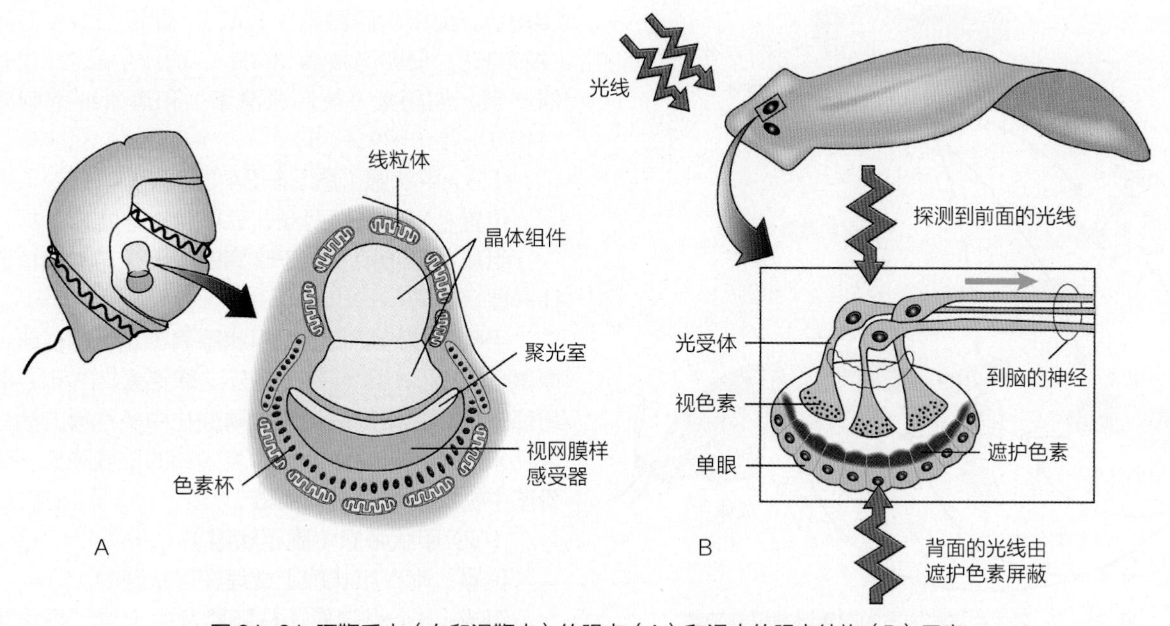

图 21-31 腰鞭毛虫（血卵涡鞭虫）的眼点（A）和涡虫的眼点结构（B）示意

启动基因的转录，引起某些基因转录出一些特异的mRNA，从而产生特异蛋白质或抑制某些基因表达。

水溶性的激素（如胰岛素、胰高血糖素、血管加压素、生长激素和肾上腺素等）一般只能与细胞表面的受体（糖蛋白）结合，使细胞内产生cAMP（环腺苷一磷酸），cAMP再刺激或抑制靶细胞中特有的酶，使靶细胞所特有的代谢活动发生变化，表现出这种激素所引起的各种相应生理效应。

21.7.1 无脊椎动物的激素分泌与调控

虽然在刺胞动物、线虫和环节动物中已发现有内分泌细胞，在软体动物和节肢动物中发现有内分泌腺，但绝大多数无脊椎动物的激素由神经分泌细胞产生。肽类、神经肽、类固醇和类萜激素调节无脊椎动物的许多生理过程。对无脊椎动物内分泌系统结构和功能了解得最清楚的是对昆虫的蜕皮和变态的调控。昆虫幼虫的生长需经历一系列的蜕皮，其蜕皮由两种激素：保幼激素（juvenile hormone）和蜕皮激素（ecdysone）控制，蜕皮激素由脑神经内分泌细胞分泌的脑激素（brain hormone，BH）或称促前胸腺素（prothoracicotropic hormone，PTTH）调控，这3种激素的分泌部位与作用列于表21-2中，它们在昆虫的滞育、变态以及成体的休眠等各时期都起着重要的作用。保幼激素维持幼虫虫态，蜕皮激素使幼虫蜕皮，经几次蜕皮后，在蜕皮激素作用下羽化为成虫（图21-32）。

表 21-2 昆虫变态的激素及调控

激素名	英文名	分泌部位	作用
脑激素	brain hormone, BH 或促前胸腺素（prothoracicotropic hormone, PTTH）	脑神经节的神经分泌细胞（储存于心侧体）	刺激前胸腺分泌蜕皮激素
蜕皮激素	moulting hormone，MH 或 ecdysone	前胸腺	调节生长发育，促使蜕皮
保幼激素	juvenile hormone，JH	咽侧体	保持幼虫虫态

21.7.2 脊椎动物的主要内分泌器官

脊椎动物的主要内分泌器官包括脑垂体、甲状腺、甲状旁腺、肾上腺、胰岛、性腺（精巢及卵巢）、松果腺、胸腺、胎盘、后鳃体（见于鱼类和鸟类）和尾垂体（见于鱼类）等，构成内分泌系统的主要部分。以哺乳类（人）内分泌器官为例说明如下：

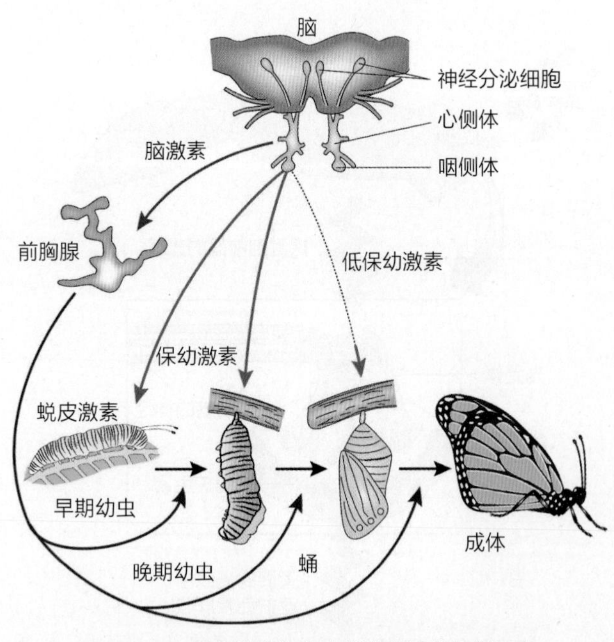

图 21-32 昆虫蜕皮与变态的激素调节机制示意

（1）脑垂体

位置：间脑底部视神经交叉的后方。

组成：包括腺垂体和神经垂体。腺垂体源于原始口腔顶部的囊状突起（拉克氏囊），神经垂体源于间脑底部向下的突出，两部分连接成为脑垂体。

腺垂体有调控其他内分泌腺的功能，是内分泌系统的中心。能分泌生长激素（GH）、催乳素（PRL）、促甲状腺激素（TSH）、促肾上腺皮质激素（ACTH）、促卵泡激素（FSH）、黄体生成素（LH）、催产素、加压素（抗利尿激素）和黑素细胞刺激素（MSH）等（图21-33）。

（2）甲状腺（图 21-34）

位置：气管前端两侧，靠甲状软骨处。

组成：胚胎期发生于咽囊的底部，与文昌鱼的内柱同源。

甲状腺滤泡细胞分泌甲状腺素（T_4）和三碘甲腺原氨酸（T_3）。滤泡旁细胞分泌降钙素。T_4和T_3的作用都是提高糖类代谢和氧化磷酸化中多种酶的活性，降钙素的作用是使血液和体液中钙的浓度降低，防止骨骼中钙离子过多进入血液。

（3）甲状旁腺（副甲状腺）

位置：附在甲状腺上或埋在甲状腺中。

组成：4个小腺体，从胚胎发生上看，是由第Ⅲ

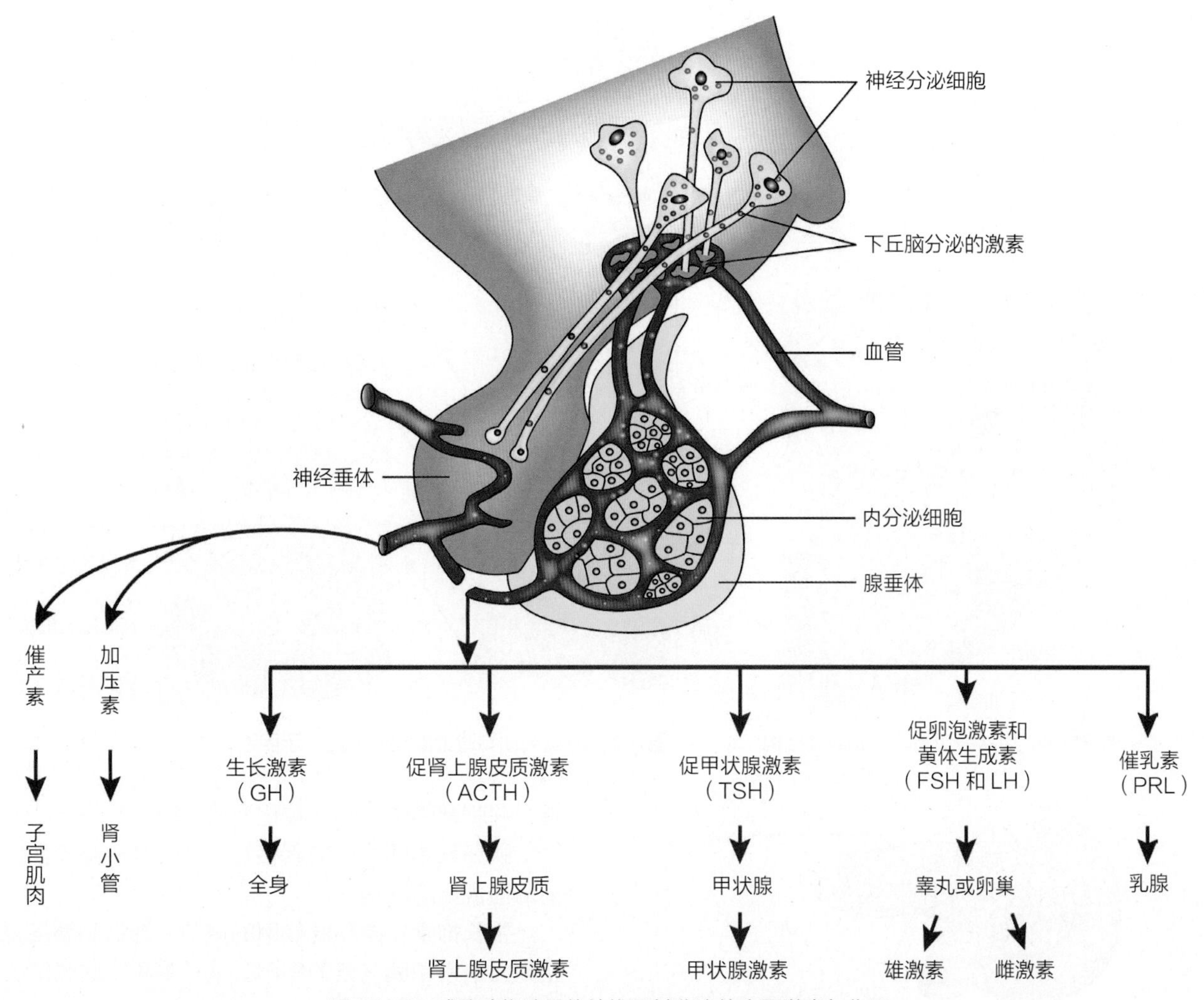

图 21-33 哺乳动物脑垂体结构及其分泌的主要激素与作用

和第Ⅳ对咽囊的背侧上皮细胞形成的。

甲状旁腺分泌甲状旁腺素，与降钙素相拮抗，有提高血钙含量、减少磷酸含量的作用，能抑制肾及肠的排钙能力，又能使骨骼中的钙释放到血液中使血液中钙升高；能刺激肾更多地排除磷酸盐，使血中磷酸保持平衡；可活化维生素D，加强肠对钙的吸收。

（4）肾上腺（图21-35）

位置：肾内上侧，左、右各1个。

组成：皮质（球状带或多形带、束状带和网状带）和髓质。

皮质分泌50余种机能不同的激素，统称促肾上腺皮质激素。

①球状带或多形带分泌盐皮质激素，能促进肾小管对Na^+的重吸收，抑制对K^+的重吸收，亦促进对Cl^-和水的重吸收。

②束状带分泌糖皮质激素类，调节糖代谢，使蛋白质和氨基酸转化为葡萄糖，促使肝将氨基酸转化为糖原，解除身体紧张状态，加强免疫功能，抵抗感染。

③网状带主要分泌性激素，包括雄激素和雌激素，能促进性腺发育和形成并维持第二性征。

髓质分泌肾上腺素和去甲肾上腺素，两者功能不完全相同。可引起血压升高，心跳加快，骨骼肌和心脏中血流量加大，代谢率提高，细胞耗氧量增加，血管舒张，脾中的红细胞大量进入循环，支气管扩张。抑制消化道蠕动，肠壁平滑肌中血管收缩，血流量减少。引起瞳孔放大、毛发直立等。

切除肾上腺髓质，动物仍能生活并产生一定的应急反应（交感神经系统也能分泌肾上腺素）。

（5）胰岛（图21-36）

位置：胰中，分泌的物质靠血液输送。

组成：上皮细胞团，像埋在有管腺胰中的“孤岛”，可多达100万个，体积只占胰的1%~3%。含4种分泌细胞：α细胞分泌胰高血糖素，β细胞分泌

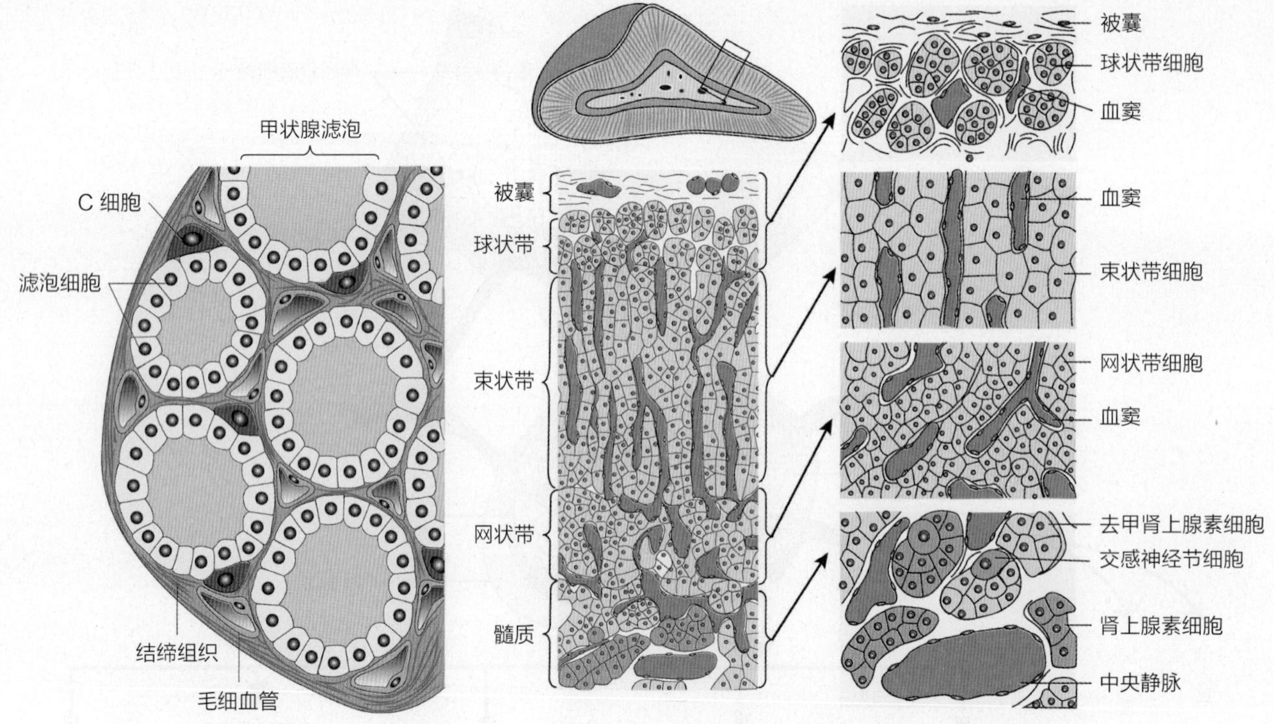

图 21-34 甲状腺切面，示滤泡性结构

图 21-35 哺乳动物肾上腺皮质切面，示团索状结构

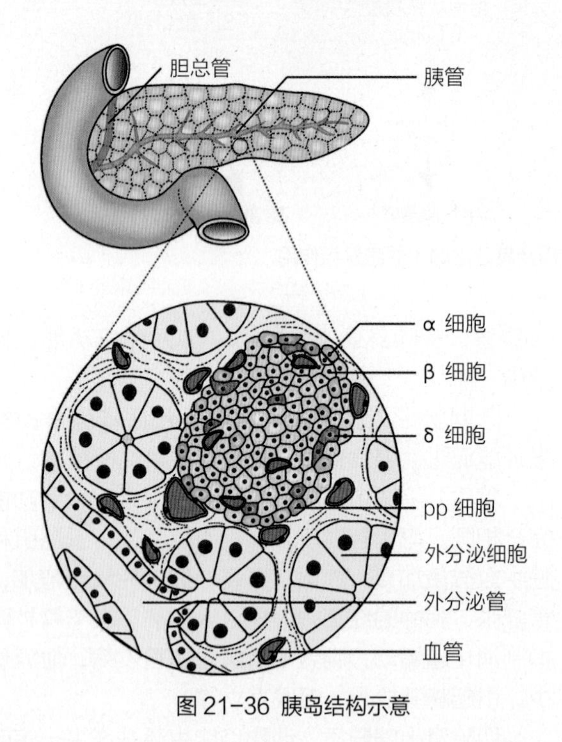

图 21-36 胰岛结构示意

胰岛素，δ 细胞分泌生长抑素，pp细胞分泌胰多肽。

胰岛素：提高细胞氧化葡萄糖的能力；提高肝细胞中葡萄糖激酶的含量，促进葡萄糖转化为糖原或脂肪；提高细胞合成蛋白质的能力。

胰高血糖素：与胰岛素相反，降低细胞中糖原和脂肪含量，提高血液中葡萄糖含量，使肝中的糖原分解，并刺激脂肪水解并转化为葡萄糖。

胰岛素和胰高血糖素相互拮抗，其分泌受血液中葡萄糖含量的制约。

生长抑素：参与糖代谢的调节，有抑制胰岛分泌胰高血糖素和胰岛素的作用。下丘脑和一些肠细胞也能分泌生长抑素。

胰多肽：作用广泛，抑制胆囊收缩素和胰酶的排放；对五肽胃泌素引起的胃酸分泌有抑制作用；抑制血浆胃动素的分泌，增加食道下括约肌的压力，抑制胃体部肌电活动等。

（6）松果体

位置：大脑两半球和间脑的交接处。

组成：连接于第三脑室顶部后端的卵形小体，七鳃鳗的松果体还保留着眼的形态。

松果体分泌褪黑激素，影响色素沉着，可使色素细胞中的色素颗粒集中，使皮肤颜色变浅。与黑素细胞刺激素相拮抗。昼夜的周期变化影响褪黑激素的分泌。

（7）胸腺

位置：心脏腹面前方，是由第Ⅲ和第Ⅳ对咽囊的腹侧突出形成的。

胸腺分泌胸腺素，增强免疫力，促使胸腺中T淋巴细胞分化成熟。如去除幼年动物的胸腺，会影响动物免疫。胸腺在性成熟的动物中逐渐萎缩退化。

（8）性腺

精巢和卵巢，产生雄激素和雌激素。

雄激素　睾丸内曲精细管间的间质细胞所分泌，睾酮是主要成分，影响雄性第二性征的出现和维持雄性正常生长发育，同时促进精子的生成与成熟。

雌激素　包括动情激素和黄体酮。

动情激素　卵泡上皮细胞产生，促使雌性生殖器官发育、乳腺发育、第二性征出现、发情、抑制垂体前叶促卵泡激素分泌和促进黄体生成素分泌。

黄体酮（孕酮）　由卵巢的黄体分泌，能使子宫黏膜变肥厚，以接受受精卵着床；可抑制卵泡的成熟，防止妊娠期再排卵发情；可促进乳腺的发育和分泌、抑制子宫平滑肌收缩，保证胚胎的生长发育。

21.7.3 脊椎动物内分泌器官的一般结构及其作用方式

形态上，内分泌器官的结构一般分为4类：①**滤泡性结构**，腺细胞排列呈滤泡状，其分泌物储存于滤泡腔中，需要时从滤泡腔进入细胞，然后再分泌到血液循环中，如甲状腺（图21-34）。②**团索状结构**，腺细胞排列呈团索状，其分泌物直接进入周围的血管间隙中，如肾上腺（图21-35）。③**散在的摄胺脱羧细胞**，其散在于体内多个部位，可产生肽类或胺类物质的细胞。④**神经内分泌细胞**，由特化的具有内分泌功能的神经细胞产生激素，经血液循环起调节作用，例如，产生肽类激素的下丘脑神经内分泌细胞。

激素的作用方式一般分为4类（图21-37）：①**内分泌**，腺细胞产生的激素通过血液循环转运达靶细胞。②**旁分泌**，腺细胞产生的激素经由细胞外液弥散至邻近细胞，并调节后者的功能。③**神经内分泌**，神经内分泌细胞产生的激素，经轴浆流动转运至神经末梢，以突触方式作用于靶细胞。④**自分泌**，腺细胞产生的激素通过细胞外液弥散至邻近组织作用于同类细胞，一般发生于异常增生的组织中。

21.7.4 内分泌系统的功能与调节

内分泌系统的功能包括：①调节体内某些持续、缓慢的生理过程，包括代谢、生长、发育和生殖等。②维持内环境的相对恒定。③适应外环境的变化等。其功能的调节可概括为以下几种主要类型：①**直接受神经控制**。如交感神经兴奋时可直接增强肾上腺髓质的分泌功能。②**受其他激素的调节**。如腺垂体通过分泌TSH、ACTH、LH和FSH，分别调节着甲状腺、肾上腺皮质以及性腺（睾丸及卵巢）的功能。③**被调节物质对内分泌腺功能的调节**。某些内分泌激素调节和维持着体内某些物质代谢水平或某种生理状态的相对恒定，而这些内分泌腺的功能又受到被其调节物质或生理状态变动的影响。如胰岛素调节糖代谢，从而保持血糖水平的相对恒定。而胰岛β细胞分泌胰岛素的功能又反过来受到血糖浓度的调节，血糖浓度过高时，刺激胰岛素分泌，过低时抑制其分泌。④**免疫因子的调节**。如白介素-1能作用于下丘脑而增加

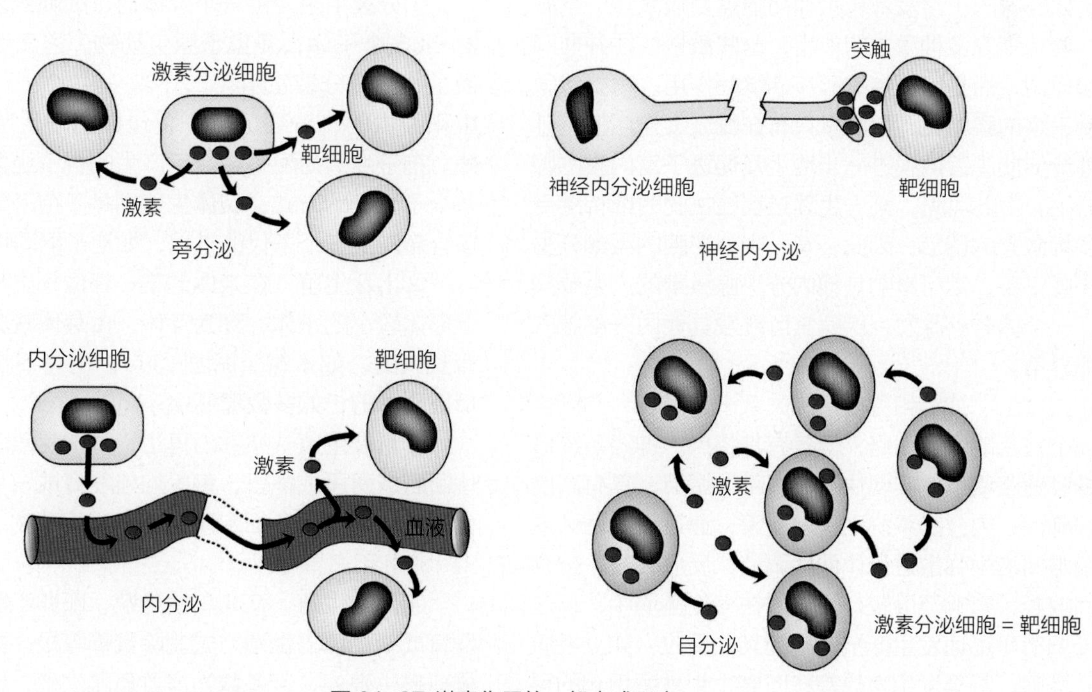

图 21-37 激素作用的一般方式示意

ACTH和糖皮质激素在血中的含量。

内分泌系统功能调节包括**正反馈**和**负反馈**两种方式，其中以负反馈为主。例如，垂体分泌TSH以增强甲状腺激素的分泌，当后者分泌过多时即反过来抑制垂体TSH的分泌，为负反馈调节作用；而吸吮刺激引起催乳素释放、泌乳增加则是正反馈调节作用。

当内、外环境发生急剧变化时，脑内各高级中枢根据从感觉系统传入的信息，调节下丘脑的活动，并通过下丘脑直接改变腺垂体的分泌水平，间接地影响着腺垂体控制的诸靶腺激素的分泌。此外，中枢神经系统还通过神经途径，分别调节神经垂体、肾上腺髓质和胃肠道内分泌细胞等的激素分泌水平。这些调节方式，不构成反馈性闭合环路，其调节影响将一直持续到环境刺激消除时，激素分泌才恢复原有水平。

21.7.5 内分泌腺之间、内分泌与神经和免疫系统的关系

不同内分泌腺之间存在如下关系：①**协同作用**。如GH和甲状腺激素都具有促进机体生长的作用。胰高血糖素和肾上腺素等都具有升高血糖的作用。②**拮抗作用**。如甲状旁腺激素可升高血钙水平，而降钙素则使血钙水平下降；胰岛素降低血糖水平，而胰高血糖素则升高血糖水平。③**制约作用**。两个内分泌腺之间互为因果、相互调制的关系。这种相互关系最典型的例子是腺垂体与各靶腺间的关系。④**相继配合作用**。不同内分泌腺对某一生理过程相继发生调节作用。如乳腺的正常发育和生理功能需要雌激素、孕激素、催乳素等多种激素的作用，这些激素往往并非同时起作用，而是以一定的顺序相继起作用。再如雌激素使子宫内膜增生，孕激素只有在雌激素作用的基础上才能促使子宫内膜进一步增生及促进子宫内膜的腺体分泌。由此可见，某一生理过程往往同时或相继受到多种激素的调节，因此，某一内分泌腺的激素分泌过多或不足，常可影响其他内分泌腺激素的产生或抑制。一个内分泌腺发生疾病常可继发其他内分泌腺的功能异常。

内分泌、神经和免疫系统关系十分密切，共同构成一个完整的调控网络，但各有其特点。神经系统借助神经通路使机体实现快速和局部性调节，具有高度的准确性；内分泌系统则借助激素，通过血液循环或在细胞间液中弥散进行体液性调节，反应较慢，持续时间较长，影响范围较广。例如在寒冷环境中，通过神经调节可迅速发生抵抗寒冷的某些反应，如立毛肌紧张增强，甚至发生寒战等；而寒冷刺激所引起的甲状腺素的释放，则通过普遍提高机体的能量代谢水平，产生较为缓慢但却更为持久的御寒反应，后者对机体适应寒冷环境更有意义。内分泌系统分泌的激素经血流转运，无特定通路，作用的准确性较差，但每种激素均需通过与靶细胞的特异受体结合才能引起靶细胞的变化，产生特定的反应。神经系统和内分泌系统既有区别又相关联，前者直接或间接地调控着内分泌腺的活动，后者的激素又影响着神经系统的发育和功能。神经系统对免疫系统有直接或间接的神经支配，影响免疫细胞、组织的功能，而免疫系统也接受内分泌系统的调节，同时亦通过细胞因子作用于神经系统和内分泌系统。动物体内的许多生理功能同时受到神经、内分泌和免疫的调节。

21.8 动物的生殖与生殖系统

21.8.1 动物生殖的方式

生殖或繁殖是生物的生命特征之一。生殖是亲体产生新个体的一系列过程。它不仅能使种群内个体数目增加，更重要的是能保持种族的延续。动物生殖可分为无性生殖和有性生殖两大类。

（1）无性生殖

由一个亲体直接产生下一代的生殖方式，多见于低等无脊椎动物。无性生殖又分为分裂生殖、出芽生殖、断裂生殖、孤雌生殖、形成芽球、幼体生殖及多胚生殖等不同方式。

①**分裂生殖**　由一个亲体通过细胞分裂直接生成2个或多个子体，多见于原生动物。它又可分为二分裂生殖和复分裂生殖，二分裂产生2个子体，如变形虫和眼虫的二分裂。复分裂包括孢子生殖和裂体生殖。孢子生殖为配子结合后产生的合子经多分裂产生多个子孢子的方式；裂体生殖则是子孢子或裂殖子经多分裂产生多个子代的过程，如孢子纲动物的生殖。

②**出芽生殖**　在亲体的某一部位长出与自身相似但形体较小的子体，称为芽体，由芽体脱离亲体而发育长大的，如水螅（图21-38）；也有不脱离亲体而形成群体的，如多数珊瑚虫。

③**断裂生殖**　亦称为再生，是指生殖时动物的身体断裂成两段或多段，每段均能发育成一个新个体的生殖方式。见于多细胞动物，如海绵动物、涡虫（图21-39）和海星等。

④**孤雌生殖**　又叫单性生殖，即卵不需受精就能发育成新个体的生殖方式。除蜜蜂等极少数种类为产雄孤雌生殖外，大多数为产雌孤雌生殖，如轮虫、水

蚤和蚜虫等。

⑤形成芽球 有些动物（如海绵动物）在环境条件不良时，其中胶层中储存了丰富营养物质的原细胞聚集成堆，外包以几丁质膜和一层双盘头短柱状的小骨针，形成芽球。成体死后，大量芽球度过不良环境，内部原细胞从芽球的微孔逸出，发育成新个体。

⑥幼体生殖 指动物个体发育尚处于幼虫阶段就进行生殖。如血吸虫等很多寄生吸虫，毛蚴进入中间宿主体内，发育为母胞蚴—子胞蚴—尾蚴（或胞蚴—雷蚴—尾蚴），1个毛蚴经幼体生殖，产生众多的尾蚴。

⑦多胚生殖 由1个受精卵产生两个以上的胚胎；每个胚胎发育成1个新个体，常见于昆虫中的某些寄生蜂类。在某种意义上多胚生殖类同于孢子生殖。

（2）有性生殖

由两个生殖细胞相互融合或两个亲体接触交换遗传物质而产生新个体的生殖方式。有性生殖过程较复杂，产生的后代具有从双亲获得的不同遗传信息，因而具有比其亲代对生存环境更强的适应性，在动物演化过程中具有重要意义。

有性生殖可分为配子生殖（同配、异配和卵式生殖）和接合生殖等类型。

①配子生殖（图21-40） 由动物亲体产生的两性生殖细胞——配子相互融合成合子，再由合子产生新个体的生殖方式。如果参与结合的两性配子的大小、形状相同，称为同配生殖（图21-40A），如有孔虫和衣藻等；如果参与结合的两性配子大小不同、形状相同，则称为异配生殖（图21-40B），如一些藻类；如果参与结合的两性配子的大小、形状不同则称为卵式生殖（图21-40C）。也有人将卵式生殖当成异配生殖的方式之一。卵式生殖是多细胞动物最普遍的生殖方式。大配子称卵，小配子称精子。精、卵由雄、雌个体分别产生的动物为雌雄异体；由1个个体产生两性生殖细胞的动物称为雌雄同体。雌雄同体在固着生活（如藤壶）、运动范围小（如蚯蚓和蜗牛）的动物以及寄生虫（华枝睾吸虫和绦虫）中相当普遍，这是一种适应，能增加受精的机会。

根据子代从母体内产出时所处的发育阶段和胚胎发育时营养物质来源的不同，卵式生殖可分为卵生、卵胎生、假胎生和胎生4种类型。

卵生 母体产出的是受精卵或未受精卵，未受精卵需在体外受精。子代的胚胎发育在外界环境条件下进行，胚胎发育所需营养由卵本身供给，发育时间的长短受外界环境条件（尤其是温度）的影响。如大多数的无脊椎动物、鱼类和鸟类（图21-41A）等。

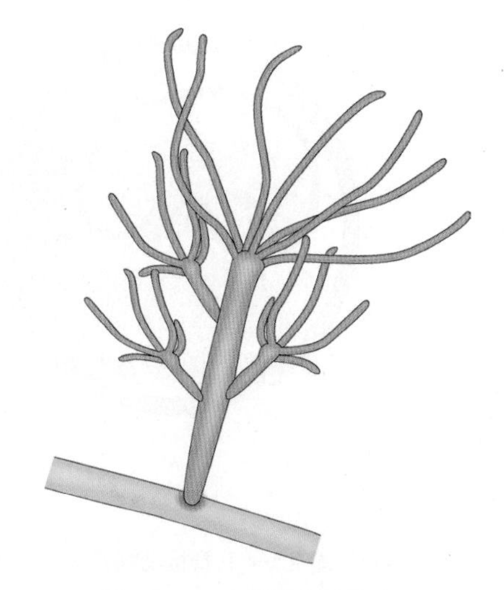

图 21-38 水螅的出芽生殖

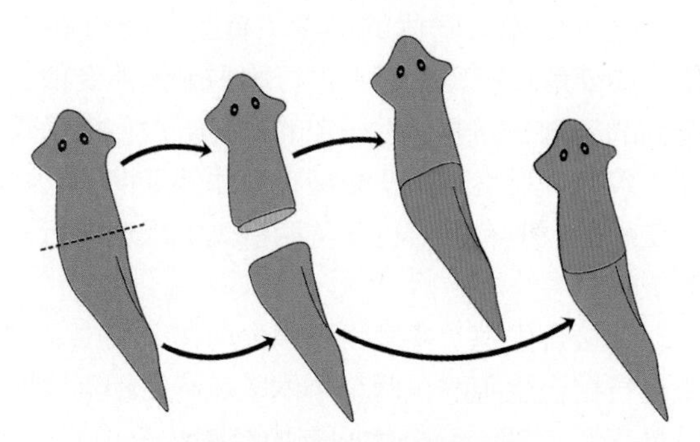

图 21-39 涡虫的断裂生殖

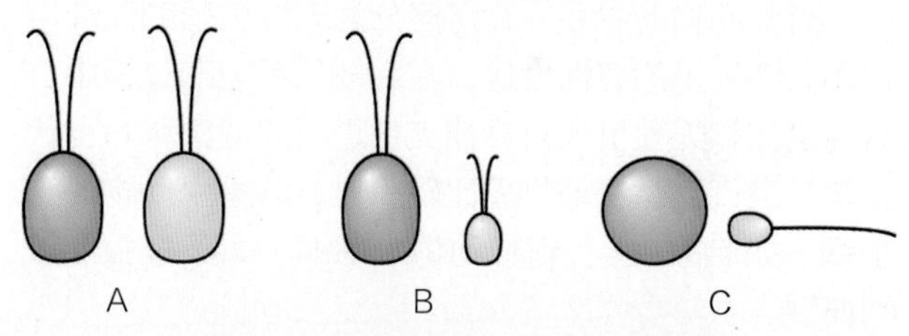

图 21-40 配子生殖的 3 种方式示意

A. 同配；B. 异配；C. 卵式生殖

卵胎生 母体产出的是幼体，胚胎发育所需营养由卵内的卵黄供给，母体主要提供输卵管、子宫或孵育室作为子代胚胎发育的场所。如钳蝎、某些昆虫、田螺、蜥蜴和某些毒蛇等。

假胎生 如少量鲨鱼的胚胎发育在母体子宫内完成，发育前期的营养物质来自卵黄囊，后期胚胎卵黄囊壁伸出许多褶皱嵌入母体子宫壁，形成卵黄囊胎盘，胎儿藉此从母体血液中获得营养，完成胚胎期的发育。

胎生 母体产出的是幼体，子代胚胎发育所需的营养由母体供给。如绝大多数哺乳动物（图21-41B）。

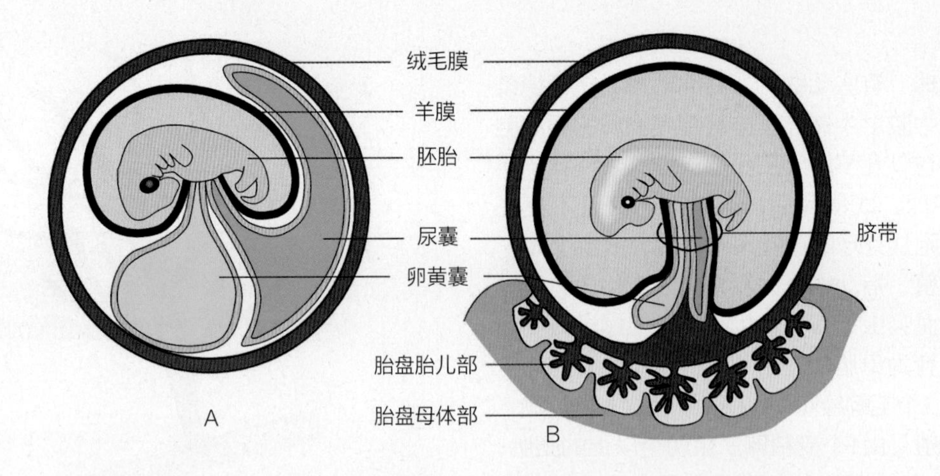

图 21-41 脊椎动物卵生（A. 鸡为代表）与胎生（B. 人为代表）发育中期的比较

雌雄异体或同体的动物（有些动物有性逆转现象，如鳝鱼和石斑鱼等）进行体内或体外受精。体内受精的动物多需要通过一定的交配行为将精子输入雌性生殖道，最终与卵子受精；而体外受精的动物，没有交配器，但有抱对行为（两栖类）或追尾行为（鱼类）等。

②接合生殖　多发生于原生动物纤毛虫。如草履虫进行接合生殖时，两个个体以口沟处相互紧贴，紧贴处表膜溶解，两个体间交换经减数分裂后的1个小核，然后虫体分开，各虫体再以分裂法进行繁殖。

有些动物的生活史，可区分为无性生殖的无性世代和有性生殖的有性世代，在完成生活史的过程中，有性世代和无性世代有规律交替进行的现象称为世代交替。世代交替在动物界比较少见，以原生动物的孢子纲（如疟原虫）、刺胞动物水螅纲（如薮枝虫）较为典型。

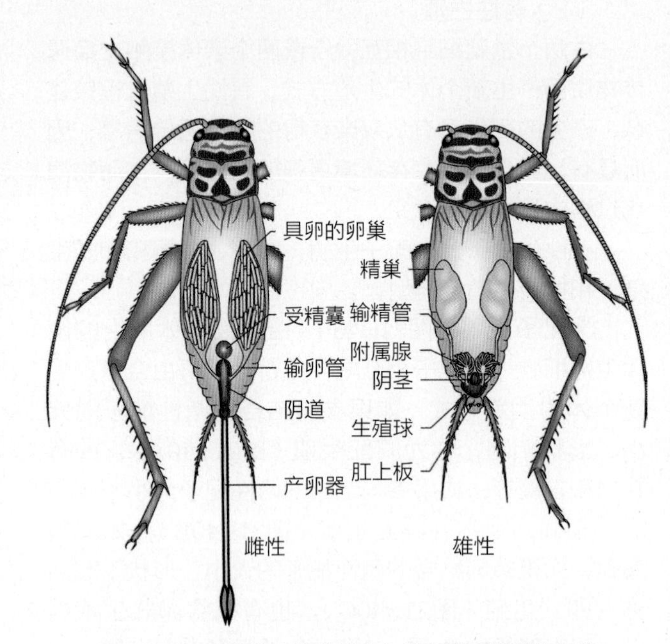

图 21-42 无脊椎动物（昆虫）的生殖系统结构示意

21.8.2 生殖系统与动物胚胎发育

原生动物主要通过亲体整个个体或产生配子来完成繁殖活动；海绵动物由原细胞或领细胞产生配子；刺胞动物的生殖细胞来自外胚层（水螅纲）或内胚层（钵水母和珊瑚纲）的间细胞（可看作干细胞）。三胚层动物出现了一般由生殖腺、生殖导管和附属腺体组成的生殖系统（图21-42），各类三胚层动物的生殖系统都有种的特异性，但其基本组成是一致的：生殖腺由特殊的生殖上皮与结缔组织构成，产生配子（图21-43、图21-44），通过生殖导管排出，有的动物（如文昌鱼）没有生殖导管而是通过腹孔排出；有的动物繁殖季节才由体腔膜形成生殖腺（如环节动物沙蚕）；有的动物从性成熟后至衰老期生殖腺出现明显的周期性变化（如哺乳动物）。

对不同动物类群胚胎发育的研究是了解动物亲缘关系的重要途径，无脊椎动物单层细胞动物相当于个体发育的囊胚期（如团藻），两胚层动物相当于个体发育的原肠早期（如刺胞动物），三胚层动物则有了器官系统的分化（扁形动物至脊索动物）。脊椎动物胚胎发育遵循“贝尔法则”（Baer’s law）：所有脊椎动物的胚胎都有一定程度的相似，在分类上亲缘关系愈近，胚胎发育的相似程度愈大；在发育过程中，门的特征最先出现，纲、目、科、属、种的特征随后依次出现。

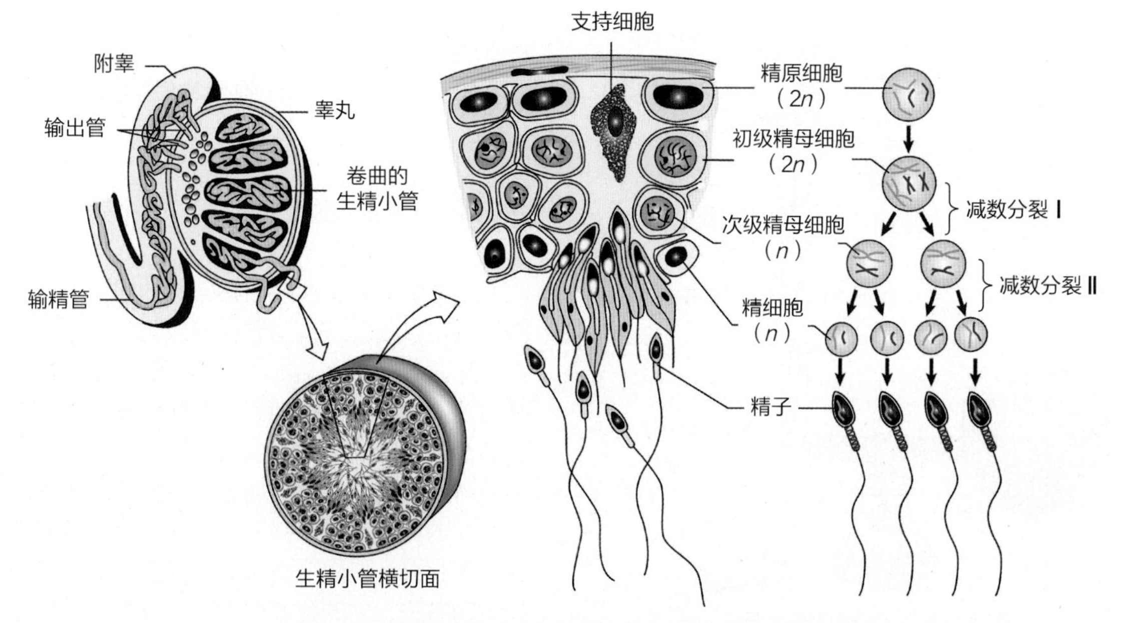

图 21-43 脊椎动物（人）精子的发生组织结构示意

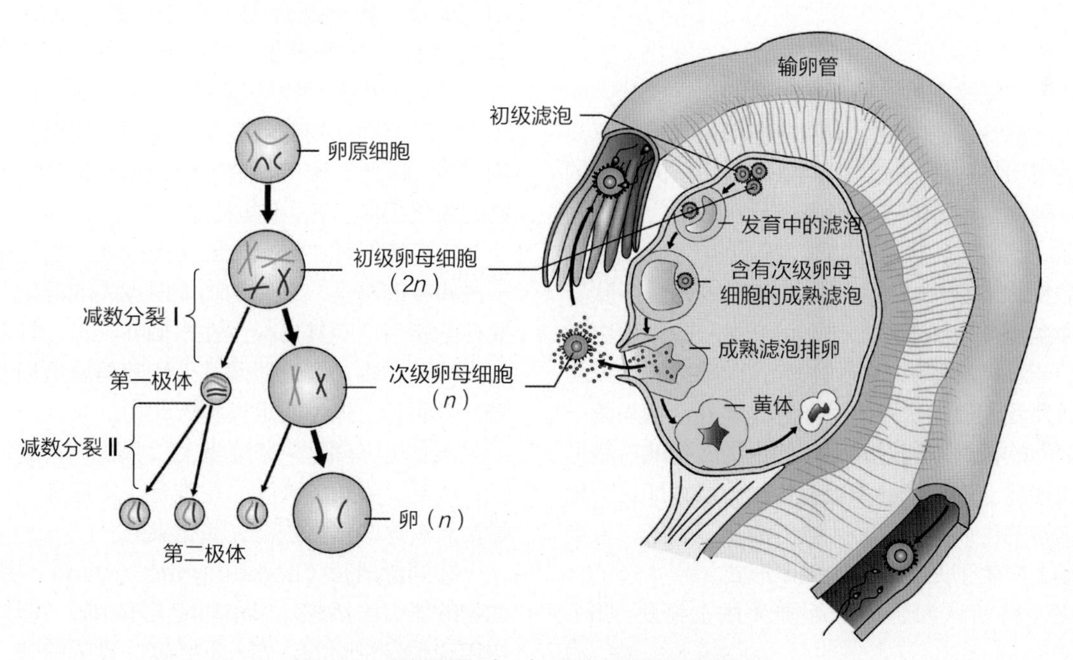

图 21-44 脊椎动物（人）卵子的发生与排放示意

21.9 动物演化基本原理

21.9.1 生命起源

生命起源理论是研究地球生命产生过程的学说。关于生命起源，自古以来就有过多种臆测和假说，最为著名的是化学起源说。这一假说认为，在地球与其他的类地行星分离并形成一个独立的球体时，温度缓慢冷却，一个原始的地壳形成，其上布满了小湖泊、水池及水洼，混合着火山灰。火山活动频繁，大气中充满着各种气体：N_2、CO、H_2O和H_2等。太阳紫外线辐射强烈，闪电、宇宙射线等提供了各种形式的能量。在这种情况下，生成了大量的CH_4和NH_3。这正是米勒所做的放电实验模拟的原始大气的组成（图 21-45），米勒在他的实验中假设在生命起源之初大气层中只有H_2、NH_3和H_2O等物，其中并没有O_2等，当他把这些气体放入模拟的大气层中并通电引爆后，发现其中产生了包含氨基酸在内的一些小分子，随后，有许多相类似的实验均证实了在模拟早期地球特

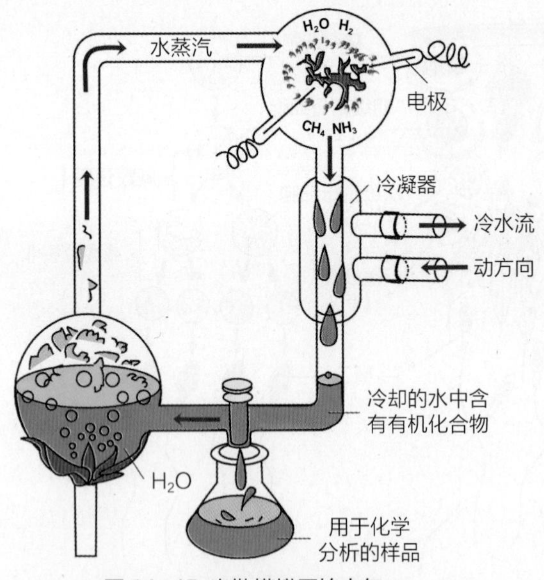

图 21-45 米勒模拟原始大气
合成有机小分子实验装置

征的条件下，能够产生一些形成生命的化学成分，如腺嘌呤、鸟嘌呤、胞嘧啶、胸腺嘧啶和尿嘧啶，以及一些氨基酸和某些核苷酸，因此认为生命从无到有的理论可以确立，也证明了生命是演化而来的。在米勒实验基础上，福克思等人发现，无氧条件下，将20种氨基酸粉末混合加热至180℃，可形成大量多肽。再将这种混合多肽加水后加热，可产生一些类蛋白微球，它们能以增加体积的方式长大，以出芽的方式增殖。微球为我们提供了原始海洋的化学混合物与第一个细胞之间的桥梁。通过若干年的生物演化的过渡形式最终在地球上形成了最原始的生物体系，即具有原始细胞结构的生命。至此，生物的演化开始了，直到今天地球上产生了无数复杂的生命形式。

总之，目前认为生命的起源大体上经历了5个阶段。

第一阶段，从无机物到有机小分子：原始大气和原始海洋中的CH_4、HCN、CO、CO_2、H_2O、N_2、H_2S及HCl等无机物，在一定条件下（紫外线、电离辐射、闪电、高温或局部高压等）形成了氨基酸、核苷酸、单糖等有机小分子。

第二阶段，从简单的有机小分子（氨基酸、核苷酸）聚合成生物大分子（蛋白质、核酸等）。

第三阶段，从众多的生物大分子聚集成多分子体系，呈现出初步的生命现象，构成前细胞型生命体。

第四阶段，从前细胞型生命体进一步复杂化和完善化，演变成为原核细胞。由具有完备生命特征的原核细胞发展出真核细胞。

第五阶段，由单细胞生物发展成为各种多细胞生物。

21.9.2 动物演化的证据

（1） 比较解剖学方面

动物的演化反映在器官结构的演变上，比较动物的体制可以发现一些与演化适应相关的线索与亲缘关系，居维叶（Georges Cuvier）将器官的结构、形状与功能联系在一起观察，发现肢体的形状根据它们所适合的用途而变化，如前肢可以变成手、足或翼，后肢可变成足或鳍等。居维叶不仅比较了不同生物器官之间的异同，还将同一个生物所具有的所有结构特征联系起来，指出一个有机体的所有器官都形成一个完备的系统，它的各部分之间相互作用、相互联系、相互制约，一个部分发生变化必然会使其余部分发生相应变化，每一部分的个别变化都会导致其他部分发生变化。而圣希尔（Etenne Geffroy Saint-Hilaire）认为所有动物的体制都是一致的，在器官结构上，虽然不同动物的前肢功能不同，但它们的基本结构相似。因此，痕迹器官、同源器官和同功器官为动物的演化提供了有力的证据。

①痕迹器官（vestigial organ） 是指动物体中一些残存的器官，它们的功能已丧失或退化。如鲸类残存的腰带证明其为次生性水栖哺乳类，其祖先应是陆生哺乳动物；蟒蛇泄殖孔外侧的角质爪和退化的腰带，表明其祖先为四足类爬行动物。

人体也有很多痕迹器官（图21-46）。如动耳肌、体毛、眼角的瞬膜、尾椎骨、阑尾等，表明人类是由具有这些器官的祖先演化来的。

②同源器官（homologous organ） 是指有些动物的器官虽然在外形和功能上不相同，但其基本结构和来源是相同的，如人的手臂、猫的前肢、鸟类的翼和海豚的鳍状肢等，都是五趾型四肢骨的结构，胚胎发育中有着共同的原基和发育过程，属同源器官（图21-47），它们的这种一致性可证明这些动物有共同的祖先，其外形的差异是由于各种动物为适应不同的生境，逐渐演化成了不同功能的器官。

③同功器官（analogous organ） 是指在功能上相同，形状相同或不同，但其胚胎发生的来源和基本结构不同的器官，如蝶翅与鸟翼均为飞翔器官，但蝶翅是膜状结构，由皮肤扩展而成；而鸟翼是由前肢形成，内有骨骼，外有羽（图21-48）。同功器官的存在不能说明演化的共源性，但说明具有同功器官的

动物适应相同的生活环境，某些器官由于用于同一功能，因而在发展中趋同一致，形成了相似的形态。

（2）胚胎学方面

脊椎动物各纲动物胚胎发育早期阶段的形态极为相似（图21-49），都具有鳃裂和尾，头部较大，身体弯曲。胚胎发育越早，体形也越相似，以后逐渐分化表现出差异，在分类地位上越相近的动物，其相似的程度也越大；在鱼类，鳃裂发育成鳃，而在羊膜动物，早期出现鳃裂，之后即消失。通过这些现象可以推论，鱼类、两栖类、爬行类等动物和人都是从古老的共同始祖演化来的。

动物胚胎发育的过程一般能重现这个种在种系演化历程中的重要阶段。如：哺乳动物从1个受精卵发育开始，历经囊胚、原肠胚至三胚层等相当于无脊椎动物阶段，再出现鳃裂（或鳃囊），相当于鱼类阶段，后出现心脏的分隔变化，相当于两栖类和爬行类阶段。这些现象表明动物个体发育史是系统发育史的简单而迅速的重复，生物在个体发育过程中，重现其祖先的主要发育阶段。这就是德国生物学家赫克尔（Haeckel）提出来的“生物发生律”或“重演论”，它从胚胎发育的方面证明了生物的演化过程。

胚胎发育重演系统发生并不只限于形态方面，也表现在生理生化与分子方面。动物在体内分解蛋白质后，产生代谢废物氨，氨具有毒性，易溶于水。鱼类可通过鳃排出，两栖类成体和哺乳类将氨和CO_2结合转变为相对无毒的尿素排出，鸟类和大多数爬行类将其转变为尿酸排泄。但在胚胎时期，情况却与此不同，蛙的幼体蝌蚪与鱼相似，排泄氨，在鸟类的胚胎发育中，早期的含氮排泄物是氨，似淡水鱼类；稍后排泄尿素，似两栖类；经过两个短暂的排泄阶段后，变成排泄尿酸的阶段，似爬行类。这是在生物发生律方面很好的生化证据之一。

生物发生律有时也表现在动物行为或生活习性方面，例如大麻哈鱼化石发现于中新世欧洲的淡水沉积物中，因此，其祖先生活在寒冷地区的河流中，为了觅食和种族繁衍，它们顺河而下，一直游到海洋中去觅食成长，到了繁殖季节，溯河洄游至淡水河产卵，产卵后亲体死亡。终生只繁殖1次。鳗鲡祖先的化石发现于黎巴嫩的白垩纪海洋沉积物中，证明其祖先生活在海洋。鳗鲡是一种降河性洄游鱼类，原产于海水，溯河到淡水内长大，后回到海中产卵。

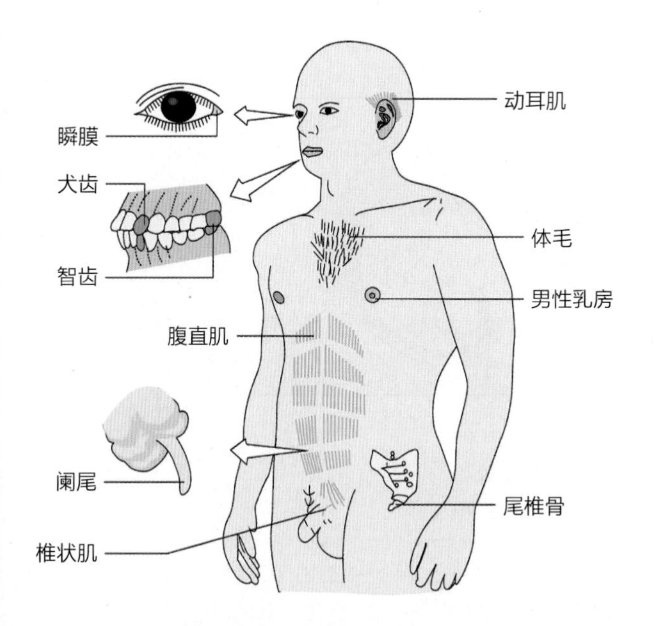

图21-46 人的痕迹器官示意

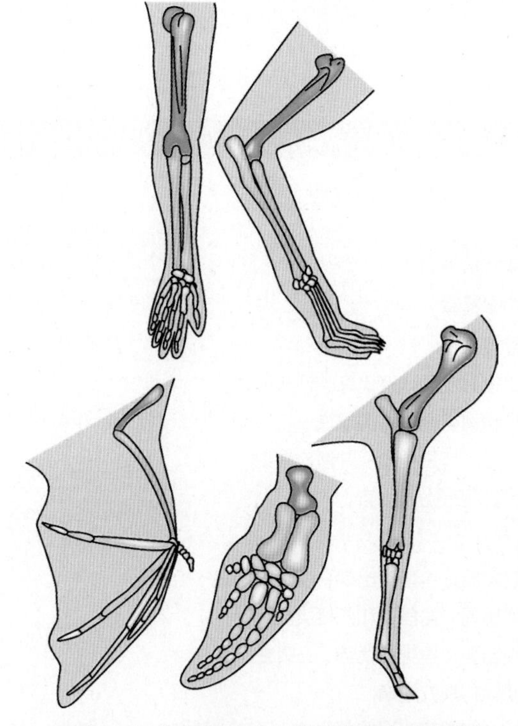

图21-47 同源器官（部分脊椎动物的前肢）

分别为人、猫、蝙蝠、海豚和马的前肢

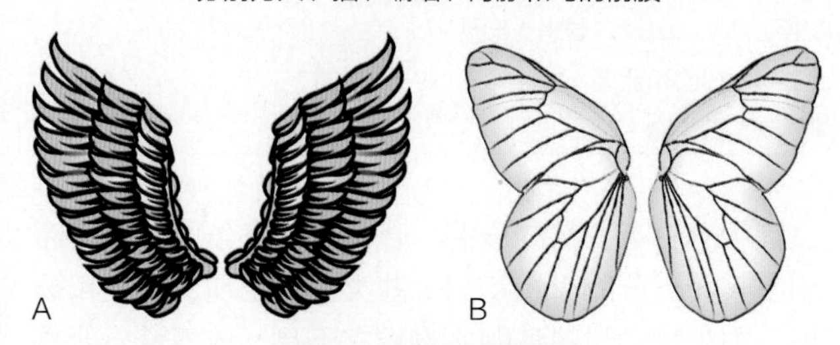

图21-48 同功器官

A. 鸟翼；B. 蝶翅

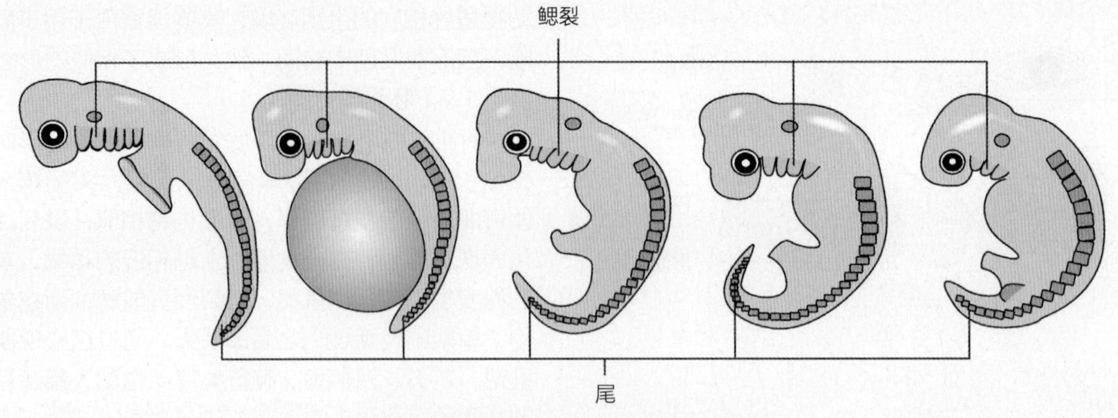

图 21-49 脊椎动物早期胚胎结构比较

从左至右分别为鱼类、两栖类、爬行类、鸟类和人

（3）古生物学方面

从地层里发掘出来的大量化石材料是论证生物演化的直接证据，地层可说是生物演化历史的档案馆。按地层形成的先后顺序与生物出现的早晚，科学家将地质年代分为6个代：新生代、中生代、古生代、元古代、太古代和冥古代。每代可分为若干个纪，纪下又可分为世（表21-3）。

表 21-3 地质年代与动物演化史的对应关系

代	纪	世	距今大致年代	动物演化史
新生代	第四纪	全新世	1.1 万年	现代人
		更新世	258 万年	早期人
	第三纪	上新世	500 万年	大型食肉哺乳动物
		中新世	2300 万年	食草哺乳动物繁盛
		渐新世	3400 万年	灵长类、鲸类兴起
		始新世	5600 万年	有胎盘动物辐射发展；近代鸟类适应辐射
		古新世	6600 万年	有胎盘哺乳动物初现，鸟类增加
中生代	白垩纪	古新世	1.45 亿年	爬行类渐衰亡，有袋类出现并适应辐射
	侏罗纪		2.0 亿年	始祖鸟出现；爬行类占优势
	三叠纪		2.5 亿年	爬行类兴盛
古生代	二叠纪		2.98 亿年	爬行类辐射发展，兽齿类出现；两栖类渐减
	石炭纪		3.6 亿年	原始爬行类出现，鲨鱼类和两栖类全盛
	泥盆纪		4.2 亿年	原始两栖类出现，鱼类占优势，三叶虫衰退
	志留纪		4.4 亿年	有颌脊椎动物初现并渐增
	奥陶纪		4.8 亿年	海洋无脊椎动物繁盛，甲胄鱼出现
	寒武纪		5.4 亿年	许多无脊椎动物起源；三叶虫占优势
元古代	震旦纪		25 亿年	无脊椎动物（海绵及穴居虫）出现
太古代			38 亿年	原始生物（细菌和蓝藻）发生
冥古代			46 亿年	地球形成；无生物

最初出现的是无脊椎动物，生活在水中，以后依次出现水生的无颌类至有颌鱼类，然后是开始登陆的两栖类、登陆成功的爬行类，又由爬行类演化出哺乳类与鸟类，最后才出现人类。不同生物类群在演化过程中的相互交替的原因，是由于自然条件的改变而引起某些类群的灭绝和另一些类群的出现、发展和繁盛。古生物学材料证明生物界并不是一成不变，而是从共同祖先不断发展演化而成。局限于化石材料的发

现不可能非常整齐完善，故而自古生物学材料提供的演化证据也有一定欠缺，但此欠缺将随化石材料的不断累积而逐渐得到补充。

动物演化的典型例证是马、象和骆驼的化石，其中以马的化石最为完善，亦最具说服力。

距今大约5400万年的始新世，**始马**（*Hyracotherium*）在北美洲一带生存，形似狐，大小如狗，前肢4趾，后肢3趾，臼齿齿冠低，齿根长，适于食灌木叶，此期有并系和单系适应辐射。距今约4000万年的渐新世，出现**渐新马**（*Mesohippus*），体型比始马略大，前、后肢均为3趾，臼齿齿冠低，但较始马略高，由食灌木叶向食草转变。距今2600万年的中新世，由渐新马适应辐射出几支，其中一支为**中新马**（*Meryhippus*），是现代马的直接祖先，此时期地球的气候变得冷且干燥，大草原遍布全球，中新马已成为草原动物。食草与快速奔跑致使体型更高，前、后肢均为3趾，中趾特发达，2、4趾逐渐退化，臼齿齿冠成为高齿冠，咀嚼面具皱褶，适于研磨。距今约700万年的上新世，出现了作为中新马的后裔的**上新马**（*Pilohippus*），它一直留存至更新世。距今约200万年时期，上新马的体型已接近现代马，到上新世后期发展出马属（*Equus*）的现代马，前、后肢仅剩发达的中趾，第2与第4趾仅留遗迹（图21-50）。

（4）动物地理学方面

动物地理学是研究动物在地球表面的分布及其生态地理规律的学科，其基本任务是阐明地球上动物分布的基本规律，为保护和合理利用野生动物资源、恢复与定向改变动物种群提供科学依据。达尔文物种演化的观念，是在对一些地区的动物地理分布特征的观察分析之后产生的。加拉帕戈斯群岛（Galapagos islands）与南美洲相隔500~600海里，但两地动、植物区系有显著亲缘关系，又有很大差异。群岛的各个岛上都有独特的动物类群，但又同其他岛上的动物在形态上有一定的相似性。由此推之，该群岛曾与南美洲大陆相连，后来才脱离为群岛，群岛的物种源于南美洲，在不同的地理隔离环境中产生变异而演化。著名的例子为加拉帕戈斯群岛达尔文雀的适应辐射，达尔文观察该岛的鸟类，发现26种地栖鸟全属南美类型，但其中有23种为该群岛的特有种。在该群岛他观察到14种雀科鸟是源于同一原祖，是由这个种的一个小建群种群（founder population）经适应辐射而发展的，他们喙的大小、形状与生活习性都不同（图21-51）。

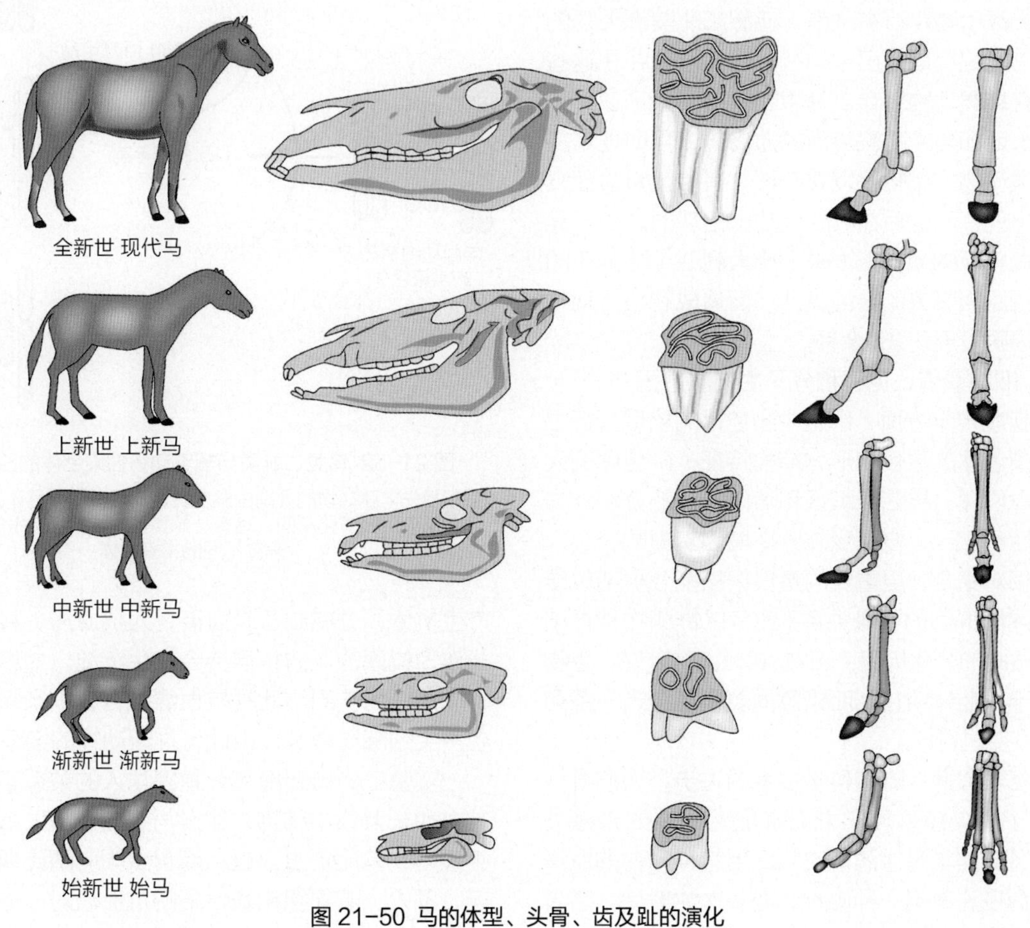

图 21-50 马的体型、头骨、齿及趾的演化

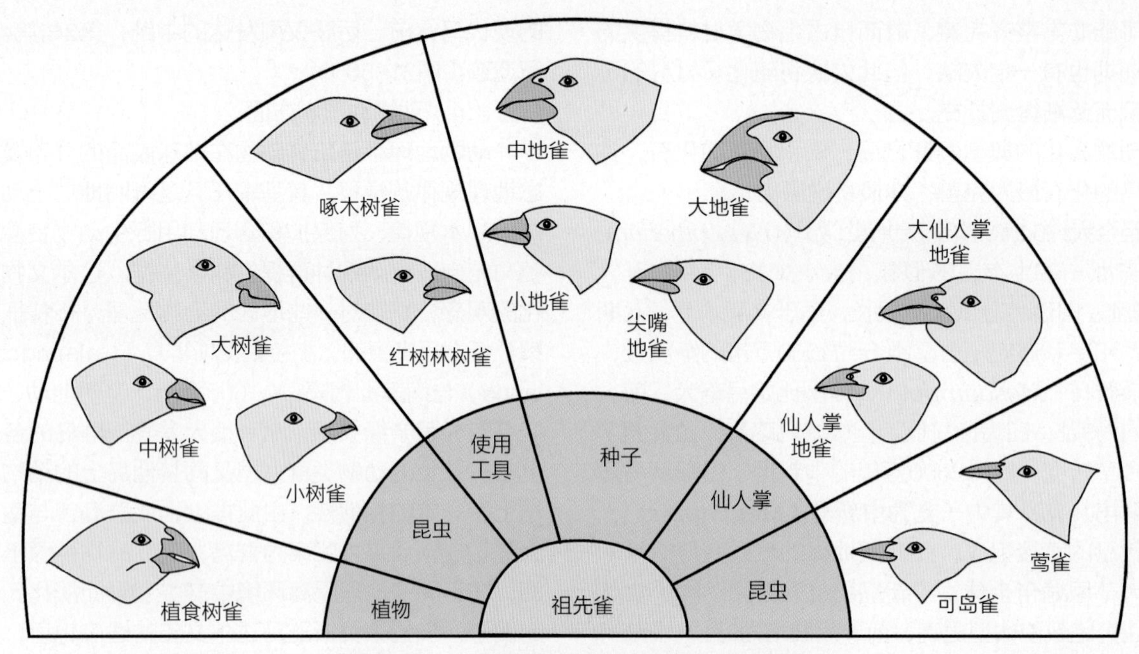

图 21-51 加拉帕戈斯群岛达尔文雀的适应辐射

因岛屿隔离形成特有动物类群，如澳大利亚大陆至今仍保留了现存最原始的哺乳动物——原兽亚纲的针鼹、原针鼹和鸭嘴兽，后兽亚纲形形色色的有袋类动物。有袋类动物化石在欧洲、亚洲和北美洲大陆的白垩纪和第三纪早期地层中均有发现，但现在在这些洲却不见有袋类动物生存。其原因就是澳大利亚大陆在中生代末期即与大陆脱离而成为岛屿，当时地球上正值有袋类动物广泛辐射发展时期，有胎盘真兽亚纲动物尚未出现，而以后在其他大陆上出现时，由于岛屿隔离，真兽亚纲动物无法进入澳大利亚（除能飞的蝙蝠与某些原因带去的啮齿类外）而造成有袋类动物得以在此辐射发展达150余种。

（5）细胞遗传、免疫和分子生物学方面

①细胞遗传学方面 细胞中染色体的核型分析主要包括对染色体的数目和形态结构特征（染色体的大小、着丝点位置、核仁组织区和随体等）的分析。与外部形态性状相比，核型受外界环境因素影响较小，而能保持相对稳定，更重要的是根据核型分析不仅能判断物种或居群间的亲缘关系，还可以推测物种在演化过程中彼此的分化历程（图21-52）。可以说，生物演化是源于染色体演化，而染色体演化是经过一系列的染色体突变进行的。

②免疫学方面 随着科学技术的进步，人们进一步认识到了从免疫遗传学方面来证明动物的亲缘关系，一个经典实验是血清学实验。用某种动物的血清作为抗原免疫注射另一种动物，经多次注射后，后者

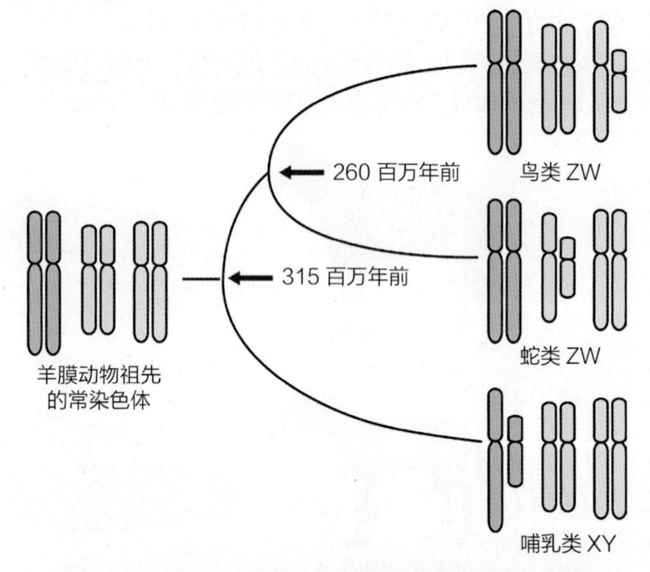

图 21-52 鸟类、蛇类与哺乳动物性染色体的独立起源

假定祖先羊膜动物的性别由温度决定，没有性染色体，性染色体是由常染色体演化来的，鸟类、蛇类与哺乳动物支系的性染色体来自不同的常染色体

产生抗体，分离制备其血清，为抗血清。将此抗血清与作为抗原的血清相混合会产生沉淀。如用其他动物的血清作为抗原与此种抗血清混合，则亲缘关系愈近者产生的沉淀愈多，由此可推断动物的亲缘关系。

实验证明黑猩猩和大猩猩与人的关系最为密切，其次为长臂猿与狒狒，狐猴与人的亲缘关系在灵长类中最远，但比食虫类近，而食虫类刺猬比偶蹄类的猪近。以人、黑猩猩和长臂猿的抗血清对一些灵长类的

白蛋白之间的免疫学测试，所获结果与上述试验相吻合（表21-4）。

③**分子生物学方面** 生物的演化是以生物大分子为演化基础的。对分子演化的研究始于20世纪50年代，并随着生化、分子生物学新技术的不断发展而取得了很多新的进展。迄今研究表明，所有生物的基因一直都以稳定的速率积累着突变，同源蛋白的氨基酸组成及核酸序列，反映了生物演化中分子结构变异的这种递进。脊椎动物血红蛋白β链氨基酸的差异数，就从一个侧面反映了分子演化的概貌（表21-5）。

表 21-4 免抗人血清免疫试验

测试动物种	人	黑猩猩	大猩猩	长臂猿	狒狒	蛛猴	狐猴	刺猬	猪
沉淀量 /%	100	97	92	79	75	58	37	17	8

表 21-5 动物与人血红蛋白 β 链氨基酸组成的差异

动物种类	大猩猩	长臂猿	罗猴	狗	牛	白鼠	袋鼠	鸡	蛙	七鳃鳗
差异数	1	2	8	15	25	27	38	45	67	125

21.9.3 动物演化的重要历程

（1）单细胞到多细胞

从单细胞到多细胞的演化是生物机体复杂化的基础。扁盘动物、多孔动物（细胞水平的多细胞动物）和刺胞动物（组织水平的两胚层动物）是最低等的多细胞动物。扁盘动物细胞种类少，有学者认为是最原始的后生动物；多孔动物内层包围的腔不具消化能力，只有细胞内消化，且发育过程中出现胚层逆转，被认为是演化过程的侧生动物；刺胞动物消化循环腔，具有细胞外消化能力。

（2）从辐射对称到两侧对称

从辐射对称到两侧对称的演化是动物体结构与机能复杂化的基础，使动物对外界环境的适应能力增强。辐射对称的动物身体只有口面和反口面之分，运动缓慢且不定向。两侧对称的动物有了前后、左右和背腹之分，运动定向而迅速，神经系统前端集中化，进而出现头部，使动物更能适应生境。

（3）中胚层的出现

中胚层的出现对动物体结构与机能的进一步发展有很大意义。分工更为细致，效率进一步提高，这也是动物由水生到陆生演化的基本条件之一。扁形动物和异无肠动物等是三胚层、无体腔动物。原腔动物是三胚层假体腔动物。其他大多数动物都是三胚层真体腔动物。

（4）从无性生殖到有性生殖

从无性生殖到有性生殖的演化是动物变异发展的基础。只有在有性生殖出现后，通过同源染色体的分离与组合、染色单体的重组与互换，生物的变异潜能才能充分发挥。有性生殖提高了物种的变异性，加速了生物的演化步伐。

（5）从水生到陆生

动物从水生向陆生演化，需要解决陆上运动（鳍到四肢的演化）、防止水分蒸发（表皮角质化）、陆上繁殖（羊膜卵）、呼吸空气中的O_2（鳃呼吸到肺呼吸）、维持体内生理生化活动所必需的温度条件、适应陆生的感官和完善的神经系统等主要矛盾。动物从水生过渡到陆生以及其对陆地生境的适应，极大地拓展了生存空间。

（6）羊膜卵的出现

羊膜卵的出现，使脊椎动物完全摆脱水环境而成功登陆。

（7）恒温、胎生与哺乳

恒温可以促进体内各种酶的活动、发酵过程，提高新陈代谢水平；能提高快速运动能力，有利于捕食与避敌，减少对环境的依赖，扩大生活和分布区。胎生使胎儿在母体内稳定的条件下发育，并从母体获得养料和O_2。哺乳使胎儿获得营养丰富而平衡的乳汁，又可得到母体的保护。恒温、胎生与哺乳使后代成活率大为提高。

21.9.4 动物演化理论

（1）拉马克的演化观点

拉马克（Lamarck），法国人，被认为是科学演化论的创始者，1809年发表了《动物哲学》一书，系统地阐述了他的演化理论，既通常所称的“拉马克学说”，书中提出了“用进废退”与“获得性遗传”两个法则，来解释生物演化的机制和原因，并认为这既是生物产生变异的原因，又是适应环境的过程。他认为，当外界环境改变时，会迫使生物做出生理和行为上的反应，以与环境全面协调。在新的环境中，某些器官可能会较多、较经常、较持久地使用，它们会逐渐加强、发展和扩充，而且还会按使用时间的长短成比例地增强其能力；这样的器官如果长期不用就会不知不觉地被削弱和被破坏，日益降低其能力，直至最后消亡（用进废退）。那些得到发展的器官及特征，以及退化的器官与其特征会通过生殖作用而传递给后代，这样就会形成逐渐的演化过程（获得性遗传），在此，拉马克并未涉及新获得的性状的遗传机制。拉马克曾以长颈鹿的演化为例说明他的观点。长颈鹿的祖先颈部并不长，由于干旱等原因，低处找不到食物，迫使它伸长颈部去吃高处的树叶，久而久之，它的颈部就变长了，一代一代遗传下去，颈部越来越长，终于演化为现在我们所见的长颈鹿。

限于当时的科学发展水平，其学说缺乏有利的论据支持，现代生物学的研究表明其诸多论点是不科学的。但无论如何，在当时特创论占统治地位的情况下，拉马克的学说确实使演化论有了很大的发展。

（2）达尔文学说

达尔文（Darwin），英国人，演化论奠基人，曾以自然科学家的身份，乘英国皇家贝格尔号军舰，经过长达5年的环球考察，搜集了大量资料，又经过20余年的探索与思考，于1859年发表了著名的《物种起源》，提出以“自然选择”为核心的演化学说，即达尔文主义，其要点主要包括：

①**过度繁殖**　生物有按几何级数繁殖后代的潜力，但实际上自然界中物种的数量在一定时期内保持相对稳定，各种原因使生物很大一部分被淘汰。

②**生存斗争**　物种的巨大繁殖潜力不能实现的原因是生存竞争，包括生存资源、种间和种内竞争，其中以种内竞争最为激烈。

③**遗传变异**　生物普遍存在变异，没有两个个体是完全相同的。

④**适者生存**　具有有利变异的个体，就具有最好的生存机会与繁衍后代的机会，否则就会遭到淘汰。这便是达尔文的“适者生存”或“自然选择”学说的核心内容。通过长期、多代的自然选择，物种的有利变异被定向积累下来，逐渐形成亚种或新种，从而推动了生物的演化。

自然选择的例子很多，如狼和鹿的生存斗争，相互选择、共同演化，面对敏捷的鹿，只有最敏捷、最狡猾的狼才能获得最好的生存机会，因而被保存或被选择下来。弱小病残的鹿最易成为狼的佳肴，结果是最敏捷的鹿被保存和被选择下来。

达尔文学说的提出，是生物学的一次伟大革命。但达尔文仍承认获得性遗传、强调生物演化的“渐进性”，完全否认“跳跃性”演化。

（3）达尔文之后的演化论发展

近半个多世纪以来，演化论随着遗传学、细胞学、生物化学和分子生物学的发展而有了较大的进展。出现了多种演化学说，对达尔文未能阐明的一些演化机制，如变异原因，生物性状的遗传等都有了较深入的理解，并产生一些新的学派，其中较为主要的演化论包括：

①**新拉马克主义**（neo-Lamarckism）　以帕卡德（Packard）、科佩（Cope）和居诺（Cuenot）等为代表，认为环境的作用比生物体自身更重要，生物适应环境所获得的性状是可遗传的，可被同化进入基因组，传递到下一代，这是生物变异和演化的主要原因。他们强调“用进废退”“获得性遗传”较“自然选择”重要，环境因素较生物体本身重要，强调功能决定结构。认为演化不能用突变来解释，因为突变只是种内的变异，是畸形和退化的变化，所以突变不发生演化等。

②**新达尔文主义**（neo-Darwinism）　是魏斯曼（Weismann）等对达尔文演化论进行修订后提出，强调了“自然选择”是演化的核心，否认达尔文的“获得性遗传”与“融合遗传”，强调“颗粒遗传”与“基因”在遗传变异中的作用，揭示了遗传变异机制，完善了演化理论。

③**综合演化论**（the evolutionary synthesis）也称为“现代达尔文主义”。是综合了染色体遗传学、群体遗传学、古生物学、分类学、生态学、地理学、胚胎学和生物化学等许多有关学科的研究成果而提出的，认为生物演化是在群体中实现的，基因突变、自然选择和隔离是物种形成和生物演化的机制，基因突变提供了生物演化的材料；自然选择可保留有利的变异和消除有害的变异，从而使基因频率定向改变；地理隔离在物种形成中起促进性状分歧的作用，是生殖隔离的先决条件，从而继承和发展了达尔文的演化学说。

④**分子演化的中性学说**　1986年日本学者木村资生（Motoo Kimura）根据分子生物学累积的资料提出了“分子演化的中性学说”，简称中性学说（neutral theory）。1969年美国学者金（King）和朱克斯（Jukes）发表了“非达尔文主义演化说”，也以大量分子生物学资料阐述了这一学说，中性学说的主要观点为：在分子水平上大多数的突变（包括蛋

白质与DNA的多态性）是中性的，它们不影响蛋白质和核酸的功能，故对生物体的生存既无害也无益；“中性突变”经过随机的“遗传漂变”在群体里固定下来或消失。“中性突变”造成的分子演化速率是恒定的。

⑤**间断平衡论** 1972年美国古生物学家埃尔德雷奇（Eldredge）和古尔德（Gould）提出“间断平衡论”（punctuated equilibrium）演化模式，用以解释古生物演化中明显的不连续性和跳跃性，他们认为演化过程是由一种在短时间内，爆发式产生的演化与在长时间稳定状态下的一系列渐变演化之间交替进行的过程。

总之，随着科学技术的进步和新的演化思想的出现，达尔文生物演化思想和演化学说将不断得到修正与完善。

21.9.5 动物演化型式与系统发生

（1）动物演化型式

动物演化都遵循着从低等到高等、从简单到复杂的规律演变。大多数种类都经历了发生、发展和灭绝的过程。动物的演变途径遵循着一定的演化型式（图21-53）。

①**线系演化**（phyletic evolution） 亦称前进演化（anagensis），以时间为纵坐标，物种的演化改变为横坐标，用一条由下向上的线（称为线系）代表一个在时间上世代延续的种，在一条线系内在地质时间中发生的演化改变即为线系演化，倾斜度代表该线系的演化速度。一个种沿此直线的演化逐渐演变为另一个物种。一般线系演化表现为前进演化，是物种的形态与功能由简单、相对不完善到较为复杂和相对完善的进步性改变，可造成动物的由低级向高级的发展。当然线系演化也可能有退行性的改变。

②**趋同演化**（convergent evolution） 完全不同的物种或类群，由于生活于极为相似的环境条件下，经选择作用而出现相类似的性状。例如，蝶翅和鸟翼、鱼鳍和鲸鳍的趋同演化。

③**平行演化**（parallel evolution） 一般指两个不同类群的动物生活于极为相似的环境中，具有一些共同的生活习性而出现相似的性状或相似的行为。例如，灵长目的长臂猿和贫齿目的树懒都营树栖生活，都发展了悬挂的器官：长臂和钩爪。有袋类的大袋鼠和啮齿类的跳鼠都营地面的跳跃生活，它们都具有较长的后肢，它们的尾都具有平衡与支持身体的功用。

④**停滞演化**（stasigensis 或 stasis） 一个物种的线系在很长的时间中无前进演化也无分支演化。一些物种在几百万年或相当长的时间中基本保持相同，常被称为“活化石”，如北美洲的负鼠，鲎和总鳍鱼类的现存种腔棘鱼等。

⑤**趋异演化**（divergent evolution） 和**适应辐射**（adaptive radiation） 趋异演化也叫分支演化，指同一祖先分支出2个或多个线系的演化型式。适应辐射是发生于一个祖先种或线系在短时间内经过辐射扩展而侵占了许多新的生态位，从而发展出许多新的物种或新的分类阶元。由适应辐射“快速”产生新分类阶元的例子很多，如在距今6.5亿~7亿年间，世界

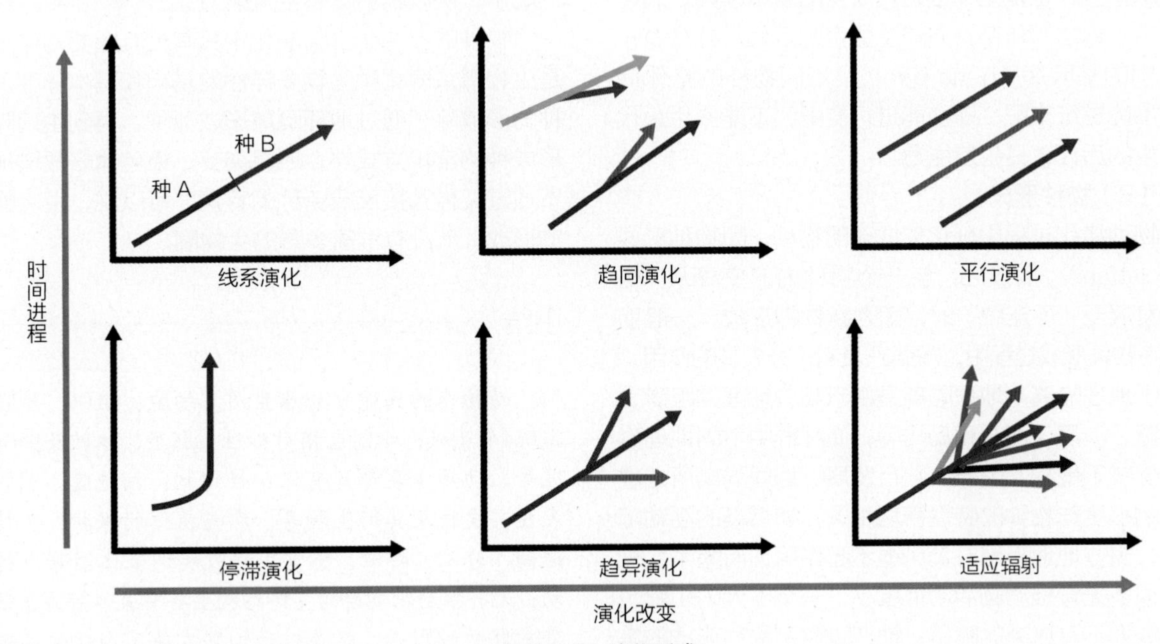

图 21-53 演化型式

各大陆的许多地方，在差不多同一时期的地层中发现多种多样的后生无脊椎动物；哺乳动物大部分的目是在白垩纪末到第三纪初之间很快产生的。

⑥演化的不可逆律（irreversible law of evolution）动物在演化过程中所丧失的器官，即使后代回复到祖先的生境，也不会失而复得，同样，已演变的物种不能回复其祖型。已灭绝的物种不会再重现等。如，陆生脊椎动物用肺呼吸，它们是从用鳃呼吸的水生脊椎动物演化而来，后来鳖、鲸和海豚等又回到水中生活，它们的呼吸器官只能是肺，不可能再回复鳃的结构。又如动物的痕迹器官，一般也不会重新发达起来。

（2）系统发育

地球上所有动物都起源于共同的祖先。因此，将现时生存的与曾经生存过的动物类群按它们祖裔亲缘关系相互联系起来组成一个动物演化系统，这个演化系统即为种系发生也称系统发育。种系发生可以形象化为一棵树，从树根到树顶代表着地质时间的延续。主干代表着各级共同的祖先，分支代表着各个类群的演化线系，由此组成的树被称为“演化树”或系统树（phylogenetic tree）。树的基部是最原始的类群，沿着树干往上走，越来越高等，各支的末梢，就是现在的分类群（详见书末“动物演化树”）。

21.9.6 物种与物种的形成

（1）物种

物种（species）是具有一定的形态特征和生理特性，以及一定自然分布区的生物类群，是生物分类的基本单元，也是生物繁殖和演化的基本单元。同一物种内个体之间可杂交并产生能育的后代，并享有一个共同的基因库（gene pool），不同物种的个体间一般不能进行交配，即使能进行交配，不能产生后代或产生的后代不具生殖能力。

（2）物种形成

物种演化过程中分化形成新的物种，即物种形成（speciation）。换言之，当一个物种内的变异从“连续”发展至“不连续”时，即为新物种形成。一般而言，在物种形成过程中，“隔离”具有十分关键的作用。

①地理隔离　地理隔离是由于某些地理的阻碍，如山脉、沙漠、海洋和岛屿等，使种群中不同地理群体的生物不能相互交流而独自发展。地理隔离所造成的影响程度与物种的特性密切相关，如鸟类的活动范围大，有些地理阻碍对其可能不起作用，而蜗牛、蚯蚓等很多无脊椎动物活动范围小，一个不大的山嵴也可能成为不可逾越的障碍。地理隔离是物种形成的第一步，继之生殖隔离，才能形成新的物种。

②生殖隔离　生殖隔离是物种形成的关键。当一个种群的不同群体为地理障碍所阻隔，不同群体间失去了基因交流的机会，独立累积基因突变，逐渐形成群体特有的基因库，形成新的物种，新种群与原种群之间就被生殖隔离的某种机制所隔开。生殖隔离机制可分为两类：

合子前的生殖隔离　亦称受精前的生殖隔离，可以阻止合子的形成，包括生态、行为、机械、配子和时间隔离等。生态隔离是指生存在同一地域内的不同生境的群体所发生的隔离；行为隔离是指由不同种群间的异性相互缺乏吸引力，往往表现为性行为的不同，不同种群成员间对各自求偶行为相互不能辨识；机械隔离是指生殖器官在形态上的差异而造成的隔离，又称形态隔离或生殖器官隔离，一般为体内受精的种类，表现为雄性与雌性的生殖器官结构互不相配，使精子难以输送；配子隔离，由于雌、雄配子无法识别，不能完成受精作用；时间隔离是由于性成熟的季节不同而造成的隔离。

合子后的生殖隔离　亦称受精后的生殖隔离。即使来自不同种群的个体交配后，可以形成受精卵，但在胚胎发育早期就死亡了，杂交后代不能存活，或者是两个种群虽可杂交，但其杂交后代不具生育能力。如同一属的马和驴交配，它们的后代骡无生育能力，因为马和驴的染色体数不同，马64条，驴62条，而骡63条，因此，骡的生殖细胞在减数分裂形成配子时，不能正常地联会形成二价体，最终不能形成正常的配子，所以骡不具有生育能力。

物种的形成在生物演化中具有极其重要的作用，是生物谱系演化和生物多样性的基础和基本环节。物种的形成除了通过地理隔离形成亚种，再到生殖隔离形成种的常规方式外，还有突变、染色体倍数增加等不通过亚种直接形成新种的特例。可以说，没有物种的形成，就没有丰富多彩的生物圈。

小结

动物体的构建分为原生质、细胞、组织、器官和系统4个等级；体制包括对称性、胚层、体腔及分节状况等。动物体表都具有保护性结构：细胞膜、表膜、表皮、皮肤及其衍生物等，参与机体的保护、支持、运动、分泌、排泄、感觉、呼吸和调节体温等多种活动；无脊椎动物类群的支持结构主要有流体静力骨骼和外骨骼两种形式，而脊椎动物则发展了由软骨和硬骨组成的骨骼系统，包括中轴骨和附肢骨。从低等到高等、从水生到陆生，各部分骨骼发生相应的适应性改变；无脊椎动物的肌肉主要为平滑肌、斜纹肌和横纹肌；脊椎动物主要为骨骼肌、平滑肌和心肌。肌肉运动是动物界最普遍的一种运动形式。无脊椎动物中，存在着各种形式的肌肉-流体静力骨骼运动和肌肉-外骨骼运动形式；脊椎动物则存在着各种形式的肌肉-内骨骼运动。单细胞动物有着独特的变形运动和纤毛、鞭毛运动。从细胞内消化到细胞外消化，从不完全的消化系统到完全的消化系统，消化道壁从无肌肉层到有肌肉层，消化道前、后的分化，嗉囊、腺胃、肌胃、盲肠、吸胃和胃磨的出现，唾液腺、胰腺和肝等消化腺的分化，以及从无颌到有颌，从同型齿到异型齿再到发达的咀嚼肌的出现及一系列适应不同食物类型的口器的分化，使不同类动物在长期的演化历程中都拥有了自身最适宜的消化器官或系统。无脊椎动物的排泄胞器或器官系统有伸缩泡、原肾管、后肾管、触角腺、颚腺、基节腺和马氏管等；脊椎动物则为原肾、前肾、中肾、后位肾和后肾。动物由于生境不同而有多样化的呼吸器官和呼吸方式。水生动物主要进行皮肤、鳃和书鳃呼吸，陆生动物主要进行书肺、气管和肺呼吸。血红蛋白是普遍存在的一种呼吸色素。无脊椎动物的呼吸色素多存在于血浆中，脊椎动物的呼吸色素则存在于红细胞中。低等无脊椎动物没有专门的循环器官，伴随着体腔的形成而出现了循环系统的分化：开管式或闭管式循环系统。脊椎动物循环系统都是由心脏、动脉、毛细血管、静脉和血液等部分组成的。从单循环到不完全双循环和完全双循环均与动物的生存方式相适应。淋巴系统是动物体的免疫系统，也是血循环的辅助系统。免疫包括非特异性和特异性免疫。特异性免疫又分为体液免疫和细胞免疫。动物从低等到高等、从简单到复杂的演化过程中，神经系统从无到有，从网状、梯形、筒状到链状，并分化出脑和神经节，产生中枢神经系统和周围神经系统。脊椎动物的脑进一步发展成5部脑，反应更为灵敏。此外，动物界还存在着种类、结构和功能各异的感受器。动物通过内分泌腺及其他细胞产生的激素，协同神经与免疫系统共同调节新陈代谢、生长、发育和生殖等各种生命活动。中胚层的出现使动物有了完善的生殖系统（生殖腺、生殖导管和附属腺体）。动物的生殖系统和生殖方式都有其特殊性。生殖包括无性生殖与有性生殖两大类：无性生殖有二分裂、多分裂、出芽、形成芽球、断裂（再生）、孤雌生殖和幼体生殖等方式；有性生殖主要有接合生殖和配子生殖方式，配子生殖可区分为同配、异配和卵式生殖。对于生命起源的问题存在着多种臆测和假说，并有很多争议。演化学说包括从经典拉马克的“用进废退”与“获得性遗传”、达尔文的“自然选择”等演化学说到现代的综合演化论等。动物演化是从单细胞到多细胞、从水生到陆生、从简单到复杂、从低等到高等的趋势进行。动物演化的证据很多，如：古生物学、胚胎学、比较解剖学、生理生化学、细胞遗传学和生物地理学等，证实了现代的各种动物是经过漫长的地质年代逐渐演化而来的。动物的演变遵循着一定的演化型式，突变为演化提供基础，自然选择决定着演化的方向，而产生新物种的标志是生殖隔离。

思考题

1. 简述动物体的构建层次及其体制的多样性情况。
2. 简述脊椎动物皮肤的结构与功能。
3. 比较动物不同类型的骨骼。
4. 简述动物不同类型的运动方式。
5. 理解动物神经系统与感觉器官的演化。
6. 比较脊椎动物和无脊椎动物（昆虫）消化系统主要功能区及其消化作用。
7. 简述几种不同类型的呼吸方式及相应的呼吸器官。
8. 开管式和闭管式循环各有何优、缺点？
9. 简述动物的免疫功能是如何实现的？
10. 简述动物排泄器官的演化。
11. 动物的繁殖方式有哪些？阐述动物生殖系统的基本结构。
12. 哺乳动物的内分泌器官主要有哪些，各有何主要功能？昆虫蜕皮的相关激素有哪些，它们是如何调控蜕皮的？
13. 动物演化的例证有哪几方面，它们是如何阐明动物演化的？
14. 简答生命的起源及动物演化遵循的基本规律。
15. 简答达尔文的演化学说。
16. 阐述演化型式及其基本含义。
17. 阐述动物演化的重要阶段。
18. 物种是如何形成的？

数字课程学习

☐ 教学视频　☐ 教学课件
☐ 思考题解析　☐ 在线自测

（李海云、时磊、张军霞）

第22章
动物与环境

22.1 动物生态学的定义及其研究对象

在自然界中，动物需从周围环境中获取生存和繁衍的基本条件，而周围环境也能影响动物的各种生命活动。动物生态学（animal ecology）作为生态学（ecology）的一个分支，是研究动物与其周围环境相互关系的科学。

动物生态学按照研究对象可分为个体（organism）、种群（population）、群落（community）和生态系统（ecosystem）4个水平。

动物个体生态学是研究动物个体与环境的相互关系，为生理或行为生态学范畴。

动物种群生态学是研究生活于特定区域的同种动物种群的生态特性、数量变化及其与环境相互关系的科学。

动物群落生态学是研究栖息于同一区域中所有动物种群集合体的组成特点、彼此之间及其与环境之间的相互关系、群落结构的形成与演替机制等问题的科学。

生态系统生态学是研究生态系统的组成要素、结构与功能、系统内和系统间的能量流动和物质循环，以及人为影响与调控机制的科学。

22.2 动物与环境——生态因子

环境指生态系统中生物体周围一切条件的组合。其中对生物生长、发育、繁殖、行为和分布等生命活动有直接或间接影响的环境因子称为生态因子（ecological factor），包括非生物因子（abiotic factor）和生物因子（biotic factor）两大类。非生物因子包括温度、湿度、盐度和酸碱度等理化因素；生物因子包括同种和异种的生物个体，前者形成种内关系，后者形成种间关系（捕食、竞争、寄生、偏利或互利共生等）。各种生态因子相互联系、彼此制约、综合地对动物体产生影响。众多生态因子中往往只有一两种因子起主导作用，称**限制因子**（limiting factor）或主导因子。

动物不同生长发育期往往需要不同种类或不同强度的生态因子。同时，动物对每种生态因子都有其耐受量的上限和下限，即谢尔福德的耐受性定律（Shelford's law of tolerance）（图22-1）。耐受性上限与下限间的范围，称为**生态幅**（ecological amplitude）。当某种生态因子的量接近或超过动物的耐受极限时，就会成为限制性因子。

22.2.1 非生物因子

非生物因子包括物理因子和化学因子。

（1）物理因子

包括温度、湿度、降雨（水）量和光照等。

① **温度** 外界的温度对动物生命活动起着尤为重要的作用，直接或间接地影响着动物的生长、发育、繁殖、生活状态和行为（图22-2）。同时，动物对环境温度及其变化又有着很好的适应性。极端温度常成为限制动物分布的重要因素。

根据动物体温变化特点，将动物分为变温和恒温

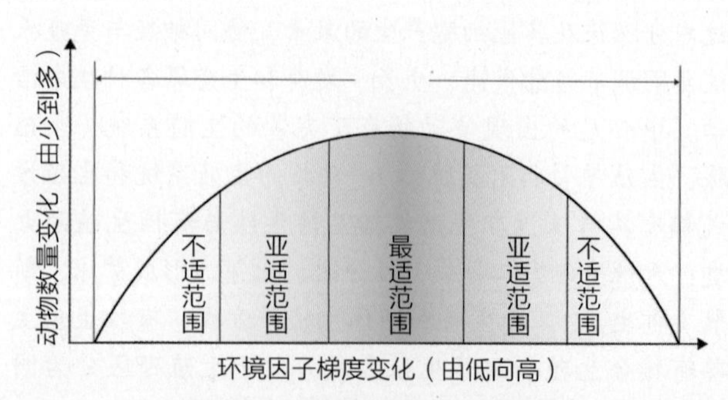

图 22-1 谢尔福德的耐受性定律

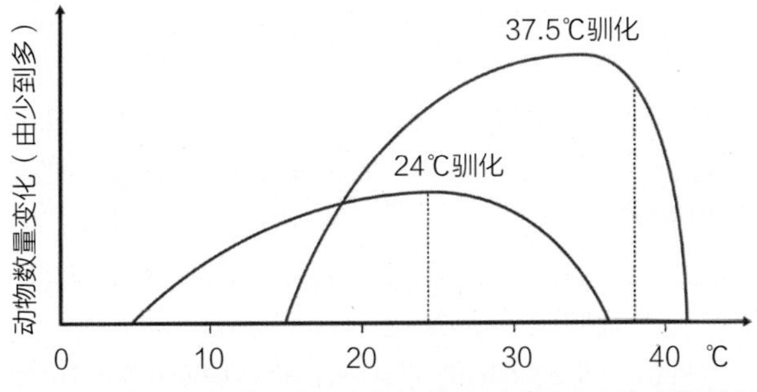

图 22-2 金鱼在两种温度下驯化的结果耐受限度产生明显差异

动物两大类群：变温动物包括无脊椎动物、鱼类、两栖类和爬行类等脊椎动物。它们的内部体温调节机制不完善，体温随环境温度的变化而改变，对环境温度的依赖性强。恒温动物包括脊椎动物中的鸟类和哺乳类。它们的内部体温调节机制完善，体温变化范围小，如大部分哺乳类的体温在36~38℃。恒温动物对环境温度变化的适应性较强，但它们的行为也间接地受温度影响，如牧草的枯萎和昆虫的休眠都可导致食草动物或食虫动物迁徙。

各类群动物通常都具有其最适宜的环境温度。一般而言，动物生命活动的低限是冰冻、高限是45℃。但动物对低温的耐受度可塑性较大，处于不活动、休眠或滞育期的动物，可忍受更低的温度，甚至达到液氮的温度（约-196℃），而对高温的耐受度则很有限。如多数昆虫在高于45~50℃时会死亡，爬行动物能耐受45℃左右，鸟类可耐受46~48℃，哺乳类一般在42℃以上就有生命危险。低温或高温均能引起变温动物及某些恒温动物休眠。温度变化也是导致某些动物迁徙或洄游的一个重要原因。

②湿度和降雨 水是生物体的重要组分，是生命活动中各种代谢反应的介质，没有水就没有生命。不同动物的含水量相差很大，范围多在60%~90%之间。湿度和降雨是限制许多动物（如两栖类）分布的重要因子。

湿度对于低等陆生动物的生长、发育和繁殖有一定影响。一般而言，低湿度大气能抑制新陈代谢和延滞发育，高湿度大气能加速发育。动物对栖息地的湿度条件有一定的要求，并因湿度的变化而发生迁徙、休眠或滞育。

降雨量的多少与动物种群数量的变化有一定关系。如，以地下洞穴为居住场所的一些小型啮齿类，往往由于其洞穴被大雨淹没而大量死亡。长期过量的雨水也会引起小型鸟类和许多无脊椎动物死亡。雏鸟的羽长期潮湿时，会干扰其体温调节，使体温过低而死亡。飞蝗的数量变化也受降雨量的影响。有研究表明，干旱是我国东亚飞蝗大发生的主要原因。干旱地区的降雨往往带来植物的繁盛并由此产生丰富的食物，因此也能使动物数量迅速增加。

冰雪的覆盖在很大程度上限制了陆地上动物的觅食等活动。长期的冰雪覆盖造成水中的溶氧不足，从而对鱼类等水生动物造成危害。

③ 光 光是太阳辐射到地球的主要能量形式，生物所必需的能量几乎全部直接或间接地源于阳光。植物依赖阳光进行光合作用，它们的分布影响着动物的分布。光照对动物的能量代谢、行为、生活周期和地理分布等都有直接或间接的影响。如变温动物的活动、动物体内的“生物钟”、动物的洄游和迁徙等，均与光照密切相关。有实验证实人工光照可改变动物的生理和行为活动。不同动物对光的依赖程度不同，低等动物最为明显，一般有趋光性和避光性动物的区别。光照周期的变化是引起昆虫滞育的主导因子。实践中电光捕鱼和捕虫等就是人们利用动物的趋光性设计的诱捕技术。

（2）化学因子

主要包括气体（O_2、CO_2、H_2等）、盐度和酸碱度等。

① 气体 气体对动物生存的影响显而易见，大气及水域中的含氧量，直接影响着动物的生存和分布。有害气体可导致动物死亡或畸变。

② 盐度 盐溶于水体，对水生生物影响极大。水中所溶解的盐类主要是磷酸盐、硝酸盐和碳酸盐等。盐度主要通过影响水的密度和渗透压对水生生物的生长、发育和繁殖产生影响。水环境的盐度差异很大，淡水含盐量小于0.5‰、海水为33‰~35‰，这是淡水及海洋生活种类在分布上互相隔离的主要原因。某些溯河产卵的海洋鱼类，在生殖洄游期间对环境盐度的适应产生阶段性的改变，以能在淡水中产卵。

③ 酸碱度 天然水域中的酸碱度取决于水中游离CO_2的含量和溶解在水中的碳酸盐含量。生物的呼吸作用产生CO_2促使水体的pH降低，而植物光合作用时又吸收CO_2。pH的变化对水生动物的生长、发育和繁殖均影响很大。例如，pH的降低使鱼类的呼吸功能降低，对食物的吸收能力也降低。海胆卵的受精作用在pH为4.8~6.2的水中进行，受精卵在过酸或过碱的环境中均不能发育，在pH低于4.6时则全部死亡。经实验测定，我国的四大家鱼——青、草、链、鳙对pH的变化有较大的适应能力，其适应范围在

pH 4.6~10.2之间。鲤鱼的适应能力更强，范围在pH 4.4~10.4之间。陆地环境中，酸碱度主要通过影响植物的生存间接影响动物的行为与生存。

22.2.2 生物因子

生物体不是孤立生存的，在其生存环境中甚至其体内都有其他生物的存在，这些生物便构成了生物因子。生物与生物因子之间发生各种相互关系（捕食、竞争、寄生、偏利或互利共生等）。这种相互关系既表现在种内个体之间，也存在于不同的种间，其对动物体的存活和数量消长具有重要作用。

食物关系是这种影响的主要形式，在狭食性种类尤为显著。食物不足将引起种内和种间激烈竞争。在种群密度较高的情况下，个体之间对于食物和栖息地的竞争加剧，可导致生殖力下降、死亡率增高及动物的外迁，从而使种群数量（密度）降低。由于植物为动物提供食物、居住地和隐蔽所，与动物的关系十分密切，所以可以根据植被类型来推断当地的主要动物类群。

22.3 种群

种群是占有一定地域（空间）的一群同种个体的自然组合。在一定的自然地理区域内，同种个体是互相依赖、彼此制约的统一整体。同一种群的成员栖于共同的生境中并分享同一食物源，它们有共同的基因库，彼此间可进行繁殖并产生有生殖力的后代。种群是物种在自然界存在的基本单位，也是物种演化的基本单位。

种群是生物群落的基本组成单位。种群也是一种自我调节系统，借以保持生态系统的稳定性，只要不受到自然或人为的过度干扰，总是保持相对平衡的状态。一个种群内的个体在单位时间和空间内存在着不断地增殖、死亡、移入和迁出，但作为种群整体却是相对稳定的，这是借种群的出生率、死亡率、年龄比、性比、分布、密度、食物供应和疾病等一系列因子来加以调节的。例如种群密度增大引起因食物不足而导致生殖力下降、生存竞争剧烈及传染病流行，从而使密度下降。

22.3.1 种群特征

（1）种群的分布格局

组成种群的个体在其生活空间的位置状态或布局，称为种群分布格局或种群内分布型。大致可分为3类：① **均匀型**，即个体在种群中有规律地分布，彼此保持一定的距离（如蜂巢内的蛹）；② **随机型**，即每个个体在种群中出现的概率相等，并且彼此之间在分布上互不影响［如面粉中的拟谷盗（*Tribolium*）］；③ **聚群（斑块）型**，如人聚集在城市生活，蚜虫聚集在植株的顶部取食等（图22-3）。聚群分布的种群对不良环境条件的抗性可能比单独的个体要强，但也会增加个体间的竞争，聚群分布是动物在自然界内最普遍的分布类型。

（2）种群的年龄结构

种群的年龄结构指种群中不同年龄期个体的组成情况，一般分幼体（繁殖前期）、成体（繁殖期）及老年个体（繁殖后期）3种成分。由于各年龄期所具有的繁殖力和死亡率有很大差异，了解种群的年龄结构可以预测种群未来的数量发展趋势。

表示种群年龄结构的锥体称年龄锥体。增长型种群有较多的幼体和成体，老年个体所占比例较少（图22-4A）；稳定型种群内幼体、成体与老年个体比例适中，每年种群内个体的死亡率与出生率相平衡（图22-4B）；衰退型种群的年龄锥体呈倒置状，老年个体多，幼体少（图22-4C），很多濒危物种就呈此年龄结构，如不迅速采取措施保护及恢复其生存条件，该物种将会灭绝。

（3）出生率

出生率指单位时间内一个种群中每个个体所产生的后代数。理论上的最大出生率是繁殖潜力，即在理想条件下所能产生的后代数。实际上繁殖力受多种因素（食物、降雨、温度等自然条件及种群本身的密度、年龄结构和性比等）的影响，不是所有个体都有繁殖力，卵和幼体并非全能孵出或存活。动物的实际出生率称**生态出生率**。出生率的大小与性成熟的速度、胚胎发育所需时间、每窝卵或幼仔数及每年的繁殖次数等有关。一般小型动物的繁殖力强、成活率低。

（4）死亡率

死亡率指单位时间内种群中死亡个体所占的比例。理论上最小死亡率指涉及那些老年个体因到生理寿命的死亡，而实际死亡率远远超过最小死亡率，且随种群密度的增大，生存斗争愈趋激烈，死亡率升高。这种实际死亡率称**生态死亡率**。影响死亡率的因

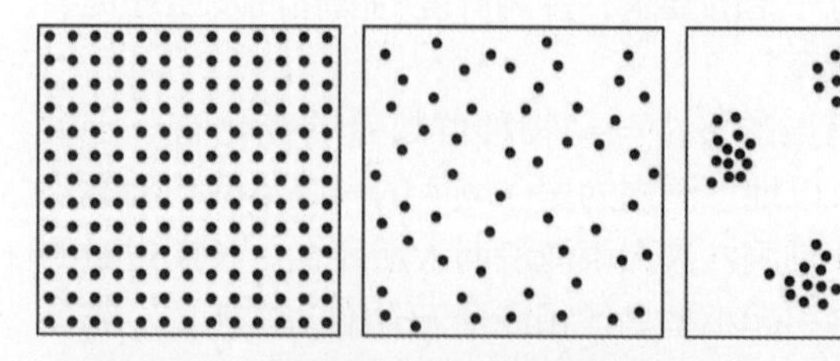

图 22-3 均匀分布、随机分布和聚群（斑块）分布示意

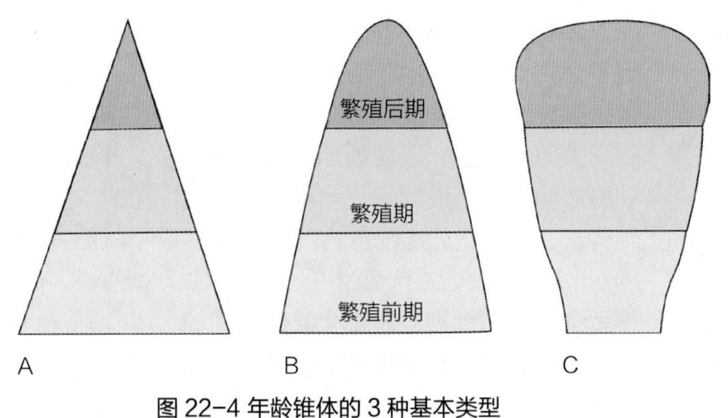

图 22-4 年龄锥体的 3 种基本类型

A. 增长型种群；B. 稳定型种群；C. 衰退型种群

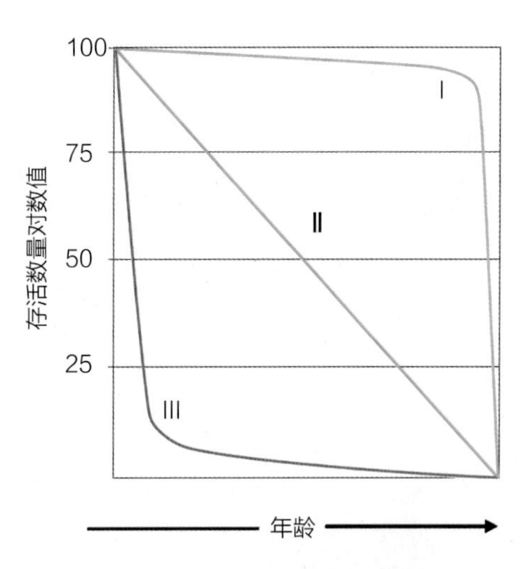

图 22-5 3 种基本存活曲线示意

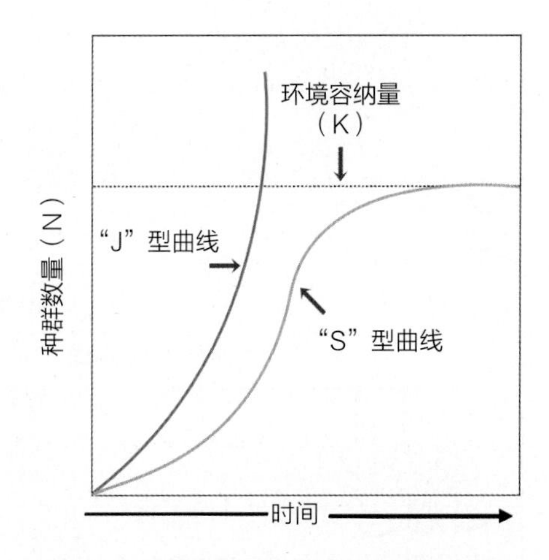

图 22-6 种群的无限增长与受限的增长曲线

子很多，而且常是多种内、外因子的综合作用结果，其中重要的有气候、食物、疾病及栖息环境的恶化等。

（5）种群存活曲线

描述一个动物种群从出生到死亡的存活状态特征的曲线称为存活曲线。存活曲线以存活数量的对数值为纵坐标，以年龄为横坐标。动物界大致有3种基本类型的存活曲线（图22-5）：Ⅰ型（**凸型**）：绝大多数个体都能活到生理年龄，早期死亡率极低，但一旦达到一定生理年龄时，短期内几乎全部死亡，如人类、盘羊和其他一些哺乳动物等；Ⅱ型（**直线型**）：种群各年龄组的死亡率基本相同，如水螅和小型哺乳动物等；Ⅲ型（**凹型**）：生命早期有极高的死亡率，一旦活到某一年龄，死亡率就变得很低且稳定，如鱼类和很多无脊椎动物等。

22.3.2 种群的增长与调节

（1）种群的增长特性

动物种群的数量变动主要取决于出生率和死亡率。种群数量的变动基本上是这对矛盾相互作用的结果。此外，动物的行为（如扩散、聚集和迁徙）也影响着种群的数量。种群数量在时间和空间上的变化称为种群动态。种群动态是种群生态学研究的核心问题。种群的增长可用增长曲线来描述（图22-6、图22-7）。

种群增长曲线主要有“J”型和“S”型两种。如果不存在与其他种群或天敌的严酷的生存斗争并具有足够的空间和食物供应的话，种群数量应该呈几何级数增长，为“J”型曲线。如在实验室培养细菌、果蝇等的早期阶段以及一种动物侵入新形成的岛屿上。然而在自然界中，事实上不存在这种增长曲线，种群增长不可能是永无限制的。随着种群密度的增大，各种竞争因子加剧，传染病流行等使死亡率上升。因而所有动物种群的增长曲线均十分相似，即开始时有一段停滞期，随后进入对数期，最后降低至相对稳定的平衡期，大致呈“S”型。种群数量最终达到稳定状态时，其实际增长率为零，这就是生殖潜力受到环境阻力所制约的结果。在某一特定空间条件下，环境所能负担（允许）的种群的最大密度，即为**环境载力或容纳量**，一般用“K”表示。“S”型曲线又称逻辑斯谛模型，可用数学模型来表示，其表达式为：$dN/dt=rN(K-N)/K$，其中的两个参数r（物种的生殖潜力）和K具有重要的生物学意义，是生物演化对策理论中的重要概念。

在全球范围内，人类有最长记录的种群指数增长期。虽然区域性饥荒与战争限制了人口的增长，但历史上人类种群数量急降仅有一次，发生于14世纪，由于鼠疫（黑死病）造成欧洲人大批死亡（图22-7C）。

（2）种群数量的调节

单位空间内种群个体的数目称为种群密度。种群密度受非密度制约因子和密度制约因子所控制。非密

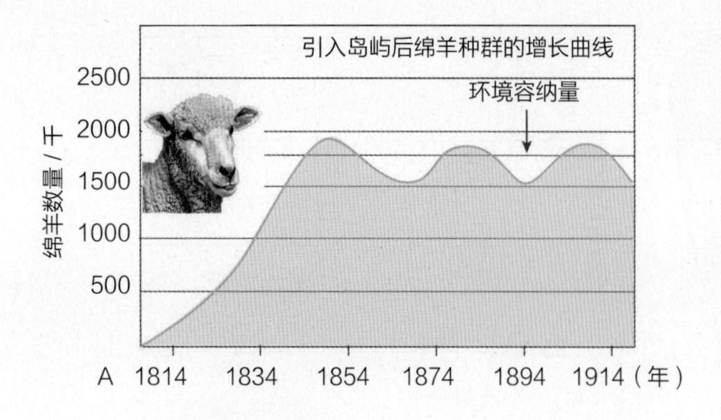

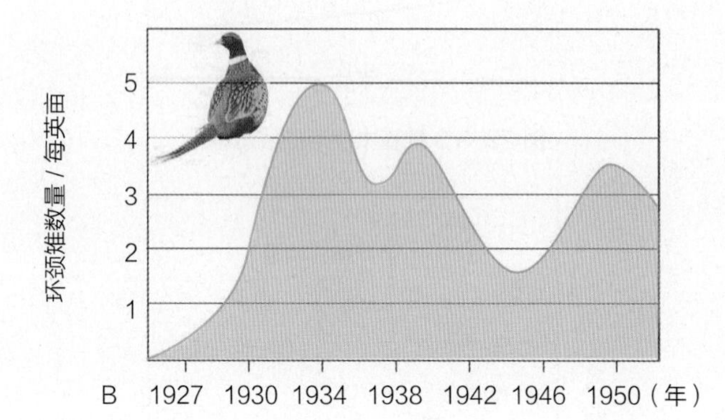

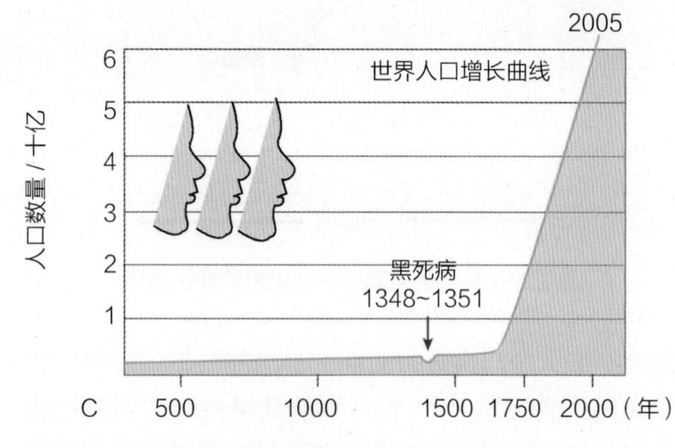

图 22-7 历史上绵羊的生长曲线（A）、环颈雉的生长曲线（B）和人口增长曲线（C）

度制约因子是系统中对种群的作用大小与密度变化无关的因子，如天气和污染物等非生物因子。这些因子的变化会影响到种群数量的变动。如夏季一场大雨过后，会使许多昆虫死亡。密度制约因子是系统中对种群的作用大小随种群本身密度变化而变化的因子，如竞争者和疾病等生物因子。如蚜虫的天敌是瓢虫，当蚜虫进行大量的孤雌生殖时，相应的瓢虫繁殖也大增。而后蚜虫数量下降，瓢虫数量也减少。和非密度制约因子相反，密度制约因子对种群提供一种内稳定控制，它们的作用促使种群的波动变小。

当种群数量上升时，各种因子开始起作用，导致生存斗争激烈，死亡率上升，出生率下降，迁出增加，起着“负反馈”的调节作用。除了前述的外源性因子之外，种群内由于密度增加的过度拥挤，能导致紧张强度增大，神经内分泌系统失控，生长抑制，体质与繁殖力下降，表现烦躁和富有侵略性。这是调节种群数量的内源性因子。当种群密度过饱和时，能导致种群“崩溃”。最著名的例子是欧旅鼠（*Lemmus lemmus*），它们在大发生的年份集成大群外迁，沿途蚕食掉一切食物，最终全部死亡。

人类活动是影响种群密度的重要因子。人类对动物栖息地的改变（如砍伐森林、围湖造田和城市建设等）、乱捕滥猎以及环境污染等都能破坏种群的自然平衡，甚至最终会导致物种的灭绝。人类有意或无意造成的生物入侵也是造成一些本地物种濒危甚至灭绝的另一重要因素。

22.4 群落

22.4.1 群落特性

群落是一定区域内所栖息的各种生物（动物、植物和微生物）的自然组合，具有复杂的种间关系。生物群落中的全部植物总体称为**植物群落**，全部动物总体为**动物群落**。每一群落内的生物互相联系、互相影响。动物群落有大有小，掌握其生物间的内在关系和规律，才有可能制定保护、利用或控制动物数量的合理方案。

（1）物种多样性

生物多样性包含遗传多样性、物种多样性、生态系统多样性和景观多样性，其中物种多样性是基础。群落内的物种多样性及种群数量的大小，均影响着群落的复杂性和多样性。而群落演化的历史，竞争和捕食以及食物资源等，均对物种多样性产生影响。

（2）生态优势

一个典型的生物群落中，占优势的种类（包括群落每层中在数量上最多、体积上最大、对生境影响最大的种类）称为**优势种**。各层的优势种可以不止一个种即共优种。群落中的其他成员，均适应或从属于优势种或共优种所创造的环境条件。通常以优势种或共优种来对生物群落进行命名，例如云杉–山雀群落。

（3）生态位

生物群落中，每一个生物均有其自己的生态位。生态位即生物在群落中的功能作用及其所占的时、空位置。图22–8为一个含有三维（温度、盐度和pH）生态位模型的示意。实际上构成每一物种生态位的生物和非生物因子均十分复杂，均具有多维结构。一般在一个稳定的群落内不可能有两个物种占据同一生态位，并同时利用相同的资源。若两个物种占有同一生态位，则或是通过生存斗争而将其中的一个种消灭，或是通过自然选择而分化出不同的生态位。如民宅内栖息的褐家鼠占据地表，而黑家鼠占据屋顶；森林里的鹰与猫头鹰分别是昼间和夜间活动等，是生态位分化的典型事例。

生态位的多样性是群落结构稳定的基础。理论上，群落内物种多样性的发展与下列因素有关：①可利用资源较多；②还有一些生态位未被利用；③各物种的生态位均较狭窄；④有较多的生态位重叠。

群落中的一些物种倾向于利用类似的生态位空间及资源而集聚，构成许多集团（guild）。不同集团间有着生态分化。同一集团内的种间竞争十分激烈。因此，集团不仅是群落的结构单位，也是功能单位。

（4）群落的分层

群落在空间上常呈现垂直和水平的分层。垂直分层明显是群落结构的重要特点之一。如草原群落可分为地下层、地表层和草层。森林是陆地群落中分层最复杂的生物群落，可分为地下层、地表层、草被层、灌丛及低植物层和乔木的树冠层等。各层内均栖息有复杂的、具有特殊生活习性的动物类群。很多种动物，常从某一层移动到另一层，有些种类能在几个层栖居。动物所栖居的层可随昼夜、季节或迁徙而发生改变。尽管如此，绝大多数动物所栖居的层是相对稳定的，而且尽管存在着地理隔绝，不同地区的很多动物均占据类似的层，这种现象称为**生态等值**。

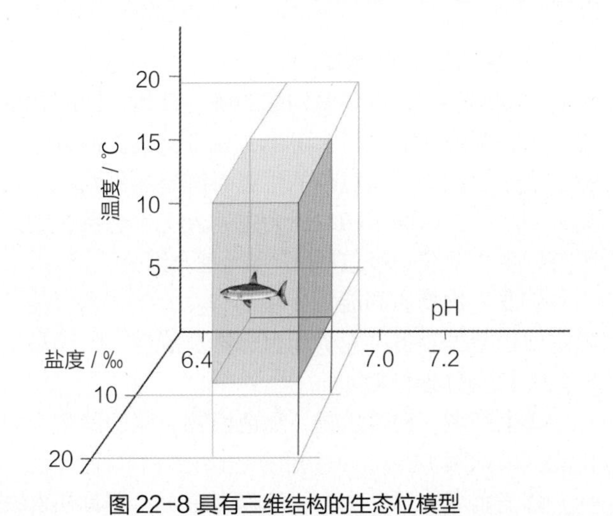

图 22-8 具有三维结构的生态位模型

除群落的垂直结构外，陆地植物的分布也会影响群落水平分布的格局。植物呈斑块状的镶嵌分布是群落内环境因子（如地形、土壤和温度等）综合影响的结果，而这又导致了动物的不均匀分布。

（5）群落演替

群落是一个随着时间的推移而发展变化的动态系统。在其发展变化过程中，一些物种消失，另一些物种产生，最终这个群落会达到一个稳定状态。像这样随着时间的推移，一个群落被另一个群落替代的过程，称为**群落演替**（图22-9）。

群落演替包括初级演替和次级演替两种类型。在一个起初没有生命的地方开始发生的演替，称**初级演替**。例如在从来没有生长过任何植物的裸地、裸岩或沙丘上开始的演替，就是初级演替。在原来有生物群落存在，后来由于各种原因使原有群落消亡或受到严重破坏的地方开始的演替，叫**次级演替**。如在发生过火灾或过量砍伐后的林地、弃耕的农田上开始的演替，就是次级演替。

在自然界里，群落的演替是普遍现象，且有一定规律。在群落演替过程中，最先出现的群落为先驱群

图 22-9 群落的次级演替示意

落，经过过渡群落而达最终的顶级群落。人们掌握了这种规律，就能根据现有情况来预测群落的未来，从而正确的掌握群落的动向，使之朝着有利于人类的方向发展。例如，应该科学地分析草地的载畜量，做到合理放牧。

22.4.2 影响群落结构的因素

（1）竞争

竞争与生态位密切相关。一般而言，生态位越接近的物种之间的竞争越激烈。竞争的结果或是导致生态位分化，或是处于劣势的物种在群落中消亡。当某一物种消亡后，另一物种所占的生态位会扩大。

（2）捕食

捕食、寄生与疾病均能在一定条件下导致群落结构发生改变。其中捕食作用是最普遍、最明显地表现出对一个（或多个）物种产生影响的例子（图22-10）。

捕食者对群落结构的影响与其食性关系密切。广食性动物对其所食物种的影响取决于捕食强度及被食物种的恢复能力。

在捕食压力适中的情况下，群落内猎物中优势种受到一定的抑制，劣势种得到发展机会，导致群落的多样性增加。随捕食压力的增加，多样性随之降低。狭食性动物对其猎物的影响也有不同，如果猎物是优势种，则捕食能提高多样性，如果猎物是劣势种，则捕食会降低多样性。单食性捕食者有时能控制群落中的被食物种，因而成为生物防治的应用对象。

（3）干扰

自然突发事件（如森林火灾）、人类的经济活动（如放牧、狩猎和污染等）及外来物种入侵等可导致

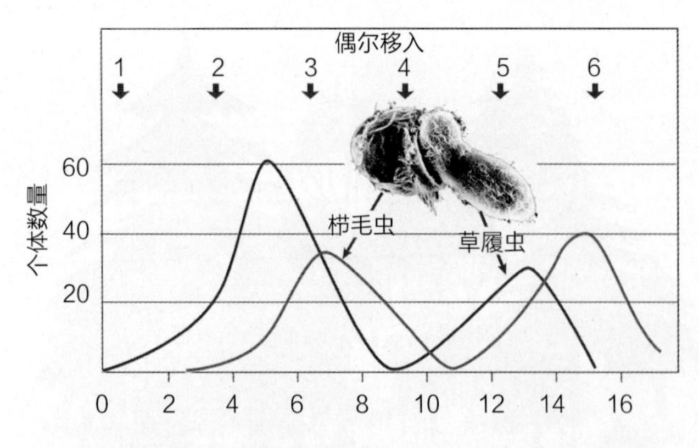

图 22-10 经典的捕食者与猎物间关系的试验（Gause，1934）

栉毛虫以草履虫为食，当栉毛虫食掉所有草履虫，其本身也会饿死。要维持两者共存，必须偶尔向培养液中引入草履虫或栉毛虫（图上方箭号）

群落结构改变。生物入侵已成为导致生物多样性丧失的一个重要因素，对社会经济和人类健康也可能造成严重危害，应加强防范与治理。一般认为，一个生态系统处在中等程度干扰时，其物种多样性最高。

（4）岛屿效应

岛屿中的生物数目与岛屿面积大致成正比，物种数目还与岛屿的年龄及其距大陆种源地的远近有关。岛屿上的物种数目取决于迁入物种和灭亡物种的动态平衡。

（5）协同演化

两个相互作用的物种在演化过程中发展的相互适应的共同演化。一个物种由于另一物种影响而发生遗传改变的演化类型。如一种植物由于食草昆虫所施加的压力而发生遗传变化，这种变化又导致昆虫发生遗传性变化，就是协同演化。

22.5 生态系统

22.5.1 生态系统的结构

生物群落与无机环境构成的统一整体，即生态系统。生态系统的范围可大可小，相互交错。最大的生态系统是生物圈；最复杂的生态系统是热带雨林；人类主要生活在以城市和农田为主的人工生态系统中。所有的生态系统一般包括以下4类基本组分：

①**非生物物质和能量**　包括 O_2、CO_2、水、盐、蛋白质和糖类等各种无机和有机物及能量。阳光是生态系统能量的基本来源。

②**生产者**　自养生物（绿色植物、蓝绿藻和少数化能合成细菌）。

③**消费者**　异养生物（动物为主）。据其在食物链中所占的位置可分初级、次级及三级消费者等。寄生和腐生生物常归入此类。

④**分解者**　可将动、植物尸体的复杂有机物分解为简单的无机物并释放于环境中，以供植物再次利用的生物。

生产者、消费者和分解者被称为生态系统的三大功能群。

22.5.2 食物链与食物网

生物之间以食物营养关系彼此联系起来的序列，在生态学上被称为**食物链**或营养链。食物链每个环节上的所有物种构成同一营养级。如绿色植物为第一营养级，植食性动物为第二营养级，捕食植食性动物的食肉动物为第三营养级等。

在生态系统中的生物成分之间通过能量传递关系存在着错综复杂的普遍联系，这种联系像一个无形的网把所有生物都包括在内，使它们彼此之间都有着某种直接或间接的关系，这就是**食物网**（food web）（图22-11）。

生态系统内各种动物的营养关系多极为复杂，这与许多动物食性杂有关。但也有较简单的形式，如须鲸以浮游生物为食，它们既是初级消费者，也是终极消费者。在水产养殖中常选取食物链短的动物作为养殖对象。如鲻鱼和梭鱼等主食硅藻，已成为人们所重视的养殖鱼类。

复杂的食物网是生态系统保持稳定的重要条件，它具有较强的抗干扰能力。食物链越简单，生态系统就越脆弱而易被破坏。

22.5.3 生态系统的能量流转

由于在生态系统能量流动过程中，从一个低营养级流向高一营养级，能量约损失90%，即能量转化效率仅约10%。食物链越长，消耗于营养级上的能量越多。故在生态系统中，食物链的营养级通常只有4~5个，很少超过6个。

能量流转和物质循环影响着有机体的生命过程、繁盛程度以及生物群落的复杂程度。它们是同时进行的，其中无机物在自然界内可以反复循环利用，而能量流转则是单向的，在生态系统中逐次被利用、消耗而最终消失（图22-12）。

初级生产者通过光合作用，将太阳能转化为化学能，所制造出的物质称为初级生产力。射向地球的太阳能，仅有约0.02%用于植物光合作用产生化学能。自然界内不同生态系统的初级生产力有很大差别，除去生产者用于呼吸的能量外，所余的净初级生产力在陆地生态系统中以森林为最高，荒漠最低。

净初级生产力是生态系统中一切消费者的能量源。它被食物网中处于不同营养级的动物所利用，用于维持生命和构成自身的生物量，并成为较高营养级动物的能量源。由于并非所有生产者及较低营养级的动物均被吃掉和全部利用，以及生物维持生命需要消耗能量，因而各级消费者所获得的能量逐级减少。此

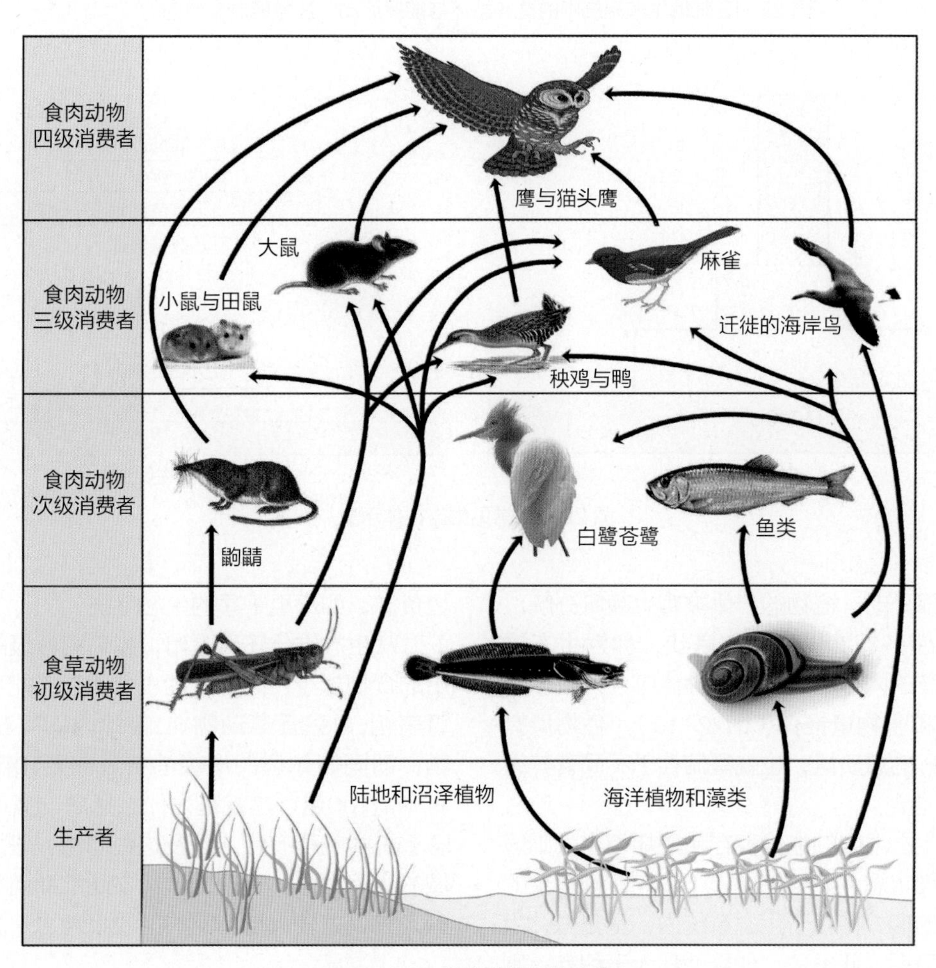

图 22-11 一个典型的湿地食物网

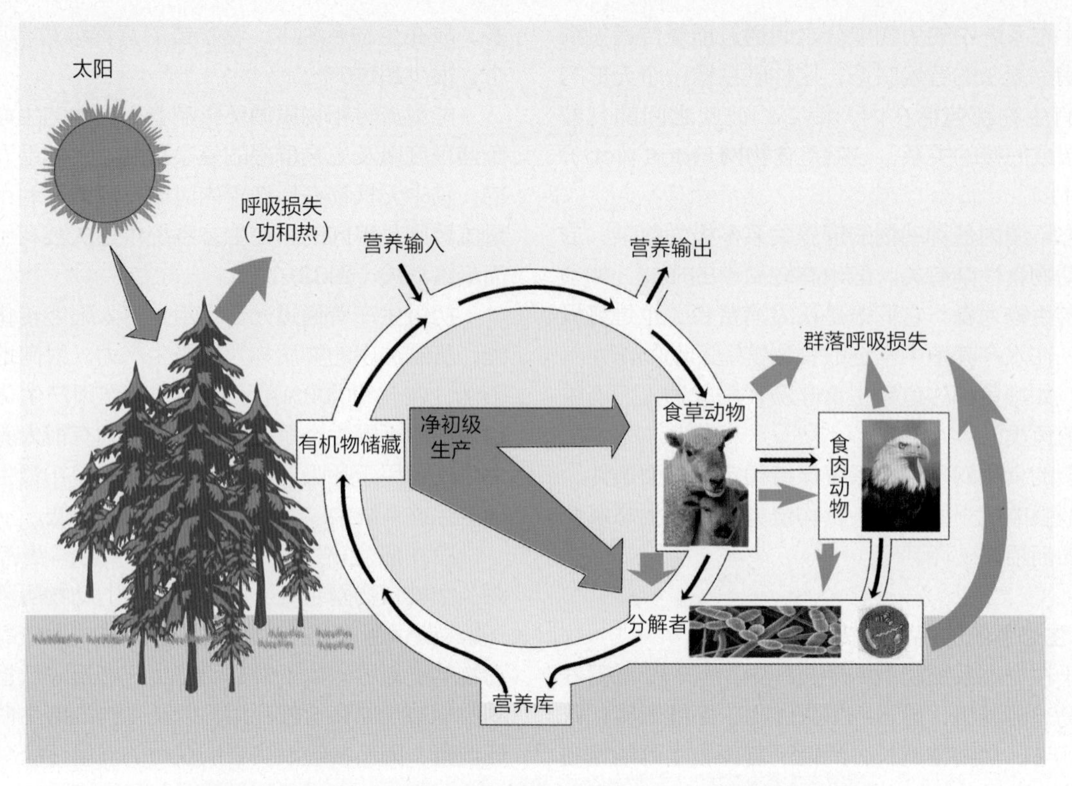

图 22-12 陆地生态系统中的营养循环与能量流动，注意能流是单向的

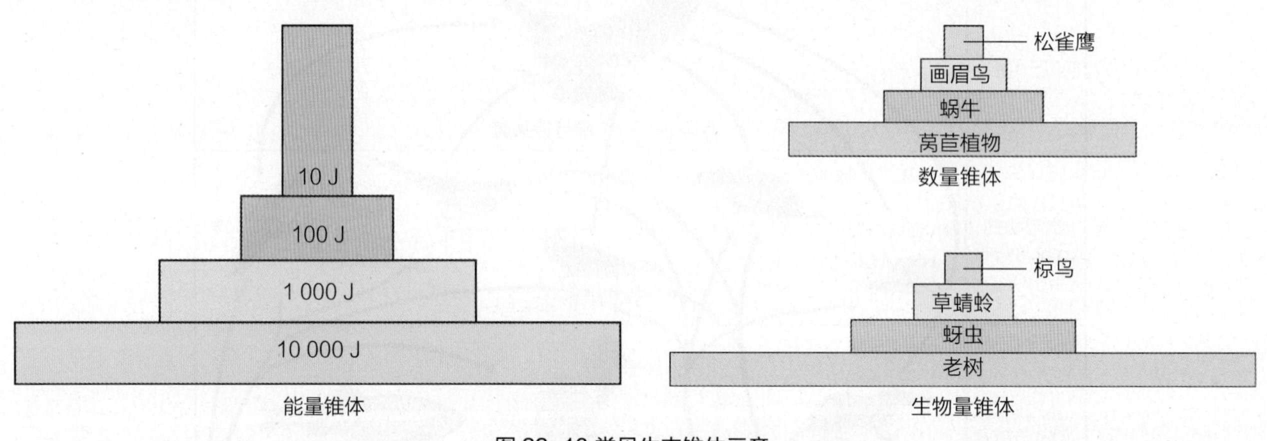

图 22-13 常见生态锥体示意

外还有相当一部分动、植物的尸体被腐生菌所分解。能量的递减，使各营养级呈金字塔状，称为**生态锥体**。就其所涉及的内容不同，生态锥体可分为数量锥体、能量锥体和生物量锥体（图22-13）。生物量指单位面积内种群的总质量，也就是储存于不同营养级中有机体内的能量。

如果一个生态系统的能量积存和消耗相当，则该生态系统处于稳定态；如果积存大于消耗，则多余的能量以生物量的形式储存于生态系统内，呈正态，生物群落演替的早期为此类型；如果消耗大于积存，则呈负态，如严重干旱的生态系统。

从生态锥体还可看出，越高营养级的动物所能利用的食物越少，而这些捕食者消耗的能量很大。有计算表明，1只食草动物在1亩地内即可获得足够的食物，而同等体型的次级消费者需要10亩，三级消费者则需100亩。这就是为什么猛禽与猛兽一般均为生态系统中的稀有种，以及这些动物一般均保卫较大领域的原因之一，也是为什么不能乱捕滥猎这些动物并须为其设立较大自然保护区的原因之一。

22.6 生态平衡

生态平衡（ecological balance）是指在一定时空条件下，生态系统内部，生产者、消费者、分解者和环境之间保持能量与物质输入、输出动态的相对稳定状态。外来干扰所引起的变化可由自我调节而恢复到原初的稳定状态。

生态系统一旦失去平衡，会发生非常严重的连锁性后果。如20世纪50年代，我国曾发起把麻雀作为“四害”之一来消灭的运动。在大量捕杀麻雀之后的几年里，出现了严重的虫灾，使农业生产受到巨大损失。后来科学家们发现，麻雀是吃害虫的好手。消灭了麻雀，害虫没有了天敌而大肆繁殖并导致虫灾、农田绝收等一系列惨痛的后果。生态系统的平衡往往是大自然经过很长时间才建立起来的动态平衡。一旦受到破坏，有些平衡就无法重建，带来的恶果可能是人类的努力无法弥补的。因此人类需要尊重生态平衡，绝不能轻易干预大自然，破坏生态平衡。

22.7 动物的地理分布

22.7.1 生物圈

生物圈（biosphere）又称生态圈（图22-14），是地球上生物及其生存环境的总称。生物圈由大气圈（atmosphere）、水圈（hydrosphere）、土壤岩石圈（lithosphere）及生活在其中的生物共同组成，范围大致处于自海面下10 km、地表下300 m以及地表上的大气层（垂直高度约15 km）之间。

生物圈内已有记载的生物约200万种，这些生物类群通过食物链紧密联系，并与其相适应的环境组成多种多样的生态系统。

（1）水圈

水圈包括地球表面约71.8%的水域，构成大气圈及土壤岩石圈的一部分。水是生命起源和存在的前提条件，它不仅是原生质的最主要成分，还是生物体内新陈代谢的介质，没有水就没有生命。

地表水不断蒸发成水蒸气，在高空大气层中遇冷凝结成雨或雪而复降至地面，构成往复不息的循环。据测算，每年从海洋表层蒸发的水量约有1 m的深度；在陆地则主要通过植物叶面的蒸腾作用将水释回到大气层。生物体不断地从环境中摄入水分，在完成生命活动的代谢作用之后又把水排出，这样，也构成一种循环。

水本身的物理特性同样对有机体的存活和分布具有重要意义。地球表面的水体巨大、导热较慢，贮存着大量的热能。水的辐射热能为陆栖动物提供有利的生存条件。水在4℃时具有最大的密度而使冰块漂浮于水面，从而保证了水栖生物得以安全地渡过越冬期。海洋中暖水和冷水垂直对流所导致的海流，对气候以及水生生物的分布都有着不同程度的影响。

（2）气圈

气圈内的大气中，O_2约占21%，N_2约78%，CO_2约0.03%，此外还含有数量不等的水蒸气和少量惰性气体。O_2的存在及溶解于水的性质，是一切动物呼吸和生存的先决条件。氮是构成生物体的重要元素之一，是机体蛋白质的主要组分。植物通过根系从土壤中吸收硝酸盐等含氮分子，经过复杂的合成过程制成蛋白质，动物则依赖吃其他生物而取得氮。生物体死后分解再将氮释出。CO_2是植物进行光合作用的主要原料，它还构成对大气层外紫外线辐射和臭氧的屏蔽，此外，它还能与水合成弱的碳酸，对维持水环境的中性性质起缓冲作用。

（3）土壤岩石圈

地球由地壳（crust）、地幔（mantle）和地核（core）3部分构成。地壳为地球表面相对较薄的一层，由表层的土壤和底层坚硬的沉积岩和玄武岩构成，厚度为5~100 km，占地球总体积的0.5%。地壳的表层与生命有关。

生物体所有的矿物质代谢，都是在地壳之间进行的。生物体内的矿物质含量极微，但却必不可少，而且是直接或间接取自地壳的。有机体死后分解，又将这些物质还给自然环境。

地壳是生物栖息的地方，它的形态特点及运动必然对气候及有机体的存活产生巨大影响，地壳的升高和卷曲引起山脉形成和地形改变，而山脉常构成气候

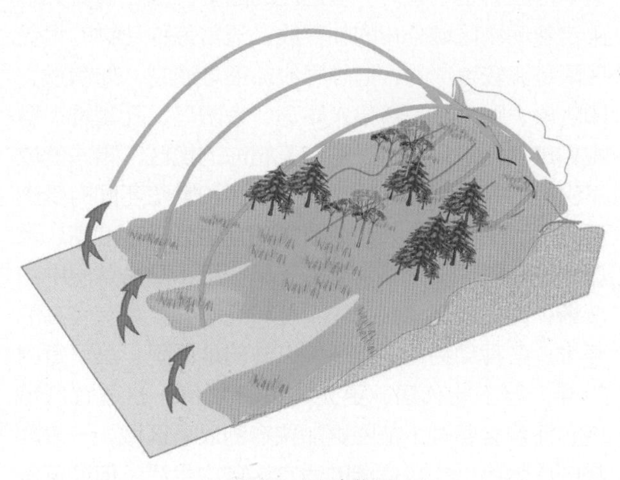

图 22-14 生物圈

和动物分布的屏障。降水能把陆地土壤中的可溶性矿物质溶入水体，构成水生生物不可缺少的营养物质。

生物与地壳表层土壤之间存在着互相促进和相互依存的关系，生物的生命活动有利于土壤形成，砍伐森林则可导致水土流失和荒漠化。

生物圈内的生命凭借能量转化和物质循环维持着。植物借光合作用把太阳能转化为化学能，将无机物合成有机物，为异养生物提供食物及生活环境。动物在异化过程中产生的废物及死后的尸体，经微生物分解还原，将有机物和矿物质归还环境，并用于再次建造新的生命。这一循环过程与大气、地质和水循环等紧密交织在一起，在大气圈、水圈和土壤岩石圈之间通过对流、辐射、蒸发和降水等作用，进行能量交换和物质循环，使生物圈在不同层次间有一定限度的相互补偿能力，以保持生物圈的动态平衡。

22.7.2 动物的分布

（1）动物的分布区与栖息地

动物的分布区是指某种动物所占有的地理空间。在此空间里，这种动物能够充分地进行生长、发育和繁殖。在任何一种动物的分布区内，并非到处都能发现其踪迹，它们只生活在可以满足其生存所必需的基本条件的地方。这种地方就是其栖息地。分布区是地理概念，必需占有地球上的一定地区，而栖息地是生态学概念，是动物实际居住的场所。对于某些体内寄生虫来说宿主的内脏器官就是它们的栖息地。

任何一种动物的生活，都受栖息地内各种因素的制约。一般而言，动物的栖息地经常处于相对稳定状态，但又时刻在不断变化过程中，当其变化一旦超过动物所能耐受的范围，动物将无法在原地继续生存，这个范围就是动物对环境适应的耐受区限。耐受区限决定着动物区域分布的临界线，通常每种动物的耐受区限是比较宽广的，但临界线却很难逾越，如懒猴、印度象、野牛、长臂猿、犀鸟、太阳鸟、孔雀雉、蟒蛇和斑飞蜥等只分布在常年无霜冻的地区，霜冻就成了它们的临界线。此外动物的生活和繁殖还同时受到适宜区域的制约，如深海鱼类适宜栖息于盐度高、水压大的海底环境里；生活在干旱少雨和酷热荒漠中的沙蜥，则对栖息地区内的温度和光照强度具有较高的要求。各种动物在适宜环境以外的地区里，虽可暂时生存，但不能久居，更无法进行繁殖。在适宜区域内，还包含着一个范围更加狭窄的最适区域，一般动物的成体可以在较广阔的适宜区域内生活，但幼体发育却只能在最适区域内进行。有些鱼类和鸟类的适宜区域与繁殖的最适区域有着明显的差异，它们在生殖季节之前，要进行长距离的洄游或迁徙，直至到达最适区域才筑巢、交配和产卵等。

理论上，每种动物都有发生中心，由此逐渐向周围地区扩展，其分布区往往互相连成片。但在现代动物分布区形成过程中，由于长期受地壳运动、气候变迁、人类活动及动物自身扩展能力和适应性等各种内、外因素的影响，使它们很难达到理论上的分布范围。许多动物的现代分布区一般都经历过多次变迁，发生中心已经不一定限于现在的分布区内，有时可能相隔很远。每种动物由发生中心向周围扩散的主要途径有：①**走廊**（corridor），是一种大陆桥，可允许动物向两个方向自由移动。②**滤道**（filter route），仅允许有特殊适应的动物通过；③**机会通过**（抽奖扩散，sweepstake route），仅有少数种类能靠机会扩散，例如动物通过浮木扩散到海岛。

（2）陆地自然条件和动物群的地带性分布

由于地球呈椭球体并依一定的轨道自转，以致投射到地表各区域的太阳能不均匀，使陆地的自然条件自北向南呈现有规律的地带性分布，即地处极区附近的苔原（tundra）地带，位于远离海洋的温带草原（glass land）地带，分布在温带和亚热带的荒漠（desert）地带，介于苔原地带以南及阔叶林之间的针叶林（coniferous或泰加林，taiga）地带，属于亚热带温湿海洋性气候的落叶林（deciduous forest）地带和赤道附近的热带雨林（tropical rain forest）地带等。

在山地条件下，自然条件也呈现类似纬度地带的垂直分布。各种不同自然条件的地带内，分别分布着数量占优势的代表性的植物类型和生态地理动物群。生态地理动物群内的优势种（dominant）和常见种（frequent）是组成动物群中的基本成分，它们不但能对植被、土壤等外界因素产生明显的作用，而且与人类也具有密切的利害关系。

（3）水域的动物分布

①**淡水生物群落**（freshwater biomes） 陆地淡水水域可分为流水水体（lotic）及静水水体（lentic）两种类型。不同类型水体的生态条件不同，动物区系组成及动物的生态适应方面也均有明显的差异。

流水栖息地由于水流不断带走动物的代谢产物和植物尸体，并为流水中生活的动物提供充足的O_2，甚至在激流处O_2经常达到近饱和状态。河流的流速和底质是形成及决定其动物区系组成、生态分布的主要因素：河流上游水势湍急，流速快，侵蚀和搬运作用强，因而底质多为石质，这里主要栖息着一些口、腹部具有吸盘而不畏激流的鱼类及营固着生活的软体动物等；河流中游水流减缓，沉积作用有所增强，底质大多为砾质或砂质，这里的动物种类较贫乏，常见的有摇蚊幼虫、寡毛类环节动物及一些虾类等；河流下游沿岸地段的水流缓慢，沉积物最多，大多为淤泥底质，动物种类丰富、数量甚多，寡毛类环节动物、蚌类、摇蚊幼虫、水生昆虫和其他浮游生物极多。

池塘和湖泊等静水水体的水流平缓或不流动，水生植物较茂盛。底质因湖龄而异，湖龄较短的多为砂质和岩质，湖龄长的多为腐殖质。湖泊中湖水的垂直循环较弱，O_2垂直变化明显，含氧量随深度增加而递减。湖泊一般可分为沿岸带、亚沿岸带和深水带3个水区。沿岸带始于水面，止于高等水生植物生长的下限，具有水温高、阳光足、食物和O_2丰富等良好的生活条件，是各种动、植物汇集和繁殖产卵的场所，也是整个湖泊内生物量最大的地带。深水带因湖底沉积物中含有大量处于不同分解阶段的有机残余物，其矿质化消耗了大量O_2，加之水体循环差、光线透射弱、含氧少和水温低，不适于动、植物的栖息和生存，水生生物较为贫乏。

②**海洋生物群落**（marine biomes） 海洋占地球表面的大部分，不仅是生命的策源地，也是地球上生命最旺盛的区域，栖息着20万种以上的海洋生物，其中90%以上是无脊椎动物。

海洋由沿岸带（littoral zone）、浅海带（neritic zone）和远洋带（pelagic zone）组成。

沿岸带 沿岸带为潮水每天涨落的高、低潮线之间的区域，即潮间带。在高潮线的上限，由于只受到海洋冲击时所溅及的海水影响，因而缺乏严格的海洋生物，称作**浪击带**。潮间带每昼夜有规律地经受两次涨潮和落潮的淹没、显露过程，理化条件极不稳定，动物种类较少，只有具备特殊适应能力的动物才能生存。在沿岸带生活的种类大多具有附着结构，此外，还有一些爬行类或滑行生活的螺类、海星、海胆、蟹类和虾虎鱼等。就潮间带动物的分布而言，一般在高潮区，种类少而密度大；低潮区种类增多，潮间带动物以水生种类为主，暴露在空气中时间越短的地带，种类越多。在热带海洋沿岸带还有特殊的红树林生境，红树是一种常绿灌木至乔木，生长在潮间带的泥滩上，涨潮时，海水淹没了红树林，仅露出一堆堆成丛的树冠，同时海水也带来了营养物质及周围基质和动物隐蔽用的许多树根等，于是红树林就成了适合某些动物的栖息地。红树林动物群的种类较少，但数量众多而殊为奇特，常由海洋动物、淡水动物，甚至还与陆生动物混合组成，如藤壶、海葵、牡蛎、虾虎鱼、弹涂鱼、海蛇、鸟和鼠等。

浅海带 浅海带指由沿岸带以下至约200 m深的海洋。很多地区的海底倾斜平缓，平均斜度约0.1°，由此构成广阔的大陆架（continental shelf）。浅海区是海洋生物生长最繁盛的区域，原因在于食物丰富、光线充足、水温高和溶氧状况良好。浅海区还是浮游生物生长和绝大多数海洋鱼类的主要栖息地及一些远洋鱼类的产卵区，很多地区因此建成了著名的渔场。珊瑚礁广泛分布在南、北纬28°范围内的热带浅海区，主要由珊瑚群体的骨骼堆积而成。这里除有充足的光线、O_2和热量外，还有丰富的食物源和供给动物安全藏身的避敌场所，因而具有种类繁多的动物群落。

远洋带 远洋带指浅海带以外的全部开阔大洋。通常该地区的理化环境条件几乎是恒定而很少变化的：光线透入很浅，深海区终年黑暗；水温低，长期保持在0~2℃左右；平均盐度高，为34.8‰±0.2‰；压力大，水深每增加10 m，流体静压就相应增加一个大气压；植物和食源匮乏，致使深海动物都只能以肉食或碎屑为生。动物种类及数量均甚稀少，仅少数具有特殊适应结构的动物类群能在这样苛刻的条件中生存，常见的优势种有适应深海的一些海绵、棘皮动物以及深海鱼类。

深海动物的体色大多呈黑色、紫色、蓝色或红色，普遍具有发光能力。大多数鱼类具功能性眼睛，且因晶体大而形成外突的鼓眼，以适应在无光环境中感受其他鱼体发光器所发出的光源，但也有相当数量的鱼类和其他动物由于眼的退化而丧失了视觉，用于弥补视觉缺失的常常是极为发达的触觉器官，如长须鱼的触须长度几乎达体长的4倍。深海动物由于骨骼骨化不完全，肌肉组织不发达和皮肤松弛，身体十分柔软，并能承受巨大的流体静压。

22.7.3 世界及我国动物地理区系划分

动物区系（fauna）指在一定历史条件下，由于地理隔离和分布区的一致所形成的动物整体，即有关地区在历史发展过程中所形成和现今生态条件下所生存的动物群。地球上的陆地被海洋所分隔，即使在同一个大陆内部，也常被山脉或沙漠等分隔而产生区域差异。这些被隔离的区域中的动物群在很长的地质时期内互无联系地进行着发展和演化，从而各自形成独立的动物区系。整个动物界可分为海洋动物区系和大陆动物区系两大类。动物总数的80%以上分布在陆地上，且其身体结构也较同类的海洋动物复杂高等。

（1）世界动物地理分布

德国地球物理学家魏格纳（Wegener）1912年提出大陆漂移学说（continental drift hypothesis）。他根据大西洋两岸，特别是非洲和南美洲海岸轮廓非常吻合等资料，推测全世界的大陆在古生代石炭纪以前，曾是一个统一的整体，称为泛大陆（pangaea），在它周围则是辽阔的海洋，到古生代晚期或中生代早期，泛大陆在天体的引潮力和地球自转所产生的离心力作用下，破裂成分离的大陆块，并开始像筏一样在海面上漂移，经历了上亿年的几度离合，终于逐步形成今日世界上各大洲和大洋的分布格局。

大陆漂移学说得到了后来的板壳理论（plate tectonic theory）及其他学科的有力支持。地球上的动物随同泛大陆的破碎、漂流，以及地壳运动的变化，在各大洲分别参与组成不同的动物区系。世界陆地动物区系被划分为6个界（fauna realm）（图22-15）：

①**澳洲界**（Australian realm）　澳洲界包括澳洲大陆、新西兰、塔斯马尼亚及附近太平洋上的岛屿，是现今所有动物区系中最古老的，它在很大程度上仍保留着中生代晚期的特征。澳洲界最突出的特点是缺乏现代地球上其他地区占绝对优势地位的胎盘类哺乳动物，但保存了现代最原始的哺乳类：原兽亚纲和后兽亚纲动物。澳洲界的鸟类也很特殊，澳洲鸵鸟、食火鸟和无翼鸟（几维鸟）、营冢鸟、琴鸟、极乐鸟和园丁鸟等均为本界所特有。现存最原始的爬行动物楔齿蜥，仅产于本界新西兰附近的小岛上。特有种有：鳞角蜥科的种类和极原始的滑跖蟾等。澳洲肺鱼为本区某些淡水河流中的特产。

②**新热带界**（Neotropical realm）　新热带界包括整个中、南美洲大陆，墨西哥南部及西印度群岛，特点是动物种类繁多而特殊。后兽亚纲有袋目中的负鼠科、真兽亚纲中的贫齿目（犰狳、食蚁兽和树懒）、灵长目中的新大陆猿猴（阔鼻猴、狨猴、卷尾猴和蜘蛛猴）、翼手目中的蝙蝠科和吸血蝠科、啮齿目中的豚鼠科等均为本界特有。其他大陆的某些广布种类（如食虫目、偶蹄目、奇蹄目和长鼻目等）在本界内甚为罕见。鸟类中有25个科为本界的特有科，其中最著名的代表为美洲鸵鸟和麝雉等。蜂鸟科虽不是本界的特有科，但种类异常丰富，数量众多。爬行类、两栖类和鱼类的种类甚多，其中以美洲鬣鼠、负子蟾、美洲肺鱼、电鳗和电鲶为本界特有。

③**古热带界**（paleo-tropical realm）　也称埃塞俄比亚界（Ethiopian realm），包括阿拉伯半岛南部、撒哈拉沙漠以南的整个非洲大陆、马达加斯加岛及附近岛屿。特点主要表现为区系组成的多样性和拥有丰富的特有类群。有30科动物为本区特产，其中哺乳类的著名代表有蹄兔、长颈鹿、河马等科。还有不少种类亦仅见于本区，如黑猩猩、大猩猩、狐猴、斑马、大羚羊、非洲犀牛、非洲象和狒狒等。鸟类中的

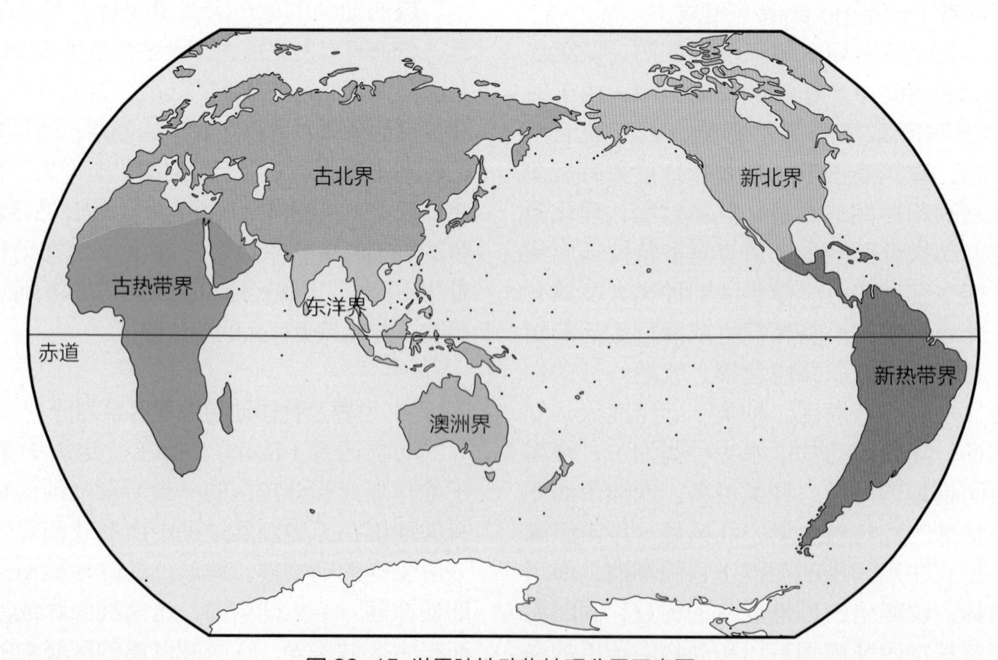

图22-15　世界陆地动物地理分界示意图

非洲鸵鸟和鼠鸟为本区的特有目。爬行类中避役、两栖类中的爪蟾、鱼类中的非洲肺鱼和多鳍鱼均为本区著名代表种类。该界的动物区系与东洋界拥有某些共同的动物群，如哺乳类中的鳞甲目、长鼻目、灵长目中狭鼻类猿猴、懒猴科和犀科等；鸟类中的犀鸟科、太阳鸟科和阔嘴鸟科等，反映此两界在历史上曾有过密切的联系。此外，有些在旧大陆普遍分布的科却不见于本区，如哺乳类中的鼹鼠科、熊科、鹿科以及鸟类中的河乌科和鹪鹩科。这显然是长期地理隔绝限制了其他地区动物侵入之故。

④**东洋界**（Oriental realm） 东洋界包括亚洲南部喜马拉雅山以南和我国南部、印度半岛、斯里兰卡岛、中南半岛、马来半岛、菲律宾群岛、苏门答腊岛、爪哇岛和加里曼丹岛等大小岛屿。该区由于气候温暖湿润，植被丰盛茂密，动物种类繁多。哺乳类中的长臂猿科、眼镜猴科和树懒科等均为本界特有。鸟类中的和平鸟科为特有科。爬行类中具有5个特有科，其中如平胸龟、鳄蜥和食鱼鳄等科。东洋界内大型食草动物较繁盛，如印度象、马来貘、犀牛、鹿类及羚羊等。鸟类中的雉科和卷尾科等的分布中心均在本界内。爬行类中的眼镜蛇、飞蜥、巨蜥和龟等在本区的数量及分布也均较突出。

⑤**古北界**（Palearctic realm） 古北界包括整个欧洲、北回归线以北的非洲和阿拉伯、喜马拉雅山脉和秦岭以北的亚洲。主要山脉东西走向。作为面积最大且气候、自然环境、生态栖息地类型等非常多样的动物区系，史前时期曾经是很多动物类群的演化中心，但其中很多地区在冰期受到较大影响，拥有大面积的寒冷与干旱地区，自然条件比较恶劣，动物种类相对贫乏。无特产科，但有一些特有种，如鼹鼠、金丝猴、旅鼠、熊猫、狐、貉、獾、骆驼、獐、羚羊、山鹑、鸨、毛腿沙鸡、百灵和岩鹨等。

⑥**新北界**（Nearctic realm） 新北界包括整个北美洲，北抵格陵兰岛，南达墨西哥中部高原。大部分地区位于北温带。山脉皆南北或近于南北走向，大陆西部纵贯高大山脉，中部为平原地带，热带大西洋的暖湿气团，以及北冰洋极地冷气团的入侵，造成本界气候很不稳定。植被北为苔原、泰加林；向南，东部多为温带落叶林，中部为草原，西部杂以湿润针叶林、矮灌丛及硬叶常绿阔叶灌木或矮树丛等。本界与古北界有很多共同的动物类群，常合称为全北界。本界所含科别总数不及古北界，但具有一些特有科，如叉角羚羊、山河狸、美洲鬣蜥、北美蛇蜥、鳗螈、两栖鲵、弓鳍鱼和雀鳝等科。此外，像美洲麝牛、大褐熊、美洲驼鹿和美洲河狸以及鸟类中的白头海雕等均系本区特有种类。

（2）我国动物地理区系概述

我国动物地理区系分属古北界与东洋界。分界线西起横断山脉北端，经川北岷山与陕南的秦岭，向东达淮河一线。我国东部地区由于地势平坦，缺乏自然阻隔，呈现为广阔的过渡地带。由于我国疆域广阔和多样的自然条件，动物类群极为丰富，为深入进行科学研究和广泛利用动物资源提供了优越条件。加之我国第四纪以来，未遭受像欧亚大陆北部那样广泛的大陆冰川覆盖，动物区系的变化不剧烈，而保留了一些比较古老或珍稀种类，如大熊猫、金丝猴、白鳍豚、褐马鸡、扬子鳄、鳄蜥和中国大鲵等，均为仅见于中国的世界珍稀动物。

制定动物地理区系划分的最终目的在于合理、有计划地保护和利用动物资源，因而必须优先关注各区内数量占优势的种类以及有发展前途的种类。我国动物地理区被划分为7个区（图22-16）和19个亚区，其与生态地理动物群的关系如见表22-1。

①**东北区** 东北区包括大、小兴安岭和长白山的山地森林草原及松辽平原和新疆北端的阿尔泰山等地。本区气候寒冷，耐寒的森林动物十分丰富。是我国毛皮兽资源最丰富的地区。如鼬科的紫貂、水獭和黄鼬，猫科的东北虎和金钱豹，犬科的貉和赤狐，熊科中以黑熊最为普遍。有些栖息于北极圈的寒带种类也延伸至此，如驼鹿、狼獾、雪兔和森林旅鼠。鸟类以松鸡科和雉科种类最多。爬行类和两栖类在本区较贫乏。

②**华北区** 华北区北临蒙新区与东北区，南抵秦岭、淮河，西起甘肃，东临黄海和渤海。地形平坦广阔；土壤为比较肥沃的冲积土；气候温和，降水较多，雨、热同期，利于农作物生长。本区动物区系一方面与东北森林及蒙新草原地带有密切关系，另一方面也混有一些南方类群，特有的种类比较少，反映本区动物有南、北两方过渡的特点，但偏重于北方。人类的农业活动对本区动物的影响比国内其他地区更为显著。危害农作物的啮齿类，如仓鼠、姬鼠和鼢鼠等较常见。褐马鸡和长尾雉的分布局限于本区。

③**蒙新区** 蒙新区包括内蒙古和鄂尔多斯高原、阿拉善、塔里木、柴达木、准噶尔盆地和天山山脉。本区干旱的气候、荒漠和草原为主的植被条件影响动物区系的组成。动物种类贫乏，主要是适应于荒漠和草原的种类，以啮齿类和有蹄类最为繁盛。啮齿类中

表 22-1 我国动物地理区划及生态地理动物群的关系

界	区	亚区	生态地理动物群
古北界	东北区	大兴安岭亚区	寒温带针叶林动物群
		长白山地亚区 松辽平原亚区	温带森林－森林草原、农田动物群
	华北区	黄淮平原亚区 黄土高原亚区	
	蒙新区	东部草原亚区	温带草原动物群
		西部荒漠亚区	温带荒漠－半荒漠动物群
		天山山地亚区	高地森林草原－草甸草原、寒漠动物群
	青藏区	羌塘高原亚区 青海藏南亚区	
东洋界	西南区	西南山地亚区 { 高山带；中、低山带 } 喜马拉雅亚区	亚热带林灌、草地－农田动物群
	华中区	东部丘陵平原亚区 西部山地高原亚区	
	华南区	闽广沿海亚区 滇南山地亚区 海南岛亚区 台湾亚区 南海诸岛亚区	热带雨林－林灌、草地、农田动物群

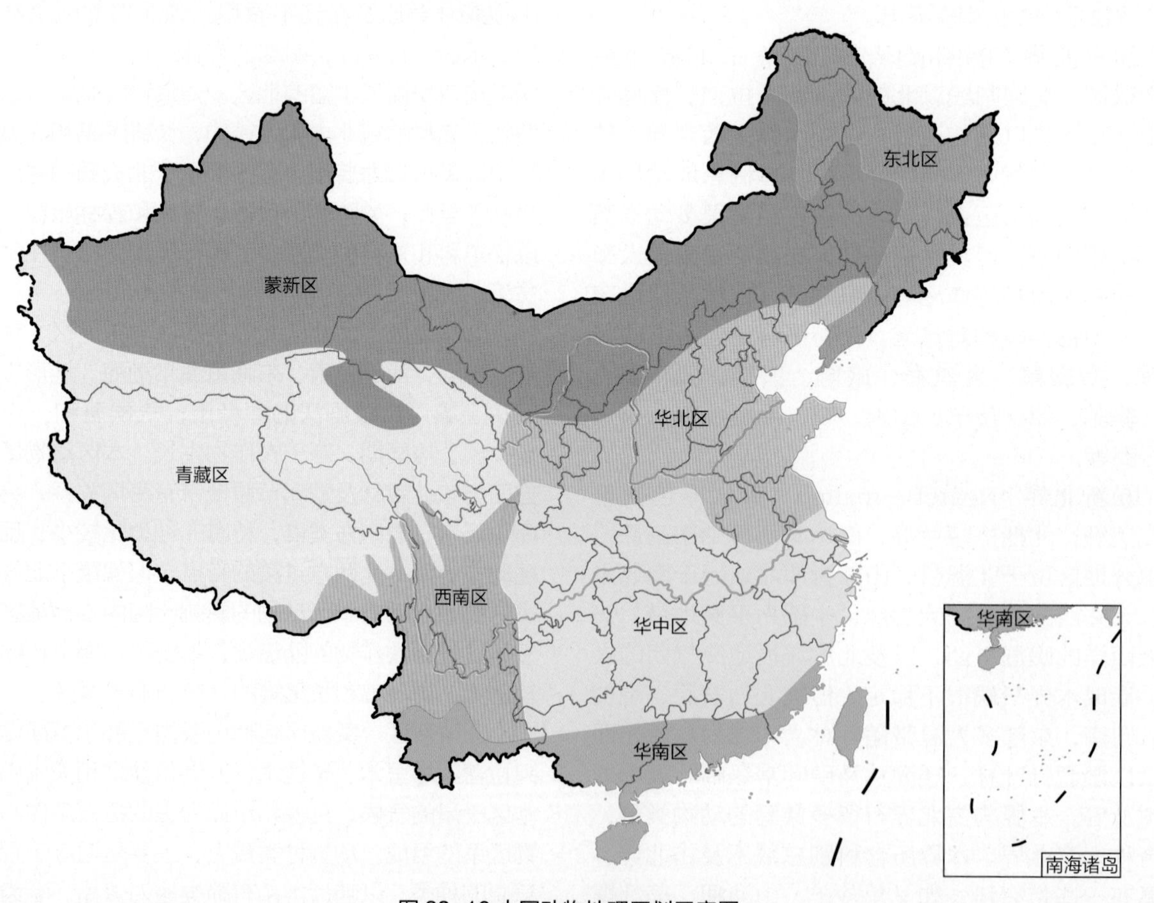

图 22-16 中国动物地理区划示意图

以跳鼠科和仓鼠科的沙鼠亚科最为典型，有蹄类有野生双峰驼、野驴和几种羚羊。鸟类也以适应荒漠生活的种类为多，典型代表有大鸨、沙鸡和沙百灵等。

④青藏区 青藏区包括青海、西藏和四川西北部，为我国海拔最高、面积最大的高原区。由于空气比较干燥、稀薄，太阳辐射比较强，气温比较低，气候属高寒类型。动物区系贫乏，主要是由适应于高原的种类所组成。偶蹄类中的野牦牛和藏羚羊为本区的特有种。广泛分布的有藏原羚、岩羊、盘羊、白唇鹿和藏野驴等。鸟类种类较少，黑颈鹤、藏雪鸡、雪鹑和藏雀等均为高原代表性的种。

⑤西南区 西南区包括四川西部、昌都地区东部，北起青海、甘肃南缘，南抵云南北部。境内的横断山脉大都为南北走向，高山上凉润，谷地燥热。植物的垂直分布很明显，动物的分布也以明显的垂直变化为特征。本区产有丰富的高原和高山森林动物。我国特产的珍稀动物大熊猫即产在本区。小猫熊、金丝猴和羚牛等均是本区的特产珍稀种类。食虫类在本区特别繁盛，在种类和数量上占全国首位。鸟类以雉科和画眉科为最多。

⑥华中区 华中区包括四川盆地以东的长江流域。本区气候温暖而湿润，是中国热量条件优越，雨水丰沛的地区；冬季气温虽较低，但并无严寒，没有明显的冬季干旱现象；春季相对多雨；夏季则高温高湿，降水充沛；秋季天气凉爽，常有干旱现象；冬夏季交替显著，具明显的亚热带季风气候特点。本区特有种类不多，而南、北类型相混杂和过渡现象成为本区的特色，与华南区共有的种类尤多，如猕猴、穿山甲、赤腹松鼠、竹鼠、豪猪、灵猫和华南虎等。长江中下游有我国特产的淡水鲸类——白鳍豚。本区特产鸟类有金鸡、竹鸡、长尾雉和黄腹角雉等。爬行动物中的扬子鳄为我国特有种，分布于长江下游。

⑦华南区 华南区包括云南与广东、广西的南部、福建东南沿海一带以及台湾、海南岛和南海各群岛。气候炎热多雨，植物生长茂盛，动物种类冠于全国。哺乳动物以热带森林树栖食果种类最繁盛，典型的有多种猿猴、松鼠及食果蝠类，在云南还有亚洲象。本区鸟类非常繁盛，产有许多热带种类，如鹦鹉、犀鸟和太阳鸟等，它们大多羽色艳丽。此外，还有原鸡、绿孔雀等为仅见于本区的热带种类。爬行类中著名的有飞蜥、巨蜥和鳄蜥等。蛇类的种数超过其他各区。

22.8 野生动物保护

野生动物是指生活在天然自由状态下或虽经短期驯养但还没有产生明显变异的各种动物。全球有约150万种野生动物，它们被分为濒危野生动物、有益野生动物、经济野生动物和有害野生动物四大类。野生动物资源具有经济价值（商业与游乐等）、社会价值（文化、美学与科研等）和生态价值（维持生态平衡、促进生态系统的物质和能量循环、帮助植物传粉和传播种子等）。野生动物资源具有国有性、不可再生性（耗竭性）及稀缺性等特点，其保护需引起高度重视并做到有法可依、有法必依。

近年来，随着国际、国内市场对野生动物及其制品需求量的增加和获利额的增大，滥捕乱杀野生动物、非法收购、运输和出售珍贵濒危野生动物及其制品的走私行为不断升级蔓延，导致野生动物物种和数量总体上大幅度减少。同时，由于人类过度开采、放牧、开荒、排放废气和污水等原因，森林面积锐减、土地沙化和生境片断化等因素使得野生动物的生境进一步恶化，致使一些野生动物死亡或迁徙，同时以食草动物为食源的食肉动物因饥饿而伤害人畜（某些凶悍的动物因饥饿或其他原因伤害人畜，如野猪），激起公民实施报复性捕杀而造成恶性循环，致使野生动物的生存状况令人担忧。

认识上，人们一讲环境保护，往往只注重对土壤、水等非生物以及森林、植被等生物的保护，而较少考虑野生动物保护对可持续发展的影响。保护野生动物，在指导思想上应以“生态利益”取代“人类利益”。生态利益倡导的是生态共同体内各成员间的相互平等、共生以及协调等关系，它在主张自然所固有的内在价值的同时，不排斥人类的利益，相反，人类如果协调好自身与环境的关系，则能进一步促进自身的生存与发展。因此，野生动物保护立法应在“生态利益”价值观的基础上，重新确定环境和自然所固有的价值，并应树立“生态利益优先”的思想，把人类自身利益和国家利益置身于符合全球环境和生态利益的要求下来考虑，牢固树立保护野生动物就是保护人类自身的观念，切实做好珍稀濒危野生动物的就地保护与迁地保护工作。

在野生动物保护立法中，既要保护有益野生动物，又要避免在消灭有害动物方面束缚手脚；既要防止野生动物的大量繁衍对人类造成侵害，又要防止人类借口侵害的发生而对野生动物大开杀戒。如果某一个地区、某一个物种繁衍过快而危及到其他物种和人类，既可考虑增加相克的物种以抑制该物种数量的增长，也可考虑向其他需要该物种的地区适当转移该物种，而不宜授权地方野生动物保护机构随意颁发捕猎证加以捕杀。

总之，野生动物是自然生态系统的重要组成部分，其在维护自然生态平衡中的作用及其在社会中的地位日益受到广泛重视。保护野生动物，不仅关系到人类的生存与发展，也是衡量一个国家、一个民族文明进步的重要标志之一。

小结

环境中存在着各种非生物因子和生物因子，它们相互联系，综合地对动物起作用。种群内的个体具有均匀分布、随机分布和聚群分布类型。影响种群数量变动的因素有非密度制约因子和密度制约因子。种群的增长模型主要有"J"型和"S"型两种基本类型。群落是一定区域内所栖息的各种生物的自然组合，具有复杂的种间关系。群落有动态变化并表现出演替格局。生态系统是生物群落与其生境相互作用所形成的开放系统。生物群落的生命成分包括生产者、消费者和分解者，这些成分通过食物链和食物网相互联系。人类应自觉维护生态平衡，尽量减少人类活动对生态系统的影响。生物圈是地球上生物及其生存环境的总称。由大气层、水圈、土壤岩石圈及生活在其中的生物共同组成；动物所占据的地理空间称为分布区，分布区内适于生活与居住之地为栖息地；陆地上的自然地理带分为：苔原、草原、荒漠、针叶林、落叶林和热带雨林等。水域有淡水和海洋之分，海洋由沿岸带、浅海带和远洋带组成。不同的自然地理带中栖息着不同类型的动物群；世界动物地理区系划分为：澳洲界、新热带界、古热带界、东洋界、古北界和新北界。中国动物地理区系属古北界和东洋界，地理区划分为东北、华北、蒙新、青藏、西南、华中和华南7个区。保护野生动物就是保护我们人类自身，也是衡量一个国家、民族文明进步的重要标志之一。

思考题

❶ 阐述生态因子及其与动物有机体的关系。
❷ 什么是种群？种群有哪些基本特征？
❸ 举例说明种群的增长特性，以及种群的数量变动和调节的基本内容。
❹ 什么是群落和群落演替？
❺ 举例说明食物链与生态系统的关系。
❻ 结合环境保护理解生态平衡的重要性。
❼ 解释生物圈、动物的分布区、动物的栖息地和动物区系。
❽ 世界陆地动物区系划分为哪几个界？划分的依据是什么，各有哪些典型的代表动物？
❾ 我国各动物地理区的主要特征及代表动物有哪些？
❿ 理解野生动物保护的必要性。

数字课程学习

☐ 教学视频 ☐ 教学课件
☐ 思考题解析 ☐ 在线自测

（王智超）

主要参考文献

爱德华兹，洛夫蒂．蚯蚓生物学．戴爱云，范果仪，译．北京：科学出版社，1984.

秉志．鲤鱼解剖．北京：科学出版社，1960.

陈品健．动物生物学．北京：科学出版社，2006.

陈小麟．动物生物学．5版．北京：高等教育出版社，2019.

陈永富．动物科学．杭州：浙江大学出版社，2009.

丁汉波．脊椎动物学．北京：高等教育出版社，1983.

堵南山．无脊椎动物学．上海：华东师范大学出版社，1989.

凤凌飞．内蒙古珍稀濒危动物图谱．北京：中国农业科技出版社，1991.

顾宏达．基础动物学．上海：复旦大学出版社，1992.

侯林，吴孝兵．动物学．北京：科学出版社，2007.

华中师范学院，等．动物学(上、下)．北京：高等教育出版社，1983.

胡泗才，王立屏．动物生物学．北京：化学工业出版社，2010.

姜云垒，冯江．动物学．2版．北京：高等教育出版社，2018.

姜乃澄,丁平．动物学．杭州：浙江大学出版社，2007.

江静波．无脊椎动物学．3版．北京：人民教育出版社，1995.

孔繁瑶．家畜寄生虫学．北京：中国农业出版社，1997.

希克曼．动物学大全（上、下）．林秀英，等译．北京：科学出版社，1989.

李博，杨持，等．草地生物多样性保护研究．呼和浩特：内蒙古大学出版社，1995.

林厚坤，张南奎．毛皮动物的饲养与管理．北京：中国农业出版社，1986.

刘敬泽，吴跃峰．动物学．北京：科学出版社，2013.

刘凌云，郑光美．普通动物学．4版．北京：高等教育出版社，2009.

刘凌云，郑光美．普通动物学．3版．北京：高等教育出版社，1997.

刘荣堂，武晓东．草原保护学——草原啮齿动物学．3版．北京：中国农业出版社，2011.

刘颖，郭文场，冯贺林．动物学讲义．长春：中国人民解放军兽医大学，1984.

任淑仙．无脊椎动物学．2版．北京：北京大学出版社，2007.

赛道建．普通动物学．北京：科学出版社，2008.

宋憬愚．简明动物学．2版．北京：科学出版社，2017.

孙振钧，王冲．基础生态学．北京：化学工业出版社，2007.

盛和林，王培潮，陆厚基，等．哺乳动物学概论．上海：华东师范大学出版社，1985.

宋大祥，冯钟琪．蚂蟥．北京：科学出版社，1978.

宋玉兰．浅谈保护野生动物的重要性．黑龙江科技信息，2008，32 144.

王宝青．动物学．北京：中国农业大学出版社，2009.

王慧，崔淑贞．动物学．北京：中国农业大学出版社，2006.

武晓东．动物学．北京：中国农业出版社，2007.

武晓东．动物学．呼和浩特：内蒙古大学出版社，2000.

吴志新．普通动物学．3版．北京：中国农业出版社，2015.

薛达元，蒋明康．中国的保护区建设与管理．北京：中国环境科学出版社，1994.

许崇任，程红．动物生物学．2版．北京：高等教育出版社，2008.

许再福．普通昆虫学．北京：科学出版社，2009.

徐润林．动物学．北京：高等教育出版社，2013.

杨安峰．脊椎动物学（上、下）．北京：北京大学出版社，1985.

张孟闻，黄正一．脊椎动物学（上、下）．上海：上海科学技术出版社，1987.

张月洪，曹新民．四十种特种经济动物养殖技术．北京：人民军医出版社，1986.

张雨奇．动物学．3版．长春：东北师范大学出版社，2007.

张训蒲．普通动物学．2版．北京：中国农业出版社，2008.

张训蒲，朱伟义．普通动物学．北京：中国农业出版社，2000.

周波，王宝青．动物生物学．北京：中国农业大学出版社，2014.

周正西，王宝青．动物学．北京：中国农业大学出版社，1999.

左仰贤．动物生物学教程．2版．北京：高等教育出版社，2010.

朱耀沂．世界动物图鉴．北京：海豚出版社，1995.

郑生武．中国西北地区珍稀濒危动物志．北京：中国林业出版社，1994.

郑作新．中国经济动物志（鸟类）．北京：科学出版社，1966.

郑作新．脊椎动物分类学．北京：中国农业出版社，1982.

周本湘．蛙体解剖学．北京：科学出版社，1956.

Brusca R C, Brusca G J. Invertebrates. 2nd ed. Sunderland: Sinauer Associates, 2003.

Barnes R S K, Calow P, Olive P J W, et al. The Invertebrates: a Synthesis. 3rd ed. Oxford, Malden: Blackwell Science, 2001.

Cannon J T, Vellutini B C, Smith J, et al. Xenacoelomorpha is the sister group to Nephrozoa. Nature, 2016, 530:89–93.

Campbell N A, Reece J B. Biology. 5th ed., Boston: McGraw-Hill, 2007.

Dorit R L, Walker W F, Barnes R D. Zoology. philadelphia: Saunders College Publishing, 1991.

Ereskovsky A V. The comparative embryology of sponges. DOI: 10. 1007/978-90-481-8575-7_5 2010.

Fröbius A C, Funch P. Rotiferan *Hox* genes give new insights into the evolution of metazoan bodyplans. Nature Communications. DOI: 10. 1038/s41467-017-00020-w 2017.

Gadel-Rab A G, Mahmoud F A, Saber S A, et al. Comparative functional analysis of the anatomy of the appendicular skeleton in two reptilian species. Egypt J Hosp Med, 2018, 71（7）: 7274-7287.

Gilbert S F. Developmental Biology. 7th ed. Sunderland: Sinauer Associates, 2003.

Hejnol A, Pang K. Xenacoelomorpha’s significance for understanding bilaterian evolution.Current Opinion in Genetics & Development, 2016, 39:48–54.

Hickman C P, Roberts P, Larry S. Integrated Principles of Zoology. 17th ed. Boston : McGraw-Hill, 2016.

Losos J B, Mason K A. Biology. Boston: McGraw-Hill, 2008.

Mader S S. Biology. Boston: McGraw-Hill, 2007.

Mason K A, Raven P H, Johnson G B. Biology. 9th ed. New York : McGraw-Hill, 2011.

Meyer-Wachsmuth I, Jondelius U. Interrelationships of the Nemertodermatida. Org Divers Evol, 2015, 16:73–84.

Miller S A, Harley J P. Zoology. 8th ed. New York: McGraw-Hill, 2010.

Mitchell L G, Mutchmor J A, Dolphin W D. Zoology. San Francisco: The Benjamin/Cummings, 1998.

Norekian T P, Moroz L L. Atlas of neuromuscular organization in the ctenophore *Pleurobrachia bachei*. DOI: http://dx.doi.org/10.1101/385435. 2018.

Okamura B, Gruh A, Bartholomew J L. Myxozoan evolution, ecology and development. Heidelberg: Springer International Publishing Switzerland, 2015.

Pechenik J A. Biology of the Invertebrates. 4th ed. New York: McGraw-Hill, 2000.

Pouch F H, Janis C M, Heiser J B. Vertebrate Life. 6th ed. Upper Saddle River: Prentice-Hall, Inc., 2002.

Shu D G, Morris S C, Han J, et al. Head and backbone of the Early Cambrian vertebrate Haikouichthys. Nature, 2003, 421 (30):526-529.

Starr C, Evers C A, Starr L. Biology: Concepts and Applications. New York: Thomson Brooks/Cole, 2006.

Vinther J. Animal evolution: when small worms cast long phylogenetic shadows. Current Biology, 2015, 25:R753-R773.

Wolpert L, Beddington R, Jessell T, et al. Principles of Development. 2nd ed. Oxfpord: Oxford University Press, 2002.

动物演化树

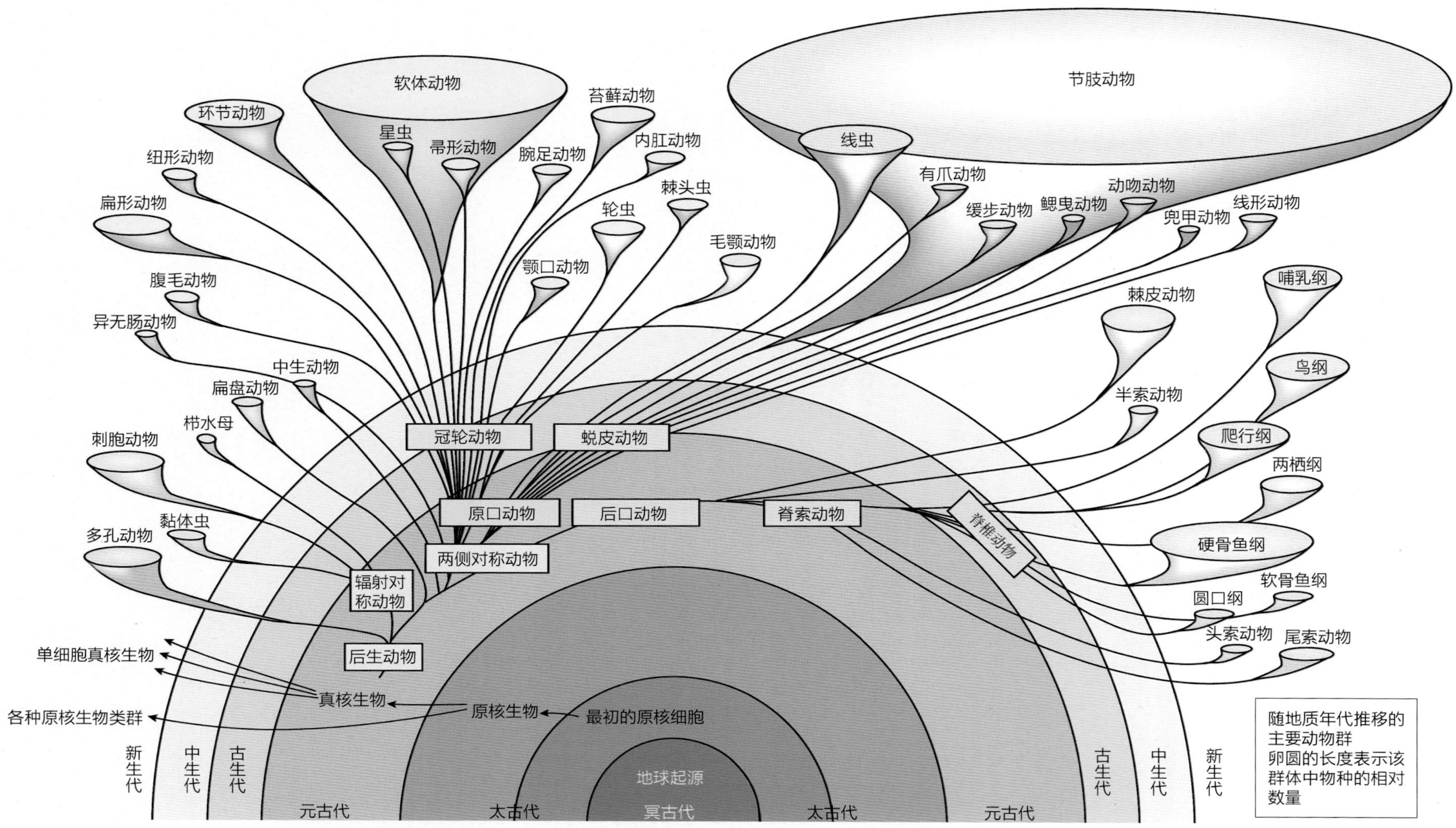

软体动物
环节动物
星虫
帚形动物
苔藓动物
腕足动物
内肛动物
纽形动物
扁形动物
轮虫
棘头虫
颚口动物
毛颚动物
腹毛动物
异无肠动物
中生动物
扁盘动物
栉水母
刺胞动物
黏体虫
多孔动物
节肢动物
线虫
有爪动物
缓步动物
鳃曳动物
动吻动物
兜甲动物
线形动物
棘皮动物
半索动物
哺乳纲
鸟纲
爬行纲
两栖纲
硬骨鱼纲
软骨鱼纲
圆口纲
头索动物
尾索动物
冠轮动物
蜕皮动物
原口动物
后口动物
脊索动物
脊椎动物
两侧对称动物
辐射对称动物
后生动物
单细胞真核生物
真核生物
各种原核生物类群
原核生物
最初的原核细胞
地球起源
冥古代
太古代
元古代
古生代
中生代
新生代

随地质年代推移的主要动物群
卵圆的长度表示该群体中物种的相对数量